建设工程监理
履行安全生产职责培训教程

南京建设监理协会　主编

东南大学出版社
SOUTHEAST UNIVERSITY PRESS
·南京·

内 容 简 介

本教程根据国家相关法律法规和现行技术标准规范对监理履行建设工程安全生产管理法定职责的要求，论述了监理的安全责任，监理的安全管理目标，施工阶段安全生产管理的具体监理工作、监理程序和监理工作方法，同时分析了施工现场安全生产管理方法、施工安全技术、生产安全隐患排查、典型安全事故及监理责任案例，方便广大监理人员学习和应用。

本教程理论与实践相结合，实务指导性强，操作性强，可以作为监理单位和监理人员的培训教材。书中提供的监理规划编写提纲、监理细则编写提纲也可供工程监理单位编制"监理规划"和"安全生产管理的监理工作实施细则"以及检查监理工作质量时参考。

图书在版编目(CIP)数据

建设工程监理履行安全生产职责培训教程/南京建设

监理协会主编. —南京：东南大学出版社，2017.5(2018.8重印)

ISBN 978 - 7 - 5641 - 7112 - 4

Ⅰ. ①建… Ⅱ. ①南… Ⅲ. ①建筑工程-监理工作-技术培训-教材 ②建筑工程-安全生产-生产管理-技术培训-教材 Ⅳ. ①TU712 ②TU714

中国版本图书馆 CIP 数据核字(2017)第 068148 号

建设工程监理履行安全生产职责培训教程

出版发行	东南大学出版社
社　　址	南京市四牌楼 2 号
邮　　编	210096
出 版 人	江建中
网　　址	http://www.seupress.com
电子邮箱	press@seupress.com
经　　销	全国各地新华书店
排　　版	南京新翰博图文制作有限公司
印　　刷	虎彩印艺股份有限公司
开　　本	787 mm×1092 mm　1/16
印　　张	30.25
字　　数	750 千
版　　次	2017 年 5 月第 1 版
印　　次	2018 年 8 月第 2 次印刷
书　　号	ISBN 978-7-5641-7112-4
定　　价	75.00 元

本社图书若有印装质量问题，请直接与营销部联系。电话(传真)：025-83791830。

前　　言

　　《建设工程安全生产管理条例》(国务院第 393 号令)已经把安全纳入了监理工作的范围,将工程监理单位在建设工程安全生产活动中所要承担的安全责任法制化。因此,监理单位和全体监理人员必须积极贯彻执行、认真切实履行《建设工程安全生产管理条例》规定的职责。

　　为了进一步加深对《建设工程安全生产管理条例》的理解和掌握,帮助监理企业提高内部管理的水平,规范操作程序和具体做法,指导和督促工程监理单位落实安全生产监理责任,南京建设监理协会 2010 年组织编写了《南京市建设工程监理人员安全培训教材》,供监理单位和有关单位进行培训时使用。

　　随着监理工作的发展,监理人员对开展安全生产管理的监理工作的培训有了新的需求,法律法规和技术标准规范也有了新的内容。南京建设监理协会受南京市建设行政主管部门委托,组织人员对《南京市建设工程监理人员安全培训教材》进行了修改和补充。

　　修订后的培训教材更名为《建设工程监理履行安全生产职责培训教程》。本教程除了对国家相关法律法规和技术标准规范进行了更新、补充外,对原书的结构也做了较大调整。全书共分七章,包括概述、监理履行安全法定职责的目标和策划、安全生产管理的监理工作、监理机构安全管理的监理工作程序、施工单位现场安全生产管理方法、建设工程施工安全技术及安全隐患排查、生产安全事故及监理责任案例分析。同时,还编辑了附录一:建设工程安全相关法规性文件及江苏省、南京市有关文件;附录二:建设工程安全生产相关技术标准摘要。随着建设工程领域不断科技创新,一批新技术、新工艺得到应用。为了适应建设工程领域科学技术发展,还在教程第六章、附录一、附录二中增加了城市综合管廊、装配式混凝土结构工程施工安全技术的相关内容。

　　本教程根据国家相关法律法规和现行技术标准规范对监理履行建设工程安全生产管理法定职责的要求,论述了监理的安全责任,监理的安全管理目标,施工阶段安全生产管理的具体监理工作、监理程序和监理工作方法,同时分析了施工现场安全生产管理方法、施工安全技术、生产安全隐患排查、典型安全事故及监理责任案例,方便广大监理人员学习和应用。本教程理论与实践相结合,实务指导性强、操作性强,可以作为监理单位和监理人员的培训教材,也可以作为大学的辅导教材。书中提供的监理规划编写提纲、监理细则编写提纲也可作为工程监理单位编制"监理规划"和"安全生产管理的监理工作实施细则"以及检查监理工作质量时参考。

由于本教程内容较多,编审时间仓促,书中存在的错误和缺点在所难免,希望通过本教程的使用不断吸取有益的意见,进一步修改补充,使之更加完善。

本教程主编单位为南京建设监理协会。

本教程参编单位有:江苏建科建设监理有限公司、江苏华宁工程咨询监理有限公司、江苏建发建设项目咨询有限公司、南京工大建设监理咨询有限公司、江苏省华厦工程项目管理有限公司、南京中南工程咨询有限责任公司、南京工业大学。

本教程主要编写人员有:孙桂生、荆福建、光贵和、顾建平、甘元玉、伍振飞、许立山、梅钰、郭兴伦等。南京建设监理协会吴仲华、岳瑶、谭丽娜、陆菁等参加了编写工作。

封面照片由江苏宏嘉建设监理有限公司总经理杜杰提供。

各单位在使用本教程时注意总结经验,并将有关意见和建议反馈给南京建设监理协会(地址:南京市建邺区水西门大街 101 号莫愁大厦 2103 室;邮编 210017;电子邮箱:njjl@tom. com),以便再版修订时参考。

目　　录

第一章 概 述

改革开放以来,我国实施了建设工程监理制度。《中华人民共和国建筑法》(1997 年以中华人民共和国主席令 91 号公布、2011 年以中华人民共和国主席令 46 号修正)以法律形式对建设工程监理制度做出规定,从而使建设工程监理制度逐步走上法制化轨道。从 20 世纪 80 年代至今,建设工程监理制度已实行了近 30 年时间。建设工程监理制度的实施,加快了我国工程建设管理方式向社会化、专业化方向的转变步伐,促进了我国工程建设管理体制的进一步完善,对于发展社会主义市场经济、规范工程建设参与各方的行为、跟踪国际建筑市场的发展步伐都发挥了重大的积极作用。

根据《中华人民共和国建筑法》,监理单位受建设单位委托,在施工阶段实施"三控"(质量控制、进度控制、投资控制)、"两管"(合同管理、信息管理)、"一协调"(对现场相关方的关系进行协调)的工作。2003 年国务院发布了《建设工程安全生产管理条例》,把履行监理的安全责任纳入了监理工作的范围,将工程监理单位在建设工程安全生产活动中所要承担的安全责任法制化。2012 年《建设工程监理合同(示范文本)》(GF—2012-0202)、2013 年《建设工程监理规范》(GB/T 50319—2013)先后发布,进一步明确了建设工程监理的含义,即"监理是指监理人(工程监理单位)受委托人(建设单位)的委托,依照法律法规、工程建设标准、勘察设计文件及合同,在施工阶段对建设工程质量、进度、造价进行控制,对合同、信息进行管理,对工程建设相关方的关系进行协调,并履行建设工程安全生产管理法定职责的服务活动"。因此,建设工程监理的工作内容也扩大为三控(质量控制、进度控制、投资控制)、两管(合同管理、信息管理)、一协调(对现场相关方的关系进行协调)、一履行(履行监理安全生产法定职责),即监理的责任包括两方面:委托责任和社会责任。

现在有两种偏向,一种是一部分监理人员对自己的安全生产法定职责不清楚、不重视,认为只要把质量管好就行了,思想还停留在 2003 年公布《建设工程安全生产管理条例》之前的认识阶段;另一种是社会上一部分人员对监理的安全责任认识不清,存在过度追究、扩大追究、错误追究监理责任的倾向,认为只要是建设工程发生了生产安全事故,施工单位、监理单位都有责任,甚至是同等责任,都要从重处罚。相当多的监理人员存在困惑:监理的安全责任边界到底在哪里? 监理单位属于《中华人民共和国安全生产法》中的生产经营单位吗? 在追究监理安全刑事责任时,究竟应适用《中华人民共和国刑法》的第几条,是第一百三十四条、第一百三十五条还是第一百三十七条? 监理工作做到什么程度才能免除法律责任,包括行政责任、民事责任和刑事责任?

同时,由于思想认识不清楚,有的项目监理机构抱着多做比少做好的想法,花了大量的精力用于巡查、督查、旁站安全生产;一些监理企业和监理人员转投安全责任风险相对较小的建设单位、咨询单位甚至施工单位。监理企业和项目监理机构已出现人才缺乏、后继乏力的现象。这些现象必须引起高度重视。

为什么会出现这种现象？实际上这不但和社会环境、法律环境有关,也和监理企业、监理人员对法律法规学习理解不够、自我保护意识不强有关。质量控制和安全管理是两个不同范畴的概念,两者有相同点,也有不同点。质量控制和安全管理的主要区别有三:一是质量问题和安全事故造成的后果不一样,一般质量问题、质量事故发生后可以返工、重做、推倒重来,而安全事故往往造成重大人身财产损失,没有补救机会;二是质量主要受"人、机、料、法、环"影响,只要各因素严格把关就能确保工程质量,而安全有很大程度的随机性、偶然性,不确定因素多,管理难度大;三是在追究监理人员法定责任时,质量事故发生后监理是疏忽大意还是存在主观故意较容易判断,责任比较明晰,而安全事故发生后监理是疏忽大意还是存在主观故意较不容易判断,责任不太明晰。这方面例子很多,值得监理单位和监理人员重视。

为了进一步加深对《建设工程安全生产管理条例》的理解和掌握,帮助监理单位提高内部管理的水平,规范操作程序和具体做法,指导和督促工程监理单位落实安全生产监理责任,纠正一部分监理单位、监理人员的错误认识,我们编制了《建设工程监理履行安全生产职责培训教程》。本培训教程从法律法规对监理安全责任的规定入手,论述了监理单位、项目监理机构应履行的监理安全法定职责,监理履行安全法定职责应建立的管理体系,施工阶段监理履行安全法定职责的主要工作、主要工作程序;介绍了施工现场安全管理的基本要求及主要的施工安全技术措施;剖析了建设工程典型安全生产事故案例,分析了案例中监理人员的安全责任和经验教训;并在书后附有现行重要的有关监理安全责任的法律法规、技术标准、主要的施工安全技术方法和措施(条文摘录),方便项目监理机构和监理人员学习时查阅。

第一节　法律法规对监理安全责任的规定

一、法律法规对监理安全责任的规定

(一)《建设工程安全生产管理条例》对监理安全责任的规定

监理的安全责任,在我国法律法规中第一次做出明确规定的是《建设工程安全生产管理条例》(以下简称《条例》)。《条例》以国务院 393 号令的形式,在 2003 年 11 月 12 日国务院第 28 次常务会通过,于 2004 年 2 月 1 日起施行。尽管社会上对《条例》规定的理解存在不同意见,但是一旦发生生产安全事故,是否以及如何追究监理的安全责任,《条例》已成为主要的法律依据。实际上,《条例》是个双刃剑,一方面首次以国家法规的形式增加、固化了工程监理单位的安全责任;另一方面,因为《条例》明确界定了监理责任的法律范围,也为工程监理单位开展安全管理工作,防止被不恰当地、过度追究监理的安全责任提供了法律武器(如表 1.1.1)。

1.《条例》第十四条规定:工程监理单位应当审查施工组织设计中的安全技术措施或者专项施工方案是否符合工程建设强制性标准。

工程监理单位在实施监理过程中,发现存在安全事故隐患的,应当要求施工单位整改;情况严重的,应当要求施工单位暂时停止施工,并及时报告建设单位。施工单位拒不整改或者不停止施工的,工程监理单位应当及时向有关主管部门报告。

工程监理单位和监理工程师应当按照法律、法规和工程建设强制性标准实施监理,并对建设工程安全生产承担监理责任。

2.《条例》第五十七条规定:违反本条例的规定,工程监理单位有下列行为之一的,责令限期改正;逾期未改正的,责令停业整顿,并处10万元以上30万元以下的罚款;情节严重的,降低资质等级,直至吊销资质证书;造成重大安全事故,构成犯罪的,对直接责任人员,依照刑法有关规定追究刑事责任;造成损失的,依法承担赔偿责任:

(1) 未对施工组织设计中的安全技术措施或者专项施工方案进行审查的;

(2) 发现安全事故隐患未及时要求施工单位整改或者暂时停止施工的;

(3) 施工单位拒不整改或者不停止施工,未及时向有关主管部门报告的;

(4) 未依照法律、法规和工程建设强制性标准实施监理的。

3.《条例》第五十八条规定:注册执业人员未执行法律、法规和工程建设强制性标准的,责令停止执业3个月以上1年以下;情节严重的,吊销执业资格证书,5年内不予注册;造成重大安全事故的,终身不予注册;构成犯罪的,依照刑法有关规定追究刑事责任。

表 1.1.1　《条例》的有关规定

监理职责	监理职权	法律责任	处罚办法
1. 审查施工组织设计中的安全技术措施或专项施工方案	1. 技术方案审批权	1. 未对安全技术措施或专项施工方案进行审查的	对单位:停业整顿,并处10万~30万元罚款;降低资质等级、吊销资质;追究刑事责任;承担赔偿责任。 对个人:停止执业、吊销资格、终生不予注册、追究刑事责任。
2. 在实施监理过程中,发现安全隐患	2. 现场检查权	2. 发现安全事故隐患,未及时要求整改或暂停施工的	
3. 要求施工单位整改	3. 整改指令权		
4. 情况严重的要求暂停施工并报告建设单位	4. 暂停工指令权		
5. 拒不整改及不停止施工的及时报告有关主管部门	5. 向有关主管部门报告权	3. 施工单位拒不整改或不停工,未及时向有关主管部门报告的	
6. 依法律、法规和工程建设强制性标准实施监理	6. 依法监理权	4. 未依法律、法规和工程强制性标准实施监理的	

(二)《建筑工程安全生产监督管理工作导则》对监理安全工作的要求

根据《条例》的精神,建设部于2005年10月颁发了《建筑工程安全生产监督管理工作导则》(建设部建质〔2005〕184号),用于指导建设行政主管部门对安全工作的监管。监理人员应当知道建设行政主管部门对监理安全工作的检查要求。

导则第5.1节规定,建设行政主管部门对工程监理单位安全生产监督检查的主要内容是:

1. 将安全生产管理内容纳入监理规划的情况,以及在监理规划和中型以上工程的监理细则中制定对施工单位安全技术措施的检查方面情况。

2. 审查施工企业资质和安全生产许可证、三类人员及特种作业人员取得考核合格证书和操作资格证书情况。

3. 审核施工企业安全生产保证体系、安全生产责任制、各项规章制度和安全监管机构建立及人员配备情况。

4. 审核施工企业应急救援预案和安全防护、文明施工措施费用使用计划情况。

5. 审核施工现场安全防护是否符合投标时承诺和《建筑施工现场环境与卫生标准》等标准要求情况。

6. 复查施工单位施工机械和各种设施的安全许可验收手续情况。

7. 审查施工组织设计中的安全技术措施或专项施工方案是否符合工程建设强制性标准情况。

8. 定期巡视检查危险性较大工程作业情况。

9. 下达隐患整改通知单，要求施工单位整改事故隐患情况或暂时停工情况；整改结果复查情况；向建设单位报告督促施工单位整改情况；向工程所在地建设行政主管部门报告施工单位拒不整改或不停止施工情况。

10. 其他有关事项。

从导则的要求可以看出，建设行政主管部门对监理安全工作的要求已进一步具体化。其中一些具体要求，在《条例》的规定中是看不出的。例如，监督管理"安全防护、文明施工措施费用的使用情况"、"审核施工现场安全防护是否符合投标时承诺和《建筑施工现场环境与卫生标准》等标准要求情况""定期巡视检查危险性较大工程作业情况"等，和《条例》对照，内容更具体，范围也有所扩大。这些具体要求，不论监理单位有何不同想法，但作为行政主管部门的要求，监理单位也必须贯彻执行。

(三)《关于落实建设工程安全生产监理责任的若干意见》的要求

建设部于 2006 年 10 月又颁布了《关于落实建设工程安全生产监理责任的若干意见》（建市〔2006〕248 号）。意见对安全监理工作进一步细化，并重申监理单位的法律责任。

具体规定如下：

1. 建设工程安全监理的主要工作内容

监理单位应当按照法律、法规和工程建设强制性标准及监理委托合同实施监理，对所监理工程的施工安全生产进行监督检查，具体内容包括：

1) 施工准备阶段安全监理的主要工作内容

(1) 监理单位应根据《条例》的规定，按照工程建设强制性标准、《建设工程监理规范》（GB50319）和相关行业监理规范的要求，编制包括安全监理内容的项目监理规划，明确安全监理的范围、内容、工作程序和制度措施，以及人员配备计划和职责等。

(2) 对中型及以上项目和《条例》第二十六条规定的危险性较大的分部分项工程，监理单位应当编制监理实施细则。实施细则应当明确安全监理的方法、措施和控制要点，以及对施工单位安全技术措施的检查方案。

(3) 审查施工单位编制的施工组织设计中的安全技术措施和危险性较大的分部分项工程安全专项施工方案是否符合工程建设强制性标准要求。审查的主要内容应当包括：

① 施工单位编制的地下管线保护措施方案是否符合强制性标准要求；

② 基坑支护与降水、土方开挖与边坡防护、模板、起重吊装、脚手架、拆除、爆破等分部分项工程的专项施工方案是否符合强制性标准要求；

③ 施工现场临时用电施工组织设计或者安全用电技术措施和电气防火措施是否符合强制性标准要求；

④ 冬季、雨季等季节性施工方案的制定是否符合强制性标准要求；

⑤ 施工总平面布置图是否符合安全生产的要求,办公、宿舍、食堂、道路等临时设施设置以及排水、防火措施是否符合强制性标准要求。

(4) 检查施工单位在工程项目上的安全生产规章制度和安全监管机构的建立、健全及专职安全生产管理人员配备情况,督促施工单位检查各分包单位的安全生产规章制度的建立情况。

(5) 审查施工单位资质和安全生产许可证是否合法有效。

(6) 审查项目经理和专职安全生产管理人员是否具备合法资格,是否与投标文件相一致。

(7) 审核特种作业人员的特种作业操作资格证书是否合法有效。

(8) 审核施工单位应急救援预案和安全防护措施费用使用计划。

2) 施工阶段安全监理的主要工作内容

(1) 监督施工单位按照施工组织设计中的安全技术措施和专项施工方案组织施工,及时制止违规施工作业。

(2) 定期巡视检查施工过程中的危险性较大工程作业情况。

(3) 核查施工现场施工起重机械、整体提升脚手架、模板等自升式架设设施和安全设施的验收手续。

(4) 检查施工现场各种安全标志和安全防护措施是否符合强制性标准要求,并检查安全生产费用的使用情况。

(5) 督促施工单位进行安全自查工作,并对施工单位自查情况进行抽查,参加建设单位组织的安全生产专项检查。

2. 建设工程安全监理的工作程序

(1) 监理单位按照《建设工程监理规范》和相关行业监理规范要求,编制含有安全监理内容的监理规划和监理实施细则。

(2) 在施工准备阶段,监理单位审查核验施工单位提交的有关技术文件及资料,并由项目总监在有关技术文件报审表上签署意见;审查未通过的,安全技术措施及专项施工方案不得实施。

(3) 在施工阶段,监理单位应对施工现场安全生产情况进行巡视检查,对发现的各类安全事故隐患,应书面通知施工单位,并督促其立即整改;情况严重的,监理单位应及时下达工程暂停令,要求施工单位停工整改,并同时报告建设单位。安全事故隐患消除后,监理单位应检查整改结果,签署复查或复工意见。施工单位拒不整改或不停工整改的,监理单位应当及时向工程所在地建设主管部门或工程项目的行业主管部门报告,以电话形式报告的,应当有通话记录,并及时补充书面报告。检查、整改、复查、报告等情况应记载在监理日志、监理月报中。

监理单位应核查施工单位提交的施工起重机械、整体提升脚手架、模板等自升式架设设施和安全设施等验收记录,并由安全监理人员签收备案。

(4) 工程竣工后,监理单位应将有关安全生产的技术文件、验收记录、监理规划、监理实施细则、监理月报、监理会议纪要及相关书面通知等按规定立卷归档。

3. 建设工程安全生产的监理责任

(1) 监理单位应对施工组织设计中的安全技术措施或专项施工方案进行审查,未进行审查的,监理单位应承担《条例》第五十七条规定的法律责任。

(2) 监理单位在监理巡视检查过程中,发现存在安全事故隐患的,应按照有关规定及时下达书面指令要求施工单位进行整改或停止施工。监理单位发现存在安全事故隐患没有及时下达书面指令要求施工单位整改或停止施工的,应承担《条例》第五十七条规定的法律责任。

(3) 施工单位拒绝按照监理单位的要求进行整改或者停止施工的,监理单位应及时将情况向当地建设主管部门或工程项目的行业主管部门报告。监理单位没有及时报告,应承担《条例》第五十七条规定的法律责任。

(4) 监理单位未依照法律、法规和工程建设强制性标准实施监理的,应承担《条例》第五十七条规定的法律责任。

监理单位履行了上述规定的职责,施工单位未执行监理指令继续施工或发生安全事故的,应依法追究监理单位以外的其他相关单位和人员的法律责任。

4. 落实安全生产监理责任的主要工作

(1) 健全监理单位安全监理责任制。监理单位法定代表人应对本企业监理工程项目的安全监理全面负责。总监理工程师要对工程项目的安全监理负责,并根据工程项目特点,明确监理人员的安全监理职责。

(2) 完善监理单位安全生产管理制度。在健全审查核验制度、检查验收制度和督促整改制度基础上,完善工地例会制度及资料归档制度。定期召开工地例会,针对薄弱环节,提出整改意见,并督促落实;指定专人负责监理内业资料的整理、分类及立卷归档。

(3) 建立监理人员安全生产教育培训制度。监理单位的总监理工程师和安全监理人员需经安全生产教育培训后方可上岗,其教育培训情况记入个人继续教育档案。

各级建设主管部门和有关主管部门应当加强建设工程安全生产管理工作的监督检查,督促监理单位落实安全生产监理责任,对监理单位实施安全监理给予支持和指导,共同督促施工单位加强安全生产管理,防止安全事故的发生。

(四)《建筑起重机械安全监督管理规定》的要求

《建筑起重机械安全监督管理规定》(建设部令第 166 号)于 2008 年 6 月 1 日起施行。该规定旨在加强对建筑起重机械的租赁、安装、拆卸、使用实施监督管理。

第二十二条中规定,监理单位应当履行下列安全职责:

1. 审核建筑起重机械特种设备制造许可证、产品合格证、制造监督检验证明、备案证明等文件;

2. 审核建筑起重机械安装单位、使用单位的资质证书、安全生产许可证和特种作业人员的特种作业操作资格证书;

3. 审核建筑起重机械安装、拆卸工程专项施工方案;

4. 监督安装单位执行建筑起重机械安装、拆卸工程专项施工方案情况;

5. 监督检查建筑起重机械的使用情况;

6. 发现存在生产安全事故隐患的,应当要求安装单位、使用单位限期整改,对安装单位、使用单位拒不整改的,及时向建设单位报告。

(五)《危险性较大的分部分项工程安全管理办法》的要求

《危险性较大的分部分项工程安全管理办法》(建质〔2009〕87 号)于 2009 年 5 月 13 日

颁布施行。《危险性较大的分部分项工程安全管理办法》明确了危险性较大的分部分项工程和超过一定规模的危险性较大的分部分项工程的范围及安全管理办法。

在第四条、第八条、第九条、第十七条、第十八条、第十九条中规定,监理单位应当履行下列安全职责:

1. 监理单位应当建立危险性较大的分部分项工程安全管理制度;

2. 监理单位应审核危险性较大的分部分项工程专项方案;

3. 监理单位应参加超过一定规模的危险性较大的分部分项工程专项方案专家论证会;

4. 对于按规定需要验收的危险性较大的分部分项工程,施工单位、监理单位应当组织有关人员进行验收;

5. 监理单位应当将危险性较大的分部分项工程列入监理规划和监理实施细则,应当针对工程特点、周边环境和施工工艺等,制定安全监理工作流程、方法和措施;

6. 监理单位应当对专项方案实施情况进行现场监理;对不按专项方案实施的,应当责令整改,施工单位拒不整改的,应当及时向建设单位报告。

二、正确认识监理的安全责任

监理单位作为施工单位安全生产的社会监督管理的一方,应认真履行监理安全责任的义务,并应努力协助政府主管部门工作,加强对施工单位安全生产的监管。

(一)监理单位应当履行《条例》规定的安全责任

《条例》对监理的安全责任规定内容,主要体现在第四条、第十四条、第二十六条、第五十七条、第五十八条中。《条例》规定的监理安全责任,是行政法规规定的一种行政责任,监理单位必须无条件执行,没有讨价还价的余地。

应当理解,《条例》和一系列相关法规、规章的出台背景,是国家急于要遏制国内建筑行业生产安全事故不断增长的势头,着重解决工程建设各方主体的安全责任不够明确、建设工程安全生产投入不足、一些建设单位和施工单位克扣安全生产费用、建设工程安全生产监督管理制度不健全、生产安全事故的应急救援制度不健全等突出问题。《条例》规定的监理单位对施工单位安全生产行为的监督,实际上也可以理解为行政权力的延伸。

毋庸置疑,《条例》发布后,对维护建设工程安全生产的局面发挥了积极的、重要的作用。但是,《条例》对监理规定的职责内容是否全部合理也存在争议。如一些协助政府行政主管部门的协助行政管理行为,例如,当"施工单位拒不整改或者不停止施工的,工程监理单位应当及时向有关主管部门报告"。这是因为监理单位无行使行政权力的法律地位,也没有对施工单位的制裁手段。

《条例》提到的履责内容,与监理进行"三控"的目标是一致的,也是监理单位道义上必须实行的。《条例》颁布后下发的《建筑工程安全生产监督管理工作导则》《关于落实建设工程安全生产监理责任的若干意见》《建筑起重机械安全监督管理规定》《危险性较大的分部分项工程安全管理办法》等是《条例》的配套文件,监理单位也必须积极贯彻。但是,由于以上几个法规中关于监理安全责任的规定口径不尽一致,内容也有出入,监理单位应领会精神并贯彻执行;但真正追究监理责任的时候(如发生了较大以上的生产安全事故),法律上还是以《条例》为准,防止因各文件措辞不一致导致对监理责任量化的加重或扩大。

(二) 监理单位应当履行业主委托监理合同的附随义务

根据《中华人民共和国建筑法》，"建设单位与其委托的工程监理单位应当订立书面委托监理合同"，"建筑工程监理应当依照法律、行政法规及有关的技术标准、设计文件和建筑工程承包合同，对承包单位在施工质量、建设工期和建设资金使用等方面，代表建设单位实施监督"。这就是建筑法规定的，作为权利主体，监理单位应当履行质量、工期、资金使用方面的"三控"义务。作为监理单位，为了实现"三控"目标，履行权利主体的"三控"义务，也会带来一些"附随义务"。有些附随义务不是法定的，而是在社会交易观念中形成的。附随义务包括监督施工单位施工过程的安全；督促施工单位落实职工健康措施、环境保护措施并加强治安管理；努力做好工程现场各方矛盾的协调；提醒建设单位处理好与外界的各方面关系；提醒施工单位注意施工手段、方案、技术、操作顺序或程序的合理性；提醒施工单位注意可能的自然灾害；注意因建设单位、勘察单位、设计单位、工程检测单位等其他与工程有关的单位自身行为不规范、工作质量有缺陷可能造成的安全事故隐患和其他方面对工程的损害，当发现存在这种可能时，应以恰当方式提出意见；就工程工期、投资、结构优化、设备选型等提出合理化建议等。这些附随义务是一种职业道义和责任，不是法定的、强制的。履行附随义务的意识和能力，和监理单位的素质、能力、水平有关，也直接影响到"三控"目标的实现。能力强、水平高、素质优的监理单位，可以很好地履行附随义务，可以提供很多附随的、额外的服务。但是，倘若监理单位受自身责任心和能力等因素限制，附随义务履行不到位，造成了一些不良后果，监理单位也应而且仅应受到道义上的谴责，这也将直接影响其社会信誉和能力水平的评价，但该监理单位不应因此承担民事责任、行政责任和刑事责任。合同义务履行不到位和附随义务履行不到位是有区别的。

(三) 监理履行建设工程安全生产管理法定职责与施工单位的安全生产管理性质不一样

监理的建设工程安全生产管理法定职责主要是《条例》等法律法规规定的，概括起来就是"审查""发现""要求""报告""实施"。也就是说监理对施工单位（生产经营单位）负有监督、督促、管理的职责，通过监理的监督、督促、管理促使施工单位建立健全安全生产管理体系并有效运行，从而避免生产安全事故的发生。可以简单地说，施工单位的职责是管工程现场安全的，监理是管施工单位安全行为的。这在《中华人民共和国建筑法》中有明确表述。建筑法第四十五条规定："施工现场安全由建筑施工企业负责。实行施工总承包的，由总承包单位负责。分包单位向总承包单位负责，服从总承包单位对施工现场的安全生产管理。"即谁施工、谁负责，这也是国际上的通行做法。

因此，监理履行建设工程安全生产管理法定职责与施工单位的安全生产管理性质不一样，不能发生了生产安全事故，不分青红皂白，施工、监理各打五十大板。《中华人民共和国安全生产法》规定："生产经营单位必须遵守本法和其他有关安全生产的法律、法规，加强安全生产管理，建立、健全安全生产责任制和安全生产规章制度，改善安全生产条件，推进安全生产标准化建设，提高安全生产水平，确保安全生产。""生产经营单位的主要负责人对本单位的安全生产工作全面负责。"监理单位不是生产经营单位，应承担的安全生产法定职责也和生产经营单位不一样。

另一方面，监理单位也不是《中华人民共和国安全生产法》中定义的咨询机构。安全生产法规定："承担安全评价、认证、检测、检验的机构应当具备国家规定的资质条件，并对其作出的安全评价、认证、检测、检验的结果负责",否则要承担相应的法律责任。这里讲的安全评价、认证、检测、检验的机构是指具备国家规定的资质条件,能独立做出安全评价、认证、检测、检验的第三方。监理单位不具备安全评价、认证、检测、检验机构规定的资质条件和能力,当然也不应承担相关的法律责任。

第二节 监理的安全责任风险

施工安全事故的发生具有很大的随机性和偶然性,安全生产管理说到底是一个风险管理的问题。通过建设工程参建各方主体的共同努力,可以减少安全事故的发生概率,但是不能百分之百地避免安全事故的发生。采取有效的防范措施,减少安全事故的发生概率,降低工程安全风险,是建设工程参与单位必须解决的重要课题。

监理履行《条例》规定的安全责任的过程,实际上就是介入了施工现场的安全生产管理,充当了建设施工安全生产社会监管的角色。监理单位存在两种风险,一种是监理单位未依法执业、未认真履行监理安全责任,当发生生产安全事故后被追究法律责任的风险;另一种是监理单位即使按照《条例》规定的做了,当发生生产安全事故后,也往往存在被错误的延伸、外联、扩大追究法律责任的风险。努力做好监理工作,合理规避法律责任,降低监理执业风险,已成了监理单位必须正视的严峻话题。加强对风险相关知识的掌握,有利于监理单位认识风险、了解风险、评价风险,并采取合理的措施规避风险。

一、施工现场的安全生产存在风险

由于人的不安全行为、物的不安全状态,导致生产安全事故,并造成人、财、物损失,这是工程风险。

由于项目监理机构未认真履行安全责任,导致被追究行政责任或刑事责任,造成经济、信誉、执业能力等方面损失,这是监理的职业风险。

风险的基本特点有:

(一)风险具有随机性和偶然性

风险因素能否演变为实际的损失,受到多种条件制约,人们往往无法准确地、定量地预测风险事件的发展后果。安全管理是风险管理,生产安全事故的发生有不确定性和不可预见性。例如深基坑开挖时是否会遇上灾害性天气,隧道施工时是否会突然停电,模板支撑系统的扣件是否会突然失效,塔吊小车的电磁离合器是否会突然失灵,人货梯的限位开关、防坠落装置是否会突然损坏等,这些可能引发重大生产安全事故的因素往往是难以预见的。有时候,即使各个责任方、各个环节都做了充分的防范措施,也很难保证绝对没有安全事故发生。

(二)风险具有复杂性和严重性

风险具有复杂性。例如,虽然各工程项目都不同程度地存在相同的风险因素,但后果明显不同,即风险的演变并没有相同的模式。控制得好,大多数工程风险并没有演变为工程事故。

风险具有严重性。控制不好,风险事件就会演变成群死群伤的惨剧。这是因为,安全生产管理是一个系统工程,实现整个施工过程的生产安全需要参建各方的共同努力。发生施工安全事故的原因很复杂,除了"人的不安全行为因素""物的不安全状态因素"等直接原因外,尚有"管理制度不健全""经济利益制约""监管机制不完善""宏观政策及制度设计有缺陷"等深层次的原因。

二、建设工程风险管理的过程

风险管理就是人们对潜在的意外损失进行评估,并根据具体情况采取相应的措施进行处理的过程,一般有风险识别、风险评价、风险对策决策、实施决策、检查并发现新的风险五个步骤。

(一)风险识别

风险识别是风险管理中的首要步骤,是指通过一定的方式,系统而全面地识别出影响建设工程目标实现的风险事件并加以适当归类的过程,必要时,还须对风险事件的后果做出定性的估计。

建设工程风险识别的方法主要有:风险调查法、专家调查法、财务报表法、流程图法、初始清单法和经验数据法。我们运用过程中,风险调查法使用得比较多。建设工程的施工安全风险管理是一个系统的循环过程,所以风险调查也应该在建设工程实施全过程中不断地进行,这样才能了解不断变化的条件对建设工程风险状态的影响。

(二)风险评价

风险评价是将建设工程风险事件的发生可能性和损失后果进行定量化的过程。这个过程在系统地识别建设工程风险与合理地做出风险对策决策之间起着重要的桥梁作用。风险评价的结果主要在于确定各种风险事件发生的概率及其对建设工程目标影响的严重程度。

对于每一个建设工程的施工安全风险,风险评价一般包括风险损失的衡量和风险概率的衡量。

1. 风险损失的衡量

对风险的损失后果可以进行估计。对项目监理机构而言,导致严重后果的,或者事故和监理未履行安全责任有因果关系的,为严重损失风险;未导致严重后果的,或事故和监理未履行安全责任无因果关系的,视为小损失风险。

2. 风险概率的衡量

风险概率指的是发生安全事故的可能性大小。在建筑工程施工中,哪些属于大概率(易发生)风险,哪些属于小概率(不易发生)风险,和很多因素都有关联,比如施工环境、结构类型、结构特点、工艺工法、人员素质等等。因此对风险概率的判定需要综合考虑,但是对于类似工程安全事故的数据统计具有参考价值。

(三)风险对策决策

风险对策决策是确定建设工程风险事件最佳对策组合的过程。一般来说,风险管理中所运用的对策有以下四种:风险回避、损失控制(风险缓解)、风险自留(风险接受)和风险转移。这些对策的适用对象各不相同,需要根据风险评价的结果,对不同的风险事件选择最适宜的风险对策,从而形成最佳的风险对策组合。

从现场施工安全管理的角度来说,风险对策决策对应那些风险量大,可能产生恶性后果的事件,监理必须从源头抓起,落实相关监理安全责任,在风险存在的每一个步骤都要监控,留有书面记录。对于小概率风险,主要应监督施工单位落实安全制度,定期进行安全检查,在巡视中发现问题及时解决。

(四)实施决策

在风险对策决策阶段所做出的决策还需要进一步将其落实到具体的计划和措施中。

一方面要经常对工程的重大危险源进行排查、评估,经常对监理的安全风险进行排查、评估,制定消除重大危险源和监理安全风险的措施,强化现场巡查力度,强化对监理资料的检查、把关等;另一方面要具体落实风险对策决策阶段制定的对策。例如,通过合同条件具体规定各方责任主体的安全责任是风险回避的简单例子;监理企业实行职业责任保险是风险转移的简单例子;对监理人员进行安全知识培训,提高监理人员审核施工组织设计和专项施工方案的正确度和深度,是风险缓解的简单例子。风险量小、造成损失小的事件,适合于风险自留。有的监理企业给人工挖孔桩的验收人员(风险量大)办理人身意外伤害险,对其他人员(风险量小)则不给其办理人身意外伤害险,就是风险自留的典型例子。

(五)检查

在履行监理安全责任、实施风险对策的过程中,要对各项风险对策的执行情况不断地进行检查,并评价各项风险对策的执行效果;在风险实施条件发生变化时,要确定是否需要提出不同的风险处理方案。除此之外,项目监理机构还须检查是否有被遗漏的风险或者发现新的风险,也就是进入新一轮的风险识别,开始新一轮的风险管理过程。

三、监理的安全责任风险

近年来,建设工程一般安全事故频发,恶性事故时有所闻,其中一些生产安全事故,监理单位和监理人员被追究了行政责任或刑事责任。那么,监理人员为何会被追究法律责任? 监理究竟有哪些安全责任风险?

(一)项目监理机构、监理人员道德素质差,不能依法执业、工作不负责任,导致工程安全事故的风险

监理人员道德素质差、不负责任,或者无证上岗、疏于管理,极易造成某些重要施工环节失控(如高支撑模板工程无方案施工或按错误方案施工),从而引发生产安全事故。在这种情况下,相关项目监理机构和监理人员将被追究安全责任。

(二)项目监理机构、监理人员对法律法规、标准规范不学习、不贯彻,导致安全责任不清、工作界限不明,糊里糊涂被追究安全责任的风险

有的项目监理机构缺乏学习精神,对《条例》《建筑工程安全生产监督管理工作导则》《关于落实建设工程安全生产监理责任的若干意见》《危险性较大的分部分项工程安全管理办法》等法规性文件的规定不了解、不熟悉;对哪些是施工单位的责任,哪些是建设单位的责任,哪些是监理单位的责任搞不清楚;有的不该做的做多了(如组织每周的施工安全检查、现场动火证的审批、工程桩入岩深度的判定等),有的该做的没有做(如施工方案的审查、分包单位资质的审查等)。一旦发生生产安全事故,监理人员就会被糊里糊涂扯进去,也少不了被追究监理安全责任。

(三)项目监理机构、监理人员的业务水平特别是安全管理水平低,履行安全责任的能力差,履行安全责任的工作做不到位,易被追究安全责任的风险

监理人员能力差,识别不了施工组织设计和专项施工方案缺少安全技术措施或不符合工程建设强制性标准的情况,发现不了施工现场存在的严重安全隐患,当然谈不上积极履行监理的安全责任。确实,安全生产管理需要较高的专业技术知识和安全技术知识,虽然监理人员不可能是全才,什么都识别、什么都发现,但是,第一,监理人员必须首先做好"程序性"的安全管理工作;第二,一些基本的施工安全技术措施,特别是和质量控制相关的施工安全技术措施,监理人员还是应该掌握的。例如,模板支撑系统的纵、横向间距多少合适,脚手架搭设应如何设置横杆、斜杆、拉接点,基坑水平支撑的施工方法是否与方案相符,基坑挖土的顺序是否合理等,监理人员应该能够识别并果断拿出应对措施。我们的要求是"程序性管理"必须到位,"技术性管理"逐步提高,这样才能提高监理的抗风险能力。

(四)监理服务合同条款不合理、不明确,增加了本可以避免的风险

有的监理单位在签订监理服务合同时,没有注意某些条款是否合理,是否会扩大监理的安全责任;有的监理单位明知不合理,但不敢公开违拗,导致合同成为不合理的"城下之盟"。

例如,有的合同中约定:项目监理机构负责现场安全管理,负责每周一次的安全检查,负责动火令的审批,负责每天施工面的安全巡查;项目监理机构必须保证工程施工过程不发生一起人身伤亡事故,每发生一起死人事故,扣监理费5%,每发生一起重伤事故,扣监理费2%;项目监理机构不得擅自下发"工程暂停令",不得擅自向政府主管部门报告,不得干预业主的进度指令(往往是盲目要求抢工)。

这些合同条款,无疑额外增加了监理的安全责任风险。

(五)社会上对监理工作存在误解,造成监理被错误追究、扩大追究安全责任的风险

社会上各个层面的群体,有的对监理工作不了解,有的存在误解,也有的是想推卸责任、寻找"替罪羊"。因此,目前客观上存在监理被错误追究、扩大追究安全责任的倾向。这在多个建设工程安全事故处理的案例中可以看出。这是我国目前法律体系不够健全、建设工程安全责任不够明确的状况造成的。毫无疑问,这是对监理人员心理打击最大,也是最无奈的风险。

例如,在追究监理人员法律责任特别是刑事责任时,引用刑法中的条文,究竟应该适用第一百三十七条还是第一百三十四条或第一百三十五条? 第一百三十七条规定:"建设单位、设计单位、施工单位、工程监理单位违反国家规定,降低工程质量标准,造成重大安全事故的,对直接责任人员,处五年以下有期徒刑或者拘役,并处罚金;后果特别严重的,处五年以上十年以下有期徒刑,并处罚金。"这就是"工程重大安全事故罪"。但是,因为发生事故后一般找不到监理"降低工程质量标准"的证据,往往无法按第一百三十七条而是按第一百三十四条或第一百三十五条追究监理的法律责任。第一百三十四条(即"重大责任事故罪")与第一百三十五条(即"重大劳动安全事故罪")都是针对生产经营单位(即施工单位)的,工程监理单位既无施工现场的生产指挥权,又无生产的机构组织权、人事任免权、人员调配权,更没有承包获利权,算不上生产经营单位,以第一百三十四条或第一百三十五条追究监理的刑事责任非常不适当。

四、监理应如何规避安全责任风险

为了合理地规避监理的安全责任风险,更好地履行《条例》规定的监理安全责任,监理单位应努力做好以下几个方面:

(一)提高依法执业意识,加强监理单位自身建设

监理单位作为与建设工程安全生产有关的责任主体之一,具有相对的独立性,依法执业的意识尤为重要。监理单位应当依法取得相应等级的资质证书,承担与其资质、能力相称的监理业务,不得允许其他单位或个人以本单位名义承揽工程。项目监理机构的人员,特别是总监理工程师、总监理工程师代表、专业监理工程师,应具备相应的资格和上岗证书,并具备相应的管理、技术能力。监理单位要强化监理人员职业道德和遵章守纪的教育、管理,不允许与建设单位或施工单位串通、弄虚作假、降低工程质量,不允许玩忽职守、不履行合同约定的监理义务,不允许失职、渎职、对现场安全隐患视而不见。特别是对于以下情节必须严格制止:

1. 施工组织设计和重要的专项施工方案无安全技术措施等内容,施工企业技术负责人尚未审查批准,监理就签字认可的;

2. 不具备开工条件(如设计图纸未经图审合格、施工准备不足、施工许可证未办等),监理就签字同意开工的;

3. 建设单位有压缩合同约定工期等不规范行为,监理默认或表示同意的;

4. 迁就建设单位意见,在必须停工整顿时不下发"工程暂停令"指令暂停工的;

5. 发现严重安全事故隐患拖延报告或隐瞒不报,特别是应当向政府主管部门报告而未报告的;

6. 发现施工单位资质不符、无安全生产许可证、特种作业人员无证上岗、未配专职安全员或安全员配备不足、未提供安全生产条件评价报告或未经有关部门审核的安全生产条件资料等情况时,未及时采取措施制止或不及时报告的;

7. 同意或越权指令施工单位违章作业的。

监理单位只有依法执业、严格监理,才能降低建设工程生产安全事故发生的几率,也才能有效避免监理的安全责任风险。

(二) 学习与监理安全责任有关的法律法规文件,明确监理的责任范围

项目监理机构和监理人员要努力学习与监理安全责任有关的法律法规文件,特别是《条例》。《条例》规定,监理的安全责任主要是"审查"(含施工组织设计和专项施工方案)、"发现"(安全隐患)、"要求"(整改或暂停工)、"报告"(建设单位及有关主管部门)、"实施"(法律、法规、强制性标准)。如果这几条做不到位,监理即构成失职、渎职甚至犯罪;如这几条做到位了,并有相关文字、影像等资料证明,则监理就不会再承担法律责任,不会受到经济、行政、刑事的惩罚。

应该注意,监理单位该做的必须做到位,不该做的不要往身上揽。特别是属于施工单位的安全工作,监理千万不要越俎代庖。监理应当督促施工单位建立健全安全保证体系并有效运行,发挥其社会监管的作用,但不要替代施工单位安排生产、管理安全,更不要违反设计和规范瞎指挥、乱指挥。

(三) 学习安全专业知识,形成专业互补的安全监管力量,提高安全监管能力

项目监理机构要注意区分安全生产的"程序性管理"和"技术性管理"。首先应注意并做好"程序性管理",这是硬杠杠,不能马虎疏忽;同时应逐步熟悉掌握"技术性管理",不断提高"技术性管理"的水平和管理深度,做好"符合性管理"。监理人员应加强相关安全知识的学习、培训,提高安全管理的专业水平。如基坑安全的设计计算校核及施工安全技术措施、大型模板支撑系统的计算校核及施工安全技术措施、临时用电负荷的计算和安全技术措施、消防安全技术措施、大型设备吊装安全技术措施等,均涉及较深的专业技术知识和安全技术知识,监理人员应逐步提高相关技术水平。只有具备一定的技术水平,审查施工单位的组织设计和专项施工方案时才能查出存在问题,监理工作中才能发现安全事故隐患。

一个建设工程监理的安全管理工作做得如何,关键在于总监。总监应关注安全管理工作,亲自抓安全;项目监理机构可指定专人分管安全管理工作。项目监理机构中各专业监理工程师要关注本专业相关的安全技术措施,审查本专业施工组织设计(专项施工方案)安全技术措施的编制情况并检查现场实施情况。发现问题要及时采取措施并向总监或分管安全的监理工程师报告。

项目监理机构的安全监管能力提高了,才能提高施工组织设计(专项施工方案)审核的深度和正确度,才能及时发现并消除施工现场存在的安全隐患。

(四) 签订合法、合理的监理委托合同,正确界定双方的权利、义务

监理工作是技术咨询服务,监理对施工单位的监督管理应取得建设单位的授权。签订监理委托合同时,应尽量采用格式文本;在专用条款中,要对双方的权利、义务做正确界定;要坚决反对霸王条款。项目监理机构是在国家现行法律法规框架下工作的,不能随意扩大监理的安全职责和安全责任。对于在哪些情况下监理可以下发"工程暂停令",在哪些情况下监理可以向政府主管部门报告,可以有书面约定。

同时,在履行合同过程中,如建设单位故意违法违规,项目监理机构应及时提醒、规劝,表明反对的态度。如建设单位置之不理,项目监理机构应高度警惕,情况严重时应在有理(及时提出意见、收集和留下凭证)、有利(收到相应经济收益后)的原则下,适时终止合同,以防面临更大的风险。

有的监理单位在承接业务时采取明显低于成本的不合理低价的经营策略,接到业务后监理人员和安全管理的监理工作不到位,大大增加了监理风险,这是极不可取的。有的监理单位允许建设单位以本监理单位的名义监理,自己收取少量挂靠费,结果被追究了法律责任。这种教训必须深刻记取。

(五) 做好宣传、呼吁工作,争取社会对监理的更多理解和支持

社会上有些人对监理职责、责任、义务的规定不十分明了,有些人甚至对监理的认识还存在误解和盲区。本质上,监理工作就是技术管理工作,建设工程监理就是工程监理单位受建设单位委托代表建设单位对工程承包单位实施监督的咨询服务行为。不能也不应该要求监理单位承受超出国家法律法规规定和合同约定的责任,否则不仅混淆了建设工程各方主体的责任,也不利于从根本上提高建设工程的安全管理水平。

(六) 做好监理资料收集整理工作;被不当追究法律责任时做好维权举证工作

监理工作可概括为"三控、两管、一协调、一履行",信息管理是监理的重要工作之一。项目监理机构应该也有条件做好资料、特别是与监理履行安全责任有关资料的收集整理工作。

除此之外,生产安全事故发生后,监理应做好维权和举证工作,防止监理无过错却只有轻微过错却被扩大追究安全责任。项目监理机构应具有维权意识,注意自身保护,必要时可进行申诉并举证。监理举证的内容一般应包括如下方面:

(1) 反映监理依据合法性的证据。即项目监理机构是按国家法律法规、合同、设计文件、工程建设强制性标准进行监理的证据。

(2) 反映监理工作的程序、方法合法性、规范性的证据。即监理机构的具体工作、具体做法是符合有关规定的证据,如所有的监理指令文件都符合政府主管部门监理用表的要求。

(3) 反映监理进行工程协调和处理问题其后果合理性的证据。如监理过程中,没有错误指令;发现质量、安全问题,进行了合理的处置;监理的工作成效;等等。

针对被追究的事故责任,要提出有可信证据的事故原因分析报告。如业主原因、设计原因未予考虑,或从轻考虑,而施工原因、监理原因则被过度夸大,监理机构和人员就有被过度追究安全责任的风险。项目监理机构注意收集、保存好可信证据,是一项重要的基础性工作。

另外还应注意监理资料的及时性。有的项目发生生产安全事故后,公安部门第一时间(往往1小时内)先把监理资料封存或取走,这时如果监理资料不及时、不完善,拿不出足够充分能证明监理已履行安全责任的可信证据,项目监理机构想规避安全责任风险是很困难的。

第三节　相　关　术　语

一、安全生产管理的监理工作 (supervision work of safety production management)

监理单位依据国家有关法律法规和工程建设强制性标准及省、市的有关规定,落实安全生产监理法定职责,做好建设工程安全生产管理的监理工作的简称。

二、项目监理机构 (project management department)

工程监理单位派驻工程负责履行建设工程监理合同的组织机构。项目监理机构应配备专职或兼职从事建设工程安全生产管理的监理工作的人员。

三、从事安全生产管理工作的监理人员 (supervisors in safety production management)

项目监理机构配备的、具体从事《建设工程监理规范》规定的安全生产管理的监理工作的人员。从事安全生产管理工作的监理人员可以是专职的也可以是兼职的,在总监理工程师领导下开展工作。

四、监理规划 (履行监理法定职责部分) [project management planning (performance of supervision legal responsibilities)]

在总监理工程师主持下编制、经监理单位技术负责人批准的,用于指导项目监理机构开展安全生产管理的监理工作的指导性文件。

五、安全生产管理的监理工作实施细则 (supervision detailed rules of safety production management)

根据监理规划,由专业监理工程师主持、其他监理人员参加编写的,并经总监理工程师批准的，针对工程项目开展安全生产管理的监理工作的操作性文件。危险性较大的分部分项工程可以编写独立的安全生产管理的监理工作实施细则，也可以根据工程项目专业特点将安全生产管理的监理工作实施细则的内容分别编写在本专业监理实施细则内。

六、危险性较大的分部分项工程（divisional and subdivisional work with higher risk）

《条例》第二十六条规定的达到一定规模的危险性较大的分部分项工程如下：

1. 基坑支护与降水工程；
2. 土方开挖工程；
3. 模板工程；
4. 起重吊装工程；
5. 脚手架工程；
6. 拆除、爆破工程；
7. 国务院建设行政主管部门或者其他有关部门规定的其他危险性较大的工程。

《危险性较大的分部分项工程安全管理办法》（建质〔2009〕87 号）"附件一"对危险性较大的分部分项工程范围做了具体规定；"附件二"对超过一定规模的危险性较大的分部分项工程范围做了具体规定。

七、安全生产管理机构（management organization of safety manufacture）

施工单位在建设工程项目中设置的负责安全生产管理工作的独立职能部门。

八、安全生产管理人员（safety production management personnel）

施工单位配备的经建设主管部门或者其他有关部门安全生产考核合格，取得安全生产考核合格证书，从事安全生产管理工作的人员。包括施工企业安全生产管理机构的负责人、施工项目部负责人、施工现场专职安全生产管理人员。

九、施工安全技术措施（technical measure for construction safety）

施工单位在施工前，为了实现安全生产，针对建筑工程特点，在防护、技术和管理方面所制定的措施，是施工组织设计或施工方案的重要组成部分。

十、专项施工方案（method for specific construction）

施工单位针对专业性较强的及危险性较大的分部分项工程在施工前编制并按照规定程序审查批准的、包括施工安全技术措施的施工方案。

十一、建筑施工起重机械设备（lift machinery for construction）

建筑施工起重机械设备是指涉及生命安全、危险性较大的施工起重机械，整体提升脚手架、模板等自升式架设设施等设备、设施。

十二、施工特种作业人员（special construction workers）

施工特种作业人员是指其作业场所操作的设备、操作的内容具有较大的危险性，容易发生伤害事故,或者容易对操作者本人以及对他人和周围设施的安全有重大危害因素的作业人员,如建筑电工、建筑架子工、建筑起重司索信号工、建筑起重机械司机、建筑起重机械安装拆卸工、高处作业吊篮安装拆卸工、建筑焊工、建筑施工机械安装质量检验工、桩机操作工、建筑混凝土泵操作工、建筑施工现场场内机动车司机及其他施工特种作业人员,如从事爆破、锅炉、压力容器、客运索道、大型游乐设施及在水下或井下施工的作业人员。

十三、附随义务(collateral obligation)

指当事人遵循诚实信用原则,根据合同的性质、目的和交易习惯履行通知、协助、保密等义务。这些义务衍生、附随于合同义务,虽然合同条款中没有规定,当事人也必须遵守和履行。

第二章 监理履行安全法定职责的目标和策划

监理单位签订合同、承接建设工程的监理业务后，首先要熟悉项目的要求，对可能的安全风险进行评估，制定切实可行的安全管理目标；在明确监理安全管理目标的基础上，组建高效的监理组织机构，制定监理履行安全法定职责的策略和措施。这实际上是监理的项目策划。项目策划的结果，形成书面文字体现在"监理规划"（含履行监理安全法定职责部分）中。因此，落实监理安全法定职责要做的工作有两方面：一方面是项目监理机构自身的组织、计划、安排，这些组织、计划、安排反映在监理规划、安全类的监理实施细则中；另一方面是项目监理机构根据规划、细则开展的具体监理工作。

第一节 监理的安全管理目标和组织机构

一、监理的安全管理目标

（一）监理的安全管理目标和施工单位的安全管理目标不同

施工单位的安全管理目标是确保整个生产经营过程（施工过程）符合国家有关安全法律法规要求，不发生任何生产安全事故，不造成建设工程中的从业人员和其他人员的人身伤害及财产损失，保证整个施工过程正常有序进行，在合同约定的时间和资金范围内生产出合格的建筑产品。可以说，施工单位的安全管理目标是针对项目的，针对施工过程的，针对施工活动所涉及的人和物的。

而监理单位的安全管理目标不同。监理单位作为生产经营过程（施工过程）的社会监管单位，其安全管理目标是针对被监管单位，即施工单位的。监理单位的安全管理目标应该是：督促施工单位按照国家有关安全的法律法规施工，督促施工单位建立健全安全生产管理体系并有效运转，从而避免生产安全事故的发生。因此，决不可把监理的安全管理目标与施工单位的安全管理目标混同起来。

一般讲，监理单位的安全管理目标应包括两方面的内容：

1. 通过项目监理机构的监督、管理，促使施工单位的安全生产管理体系有效运行，从而避免生产安全事故的发生；

2. 强化项目监理机构的安全监理意识，加强监理组织建设，提高安全监理的能力和水平，确保不发生任何与监理责任有关的生产安全事故。

如果不注意区别而把管理者和被管理者、监管方和被监管方的安全管理目标混在一起，容易发生职责不清、责任不明的现象。

（二）监理制定安全管理目标时应考虑的因素

1. 法律法规的要求、建设行政主管部门的要求；

2. 建设单位（委托方）的要求；

3. 施工单位的安全素质、管理水平和工程经历、经验；

4. 工程项目存在的危险源和风险；

5. 可采取的施工组织方案和安全技术措施；

6. 建设单位、施工单位可能的安全投入（人、财、物等）；

7. 其他因素。

充分考虑上述这些因素，有利于项目监理机构制定切实可行的安全管理目标。

二、监理现场组织机构

（一）工程监理企业在与建设单位签订的委托监理合同中，应明确安全生产管理的监理工作范围、内容、职责及费用。建设单位应将安全生产管理的监理工作的委托范围、内容及对工程监理单位的授权，书面告知施工单位。

（二）监理企业应建立安全生产管理的监理工作的管理体系，制定监理履行安全生产管理职责的规章制度，并检查指导项目监理机构的安全生产管理的监理工作，切实防止监理责任事故的发生。

监理企业法定代表人应对本企业落实监理安全生产管理的法定职责全面负责。监理企业法定代表人可以委托专人（总经理、副总经理、总工程师等）专门负责落实本企业监理安全生产管理的法定职责的工作，并可指定专门管理部门负责检查、指导项目监理机构的监理安全生产管理的法定职责的工作。监理企业设派出机构的，应指派该机构落实监理安全生产管理的法定职责负责人。

（三）项目监理机构应根据监理合同的约定和监理项目的安全风险，设立相应的经有资格的单位培训合格的专职或兼职从事建设工程安全生产管理的监理工作的人员。

总监理工程师对监理的工程项目的安全生产管理的监理工作负责，并根据工程项目特点，明确监理人员的具体职责。总监理工程师应委托专人（专职或兼职）分管工程项目的安全生产管理的监理工作。

（四）监理单位、总监理工程师、专业监理工程师和专职或兼职从事建设工程安全生产管理的监理工作的人员依据《条例》承担相应的安全生产管理的监理工作责任。

（五）为了履行监理安全法定职责，需要组建一个高效、精干、具有较高专业技术水平和较高项目管理能力的组织机构。

1. 要委派得力的总监理工程师

目前，我国基本实行的是总监负责制，即由总监理工程师代表监理企业履行对工程项目的监理义务；对内，总监对监理企业负责，对外，总监对业主（建设单位）负责；项目监理机构以总监为核心，监理成员服从总监的统一领导。毫无疑问，总监也是项目监理机构履行监理安全法定职责的第一责任人。

我国监理实行的是执业资格、注册上岗制度。作为总监人选，第一要有执业资格并进行了注册；第二要有足够的专业技术水平和管理能力。总监的能力和水平对于开展项目的安全监理工作至关重要。

2. 要组建经验丰富、专业配套、技术职称合理的项目监理机构

（1）项目监理机构成员特别是总监、总监代表和专业监理工程师要有丰富的监理经验，能游刃有余地处理各种工程技术问题和工程管理问题，包括安全监理方面的问题。

（2）项目监理机构成员专业结构要合理，土建、岩土地质、给排水、暖通、电气、经济（造价、合同）等专业人员配套，并具有相应的资格。

（3）项目监理机构成员技术职称结构要合理，高级、中级、初级技术人员搭配。总监、总监代表宜具有高级技术职称；专业监理工程师宜具有中级以上技术职称；监理员宜具有初级以上技术职称。

（4）根据各施工阶段的实际需要，项目监理机构人员应适当调整。如基础施工阶段应配备岩土专业的监理工程师；主体施工阶段应配备土建专业的监理工程师；装饰装修阶段应配备装潢专业的监理工程师。

3. 项目监理机构人员职责要明确

项目监理机构应根据监理合同的约定和监理项目的特点设立相应的专职或兼职从事安全生产管理的监理人员。

总监理工程师对履行工程项目的安全生产法定职责负责，并根据工程项目特点，明确监理人员的安全管理职责。总监理工程师可以委托专人（专职或兼职）从事工程项目的安全生产管理的监理工作。

（六）监理人员职责

1. 总监理工程师的职责

（1）对所监理工程项目的安全生产管理的监理工作全面负责；

（2）确定项目监理机构从事安全生产管理的监理人员，明确其工作职责；

（3）负责工程项目的安全监理工作的策划，主持编写监理规划包括履行安全生产法定职责方案，审批有关安全生产管理监理工作的实施细则；

（4）主持制定项目监理机构的安全生产管理的监理工作制度，抓好安全生产管理的监理工作教育和培训；

（5）经常主持对现场已出现的或可能出现的安全隐患进行评估，审核并签发有关安全监理的"监理通知单"和安全监理专题报告等文件；

（6）组织审批施工组织设计和专项施工方案，组织审查和批准施工单位提出的安全技术措施及工程项目生产安全事故应急预案；

（7）签发"工程暂停令"，必要时向有关部门报告；

（8）指导、支持监理人员正确行使监理职能，检查安全监理工作的落实情况；

（9）经常召开履行监理安全责任工作会议，总结项目监理机构安全监理工作情况，发现问题，及时采取措施；

（10）主持安全监理工作资料的整理工作，包括监理月报、专题工作报告、监理工作总结等，保证监理工作资料的完整性和及时性。

2. 从事安全生产管理的监理人员的职责

（1）在总监领导下，参与项目监理机构的安全生产管理的监理工作，完成总监分配的工作任务；

（2）参与编写监理规划包括履行安全生产管理法定职责方案和有关安全生产管理监理

工作的实施细则；

（3）审查施工单位的营业执照、企业资质和安全生产许可证；

（4）审查施工单位安全生产管理的组织机构，查验安全生产管理人员的安全生产考核合格证书、各级管理人员和特殊作业人员上岗资格证书；

（5）检查施工单位制定的安全生产责任制度、安全检查制度和事故报告制度的执行情况；

（6）检查施工单位安全培训教育制度和安全技术措施的交底制度的执行情况；

（7）协助专业监理工程师审核施工组织设计中的安全技术措施和专项施工方案；

（8）核查建筑施工起重机械设备拆卸、安装和验收的手续及记录；

（9）经常对现场已出现的或可能出现的安全隐患进行评估，经常对项目监理机构履行监理安全责任的情况进行分析检查，并将评估和分析检查情况向总监报告；

（10）对施工现场进行安全巡视检查，填写监理日志（安全工作部分），发现问题及时向专业监理工程师通报，并向总监理工程师报告。

3．专业监理工程师的职责

（1）在总监领导下，参与项目监理机构的安全生产管理的监理工作，负责本专业或本标段范围的安全生产的管理工作，是本专业或本标段安全生产管理的监理工作责任人；

（2）负责编写本专业有关安全生产管理的监理工作的实施细则；

（3）负责审核本专业施工组织设计或施工方案中的安全技术措施，并检查督促施工单位实施；

（4）负责审核本专业的危险性较大的分部分项工程的专项施工方案，并检查督促施工单位实施；

（5）检查本专业施工安全状况，发现安全事故隐患及时要求施工单位整改，并及时向从事安全生产管理的监理人员通报或向总监理工程师报告；

（6）检查本专业或本标段范围的安全生产管理的工作资料的收集整理情况，对存在的问题限期整改、完善。

4．监理员职责

（1）检查施工现场的安全状况，发现问题要求整改并及时向专业监理工程师或从事安全生产管理的监理人员报告；

（2）认真填写监理日志（日报），做好安全监理工作资料的记录、整理工作。

第二节　编写监理规划和监理实施细则

根据《建设工程监理规范》（GB/T 50319—2013）、《关于落实建设工程安全生产监理责任的若干意见》（建市〔2006〕248号）、《危险性较大的分部分项工程安全管理办法》（建质〔2009〕87号）等相关规章文件的要求，项目监理机构应当编制包含履行安全生产管理法定职责内容的项目监理规划和监理实施细则。

一、监理规划（履行监理安全生产法定职责部分）的编写要求

1．监理规划中应包括履行监理安全生产法定职责部分。项目监理机构履行监理安全

生产法定职责的方案,可以作为一个独立部分编制在监理规划中,也可以单独成册,作为监理规划的补充文件单独报批后实施。

2. 履行监理安全生产法定职责的方案应根据相应的法律法规的要求、工程项目特点以及施工现场的实际情况,确定安全监理工作的目标、重点、制度、方法和措施,应明确工程项目中有哪些重大危险源,并明确应编制安全监理实施细则的分部分项工程或施工部位。履行监理安全生产法定职责的方案应具有针对性。

3. 履行监理安全生产法定职责的方案的编制应由总监理工程师主持,专职(兼职)从事安全管理的监理人员和专业监理工程师参加。监理规划(履行监理安全生产法定职责部分)由监理单位技术负责人审批后实施。

4. 履行监理安全生产法定职责的方案应根据工程的变化予以补充、修改和完善,并按规定程序报批。

5. 履行监理安全生产法定职责的方案应明确总监、从事安全管理的监理人员以及其他监理人员的职责,进行恰当的分工,规定在每天的监理日志中记录相关的安全监理工作内容。

6. 履行监理安全生产法定职责的方案中应包括安全管理的监理工作制度。

二、监理规划(履行监理安全生产法定职责部分)编写提纲

(一) 本工程安全监理工作的主要内容、范围

1. 工程概况和安全监理工作的主要特点、重点、难点;

2. 安全监理工作的目标和范围;

3. 安全监理工作依据;

4. 安全监理工作内容。

(二) 项目监理机构和人员职责

1. 项目监理机构框图。

2. 专职(兼职)从事安全管理的监理人员配备。

3. 监理人员职责职权分配:

1) 总监理工程师;

2) 总监理工程师代表;

3) 从事安全管理的监理人员;

4) 专业监理工程师;

5) 监理员。

(三) 安全监理工作制度

1. 施工组织设计安全技术措施审查制度;

2. 专项施工方案审查制度;

3. 执行法律法规和强制性技术标准规范制度;

4. 安全隐患处理、报告制度;

5. 安全巡视、检查制度;

6. 安全事故处理、报告制度。

(四) 安全监理工作程序

1. 建设工程安全监理工作程序(含框图);

2. 安全技术措施及专项施工方案的报审程序;

3. 建筑施工起重机械设备报审程序;

4. 安全防护、文明施工措施费的报审程序;

5. 安全隐患处理程序;

6. 安全事故处理程序。

(五) 安全生产管理的监理工作方法

1. 审查施工企业资质和特种作业人员资格;

2. 审查施工单位安全生产机构建立情况;

3. 审查施工单位安全生产许可证和安全生产管理人员(B类、C类人员)证书;

4. 审查施工组织设计和专项施工方案;

5. 审批安全防护、文明施工措施费使用计划;

6. 监理例会和专题会议;

7. 检查施工企业安全管理体系的实施情况;

8. 参加施工企业(总包)组织的安全检查;

9. 安全隐患整改指令;

10. 安全隐患的报告。

(六) 安全监理工作资料和主要安全监理工作用表

1. 安全监理工作资料(监理日志、监理月报、监理通知单、施工单位通知单回复单、工程暂停令、施工单位复工申请、监理备忘录、监理报告、例会纪要、专题会议纪要、施工单位安全检查表、安全整改报告等);

2. 危险性较大的分部分项工程一览表;

3. 监理须复核安全许可的建筑施工起重机械、设备一览表;

4. 监理须编制专项安全管理的监理工作实施细则一览表;

5. 安全监理工作检查、巡查用表。

三、安全管理的监理工作实施细则的编写要求

根据监理规划,工程项目可以编写独立的安全管理的监理工作实施细则,也可以根据工程项目专业特点将安全管理的监理工作实施细则的内容分别编写在本专业监理实施细则内。

1. 安全管理的监理工作实施细则中应包括本工程安全监理工作的实施内容。

2. 安全管理的监理工作实施细则应按照监理规划的要求和专项施工方案编制,安全管理的监理工作实施细则应具有可操作性。

3. 危险性较大的分部分项工程(如深基坑工程、高大模板工程、大型设备吊装作业等)施工前,项目监理机构应已完成编制安全管理的监理工作实施细则。

4. 安全管理的监理工作实施细则应针对经审批的施工单位编制的专项施工方案和现场实际情况,依据监理规划提出的工作目标和管理要求,明确监理人员的分工和职责,安全监理工作的方法、措施和控制要点,以及检查方案。

5. 安全管理的监理工作实施细则的编制应由专业监理工程师主持,从事安全管理,监理人员参加。安全管理的监理工作实施细则由总监理工程师审批后实施。

6. 安全管理的监理工作实施细则应根据工程的变化予以补充、修改和完善，并按规定程序报批。

四、安全管理的监理工作实施细则编写提纲

(一) 本专业工程(或分部工程、分项工程)安全监理工作的特殊性

1. 本专业工程(或分部工程、分项工程)特点；

2. 本专业工程(或分部工程、分项工程)安全评估；

3. 本专业工程(或分部工程、分项工程)安全监理工作要点；

4. 本专业工程(或分部工程、分项工程)安全管理的监理工作实施细则编制依据。

(二) 安全监理工作的流程

1. 审核施工单位安全生产责任体系的建立情况；

2. 审核施工组织设计(施工专项方案)中的安全技术措施；

3. 审核建筑施工起重机械设备验收情况和特种作业人员的资格条件；

4. 检查施工单位安全责任体系的实施情况；

5. 定期、不定期巡查危险性较大的施工作业；

6. 发现安全隐患的报告和处理。

(三) 安全监理工作的方法

1. 项目监理机构在实施监理过程中，发现工程存在安全事故隐患时，应签发监理通知单，要求施工单位整改。

2. 情况严重时，应签发工程暂停令，并及时报告建设单位。

3. 施工单位拒不整改或不停止施工时，项目监理机构应及时向有关主管部门报送监理报告。

(四) 安全监理工作的主要措施

1. 安全监理工作的一般措施

1) 审查施工单位施工资质、安全生产许可证；审查安全生产管理人员(B类、C类人员)安全生产培训考核合格证；审查项目管理人员及特种作业人员的上岗资格证。

2) 审查施工单位安全生产责任制度；安全生产管理机构；施工单位安全生产交底制度、安全生产教育培训制度、安全生产规章制度和操作规程等制度建立情况。

3) 审查安全防护及文明施工措施费使用计划。

4) 审查施工单位应急救援预案编制情况。

5) 审查施工单位特种设备验收情况。

(1) 建筑施工起重机械设备使用前，应当组织有关单位进行验收，也可以委托具有相应资质的检验检测机构进行验收；使用承租的机械设备和施工机具及配件的，由总包、分包、出租、安装等单位共同进行验收，验收合格的方可使用。

(2)《中华人民共和国特种设备安全法》规定的施工起重机械，在验收前经有相应资质的检验检测机构监督检验合格的方可使用。

(3) 建筑施工起重机械设备验收合格之日起 30 日内，应向建设行政主管部门或者其他有关部门登记。

6) 审查施工组织设计中的安全技术措施或者专项施工方案是否符合工程建设强制性

标准。

7）发现存在安全事故隐患时，应及时要求施工单位整改；情况严重的，应当要求施工单位暂时停止施工，并及时报告建设单位。

8）检查施工单位安全事故隐患整改情况，符合要求的，同意继续施工或同意复工。

9）施工单位拒不整改或者不停止施工的，应当及时向建设主管部门或者其他有关主管部门报告。

2. 针对本专业工程（或分部工程、分项工程）的特殊措施（以模板工程为例）

1）专项施工方案程序性审查要点：

（1）方案应有针对性。

（2）方案内容应齐全，包括荷载取值、设计计算及支模、看模（观测）、拆模的程序、方法及安全措施。

（3）方案应符合审批程序。编制人、审核人、批准人签字；批准人应是施工单位（法人）技术负责人。

（4）特殊结构（大空间、大跨度、厚大结构、悬挑结构等）模板工程的专项方案应组织专家进行论证、审查通过。

2）模板支撑系统设计计算审核要点：

（1）荷载取值应符合规范要求（静荷载、动荷载、风荷载、雨雪荷载等），并考虑组合荷载取值的最不利情况。

（2）模板支撑系统应当有足够的承载能力、刚度和稳定性，能够承受新筑混凝土自重和侧压力，以及在施工过程中所产生的荷载（包括振动）。

（3）模板支撑的搭设尺寸如步距、立杆纵距、立杆横距和连墙件间距、扫地杆等应符合强制性标准规范要求。

（4）要有立柱和整体稳定性验算。

（5）要有搭设施工图和细部构造详图；对材料的规格尺寸、接头方法、间距和剪刀撑设置等有详细说明。

（6）拆模条件计算；混凝土强度要求；拆模顺序；周转材料配备数量要求。

3）安全技术措施审核要点：

（1）栏杆高度和搭设高度、围护网（栏）设置等措施。

（2）高空作业人员安全防护措施。

（3）立柱（杆）底部承载能力、底部垫板设置。

（4）临时用电安全措施。

（5）消防安全措施。

（6）施工机械设备安全措施。

（7）"洞口""临边"安全措施。

（8）拆模安全措施。

（9）施工班组安全技术交底措施。

（10）材料（钢管、扣件、模板）等验收办法。

（11）搭设过程检查（如扣件力矩）检查办法。

（12）模板支撑、模板验收办法。

4）监理巡查、检查要点：

（1）特殊作业人员（如架子工、电工等）持证情况。

（2）搭设施工与模板工程的专项方案是否一致；如材料规格、纵距、横距、斜撑、连墙件设置等。

（3）搭设施工的可靠性、稳定性检查，如立杆下垫板的质量、扣件力矩等。

（4）是否存在安全事故隐患；是否存在违反安全技术措施的作业。

（5）施工单位模板支撑用搭设材料、搭设过程、验收程序和验收结果是否符合要求。

（6）模板支撑系统拆除的顺序和安全措施是否按专项施工方案进行。

第三章 安全生产管理的监理工作

第一节 施工准备阶段的主要监理工作

一、对施工单位资质的核查核验

根据相关法律法规的要求,对施工单位市场准入要进行把关,核验施工单位的企业资质、安全生产许可证等资格文件;施工单位进入现场后,还需要对施工单位派驻现场的管理人员、特种作业人员的资格进行审查。

(一)对施工单位资格的核查核验分两种情况进行

第一种情况,施工单位(一般是总承包单位或是法律法规规定有专项专业资质要求的专业施工单位)是经公开招标确定的,施工单位的资格已由建设单位或招标代理机构在招标过程中进行了审查,审查结果也是符合工程项目要求的。在这种情况下,监理无需再进行施工单位资格的审查,只要对进场的施工单位进行资格核验(包括队伍的真实性、主要管理人员的真实性)就可以了。监理应该注意防止弄虚作假或冒名挂靠等情况发生。

第二种情况,施工单位不需要经过公开招投标程序选择,往往由施工总承包单位或建设单位直接选定。在这种情况下,项目监理机构要认真对施工单位的资格和能力进行审查。审查包括审查施工资质是否能满足工程实际施工需要、有无安全生产许可证、有无类似工程业绩、有无质量安全问题等。当然,在选择、确定施工单位的过程中,项目监理机构仅有建议权和否决权,没有决定权。

(二)施工承包单位的资质

为了加强对建筑活动的监督管理,维护建筑市场秩序,保证工程质量、安全,保障施工承包单位的合法权益,住建部先后发布了《建筑业企业资质标准》(建市〔2014〕159号)和《建筑业企业资质管理规定》(中华人民共和国住房和城乡建设部令第22号),制定了建筑业企业资质等级标准和管理要求。承包单位必须在规定的范围内进行经营活动,且不得超范围经营。建设行政主管部门对承包单位的资质实行动态管理。

建筑业企业资质分为施工总承包、专业承包和劳务分包三个序列。这三个序列按照工程性质和技术特点分别划分为若干资质类别,各资质类别按照规定的条件划分为若干等级。

1. 施工总承包企业

获得施工总承包资质的企业,可以对工程实行总承包或者对主体工程实行施工承包。施工总承包企业可以对所承接的工程全部自行施工,也可以依法将非主体工程或者劳务作业分包给具有相应专业承包资质或者劳务分包资质的其他建筑业企业。

2. 专业承包企业

获得专业承包资质的企业，可以承接施工总承包企业分包的专业工程或者建设单位按照规定发包的专业工程。专业承包工程可以对所承接的工程全部自行施工，也可以将劳务作业分包给具有相应劳务分包资质的劳务分包企业。

3. 劳务分包企业

获得劳务分包资质的企业，可以承接施工总承包企业或专业承包企业分包的劳务作业。

（三）施工承包单位的安全生产许可证

2004年1月13日，国务院颁布实施《安全生产许可证条例》，2004年7月5日，建设部公布施行《建筑施工企业安全生产许可证管理规定》（建设部令第128号）。国家对建筑施工企业实行安全生产许可制度，建筑施工企业未取得安全生产许可证的，不得从事建筑施工活动。国务院建设主管部门负责中央管理的建筑施工企业安全生产许可证的颁发和管理，省、自治区、直辖市人民政府建设主管部门，负责本行政区域内上述规定以外的建筑施工企业安全生产许可证的颁发和管理，并接受国务院建设行政主管部门的指导和监督。

安全生产许可证的有效期为3年，有效期满需要延期的，施工企业应当于期满前3个月向原发证机关办理延期手续。施工企业在安全生产许可证有效期内，严格遵守有关安全生产的法律法规，未发生死亡事故的，安全生产许可证有效期届满时，经原发证机关同意，不再审查，安全生产许可证有效期可延期3年。

监理企业应当认真审查、核查施工单位的企业资质和安全生产许可证，检查总包单位与分包单位的合同和安全协议签订情况。分包单位的企业资质和安全生产许可证宜通过网上查验审查。分包单位的审查资料一般包括营业执照、企业资质、安全生产许可证、项目经理证（限专业分包）、安全人员B类证及C类证、特种作业人员上岗证、分包合同、分包工程施工组织设计、建设单位认可手续（限专业分包）等。

二、对施工组织设计和专项施工方案的审查

施工组织设计和专项施工方案是施工单位对工程施工进行的事先组织和策划工作，一旦获得批准，就是实施施工的重要依据。有经验的施工单位，非常重视施工组织设计和专项施工方案的编写，有经验的监理单位也非常注重对施工组织设计和专项施工的审查、审批，并逐一检查施工单位对已获得批准的施工组织设计和专项施工方案的执行情况。

（一）施工组织设计和专项施工方案审查的重要性

现代建筑施工具有耗资大、周期长、涉及专业多、技术更新快、生产活动十分复杂等特点。要在预定的工期安排和工程概算范围内，做出符合规定要求的合格产品，保证施工过程不发生生产安全事故，保障施工人员的健康状况和对周边环境的合理保护，是摆在工程建设各参建单位面前的重要任务。施工单位的施工组织设计和专项施工方案必须坚持技术性、科学性、实用性、经济性和安全性。现在实际中常见的情况有：

1. 施工单位对施工组织设计和专项施工方案的编制不重视，有的拿不出书面施工组织设计和方案，有的虽有书面施工组织设计和方案，但非常简单粗糙甚至错误，有的报审时间严重滞后。这实际上导致了无方案施工。施工管理人员凭经验指挥，工人盲目施工，重要

的施工环节、施工控制参数无人过问,现场混乱,没有章法。这种情况,施工质量无法保证,也极易发生生产安全事故。

2. 针对性差。施工单位编制的施工组织设计和专项施工方案,往往是其投标时作为技术标报送的,表面上看面面俱到,环环紧扣,实际上实用性差、针对性差。许多施工组织设计和专项施工方案是公司经营部或技术部编制的,现场施工项目部根本未参与,对其不了解、不熟悉,更谈不上按此方案实施。现场的情况是复杂的,实际的机械配备、施工顺序、平面布置、流水划分等,常常与施工技术标南辕北辙。这样就导致现场施工项目部和班组思想混乱,工作不协调,容易产生质量、安全隐患。

3. 施工组织设计和专项施工方案存在缺陷。常见的缺陷有:编制人、审核人、批准人不符合要求;编制所引用的标准规范不当,计算过程错误;对设计图纸理解不正确,无法达到设计和规范要求;存在程序性差错,应该经企业技术负责人审批或应该组织专家组评审的,没有进行;质量保证措施不明确、不具体;安全技术措施不明确、不具体;等等。

显而易见,不解决无方案施工或不按合理、正确的方案施工的问题,要进行有计划的科学的施工管理是做不到的,要保证施工过程的安全、有序也是做不到的。实际上,施工组织设计和专项施工方案的编制、报审—审查、提出意见—修订、再报审—再审查直至通过的过程,是事前控制的主要内容。经过这个审查通过的过程,施工单位加强了对设计文件和标准规范的理解,进一步细化了施工实施过程细节的安排,强化了思想、技术准备,为后续施工打下了基础;监理单位也加深了对施工单位计划、组织、措施、施工工艺、施工顺序的了解,预见施工中可能出现的薄弱环节,提前策划确保工程质量、安全的质量控制点和安全巡查点,达到预控的目的。

(二) 施工组织设计和专项施工方案审查的主要内容

监理对施工组织设计和专项施工方案的审查,应突出如下几点主要内容:

1. 编制的依据要正确。编制的主要依据有:设计文件(施工图),现行国家标准规范,施工合同,工程地质勘查文件,施工总设计、总平面图等。

2. 要包含质量保证体系和安全保证体系。特别是组织机构和责任制要明确,主要管理人员要配备到位。应编制生产安全事故应急救援预案。

3. 编制的内容要齐全。施工组织设计及专项施工方案应包括施工方案、施工方法,如施工流水、施工机械的选择;主要技术措施、安全措施;施工进度计划,如主要进度节点安排、劳动力计划、材料设备进场计划、施工搭接和验收计划;施工场地安排,如生活区、生产区分隔,供水供电安排,交通布置等。安全技术措施的内容(防护、技术、管理等)应具有可操作性并应符合工程建设强制性标准。

4. 编制、审核、批准要符合规定的程序。施工组织设计、临时用电方案和达到一定规模的危险性较大的分部分项工程专项施工方案,应经过施工单位技术负责人签字后报审。涉及超过一定规模的危险性较大的分部分项工程,如深基坑、地下暗挖工程、高大模板工程的专项施工方案,施工单位还应当组织专家进行论证、审查。实行总承包的,分包单位编制的施工组织设计、专项施工方案应经总承包单位审核后向项目监理机构审报。专项施工方案应根据专家论证审查报告中提出的结论性意见进行修改完善;修改完善后,施工单位应重新办理审核、批准手续向项目监理机构审报。

超过一定规模的危险性较大的分部分项工程方案实施前,还应有总监和建设单位负责人签字同意。危险性较大的工程安全专项施工方案的编制及专家论证审查办法,详见《危险性较大的分部分项工程安全管理办法》(建质〔2009〕87 号)的规定。

5. 超过一定规模的危险性较大的分部分项工程专项方案应根据专家论证审查的结论意见进行修改完善;修改完善后,施工单位要重新办理审核、批准手续后向项目监理机构申报。

6. 应包含安全防护、文明施工措施项目清单,费用清单及费用使用计划。

7. 劳动保护、环境保护、消防和文明施工等应符合有关规定。

(三)安全技术措施的主要内容

施工组织设计和专项施工方案中的安全技术措施,是施工单位根据国家有关法律法规和工程施工技术标准规范,针对建筑工程特点编制的,应当具有科学性、强制性和现实指导性。项目监理机构对施工组织设计和专项施工方案的审查,不但要注意进行程序性的审查,也要力所能及地进行符合性审查。

1. 所谓程序性审查,主要是审查施工组织设计和专项施工方案的编制、审批是否符合有关的规定程序。

2. 所谓符合性审查,主要是审查施工组织设计和专项施工方案的安全技术措施编制的依据是否正确,编制的条款是否齐全,编制的内容是否有针对性,能否有效地保障施工过程的安全。

施工安全技术措施通常主要应包括的内容:

(1) 进入施工现场的安全规定;

(2) 地面及深坑作业的防护;

(3) 高处作业及主体交叉作业的防护;

(4) 施工用电安全;

(5) 机械设备的安全使用;

(6) 为确保安全,对于采用新工艺、新材料、新技术和新结构,要制定有针对性的、行之有效的专门安全技术措施;

(7) 预防因自然灾害(防台风、防雷击、防洪水、防地震、防暑降温、防冻防寒、防滑等)促成事故的措施;

(8) 防火防爆措施。

(四)施工组织设计和专项施工方案审查的主要方法

1. 施工组织设计一般由总监牵头组织项目监理机构人员审查;专项施工方案一般由专业监理工程师牵头组织审查,并报总监签字批准。施工组织设计和专项施工方案的审查,应结合监理人员的专业特点和实际经验,组织开会讨论,防止遗漏或存在重大缺陷。

2. 对危险性较大的工程,或涉及结构复杂,特种结构或采用新结构、新工艺、新材料的工程,施工项目部还应经施工企业技术负责人审查后报送项目监理机构由总监签发。在有些情况下,项目监理机构也可咨询社会专家(如高等学校相关专业的教授、咨询机构的专家、质监部门的专家等)意见后再签发审批意见。

3. 施工组织设计和专项施工方案的审查,时间不宜拖得太长,一般宜在 7 天左右完成。特殊的、重要的分部分项工程,项目监理机构应要求施工单位提前编制报审,以便有足够的审核时间。监理的审核意见,宜规范、简洁、明了,便于施工单位实施和修订。

4. 施工单位应按审定的施工组织设计和专项施工方案组织施工,不得随意变更。当需要对原施工组织设计和专项施工方案中的内容做较大变动时,应当在实施前,按原编制、审核、批准程序经监理重新审核同意后实施。

5. 审定的施工组织设计和专项施工方案,应及时报送建设单位,以便共同监督实施。

三、对其他安全生产条件的审查

施工现场的情况是复杂的,影响生产安全的因素众多繁杂,要确保施工过程安全无事故,需要参建各方高度重视,共同努力。但是,由于监理的特殊地位和人们心中监理应负的特别重大的责任,假如发生生产安全事故,监理往往会被不恰当地或过分追究责任。从目前一些生产安全事故的案例看,监理作为弱者往往无能力依据法律保护自己的正当权益。因此,项目监理机构必须比法律法规要求做得更多,对那些可能与监理沾边、与施工沾边的事情尽量考虑得周到一些、工作做得细致一些。有些工作,从法理上讲不是必须的,但实际上不得不去做,这也是一种被动的自我保护。下面介绍几种其他安全生产条件不具备的现象以及项目监理机构应采取的对策。

1. 法定建设程序不完备。常见的情况是,规划许可证未办妥、施工许可证未办妥、施工图审查未完成、测量原始点未交接、"三通、一平"未达到规定条件,建设单位坚持工程开工。根据《建设工程监理规范》(GB/T 50319—2013),和国家相关法规规定,工程开工时是要经监理审批签发"工程开工报审表"的,但建设单位坚持开工怎么办? 监理有何权限和能力阻止呢?

有些监理单位顺从建设单位的意见,违心批准工程开工;也有的监理单位不同意开工,也不进行与此相关的监理工作,如材料验收、工序验收。这两种做法显然都是错误的。大多数监理单位采取默认事实上的开工,日常的监理工作正常进行的处理办法。此种处理办法,虽是无奈之举,无可厚非,但并不严谨。作为监理单位,还应履行告知义务,即应以"监理备忘录"(或工程联系单)形式,书面告知建设单位,这样做,违反了国家哪些法律法规,可能产生什么样的后果,对工程可能带来哪些危害(包括工程质量、安全问题和经济纠纷)。必要时,可以将监理的意见反映到有关建设、行政主管部门。这种告知,不是监理推卸责任,而是监理对工程项目负责的主人翁精神的体现。

2. 施工单位施工资质不全。一个大型工程,可能参与的施工单位有几十个、工人几千人,工期紧、任务重。常常有这种情况,涉及结构质量、安全、工程量较大、规模化作业的工程内容,施工单位(总包或分包)企业资质、人员资质基本齐全,管理人员配置较完备,但零星、细小、与结构质量安全关系不大的工程内容,建设单位(或总包单位)往往会发包给资质不全的施工单位去做。如一些设备供应商(小范围的 VRV 空调、小区域的直供水设备、不锈钢水箱等)兼安装施工服务,他们的营业执照有安装施工内容,但没有施工资质;一些专业施工单位(如电梯安装、宽带网络安装、避雷针安装、计算机机房装潢等)虽然承接了建筑施工任务,主管部门却不是建设行政部门,往往未办安全生产许可证,B 类、C 类人员证未办,安全生产操作规程不熟悉;一些承接施工标的值不大的专业施工单位(局部防水、少数构件的预应力、设备吊装作业等),施工资质不完备。类似这种情况,监理也往往是情况不明或阻止不了的,但相关施工内容若发生生产安全事故,监理不能说不承担安全责任。合适的处理办法是:以监理通知单(或监理工程联系单)形式,要求施工单位办齐相关施工资质并向监理申报,要求其加强施工质量、安全控制工作;同时以监理工程联系单形式,向建设单位或总包做出说明，分析现状和监理的处理方法，希望建设单位或总包配合。如果建设单位、总承包单位不重视、不配合，或实际上也做不到，那项目监理机构也只有发一份监理备忘录给相关单位，表明监理的态度。上述发包行为，监理可能控制不了，但也不能不作为，特别是对施工单位报来的"分包单位资格报审表"，不能随便签同意进场施工。事实上，监理虽然不明情况或已默认了施工，但还是应以书面文件形式表明监理的态度。

3. 建设单位片面要求抢工。建设单位要求工程在某个重要时间节点提前封顶，或要求工程的一部分或全部提前投入使用，已是司空见惯的事了。建设单位要求压缩工期，施工单位抢工，往往除了增加施工质量上的隐患外，更容易诱发生产安全事故。这方面的事例不少，南京某工程曾发生的模板支撑坍塌、多人死伤、监理被追究刑事责任的案例，就是深刻的教训。《条例》规定"建设单位不得……压缩合同约定的工期"。项目监理机构应依据《条例》规定，明确表明反对建设单位片面抢工的态度。项目监理机构可以以监理工程联系单或会议纪要的形式，书面表达反对意见；同时应与建设单位、施工单位沟通，分析施工条件和安全条件，制定合理的工期目标和追赶进度措施。要反对压缩合同约定的工期的要求，对不涉及合同约定但明显不合理的进度节点要求，也要明确反对。当然反对要注意策略，避免给别人造成"监理不关注工程进度""监理是施工单位尾巴"的错觉。监理要的是在保证质量、安全的前提下加快进度，而不是牺牲工程质量、安全，盲目、片面抢工。

4. 勘察、设计文件存在缺陷。当勘查数据不准确、施工图纸有错误时，极易发生生产安全事故。因勘察单位提供的工程地质阐述不准导致建筑基坑坍塌，因设计不合理导致建筑物不均匀沉降、周边房屋开裂垮塌的事件时有发生。对于从事施工阶段工程监理的监理单位来说，勘察、设计文件的质量是否符合要求，显然不是项目监理机构的工作范围；但对于有经验的工程咨询企业，往往可以察觉勘查、设计文件中的明显缺陷。对于缺乏经验的项目监理机构，也可以事先请教其他监理专家或公司技术负责人，或社会有关专家，做到心中有数。例如，什么地区，主要地质条件如何；何种土质，渗透系数范围如何；何种基坑，宜采用哪种基坑支护形式；何种建筑，桩端持力层宜选在哪个土（岩）层，基础底板厚度、转换梁截面、主梁配筋、柱距尺寸、混凝土强度等级等取值范围如何；等等。有经验的监理工程师应当心中有谱，即不需要进行复杂的计算，也能大致判断勘察、设计数据是否在合理取值范围内。当发现勘查、设计可能存在缺陷时，要及时通过建设单位与勘察、设计单位沟通，防止因勘察设计缺陷造成工程错误。另外，当设计中采用了新结构、新材料、新工艺时，如施工图中对质量控制要点、防范生产安全事故的措施不明确、不具体时，监理也应当通过建设单位向设计单位建议补充明确。

5. 其他参建单位安全工作不到位。其他参建单位的安全行为也会影响到工程生产安全状况。例如，现场租用的机械设备和施工机具未进行安全性能检测；一些机械设备（如塔吊、施工电梯、爬升脚手架等）保险装置、限位开关等不全或不灵；对施工机具和材料进行检验检测的机构无相应资质和能力；商品混凝土供应商的计量、控制系统不准确；等等。类似这些情况，监理要有所考虑，有所安排。例如，下发监理通知单，要求总包、分包单位加强相关环节的控制，防止各类安全隐患发生等。监理的提醒，仅仅是义务，不能免除施工单位和其他参建单位的安全责任。项目监理机构所能做的，主要是程序性检查（如企业资质、人员资格、出厂合格证、编制的方案、相关权威机构的检验检测报告等），发现文件资料不齐备或有疑问，及时进行书面提醒或要求。

四、做好安全生产管理的监理工作交底工作

1. 安全生产管理的监理工作交底会一般在工程开工后半个月内召开,安全生产管理的监理工作交底一般应由总监理工程师主持;安全生产管理的监理工作交底一般宜采用书面形式。

2. 参加安全生产管理的监理工作交底的人员应包括施工单位项目经理、技术负责人、安全生产责任人及有关的安全管理人员。

3. 安全生产管理的监理工作交底的主要内容应包括:阐明合同规定的参建各方安全生产的责任、权利和义务,安全生产管理的监理工作的内容和安全生产管理的监理工作的基本程序和方法。

4. 项目监理机构应编制施工安全生产管理的监理工作交底会议纪要,并经与会各方会签后发出。

第二节　施工阶段的主要监理工作

一、检查施工单位安全生产管理体系的建立情况

根据《中华人民共和国建筑法》和《中华人民共和国安全生产法》,生产经营单位应当具备法律法规和国家标准、行业标准规定的安全生产条件,确保安全生产;生产经营单位的主要负责人和安全生产管理人员必须具备与本单位所从事的生产经营活动相应的安全生产知识和管理能力。建筑法第四十五条规定:施工现场安全由建筑施工企业负责。实行施工总承包的,由总承包单位负责。分包单位向总承包单位负责,服从总承包单位对施工现场的安全生产管理。

因此,要实现生产安全,确保不发生生产安全事故,就要检查施工单位的安全生产管理体系的建立情况。这应当是监理单位安全生产管理工作的重点,也是履行《条例》规定的监理责任,避免对监理单位和监理人员追究安全责任的积极措施。

项目监理机构可以会同建设单位制定类似"施工现场安全文明管理协议"和"安全生产责任状"等合同协议,把完善安全生产条件、文明施工和确保现场施工安全、不发生生产安全事故的责任者明确为施工单位。

(一)检查施工单位安全组织机构的建立情况

根据国家相关法律法规的规定,生产经营单位主要负责人对安全生产工作全面负责,对具体的工程项目而言,施工项目经理对项目的安全生产工作全面负责。施工项目部应当有分工,服从项目经理的领导。施工单位安全生产管理机构(或专职安全生产管理人员)对安全生产进行现场监督检查。

因此,施工单位应建立符合规定的项目生产管理机构和安全生产管理机构,并配备足够的安全生产管理人员。根据《建筑施工企业安全生产管理机构设置及专职安全生产管理人员配备办法》(建质〔2008〕91号)的相关规定,项目经理应经建设主管部门或其他主管部门考核合格并取得安全生产培训考核合格证(B类证);专职安全管理人员应经建设主管部

门或其他有关部门考核合格并取得安全生产培训考核合格证(C类证)。

根据建设部第91号令的规定,建设工程项目应当成立由项目经理负责的安全生产管理小组,小组成员应包括企业派驻到项目的专职安全生产管理人员,专职安全生产管理人员的配置为:

1. 建筑工程、装修工程按照建筑面积:

(1) 1万 m² 及以下的工程至少1人;

(2) 1万~5万 m² 的工程至少2人;

(3) 5万 m² 以上的工程至少3人,应当设置安全主管,按土建、机电设备等专业设置专职安全生产管理人员。

2. 土木工程、线路管道、设备按照安装总造价:

(1) 5 000 万元以下的工程至少1人;

(2) 5 000 万~1亿元的工程至少2人;

(3) 1亿以上的工程至少3人,应当设置安全主管,按土建、机电设备等专业设置专职安全生产管理人员。

3. 专业承包单位应当配备至少1人,并根据所承担的分部分项工程施工危险实际情况增加。

4. 劳务分包企业建设工程项目施工人员50人以下的,应当设置1名专职安全生产管理人员;50~200人的,应设2名专职安全生产管理人员;200人以上的,应当配备3名及以上专职安全生产管理人员,并应根据所承担的分部分项工程施工危险实际情况增配,不得少于工程施工人数的5‰。

项目监理机构应当检查施工单位安全生产组织机构的建立情况和专职安全管理人员的配备情况,如果不符合要求,应当要求施工单位建立并配齐。

(二) 检查施工单位安全生产责任制建立情况

安全生产责任制度是施工单位诸多安全生产制度的核心。安全生产责任制主要规定谁来管、管什么、怎么管、管不住怎么办等问题。项目经理、项目副经理、项目技术负责人、专职安全管理人员和其他项目管理人员,是项目安全生产工作的管理层,工段、班组、工人是项目安全管理的执行层,各自的责任必须明确。常见的情况是,施工单位报来的安全组织机构只有框图没有名单,谁分管什么不知道;有的虽然有机构名单但是没有职责,各人的责任不明确。项目监理机构应当要求施工单位建立健全安全生产责任制度,做到事事有人管,人人有事干,避免推诿扯皮的现象出现。

(三) 检查施工单位其他安全生产制度的建立情况

施工单位的安全管理体系应当是健全的完备的体系。除了安全生产责任制外,还有安全生产教育制度、安全生产培训制度、安全生产交底制度、安全生产检查制度,以及一系列安全生产规章制度和操作规程。这些制度和规章、规程应当具有针对性和可操作性,应当能切实贯彻落实并留有运行记录。项目监理机构应当要求施工单位建立上述制度和规章、规程,并留有适当记录。

(四) 检查施工单位应急救援预案的编制情况

相关法律法规规定施工单位要编制安全事故应急救援预案,并报送工程所在地负责建筑施工安全生产监督的部门备案。应急救援预案一般应包括建设工程的基本情况,建筑施工项目经理部基本情况,施工现场安全事故救护组织、救援器材、救援设备,安全事故救护单位等内容。项目监理机构应当要求施工单位执行政府关于建筑施工安全事故应急救援预案相关管理的规定,并检查其执行情况。

（五）检查施工单位安全文明措施费使用计划

施工单位应当在开工前向项目监理机构提交安全防护、文明施工措施项目清单及费用清单,并填报安全防护、文明施工措施费用使用计划。项目监理机构应当检查施工单位安全文明措施费计划与招标文件或合同约定是否相符。

二、检查施工单位安全生产管理体系的运行情况

施工单位的安全生产管理体系正常运行,对保障整个建设工程项目的生产安全至关重要。项目监理机构要注意检查、督促施工单位安全生产管理体系的运行,防止施工现场出现安全管理失控状况。项目监理机构应注意检查的重点是:

（一）施工单位安全生产组织机构和专职安全生产管理人员的落实情况

常见的情况是,施工单位安全生产组织机构和专职安全生产管理人员未按规定配齐到位。

有的安全生产培训考核合格证(B类证、C类证)不全,有的虽有证但专职安全员未按计划配备或配备不足;更多的是分包单位专职安全员未配或配备不足。发现这些问题,项目监理机构应当要求施工单位立即纠正。

（二）施工单位特种作业人员持证上岗情况

施工特种作业人员是指作业场所操作的设备、操作的内容具有较大的危险性,容易发生伤害事故,或者容易对操作者本人以及对他人和周围设施的安全有重大危害因素的作业人员,如电工、焊工及从事垂直运输机械、安装拆卸、爆破、起重信号、登高架设、锅炉、压力容器、起重机械、客运索道、大型游乐设施以及在水下、井下施工的作业人员。根据《江苏省建筑施工特种作业人员管理暂行办法》(苏建管质〔2009〕5号)的规定,建筑施工特种作业人员包括电工、架子工、起重司索信号工、起重机械司机、起重机械装拆工、吊篮装拆工、焊工、机械安装质量检验工、桩机操作工、混凝土泵操作工、场内机动车司机、其他特种作业人员。现在常见的情况是特种作业人员特别是架子工、司索工、塔吊指挥工、电工、焊工等持证上岗率不足;部分施工特种作业人员未按时进行规定的培训、考核,安全技能下降;有的施工特种作业人员的上岗证已过期失效;有的甚至弄虚作假,使用假证蒙混上岗。施工特种作业人员的这种情况不纠正,极易造成对操作者本人和周围其他人员的伤害事故。发现这种情况,项目监理机构应当要求施工单位立即改正。

必须注意,施工单位特种作业人员所持证件应是建设行政主管部门核发的证件,非建设行政主管部门核发的证件无效。施工特种作业人员的上岗证一般有效期六年,每两年复审一次。未按规定进行复审的人员不能上岗。

（三）施工单位相关安全生产管理制度未认真执行

有的施工单位,安全生产管理制度贯彻落实不够。例如安全交底、安全培训、安全教育千篇一律、形式主义,有的甚至做假资料;安全检查的频率、覆盖面不合要求,特别是临时配电箱的三级保护、起重机械的安全机构检查不到位;安全检查的制度不能正常坚持,发现安全问题监督整改不力等。项目监理机构要关注施工单位的制度执行情况,制度不能认真执

行的,应当要求施工单位纠正。

(四) 对大型施工机械设备的安全管理情况

有的施工单位对大型施工机械设备的安全检测检验及登记备案工作不重视,存在不安检、少安检、不及时登记备案等问题。如有的施工单位认为桩基阶段工期短、桩机数量多,对桩机不安检、少安检;有的施工单位因塔吊安检时间较长,塔吊刚安装完尚未安检就投入使用;有的施工单位嫌手续麻烦,在施工人货梯的附墙、升节、顶升后不及时办理检测报备手续。项目监理机构要关注施工单位对大型施工机械设备的安全管理情况。对六大类大型施工机械设备,如塔吊、人货梯、井字架、吊篮、整体式提升脚手架、桩工机械,要求施工单位严格按"施工起重机械设备安装/使用/拆卸报审表"(表 B.4.1)进行报审,对施工大型起重机械设备的安装、使用、拆卸过程进行管理。对其余的大型施工机械设备,如调直机、石材切割机、搅拌机等,项目监理机构应要求施工单位自查自检并出具安全情状相关证明资料。

(五) 对后进场单位的安全管理情况

随着工程进展,建设工程项目会增加一些新的施工单位(如防水、预应力、钢结构、消防、弱电、人防、泛光照明等单位)。这些单位往往管理水平参差不齐,施工管理人员不到位,措施不到位。项目监理机构要注意审查后进场单位的分包单位资质,分包单位的安全生产许可证和 B 类、C 类人员配备计划,分包工程施工方案和分包工程的安全生产措施以及分包工程施工特种作业人员持证上岗的情况。由于一些工程分包单位的选定和管理存在混乱情况,所以,这是一个非常难管、易被忽略、易因监管失控发生安全事故的重要环节。项目监理机构应当要求总承包单位加强对分包单位的安全生产管理,并将相关安全资料报送监理检查。

(六) 施工单位对安全隐患和安全事故的处理

施工单位的安全生产管理体系应是健全的、有效的、正常运转的,施工单位对施工过程中发现的安全隐患、安全事故,应当毫不姑息,认真调查处理。监理单位应当要求施工单位在调查、处理安全生产隐患和生产安全事故时严格按照四不放过的原则(事故原因不查明不放过、事故责任人未处理不放过、群众未受教育不放过、纠正预防措施未落实不放过)进行。在安全管理和工程进度、质量、造价等发生冲突时,施工单位往往会放松安全管理工作和安全隐患的排查、整改、纠正,特别是模板支撑系统、材料运输、交叉作业、施工防护和临时用电等方面易出现违章指挥或违章作业。这时项目监理机构要重点检查。

按照《生产安全事故报告和调查处理条例》(国务院令第 493 号)的规定,属于等级事故的,应在规定时间内向有关政府主管部门报告。项目监理机构应督促施工单位对安全隐患和安全事故进行严肃、认真的处理,包括日常发生的违章违纪行为的处理。施工单位执行不好的,项目监理机构应要求其纠正。施工单位未执行的,监理应采取进一步的措施。

(七) 对安全文明状况的评价

施工单位的安全生产状况是动态的、变化的。项目监理机构应要求总承包单位定期对施工现场的安全文明状况进行评价,评价过程建设单位、监理单位和其他相关单位可以参加。

安全评价可以按照《建筑施工安全检查标准》(JGJ 59—2011)、《施工企业安全生产评价标准》(JGJ/T 77—2010)等标准进行。达不到相关标准要求的,项目监理机构应要求施工单位整改;整改不力,存在重大安全隐患的,项目监理机构应向建设行政主管部门或有关部门报告。

三、监理的安全检查、巡查工作

根据建筑法和安全生产法的有关规定,施工现场安全由建筑施工企业负责。建筑施工企业必须依法加强对建筑安全生产的管理,执行安全生产责任制度,采取有效措施,防止伤亡和其他生产安全事故的发生。生产经营单位(建筑施工企业)应当设置安全生产管理机构或者配备专职安全生产管理人员;或者委托具有国家规定的相关专业技术资格的工程技术人员提供安全生产管理服务。

法律法规的规定非常明了,施工企业负责施工现场的安全生产,当然也负责现场的安全检查、巡查工作。监理单位作为施工企业安全生产的外部监管力量对施工企业进行监督,这种安全监管义务也可以算是一种附随义务。但是,由于一方面,法律法规对监理安全责任的规定还有一些不够明确的地方,社会上一些人对监理的安全责任也存在模糊看法,另一方面,由于施工现场质量与安全常常是密切相关的,对质量、安全二者的监控,从资质审查、方案审查、过程检查验收等措施上也具有相似之处,所以,在目前情况下,监理对施工现场的安全检查巡查工作还必须做好。所谓"宁可做过了,不要错过了",通过项目监理机构主动的额外的检查、督促工作,减少施工现场存在安全隐患和发生生产安全事故的概率。

(一)施工现场存在哪些安全事故隐患

安全事故隐患是指尚未被识别或未采取必要防护措施的可能导致安全事故的危险源或不利环境因素。存在安全隐患就具有发生事故的可能,就存在对人身或健康构成伤害、对环境或财产造成损失的潜在威胁。

依据《企业职工伤亡事故分类标准》(GB6441—1986),能直接致使人员受到伤害的原因,按伤害方式分类有:

1. 物体打击,指落物、滚石、锤击、碎裂崩块、碰伤等伤害,包括因爆炸而引起的物体打击;

2. 车辆伤害,包括挤、压、撞、倾覆等;

3. 机械伤害,包括绞、碾、碰、割、戳等;

4. 起重伤害,指起重设备在操作过程中所引起的伤害;

5. 触电,包括雷击伤害;

6. 淹溺;

7. 灼烫;

8. 火灾;

9. 高处坠落,包括从架子、屋顶上坠落以及从平地坠入地坑等;

10. 坍塌,包括建筑物、堆置物、土石方倒塌等;

11. 冒顶、片帮;

12. 透水;

13. 爆炸伤害;

14. 火药爆炸,指生产、运输、储藏过程中发生的爆炸;

15. 瓦斯爆炸,包括煤尘爆炸;

16. 锅炉爆炸;

17. 容器爆炸;

18. 其他爆炸,包括化学爆炸,炉膛、钢水包爆炸等;

19. 中毒和窒息,指煤气、油气、沥青、化学、一氧化碳中毒等;

20. 其他伤害,如扭伤、跌伤、野兽咬伤等。

建筑施工现场主要存在上述分类中的物体打击、机械伤害、起重伤害、触电、火灾、高处坠落、坍塌、中毒等伤害类别,而高处坠落、坍塌、物体打击、机械伤害、触电被称为建筑施工的"五大杀手"。这些伤害事故易发生的主要部位就是建筑施工中的危险源;正在施工的这些主要部位,如果没有必要的防护或防护措施不到位,就是安全事故隐患。例如:

在缺少防护的临边、洞口,包括屋面边、楼板边、阳台边、预留洞口、电梯井口、楼梯口、脚手架;龙门架、物料提升机和塔吊的安装、拆除过程;模板的安装、拆除过程;结构和设备的吊装过程等;人员易发生高处坠落事故。

现浇混凝土梁、板的模板支撑易因失稳倒塌;基坑边坡易因失稳引起土石方坍塌;拆除工程操作不当易发生被拆物坍塌;施工现场的围墙及在建工程屋面板易因施工质量不好而倒塌。

人员在同一垂直作业面的交叉作业施工中或在防护不全的通道口处易受到坠落物体的打击。

垂直运输机械设备、吊装设备、各类桩机等易因机械故障操作不当造成对人员的机械伤害。

在搭设钢管脚手架、绑扎钢筋或起重吊装过程中,触碰没有或缺少防护的外电线路易造成触电;使用各种电器设备,易因临电供电系统保护装置不全或失效而触电;工人在操作中,易因电线破皮、老化,开关箱无漏电保护装置而触电。

类似这些安全事故隐患,施工单位和监理单位都应当重视。监理人员对发现的安全问题或隐患,按其严重程度应及时要求施工单位改正直到安全隐患消除,并向总监和从事安全管理的监理人员报告。

(二)首先监理要注重重大危险源的检查巡查

工程项目在施工过程中,各个阶段、各个专业、各个部位的危险程度不同,安全风险不同,有可能存在多个不同的危险源。项目监理机构要关注不同时期危险源的变化,加强对重大危险源的检查和巡查。例如,深基坑施工是重大危险源,深基坑支护施工、开挖施工、基础结构施工时,易发生管涌、坍塌、垮塌等重大安全事故;特殊结构(高耸、大跨度、大空间、大尺寸、预应力、网架等结构形式)施工是重大危险源,其模板支撑、施工机械、拼装顺序、张拉施工等,稍有疏忽,易发生失稳、垮塌、倾覆等重大安全事故等。还有,临时用电、大型设备吊装、塔吊作业、现场消防等都可能成为重大危险源。项目监理机构要经常对存在的危险源进行排查,对某一阶段的重大危险源进行重点控制,重点检查、巡查,避免发生大的生产安全事故。

对建筑起重机械设备,监理机构要特别关注。根据建设部《建筑起重机械安全监督管理规定》(建设部令第166号)和《建设事业"十一五"推广应用和限制禁止使用技术(第一批)的公告》(建设部2007年公告第659号)规定,监理机构除了要审核建筑起重机械的有关文件、安装使用单位的资质、人员资格、安装拆卸方案之外,还要监督建筑起重机械的安装拆卸的施工情况和使用情况。监理应根据《建设事业"十一五"推广应用和限制禁止使用技术(第一批)的公告》的要求,严格执行禁止使用技术和限制使用技术的相关要求。如:简易临时吊架,自制简易吊篮,大模板悬挂脚手架(包括同类型脚手架),QT60/80、QTG20、QTG25、QTG30等塔式起重机,自制简易物料提升机等属禁止使用技术,应明令禁止使用;

出厂年限超过8年的SC型施工升降机,出厂年限超过5年的SS型施工升降机,630 kN·m以下、出厂年限超过10年的塔式起重机,630～1 250 kN·m、出厂年限超过15年的塔式起重机,1 250 kN·m以上、出厂年限超过20年的塔式起重机属于限制使用技术,必须经有资质评估机构评估合格后,方可继续使用。

(三)监理要注重施工安全技术措施实施情况的检查巡查

监理在日常工作中,要注意对施工单位指定的安全技术措施实施情况进行检查巡查。例如,深基坑施工过程中,主要的安全技术措施可能有:

1. 基坑挡土、止水措施;
2. 基坑降水及坑外回灌措施;
3. 基坑水平支撑搭设、拆除措施;
4. 土方开挖措施;
5. 基坑监测(支护结构、基坑周边道路建筑物)措施;
6. 基坑抢险措施等。

监理人员应注意检查这些措施是否落实了,是否严格按图纸、规范和施工方案实施了,发现问题是否按预定程序处理了。

又如在幕墙钢结构安装施工时,主要的安全技术措施可能有:

1. 钢构件运输、吊装安全措施;
2. 工人吊篮作业安全措施;
3. 焊接施工消防安全措施;
4. 临时用电安全措施;
5. 防止高空坠物安全措施等。

监理人员应检查吊篮有没有安全检查合格证,焊接时消防器材、看火人员是否到位,有无上下交叉作业,作业时是否进行了遮挡或围挡。

监理人员还应注意施工单位的班组、工人是否按批准了的施工组织设计和专项施工方案施工,是否有违章指挥、违章操作的情况发生。如某工程项目将铝合金屋面安装交由某施工队施工,铝合金板全部是预制件拼装的,无需电焊等动火作业,理论上没有火灾隐患。但实际作业中,因铝合金板尺寸偏差大,只有用型钢焊接支架才能固定好铝板。工人在其他施工单位下班后进行焊接施工。工人不懂焊接操作规程,造成屋面防水层着火燃烧,损失巨大。事后监理人员也受到处罚。这些教训,项目监理机构应该记取。

(四)注意把质量和安全的检查巡查结合起来

项目监理机构应把日常的质量控制工作和安全管理工作结合起来,在进行现场检查、巡查时同时关注质量问题和安全问题。一般讲,项目监理机构各专业的技术人员配备是较齐全的,他们熟悉本专业的工艺要求、质量控制点和安全技术措施。在现场检查、巡查、验收时,应同时注意质量标准和安全措施的落实情况。发现问题应及时制止并向总监理工程师报告。

这里要着重注意理解如下几条:

1. 建设项目是一个多目标的控制系统,人们追求的是综合效益,是各目标的合理搭配和整体最佳。即在合理的时间区间、合理的投资下得到质量达标、安全可靠的建筑产品。进度、投资、质量、安全相互之间有联系有制约。

因此，监理目标不是单一的目标，而是一个由多目标组成的整体。监理目标的控制不是对某个子目标的控制，而是对整体目标的控制。在这个整体目标中，每个子目标之间都有着密切的关系。

2. 在施工现场大多数情况下，质量目标和安全目标具有趋同性。质量不好，无法保证安全；安全出问题，又影响工程质量。如高大模板搭设质量不好，既影响工程实体质量又影响施工安全；混凝土质量不好（强度不够），易引发生产安全事故；基坑安全问题，对工程实体质量影响很大；等等。

3. 质量控制与安全管理的监理方法相似。监理主要是通过审查施工单位的素质（资质）、施工方案的合理性、是否按强制性技术标准施工等来保证工程质量和安全。具体的监理工作都包含事前控制、事中控制、事后控制等内容。

4. 一般讲，工程质量的内涵仅指建筑物（构筑物）的实体质量（包括使用功能）；工程安全的内涵包括建筑实体的安全（可靠性、耐久性）和施工过程中施工人员和其他参建人员的安全。

"生产安全"，可以理解为施工单位施工的保证措施。只有在整个施工过程中均确保安全无事故，才能保证施工的正常开展。在这个意义上，"安全"是为"质量"服务的。

（五）注意留下检查巡查记录

监理人员在检查、巡查中发现问题，说明监理工作的广度和深度，也能反映问题（安全隐患）发生、发现、发展、解决或失控的原因和过程。监理人员应当注意做好相关记录，把实际情况和监理所做的工作如实记录下来。万一发生生产安全事故，这些原始记录可以帮助进行事故分析，分清各方责任，减少对监理人员的误解和不当指责。

因此，项目监理机构认真、详细做好日报、日志、周报、月报的记录很重要。有些项目监理机构安全管理工作做了不少，但发生安全事故后，拿不出监理安全管理工作的佐证资料而被过度追究了法律责任。这样的教训非常沉重，我们一定要记取。

四、监理发现安全事故隐患的处理

《条例》明确指出，在实施监理过程中，监理单位有"发现存在安全事故隐患的，应当要求施工单位整改"的责任。这是因为，安全事故隐患不及时处理，往往会酿成生产安全事故；消除安全事故隐患，或及时恰当处理好安全事故隐患，就能避免生产安全事故的发生，或者减轻事故造成的后果。这方面的例子不胜枚举，那么，作为工程监理单位发现安全事故隐患，应如何处理呢？

（一）及时对安全事故隐患进行评估

"发现"安全事故隐患，"评估"安全事故隐患的危险程度，需要专门的安全生产专业技术或管理方面的知识，需要进行专门的学习和培训。现在的问题往往在于，项目监理机构和监理人员有没有注重这种学习和培训（包括自学、企业教育培训、行业教育培训、政府部门组织的教育培训）；在从事日常质量、进度、投资方面的监理工作时，有没有同时关注安全生产状况，是否存在安全事故隐患；发现安全事故隐患后，有没有再深入地想一下它的可能后果，即应当采取的进一步措施。比如，现场施工工人不戴安全帽、不系安全绳；电焊火花四溅，周边存在易燃物品；深基坑施工时漏水量突然加大，基坑周边的变形数据明显异常；塔吊吊运的建筑材料凌乱不齐、无人指挥，吊运半径内有人交叉作业；模板支撑施工尚未结束，模板面已开始混凝土浇筑作业等。这些，是不是安全事故隐患，严重程度如何？监理进行制止,但施工单位仍然我行我素怎么办?还有,当项目监理机构发现较严重的安全事故隐患,监理拟采取暂停工或向政府部门报告等手段时,建设单位不同意、不认可怎么办?这些问题显然值得认真探讨。我们认为,当施工现场存在安全事故隐患时,项目监理机构和监理人员决不能熟视无睹,也决不能草率处理。一般监理人员要注意发现安全事故隐患问题,发现安全事故隐患了要及时向专职或兼职安全管理的监理人员或总监报告,安全监理人员和总监要认真进行评估。当评估结论为安全事故隐患比较严重,有可能发展并酿成生产安全事故时,就必须及时采取恰当的、果断的处理办法,以消灭安全事故隐患,避免安全事故的发生。

(二) 安全事故隐患的处理办法

通过对现场安全事故隐患进行分析、评估,监理人员可以采取如下办法处理:

1. 口头指令予以制止

监理人员在日常巡视检查中,发现施工现场存在一般性的安全事故隐患,凡立即整改能够消除的,可通过口头指令向施工单位管理人员指出,并监督其改正。例如,砌筑施工人员的脚手架上有翘头板;施工中把洞口防护栏杆移开后未及时恢复;工作面照明灯失效导致照明不足等。采取口头指令处理要注意几点,一是事故隐患(或称不安全事件)情节轻微,是偶然的、个别事件;二是通过口头指令,施工管理人员能够马上接受、立即纠正,监理人员可以监督其整改,检查纠正效果;三是要注意在"监理日志"(表 A.0.2)、监理日报中留有记录,将事件的时间、地点、当事人、发现及整改过程予以记录,以便日后查询。对于虽然情节轻微,但多次重复发生可能使性质发生变化、危险程度升级的事件,监理仍应及时发布书面指令要求改正。

2. 以"监理通知单"形式予以制止

通常情况下,施工现场存在的轻微的、偶然的、个别的安全事故隐患,易于通过施工单位自身的安全生产管理体系予以纠正。但对于一些较为严重的安全事故隐患,特别是纠正这些隐患可能要增加人力物力成本、延长工期、可能妨碍进度节点目标实现时,施工单位往往采取消极的、不积极的、不主动的态度对待。例如,模板支撑立杆间距过大,斜撑、扫地杆缺乏;落地式防护脚手架搭设进度慢,密目围网严重滞后;临时配电箱保护器件不全,设备老化;消防器材配备不足;一些专业施工人员无证上岗;片面抢进度,存在违章指挥、违章操作等。类似这些安全事故隐患,仅仅采取监理口头指令的形式予以制止,效果往往不好,必须采取书面的、正式的形式要求纠正。一般以"监理通知单"(表 A.0.10)形式,说明安全隐患存在的状况和严重性,要求施工单位制定措施限期整改并限时以"监理通知回复单"(表 B.5.1)书面回复。专职(兼职)的从事安全管理的监理人员要按时复查整改结果。"监理通知单"应抄送建设单位。"监理通知单"可操作性强,监理发出通知单到施工方回复、安全隐患整改的整个过程是可以复核的、封闭的,效果好、作用大。项目监理机构要习惯于根据现场情况运用"监理通知单"的手段解决现场安全问题。

当然,对于一些不确定的预期事件,如天气预报可能有强台风袭击工程所在地,须对塔吊、吊篮采取保护措施;在大型设备吊装前,需对吊装机械基础进行验算、加固等,也可以以"工程联系单"的形式,提醒施工单位提前采取预控措施。监理通知单是对已存在的安全事故隐患的整改要求和纠正指令,具有一定的刚性;工程联系单是对可能发生的安全事故隐患的书面提醒,比较缓和;这二者监理监控的力度是不一样的,项目监理机构要学会根据不同情况灵活运用。

3. 以"工程暂停令"形式制止重大危险作业

在某些情况下,安全事故隐患比较严重,或继续作业存在较大的安全事故风险,项目监理机构经过评估,就必须果断下发"工程暂停令"(表 A.0.11)暂停部分或全部工程的施工。例如,深基坑施工过程中,基坑支护结构出现漏水量加大、变形加剧甚至个别支撑杆件断裂的情况;施工单位野蛮施工,一次局部挖土过快过深,基坑支护结构有整体失稳的危险;采取矿山法进行隧道施工时片面抢工期、赶进度,支护维护结构严重滞后,隧道存在冒顶、崩塌的危险;大空间、大跨度结构模板支撑体系无方案施工,或方案计算不合理,漏掉某些重要荷载;塔吊等大型起重机械设备安装后未经检验、验收合格擅自投入使用;一些危险性较大的施工作业(钢结构、幕墙、大型设备吊装、施工升降机装拆等)施工队伍无资质、人员无证书、指挥混乱、作业违章;等等。诸如此类情况,如不及时制止,往往易发生恶性生产安全事故,造成严重后果。专职(兼职)的安全管理的监理人员、总监理工程师要果断采取措施制止施工单位施工,待安全生产条件得到改善后,方可同意施工单位继续施工。关于暂停施工,项目监理机构应注意几点:

(1) 安全隐患是否严重,情况是否危急,监理要做出正确判断,处理问题要果断。不能对严重安全事故隐患视而不见,但也不要小题大做。工程暂停施工涉及工程进度和工程造价,往往会给现场施工组织带来一段时间的混乱,建设单位一般不赞成。故项目监理机构要认真分析现状,准确判断险情,必要时可以向监理公司技术部门报告、咨询或请社会上有关专家评估。

(2) 要及时向建设单位通报,而且最好暂停工前能得到建设单位认可。建设单位往往最关心工程进度和造价,对安全隐患的危险程度估计不足。监理人员要将现场的情况、可能的严重后果及监理单位、建设单位应承担的法律责任向建设单位宣传,取得建设单位理解。需要说明,法律法规没有规定工程暂停工必须得到建设单位认可,因此,当情况危急时,即使建设单位不同意,项目监理机构也应及时下发工程暂停令以免现场失控。

(3) 工程暂停工是万不得已的控制手段,只有当其他方法无效或情况危急时才采用。在事态尚未发展到严重程度时,可以以专题会议、监理通知单等形式提前采取控制措施,避免事态恶化。而且,监理必须下发"工程暂停令"时,也要区分安全事故隐患的实际情况,可以局部停工的,不要全面停工;可以一两个专业停工的,不要所有专业都停工。监理还要注意暂停工的时机,有时基坑出现险情必须一面加固一面抢工,不能停工;这时就不能贸然停工,而应一边向相关单位报告,一边督促施工单位抢险。有时因农忙、高考等因素施工节奏变慢时,适宜停工;这时下达暂时停工令,可以对累积下来的一些较严重的安全事故隐患进行整改。

(4) 工程暂停工后,施工单位进行整改。整改是否达到要求,安全事故隐患是否消除,监理要进行复查验收,合格后方准许施工单位复工。复工前,施工单位要以"工程复工报审表"(表 B.5.2)的形式报请监理核准。现场隐患整改完成、具备复工条件,项目监理机构应及时下发"工程复工令"(表 A.0.12)指示施工单位复工。

(5) 根据现场事态的严重程度,工程暂停令可以抄报当地建设行政主管部门或行业主管部门。

4. 必要时向有关主管部门报告

正常情况下,项目监理机构下发监理通知单要求施工单位进行整改,下发工程暂停令要求施工单位暂停工并整改,能够达到消除现场安全事故隐患、避免安全事故发生的监控效果。这种情况下,可以不向有关主管部门报告。但是,当施工单位拒不整改或者不停止施工,或者阳奉阴违另搞一套,项目监理机构就必须采取进一步的措施,即以"监理报告"(表 A.0.14)书面形式向工程所在地的建设行政主管部门或行业主管部门报告。根据国家法律法规规定,只要项目监理机构这样做了,那么因施工单位不服从监管一意孤行而发生的安全事故,不论事故严重程度如何,监理单位无需承担安全责任。有一些项目监理机构发现了施工现场的安全事故隐患,也下发了监理通知单或工程暂停令,但施工单位拒不执行或仅部分执行,项目监理机构并没有向有关主管部门报告;后工程发生了生产安全事故,监理人员也被追究了刑事责任,教训非常深刻。

项目监理机构应当注意以下几点:

(1)"报告"和"未报告"有本质区别,是项目监理机构和人员是否承担法律责任特别是刑事责任的分水岭。该"报告"一定要报告。项目监理机构、特别是总监千万不应疏忽。

(2)"报告"要注意方法。报告前尽可能打"预防针",提前说明监理安全责任和措施。可以向建设单位、施工单位讲解工程安全案例,取得建设单位、施工单位的同情、理解、支持。

(3)"报告"应以监理报告的书面形式发出,说明工程安全事故隐患的简要情况,并将相关监理通知单、工程暂停令、会议纪要等资料附上。特殊条件下,项目监理机构可以先口头(电话)报告,再补书面报告。

(4)如递送报告的过程存在障碍,也可以用电子文件(电子传真、电子邮件、电子短信等)的形式报告。

5. "监理备忘录"的使用

江苏省建设工程监理现场用表(第五版)中有"监理备忘录"(表 A.0.13)的监理用表,要注意正确使用。监理备忘录一般用于项目监理机构就有关重要建议未被建设单位采纳或监理通知单中的应执行事项施工单位未予执行的最终书面说明,可抄报有关上级主管部门。监理备忘录使用得当,可以对项目监理机构和人员起到保护作用。例如,建设程序不完善建设单位强令开工、施工条件不具备建设单位强令抢工等情况发生时,项目监理机构可以以监理备忘录的书面形式提出监理的意见,提醒建设单位规范自己的行为。又如,施工单位存在不完全符合程序的情况,项目监理机构可以以监理备忘录的书面形式提出监理的保留意见。根据政府主管部门和建设部令第 166 号的规定,施工单位的大型施工机械应经有相应资质的检验检测机构检验合格并到政府主管部门或相关单位办理登记备案手续后才可投入使用。如某工程项目施工单位的塔吊虽然已经由具有相应资质的检验检测机构检验合格,但尚未向建设主管部门办理建筑起重机械使用登记,当项目监理机构无法阻止施工单位对塔吊的使用时,项目监理机构可以下发如下内容的监理备忘录:

"本项目监理机构在巡视中发现,你方安装的 2#、3# 塔吊已投入使用。项目监理机构认为:虽然 2#、3# 塔吊已经由具有相应资质的检验检测机构检验合格并上报了 2#、3# 塔吊的检验合格证书,但尚未向建设主管部门(市建设局)办理建筑起重机械使用登记,不符合《建筑起重机械安全监督管理规定》(建设部令第 166 号)的相关要求。你方应抓紧向建设主管部门办理 2#、3# 塔吊的使用登记手续,并采取特别安全措施(如减少吊运载荷、加强监控等)防止设备安全事故发生。对你方未严格执行建设部令第 166 号的行为,本项目监理机构不承担任何责任。"

这样，既引起了施工单位重视，对监理也起到了保护作用。

五、发生生产安全事故后的处理

施工现场发生生产安全事故后，应按《生产安全事故报告和调查处理条例》（国务院令第493号）的规定要求处理。作为监理单位，应特别注意以下几个方面：

（一）当发生生产安全事故后，项目监理机构总监理工程师、专职（兼职）从事安全管理监理人员应在第一时间赶到现场，了解生产安全事故的情况，判断事故的严重程度。对于等级以上的事故（指国务院令第493号规定的一般事故及以上的事故），项目监理机构应要求事故发生单位以最快的方式向上级主管部门和有关管理部门报告。对于未达等级的事故（无死亡、重伤，直接经济损失小），项目监理机构也应采取积极、认真的态度，会同建设单位现场负责人责令施工单位严肃调查处理，要求施工单位严格按照"四不放过"的原则，消除事故发生的原因、使相关人员受到教育或惩罚。事态较为严重或事故有扩大的可能，监理应及时下发工程暂停令要求施工单位暂停全部或局部施工。

（二）项目监理机构应积极协助、配合有关主管部门做好事故调查处理工作。应要求施工单位立即排除险情、抢救伤员、防止事态扩大，做好现场保护和证据保全工作。根据事故调查处理需要，提供相关合同、图纸、会议纪要、监理指令、监理日志等资料。如有必要，应根据上级主管部门的要求，及时写出项目监理机构关于生产安全事故的报告。报告一般应包括事故发生的时间、地点、事故严重程度、人员伤亡、经济损失；事故的简要经过；事故的初步原因分析；抢救措施和事故控制情况；报告人情况和通信方式等。

（三）生产安全事故发生后，监理应做好维权和举证工作，防止项目监理机构和人员无过错或只有轻微过错而被扩大追究了安全责任。项目监理机构应具有维权意识，注意自身保护，必要时要进行申诉并举证。监理举证的内容一般应包括如下方面：

1. 反映监理依据合法性的证据。证明项目监理机构是按照国家相关法律法规、合同、设计文件、工程建设强制性标准、规范进行监理的。

2. 反映监理工作的程序、方法合法性、规范性的证据。证明监理的具体工作、具体做法是符合建设行政主管部门和行业主管部门的有关规定的；是符合行业惯例和职业标准的。

3. 反映监理进行工程协调和处理问题其后果合理性的证据。例如，项目监理机构在工作过程中没有或基本没有错误指令；发现质量问题、安全问题（如安全隐患）进行了合理的处置；监理的工作情况和实际工作成效等。

4. 针对所追究的事故责任，要提出有可信证据的事故原因分析报告。常见的情况是，政府主管部门牵头的事故调查组或司法部门对生产安全事故责任的意见，对建设单位的原因、设计单位的原因未予考虑或从轻考虑，而施工单位的原因、监理单位的原因则被过度夸大。曾有这样的情况，某工程主要因为建设单位要标榜业绩不合理压缩工期（赶在某月某日封顶剪彩），要求施工单位提前浇筑混凝土，项目监理机构未同意，后造成了模板支撑垮塌事故；事后项目监理机构拿不出可信证据，法院也未予认可，总监理工程师被追究了刑事责任。所以，项目监理机构注意收集、保存好可信证据，这是一项重要的基础性工作。

六、监理应提高履行安全责任的意识和安全管理的能力

1. 项目监理机构、总监履行监理安全责任的意识很重要。有的监理人员，说起来都知

道应该怎么做,但实际工作中却往往做不到位。有的总监,常常考虑施工单位、建设单位、政府主管部门的意见、情绪、脸色多,考虑法律法规规定和监理自我保护少。特别是存在重大安全隐患的情况下,应发"工程暂停令"和向政府主管部门提交"监理报告",往往犹犹豫豫、难下决断,事后被追究责任、后悔莫及。对大多数项目监理机构和总监而言,关键是要加强责任意识。责任意识强,就能主动把关、认真把关,主动审查、认真审查,主动发现、认真发现,就能减少生产安全事故发生的频次,就能很好地规避监理的安全责任。

2. 项目监理机构、总监要提高执行法律法规的能力。法律法规和部门规章对工程各相关主体单位的权利、义务、责任、罚则有详细规定,其中一些规定还在不断完善、补充。这些规定都是双刃剑。监理没有按规定做要受到处罚,监理按规定做了就应受到保护。建筑法、刑法、国务院 393 号令、166 号令,建设部 248 号文、254 号文,住建部 87 号文等法律法规规章,监理都应该认真学习、理解,积极贯彻执行。一些监理人员对法律法规和部门规章的规定特别是新规定不了解、不熟悉,出了生产安全事故,自己有没有责任、有多大责任完全没有底。事前、事后自己都处于盲目、被动状态。

3. 项目监理机构、总监要提高安全技术管理的能力。安全管理的专业性、技术性很强,涉及的范围很广;监理人员可以通过学习和积累逐步熟悉、掌握、提高安全技术管理的能力。实际上,施工组织设计和专项施工方案中的安全技术措施(如模板支撑工程、脚手架工程、基坑支护工程),往往也和监理的质量控制有关。不熟悉、掌握施工安全技术措施,就不可能有效履行监理的"审查"责任和"发现"责任。例如,《江苏省建设工程施工现场消防安全标准》(DGJ32/J73—2008)规定:施工现场临时室内消防给水系统管道直径不应小于100 mm,栓口直径应为 65 mm,消火栓接口每层不应少于 2 个。监理人员如果不熟悉这些标准、规范的规定,将使监理的安全技术管理工作处于完全被动的状况。

现在,工程建设领域新技术新工艺应用不断有新内容,如城市综合管廊、装配式混凝土结构工程、绿色建筑、海绵城市等,监理人员应该熟悉这些内容的安全管理要求,更好地履行监理的职责。

4. 项目监理机构、总监处理问题要有结果,不能只发几个单子了事。有的项目监理机构发现工程存在较大安全隐患后,发了一次或几次监理通知单,但没有关注问题是否解决。施工单位整改了没有、整改到位了没有、隐患消除了没有,这些应该是关注的焦点。否则,事情只做了一半。只发监理通知单,后来仍然发生了安全事故,监理并不能完全免除责任。根据法律法规,监理只有在消除了安全隐患或者向政府有关主管部门报告后才能免除责任。因此,在必要时下发工程暂停令、及时"向建设单位报告"、及时"向政府主管部门报告"这些手段应成为正常的程序性的监理工作。

5. 项目监理机构、总监要注意吸取已有案例的经验教训。前车之鉴、后世之师。已经发生的各种安全事故案例,对我们有很好的教育、启发作用。全国已有多起监理人员被追究法律责任的例子。总结原因,都存在监理人员未认真审查施工单位的施工资质、未认真核查施工人员的上岗资格、未认真审查施工专项方案、未认真核查现场是否按专项方案实施、未认真发现和处理现场安全隐患、未及时下达停工令并及时向建设单位或政府有关主管部门报告等严重缺陷或错误。也就是说,监理人员被追究责任,和监理没有按照《条例》严格履行义务有关。

第四章　监理机构安全管理的监理工作程序

第一节　监理工作的总程序

项目监理机构安全管理的监理工作要符合《关于落实建设工程安全生产监理责任的若干意见》规定的程序。建设工程安全管理的监理工作程序框图见图 4.1.1。

（一）监理单位应根据《条例》的规定，按照工程建设强制性标准、《建设工程监理规范》（GB 50319）和相关行业监理规范的要求，编制含有履行监理安全生产管理法定职责内容的监理规划和安全生产管理的监理工作实施细则。

（二）在施工准备阶段，监理单位审查核验施工单位提交的有关技术文件及资料，并由项目总监在有关技术文件报审表上签署意见；审查未通过的，安全技术措施及专项施工方案不得实施。

（三）在施工阶段，监理单位应对施工现场安全生产情况进行巡视检查，对发现的各类安全事故隐患，应书面通知施工单位，并督促其立即整改；情况严重的，监理单位应及时下达工程暂停令，要求施工单位停工整改，并同时报告建设单位。安全事故隐患消除后，监理单位应检查整改结果，签署复查或复工意见。施工单位拒不整改或不停工整改的，监理单位应当及时向工程所在地建设主管部门或工程项目的行业主管部门报告。以电话形式报告的，应当有通话记录，并及时补充书面报告。检查、整改、复查、报告等情况应记载在监理日志、监理月报中。

监理单位应核查施工单位提交的建筑施工起重机械设备和安全设施等验收记录，并由安全生产管理的监理人员签收备案。

（四）工程竣工后，监理单位应将有关安全生产的技术文件、验收记录、监理规划、监理实施细则、监理月报、监理会议纪要及相关书面通知等按规定立卷归档。

第二节　重要的监理工作程序

一、对开工申请的审查核验程序

（一）施工单位开工前，应填写"工程开工申请表"（表 B.0.2），具体列出开工条件准备情况，经项目经理签字后报监理核验批准。

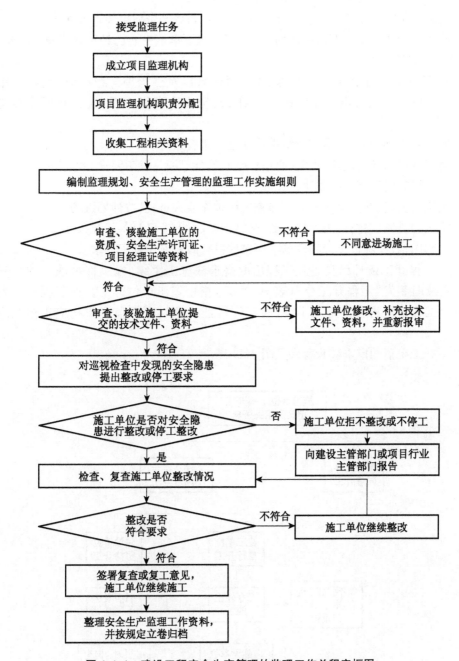

图 4.1.1　建设工程安全生产管理的监理工作总程序框图

（二）项目监理机构应组织专业监理工程师认真审查施工单位各项开工条件准备情况。条件具备的，由总监理工程师签字同意施工；条件不具备的，不能同意施工。

（三）开工条件不具备，施工单位坚持自行施工的，项目监理机构应予制止，并视情况向建设单位、建设行政主管部门报告；建设单位坚持开工的，项目监理机构应予识别并以书面形式向建设单位表达自己的意见，必要时向建设行政主管部门报告。

(四) 开工条件一般应包括如下内容：

1. 施工单位的企业资质、安全生产许可证和项目经理资质已经审查通过；

2. 施工图纸及设计文件已按计划提供齐全；图纸审核中心已经审查同意，现场已进行了设计交底和图纸会审；

3. 施工单位的质量管理体系、安全管理体系以及工程施工组织设计、临时用电方案、施工测量控制点、首道工序的准备工作、安全生产责任制度、应急救援预案均经审查通过；

4. 安全防护、文明施工措施费使用计划已经审查通过；

5. 施工现场的场地道路、水电、通信和临时设施已满足开工要求；

6. 地下障碍物已清除或查明；

7. 施工人员（包括安全管理人员和施工特种作业人员）已按计划进场；

8. 施工用机械、材料已按计划进场，机械设备、材料等已具备报验条件；

9. 工程围挡、冲洗台设置和现场平面布置符合政府有关部门要求。

(五) 工程开工条件已具备且工程已取得合法施工手续（施工许可证已领），项目监理机构应及时签发"工程开工令"（表 A.0.5），指令施工单位开工。如工程开工条件虽已具备但工程未取得合法施工手续（施工许可证未领），项目监理机构应拒绝签发工程开工令。

(六) 开工申请的审查核验程序见图 4.2.1。

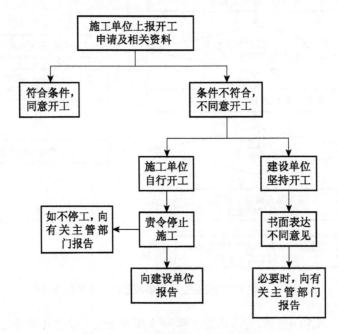

图 4.2.1　开工申请的审查核验程序

二、对施工企业的资质审查核验程序

建设工程施工过程中有许多施工企业参与。一般讲，总承包单位和重要的、专业性较强的专业分包单位均需经过建设市场公开招标投标程序选择确定；不重要的、专业性不强的、施工造价标的额较低的分包单位，往往无需经过招投标程序而直接由施工总承包单位分包施工。项目监理机构要注意区分施工企业的确定过程是否已经过了招标投标程序。对总承包单位或其他经公开招标确定的分包单位，其资质已由建设单位或招标代理机构在招标阶段进行了审查，进场后只要把相关资料提交给项目监理机构备案就可以了；对其他分包单位的企业资质等资料，项目监理机构应审查其是否符合相关建设管理规定，是否符合实际建设工程的要求。

（一）项目监理机构要核验施工单位的企业资质是否满足工程建设的需要。承包单位必须在规定的资质范围内进行经营活动，不得超范围经营。项目监理机构要注意施工单位是否存在弄虚作假、超资质经营、冒名挂靠等情况。

（二）项目监理机构要核验施工单位是否已取得了安全生产许可证。2004年7月，建设部公布实施《建筑施工企业安全生产许可证管理规定》（建设部令第128号）。根据建设部令第128号，建筑施工企业未取得安全生产许可证的，不得从事建筑施工活动。安全生产许可证有效期为3年，期满前应办理延期手续；施工企业三类人（企业负责人、项目经理、安全管理人员）应取得安全培训、考核合格证书。项目监理机构要审查施工企业有无冒用或使用伪造、过期安全生产许可证的情况，项目经理、安全管理人员持有效合格证书的情况。

（三）项目监理机构要核验施工单位安全生产管理体系是否健全。施工单位进场后，应向项目监理机构报送安全生产管理体系的有关资料，包括安全组织机构、安全生产责任制度、安全生产制度、安全管理制度、安全管理人员名单及分工等。安全生产制度、安全管理制度包括安全交底制度、安全教育培训制度、安全生产规章制度、安全生产操作规程等；还应包括保证施工安全生产条件所需资金的投入，对所承担的建设工程进行定期和专项检查，并做好安全检查记录等。

（四）项目监理机构还要核验施工单位特种作业人员（如电工、焊工、架子工、爆破工、塔吊司机、司索工、机操工等）资格证、上岗证情况，核验证书是否有效。

（五）总承包单位和已经招标程序确认中标的分包单位应将项目中标通知书、企业资质证书、安全生产许可证、项目经理证、B类C类人员证等资料报送监理核验。项目监理机构应注意是否存在弄虚作假、冒名挂靠等情况。

（六）未经招标程序的分包单位在施工前应先将企业资质、质量安全管理体系等资料报送项目监理机构审批（"施工现场质量、安全生产管理体系报审表"，表B.0.3）。分包单位包括专业分包单位和劳务分包单位。分包单位的企业资质和安全生产许可证宜通过网上查验审查。分包单位的审查资料一般包括营业执照、企业资质、安全生产许可证、项目经理证（限专业分包）、安全管理人员B类证及C类、特种作业人员上岗证、分包合同、分包工程施工组织设计、建设单位认可手续（限于专业分包）等。

分包单位资质审核合格后，监理方可同意其承接相应分包工程。但应注意，建筑法中有规定，除总承包合同中约定的分包外，分包必须经建设单位认可。建设单位认可的形式可采用在"工程开工报审表"（表B.5.2）上签批或在总分包合同上盖章鉴证（三方合同）或由总承包单位打报告经建设单位审批同意的方法。

（七）总承包单位和分包单位就分包工程对建设单位承担连带责任，因此分包单位的报验资料、报审资料均应由总承包单位和分包单位分别签署意见并盖章确认后上报。

（八）对施工单位施工资质的审查核验程序见图4.2.2。

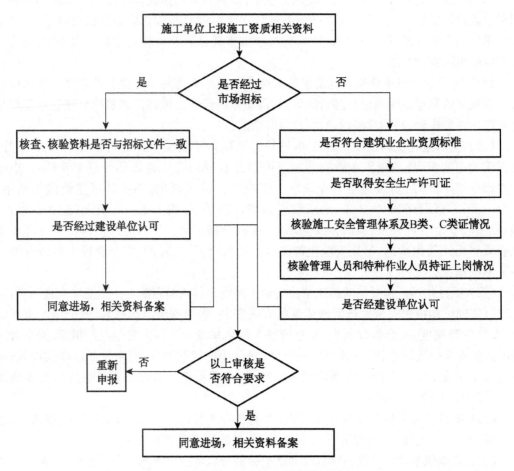

图4.2.2 对施工单位施工资质的审查核验程序

三、对施工组织设计、专项施工方案的审查程序

项目监理机构审查施工单位的施工组织设计和重要的、危险性较大的分部、分项工程专项施工方案，要注重对其中安全技术措施和是否符合工程建设强制性标准的审查。

（一）施工单位应在施工前向项目监理机构报送施工组织设计（专项施工方案）。施工组织设计［采用"施工组织设计/施工方案报审表"（表B.0.1）］的编制、审核、批准、签署齐全有效，并符合有关规定；施工组织设计（专项施工方案）应由施工单位的专业技术人员编写，施工单位各职能部门审核，由施工单位的技术负责人审批签字。

（二）施工组织设计（专项施工方案）中的安全技术措施的内容（防护、技术、管理等）应具有可操作性并应符合工程建设强制性标准。

（三）施工单位在危险性较大的分部分项工程施工前向项目监理机构报送专项施工方案。开工时来不及全部编制的，应编制危险性较大的分部分项工程一览表，须办理第三方检验检测或登记备案的大中型施工机械一览表及相应分阶段编制计划。

（四）专项施工方案应当组织专家论证的，施工单位应组织不少于5人的专家组对专项施工方案进行专家论证。书面论证审查报告经施工单位技术负责人签字后作为专项施工方案的附件报送项目监理机构审批。

（五）总监理工程师组织监理人员进行审查，总监理工程师签认；当需要施工单位修改时，应由总监理工程师签发书面意见要求施工单位修改后再报。

（六）下列工程应当在施工前单独编制安全专项施工方案（《危险性较大的分部分项工程安全管理办法》建质87号文〔2009〕87号文，附件一）：

1. 基坑支护与降水工程。基坑支护工程是指开挖深度超过3 m（含3 m）的基坑（槽）并采用支护结构施工的工程；或基坑虽未超过3 m，但地质条件和周围环境复杂、地下水位在坑底以上等工程。

2. 土方开挖工程，是指开挖深度超过3 m（含3 m）的基坑、槽的土方开挖。

3. 模板工程及支撑体系。包括：（a）各类工具式模板工程：包括大模板、滑模、爬模、飞模等工程。（b）混凝土模板支撑工程：搭设高度5 m及以上；搭设跨度10 m及以上；施工总荷载10 kN/m² 及以上；集中线荷载15 kN/m 及以上；高度大于支撑水平投影宽度且相对独立无联系构件的混凝土模板支撑工程。（c）承重支撑体系：用于钢结构安装等满堂支撑体系。

4. 起重吊装及安装拆卸工程。包括：（a）采用非常规起重设备、方法，且单件起吊重量在10 kN及以上的起重吊装工程。（b）采用起重机械进行安装的工程。（c）起重机械设备自身的安装、拆卸。

5. 脚手架工程。包括：（a）高度超过24 m及以上的落地式钢管脚手架工程。（b）附着式整体和分片提升脚手架工程。（c）悬挑式脚手架工程。（d）吊篮脚手架工程。（e）自制卸料平台、移动操作平台工程。（f）新型及异形脚手架工程。

6. 拆除、爆破工程。（a）建筑物、构筑物拆除工程。（b）采用爆破拆除的工程。

7. 其他危险性较大的工程。包括：建筑幕墙的安装施工；预应力结构张拉施工；隧道工程施工；桥梁工程施工（含架桥）；特种设备施工；网架和索膜结构施工；6 m以上的边坡施工；大江、大河的导流、截流施工；港口工程、航道工程；采用新技术、新工艺、新材料，可能影响建设工程质量安全，已经行政许可，尚无技术标准的施工。

（七）下列工程建筑施工企业应当组织专家组进行论证审查（《危险性较大的分部分项工程安全管理办法》建质〔2009〕87号文，附件二）：

1. 深基坑工程。包括：（a）开挖深度超过5 m（含5 m）的基坑（槽）的土方开挖、支护、降水工程。（b）开挖深度虽未超过5 m，但地质条件、周围环境和地下管线复杂，或影响毗邻建筑（构筑）物安全的基坑（槽）的土方开挖、支护、降水工程。

2. 模板工程及支撑体系。包括：（a）工具式模板工程：包括滑模、爬模、飞模工程。（b）混凝土模板支撑工程：搭设高度8 m及以上；搭设跨度18 m及以上；施工总荷载15 kN/m² 及以上；集中线荷载20 kN/m 及以上。（c）承重支撑体系：用于钢结构安装等满堂支撑体系，承受单点集中荷载700 kg以上。

3. 起重吊装及安装拆卸工程。包括：(a)采用非常规起重设备、方法,且单件起吊重量在 100 kN 及以上的起重吊装工程。(b)起重量 300 kN 及以上的起重设备安装工程;高度 200 m 及以上内爬起重设备的拆除工程。

4. 脚手架工程。包括:(a)搭设高度 50 m 及以上落地式钢管脚手架工程。(b)提升高度 150 m 及以上附着式整体和分片提升脚手架工程。(c)架体高度 20 m 及以上悬挑式脚手架工程。

5. 拆除、爆破工程。包括:(a)采用爆破拆除的工程。(b)码头、桥梁、高架、烟囱、水塔或拆除中容易引起有毒有害气(液)体或粉尘扩散、易燃易爆事故发生的特殊建、构筑物的拆除工程。(c)可能影响行人、交通、电力设施、通讯设施或其他建、构筑物安全的拆除工程。(d)文物保护建筑、优秀历史建筑或历史文化风貌区控制范围的拆除工程。

6. 其他。包括:(a)施工高度 50 m 及以上的建筑幕墙安装工程。(b)跨度大于 36 m 及以上的钢结构安装工程;跨度大于 60 m 及以上的网架和索膜结构安装工程。(c)开挖深度超过 16 m 的人工挖孔桩工程。(d)地下暗挖工程、顶管工程、水下作业工程。(e)采用新技术、新工艺、新材料、新设备及尚无相关技术标准的危险性较大的分部分项工程。

注意:

1. 建设单位项目负责人或技术负责人、监理单位项目总监理工程师及相关人员、施工单位分管安全的负责人、技术负责人、项目负责人、项目技术负责人等均应参加专家论证会,但参建各方的人员不得以专家身份参加专家论证会。

2. 一般讲,与会专家应在专家库中随机抽取。如尚无专家库的,与会专家应当具备以下基本条件:(a)诚实守信、作风正派、学术严谨;(b)从事专业工作 15 年以上或具有丰富的专业经验;(c)具有高级专业技术职称。

(八) 项目监理机构对施工组织设计和专项施工方案的审查应注意几点:

1. 施工组织设计(专项施工方案)编制、审批手续是否齐全。一般编制人、审核人、批准人签字和施工单位盖章应齐全,施工组织设计和重要的专项施工方案(如基坑支护与降水方案,深基坑挖土方案,模板、脚手架搭设方案,施工临时用电方案等)应有施工企业(法人)技术负责人签字、施工企业盖章。

2. 施工组织设计(专项施工方案)主要内容应齐全。内容应包括质保体系、安保体系、施工方法、工序流程、进度安排、人员设备配置、施工管理与安全劳动保护、消防、环保对策等。达到一定规模的危险性较大的分部分项工程还应有安全技术措施的计算书并附具安全验算结果。

3. 施工组织设计(专项施工方案)的合理性。如选用的计算方法和数据应注明其来源和依据,选用的物理数学模型应与实际情况相符;施工方案应与施工进度计划一致,施工进度计划应正确体现施工的部署、流向顺序及工艺关系;施工机械设备、人员的配置应能满足施工开展的需要;施工方案与施工总平面图布置应协调一致等。

4. 施工组织设计(专项施工方案)应符合国家、地方现行法律法规和工程建设强制性标准、规范的规定。

5. 施工过程应急救援预案应包括在施工组织设计内或单独报监理审核。

6. 工程发生大的变更、施工方法发生大的变化，施工单位应重新编制施工组织设计（专项施工方案），并重新报送监理审核。

7. 涉及《危险性较大的分部分项工程安全管理办法》（建质〔2009〕87号文）附件二规定的分部分项工程，项目监理机构应要求工程建筑施工企业提前考虑组织专家组进行论证审查。专家组论证审查通过且施工单位按照专家组的意见修改完善后，施工组织设计（专项施工方案）才能进行实施。因此，一般"超过一定规模的危险性较大的分部分项工程"，施工组织设计（专项施工方案）宜进行两次报验。第一次，专家组论证前，施工单位将施工企业已编制、审核完善的施工组织设计（专项施工方案）报送给项目监理机构，监理初审（包括程序性审查和符合性审查）合格后同意交专家组进行论证审查；第二次，专家组论证后，施工单位将施工企业已按专家组意见重新修改、补充、审核完善的施工组织设计（专项施工方案）再次报送给项目监理机构，项目监理机构审核后报建设单位审批。即项目监理机构应有修改前后两个版本的施工组织设计（专项施工方案）。

（九） 施工组织设计、专项施工方案审查程序见图 4.2.3。

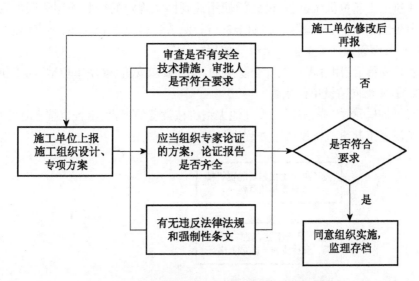

图 4.2.3 施工组织设计、专项施工方案审查程序

四、对建筑施工起重机械等大型机械设备的审查程序

建筑施工起重机械设备通常是指涉及生命安全、危险性较大的施工起重机械、整体提升脚手架与模板等自升式架设设施（如塔吊、履带吊、施工外用电梯、物料提升机等）。项目监理机构对建筑施工起重机械设备的审查，主要是程序性审查。程序性审查不符合要求的，项目监理机构应明确反对相关机械设备进场、安装、使用。

（一） 建筑施工起重机械设备安装前，项目监理机构应对施工单位报送的"施工起重机械设备安装/使用/拆卸报审表"（表 B.4.1）及所附资料〔如产品合格证、生产（制造）许可证等〕进行程序性核验，合格后方可进行安装。

（二） 建筑施工起重机械设备安装、拆卸前，施工单位应编制专项施工方案，经监理审批同意后方可实施。建筑施工起重机械设备的安装、拆卸单位，必须具有相应的施工资质；安装拆卸人员必须具有相关的操作资格证书。施工单位编制的专项施工方案，必须包含相关的安全施工技术措施，并落实专业技术人员现场监督指导的措施。

（三）建筑施工起重机械设备安装完成后，项目监理机构对其验收程序进行核查。《中华人民共和国特种设备安全法》规定的施工起重机械、整体提升脚手架、模板等自升式架设设施，在验收前应当经有相应资质的检验检测机构检测检验合格并按使用登记要求进行登记；验收程序符合要求，方可同意使用。对于国家没有规定必须由第三方进行检验检测的机械设备、设施，安装完毕后安装单位应当自检，出具自检合格证明，并向施工单位进行安全使用说明，办理验收手续并签字。手续齐全后方可同意使用。

尚未经第三方进行检验检测合格的机械设备、设施，施工单位提前使用的，项目监理机构应以"工程暂停令"要求施工单位停止使用；虽已经第三方进行检验检测合格的机械设备、设施但尚未按规定进行登记备案手续，施工单位提前使用的，项目监理机构应以"监理备忘录"（表 A.0.13）提醒施工单位抓紧办理登记备案手续并对由此产生的后果承担责任。

（四）建筑施工起重机械设备、设施的使用达到国家规定的检验检测年限的，必须经具有专业资质的检验检测机构检测。到期未进行检测或经检测不合格的，项目监理机构应以"监理通知单"书面通知施工单位不得继续使用。

（五）发现安拆、使用过程存在安全隐患的，应当要求安拆、使用单位整改，安拆、使用单位拒不整改的，应当向建设单位报告。

（六）对打桩机、盾构机、架桥机等其他大型机械设备的申报、审查也按上述程序进行。

（七）建设施工起重机械设备审查程序见图 4.2.4。

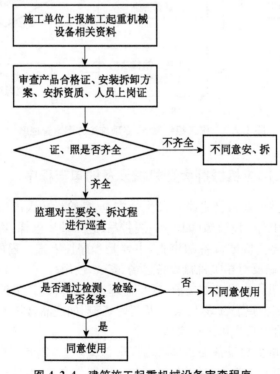

图 4.2.4　建筑施工起重机械设备审查程序

五、对施工特种作业人员的审查程序

施工特种作业人员是指作业场所操作的设备、操作的内容具有较大的危险性,容易发生伤害事故,或者容易对操作者本人,以及对他人和周围设施的安全有重大危害因素的作业人员。根据《江苏省建筑施工特种作业人员管理暂行办法》(苏建管质〔2009〕5号)的相关规定,建筑施工特种作业人员包括电工、架子工、起重司索信号工、起重机械司机、起重机械装拆工、吊篮装拆工、焊工、机械安装质量检验工、桩机操作工、混凝土泵操作工、场内机动车司机、其他施工特种作业人员。其他施工特种作业人员如爆破、锅炉、压力容器、客运索道、大型游乐设施及在水下、井下施工的作业人员等。

(一)施工特种作业施工前,施工单位应根据施工现场的实际需要配备施工特种人员进场计划,并将配备的特种作业人员列表以"施工现场质量、安全生产管理体系报审表"(表B.0.3)报送给项目监理机构审查。项目监理机构应对特种作业人员上岗证书进行核查核验,并留存复印件备案。项目监理机构应注意施工特种作业人员的质量(作业级别、工作年限等)、数量是否满足施工需要。有的施工单位证件不全、有证无人、人证不符的情况比较严重,特别是电工、焊工、塔吊指挥工、架子工等,配备数量不足,易给施工安全带来隐患,审查核验时应特别注意。

(二)项目监理机构应对施工特种作业人员进行动态管理,应定期、不定期对重要岗位特种作业人员(如电工、焊工、塔吊司机、人货梯司机、架子工等)的持证上岗情况进行抽查,发现施工单位有无证上岗等情况应书面要求施工单位整改。作为项目监理机构,对施工特种作业人员的持证情况只能是进行抽查;严格的持证操作管理应由施工单位自行完成。项目监理机构应注意督促总承包单位和其他承包单位发挥管理作用,加强对施工现场各施工专业、各分包单位特种作业人员持证上岗情况的检查管理。项目监理机构在抽查中发现问题后,除应要求施工单位立即整改外,还应要求施工单位项目部查找管理责任,制定纠正措施,防止类似事件再次发生。

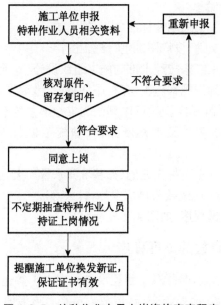

图4.2.5　特种作业人员上岗资格审查程序

施工特种作业人员的操作证书应在有效期内使用。在特种作业证有效期满(一般两年)前,特种作业人员必须按照国家的有关规定进行专门的安全作业培训、考核,符合要求的将核发新证或延长有效期。项目监理机构应提醒施工单位提前安排特种作业人员的培训考核工作,以保证特种作业的工作质量和施工安全。

(三)特种作业人员上岗资格审查程序见图 4.2.5。

六、安全事故隐患的处理程序

《条例》规定,"发现存在安全事故隐患的,应当要求施工单位整改;情况严重的,应当要求施工单位暂时停止施工"是项目监理机构的安全责任之一。因此,项目监理机构要注意"发现"安全事故隐患并及时处理。

(一)安全隐患的发现与处理

1. 监理人员在现场发现了安全事故隐患,应及时向总监理工程师或安全管理的监理人员报告。

2. 总监理工程师根据安全事故隐患的严重程度,决定签发"监理通知单"(表 A.0.10)书面要求施工单位整改;情况严重的,应立即要求施工单位暂停施工,并签发"工程暂停令"(表 A.0.11)书面指令施工单位执行;"工程暂停令"(表 A.0.11)应及时向建设单位报告。

3. 施工单位整改结束,应填报"监理通知回复单"(表 B.5.1)或"工程复工报审表"(表 B.5.2),经项目监理机构检查验收合格,方可同意恢复施工。

4. 施工单位拒不整改或不暂停施工,总监理工程师应当及时向建设单位及监理公司报告,并及时向建设主管部门或行业主管部门报告。

5. 发现、要求、复查、报告和施工单位的整改情况,应记载在监理日志、监理月报中。

(二)如何发现安全事故隐患

项目监理机构在实施监理过程中,应如何"发现"安全事故隐患? 实际上主要指应"发现"如下几方面内容的安全隐患:

1. 施工单位违反国家相关强制性标准、规范施工的;

2. 施工单位未按设计文件、设计图纸进行施工的;

3. 施工单位无方案施工或未按经批准的施工组织设计、专项施工方案施工的;

4. 施工单位未按施工操作规程施工,存在违章指挥、违章作业的;

5. 施工现场出现根据监理经验就可以判断为安全事故隐患的(如发现附墙脚手架的拉接点被拆除了一些;配电箱的接地线断路;大型施工设备未经安监备案就投入使用等);

6. 施工现场出现生产安全事故先兆的(如基坑漏水量加大、边坡出现坍方;脚手架发生晃动;配电箱漏电,电源开关、电缆接头局部发热、打火等)。

(三)安全事故隐患处理程序(如图 4.2.6 所示)

七、发生生产安全事故的处理程序

本文所指的生产安全事故,是指在工程建设过程中由于参建单位责任过失造成工程倒塌或报废、机械设备毁坏和安全设施失当,造成人员伤亡或者直接经济损失的事故。发生

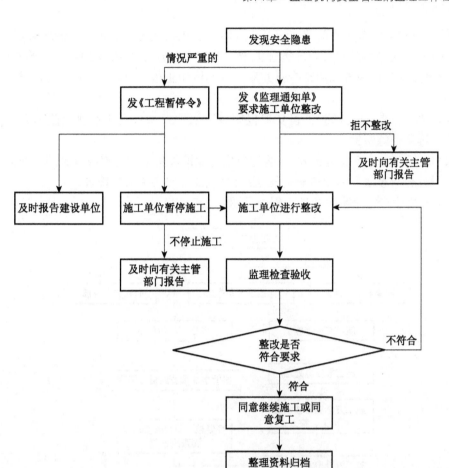

图 4.2.6　安全事故隐患处理程序框图

生产安全事故后,项目监理机构具有双重身份:一是作为负有安全生产监管义务的监理方要督促施工单位立即停止施工、排除险情、抢救伤员并防止事态扩大;二是作为本身也承担建设工程安全生产责任的建设工程参与单位要接受责任调查,当存在违反《条例》有关条款规定的情况时,还要接受处理或处罚。这里主要介绍项目监理机构作为安全生产监管一方需执行的程序。

(一)当施工现场发生事故后,总监理工程师应及时会同建设单位现场负责人向施工单位了解事故情况,判断事故的严重程度,及时发出监理指令并向监理公司主要负责人报告。

(二)当现场发生工程建设等级以上安全事故(按《生产安全事故报告和调查处理条例》国务院令第493号)后,总监理工程师应签发"工程暂停令"(表A.0.11),并及时向监理公司、建设单位报告。同时,项目监理机构应提醒施工单位及时向工程所在地建设行政主管部门或行业主管部门报告。

(三)配合有关主管部门组成的事故调查组进行调查。调查内容主要包括事故发生的时间、地点、严重程度,事故发生的简要经过,事故的初步原因分析,抢救措施和事故控制情况,下一步事故处理的建议等。当调查组提出要求,项目监理机构应如实提供工程相关资料,如相关合同、图纸、会议纪要、监理日报、监理日志和工程联系单、监理通知单等资料。

(四)项目监理机构应按照事故调查组提出的处理意见和防范措施建议,监督检查施工单位对处理意见和防范措施的落实情况。具体内容包括现场应急抢险、查找事故原因并处理、制定防范措施、教育群众、处理责任人等。施工单位还要按照"四不放过"的原则，编写生产安全事故的分析报告和纠正措施方案。对具体纠正措施，监理要进行监督、核查，看是否全部落实。

（五）对施工单位填报的"工程复工报审表"（表 B.5.2），安全管理的监理人员进行核查，由总监理工程师签批。

（六）现场发生生产安全事故后，监理单位应立即收集整理与事故有关的安全生产管理的监理资料，分析事故原因及事故责任，必要时应如实向有关部门报告。

（七）发生生产安全事故的处理程序见图 4.2.7。

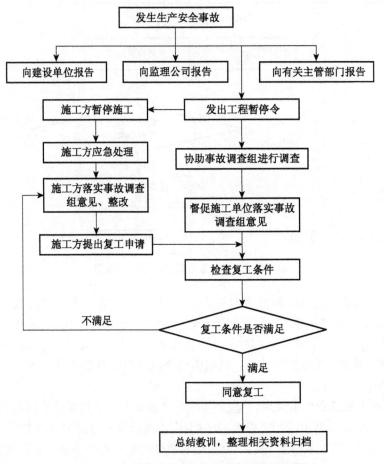

图 4.2.7　发生生产安全事故的处理程序框图

八、安全防护、文明施工措施项目费用的报审程序

（一）施工单位应在开工前向项目监理机构提交安全防护、文明施工措施项目清单及费用清单，并填报安全防护、文明施工措施费用使用计划"施工单位通用报审表"（表 B.5.4）。

（二）安全生产管理的监理人员和专业监理工程师应根据施工合同的约定审核施工单位提交的安全防护文明施工措施费支付申请"工程款支付报审表"（表 B.2.3）。

第五章　施工单位现场安全生产管理方法

建筑施工企业是安全生产管理的基础,是安全生产管理的出发点和落脚点。由于建筑施工企业的特殊性,建筑施工现场成为建筑施工企业安全生产管理的重点和关键。因此加强施工现场安全生产监管是建筑施工企业安全生产监管的重要内容。

第一节　对施工单位现场监管的主要内容

建设行政主管部门对施工单位安全生产监督管理的内容主要有:

1. "安全生产许可证"办理情况。
2. 建筑工程安全防护、文明施工措施费用的使用情况。
3. 设置安全生产管理机构和配备专职安全管理人员情况。
4. 三类人员经主管部门安全生产考核情况。
5. 特种作业人员持证上岗情况。
6. 安全生产教育培训计划制订和实施情况。
7. 施工现场作业人员意外伤害保险办理情况。
8. 职业危害防治措施制定情况,安全防护用具和安全防护服装的提供及使用管理情况。
9. 施工组织设计和专项施工方案编制、审批及实施情况。
10. 生产安全事故应急救援预案的建立与落实情况。
11. 企业内部安全生产检查开展和事故隐患整改情况。
12. 重大危险源的登记、公示与监控情况。
13. 生产安全事故的统计、报告和调查处理情况。
14. 其他有关事项。

第二节　施工单位现场安全生产管理体系

施工现场安全生产管理体系指实现施工现场安全保证要求的一系列工作体系,主要由制度建设、组织建设、资金保障及监督机制等四大功能体系组成。具体来讲,施工现场安全生产保证体系是指完善施工现场各项安全生产管理制度,建立以项目经理为核心、专职安全生产管理人员为骨干的施工现场安全生产管理网络,确保施工现场安全生产保障资金落实,建立有效的施工现场安全生产监督机制等互相联系互相制约的组合体。

一、施工现场安全生产管理制度

施工现场安全生产应包括如下五大管理制度：

1. 施工现场安全生产责任制度。
2. 施工现场安全生产资金保障制度。
3. 施工现场安全生产教育培训制度。
4. 施工现场安全生产检查制度。
5. 施工现场生产安全事故报告与处理制度。

二、施工现场安全生产资金保障

只有安全生产资金得到有效落实，才能保障安全生产的顺利进行。施工现场安全生产资金由两大部分组成：一部分是企业投入到施工现场的安全生产保障资金，另一部分是建设单位依据有关安全生产法律法规及相关规定提供的安全文明施工措施费用资金。核查施工现场安全生产资金能否得到保证，一方面看施工现场是否建立了安全生产资金保障制度，另一方面是看施工现场安全生产资金管理的台账，核查施工现场安全生产资金是否能够投入使用或已投入使用，核查施工现场安全生产资金使用是否全面、合理。

三、施工现场安全生产管理网络

施工现场安全生产管理网络的组成人员及要求如下：

（一）施工项目负责人和专职安全生产管理人员的任职条件及职责

1. 施工项目负责人和专职安全生产管理人员是指经建设主管部门或者其他有关部门安全生产考核合格并取得安全生产考核合格证书（B类证、C类证），在企业从事安全生产管理工作的专职人员。

2. 施工项目负责人为本单位在施工现场的安全生产第一责任人，不得委任其他人如项目副经理等担任安全管理小组组长。

3. 施工现场专职安全生产管理人员应为企业派驻到现场代表企业对现场安全生产进行监督管理的人员，具体负责施工现场安全生产巡视督查，并做好记录，不得兼任与安全生产无关的工作。发现现场存在安全隐患时，应及时向企业安全生产管理机构和工程项目经理报告；对违章指挥、违章操作的，应立即制止。必要时可向有关安全生产行政监督管理部门反映问题，报告生产安全重大隐患和生产安全事故。

（二）专职安全生产管理人员的配置数量

根据《建筑施工企业安全生产管理机构设置及专职安全生产管理人员配备办法》（建质〔2008〕91号）的相关规定，专职安全生产管理人员的配置数量根据施工类型不同而要求不同。有的按照建筑面积配备，有的按照安装工程总造价配备。而且，专业承包单位（专业分包）应当至少配备1人，劳务分包企业也应根据施工人员数量和所承担的分部分项工程施工危险实际情况增配。

四、施工现场安全生产责任体系

施工现场安全生产责任体系是指根据施工现场生产组织活动的实际，确定全员的安全生产责任,并通过责任交底、利益挂钩、监督考核等具体环节和措施促使各项安全生产责任既相互联系又相互作用,形成一个动态的管理机制。

建立施工现场安全生产责任体系的基本要求为:

1. 体系建立前,应明确组织形式和岗位设置。

2. 安全生产责任应明确职权、职责和考核三部分内容。

3. 施工现场的所有部门及岗位必须具有与其相应的安全生产责任。

4. 安全生产责任划分清晰,不漏项,责任追究明确。

5. 安全生产责任应由责任人签字认可,并保留签字的文件记录。

6. 安全生产责任考核应纳入经济责任考核中。

7. 建立健全安全生产责任体系的检查、反馈和调整三个保证机制。

8. 安全生产责任应在部门及岗位工作实施前予以确立。

五、施工现场安全生产监督机制

(一) 企业内部监督

1. 专指安全生产管理人员负责对安全生产进行现场监督检查。

2. 工会依法组织职工参加本单位安全生产工作的民主管理和民主监督,维护职工在安全生产方面的合法权益。

3. 施工现场作业人员对施工现场安全生产的监督。

(二) 企业外部监督

1. 政府统一领导、部门依法监管的机制。

2. 实施社会广泛监督机制。

3. 工程监理单位应对施工现场实施安全生产监督管理。

第三节　施工单位现场安全生产主要管理方法

一、施工安全技术管理

(一) 施工安全技术管理基本要求

1. 施工现场必须按安全技术标准、规范要求进行施工管理。

2. 建筑施工企业应根据自身的经营内容和施工特点,收编相关的现行有效的国家、行业和地方的安全技术标准、规范和企业的安全技术标准、各项安全技术操作规程。

3. 收编的安全技术标准、规范应全面。

4. 收编的安全技术标准、规范应由专人保管,并将目录及时发放企业相关部门和岗位,以指导企业相关部门和岗位始终使用现行有效的规范、标准和文件。

5. 施工现场必须要有相应的施工安全技术标准和规范,以指导施工现场安全生产工作。

6. 施工安全技术标准和规范均应为现行有效版本。

现有的规范、标准分为三类:

1) 综合管理类(文明卫生、劳动保护、职业健康、教育培训、事故管理等)。

2）建筑施工类（土方工程、脚手架工程、模板工程、高处作业、临时用电、起重吊装工程、建筑机械、焊接工程、拆除与爆破工程、消防安全等）。

3）制定的安全技术操作规程一般应按工种分，如：架子工、钢筋工、混凝土工、油漆工、玻璃工、起重吊装工、施工机械（工具）装拆和使用、其他工种等。

（二）对安全技术措施及专项施工方案进行审查

安全技术措施及专项施工方案编制与审核是安全生产管理的重要内容。

1. 安全技术措施

安全技术措施是指为确保施工安全而采取的技术及其管理措施。广义上讲，它包含以工程项目为对象编制指导施工全过程各项施工活动的技术、经济、组织和控制要求的施工组织设计，也包含以达到一定规模的危险性较大的分部分项工程为对象编制安全施工技术文件的专项技术方案。狭义上讲，它专指单项的施工技术中所要求的安全管理内容，如施工现场临时用电安全技术方案，还包括防火、防毒、防爆、防洪、防尘、防雷击、防触电、防坍塌、防物体打击、防机械伤害、防溜车、防高空坠落、防交通事故、防寒、防暑、防疫、防环境污染等方面的措施。

2. 专项施工方案

专项施工方案是安全管理三大基本措施中安全技术措施的特定管理内容，即是指以达到一定规模的危险性较大的分部分项工程为对象编制的安全施工技术文件。危险性较大的分部分项工程必须编制专项施工方案。

专项施工方案一般由施工企业研究和把握，由施工企业专业工程技术人员编制专项施工方案，并附具安全验算结果，经施工单位技术负责人审批签字并按规定程序报批同意后实施。

3. 专项施工方案的专家论证审查

对于超过一定规模的危险性较大的分部分项工程，建筑施工企业应当组织专家组对专项施工方案进行论证审查。

专家组成员应不少于5人。专家组应提出书面论证审查报告，施工企业应根据论证审查报告进行完善。专家组书面论证审查报告应作为安全专项施工方案的附件，在实施过程中，施工企业应严格按照安全专项方案组织施工。

二、安全技术交底

施工单位各层次技术负责人应会同方案编制人员对施工组织设计或专项施工方案或各项安全技术措施等实施逐级交底，施工现场的项目技术负责人和方案编制人员必须参与方案实施的验收和检查，专职安全生产管理人员应对安全技术交底的实施情况进行督查。

（一）安全技术交底概念

安全技术，意为确保安全所需要的技术，即采取消除隐患以及警示、限控、保险、防护、救助等措施，以预防和控制安全事故的发生及减少其危害的技术。

安全技术交底，是指将上述预防和控制安全事故发生及减少其危害的技术以及工程项目、分部分项工程概况、施工方法、安全技术措施及要求向全体施工人员进行说明。安全技术交底制度是施工单位有效预防违章指挥、违章作业，杜绝伤亡事故发生的一种有效措施。

（二）安全技术交底的基本要求

安全技术交底有如下基本要求：

1. 逐级交底制度，承包单位向分包单位、分包单位工程项目的技术人员向施工长、施工班组长向作业人员分别进行交底。

2. 交底必须具体明确、针对性强。

3. 技术交底的内容应针对分部分项工程施工给作业人员带来的潜在危险因素和存在的问题。

4. 应优先采用新的安全技术措施。

5. 每天作业前，各施工班组长应当针对当天的工作任务作业条件和作业环境，就作业要求和施工中应注意的安全事项向作业人员进行交底，并将参加交底的人员名单和交底内容记录在班组活动记录中。

6. 各工种的安全技术交底一般与分部分项安全技术交底同行。对施工工艺复杂、施工难度较大或作业条件危险的，应当进行各工种的安全技术交底。

7. 双方在书面安全技术交底上签字确认，主要是防止走过场，并有利于各自责任的确定。

（三）安全技术交底的主要方面

1. 工程项目和分部工程的概况；

2. 工程项目和分部分项工程的危险部位；

3. 危险部位采取的具体预防措施；

4. 作业中应注意的安全事项；

5. 作业人员应遵守的安全操作规程和规范；

6. 作业人员发现事故隐患应采取的措施和发生事故后应及时采取的躲避和急救措施。

（四）重要的施工安全技术交底内容

1. 安全生产六大纪律交底

（1）进入现场必须戴好安全帽，扣好帽带；并正确使用个人劳动防护用品。

（2）2 m以上的高处、悬空作业，无安全设施的，必须戴好安全带、扣好保险钩。

（3）高处作业时，不准往下或向上乱抛材料和工具等物件。

（4）各种电动机械设备必须有可靠有效的安全接地和防雷装置，方能开动使用。

（5）不懂电气和机械的人员，严禁使用和玩弄机电设备。

（6）吊装区域，非操作人员严禁入内，吊装机械必须完好，把杆垂直下方不准站人。

2. 十项安全技术措施交底

（1）按规定使用安全"三宝"。

（2）机械设备防护装置一定要齐全有效。

（3）塔吊等起重设备必须有限位保险装置，不准"带病"运转，不准超负荷作业，不准在运转中维修保养。

（4）架设电线线路必须符合当地电力局的规定，电气设备必须全部接零接地。

（5）电动机械和手持电动工具要设置漏电掉闸装置。

（6）脚手架材料及脚手架的搭设必须符合规程要求。

（7）各种缆风绳及其设置必须符合规程要求。

（8）在建工程的楼梯口、电梯口、预留洞口、通道口，必须有防护设施。

（9）严禁赤脚或穿高跟鞋、拖鞋进入施工现场，高空作业不准穿硬底或带钉易滑的鞋靴。

（10）施工现场的悬崖、陡坎等危险地区，应设警戒标志，夜间应设红灯示警。

3. 起重吊装"十不吊"规定交底

（1）起重臂和吊起的重物下面不准有人停留或行走。

（2）起重指挥应由技术培训合格的专职人员担任，无指挥或信号不清不准吊。

（3）钢筋、型钢、管材等细长和多根物件必须捆扎牢靠，多点起吊。单头"千斤"或捆扎不牢靠不准吊。

（4）多孔板、积灰斗、手推翻斗车不用四点吊或大模板外挂板不用卸甲不准吊。预制钢筋混凝土楼板不准双拼吊。

（5）吊砌块必须使用安全可靠的砌块夹具，吊砖必须使用砖笼，并堆放整齐。木砖、预埋件等零星物件要用盛器堆放稳妥，叠放不齐不准吊。

（6）楼板、大梁等吊物上站人不准吊。

（7）埋入地面的板桩、井点管等，以及粘连、附着的物件不准吊。

（8）多机作业，应保证所吊重物距离不小于 3 m，在同一轨道上多机作业，无安全措施不准吊。

（9）六级以上强风区不准吊。

（10）斜拉重物或超过机械允许荷载不准吊。

4. 气割、电焊"十不烧"规定交底

（1）焊工必须持证上岗，无特种作业人员安全操作证的人员，不准进行焊、割作业。

（2）凡属一、二、三级动火范围的焊、割作业，未经办理动火审批手续，不准进行焊、割。

（3）焊工不了解焊、割现场周围情况，不得进行焊、割。

（4）焊工不了解焊件内部是否安全时，不得进行焊、割。

（5）各种装过可燃气体、易燃液体和有毒物质的容器，未经彻底清洗，排除危险性之前，不准进行焊、割。

（6）用可燃材料做保温层、冷却层、隔音、隔热设备的部位，或火星能飞溅到的地方，在未采取切实可靠的安全措施之前，不准焊、割。

（7）有压力或密闭的管道、容器，不准焊、割。

（8）焊、割部位附近有易燃易爆物品，在未做清理或未采取有效的安全措施之前，不准焊、割。

（9）附近有与明火作业相抵触的工种在作业时，不准焊、割。

（10）与外单位相连的部位，在没有弄清有无险情，或明知存在危险而未采取有效的措施之前，不准焊、割。

5. 施工现场防火技术交底

（1）各单位在编制施工组织设计时，施工总平面图、施工方法和施工技术均要符合消防安全要求。

（2）施工现场应明确划分用火作业、易燃可燃材料堆场、仓库、易燃废品集中站和生活区等区域。

（3）施工现场夜间应有照明设备；保持消防车通道畅通无阻，并要安排力量加强值班巡逻。

（4）施工作业期间需搭设临时性建筑物，必须经施工企业技术负责人批准，施工结束应及时拆除。但不得在高压架空下面搭设临时性建筑物或堆放可燃物品。

（5）施工现场应配备足够的消防器材，指定专人维护、管理、定期更新，保证完整好用。

（6）在土建施工时，应先将消防器材和设施配备好，有条件的，应敷设好室外消防水管和消防栓。

（7）焊、割作业点与氧气瓶、电石桶和乙炔发生器等危险物品的距离不少于 10 m，与易燃易爆物品的距离不得少于 30 m；如达不到上述要求的，应执行动火审批制度，并采取有效的安全隔离措施。

（8）乙炔发生器和氧气瓶的存放之间距离不得少于 2 m；使用时两者的距离不得少于 5 m。

（9）氧气瓶、乙炔发生器等焊割设备上的安全附件应完整有效，否则不准使用。

（10）施工现场的焊、割作用，必须符合防火要求，严格执行"十不烧"规定。

（11）施工现场用电，应严格执行市建委《施工现场电气安全管理规定》，加强电源管理，防止发生电气火灾。

（12）冬季施工采用保温加热措施时，应符合以下要求：

① 采用电热法加温，应设电压调整器控制电压；导线应绝缘良好，连接牢固，并在现场设置多处测量点。

② 采用生石灰蓄热，应选择安全配合比，并经工程技术人员同意后方可使用。

③ 采用保温或加热措施前，应进行安全教育；施工过程中，应安排专人巡逻检查，发现隐患及时处理。

6. 施工现场灭火器材配备技术交底

（1）临时搭设的建筑物区域内应按规定配备消防器材。一般临时设施区，每 100 m² 配备两只 10 L 灭火器；大型临时设施总面积超过 1 200 m² 的，应备有专供消防用的太平桶、积水桶（池）、黄沙池等器材设施；上述设施周围不得堆放物品。

（2）临时木工间、油漆间、木机具间等，每 25 m² 应配置一只种类合适的灭火器；油库、危险品仓库应配备足够数量、种类合适的灭火器。

7. 特殊建筑施工现场防火技术交底

（1）高度 24 m 以上的高层建筑施工现场，应设置具有足够扬程的高压水泵或其他防火设备和设施，并根据施工现场的实际要求，增设临时消防水箱，保证有足够的消防水源。

（2）高层建筑施工楼面应配备专职防火监护人员，巡回检查各施工点的消防安全情况。进入内装饰阶段，要明确规定吸烟点。

（3）高层建筑和地下工程施工现场应备有通信报警装置，便于及时报告险情。

（4）严禁在屋顶用明火熔化柏油。

（5）古建筑和重要文物单位，应由主管部门、使用单位会同施工单位共同制定消防安全措施，报上级管理部门和当地公安消防部门批准后，方可开工。

三、安全生产教育培训

安全生产教育培训是安全生产管理三大基本措施之一。

（一）施工现场安全教育培训对象

施工现场安全生产教育培训应是全员安全教育培训，即施工现场所有人员包括项目经理及专职安全生产管理人员都必须参加安全生产教育培训。

（二）施工现场安全教育培训的内容

安全生产教育培训的主要内容有四大类：

1. 安全生产的法律法规；

2. 安全生产知识；

3. 安全生产规章制度；

4. 安全生产标准规范及操作规程。

（三）施工现场安全生产教育培训类型

安全生产教育培训有岗前培训、在岗培训和转岗培训三大类型。

1. 岗前培训

岗前培训是指任用单位对被任用者进行岗位任职前的教育培训。具体的做法有：

1）三级教育培训

三级教育培训是指公司级教育、施工项目部级教育和班组教育。

2）三类人员培训

三类人员培训是指建筑施工企业主要负责人、项目负责人及专职安全生产管理人员在经省建设主管部门安全生产考核前参加的安全生产知识和安全管理能力的培训，因此这种培训是三类人员任职前的岗位培训。

3）特殊工种作业人员培训

特殊工种作业人员培训是指特种作业人员在经有关业务主管部门考核合格取得特种作业操作资格证书之前参加的安全生产知识和安全操作规程的培训。

4）进场教育（安全告知）

5）以帮带教形式的培训

2. 在岗培训

在岗培训是指各类在岗位人员生产活动过程中参加的安全生产教育培训。在岗培训的形式有：

1）三类人员的继续教育

2）特种作业人员的再教育

3）经常性安全教育

4）季节性的教育培训

5）节假日前后的教育培训

3. 转岗（复工）培训

转岗（复工）培训是指经过安全生产教育培训已掌握相应的安全生产知识和具备一定的安全生产技能的人员变换工种或长时间离岗又重新上岗而参加的培训。

（四）施工现场安全生产教育培训方法

施工现场可以根据不同对象采取不同的方式开展教育培训，如采用讲授法、谈话法、访问法、练习和复习法和宣传娱乐法，也可采用讲授法、研讨法、读书指导法等。

四、安全生产检查

安全生产检查是落实安全保证计划的重要环节,必须落实施工现场安全生产检查制度,确保施工现场安全生产顺利进行。项目负责人是施工现场安全生产检查的主要领导者和组织者,专职安全生产管理人员是施工现场安全生产检查的主要实施者,必须按照有关规定及标准规范开展施工现场安全生产检查。

(一)安全生产检查的基本内容

1. 安全生产检查的目的

安全生产检查的目的是预知危险和消除危险,通过检查告诉生产管理人员和作业人员怎样去识别和防范事故的发生。

2. 安全生产检查的内容

安全生产检查的内容主要是查思想、查制度、查机械设备、查安全设施、查安全教育培训、查操作行为、查劳保用品使用、查伤亡事故的处理等。

3. 安全生产检查制度的基本要求

施工现场必须以文件的形式确立安全生产检查制度,确定安全生产检查的组织领导,落实安全生产检查的责任人,对安全检查的方式、时间、实施、隐患整改和处置等环节提出要求,其中包括对隐患复查的具体要求,确保隐患能够得到及时有效的消除。安全生产检查必须要有相应的检查记录或安全检查报告以及监理通知回复单、整改复查验收报告等文件内容的要求。如施工现场涉及分包单位(包括设备装拆单位、设备材料供应单位),也应对其提出安全生产检查的要求。

4. 安全生产检查的方法

(1)"看":主要查看管理记录、持证上岗、现场标示、交接验收资料、"三宝"使用情况、"洞口""临边"防护情况、设备防护装置等。

(2)"量":主要是用尺子进行实测实量。例如:脚手架各种杆件间距、塔吊导轨距离、电器开关箱安装高度、在建工程邻近高压线距离等。

(3)"测":用仪器、仪表实地进行测量。例如:用水平仪测量导轨纵横向倾斜度,用地阻仪遥测地阻等。

(4)"现场操作":由司机对各种限位装置进行实际动作,检验其灵敏度。例如:塔吊的力矩限制器、行走限位、龙门架的超高限位装置、翻斗车制动装置等等。总之,能测量的数据或操作试验,不能用目测、步量或"差不多"等来代替,要尽量采用定量方法检查。

(二)安全生产检查的验收

施工项目部应建立安全生产检查验收制度,必须坚持"验收合格才能使用"的原则。

安全生产检查的验收范围有:

(1)各类脚手架、井子架、龙门架和堆料架;

(2)临时设施及沟槽支撑与支护;

(3)支搭好的水平安全网和立网;

(4)临时电器工程设施;

(5)各种起重机械、路基轨道、施工电梯及中小型机械设备;

(6)安全帽、安全带和护目镜、防护面罩、绝缘手套、绝缘鞋等个人防护用品。

（三）安全生产检查的隐患处理

1. 对检查中发现的隐患应及时进行登记，不仅可作为整改的备查依据，而且是提供安全动态分析的重要信息渠道。

2. 对安全检查中查出的隐患，应及时发出隐患整改通知。对凡存在即发性事故危险的隐患，检查人员应责令停工，被查部门和班组应立即进行整改。

3. 对于违章指挥、违章作业行为，检查人员应当场指出，立即进行纠正。

4. 被查部门和班组负责人对查出的隐患，应立即研究制定整改方案。按照"三定"（即定人、定期限、定措施），限期完成整改。

5. 整改完成要及时通知有关部门派员进行复查验证，经复查整改合格后，即可销案。

6. 整改过程必须有记录，并存入安全检查记录中。

（四）用《建筑施工安全检查标准》(JGJ59—2011)进行安全生产检查评分

建设部于 1999 年 4 月颁发、住建部于 2011 年修订了《建筑施工安全检查标准》(JGJ59—2011)。《建筑施工安全检查标准》共分 5 章 87 条，并附有 1 张建筑施工安全检查评分汇总表、19 张建筑施工安全分项检查评分表。19 张建筑施工安全分项检查评分表检查内容共有 190 个项目 500 多小条。

五、生产安全事故预防及处理

生产安全事故预防及处理包含了事故的预控管理及事故发生的应急处理和事故后续处理的管理内容。

（一）生产安全事故的定义及划分

伤亡事故是指人们由不安全的行为、动作或不安全的状态所引起的，突然发生的、与人的意志相反且事先未能预料到的意外事件，它能造成财产损失、生产中断、人员伤亡。从劳动保护角度讲，事故主要是指伤亡事故，又称伤害。

1. 伤害程度的划分

（1）轻伤，指损失工作日为 1 个工作日以上（含 1 个工作日），105 个工作日以下的失能伤害；

（2）重伤，指损失工作日为 105 个工作日以上（含 105 个工作日）的失能伤害，重伤的损失工作日最多不超过 6 000 日；

（3）死亡，其损失工作日定为 6 000 日，这是根据我国职工的平均退休年龄和平均死亡年龄计算出来的。

2. 事故等级划分

根据生产安全事故造成的人员伤亡或者直接经济损失，事故一般分为以下等级：

（1）特别重大事故，是指造成 30 人以上死亡，或者 100 人以上重伤（包括急性工业中毒，下同），或者 1 亿元以上直接经济损失的事故；

（2）重大事故，是指造成 10 人以上 30 人以下死亡，或者 50 人以上 100 人以下重伤，或者 5 000 万元以上 1 亿元以下直接经济损失的事故；

（3）较大事故，是指造成 3 人以上 10 人以下死亡，或者 10 人以上 50 人以下重伤，或者 1 000 万元以上 5 000 万元以下直接经济损失的事故；

（4）一般事故，是指造成 3 人以下死亡，或者 10 人以下重伤，或者 1 000 万元以下直接经济损失的事故。

3. 事故类别划分

《企业职工伤亡事故分类》(GB6441—1986)中，将事故类别划分为 20 类。建筑施工企业易发生的事故占 10 类：

(1) 高处坠落，指出于危险重力势能差引起的伤害事故。适用于脚手架、平台、陡壁施工等高于地面的坠落，也适用于山地面踏空失足坠入洞、坑、沟、升降口、漏斗等情况。但排除以其他类别为诱发条件的坠落。如高处作业时，因触电失足坠落应定为触电事故，不能按高处坠落划分。

(2) 触电，指电流流经人体，造成生理伤害的事故。适用于触电、雷击伤害。如人体接触带电的设备金属外壳或裸露的临时线、漏电的手持电动手工工具，起重设备误触高压线或感应带电，雷击伤害，触电坠落等事故。

(3) 物体打击，指失控物体的惯性力造成的人身伤害事故。如落物、滚石、锤击、碎裂、崩块、砸伤等造成的伤害，不包括爆炸而引起的物体打击。

(4) 机械伤害，指机械设备与工具引起的绞、辗、碰、割、戳、切等伤害。如工件或刀具飞出伤人、切屑伤人、手或身体被卷入、手或其他部位被刀具碰伤、被转动的机构缠压住等。但属于车辆、起重设备的情况除外。

(5) 起重伤害，指从事起重作业时引起的机械伤害事故。包括各种起重作业引起的机械伤害，但不包括触电、检修时制动失灵引起的伤害、上下驾驶室时引起的坠落式跌倒。

(6) 坍塌，指建筑物、构筑物、堆置物等倒塌以及土石塌方引起的事故。适用于因设计或施工不合理而造成的倒塌，以及土方、岩石发生的塌陷事故。如建筑物倒塌，脚手架倒塌，挖掘沟、坑、洞时土石的塌方等情况。不适用于矿山冒顶片帮事故，或因爆炸、爆破引起的坍塌事故。

(7) 车辆伤害，指本企业机动车辆引起的机械伤害事故。如机动车辆在行驶中的挤、压、撞车或倾覆等事故。

(8) 火灾，指造成人身伤亡的企业火灾事故。不适用于非企业原因造成的火灾，比如，居民火灾蔓延到企业，此类事故属于消防部门统计的事故。

(9) 中毒和窒息，指人接触有毒物质，如误吃有毒食物或呼吸有毒气体引起的人体急性中毒事故；或在暗井、涵洞、地下管道等不通风的地方工作，因为氧气缺乏，有时会发生突然晕倒甚至死亡的事故，称为窒息；两种现象合为一体，称为中毒和窒息事故。不适用于病理变化导致的中毒和窒息的事故，也不适用于慢性中毒的职业病导致的死亡。

(10) 其他伤害。凡不属于 GB6441—1986 其他 19 种伤害的事故均称为其他伤害，如扭伤、跌伤、冻伤、野兽咬伤、钉子扎伤等。

其中，高处坠落、坍塌、机械伤害(包括起重伤害)、物体打击、触电等事故，为建筑业最常发生的事故，占事故总数的 85% 以上，称为"五大伤害"或"五大杀手"。高处坠落伤害起数一直占据第一位，为事故总起数的 50% 左右；坍塌、机械伤害(特别是起重伤害)等事故一次死亡人数较大，被列为建筑业重大危险源的防范内容。

(二) 施工现场生产安全事故报告

施工现场应建立生产安全事故报告制度，报告制度不仅包含事故发生后应按有关规定及时上报，还包括企业内部的生产安全隐患以及轻伤等事故的报告与建档统计工作。即应建立生产安全事故档案,按时如实填报职工伤亡事故月报告表并按规定及时上报,保存事故调查处理文件、图片资料等有关资料,作为技术分析和改进的依据。

生产安全事故发生后必须按有关规定及时、准确、完整地报告,任何单位和个人包括施工现场工程监理单位人员对事故不得迟报、漏报、谎报或者瞒报。

(三)施工现场应急救援预案

施工现场应急救援预案应包括针对施工现场的危险性较大的分部分项工程,易发生重大事故的部位、环节的预防、监控和预案,以及生产安全事故应急救援预案。前者必须按照专项施工方案的管理要求进行预控管理;后者是对可能发生的生产安全事故编制应急预案,以便发生事故后能够根据预案及时进行救援和处理,防止事故进一步扩大和蔓延。生产安全事故应急救援预案内容应包括:预案上报审批、建立救援小组和人员安排、救援器材与设备的配备和救援方案及演练。

(四)事故处理原则与责任追究

1. 事故调查组组成原则

(1)特别重大事故由国务院或者国务院授权有关部门组织事故调查组进行调查。

(2)重大事故、较大事故、一般事故分别由事故发生地省级人民政府、设区的市级人民政府、县级人民政府负责调查。

(3)省级人民政府、设区的市级人民政府、县级人民政府可以直接组织事故调查组进行调查,也可以授权或者委托有关部门组织事故调查组进行调查。

(4)未造成人员伤亡的一般事故,县级人民政府也可以委托事故发生单位组织事故调查组进行调查。

(5)上级人民政府认为必要时,可以调查由下级人民政府负责调查的事故。

(6)自事故发生之日起 30 日内(道路交通事故、火灾事故自发生之日起 7 日内),因事故伤亡人数变化导致事故等级发生变化,上级人民政府可以另行组织事故调查组进行调查。

(7)特别重大事故以下等级事故,事故发生地与事故发生单位不在同一个县级以上行政区域的,由事故发生地人民政府负责调查,事故发生单位所在地人民政府应当派人参加。

2. 事故调查组的权利

事故调查组有权向有关单位和个人了解与事故有关的情况,并要求其提供相关文件、资料,有关单位和个人不得拒绝。

3. 事故发生单位的负责人和有关人员的义务

事故发生单位的负责人和有关人员在事故调查期间不得擅离职守,并应当随时接受事故调查组的询问,如实提供有关情况。

4. 事故处理

有关机关依照法律、行政法规规定的权限和程序,对事故发生单位和有关人员进行行政处罚,对负有事故责任的国家工作人员进行处分。负有事故责任的人员涉嫌犯罪的,依法追究刑事责任。事故发生单位应当认真吸取事故教训,落实防范和整改措施,防止事故再次发生。防范和整改措施的落实情况应当接受工会和职工的监督。

5. 事故处理原则

安全事故处理应按事故原因不查清楚不放过,事故责任者和广大职工未受到教育不放过,事故责任者未受到处理不放过和没有采取防范措施、事故隐患不整改不放过的"四不放过"原则,对生产安全事故进行调查和处置。

6. 事故处理的法律责任

根据安全生产法的有关规定,事故发生单位主要负责人及其有关人员承担相关的法律责任。

第四节　施工单位现场安全文明施工管理

加强施工现场文明施工管理是促进安全生产乃至工程质量的重要保证,《建筑施工安全检查标准》(JGJ 59—2011)中对文明施工有专项检查要求,检查项目包括:现场围挡、封闭管理、施工场地、材料堆放、现场住宿、现场防火、治安综合治理、施工现场标牌、生活设施、保健急救、社区服务等。

一、施工现场管理基本要求

1. 项目经理部应认真搞好施工现场管理,做到文明施工、安全有序、整洁卫生、不扰民、不损害公众利益。

2. 现场门头应设置承包人的标志。

3. 工地门口应有如下图牌:①工程概况牌;②安全纪律牌;③防火须知牌;④安全无重大事故计时牌;⑤安全生产、文明施工牌;⑥施工总平面图;⑦项目经理部组织架构及主要管理人员名单图;⑧施工现场应急救援预案告示牌;⑨农民工参加工伤保险公示牌等。

4. 工地内要有安全生产、文明施工内容的宣传栏或宣传标语等。

二、场容场貌管理

施工平面图宜根据不同施工阶段的需要,分别设计成阶段性施工平面图。

施工物料器具除应按施工平面图指定位置就位布置外,尚应根据不同特点和性质,规范布置方式与要求,并执行码放整齐、限宽限高、上架入箱、规格分类、挂牌标识等管理标准。

在施工现场周边应设置临时围护设施。市区工地的周边围护设施高度不应低于1.8 m。临街脚手架、高压电缆、起重把杆回转半径伸至街道的,均应设置安全隔离棚。危险品库附近应有明显标志及围挡设施。

施工现场应设置畅通的排水沟渠系统,场地不积水、不积泥浆,保持道路干燥坚实。工地地面应做硬化处理。

三、环境保护管理

施工现场泥浆和污水未经处理不得直接排入城市排水设施和河流、湖泊、池塘。

除有符合规定的装置外,不得在施工现场熔化沥青和焚烧油毡、油漆,亦不得焚烧其他可产生有毒有害烟尘和恶臭气味的废弃物,禁止将有毒有害废弃物做土方回填。

建筑垃圾、渣土应在指定地点堆放,每日进行清理。高空施工的垃圾及废弃物应采用密闭式串筒或其他措施清理搬运。装载建筑材料、垃圾或渣土的车辆,应采取防止尘土飞扬、洒落或流溢的有效措施。施工现场应根据需要设置机动车辆冲洗设施,冲洗污水应进行处理。

四、防火保安管理

1. 现场应设立门卫,根据需要设置警卫,负责施工现场保卫工作,并采取必要的防盗措施。施工现场的主要管理人员在施工现场应当佩戴证明其身份的证卡,其他现场施工人员宜有标识。有条件时可对进出场人员使用磁卡管理。

2. 承包人必须严格按照《中华人民共和国消防法》的规定,建立和执行防火管理制度。现场必须有满足消防车出入和行驶的道路,并设置符合要求的防火报警系统和固定式灭火系统,消防设施应保持完好的备用状态。在火灾易发地区施工或储存、使用易燃、易爆器材时,承包人应当采取特殊的消防安全措施。现场严禁吸烟,必要时可设吸烟室。

3. 施工现场的通道、消防出入口、紧急疏散楼道等,均应有明显标志或指示牌。有高度限制的地点应有限高标志。

施工中需要进行爆破作业的,必须经政府主管部门审查批准,并提供爆破器材的品名、数量、用途、爆破地点、四邻距离等文件和安全操作规程,向所在地县、市(区)公安局申领"爆破物品使用许可证",由具备爆破资质的专业队伍按有关规定进行施工。

五、施工区环境卫生管理

为创造舒适的工作环境,养成良好的文明施工作风,保证职工身体健康,明确划分施工区域和生活区域,将施工区和生活区分成若干片,分片包干,建立责任区,从道路交通、消防器材、材料堆放到垃圾、厕所、厨房、宿舍、火炉、吸烟等都有专人负责,做到责任落实到人,使文明施工、环境卫生工作保持经常化、制度化。

六、生活区环境卫生管理

职工宿舍要有卫生管理制度,规定一周内每天的卫生值日名单并张贴上墙,做到天天有人打扫,保持室内窗明地净、通风良好。

生活废水应有污水池,二楼以上也要有水源及水池,做到卫生区内无污水、无污物,废水不乱倒乱流。

冬季取暖炉的防煤气中毒设施齐全有效,建立验收合格证制度,经验收合格后,方可使用。

未经许可禁止使用电炉及其他用电加热的器具。

七、食堂卫生管理

施工单位的食堂卫生管理应符合政府有关部门的规定。

八、厕所卫生管理

施工单位的厕所卫生管理应符合政府有关部门的规定。

九、文明施工管理

1. 工地主要入口要设置简朴规整的大门,门边设立明显的标牌,标明工程名称、施工单位和工程负责人姓名等内容。

2. 建立文明施工责任制，划分区域，明确管理负责人，实行挂牌作业，做到现场清洁整齐。

3. 施工现场场地平整，道路畅通，有排水措施，基础、地下管道施工完后要及时回填平整，清除积土。

4. 现场施工临时水、电要有专人管理，不得有长流水、长明灯。

5. 施工现场的临时设施，包括生产、办公、生活用房、仓库、料场、临时上下水管道以及照明、动力线路，要严格按施工组织设计确定的施工平面图布置、搭设或埋设整齐。

6. 施工现场清洁整齐，做到活完料清、工完场清，及时消除在楼梯、楼板上的砂浆、混凝土。

7. 砂浆、混凝土在搅拌、运输、使用过程中，要做到不洒、不漏、不剩。盛放砂浆、混凝土应有容器或垫板。

8. 要有严格的成品保护措施，严禁损坏污染成品，堵塞通道。高层建筑要设置临时便桶，严禁随地大水便。

9. 建筑物内清除的垃圾渣土，要通过临时搭设的竖井或利用电梯等措施稳妥下卸，严禁从门窗口向外抛掷。

10. 施工现场不准乱堆垃圾及余物。应在适当地点设置临时堆放点，并定期外运。清运渣土垃圾及流体物品，要采取遮盖防漏措施，运送途中不得遗散。

11. 根据工程性质和所在地区的不同情况，采取必要的围护和遮挡措施，保持外观整洁。

12. 针对施工现场情况设置宣传标语和黑板报，并适时更换内容，切实起到表扬先进、促进后进的作用。

13. 施工现场严禁居住家属，严禁居民、家属、小孩在施工现场穿行、玩耍。

十、产品保护管理

产品保护应贯穿施工全过程，施工项目部要建立健全相应的成品保护岗位责任制度，责任到班组，责任到人，不留死角。树立全方位的成品保护意识，让每个人都养成良好的工作习惯。成品保护不仅限于本施工范围内的项目，对业主或其他施工单位的在施项目同样要进行保护。

第五节　施工现场安全生产条件评价

安全生产条件是安全生产管理的前提，完善安全生产条件是安全生产管理的本质要求。只有各项安全生产条件具备了才能确保生产安全，这是不言而喻的道理。安全生产许可制度提出了生产企业生产前必须具备安全生产条件，这为安全生产管理提供了一个崭新的管理思路。督促检查生产企业的安全生产条件越来越将成为一项重要的管理手段。建筑施工企业安全生产重心在施工现场，开展施工现场的安全生产条件评价非常必要，也很有效。通过对施工现场的安全生产条件评价能够及时发现问题，找出管理上的不足，从而采取相应的管理措施不断完善施工现场的安全生产条件,不断提高施工现场的安全生产的管理水平。

一、施工现场安全生产条件评价内容

施工现场安全生产条件是企业安全生产条件的重要组成部分,即:

1. 建立、健全安全生产责任制,制定完备的安全生产规章制度和操作规程;

2. 保证本单位安全生产条件所需资金的投入;

3. 设置安全生产管理机构,按照国家有关规定配备专职安全生产管理人员;

4. 主要负责人、项目负责人、专职安全生产管理人员经建设主管部门或者其他有关部门考核合格;

5. 特种作业人员经有关业务主管部门考核合格,取得特种作业操作资格证书;

6. 管理人员和作业人员每年至少进行一次安全生产教育培训并考核合格;

7. 依法参加工伤保险,依法为施工现场从事危险作业的人员办理意外伤害保险,为从业人员交纳保险费;

8. 施工现场的办公、生活区及作业场所和安全防护用具、机械设备、施工机具及配件符合有关安全生产法律、法规、标准和规程的要求;

9. 有职业危害防治措施,并为作业人员配备符合国家标准或者行业标准的安全防护用具和安全防护服装;

10. 有对危险性较大的分部分项工程及施工现场易发生重大事故的部位、环节的预防、监控措施和应急预案;

11. 有生产安全事故应急救援预案、应急救援组织或者应急救援人员,配备必要的应急救援器材、设备;

12. 法律、法规规定的其他条件。

二、施工现场安全生产条件评价方式

一般由评价机构组织按照有关规定对施工现场安全生产条件进行评价。施工企业可以自行组织对本企业的施工现场安全生产条件进行评价,施工现场项目部也可进行自我评价。

三、施工现场安全生产条件评价结果

施工现场安全生产条件评价是单一的施工安全生产条件评价,亦可分为Ⅰ、Ⅱ、Ⅲ、Ⅳ、Ⅴ等5个评价等级,满分为120分:

Ⅰ级:优良级。评价分数大于等于110分,且各项评价项目均大于5分的施工现场。表示该施工现场安全生产条件完善,处于良好的安全生产管理水平,能够通过自身的管理有效地防范生产安全事故,希望继续保持安全生产条件,更加严格进行安全生产管理。

Ⅱ级:合格级。评价分数大于等于90分,且各项评价项目均大于5分的施工现场。表示该施工现场各项安全生产条件符合管理要求,能够通过自身的管理防范生产安全事故,安全生产条件有待继续提高和完善。

Ⅲ级:基本合格级。评价分数大于等于80分小于90分,或大于80分且有1至3个评价项目小于等于 5 分但大于 0 分的施工现场。表示该施工现场安全生产条件基本符合要求,但还存在很大的不足,需要通过加强外界的监督管理和自身的不懈努力防范生产安全事故,希望加强整改尽快完善安全生产条件,以满足安全生产管理的要求。

Ⅳ级:不合格级。评价分数大于等于 60 分小于 80 分,或有 4 至 7 个评价项目小于等于 5 分大于 0 分,或有 1 至 5 个评价项目为 0 分的施工现场。表示该施工现场安全生产条件不能满足安全生产管理的要求,有重大的安全生产管理隐患,需要立即加强整改。

Ⅴ级:严重不合格级。评价分数小于 60 分,或评有 8 个以上(含 8 个)评价项目小于等于 5 分大于 0 分,或有 6 个以上(含 6 个)评价项目为 0 分的施工现场。表示该施工现场安全生产严重不满足安全生产管理要求,施工现场安全生产管理混乱,必须采取严厉措施予以彻底改组或取缔。

第六节　安全生产法对生产经营单位的处罚规定

《中华人民共和国安全生产法》对安全生产方针、生产经营单位的安全生产保障、从业人员安全生产的权利义务、安全生产的监督管理、生产安全事故的应急救援与调查处理、法律责任做了具体规定。生产经营单位即工程施工现场的施工单位。安全生产法 2014 年修正版加大了对生产经营单位和生产经营单位的主要负责人未履行安全生产法规定的安全生产管理职责,导致发生生产安全事故的刑事处罚力度和经济处罚力度。现摘录部分条款。

第九十条　生产经营单位的决策机构、主要负责人或者个人经营的投资人不依照本法规定保证安全生产所必需的资金投入,致使生产经营单位不具备安全生产条件的,责令限期改正,提供必需的资金;逾期未改正的,责令生产经营单位停产停业整顿。

有前款违法行为,导致发生生产安全事故的,对生产经营单位的主要负责人给予撤职处分,对个人经营的投资人处二万元以上二十万元以下的罚款;构成犯罪的,依照刑法有关规定追究刑事责任。

第九十一条　生产经营单位的主要负责人未履行本法规定的安全生产管理职责的,责令限期改正;逾期未改正的,处二万元以上五万元以下的罚款,责令生产经营单位停产停业整顿。

生产经营单位的主要负责人有前款违法行为,导致发生生产安全事故的,给予撤职处分;构成犯罪的,依照刑法有关规定追究刑事责任。

生产经营单位的主要负责人依照前款规定受刑事处罚或者撤职处分的,自刑罚执行完毕或者受处分之日起,五年内不得担任任何生产经营单位的主要负责人;对重大、特别重大生产安全事故负有责任的,终身不得担任本行业生产经营单位的主要负责人。

第九十二条　生产经营单位的主要负责人未履行本法规定的安全生产管理职责,导致发生生产安全事故的,由安全生产监督管理部门依照下列规定处以罚款:

(一)发生一般事故的,处上一年年收入百分之三十的罚款;

(二)发生较大事故的,处上一年年收入百分之四十的罚款;

(三)发生重大事故的,处上一年年收入百分之六十的罚款;

（四）发生特别重大事故的，处上一年年收入百分之八十的罚款。

第一百零九条　发生生产安全事故，对负有责任的生产经营单位除要求其依法承担相应的赔偿等责任外，由安全生产监督管理部门依照下列规定处以罚款：

（一）发生一般事故的，处二十万元以上五十万元以下的罚款；

（二）发生较大事故的，处五十万元以上一百万元以下的罚款；

（三）发生重大事故的，处一百万元以上五百万元以下的罚款；

（四）发生特别重大事故的，处五百万元以上一千万元以下的罚款；情节特别严重的，处一千万元以上二千万元以下的罚款。

安全生产法对承担安全评价、认证、检测、检验工作的机构，也做出了处罚规定：

第八十九条　承担安全评价、认证、检测、检验工作的机构，出具虚假证明的，没收违法所得；违法所得在十万元以上的，并处违法所得二倍以上五倍以下的罚款；没有违法所得或者违法所得不足十万元的，单处或者并处十万元以上二十万元以下的罚款；对其直接负责的主管人员和其他直接责任人员处二万元以上五万元以下的罚款；给他人造成损害的，与生产经营单位承担连带赔偿责任；构成犯罪的，依照刑法有关规定追究刑事责任。

对有前款违法行为的机构，吊销其相应资质。

第六章　建设工程施工安全技术及安全隐患排查

第一节　土　方　工　程

土方工程施工中安全是一个很突出的问题,因土方坍塌造成的事故占每年建筑工程伤亡事故的5%左右。土方坝塌已成为建筑业五大伤害事故之一。

一、边坡稳定因素及基坑支护的种类

(一)影响边坡稳定的因素

基坑开挖后,其边坡失稳坍塌的实质是边坡土体的剪应力大于土的抗剪强度。而土体的抗剪强度又是来源于土体的内摩阻力和内聚力。因此,凡是能影响土体中剪应力、内摩阻力和内聚力的,都能影响边坡的稳定。

1. 土类别的影响。不同类别的土,其土体的内摩阻力和内聚力不同。例如砂土的内聚力为零,只有内摩阻力,靠内摩阻力来保持边坡的稳定平衡;而黏性土则同时存在内摩阻力和内聚力。因此,对于不同类别的土,能保持其边坡稳定的最大坡度也不同。

2. 土湿化程度的影响。土内含水愈多,湿化程度增高,使土壤颗粒之间产生滑润作用,内摩阻力和内聚力均降低。其土的抗剪强度降低,边坡容易失去稳定。同时含水量增加,使土的自重增加,裂缝中产生静水压力,增加了土体的内剪应力。

3. 气候的影响。气候使土质松软或变硬,如冬季冻融又风化,也可降低土体抗剪强度。

4. 基坑边坡上面附加荷载或外力的影响,能使土体中的剪应力大大增加,甚至超过土体的抗剪强度,使边坡失去稳定而塌方。

(二)挖方边坡最陡坡度

为了防止塌方,保证施工安全,当土方挖到一定深度时,边坡均应做成一定的坡度。

土方边坡的坡度以其高度 H 与底宽度 B 之比表示。土方边坡坡度的大小与土质、开挖方法、边坡留置时间的长短、排水情况、附近堆积荷载等有关。开挖的深度越深,留置时间越长,边坡应设计得平缓些,反之则可陡一些,用井点降水时边坡可陡一些。边坡可以做成斜坡式,根据施工需要亦可做成踏步式。地下水位低于基坑(槽)或管沟底面标高时,挖方深度在5 m以内,不加支撑的边坡的最陡坡度应符合表6.1.1的规定。

77

表 6.1.1　土方边坡坡度规定

土的类别	边坡坡度(高：宽)		
	坡顶无荷载	坡顶有静荷载	坡顶有动载
中密的砂土	1：1.00	1：1.25	1：1.50
中密的碎石类土(充填物砂性土)	1：0.75	1：1.00	1：1.25
硬塑性粉土	1：0.67	1：0.75	1：1.00
中密的碎石类土(充填物为黏性土)	1：0.50	1：0.67	1：0.75
硬塑性粉质黏土、黏土	1：0.33	1：0.50	1：0.67
老黄土	1：0.10	1：0.25	1：0.33
软土(经井点降水后)	1：1.00	—	

注：静载指堆土或材料等，动载指机械挖土或汽车运输作业等。在挖方边坡上侧堆土或材料以及移动施工机械时，应与挖方边缘保持一定距离，以保证边坡的稳定。当土质良好时，堆土或材料距挖方边缘 0.8 m 以外，高度不宜超过 1.5 m。

(三) 挖方直壁不加支撑的允许深度

土质均匀且地下水位低于基坑(槽)或管沟底面标高时，其挖方边坡可做成直立壁不加支撑，挖方深度应根据土质确定，但不宜超过表 6.1.2 的规定。

表 6.1.2　基坑(槽)直立壁不加支撑的深度规定

土的类别	挖方深度(m)
密实、中密的砂土和碎石类土(填充物为砂土)	1.00
硬塑、可塑的粉土及粉质黏土	1.25
硬塑、可塑的黏土和碎石类土(填充物为黏性土)	1.50
坚硬的黏土	2.00

采用直立壁挖土的基坑(槽)或管沟挖好后，应及时进行地下结构和安装工程施工，在施工过程中，应经常检查坑壁的稳定情况。

挖方深度若超过上表规定，则应进行放坡或直立壁加支撑。

(四) 基坑和管沟常用的支护方法

在基坑或管沟开挖时，常因受场地的限制不能放坡，或者为减少挖填的土方量，缩短工期以及防止地下水渗入基坑等要求，而采用设置支撑与护壁桩的方法。表 6.1.3 介绍了常用的一些基坑与管沟的支撑方法。

表 6.1.3　常用的一些基坑与管沟的支撑方法

支撑名称	适 用 范 围	支撑名称	适 用 范 围
间断式水平支撑	能保持直立的干土或天然湿度的黏土类土，地下水很少、深度在 2 m 以内	断续式水平支撑	能保持直立的干土或天然湿度的黏土类土，地下水很少、深度在 3 m 以内
连续式水平支撑	适用于比较松散的干土或天然湿度的黏土类土，地下水很少、深度在 3～5 m	连续或间断式垂直支撑	土质较松散或湿度很高的土，地下水较少，深度不限
锚拉支撑	开挖较大基坑、深度不大或使用较大型的机械挖土，而不能安装横撑时	斜柱支撑	开挖较大基坑、深度不大或使用较大型的机械挖土，而不能采用锚拉支撑时
短桩隔断支撑	开挖宽度大的基坑，当部分地段下部放坡不足时	临时挡土墙支撑	开挖宽度较大的基坑，当部分地段下部放坡不足时

（续表）

支撑名称	适　用　范　围	支撑名称	适　用　范　围
混凝土或钢筋混凝土支护	天然湿度的黏性土,地下水较少,地面荷载较大,深度6～30 m的圆形结构护壁或用人工挖孔桩护壁	钢构架支护	适用于地下水位较低、深度不很大的一般黏性土或砂土层
地下连续墙支护	开挖较大较深,周围有建筑物、公路的基坑,作为复合结构的一部分,或用于高层建筑的逆作法施工,作为结构的地下外墙	地下连续墙锚杆支护	开挖较大、较深(大于10 m)的大型基坑,周围有高层建筑物,不允许支护有较大变形;采用机械挖土,不允许内部设支撑时
挡土护坡桩支撑	开挖较大较深(大于6 m)基坑,临近有建筑,不允许支撑有较大变形时	挡土护坡桩与锚杆结合支护	大型较深基坑开挖,临近有高层建筑物,不允许支护有较大变形时

二、常用的深基坑边坡安全防护措施介绍

为保证地下结构施工及基坑周边环境的安全,应对基坑侧壁及周边环境采取支挡加固与保护措施。下面是常用的基坑支护措施的简单介绍。

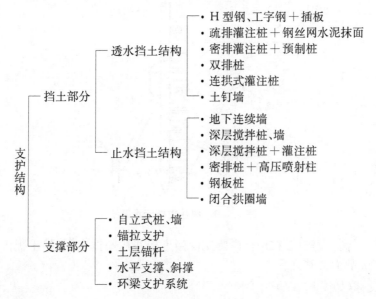

（一）简易支护

放坡开挖的基坑,当部分地段放坡宽度不够时,可采用短柱横隔板支撑、临时挡土墙支撑等简易支护方法进行基础施工。

1. 短柱横隔板支撑(如图6.1.1)

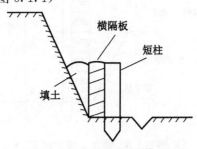

图 6.1.1　短柱横隔板支撑示意图

适用性:仅适合部分地段放坡不够、宽度较大、对邻近建筑物没有特殊要求的基坑使用。

2. 临时挡土墙支撑(如图 6.1.2)

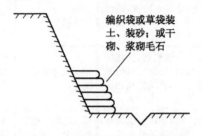

图 6.1.2　临时挡土墙支撑示意图

适用性:仅适合部分地段下部放坡不够、宽度较大,对邻近建筑物没有特殊要求的基坑使用。

3. 斜柱支撑(如图 6.1.3)

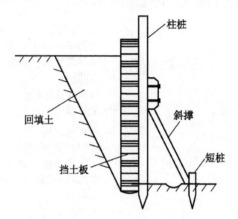

图 6.1.3　斜柱支撑示意图

先沿基坑边缘打设柱桩,在柱桩内侧支设挡土板并用斜撑支顶,挡土板内侧填土夯实。适用于深度不大的大型基坑。

4. 锚拉支撑(如图 6.1.4)

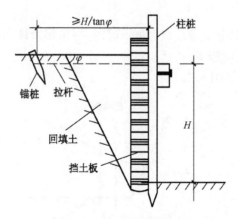

图 6.1.4　锚拉支撑示意图

先沿基坑边缘打设柱桩,在柱桩内侧支设挡土板,柱桩上端用拉杆拉紧,挡土板内侧填土夯实。适用于深度不大、不能安设横(斜)撑的大型基坑。

(二)排桩支护

开挖前在基坑周围设置砼灌注桩(如图 6.1.5),桩的排列有间隔式、双排式和连续式。优点:施工方便、安全度高、费用低。

图 6.1.5 排桩支护现场图片

排桩结构:可根据工程情况为悬臂式支护结构、拉锚式支护结构、内撑式支护结构或锚杆式支护结构。

成桩方式:排桩包括钢板桩、钢筋混凝土板桩及钻孔灌注桩、人工挖孔桩等。

适用性:

1. 列式排桩支护:当边坡土质较好、地下水位较低时,可利用土拱作用,以稀疏的钻孔灌注桩或挖孔桩作为支护结构。

2. 连续排桩支护:在软土中常不能形成土拱,支护桩应连续密排,并在桩间做树根桩或注浆防水;也可以采用钢板桩、钢筋混凝土板桩密排。

3. 组合式排桩支护:在地下水位较高的软土地区,可采用钻孔灌注桩排桩与水泥搅拌桩防渗墙组合的形式。对于开挖深度小于 6 m 的基坑,在无法采用重力式深层搅拌桩的情况下,可采用 600 mm 密排钻孔桩。桩后用树根桩防护,也可采用打入预制混凝土板桩或钢板桩,板桩后注浆或加搅拌桩防渗,顶部设圈梁和支撑;对于开挖深度为 6~10 m 的基坑,常采用 800~1 000 mm 的钻孔桩,后面加深层搅拌桩或注浆防水,并设置 2~3 道支撑。

(三)土钉墙支护

天然土体通过钻孔、插筋、注浆来设置土钉(亦称砂浆锚杆)并与喷射砼面板相结合,形成类似重力挡墙的土钉墙,以抵抗墙后的土压力,保持开挖面的稳定(如图 6.1.6),也称为喷锚网加固边坡或喷锚网挡墙。

与其他支护类型相比,土钉墙具有以下一些特点:

1. 土钉墙支护技术是通过原位土体加固,充分利用原位土体的自稳能力,因而能大幅度降低支护造价,一般比桩墙支护结构节约很多费用,具有显著的经济效益。

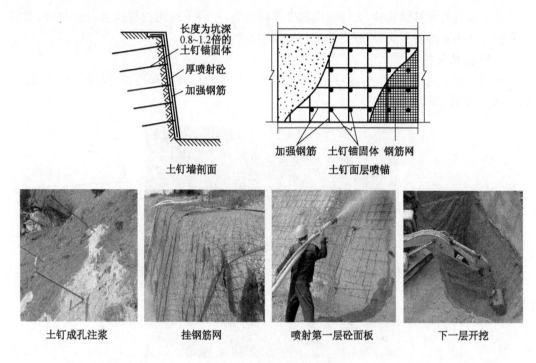

图 6.1.6　土钉墙支护示意图

2. 施工方法和设备简单,土钉的制作与成孔不需复杂的技术和大型机具,土钉施工的作业对场地占用少。

3. 因施工工艺简单,施工与基坑土方工程同步进行,交叉作业。根据土钉设置的层数,挖一层土,施工一层土钉,施工工期一般较短。

适用性:

1. 土钉墙适用于地下水位以上或经人工降水后的人工填土、黏性土和弱胶结砂土的基坑和边坡,当土钉墙与水泥土桩截水帷幕组合时,也可用于存在地下水的条件。

2. 土钉墙一般宜用于深度不大于 6 m 的基坑,当土钉墙与水泥土桩、微型桩组合使用时,深度可适当增加。

3. 土钉墙不能用于淤泥、淤泥质土等无法提供足够锚固力的饱和软弱土层。

4. 当基坑旁边有地下管线或建筑物基础时,阻碍土钉成孔,或遇密实卵石层无法成孔,不能采用土钉墙。

5. 不宜用于含水丰富的粉细砂层,否则容易造成塌孔的情况。

6. 不宜用于邻近有对沉降变形敏感的建筑物的情况,以免造成周边建筑物的损坏。

(四) 锚杆支护

在未开挖的土层立壁上钻孔至设计深度,孔内放入拉杆,灌入水泥砂浆与土层结合成抗拉力强的锚杆,锚杆一端固定在坑壁结构上,另一端锚固在土层中,将立壁土体侧压力传至深部的稳定土层(如图 6.1.7、图 6.1.8)。

适用性:

1. 适于较硬土层或破碎岩石中开挖较大较深基坑,邻近有建筑物须保证边坡稳定时采用。

2. 可用于不同深度的基坑,支护体系不占用基坑范围内空间,但锚杆须伸入邻地,有障碍时不能设置,也不宜锚入毗邻建筑物地基内。

3. 锚杆的锚固段不应设在灵敏度高的淤泥层内,在软土中也要慎用。

4. 在含承压水的粉土、细粉砂层中应采用跟管钻进施工锚杆或一次性锚杆。

图 6.1.7　锚杆支护示意图

施工流程:

图 6.1.8　锚杆支护施工流程图

(五)挡土灌注桩与土层锚杆结合支护

桩顶不设锚桩、拉杆,而是挖至一定深度,每隔一定距离向桩背面斜向打入锚杆,达到强度后,安上横撑,拉紧固定,在桩中间挖土,直至设计深度(如图 6.1.9)。

图 6.1.9 锚杆支护

适用性：

适于大型较深基坑，施工期较长，邻近有建筑物且邻近建筑物不允许有下沉和水平位移时使用。

（六）地下连续墙支护

在地下挖出窄而深的基槽，并在其内浇筑适当的材料而形成的一道具有防渗、挡土和承重功能的连续的地下墙体（如图 6.1.10）。

图 6.1.10 地下连续墙施工流程

适用性：由于受到施工机械的限制，地下连续墙的厚度具有固定的模数，不能像灌注桩一样根据桩径和刚度灵活调整。因此，地下连续墙只有在一定深度的基坑工程或其他特殊条件下才能显示出经济性和特有优势。一般适用于如下条件：

1. 开挖深度超过 10 m 的深基坑工程。

2. 围护结构亦作为主体结构的一部分，且对防水、抗渗有较严格要求的工程。

3. 采用逆作法施工，地上和地下同步施工时，一般采用地下连续墙作为围护墙。

4. 邻近存在保护要求较高的建（构）筑物，对基坑本身的变形和防水要求较高的工程。

5. 基坑内空间有限，地下室外墙与红线距离极近，采用其他围护形式无法满足留设施工操作要求的工程。

6. 在超深基坑中，例如 30～50 m 的深基坑工程，采用其他围护体无法满足要求时，常采用地下连续墙作为围护结构。

（七）桩墙＋内撑支护

桩墙＋内支撑支护结构由桩或地下连续墙和基坑内的支撑结构两部分组成受力体系（如图 6.1.11）。常用的支撑结构按材料类型可分为钢筋混凝土支撑、钢管支撑、型钢支撑、钢筋混凝土和钢的组合支撑等形式；按支撑受力特点和平面结构形式可划分为简单对撑、水平斜撑、竖向斜撑、水平桁架式对撑、水平框架式对撑、环形支撑等形式。一般对于平面尺寸较大、形状不规则的基坑常根据工程具体情况采用上述形式的组合形式。

图 6.1.11　桩墙＋内撑支护

适用性：

从支护结构自身技术可行性角度来讲，桩墙＋内支撑支护技术适用范围极广，用其他支护形式解决不了的问题，一般都能用桩墙＋内支撑解决，也相对安全可靠。在无法采用锚杆的场合和锚杆承载力无法满足要求的软土地层也可采用内支撑解决。

缺点：

1. 由于支撑设在基坑内部，影响主体地下室施工，在地下室施工过程中要逐层拆除，施工技术难度大。

2. 一般支撑系统都要设置立柱，立柱要在基坑开挖前施工，并进入基坑面以下的持力土层,底板施工时立柱不能拆除,使底板在立柱处不能一次浇筑混凝土,给后期防水处理造成一定困难,容易影响防水质量。

3. 基坑土方和支撑施工交叉作业,支撑做好后,影响支撑下部的土方开挖,难以设置出土运输坡道,有时只能人工挖土和垂直运输,显著影响挖土效率。

4. 当基坑面积较大时,一般支撑系统都较庞大,工程量大,造价也高,从经济上不具有优越性。但是采用可重复使用的可拆装工具式支撑可解决此问题。工具式支撑一次性投资很高,目前在我国还不具备推广应用的客观条件。

(八) 水泥土墙结构支护

水泥土重力式围护结构是利用水泥材料为固化剂,经过特殊的拌和机械(如深层搅拌机或高压旋喷机等)在地基中就地将原状土和水泥(粉体、浆液)强制机械拌和或高压力切削拌和,经过土和水泥固化剂或掺和料产生一系列物理化学反应,形成具有一定强度、整体性的水稳性的加固土圆柱体(如图 6.1.12、图 6.1.13)。

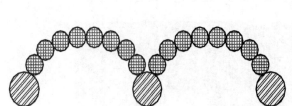

图 6.1.12 连拱式水泥土桩支护结构平面图 　　图 6.1.13 水泥土墙结构支护

适用性:

1. 基坑侧壁安全等级为二、三级。

2. 水泥土墙适用于加固淤泥、淤泥质土和含水量高及强度低的黏土、粉质黏土、粉土。在这些土层中因锚杆或土钉的锚固力低,难以满足抗拔力要求或造价过高,可采用水泥土墙。对泥炭土及有机质土,因固结体强度低,应慎重采用。

3. 因水泥土墙作为重力式结构,墙体一般较宽,必须具有较宽敞的周边施工场地。

4. 对于软土地层的基坑支护,一般适用于深度不大于 6 m 的基坑。

5. 因水泥土墙同时能起到截水作用,可用于地下水位以下的基坑支护。

(九) 钢板桩支护

1. 无锚板桩

从一角开始逐块插打,每块钢板桩自起打到结束中途不停顿。打法简便、快速,但单块打入易向一边倾斜,累计误差不易纠正,壁面平直度也较难控制。仅在桩长小于 10 m、工程要求不高时采用。又称单桩打入法。

2. 有锚板桩

先沿板桩边线搭设双层围檩支架,然后将板桩依次在双层围檩中全部插好,形成一个高大的板桩墙。待四角封闭合拢后,再按阶梯形逐渐将板桩一块块打至设计标高。该打法可保证平面尺寸准确和板桩垂直度,但施工速度较无锚的慢(如图 6.1.14)。

围檩桩 围檩 钢板桩

图 6.1.14 钢板桩支护现场图片

优点:

(1) 高质量(高强度,轻型,隔水性良好)。

(2) 施工简单,建设费用便宜,互换性良好,可重复使用 50～60 次。

(3) 施工具有显著的环保效果,大量减少了取土量和混凝土的使用量。

(4) 对于建设任务而言,能够降低对空间的要求。

三、基坑土方开挖及基坑边坡施工的安全防护措施

(一) 基坑土方开挖的基本要求

1. 根据土方开挖的深度和工程量的大小,选择机械和人工挖土或机械挖土的方案。

2. 如开挖的基坑(槽)比邻近建筑物基础深,开挖应保持一定的距离和坡度,以免在施工时影响邻近建筑物的稳定,如不能满足要求,应采取边坡支撑加固措施,并在施工中进行沉降和位移观测。

3. 弃土应及时运出,如需要临时堆土,或留作回填土,堆土坡脚至坑边距离应按挖坑深度、边坡坡度和土的类别确定,在边坡支护设计时应考虑堆土附加的侧压力。

4. 为防止基坑底的土被扰动,基坑挖好后要尽量减少暴露时间,及时进行下一道工序的施工。如不能立即进行下一道工序,要预留 15～30 cm 厚覆盖土层,待基础施工时再挖去。

(二) 基坑土方开挖的安全措施

1. 每项工程施工时,都要编制土方工程施工方案,其内容包括施工准备、开挖方法、放坡、排水、边坡支护等,边坡支护应根据有关规范要求进行设计,并有设计计算书。

2. 人工挖基坑时,操作人员之间要保持安全距离,一般大于 2.5 m;多台机械开挖,挖土机间距应大于 10 m。挖土要自上而下,逐层进行,严禁先挖坡脚的危险作业。

3. 挖土方前对周围环境要认真检查,不能在危险岩石或建筑物下面进行作业。

4. 基坑开挖应严格按要求放坡,操作时应随时注意边坡的稳定情况,发现问题时及时加固处理。

5. 采用多台机同时开挖土方时,应验算边坡的稳定性。根据规定和计算结果确定挖土机离边坡的安全距离。

6. 深基坑四周设防护栏杆,人员上下要有专用爬梯。

7. 运土道路的坡度、转弯半径要符合有关规定。

8. 土方爆破时要遵守爆破作业的有关规定。

9. 在开挖过程中安全管理人员、技术员要经常巡视基坑周边,发现异常情况要及时发出安全警示并按照拟定的方案采取应急措施。

四、土方工程安全隐患排查要点

(一) 土方工程施工主要安全隐患种类

土方工程施工主要的安全隐患有下列几个方面。

1. 土质边坡坍塌

边坡坍塌发生的主要原因是以下几个方面:

(1) 没有按照要求自上而下分层开挖,而是高迎面陡边坡分梯次挖进;或者是直接从底下掏挖。

(2) 设计开挖方案时坡比过小。

(3) 坡顶(基坑)近距离堆载。

2. 维护结构破坏

在建筑领域里围护结构破坏大多会造成重大人员或财产损失。围护结构破坏产生的原因主要在以下几个方面:

(1) 围护结构设计不合理。

(2) 基坑开挖没有按照预定方案进行。

(3) 基坑边超载。

3. 人员坠入基坑

在建筑领域施工过程中由于施工形成的基坑围护不到位或者维护不合理,时常出现施工人员或其他人员坠入基坑的情况。人员坠入基坑从工程施工角度分析其主要原因是:

(1) 基坑临边安全围护不到位,导致人员不慎落入基坑。

(2) 操作人员进出基坑的安全通道设置不规范,不能起到安全保护作用。

(3) 操作人员没有按照要求走安全通道。

(二) 土方工程安全隐患排查方法及处置措施

1. 开挖前编制好专项施工方案,按照规定程序审批。

2. 对主要作业人员进行开挖方案交底,加强现场作业指导。

3. 严格按照审批的方案组织实施开挖。

4. 发现违规操作立即制止。

5. 开挖前做好周边排水和降水工作,防止雨水冲刷边坡。

6. 对开挖的土质进行识别,当发现土质变化时要及时核对设计方案是否满足安全施工的要求。

7. 开挖过程中要有专人对基坑周边进行巡视检查,发现异常情况立即采取有效措施防止事态进一步发展。

8. 基坑围护结构施工要按照规范规定施工,在维护结构经验收符合设计要求后才能进行土方开挖。

9. 对围护结构的变形要有专业的技术人员进行变形观测分析。

10. 基坑临边维护要安全可靠,并经常进行巡视检查,发现损坏要及时修复。

11. 要设置安全可靠的通道,教育操作人员进出施工现场要走安全通道,不要走捷径。

第二节　城市综合管廊工程

地下综合管廊是指在城市地下用于集中敷设电力、通信、广播电视、给水、排水、热力、燃气等市政管线的公共隧道。综合管廊在日本被称为"共同沟",在我国亦被称为"共同管道""综合管沟"。我国正处在城镇化快速发展时期,地下基础设施建设滞后。推进城市地下综合管廊建设,统筹各类市政管线规划、建设和管理,解决反复开挖路面、架空线网密集、管线事故频发等问题,有利于保障城市安全、完善城市功能、美化城市景观、促进城市集约高效和转型发展,有利于提高城市综合承载能力和城镇化发展质量,有利于增加公共产品有效投资、拉动社会资本投入、打造经济发展新动力。

一、综合管廊的分类

城市综合管廊根据其所收容的管线不同,可分为干线综合管廊、支线综合管廊、缆线综合管廊(电缆沟)三种。

1. 干线综合管廊

指设置于机动车道或道路中央下方,采用独立分舱敷设主干管线的综合管廊。干线综合管廊主要连接原站(如自来水厂、发电厂、热力厂等)与支线综合管廊。其一般不直接服务于沿线地区。干线综合管廊内主要容纳的管线为高压电力电缆、信息主干电缆或光缆、给水主干管道、热力主干管道等,有时结合地形也将排水管道容纳在内。在干线综合管廊内,电力电缆主要用于从超高压变电站至一、二次变电站之间的输送,信息电缆或光缆主要服务于转接局之间的信息传输,热力管道主要服务于热力厂至调压站之间的输送。干线综合管廊的断面通常为圆形或多格箱形。综合管廊内一般要求设置工作通道及照明、通风等设备。干线综合管廊的特点主要为:

(1) 稳定、大流量的运输;

(2) 高度的安全性;

(3) 紧凑的内部结构;

(4) 可直接供给到稳定使用的大型用户;

(5) 一般需要专用的设备;

（6）管理及运营比较简单。

2. 支线综合管廊

指设置在道路两侧或单侧，采用单舱或双舱敷设配给管线，直接服务于临近地块终端用户的综合管廊。特点主要为：

（1）有效（内部空间）截面较小；

（2）结构简单，施工方便；

（3）设备多为常用定型设备；

（4）一般不直接服务于大型用户。

3. 缆线综合管廊（电缆沟）

指封闭不通行、盖板可开启的电缆构筑物，盖板与地坪相齐或稍有上下。一般工作通道不要求通行，管廊内不要求设置照明、通风等设备，仅设置维护时可开启的盖板或工作手孔即可。

二、综合管廊设计方案选择

综合管廊的修建位置应充分考虑地形、地质条件、道路的交通状况、地下构筑物现状和管线的位置及埋置深度等。

1. 覆土深度

综合管廊埋设深度直接影响工程造价。标准断面最小覆土深度应考虑以下两个方面情况：

（1）位于行车道上的要充分考虑道路路面结构层厚度；

（2）综合管沟外埋设管线最小覆土深度应根据管材强度、外部荷载、土壤冰冻深度和土壤性质等条件决定，特殊断面仅考虑道路路面结构厚度。

2. 断面形式、尺寸

综合管廊断面可分为标准断面和特殊断面，特殊断面是指十字口、丁字口、人员出入口、下料口等较为复杂的断面。综合管廊标准断面形式包括：断面的大小、断面的形状、分室状况等特殊要素。其中，断面大小主要取决于综合管廊的类型、地下空间的限制、收容管线的种类与数量，断面大小宜保证管线的合理间距、相关设备的布置，并考虑管线扩容需求。

根据我国《城市综合管廊工程技术规范》（GB 50838）的要求，天然气管道、采用蒸汽介质的热力管道应在独立舱室内敷设。热力管道不应与电缆线同舱敷设。日本没有做出相应规定，在日本有仙台地区综合管道把自来水和燃气放在一个舱室，东京地区把电力和蒸汽管道放在一个舱室的工程实例。

综合管廊断面形式与施工方式有关，以方便、合理、经济为宜，如采取明挖现浇施工法多为矩形结构，如采用盾构施工法一般为圆形结构；分室状况主要考虑管线之间的相互影响，以保证管线之间的安全，同时考虑接出、引入、分支等的便利。

断面的净空尺寸还应考虑便于人员通行巡查和管线维护管理等因素，确定最合理、最经济的断面形式、尺寸。一般情况下标准断面内部空间净空高度不宜小于 2.4 m，净宽为管线所需的宽度加 0.7～1.0 m。

3. 综合管廊与相邻地下建筑物的最小净距应满足表 6.2.1 的要求。

表 6.2.1　综合管廊与相邻地下建筑物的最小净距

相邻情况	施工方法	
	明挖施工	顶管、盾构
综合管廊与地下构筑物水平净距(m)	1.0	综合管廊外径
综合管廊与地下管线水平净距(m)	1.0	综合管廊外径
综合管廊与地下管线交叉垂直净距(m)	0.5	1.0

三、综合管廊主体结构设计

1. 结构材料强度要求

综合管廊的主体结构底板、顶板和墙身等都是长条状板体,容易产生裂缝。特别是墙身在施工过程中很容易产生裂缝,有时都无法找出产生裂缝的原因。混凝土设计强度越高、水泥用量越大,必然造成混凝土水化热过高,当混凝土内外温差超过 30 ℃时,温度应力容易超过混凝土的抗拉强度,产生开裂。因此,混凝土结构的综合管廊混凝土设计强度不宜过高,在 30 MPa 左右即可。

主体结构一旦出现开裂极易造成管廊渗水,处理难度大。因此,要求综合管廊主体结构混凝土为抗渗混凝土,一般要求混凝土抗渗等级不小于 P6,为了减少混凝土结构开裂,现在许多工程实例中设计人员都建议在混凝土中增加抗裂材料,如添加化学纤维或者钢纤维等。

2. 钢筋布置

由于综合管廊工程多为双向双面配筋,除满足结构应力外,还应能承受因水泥水化热引起的温度应力及控制出现裂缝。因此,上下配筋的布置应尽可能采用小直径、小间距。一般管廊主筋采用直径为 14～20 mm 的钢筋和 100～150 mm 间距是比较合适的,构造筋直径宜为 10～14 mm,间距为 100～150 mm。特殊断面管廊钢筋直径可以适当提高。由于管廊需要设置大量的拉筋,如果不能很好地控制其保护层厚度,势必会形成一定数量的渗水通道。这就要求在设置拉筋时,采用梅花形布置,拉筋尽量少而精,应在拉筋中间焊接止水环;最重要的一面是迎水面,必须保证混凝土 50 mm 的钢筋保护层厚度。

3. 设计时应注意的一些事项

(1) 综合管廊标准断面尺寸应符合《城市综合管廊工程技术规范》(GB 50838)的要求。

(2) 综合管廊的每一个舱室应设置人员出入口、逃生口、吊装口、进风口、排风口、管线分支口等。

(3) 上述各个口露出地面的部分应满足城市防洪的要求,并应采取防止地面水倒灌及小动物进入的措施。

(4) 有绿化带的道路,逃生口等要设置在绿化带的中央,不宜设置在人行道上。各功能口因现场条件限制不能设置在道路中间时,应尽可能减少对行人造成的影响。

(5) 天然气管道舱室的排风口与其他舱室的排风口、进风口、人员出入口以及周边建筑物口部距离应不小于 10 m。天然气管道舱室的各类孔口不得与其他舱室连通,并应设置明确的安全警示标识。

(6) 要设置安全的消防装置。

四、地下综合管廊结构施工

(一)综合管廊施工方法简述

综合管廊主体结构施工是整个工程项目质量、投资、进度等控制的关键,廊体结构主体混凝土结构工程施工质量对工程运营阶段质量、费用和工程寿命,以及运营使用维护都产生较大的影响。目前城市地下综合管廊工程主体都是钢筋混凝土结构,其施工一般有明挖现浇法、明挖预制拼装法、盾构法、顶管法等。国内已经建好的城市地下综合管廊工程主体结构(或称为廊体结构)都是明挖现浇法施工的钢筋混凝土结构。采用明挖现浇施工法,是因为该法成本低,在新城市建设初期采用该法障碍较小,具有较为明显的技术经济优势,但是对环境影响较大。

目前在我国城市地下综合管廊工程的建设中,常用的施工方法有明挖现浇法、明挖预制法、盾构法、顶管法、矿山法等。几种施工方法各具特点,也有各自不同的适应范围,其对比见表 6.2.2 所示。

表 6.2.2　地下综合管廊不同施工方法比较表

项目	工　法			
	明挖法	顶管法	盾构法	矿山法
地层适用性	地层适应性强,可在各种地层中施工	地层适应性差,主要用于软土地层	地层适应性强,可在软岩及土体中掘进	地层适应性差,主要用于粉质黏土及软软地层,软岩及透水性强的地层中施工时需要采取多种辅助措施
技术及工艺	施工工艺简单,可在各种地层中施工	施工工艺复杂,不易长距离掘进,管径常在2~3 m	施工工艺复杂,需要大型盾构设备	施工工艺复杂,工程较小时无需大型设备
劳动强度、施工环境及安全性	施工条件一般,安全可控性一般	机械化程度高,施工人员少,作业环境好,劳动强度相对较小,安全可控性好	机械化程度高,施工人员少,作业环境好,劳动强度相对较小,安全可控性好	机械化程度低,对施工人员依赖性高,作业环境较差,劳动强度相对高,安全不易保证
施工速度	快,根据现场组织可调节施工速度	快,但是遇到障碍物处理时比较麻烦	快,是矿山法施工速度的3~8倍	作业面小,施工速度较慢
结构形式及施工质量	临时维护结构量大;现场浇筑结构,施工质量不易保证,存在大量的回填	单层衬砌,高精度预制管片,机械拼装;质量可靠	单层衬砌,高精度预制管片,机械拼装;质量可靠	复合式衬砌;现场浇筑,施工质量较差
结构防水质量	防水不易保证	防水可靠	防水可靠	防水不易保证

从上表中我们可以看出:

(1)在穿越城市主城区的综合管廊施工中,由于沿线建筑物、地下管线较多,采用明挖法施工除需要进行大范围的管线迁改或建筑物拆除,对城市交通影响也较大,建议尽量避免采用明挖法施工。

(2)矿山法主要适用于地下水匮乏的粉质黏土地层和基岩地层中,且施工作业主要依靠人工作业,施工环境条件较差,地表沉降不易控制。

(3)顶管法主要用于软土地区的中小直径隧道施工,且由于其工艺的特殊性,长距离施工时需要分段进行,工作井较多,主城区共同管沟干管施工时不宜推荐采用。

（4）盾构法的机械化程度高,环境影响小,能够施工短、中、长不同距离的隧道。对于穿越主城区的干管或次干管,或穿越江、河、海的共同管沟,建议采用盾构法施工。

（二）明挖现浇法施工

1. 明挖现浇法概述

明挖现浇法是指从地表开挖基坑或堑壕,浇筑结构物衬砌后用土石进行回填的浅埋隧道、管道或其他地下建筑工程的施工方法。

只要地形、地质条件适宜和地面建筑物条件许可,均可采用明挖现浇法施工。与非开槽施工相比,施工条件有利,速度快,质量好,而且安全。明挖现浇法施工的主要缺点是干扰地面交通,需拆迁地面建筑物,以及需要加固、悬吊、支托跨越基坑的地下管线。尽管明挖现浇法对环境扰动大,但比较符合地质原则、效益原则、技术原则和整体最优原则。

1）明挖现浇法施工机械

明挖现浇法可采用通用的土、石方工程机械和桩工机械等进行开挖与回填。

（1）围护结构施工机械主要是冲击式打桩机（柴油锤、蒸汽锤、落锤）、旋挖钻机、吊车、回转式造孔机械、抓斗式成槽机械、切削轮式成槽机械等。

（2）土方开挖运输机械是挖土机（反铲挖土机、抓铲挖土机）、装载机、自卸车等。

（3）其他辅助机械有衬砌模板台车、搅拌机、混凝土输送泵和罐车、振捣锤、发电机组、钢筋切断机、弯曲机和调直机、电焊机、砂浆拌和机及手扶式振动夯等。

2）明挖现浇法特点

（1）优点

施工方法简单,技术成熟;工程进度快,根据需要可以分段同时作业;浅埋时工程造价和运营费用均较低,且能耗较少。它具有设计简单、施工方便、工程造价低的特点,适用于新建城市的管网建设。

（2）缺点

外界气象条件对施工影响较大;施工对城市地面交通和居民的正常生活有较大影响,且易造成噪声、粉尘及废弃泥浆等的污染;需要拆除工程影响范围内的建筑物和地下管线;在饱和软土地层中,深基坑开挖引起的地面沉降较难控制,且坑内土坡的稳定性常常会成为威胁工程安全的重大问题。

3）明挖现浇法基本工序

明挖现浇施工方法,首先要确定必要的开挖范围并打入钢板桩等挡土设施。施工标准顺序主要包括:在钢板桩上面架设钢桁架,铺设面板;在路面板下进行开挖、排土、浇筑地下综合管廊,分段进行地下综合管廊与路面板之间覆土回填、钢桁架及路面板拆除、钢板桩拔出、路面临时恢复原状、恢复交通、经过一定的期间等路面下沉稳定以后将路面恢复原状等步骤。

在整个施工过程中尽可能少地占用路面宽度,避免交通中断现象。护壁挡土方法要根据地下埋设物、道路的各种附属设施、路面交通、沿线建筑、地下水和地质条件等综合确定。经常采用的方法有:工字形或 H 形钢桩;当地基软弱、地下水位高时采用钢板桩挡土;浇筑连续砂浆桩等。

4）基坑施工

地下综合管廊明挖现浇法基坑施工与其他工业与民用建筑基础或地下工程施工的方

法基本一致，主要包括基坑支护、基坑排水与降水、地基处理、基坑开挖与回填等工序。基坑支护、开挖在前一节里已经做了较为详细的介绍，这里不再赘述。

管廊沉降将直接影响管廊结构安全使用。综合管廊大多沿城市道路布置，回填质量对沿线道路影响较大。因此要高度重视管廊的地基加固处理和结构基坑回填的施工质量。

2. 混凝土结构主体施工

1）模板及支撑体系设计

模板一般采用木胶板或者竹胶板，模板工程量大时也可采用定型钢模板、铝模板等。支架体系采用碗扣支架或者钢管支架，配合扣件、底托形成支架体系。图6.2.1为地下综合管廊定型标准模板的照片。

图 6.2.1　地下综合管廊定型标准模板照片

2）钢筋混凝土工程

综合管廊主体结构采用明挖顺做法施工，施工按照"水平分段、竖向分层、从下至上"的原则，采取段间阶梯、段内流水作业的方式，合理有序地连续施工。

（1）混凝土配比

为保证混凝土的质量，首先需要对混凝土配合比进行优化，控制好用水量、水灰比、砂率、水泥用量及粉煤灰用量，使混凝土的入模温度、抗渗指标和耐腐蚀系数达到要求。使用的原材料应符合相关规范要求。

（2）混凝土浇筑

底板混凝土浇筑：整个底板按规定的施工缝分段，各段混凝土浇筑时，由一侧向另一侧进行,混凝土输送泵进行泵送。浇筑步距为 3 m,采用斜面分层法施工。坍落度为(14±2)cm。入模温度控制在 5～30 ℃为宜。

混凝土振捣:采用插入式振捣器。管廊工程防水要求严格,尤其注意结构自防水,混凝土振捣按照以下要求施工:混凝土振捣手必须是有经验的技工,保证不漏振和过振;振捣与浇筑同时进行,方向与浇筑方向相同。插点采用"行列式"或"交错式",移动间距不应大于振动半径的 1.5 倍,且不能碰撞钢筋和预埋件;由于纵横交错处钢筋密集,在顶部无法下振捣棒,必须从侧面入棒,逐层振捣密实,每棒插点不大于 25 cm,保证每个棒点间混凝土能全部振捣密实;底板由于面积大,振捣时要特别注意每棒的插点位置,不能距离太远,防止漏振,每棒距 30 cm 为宜。

底板浇筑完后,均做拉线找平,用刮杠按线刮平,用木抹子搓平,在表面终凝前,再用铁抹子进行二次抹压,消除混凝土表面塑性收缩裂缝。

（3）混凝土养护

混凝土浇筑完后,应在 12 h 内开始养护;混凝土板采用覆盖洒水养护。每天浇水的次数以能保持混凝土表面一直处于湿润状态为标准,养护天数不少于 14 d。冬季混凝土采用保温养护。

（三）明挖预制拼装法施工

1. 明挖预制拼装法概述

城市地下综合管廊是目前世界发达城市普遍采用的城市市政基础工程,是一种集约度高、科学性强的城市综合管线工程。我国目前的综合管廊工程一般采用明挖现浇混凝土施工工艺。实践证明,该工艺在施工质量、建设周期和环境保护等方面都存在诸多不足。相比之下,预制拼装工艺则较好地弥补了上述不足。

1）预制拼装法的特点

现浇法与预制拼装法比较具有下列缺点:

（1）与现浇法相比,预制拼装法可大大缩短施工工期。现场浇筑法施工作业时间长、室外作业工作量大,需较长的混凝土养护时间,开槽后较长时间不能回填,不利于城市道路缩短施工工期、快速放行的要求。

（2）在现场制作中,地下水对施工有较大影响,需将地下水降至底板高程以下,增加施工成本,也不利于生态环境的保护。

（3）现场制作的混凝土抗渗性能与工厂内制作的混凝土相比,容易发生局部渗漏,影响管廊的使用功能。

（4）现场制作的管廊按一定长度(约 20 m)分段,分段间采用橡胶止水带连接。

预制拼装管廊长度一般每节 1～3 m。每节间采用橡胶圈连接,与钢筋混凝土圆管的接头相同,一般被称为"柔性"接头,能承受 1.0～2.0 MPa 的抗渗要求。在地基发生不均匀沉降或受外荷载作用、管廊产生位移或折角时,仍能保持良好的抗渗性能,抗地震功能极强;也可利用接口在一定折角范围内具有的良好抗渗性,铺设为弧线形管廊。

据台湾地区 1999 年大地震报道,震后大部分管道遭受重大破坏,唯独采用橡胶圈接口的钢筋混凝土管幸免于难。

（5）预制拼装管廊与现场浇筑的相比的不足之处:

① 大型管廊体自重大,运输安装需要大型运输和吊装设备,增加工程支出费用。这是

影响预制装配化管廊应用的主要拦路虎。如不能降低其自重,一是会增加大型管廊施工难度,二是会加大工程成本,不利于预制装配化管廊的推广应用。

② 预制拼装管廊接口多,接口的设计、制作、施工要能满足抗渗的要求。

2. 管节预制

一般情况下,管节由专业预制厂家生产,采用大型定制钢模板进行预制浇筑,然后运输到现场进行拼装。管节出厂前应通过质量验收,并提供出厂合格证明文件。

3. 管节运输

根据管节外形尺寸及重量,合理选择运输车辆。运输注意事项如下:

(1) 做好各项运输准备,包括制定运输方案,选定运输车辆,设计制作运输架,准备装运具和材料,检查、清点构件,修筑现场运输道路,察看运输路线和道路,进行试运行等。这是保证运输顺利进行的重要环节和条件。

(2) 构件运输时,混凝土的强度应达到设计强度等级的100%。构件的中心应与车辆的装载中心重合,支承应垫实,构件间应塞紧并封车牢固,以防运输中晃动或滑动,导致构件互相碰撞损坏。运输道路应平坦坚实,保证有足够的路面宽度和转弯半径。还要根据路面情况掌握好车辆行驶速度,起步、停车必须平稳,防止任何碰撞、冲击。

(3) 管节构件运到现场,按结构吊装平面位置采用足够吨位的吊车进行卸车、就位、安放,尽量避免二次转运。

4. 管节拼装

1) 管节拼装工艺流程

预制节段拼装工艺,就是把整个综合管廊分成便于长途运输的小节段,在预制场预制好后,运输到现场,由专用节段拼装设备逐段拼装成孔,逐孔施工直到结束。

在城市核心道路建设中,管节节段拼装工艺技术,其拼装工艺流程主要步骤是设备组装、设备检测及专家审查验收、节段吊装;接下来要进行首节段(1号块)定位,首节段定位应在基坑开挖、支护的基础上进行测量控制;然后是安装螺旋千斤顶作为临时支座,在测量控制的基础上拼装后续节段,张拉永久预应力,管道压浆,对地下综合管廊和垫层之间的间隙进行底部灌浆,落廊,逐段拆除各节段的支撑,拼装设备过孔,依同法拼装下一孔,各孔端部现浇混凝土,处理变形缝,使各孔地下综合管廊体系连续;这样就完成了节段拼装。

2) 管节拼装施工技术

管节拼装施工过程中,节段拼装应具备几个条件:一是基坑开挖及支护。基坑开挖采用放坡开挖,垫层标高应比综合管廊底面低 2 cm,以确保地下综合管廊的拼装。二是临时支撑。一般来说,在地下综合管廊节段拼装过程中,临时支撑采用 C20 钢筋混凝土条形基础;每孔综合管廊布置两条 C20 钢筋混凝土条形基础,分别在左右两侧,钢筋混凝土条形基础的中心线距离地下综合管廊边缘 15 cm(距离综合管廊中心线 250 cm)。三是节段拼装设备,应根据节段的质量和尺寸选用。拼装施工要把握好首节段的定位、节段胶拼、临时预应力张拉三个关键点。而对于永久预应力张拉,则应在简支跨数据采集及箱梁线形调整、管道压浆、综合管廊和垫层之间的底部灌浆完成后进行。另外,完成两孔地下综合管廊拼装后,即可进行湿接缝施工。

3) 管节拼装质量控制

地下综合管廊容纳着城市各种地下管线,其工程质量直接影响着各种管线的正常使用。预制拼装法综合管廊的质量控制有以下几点：

（1）首节段定位

首节段作为整孔拼装的基准面，在综合管廊建设中，其定位是关键。应在一跨节段吊装就位后，通过测量，结合起重吊车及千斤顶对首节段进行调整，使其偏差控制符合要求后再将节段固定，以控制地下综合管廊节段安装施工质量。

（2）节段试拼、涂胶和拼装

节段运至施工现场前一定要先对相邻节段的匹配面进行试拼接，验收合格后方可运至施工现场，同时检查预应力预留管道及相关预留孔洞，保持畅通。相邻节段结合面匹配满足地下综合管廊工程结构总体质量要求。节段涂胶时环氧涂料应充分搅拌确保色泽的均匀。在环氧涂料初凝时间段内控制好环氧搅拌、涂料涂刷、节段拼接、临时预应力张拉等工序，保证拼装质量。

4）临时预应力

涂胶后的节段，应及时施加临时预应力，使相邻接合面紧密结合。预应力的控制，根据要求提供的预制节段结合面承压进行。张拉时采用三级逐步加载，以防止结合面受力不均。另外，监测点数据采集（轴线、高程）与线形调整，张拉后对各节段监控点予以采集、计算，并通过临时支撑千斤顶，对地下综合管廊的线形与高程偏差予以调节，以满足要求。

5）管节拼装施工后的防水

防水施工质量控制不好，不但影响管廊的正常使用，而且会使混凝土腐蚀，钢筋生锈，影响工程的安全。为此，施工中严格控制各工序施工质量。管节拼装施工后的防水，应待综合管廊管节拼装施工全部完成后，即进行防水施工。

防水施工时，基面需要坚实、平整、无缝无孔、无空鼓；施工部位为地下综合管廊顶板及两外侧立面。综合管廊外包防水可采用防水涂料或防水卷材（粘结）；防水施工完成后，综合管廊顶面铺钢筋网，浇筑混凝土保护层，侧面抹水泥砂浆隔离层。防水施工时，基面需要坚实、平整、无缝无孔、无空鼓；预留管件需安装牢固，接缝密实；阴阳角为 10 mm 折角或弧形圆角；表面含水率小于 20%。

（四）顶管法施工

顶管法施工是一种土层地下工程施工方法，主要用于地下进水管、排水管、煤气管、电信电缆管的施工。该施工方法不需要开挖面层，并且能够穿越公路、铁路、河川、地面建筑物、地下构筑物以及各种地下管线等，是一种非开挖敷设地下管道的施工方法。由于这种工艺不仅对穿越铁路、公路、河流等障碍物有特殊的适用意义，而且对于埋设较深、处于城市闹市区的地下管道施工具有显著的经济效益和社会效益，从而被广泛推广应用。

1. 顶管法施工概述

顶管施工采用边顶进、边开挖，边将管段接长的管道埋设方法，可用于直线管道，也可用于曲线等管道。施工时，先制作顶管工作井及接收井，作为一段顶管的起点和终点。工作井中有一面或两面井壁设有预留孔，作为顶管出口，其对面井壁是承压壁。承压壁前侧安装有顶管用的千斤顶和承压垫板，千斤顶将工具管顶出工作井预留孔，而后以工具管为先导，逐节将预制管节按设计轴线顶入土层中，直至工具管后第一节管节进入接收井预留孔，施工完成一段管道。为进行较长距离的顶管施工，可在管道中间设置一个至几个中继站作为接力顶进,并在管道外周压注润滑泥浆。其基本工艺流图 6.2.2 所示。顶管施工需要的主要设备有掘进机、主顶设备、测量设备、井内旁通、控制系统等。

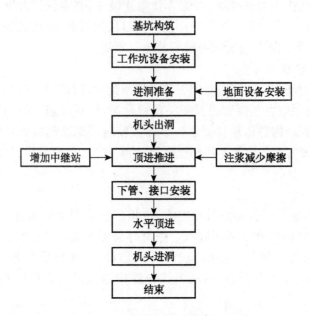

图 6.2.2　顶管施工工艺基本流程

1）顶管施工适用范围

管道穿越障碍物,如铁路、公路、河流或建筑物时;街道狭窄,两侧建筑多时;在交通量大的市区街道施工时;管道既不能改线又不能中断交通时;现场条件复杂,与地面工程交叉作业相互干扰,易发生危险时;管道覆土较深,开槽土方量大,并需要支撑时可采用顶管法施工。

2）顶管施工特点

与开槽施工比较,顶管法施工具有以下特点:施工占地面积少,施工面移入地下,不影响交通、不污染环境;穿越铁路、公路、河流、建筑物等障碍物时可减少拆迁,节省资金与时间,降低工程造价;施工中不破坏现有的管线及构筑物,不影响其正常使用;大量减少土方的挖填量,利用管底以下的天然土做地基,可节省管道的全部混凝土基础。

3）顶管法施工存在的不足

受地层影响,土质不良或管顶超挖过多时,竣工后地面下沉,路表裂缝,需要采用灌浆处理。顶管作业时必须要有详细的工程地质和水文地质勘探资料,否则将出现不易克服的困难。遇到复杂地质情况,如松散的砂砾层、地下水位以下的粉土时,施工困难,工程造价增高。

2. 顶管法施工工艺

顶管顶进的过程包括挖土、顶进、测量、纠偏等工序。根据管道顶进方式不同,顶管法施工可分为掘进式顶管法、挤压式顶管法,掘进顶管法又分为机械取土掘进顶管和水力掘进顶管,挤压式顶管法又分为不出土挤压顶管和出土挤压顶管两种;按照防塌方式不同,分为机械平衡、土压平衡、水压平衡、气压平衡等。另外,由于一次顶进长度受顶力大小、管材强度、后背强度等因素的限制,因此一次顶进长度在 40～50 m,若再要增长,可采用中继站、泥浆套顶进等方法。提高一次顶进长度,可减少工作坑数目。

1)掘进顶管

掘进顶管法施工工艺过程:

开挖工作坑→工作坑底修筑基础、设置导轨→制作后背墙、顶进设备(千斤顶)安装→安放第一节管子(在导轨上)→开挖管前坑道→管子顶进→安接下一节管道→循环。

掘进顶管的方法和种类比较多,目前常用的方法有机械取土掘进顶管法、水力掘进顶管法、挤压式顶管法(挤压式顶管又分为出土挤压顶管和不出土挤压顶管)、中继站顶进、泥浆套顶进等。各种作业方式有各自不同的特点和适应范围。在实际施工过程中要依据工程实际情况结合施工单位自身的技术力量、设备力量综合比较,选择既经济、安全又能满足工程需要的顶管作业方法。

2)顶管测量与纠偏

(1)顶管测量

顶管施工时,为了使管节按规定的方向前进,在顶进前要求按设计的高程和方向精确地安装导轨、修筑后背及布置顶铁。这些工作要通过测量来保证规定的精度,在顶进过程中必须不断监测管节前进的轨迹,检查管节是否符合设计规定的位置。

测量工作应及时、准确,以使管节正确地就位于设计的管道轴线上。测量工作应频繁进行,以便较快地发现管道的偏移。当第一节管就位于导轨上即进行校测,符合要求后开始进行顶进。一般在工具管刚进入土层时,应加密测量次数。常规做法为每顶进10 cm 测量不少于1 次,每次测量都以测量管子的前端位置为准。

(2)顶管纠偏

当发现前端管节前进的方向或高程偏离原设计位置后,就要及时采取措施迫使管节恢复原位再继续顶进。这种操作过程称为管道纠偏。

出现偏差的原因很多,在管道顶进的过程中,工具管迎面阻力的分布不均、管壁周围摩擦力不均和千斤顶顶力的微小偏心等都可能导致工具管前进的方向发生偏移或旋转。为了保证管道的施工质量必须及时纠正,才能避免施工偏差超过允许值。这样就需要"勤顶、勤纠"或"勤顶、勤挖、勤测、勤纠",常见的几种纠偏方法如下:

① 挖土纠偏

采用在不同部位减挖土量的方法,以达到校正的目的。即管子偏向一侧,则该侧少挖些土,另一侧多挖些土,顶进时管子就偏向空隙大的一侧而使误差校正。这种方法消除误差的效果比较缓慢,适用于误差值不大于 10 mm 的范围。

② 斜撑纠偏

偏差较大时或采用挖土校正法无效时,可用圆木或方木,一端撑在管子偏向一侧的内管壁上,另一端支撑在垫有木板的管前土层上,开动千斤顶,利用木撑产生的分力,使管子得到校正。

③ 工具管纠偏

纠偏工具管是顶管施工的一项专用设备,根据不同管径采用不同直径的纠偏工具管。纠偏工具主要由工具管、刃脚、纠偏千斤顶、后管等部分组成。

纠偏千斤顶按管内周向均匀布设,一端与工具管连接,另一端与后管连接。工具管与后管之间留有 10～15 mm 的间隙。当发现首节工具管位置误差时,启动各方向千斤顶的伸缩,调整工具管刃脚的走向,从而达到纠偏的目的。

④ 衬垫纠偏

对淤泥、流砂地段的管子,因其地基承载力弱,常出现管子低头现象,这时在管底或管子一侧加木楔,使管道沿着正确的方向顶进。正确的方法是将木楔做成光面或包一层铁皮,稍有些斜坡,使之慢慢恢复原状,使管道向正确方向前进。

3) 顶管施工接口

(1) 钢管接口

给水排水钢管的接口一般采用焊接接口。顶进钢管采用钢丝网水泥砂浆和肋板保护层时,焊接后应补做焊口处的外防腐处理。

(2) 钢筋混凝土管接口

钢筋混凝土管接口分为刚性接口和柔性接口。钢筋混凝土管在管节未进入土层前,接口应垫以麻丝、油毡或木垫板,管口内侧应留有 10～20 mm 的空隙。顶紧后两管间的空隙宜为 10～15 mm。管节入土后,管节相邻接口处安装内胀圈时,应使管节接口位于内胀圈的中部,并将内胀圈与管道之间的缝隙用木楔塞紧。

五、综合管廊施工安全隐患

综合管廊的施工方法不同,其安全隐患的表现形式也不相同。在综合管廊施工的各个阶段表现出不同的安全隐患状态,其处置措施也不相同。

明挖现浇法的安全隐患主要有:基坑开挖阶段有基坑施工安全隐患;混凝土浇筑阶段有模板及支撑体系安全隐患、大型施工设备安全隐患。

明挖预制拼装法的主要安全隐患有:基坑开挖安全隐患;廊体预制安全隐患;廊体安装安全隐患;预制构件运输过程安全隐患;预制场及安装设备安全隐患;回填阶段安全隐患等。

顶管法安全隐患主要包括:顶管设备安全隐患,顶管工作井坍塌安全隐患;顶管作业安全隐患;顶管基坑(工作井)人员坠落或落物伤人安全隐患。

明挖预制拼装法基坑开挖阶段安全隐患与明挖现浇法安全隐患相同,而混凝土廊体预制安装阶段安全隐患及处置措施与其他预制装配式构件安全隐患及处置措施类似。这里仅介绍目前国内常用的综合管廊施工方法(明挖现浇法)的安全隐患及处置措施。

明挖现浇法各阶段安全隐患及处置措施如下:

1. 土方开挖阶段

1) 土方开挖阶段主要安全隐患

(1) 没有编制深基坑施工方案或编制的深基坑施工方案不符合项目实际情况,不能有效指导施工。

(2) 深基坑施工方案没有按照要求进行审核、论证。

(3) 没有按照经过审核的基坑开挖围护方案进行施工。

2) 基坑开挖阶段安全隐患处置措施

(1) 加强组织管理,对各级管理人员及操作人员进行安全教育和技术交底。

(2) 结合工程实际情况编制基坑开挖方案,并认真组织评审。

（3）在基坑开挖过程中及时做好维护，维护结构要按照编制的方案施工。

（4）在施工过程中要安排经验丰富的人员专门负责巡视基坑周边，发现安全维护、支护结构有破损，基坑周边土体有异样要及时按照制定的应急预案处置。

2. 廊体混凝土浇筑过程中的安全隐患与处置措施

1）混凝土浇筑过程中的安全隐患

（1）混凝土浇筑安全隐患。

（2）模板支架材料安全隐患。

（3）管理隐患。

2）安全隐患处置措施

（1）建立健全项目安全管理制度，加强对安全管理体系运行情况的监督检查。

（2）在浇筑作业前对作业人员进行认真交底。

（3）对进场的支架材料进行检查验收，发现不合格的支架材料应禁止在工程上使用。

（4）混凝土浇筑过程中要加强巡视检查。

第三节　模板和支架工程

模板工程，就其材料用量、人工、费用及工期来说，在混凝土结构工程施工中是十分重要的组成部分，在建筑施工中也占有相当重要的位置，据统计每平方米竣工面积需要配置 0.15 m² 模板，模板工程的劳动用工约占混凝土工程总用工的 1/3。特别是近来城市建设高层建筑增多，现浇钢筋混凝土结构数量增加，据测算约占全部混凝土工程的 70% 以上，模板工程的重要性尤为突出。

一、模板与支架的种类

（一）模板的分类

1. 模板按其功能分类，常用的主要有 4 大类：

（1）定型组合模板；

（2）墙体大模板；

（3）飞模（台模）；

（4）滑升模板。

2. 模板按其材料分类，常用的有 3 大类：

（1）钢模；

（2）木模；

（3）竹胶木板。

（二）支架的分类

1. 支架按其材料分类，常用的有 3 种：

（1）钢支架；

（2）木支架；

（3）竹支架。

2. 目前建筑上常用的支架有以下几种：

（1）碗扣式支架；

（2）扣件式支架；

（3）门式支架。

这些都属于钢支架，目前在我国农村民用建筑上尚有使用竹支架，在工业及城市建筑领域早已淘汰木支架和竹支架。

二、模板与支架的构造和使用材料的性能

为保证模板结构的承载能力，防止在一定条件下出现脆性破坏，应根据模板体系的重要性、荷载特征、连接方法等不同情况，选用适合的钢材型号和材性，且宜采用 Q235 钢和 Q345 钢。对于模板的支架材料宜优先选用钢材。

模板通常由三部分组成：模板面、支撑结构（包括水平支撑结构，如龙骨、桁架、小梁等，以及垂直支撑结构，如立柱、结构柱等）和连接配件（包括穿墙螺栓、模板面连接卡扣、模板面与支撑构件以及支撑构件之间连接零配件等）。

模板的结构设计必须能承受作用于模板结构上的所有垂直荷载和水平荷载（包括混凝土的侧压力、振捣和倾倒混凝土产生的侧压力、风力等）。在所有可能产生的荷载中要选择最不利的组合验算模板整体结构和构件及配件的强度、稳定性和刚度。当然首先在模板结构设计上必须保证模板支撑系统形成空间稳定的结构体系。

模板工程所使用的材料，可以是钢材、木材和铝合金等。面板除采用钢、木外，可采用胶合板、复合纤维板、塑料板、玻璃钢板等。

三、荷载及变形值的规定

（一）荷载标准值

1. 永久荷载标准值应符合下列规定

（1）模板及其支架自重标准值（G_{1k}）应根据模板设计图纸计算确定。肋形或无梁楼板模板自重标准值应按表 6.3.1 采用。

表 6.3.1　楼板模板自重标准值（kN/m²）

模板构件的名称	木模板	定型组合钢模板
平板的模板及小梁	0.30	0.50
楼板模板（其中包括梁的模板）	0.50	0.75
楼板模板及其支架（楼层高度为 4 m 以下）	0.75	1.10

（2）新浇筑混凝土自重标准值（G_{2k}），对普通混凝土可采用 24 kN/m³，其他混凝土可根据实际重力密度按《建筑施工模板安全技术规范》（JGJ 162）规定确定。

（3）钢筋自重标准值（G_{3k}）应根据工程设计图确定。对一般梁板结构每立方米钢筋混凝土的钢筋自重标准值：楼板可取 1.1 kN；梁可取 1.5 kN。

（4）当采用内部振捣器时，新浇筑的混凝土作用于模板的最大侧压力标准值（G_{4k}），可按下列公式计算，并取其中的较小值：

$$F = 0.22\gamma_c t_0 \beta_1 \beta_2 V^{\frac{1}{2}}$$

（6.3.1-1）

$$F = \gamma_c H \qquad (6.3.1\text{-}2)$$

式中：F——新浇筑混凝土对模板的侧压力（kN/m^2）；

　　　γ_c——混凝土的重力密度（kN/m^3）；

　　　V——混凝土的浇筑速度（m/h）；

　　　t_0——新浇混凝土的初凝时间（h），可按试验确定；当缺乏试验资料时，可采用 $t_0 = 200/(T+15)$（T 为混凝土的温度℃）；

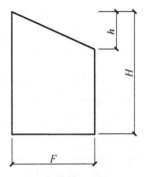

　　　β_1——外加剂影响修正系数；不掺外加剂时取 1.0，掺具有缓凝作用的外加剂时取 1.2；

　　　β_2——混凝土坍落度影响修正系数；当坍落度小于 30 mm 时，取 0.85；坍落度为 50～90 mm 时，取 1.00；坍落度为 110～150 mm 时，取 1.15；

　　　H——混凝土侧压力计算位置处至新浇混凝土顶面的总高度（m）；混凝土侧压力的计算分布图形如图 6.3.1 所示，图中 $h = F/\gamma_c$，h 为有效压头高度。

图 6.3.1　混凝土侧压力计算分布图形

2. 可变荷载标准值应符合下列规定

（1）施工人员及设备荷载标准值（Q_{1k}），当计算模板和直接支承模板的小梁时，均布活荷载可取 2.5 kN/m^2，再用集中荷载 2.5 kN 进行验算，比较两者所得的弯矩值取其大值；当计算直接支承小梁的主梁时，均布活荷载标准值可取 1.5 kN/m^2；当计算支架立柱及其他支承结构构件时，均布活荷载标准值可取 1.0 kN/m^2。

注：① 对大型浇筑设备，如上料平台、混凝土输送泵等按实际情况计算；若采用布料机上料进行浇筑混凝土时，活荷载标准值取 4 kN/m^2。

② 混凝土堆积高度超过 100 mm 以上者按实际高度计算。

③ 模板单块宽度小于 150 mm 时，集中荷载可分布于相邻的两块板面上。

（2）振捣混凝土时产生的荷载标准值（Q_{2k}），对水平面模板可采用 2 kN/m^2，对垂直面模板可采用 4 kN/m^2，且作用范围在新浇筑混凝土侧压力的有效压头高度之内。

（3）倾倒混凝土时，对垂直面模板产生的水平荷载标准值（Q_{3k}）可按表 6.3.2 采用。

表 6.3.2　倾倒混凝土时产生的水平荷载标准值（kN/m^2）

向模板内供料方法	水平荷载	向模板内供料方法	水平荷载
溜槽、串筒或导管	2	容量为 0.2～0.8 m^3 的运输器具	4
容量小于 0.2 m^3 的运输器具	2	容量大于 0.8 m^3 的运输器具	6

注：作用范围在有效压头高度以内。

3. 风荷载标准值应按现行国家标准《建筑结构荷载规范》（GB 50009）中的规定计算，其中基本风压值应按该规范附录 E 的规定采用。

（二）荷载设计值

计算模板及支架结构或构件的强度、稳定性和连接的强度时，应采用荷载设计值（荷载标准值乘以荷载分项系数）。计算正常使用极限状态的变形时，应采用荷载标准值。

模板设计计算时荷载分项系数应按表 6.3.3 选取。钢面板及支架作用荷载设计值可乘以系数 0.95 予以折减。当采用冷弯薄壁型钢时,其荷载设计值不应折减。

表 6.3.3 荷载类别及分项系数

荷载类别	分项系数 γ_i
模板及支架自重标准值(G_{1k})	永久荷载的分项系数:
新浇混凝土自重标准值(G_{2k})	(1) 当其效应对结构不利时:对由可变荷载效应控制的组合,应取 1.2;
钢筋自重标准值(G_{3k})	对由永久荷载效应控制的组合,应取 1.35;
新浇混凝土对模板的侧压力标准值(G_{4k})	(2) 当其效应对结构有利时:一般情况应取 1; 对结构的倾覆、滑移验算,应取 0.9。
施工人员及施工设备荷载标准值(Q_{1k})	可变荷载的分项系数:
振捣混凝土时产生的荷载标准值(Q_{2k})	一般情况下应取 1.4;
倾倒混凝土时产生的荷载标准值(Q_{3k})	对标准值大于 4 kN/m^2 的活荷载应取 1.3。
风荷载(w_k)	1.4

(三) 荷载组合

1. 按极限状态设计时,其荷载组合必须符合下列规定

1) 对于承载能力极限状态,应按荷载效应的基本组合采用,并应采用下列设计表达式进行模板设计:

$$r_0 S \leqslant R \tag{6.3.2}$$

式中: r_0——结构重要性系数,其值按 0.9 采用;

S——荷载效应组合的设计值;

R——结构构件抗力的设计值,应按各有关建筑结构设计规范的规定确定。

对于基本组合,荷载效应组合的设计值 S 应从下列组合值中取最不利值确定:

(1) 由可变荷载效应控制的组合

$$S = \gamma_G \sum_{i=1}^{n} G_{ik} + \gamma_{Q1} Q_{1k} \tag{6.3.3}$$

$$S = \gamma_G \sum_{i=1}^{n} G_{ik} + 0.9 \sum_{i=1}^{n} r_{Qi} Q_{ik} \tag{6.3.4}$$

式中: γ_G——永久荷载分项系数,应按表 6.3.3 采用;

γ_{Qi}——第 i 个可变荷载的分项系数,其中 γ_{Q1} 为可变荷载 Q_1 的分项系数,应按表 6.3.3 采用;

G_{ik}—— 按各永久荷载标准值 G_k 计算的荷载效应值;

Q_{ik}——按可变荷载标准值计算的荷载效应值,其中 Q_{1k} 为诸可变荷载效应中起控制作用者;

n——参与组合的可变荷载数。

(2) 由永久荷载效应控制的组合

$$S = \gamma_G G_{ik} + \sum_{i=1}^{n} \gamma_{Qi} \psi_{ci} Q_{ik} \tag{6.3.5}$$

式中：ψ_{ci}——可变荷载 Q_i 的组合值系数，当按照《建筑施工模板安全技术规范》（JGJ 162）中的规定采用时，其荷载组合值系数可为 0.7。

注：①基本组合中的设计值仅适用于荷载与荷载效应为线性的情况；

② 当对 Q_{1k} 无明显判断时，轮次以各可变荷载效应为 Q_{1k}，选其中最不利的荷载效应组合；

③ 当考虑以竖向的永久荷载效应控制的组合时，参与组合的可变荷载仅限于竖向荷载。

2）对于正常使用极限状态应采用标准组合，并应按下列设计表达式进行设计：

$$S \leqslant C \tag{6.3.6}$$

式中：C——结构或结构构件达到正常使用要求的规定限值，应符合《建筑施工模板安全技术规范》（JGJ 162）中有关变形值的规定。

对于标准组合，荷载效应组合设计值 S 应按下式采用：

$$S = \sum_{i=1}^{n} G_{ik} \tag{6.3.7}$$

2. 参与计算模板及其支架荷载效应组合的各项荷载的标准值组合应符合表 6.3.4 的规定。

表 6.3.4 模板及其支架荷载效应组合的各项荷载标准值组合

项　　目		参与组合的荷载类别	
		计算承载能力	验算挠度
1	平板和薄壳的模板及支架	$G_{1k}+G_{2k}+G_{3k}+Q_{1k}$	$G_{1k}+G_{2k}+G_{3k}$
2	梁和拱模板的底板及支架	$G_{1k}+G_{2k}+G_{3k}+Q_{2k}$	$G_{1k}+G_{2k}+G_{3k}$
3	梁、拱、柱（边长不大于 300 mm）、墙（厚度不大于 100 mm）的侧面模板	$G_{4k}+Q_{2k}$	G_{4k}
4	大体积结构、柱（边长大于 300 mm）、墙（厚度大于 100 mm）的侧面模板	$G_{4k}+Q_{3k}$	G_{4k}

注：验算挠度应采用荷载标准值；计算承载能力应采用荷载设计值。

（四）变形值规定

1. 当验算模板及其支架的刚度时，其最大变形值不得超过下列容许值：

（1）对结构表面外露的模板，为模板构件计算跨度的 1/400。

（2）对结构表面隐蔽的模板，为模板构件计算跨度的 1/250。

（3）支架的压缩变形或弹性挠度，为相应的结构计算跨度的 1/1 000。

2. 组合钢模板结构或其构配件的最大变形值不得超过表 6.3.5 规定：

表 6.3.5 组合钢模板及构配件的最大变形值（mm）

部件名称	容许变形值	部件名称	容许变形值
钢模板的面板	≤1.5	柱箍	$B/500$ 或≤3.0
单块钢模板	≤1.5	桁架、钢模板结构体系	$L/1 000$
钢楞	$L/500$ 或≤3.0	支撑系统累计	≤4.0

注：L 为计算跨度，B 为柱宽。

四、设计计算

(一) 模板设计计算一般规定

模板及其支架的设计应根据工程结构形式、荷载大小、地基土类别、施工设备和材料等条件进行。

1. 模板及其支架的设计应符合的规定

《建筑施工模板安全技术规范》(JGJ 162)规定模板及其支架的设计应符合以下规定：

(1) 应具有足够的承载能力、刚度和稳定性，应能可靠地承受新浇混凝土的自重、侧压力和施工过程中所产生的荷载及风荷载。

(2) 构造应简单，装拆方便，便于钢筋的绑扎、安装和混凝土的浇筑、养护等。

(3) 混凝土梁的施工应采用从跨中向两端对称进行分层浇筑，每层厚度不得大于 400 mm。

(4) 当验算模板及其支架在自重和风荷载作用下的抗倾覆稳定性时，应符合相应材质结构设计规范的规定。

2. 模板设计应包括的内容

(1) 根据混凝土的施工工艺和季节性施工措施，确定其构造和所承受的荷载。

(2) 绘制配板设计图、支撑设计布置图、细部构造和异型模板大样图。

(3) 按模板承受荷载的最不利组合对模板进行验算。

(4) 制定模板安装及拆除的程序和方法。

(5) 编制模板及配件的规格、数量汇总表和周转使用计划。

(6) 编制模板施工安全、防火技术措施及设计、施工说明书。

(二) 钢模板及其支撑的设计

钢模板及其支撑的设计应符合现行国家标准《钢结构设计规范》(GB 50017)和《冷弯薄壁型钢结构技术规范》(GB 50018)的规定，其截面塑性发展系数应取 1.0。组合钢模板、大模板、滑升模板等的设计尚应符合现行国家标准《组合钢模板技术规范》(GB 50214)和《滑动模板工程技术规范》(GB 50113)的相应规定。

(三) 木模板及其支架的设计

木模板及其支架的设计应符合现行国家标准《木结构设计规范》(GB 50005)的规定，其中受压立杆应满足计算要求，且其梢径不得小于 80 mm。

(四) 模板结构构件的长细比规定

模板结构构件的长细比应符合下列规定：

1. 受压构件长细比：支架立柱及桁架，不应大于 150；拉条、缀条、斜撑等连系构件不应大于 200。

2. 受拉构件长细比：钢杆件，不应大于 350；木杆件，不应大于 250。

(五) 用扣件式钢管脚手架等做支架立柱时的规定

用扣件式钢管脚手架做支架立柱时应符合下列规定：

1. 连接扣件和钢管立杆底座应符合现行国家标准《钢管脚手架扣件》(GB 15831)的规定。

2. 承重的支架柱，其荷载应直接作用于立杆的轴线上，严禁承受偏心荷载，并应按单立杆轴心受压计算;钢管的初始弯曲率不得大于 1/1 000,其壁厚应按实际检查结果计算(当前建筑市场上钢管的壁厚大多不符合标准厚度,因此规范才做出了这样的规定,同时也是要求对进场钢管进行质量验收的一个依据)。

3. 当露天支架立柱为群柱架时,高宽比不应大于 5;当高宽比大于 5 时,必须加设抛撑或缆风绳,保证宽度方向的稳定。

(六) 用门式钢管脚手架做支架立柱的规定

用门式钢管脚手架做支架立柱时,应符合下列规定:

1. 几种门架混合使用时,必须取支承力最小的门架作为设计依据。

2. 荷载宜直接作用在门架两边立杆的轴线上,必要时可设横梁将荷载传于两立杆顶端,且应按单榀门架进行承载力计算。

3. 门架结构在相邻两榀之间应设工具式交叉支撑,使用的交叉支撑线刚度必须满足下式要求:

$$\frac{I_b}{L_b} \geq 0.03 \frac{I}{h_0} \tag{6.3.8}$$

式中:I_b——剪刀撑的截面惯性矩;

L_b——剪刀撑的压曲长度;

I——门架的截面惯性矩;

h_0——门架的立杆高度。

五、模板与支架的安装

(一) 模板与支架安装的准备要求

1. 应审查模板结构设计与施工说明书中的荷载、计算方法、节点构造和安全措施,设计审批手续应齐全。

2. 应进行全面的安全技术交底,操作班组应熟悉设计与施工说明书,并应做好模板安装作业的分工准备。采用爬模、飞模、隧道模等特殊模板施工时,所有参加作业人员必须经过专门技术培训,考核合格后方可上岗。

3. 应对模板和配件进行挑选、检测,不合格者应剔除,并应运至工地指定地点堆放。

4. 备齐操作所需的一切安全防护设施和器具。

(二) 模板支架立柱安装要求

1. 模板安装应按设计与施工说明书顺序拼装。木杆、钢管、门架及碗扣式等支架立柱不得混用。

2. 竖向模板和支架立柱支承部分安装在基土上时,应加设垫板,垫板应有足够强度和支承面积,且应中心承载。基土应坚实,并应有排水措施。对湿陷性黄土应有防水措施;对特别重要的结构工程可采用混凝土、打桩等措施防止支架柱下沉。对冻胀性土应有防冻融措施。

3. 当满堂或共享空间模板支架立柱高度超过 8 m 时,若地基土达不到承载要求,无法防止立柱下沉,则应先施工地面下的工程,再分层回填夯实基土,浇筑地面混凝土垫层,达到强度后方可支模。

4. 模板及其支架在安装过程中,必须设置有效防倾覆的临时固定设施。

5. 现浇钢筋混凝土梁、板,当跨度大于 4 m 时,模板应起拱;当设计无具体要求时,起拱高度宜为全跨长度的 1/1 000～3/1 000。

6. 现浇多层或高层房屋和构筑物,安装上层模板及其支架应符合下列规定:

(1) 下层楼板应具有承受上层施工荷载的承载能力,否则应加设支撑支架。

(2) 上层支架立柱应对准下层支架立柱,并应在立柱底铺设垫板。

(3) 当采用悬臂吊模板、桁架支模方法时,其支撑结构的承载能力和刚度必须符合设计构造要求。

7. 当层间高度大于 5 m 时,应选用桁架支模或钢管立柱支模。当层间高度小于或等于 5 m 时,可采用木立柱支模。

8. 当模板安装高度超过 3.0 m 时,必须搭设脚手架,除操作人员外,脚手架下不得站其他人。

9. 模板安装时,上下应有人接应,随装随运,严禁抛掷。且不得将模板支搭在门窗框上,也不得将脚手板支搭在模板上,并严禁将模板与井字架、脚手架或操作平台连成一体。

10. 5 级及以上风力时,应停止一切吊运作业。

11. 拼装高度为 2 m 以上的竖向模板,不得站在下层模板上拼装上层模板。安装过程中应设置临时固定设施。

(三) 支撑梁、板的支架立柱构造与安装要求

1. 梁和板的立柱,其纵横向间距应相等或成倍数。

2. 钢管立柱底部应设垫木和底座,顶部应设可调支托,U 形支托与楞梁两侧间如有间隙,必须楔紧,其螺杆伸出钢管顶部不得大于 200 mm,螺杆外径与立柱钢管内径的间隙不得大于 3 mm,安装时应保证上下同心。

3. 在立柱底距地面 200 mm 高处,沿纵横水平方向应按纵下横上的程序设扫地杆。可调支托底部的立柱顶端应沿纵横向设置一道水平拉杆。扫地杆与顶部水平拉杆之间的间距,在满足模板设计所确定的水平拉杆步距要求条件下,进行平均分配确定步距后,在每一步距处纵横向应各设一道水平拉杆。当层高在 8～20 m 时,在最顶步距两水平拉杆中间应加设一道水平拉杆;当层高大于 20 m 时,在最顶两步距水平拉杆中间应分别增加一道水平拉杆。所有水平拉杆的端部均应与四周建筑物顶紧顶牢。无处可顶时,应于水平拉杆端部和中部沿竖向设置连续式剪刀撑。

4. 钢管立柱的扫地杆、水平拉杆、剪刀撑应采用 ϕ48 mm×3.5mm 钢管,用扣件与钢管立柱扣牢。钢管扫地杆、水平拉杆应采用对接,剪刀撑应采用搭接,搭接长度不得小于 500 mm,用两个旋转扣件分别在离杆端不小于 100 mm 处进行固定。

(四) 支架立柱构造与安装要求

1. 梁式或桁架式支架的安装构造应符合下列规定:

(1) 采用伸缩式桁架时,其搭接长度不得小于 500 mm,上下弦连接销钉规格、数量应按设计规定,并应采用不少于两个 U 形卡或钢销钉销紧,两 U 形卡距或销距不得小于 400 mm。

(2) 安装的梁式或桁架式支架的间距设置应与模板设计图一致。

(3) 支承梁式或桁架式支架的建筑结构应具有足够强度,否则,应另设立柱支撑。

(4) 若桁架采用多榀成组排放,在下弦折角处必须加设水平撑。

2. 工具式立柱支撑的构造与安装应符合下列规定：

(1) 立柱不得接长使用。

(2) 所有夹具、螺栓、销子和其他配件应处在闭合或拧紧的位置。

(3) 立杆及水平拉杆构造应符合现行国家规范规定。

3. 当采用扣件式钢管做立柱支撑时，其构造与安装应符合下列规定：

(1) 钢管规格、间距、扣件应符合设计要求。每根立柱底部应设置底座及垫板，垫板厚度不得小于 50 mm。

(2) 钢管支架立柱间距、扫地杆、水平拉杆、剪刀撑的设置应符合现行国家规范规定。当立柱底部不在同一高度时，高处的纵向扫地杆应向低处延长不少于两跨，高低差不得大于 1 m，立柱距边坡上方边缘不得小于 0.5 m。

(3) 立柱接长严禁搭接，必须采用对接扣件连接，相邻两立柱的对接接头不得在同步内，且对接接头沿竖向错开的距离不宜小于 500 mm，各接头中心距主节点不宜大于步距的 1/3。

(4) 严禁将上段的钢管立柱与下段钢管立柱错开固定于水平拉杆上。

4. 满堂模板和共享空间模板支架立柱，在外侧周圈应设由下至上的竖向连续式剪刀撑；中间在纵横向应每隔 10 m 左右设由下至上的竖向连续式的剪刀撑，其宽度宜为 4～6 m，并在剪刀撑部位的顶部、扫地杆处设置水平剪刀撑。剪刀撑杆件的底端应与地面顶紧，夹角宜为 45°～60°。当建筑层高在 8～20 m 时，除应满足上述规定外，还应在纵横向相邻的两竖向连续式剪刀撑之间增加之字斜撑，在有水平剪刀撑的部位，应在每个剪刀撑中间处增加一道水平剪刀撑。当建筑层高超过 20 m 时，在满足以上规定的基础上，应将所有之字斜撑全部改为连续式剪刀撑。

5. 当支架立柱高度超过 5 m 时，应在立柱周圈外侧和中间有结构柱的部位，按水平间距 6～9 m，竖向间距 2～3 m 与建筑结构设置一个固结点。

6. 当采用碗扣式钢管脚手架做立柱支撑时，其要求如下：

(1) 立杆应采用长 1.8 m 和 3.0 m 的立杆错开布置，严禁将接头布置在同一水平高度。

(2) 立杆底座应采用大钉固定于垫木上。

(3) 立杆立一层，即将斜撑对称安装牢固，不得漏加，也不得随意拆除。

(4) 横向水平杆应双向设置，间距不得超过 1.8 m。

(5) 当支架立柱高度超过 5 m 时，应按扣件式钢管支架的要求执行。

7. 当采用标准门架做支撑时，其安装构造应符合下列规定：

(1) 门架的跨距和间距应按设计规定布置，间距宜小于 1.2 m；支撑架底部垫木上应设固定底座或可调底座。门架、调节架及可调底座，其高度应按其支撑的高度确定。

(2) 门架支撑可沿梁轴线垂直和平行布置。当垂直布置时，在两门架间的两侧应设置交叉支撑；当平行布置时，在两门架间的两侧亦应设置交叉支撑，交叉支撑应与立杆上的锁销锁牢，上下门架的组装连接必须设置连接棒及锁臂。

(3) 当门架支撑宽度为 4 跨及以上或 5 个间距及以上时，应在周边底层、顶层、中间每 5 列、5 排在每门架立杆根部设 ϕ48 mm×3.5 mm 通长水平加固杆，并应采用扣件与门架立杆扣牢。扣件应用扭矩扳手拧紧，扭矩值在 40～65 N·m。

(4) 当门架支撑高度超过 8 m 时，其构造安装要求同扣件式钢管立柱，剪刀撑不应大于 4 个间距，并应采用扣件与门架立杆扣牢。

六、模板与支架拆除

拆模时,下方不能有人,拆模区应设警戒线,以防有人误入被砸伤。拆模施工应符合以下规定:

(一)模板与支架拆除要求

拆模之前必须有拆模申请,并根据同条件养护试块强度记录达到规定时,技术负责人方可批准拆模。

(二)拆模顺序和方法的确定

各类模板拆除的顺序和方法,应根据模板设计的规定进行。如果模板设计无规定时,可按先支的后拆、后支的先拆的顺序进行。先拆非承重的模板,后拆承重的模板及支架。

(三)拆模时混凝土强度

拆模时混凝土的强度,应符合设计要求;当设计无要求时,应符合下列规定:

1. 不承重的侧模板,包括梁、柱、墙的侧模板,只要混凝土强度能保证其表面及棱角不因拆除模板而受损坏,即可拆除。一般墙体大模板在常温条件下,混凝土强度达到 1 N/mm^2 及以上即可拆除。

2. 承重模板,包括梁、板等水平结构构件的底模,应根据与结构同条件养护的试块强度达到规定,方可拆除。

3. 在拆模过程中,如发现实际结构混凝土强度并未达到要求,有影响结构安全的质量问题,应暂停拆模,经妥当处理,实际强度达到要求后,方可继续拆除。

4. 已拆除模板及其支架的混凝土结构,应在混凝土强度达到设计的混凝土强度标准值后,才允许承受全部设计的使用荷载。

(四)现浇楼盖及框架结构拆模

一般现浇楼盖及框架结构的拆模顺序如下:

拆柱模斜撑与柱箍→拆柱侧模→拆楼板底模→拆梁侧模→拆梁底模

楼板小钢模的拆除,应设置供拆模人员站立的平台或架子,还必须将洞口和临边进行封闭后,才能开始工作,拆除时先拆除钩头螺栓和内外钢楞,然后拆下 U 形卡、L 形插销,再用钢钎轻轻撬动钢模板,用木槌或带胶皮垫的铁锤轻击钢模板,把第一块钢模板拆下,然后将钢模逐块拆除。拆下的钢模板不准随意向下抛掷,要向下传递至地面。

多层楼板模板支柱的拆除,下面应保留几层楼板的支柱,应根据施工速度、混凝土强度增长的情况、结构设计荷载与支模施工荷载的差距通过计算确定。

(五)现浇柱模板拆除

柱模板拆除顺序如下:

拆除斜撑或拉杆(或钢拉条)→自上而下拆除柱箍或横楞→拆除竖楞并由上向下拆除模板连接件、模板面

七、模板与支架安全隐患排查要点

模板和支架普遍应用于建筑施工领域特别是碗口式满堂支架和梁式支架。支架应稳定、坚固,应能抵抗在施工过程中可能发生的振动和偶然撞击。支架施工是一项危险性较大的工作,在支架搭设和安装、预压和支架的拆除施工等工序中存在较大的危险,施工前应

对支架进行验算,并编制专项施工方案。

(一) 模板与支架隐患种类及原因

1. 模板支架地基及基础处理不到位的隐患

主要表现在:

(1) 支架基础施工前未根据现场实际情况采取针对性的地基处理,地基承载力达不到设计标准要求。

(2) 未按照批复的施工方案进行施工。

(3) 支架基础四周未设置通畅排水沟系。

2. 支架材料隐患

主要表现在:

(1) 进场钢管杆件、扣件等材料质量不合格。

(2) 存在严重锈蚀、变形、裂纹、缺口等。

3. 模板支架搭设和安装隐患

主要表现在:

(1) 架子工未经岗前培训或无证上岗。

(2) 未逐级进行支架搭设与安装施工技术交底。

(3) 支架施工现场无人管理或者管理者责任心不强,安全意识差。

(4) 支架搭设与安装承包人未进行自检。

4. 模板支架预压与卸载隐患

主要表现在:

(1) 起重工未进行岗前培训及无证上岗。

(2) 未逐级进行支架搭设预压和卸载安全技术交底。

(3) 支架进行预压或卸载作业未安排专人指挥。

(4) 未对支架沉降变形进行观测。

(5) 加载或卸载存在严重偏压。

5. 模板支架拆除隐患

主要表现在:

(1) 架子工未进行岗前培训及无证上岗。

(2) 未对作业人员进行支架拆除施工安全技术交底。

(3) 支架拆除时,未设置警示区域、警戒标志,并未派专人看守。

(4) 作业人员未按照支架拆除方案进行拆除。

6. 支架搭设环境隐患

主要表现在:

(1) 当遇到大风、大雨、大雾等恶劣环境天气时,未停止支架的搭设作业。

(2) 支架施工作业时,未设置警示区域、警戒标志,未派专人看守。

(3) 吊车等施工作业机械未定期进行检查、维修、保养,机械带病作业。

(4) 跨越道路、河流等门洞支架未进行专门设计,不满足通行要求。

7. 管理上的隐患

主要表现在:

（1）支架的搭设、预压、监测、卸载、拆除未申报专项施工方案或未按照专项施工方案实施。

（2）跨越公路、航道支架施工前，未编制专项施工方案报有关部门批准后实施。

（3）支架进行搭设或拆除时，未设置警示区域、警戒标志，未派专人看守。

（4）支架预压和混凝土浇筑过程中未安排专人对支架进行变形及稳定情况的观测。

（5）未逐级进行支架安全技术交底。

（6）支架施工现场无技术管理人员，或管理人员责任心不强，安全意识差。

（二）隐患排查方法及处置措施

1. 模板支架地基及基础处理不到位的隐患排查要点及处置措施

（1）按照批复的施工方案对基础进行处理，确保地基承载力满足设计要求。

（2）按照方案要求进行基础硬化处理。

（3）场地四周设置通畅的排水系统。

2. 模板支架材料隐患排查要点及处置措施

（1）检查进场钢管、扣件等材料是否具有产品质量合格证书。

（2）对进场钢管、扣件等材料进行检验，检验项目按照《建筑施工碗扣式钢管脚手架安全技术规范》(JGJ 166)规定项目进行。检查项目有：上碗扣强度，下碗扣焊接强度，横杆接头强度，可调支座抗压强度，杆件抗压、抗拉、抗弯强度，构件外观质量，构件长度，钢管公称外径，钢管公称壁厚，扣件螺栓扭紧力矩，可调托撑承载力，可调托撑钢板厚度，可调托撑 U 形钢板厚度等。

3. 模板支架搭设和安装隐患排查要点及处置措施

（1）模板支架作业架子工必须经过专门的培训，并经考核合格取得相应的岗位证书才能上岗。

（2）支架搭设前，必须按照支架搭设施工设计或专项施工方案的要求对施工作业人员进行技术交底。

（3）加强过程检查。检查支架搭设步距、间距、扫地杆、剪刀撑、顶托、钢管柱安装与竖直度、贝雷架安装等是否满足规范和专项施工方案要求。

（4）加强现场管理，安排有责任心的管理人员，加强自检。

4. 模板支架预压与卸载隐患排查要点及处置措施

（1）起重工必须进行岗前培训及持证上岗。

（2）支架进行预压或卸载时必须安排专人进行现场指挥作业。

（3）对作业人员进行支架预压和卸载安全技术交底。

（4）支架预压的分级加载或卸载作业严格按照批复的专项施工方案执行。

（5）加强对支架沉降变形的观测。

5. 模板支架拆除隐患要点及处置措施

（1）模板支架作业架子工必须持证上岗，未持证及未岗前培训的人员不得进行此类作业。

（2）支架拆除前，必须按照支架施工专项方案中的拆除方案对施工作业人员进行技术交底。

（3）拆除作业时，应设置警示区域、警戒标志，并派专人看守。

（4）支架拆除应遵守"先搭后拆、后搭先拆"的原则。拆除时，必须由上而下逐层拆除，严禁上下多层交叉作业。

（5）拆除过程中，凡已松开的杆件、配件应拆除运走，避免误扶误靠；支架未拆除部分必须保持稳定，必要时要架设临时支撑。

6. 支架搭设环境隐患排查要点及处置措施

（1）当遇到大风、大雨、大雾等恶劣天气情况时，严禁支架的搭设作业。

（2）支架施工作业时应及时设置警示区域、警戒标志，并派专人看守。

（3）吊车等施工作业机械应定期进行检查、维修、保养，防止机械带病作业。

（4）跨越道路、航道等门洞支架应进行专门设计，满足通行要求，并设置限高、限宽、限速、防撞设施及警示标志，夜间应设置警示灯。

7. 管理上的隐患排查要点及处置措施

（1）加强项目管理，更换不称职的技术人员。

（2）支架搭设、预压、监测、卸载、拆除必须申报专项施工方案或按审批的专项施工方案实施。

（3）跨越公路、航道支架施工前必须编制专项施工方案并报有关部门审批，批准后才能实施。

（4）支架进行搭设或拆除时，应设置警示区域、警戒标志，并派专人看守。

（5）支架在预压或浇筑混凝土时，应安排专人对支架变形及稳定情况进行观测。

（6）应逐级进行支架施工安全技术交底。

第四节　装配式混凝土结构工程

发展新型建造模式，大力推广装配式建筑，是中央城市工作会议提出的任务，是贯彻"适用、经济、绿色、美观"的建筑方针、实施创新驱动战略、实现产业转型升级的需要。中共中央、国务院 2016 年发布了《关于进一步加强城市规划建设管理工作的若干意见》，此后又发布了《关于大力发展装配式建筑的指导意见》（国办发〔2016〕71 号），明确提出，推动建造方式创新，大力发展装配式混凝土建筑和钢结构建筑，在具备条件的地方倡导发展现代木结构建筑，不断提高装配式建筑在新建建筑中的比例。坚持标准化设计、工厂化生产、装配化施工、一体化装修、信息化管理、智能化应用，提高技术水平和工程质量，促进建筑产业转型升级。力争用 10 年左右的时间，使装配式建筑占新建建筑面积的比例达到 30%。同时，逐步完善法律法规、技术标准和监管体系，推动形成一批设计、施工、部品部件规模化生产企业，具有现代装配建造水平的工程总承包企业以及与之相适应的专业化技能队伍。

一、装配式建筑的型式

装配式建筑目前可以分为装配式主体结构和装配式内装部品两大部分，其中装配式主体结构主要包括：装配式混凝土结构建筑、钢结构和木结构。

装配式钢筋混凝土结构是我国建筑结构发展的重要方向之一，它有利于我国建筑工业化的发展，提高生产效率，节约能源，发展绿色环保建筑，并且有利于提高和保证建筑工程质量。与现浇施工工法相比,装配式钢筋混凝土结构有利于绿色施工,因为装配式施工更能符合绿色施工的节地、节能、节材、节水和环境保护等要求,降低对环境的负面影响,包括降低噪音、防止扬尘、减少环境污染、清洁运输、减少场地干扰,以及节约水、电、材料等资源和能源,遵循可持续发展的原则。而且,装配式结构可以连续地按顺序完成工程的多个或全部工序,从而减少进场的工程机械种类和数量,消除工序衔接的停闲时间,实现立体交叉作业,减少施工人员,从而提高工效、降低物料消耗、减少环境污染,为绿色施工提供保障。另外,装配式结构在较大程度上减少建筑垃圾(占城市垃圾总量的 30%~40%),如废钢筋、废铁丝、废竹材、废木材、废弃混凝土等。装配式混凝土结构目前主要有装配整体式混凝土剪力墙结构、装配整体式混凝土框架结构和装配整体式混凝土框架—剪力墙结构。

钢结构建筑包括多、高层钢结构、钢—混凝土混合结构、门式钢架结构、大跨空间网格结构、低层冷弯薄壁型钢结构等。钢结构建筑的结构构件完全是在工厂完成加工,在现场仅进行拼装,通过螺栓连接、焊接等方式组成最终结构,本身不包括湿作业,施工速度快、现场人员少,对环境的影响也小,是一种工业化程度极高的结构形式。

木结构建筑在中国具有悠久的历史,在中国建筑史上,木结构建筑占有十分重要的地位。我国古代木结构建筑是采用榫卯连接的梁柱体系,木梁、木柱采用自然生长的树木通过人工锯解加工而成,梁柱之间采用榫卯节点相互连接形成结构承重体系。现代木结构建筑是指梁、柱、楼盖、屋盖等主要结构构件的材料完全采用装配式、标准化生产的木材或者工程木产品制作,构件之间的连接节点采用金属连接件进行连接和固定的建筑。现代木结构建筑具有节能环保、绿色低碳、美观舒适、有利抗震、建造容易等优点,是现代优秀建筑的重要组成部分。现代木结构建筑按结构构件采用的材料类型分为轻型木结构、胶合木结构、方木原木结构和木结构组合建筑四种。

二、装配式混凝土结构的连接方式

装配式混凝土结构通过构件与构件、构件与后浇混凝土、构件与现浇混凝土等关键部位的连接,保证结构的整体受力性能,连接技术的选择是设计中最关键的环节。目前,我国装配式混凝土结构的竖向受力钢筋的连接方式主要有钢筋套筒灌浆连接、浆锚搭接连接,现浇混凝土结构中的搭接、焊接、机械连接等钢筋连接技术在施工条件允许的情况下也可以使用。

钢筋套筒灌浆连接是由金属套筒插入钢筋并灌注高强、早强、可微膨胀的水泥基灌浆料,通过刚度很大的套筒对可微膨胀灌浆料的约束作用,在钢筋表面和套筒内侧间产生正向作用力,钢筋借助该正向力在其粗糙的、带肋的表面产生摩擦力,从而实现受力钢筋之间应力的传递。套筒可分为全灌浆套筒和半灌浆套筒两种方式。

钢筋浆锚连接是在预制构件中预留孔洞,受力钢筋分别在孔洞内外通过间接搭接实现钢筋间应力的传递。目前主要有约束浆锚搭接连接和金属波纹管搭接连接两种方式。

三、装配式混凝土构件的制作

由于目前装配式建筑主要是以装配式混凝土结构为主,因此,本书主要介绍装配式混凝土结构的施工技术。

预制构件制作单位应具备相应的生产工艺设施,并应有完善的质量管理体系和必要的试验检测手段。预制构件的各种原材料和预埋件、连接件等在使用前应进行试验检测,其质量标准应符合现行国家标准的有关规定。

1. 预制构件制作前应进行深化设计,设计文件应包括以下内容:

(1) 预制构件平面图、模板图、配筋图、安装图、预埋件及细部构造图等。

(2) 带有饰面板材的构件应绘制板材排版图。

(3) 夹心外墙板应绘制内外叶墙板拉结件布置图,保温板排版图。

(4) 预制构件脱模、翻转过程中混凝土强度验算。

2. 预制构件制作准备工作应包括以下内容:

预制构件制作应编制生产方案,并应有企业技术负责人审批后实施,生产方案应包括:生产计划、工艺流程、模具方案、质量控制、成品保护、运输方案等。制作前,应向工人进行技术要求、质量要求的技术交底,保留技术交底记录;预制构件生产应建立首件验收制度。

预制构件生产企业的各种检测、试验、张拉、计量等设备及仪器仪表均应检定,并在有效期内使用。

预制结构构件采用钢筋套筒灌浆连接时,应在构件生产前进行钢筋套筒灌浆连接接头的抗拉强度试验,每种规格的连接接头数量不应少于 3 个。

预制构件制作前,应依据设计要求和混凝土工作性能要求进行混凝土配合比设计;必要时在预制构件生产前,进行样品试制。

3. 预制构件在混凝土浇筑前应进行预制构件的隐蔽工程检查验收,检查的项目包括:

(1) 钢筋的牌号、规格、数量、位置、间距等。

(2) 纵向受力钢筋的连接方式、接头位置、接头数量、接头质量、接头面积百分率、搭接长度等。

(3) 箍筋、横向钢筋的牌号、规格、数量、位置、间距,箍筋弯钩的弯折角度及平直段长度。

(4) 预埋件、吊环、插筋的规格、数量,拉结件的规格、数量、位置等。

(5) 灌浆套筒、预留孔洞的规格、数量、位置等。

(6) 钢筋的混凝土保护层厚度。

(7) 夹心外墙板的保温层位置、厚度,拉结件的规格、数量、位置等。

(8) 预埋管线、线盒的规格、数量、位置及固定措施。

4. 预制构件在混凝土浇筑前应符合下列要求:

(1) 混凝土强度等级、混凝土所用原材料、混凝土配合比设计、耐久性等应满足现行国家标准和工程设计要求。

(2) 混凝土浇筑前,应逐项对模具、垫块、外装饰材料、支架、钢筋、连接套筒、连接件、预埋件、吊具、预留孔洞、保护层厚度等进行检查验收,规格、位置和数量必须满足设计要求,并做好隐蔽工程验收记录。钢筋连接套筒、预埋螺栓孔应采取封堵措施,防止浇筑混凝土时将其堵塞。

5. 预制构件的混凝土浇筑应符合下列要求:

(1) 混凝土应均匀连续浇筑,投料高度不宜大于 500 mm,采用立模浇筑时要采取保证混凝土浇筑质量的措施。

（2）混凝土浇筑时应保证模具、门窗框、预埋件、连接件不发生变形或者移位，如有偏差应采取措施及时纠正。

（3）混凝土应采用机械振捣成型方式，并满足相应振捣要求。

（4）混凝土从出机到浇筑时间及间歇时间不宜超过 30 min。

预制构件的养护，可以采用自然养护、自然养护加养护剂或加热养护方式。应严格控制升温速率及最高温度，养护过程应符合下列规定：预养时间宜大于 2 h，并采用薄膜覆盖或加湿等措施防止预制构件干燥；升温、降温速率不宜大于 20 ℃/h；预制混凝土构件养护的最高温度不宜超过 70 ℃；预制混凝土构件蒸养罩内外温度差小于 20 ℃时方可进行脱罩作业；预制构件脱模时的表面温度与环境温度的差值不宜超过 25 ℃。

6. 预制构件的脱模应符合下列要求：

（1）构件脱模应严格按照顺序拆除模具，不得使用振动方式拆模。

（2）构件脱模时应仔细检查确认预制构件与模具之间的连接部分，完全拆除后方可起吊。

（3）构件脱模起吊时，应根据设计要求或具体生产条件确定所需的同条件养护混凝土立方体抗压强度，且脱模混凝土强度不宜小于 15 MPa。

（4）预制构件起吊应平稳，楼板应采用专用吊架进行起吊，复杂预制构件应采用专门的吊架进行起吊。

（5）非预应力叠合楼板可以利用桁架钢筋起吊，吊点的位置应根据计算确定。复杂预制构件需要设置临时固定工具，吊点和吊具应进行专门设计。

预制构件制作完成后应进行质量验收，质量检查应在构件出厂前进行，检查的内容主要包括：混凝土强度、标识、外观质量、尺寸偏差、预埋预留设施质量及结构性能检验情况。预制构件应有完整的制作依据和质量检验记录档案，包括预制构件制作详图、原材料合格证和复试报告、工序质量检查验收记录、技术处理方案及出厂检测等资料。

四、预制构件的存放与运输

构件生产单位应制定预制构件的存放与运输方案，包括存放的场地、堆放支垫、成品保护、运输时间、运输次序、运输线路、固定要求等；对于超高、超宽、形状特殊的大型构件还要制定专门的质量安全保证措施。

预制构件的存放场地宜为混凝土硬化地面或经人工处理的自然地坪，应满足平整度和地基承载力要求，并应有排水措施，堆放预制构件时应使构件与地面之间留有一定的空隙。

预制构件支承的位置和方法，应根据其受力情况确定，但不得超过预制构件承载力或者引起预制构件损伤，预制构件与刚性搁置点之间应设置柔性垫片，且垫片表面应有防止污染构件的措施。

1. 预制构件出厂应有标志：

预制构件生产企业应提供出厂合格证和质量证明书等，内容包括：构件名称及编号、合格证编号、产品数量、构件型号、质量状况、构件生产企业、生产日期和出厂日期，有检测部门及检验员、质量负责人或者监理人员的签章。

2. 预制构件的起吊和运输应进行下列检查：

（1）吊具和起重设备的型号、数量、工作性能。

　　（2）运输路线。

　　（3）运输车辆的型号、数量。

　　（4）预制构件的支座位置、固定措施和保护措施。

　　3．预制构件的运输应符合下列要求：

　　（1）预制构件的运输路线应根据道路、桥梁的实际条件确定，场内运输宜设置环形线路。

　　（2）运输车辆应满足构件尺寸和载重要求。

　　（3）装卸构件过程中，应采取保证车体平衡，防止车体倾覆的措施。

　　（4）应采取防止构件移位或倾覆的绑扎固定措施。

　　（5）运输细长构件时应根据需要设置水平支架。

　　（6）对构件边角部或绳索接触处的混凝土，宜采用垫衬加以保护。

　　运输车辆宜选用低平板车，运输车辆应严格遵守交通规则，行驶速度不宜超过 60 km/h。

　　预制构件运到施工现场时，施工单位和监理人员应对运输到场的预制构件质量和标志进行查验，确认满足要求后方可卸车；卸车后的预制构件宜存放在吊车工作范围内，且宜按照型号、使用部位和施工吊装的顺序分类存放。

五、预制构件的装配施工

　　装配式混凝土结构施工前，施工单位应编制施工组织设计和施工专项方案，必要时，还应根据设计文件进行深化设计（主要是施工措施性的预留、预埋和各专业预留、预埋等）。施工专项方案应根据工程特点和施工规定，进行结构施工复核及验算，内容主要包括：塔吊布置及附墙、预制构件吊装及临时支撑方案、后浇部分钢筋绑扎及混凝土浇筑方案、构件安装质量及安全控制方案、连接接头工艺和施工操作要点及质量控制措施等。在施工前，施工单位还需对项目的管理人员、吊装工人、灌浆作业等特殊工序的操作工人进行专项培训，明确工艺操作要点、工序，以及施工操作过程中安全要求的技术交底。

（一）装配式混凝土施工的测量

　　装配式混凝土结构施工应做好施工测量方案，明确对各分项工程施工精度和质量控制要求，构件吊装前的测量，应在构件和相应的支承结构上设置中心线和标高，按设计要求校核预埋件及连接钢筋的数量、位置、尺寸和标高，并做出标志。每层楼面轴线垂直控制点不宜少于 4 个，楼层上的控制线应由底层原始点向上传递引测。每个楼层应设置不少于 1 个高程引测控制点。预制构件安装位置线应由控制线引出，每件预制构件应设置纵、横控制线。

　　吊装施工前，应进行测量放线、设置构件安装定位标志，复核构件装配位置、节点连接构造及临时支撑方案，检查复核吊装设备及吊具是否处于安全操作状态，现场环境、天气、道路状况等是否满足吊装施工要求。吊装施工前，还宜选择有代表性的单元进行预制构件试安装，并应根据试安装结果及时调整完善施工方案和施工工艺。

（二）预制构件安装前的准备工作

　　预制构件吊装要编制专项施工方案，它也是施工组织设计的组成部分。施工方案中应根据吊装构件的质量、用途、形状和施工条件、环境选择吊装方法和吊装的设备，吊装人员的组成，吊装的顺序，构件校正、临时固定的方式，悬空作业的防护等。

预制构件的吊装过程主要有准备吊具,连接吊点,安全连接确认检查,吊升、下落、对位、入位、校正位置、固定等工序。在构件吊装之前,必须切实做好各项准备工作,包括场地清理,准备车辆(车辆样式、吨位的确认;预制构件运输根据产品特点宜采用载重量较大的载重汽车和半托式或全托式的平板拖车)、料架(大、小料架的确认),构件运输发货单的核对确认,构件的确认(构件的砼强度必须符合设计要求,构件型号、位置、支点、锚固符合设计要求,且无变形损坏现象)、车辆上构件堆放数量和堆放方式的确认[构件的支承位置和方法,应根据设计的吊(垫)点设置,不应使构件损伤],车辆上所需固定器具的种类和数量的确认,吊装机具的准备(适合构件种类、重量的吊具)、工作人员就绪、吊装设备的状态确认等。

(三) 预制构件安装前的检查

预制构件安装前,应清理构件之间的结合面,安装过程中结合面应无污损。对装配式结构的后浇混凝土部位在浇筑前应进行隐蔽工程验收,验收内容主要有:钢筋的牌号、规格、数量、位置、间距等;纵向受力钢筋的连接方式、接头位置、接头数量、接头面积百分率、搭接长度等;纵向受力钢筋的锚固方式及长度;箍筋、横向钢筋的牌号、规格、数量、位置、间距,钢筋弯钩的弯折角度及平直段长度;预埋件的规格、数量、位置;混凝土粗糙面的质量、键槽的规格、数量、位置;预留管线、线盒等的规格、数量、位置及固定措施等。对采用钢筋套筒灌浆连接、钢筋浆锚搭接连接的预制构件就位前,应检查套筒、预留孔的规格、数量和深度,被连接钢筋的规格、数量、位置和长度等,并应清理干净套筒、预留孔内的杂物。

吊装施工前,应核对已施工完成的混凝土强度、外观质量、尺寸偏差等是否符合现行规范的规定,并应核对预制构件的混凝土强度及预制构件和配件的型号、规格、数量等是否符合设计要求。采用钢筋套筒连接方式,在灌浆前,应在现场模拟构件连接接头的灌浆方式,每种规格钢筋应制作不少于3个套筒灌浆连接接头,进行灌注质量以及接头抗拉强度试验,经检验合格后方可进行灌浆作业。

构件安装前,应清洁结合面;构件底部应设置可调整接缝厚度和底部标高的垫块;钢筋套筒灌浆连接接头、钢筋浆锚搭接连接接头灌浆时,应对接缝周围进行封堵,封堵措施应符合结合面承载力设计要求;多层预制剪力墙底部采用坐浆材料时,其厚度不宜大于 20 mm。

(四) 预制构件吊装的人员要求

1. 指挥人员(带班长)

(1) 指挥人员必须佩戴明显的标志。

(2) 指挥人员在工作前要对全体操作人员进行技术交底,讲明当班吊装内容(包括构件种类、数量、吨位),作业方案(具体吊装实施步骤,带班长每班根据作业内容应提供具体书面确认的作业方案)。

(3) 指挥人员讲解作业方案的危险源点(包括但不限于吊装设备、吊具、构件起吊、构件入位、绑扎等环节)。

2. 起重机操作人员

(1) 操作人员应根据吊装方案设置起重机操作方案,服从现场指挥人员指挥,严格按照具体操作指令执行(不妄动,不在指令不明确的状态下操作),发现问题及时与指挥人员沟通。

(2) 正式起吊前应先进行试吊,试吊中检查所有吊具受力安全情况,一切正常后,方可进行正式起吊。

（3）不在雨、雾天气及照明不佳的情况下吊装,不在风力超过 6 级的情况下吊装,吊装过程设备出现故障,应及时联系指挥人员,并采取安全措施,不得擅离岗位。不能使构件悬空过夜,并做好设备状态(未处理故障及设备异常情况)的交班工作。

（4）起重机起吊时,应使吊索保持垂直状态,禁止斜向拖拉,必要时应设牵拉绳索。在构件起升、下落、对位、入位、校正位置、固定过程中运行要平稳,不得在空中摇晃,不得在高空停留过久,避免紧急制动和冲击振动、猛升猛降等现象发生,在操作中禁止打电话、玩手机,同时严禁违章作业及酒后作业,严格遵守"十不吊"原则。

3. 吊装人员

（1）工作中,所有吊装人员必须戴好安全帽、手套、防砸鞋等防护用具。

（2）操作前,必须核对吊具(钢丝绳、卡环、吊钩等)安全状态;将构件从堆放处起吊时,要先检查吊耳可靠性,再核对构件应使用的正确规格吊具,确认连接稳固后起吊,起吊后吊装人员禁止站在吊索下端及龙门起重机上随车行走;在构件下落调正时,需使用专用撬棒对构件下落状态进行正确调整,严禁站在构件下落垂直线上作业,严禁站在车上猛用力撬构件端头,严禁用手接触下落的构件,以防撬破构件端头或使构件加速旋转而造成构件的磕碰损坏以及有可能出现的物体撞击、跌落伤害(主要针对吊装人员),同时车上吊装人员要保证工作区域照明亮度和安全工作区间,避免被构件上钢筋戳伤、划伤;运输车上协助吊装的人员,构件就位后固定前不得松钩、解开吊索吊具;构件固定后,应检查稳定状况,方可解除吊具,进行下一步吊装。

（五）预制构件的吊装应符合的规定

（1）吊装使用的起重机设备应按施工方案配置到位,并经检验验收合格。

（2）预制构件吊装前,应根据构件的特征、重量、形状等选择合适的吊装方式和配套的吊具,并应按吊装流程核对构件编号,清点数量。

（3）吊装用钢丝绳、吊带、卸扣、吊钩等吊具应经检查合格,并在额定范围内使用。

（4）吊装作业前应先进行试吊,确认可靠后方可进行正式作业。

（5）吊装施工的吊索与预制构件水平夹角不宜小于 $60°$,不应小于 $45°$,并保证吊车主钩位置、吊具及预制构件重心在竖直方向重合。

（6）竖向预制构件起吊点不应少于 2 个,预制楼板起吊点不应少于 4 个,跨度大于 6 m 的预制楼板起吊点不宜少于 8 个。

（7）预制构件在吊运过程中应保持平衡、稳定,吊具受力应均衡。

（8）后挂的预制外墙板吊装,应先将楼层内埋件和螺栓连接、固定后再起吊预制外墙板,预制外墙板上的埋件、螺栓与楼层结构形成可靠连接后,再脱钩、松钢丝绳和卸去吊具。

（9）先行吊装的预制外墙板,安装时与楼层应设置临时支撑。预制叠合楼板、预制阳台板、预制楼梯需设置临时支撑时,应经计算符合设计要求。

安放预制构件时,其搁置长度应满足设计要求,预制构件与其支承构件间宜设置厚度不大于 30 mm 坐浆或垫片。采用临时支撑时应符合下列要求:

（1）每个预制构件的临时支撑不宜少于 2 道。

（2）对预制柱、墙板的上部斜撑,其支撑点距离底部的距离不宜大于高度的 2/3,且不应小于高度的 1/2。

（3）构件安装就位后,可通过临时支撑对构件的位置和垂直度进行微调。

(六) 墙、柱、板等构件的吊装规定

1. 梁、柱吊装

梁、柱吊装因尺寸较长,重量较重,起吊时使用钢丝绳配置卡环,根据梁、柱重量确认吊具安全(规格、外观),应防止撞击以及侧向出筋对周围物体、操作人员的伤害。吊装过程应始终注意保持钢丝绳平顺,升降过程匀速平稳,在放置到运输车辆上时,应遵循先中间、后两侧,避免因失重造成倾斜、侧翻。

2. 叠合楼板、空调板吊装

叠合楼板的吊装使用钢丝绳配置吊钩(2 t),吊装前应使 4 个吊钩钩住叠合楼板的 4 个吊点,并确认钩牢(钩头的挡片复位),上升和下降过程需注意平稳操作,避免叠合楼板外向出筋伤人,叠合楼板叠放运之间必须用隔板或垫木隔开,且放置层数不超过 6 层。空调板吊装主要应避免侧向出筋对操作人员造成伤害(戳伤,划伤)。

3. 内外墙板吊装

内外墙板吊装使用钢丝绳配置卡环(≥5 t),吊装前使卡环与吊耳连接,卡环上紧固螺丝拧紧,同时检查钢丝绳起吊前是否平顺、无死结,去除固定墙板的楔块、钢管(注意此时应使起重机将钢丝绳拉紧),起升时确保钢丝绳与墙板保持垂直,且起吊点应通过构件的重心位置,吊装人员应辅助起重机使构件起升不旋转,同时构件离地后,吊装人员应迅速撤到安全区域。构件降落过程中,吊装人员应使较大墙板在运输货架中间摆放(避免因构件摆放造成一侧失重,进而使车辆倾斜、侧翻),且较好受力端应靠近运输架两侧(便于固定且固定后不易偏离位置),墙板入位前,在运输架受力点放置不小于 3 块的木质垫块,墙板固定原则是入位后,用运输架固定棒加相应的镀锌钢管将构件绑扎固定,螺栓紧固。

4. 楼梯吊装

楼梯吊装过程中应使用钢丝绳配置卡环,因楼梯重量较重,棱角处较多,吊装中应减少磕碰对构件造成的伤害。

六、后浇混凝土施工

装配式混凝土构件之间连接可采用干式连接或者湿式连接,作为装配式混凝土结构通过后浇混凝土实现构件连接是装配式混凝土结构中的一个重要施工环节。后浇部位施工质量的控制主要包括对后浇部位钢筋绑扎、模板支设、混凝土浇筑及养护等的控制。

装配式混凝土结构构件间的钢筋连接可采用焊接、机械连接、搭接、套筒灌浆连接等方式,钢筋锚固及钢筋连接长度应满足设计要求。钢筋套筒灌浆连接接头、钢筋浆锚搭接接头应按检验批划分要求及时灌浆,灌浆施工时,环境温度不宜低于 5 ℃,当连接部位养护温度低于 10 ℃时,应采取加热保温措施;灌浆操作时,质量监督人员和监理应做好旁站工作和记录;灌浆作业应采用压浆法从下口灌注,当浆料从上口流出后及时封堵,必要时可设分仓进行灌浆;灌浆料拌和物宜在制备后 30 min 内用完。

对采用套筒灌浆连接钢筋的定位控制,应采用定位措施工具保证连接钢筋的水平位置,以确保后续预制构件安装准确。

现场浇筑混凝土的施工应加强标高、轴线、垂直度、平整度控制,以及核心区钢筋定位与后置埋件精度控制等,保证构件安装质量以及接槎平顺。混凝土浇筑前预制构件结合面

疏松部分的混凝土应剔除并清理干净,模板应保证后浇混凝土的形状、尺寸和位置准确,并防止漏浆,洒水湿润结合面。

1. 装配式混凝土结构宜采用定型工具式模板及支撑,模板工程应符合下列要求:

(1) 模板及其支撑、预制构件固定支撑应根据工程结构形式、荷载大小、地基土类别、施工设备、材料和预制构件等条件编制施工技术方案。

(2) 模板与支撑应保证构件的位置、形状、尺寸准确。

(3) 预制构件上预留用于模板连接用的孔洞,预埋件、螺栓的位置应准确,且应与模板模数相协调。

(4) 模板安装时,应保证接缝处不漏浆;木模板应浇水湿润但不应有积水;接触面和内部应清理干净,无杂物并涂刷隔离剂。

(5) 预制叠合梁、预制楼板、预制楼梯与现浇部位的交接处,应根据施工验算设置竖向支撑。

2. 模板支撑拆除应符合下列规定:

(1) 模板及其支撑拆除的顺序及安全措施应按施工技术方案执行。

(2) 当叠合梁、叠合板现浇层混凝土强度达到设计要求时,方可拆除底模及支撑;当设计无具体要求时,可按有关规范规定执行。

(3) 拆除侧模时的混凝土强度应能保证其表面及棱角不受损伤。

(4) 拆除模板时,不应对楼层形成冲击荷载;拆除的模板和支架宜分散堆放并及时清运。

(5) 多个楼层间连续支模的底层支架拆除时间,应根据连续支模的楼层间荷载分配和混凝土强度的增长情况确定。

3. 钢筋工程施工要符合下列要求:

(1) 构件交接处的钢筋位置应符合设计要求,并保证主要受力构件和构件中主要受力方向的钢筋位置无冲突。

(2) 框架节点处梁纵向受力钢筋宜置于柱纵向钢筋内侧;当主次梁底部标高相同时,次梁下部钢筋应放在主梁下部钢筋之上。

(3) 剪力墙中水平分布钢筋宜放在外侧,并宜在墙端弯折锚固。剪力墙构件连接节点区域的钢筋安装应制定合理的工艺顺序,保证水平连接钢筋、箍筋、竖向钢筋位置准确;剪力墙构件连接节点加密区宜采用封闭箍筋。对于带保温层的构件,箍筋不得采用焊接连接。

(4) 预制叠合式楼板上层钢筋绑扎前,应检查格构钢筋的位置,必要时设置支撑马凳;上层钢筋可采用成品钢筋网片的整体安装方式。相邻叠合式楼板板缝处连接钢筋应符合设计要求。

(5) 钢筋套筒灌浆连接、钢筋浆锚搭接连接的预留插筋位置应准确,外露长度应符合设计要求且不得弯曲;应采用可靠的保护措施,防止钢筋污染、偏移、弯曲。

(6) 钢筋中心位置存在严重偏差影响预制构件安装时,应会同设计单位制定专项处理方案,严禁切割、强行调整钢筋位置。

4. 现浇混凝土施工时要符合下列要求:

(1) 现场浇筑混凝土性能应符合设计与施工要求。叠合剪力墙内宜采用自密实混凝土,自密实混凝土浇筑应符合国家现行相关标准的规定。

（2）预制梁、柱混凝土强度等级不同时,预制梁、柱节点区混凝土强度应符合设计要求,当设计无要求时,应按强度等级高的混凝土浇筑。

（3）预制构件连接节点的后浇混凝土或砂浆应根据施工技术方案要求的顺序施工,其混凝土或砂浆的强度及收缩性能应满足设计要求。

（4）混凝土浇筑应布料均衡。构件接缝混凝土浇筑和振捣应采取措施防止模板、连接构件、钢筋、预埋件及其定位件移位。预制构件节点接缝处混凝土必须振捣密实。

（5）混凝土浇筑完成后应采取洒水、覆膜、喷涂养护剂等养护方式,养护时间符合设计及规范要求。

（6）同一配合比的混凝土,每工作班且建筑面积不超过 1 000 m² 应制作一组标准养护试件,同一楼层应制作不少于 3 组标准养护试件。

七、外墙防水施工

采用装配式剪力墙结构时,外立面防水主要是由胶缝防水、空腔构造、后浇混凝土三部分组成;采用外挂板时,外立面防水主要是靠胶缝防水、空腔构造保证等。

外墙板接缝防水施工要求：

（1）防水施工前,应将板缝空腔清理干净。

（2）应按设计要求填塞背衬材料。

（3）密封材料嵌填应饱满、密实、均匀、顺直、表面平滑,其厚度应符合设计要求。

空腔构造主要是保护水平拼缝企口不损坏,保证后浇混凝土不进入空腔内,为此施工时应进行严格的质量控制,以避免堵塞空腔,造成排水困难;对胶缝的质量控制主要是基层处理预耐候胶(与混凝土的相容性)的选择,避免可能发生的胶缝开裂。

八、装配式混凝土构件的安全隐患排查和措施

装配式混凝土施工过程中的主要安全隐患是：预制构件运输和预制构件的安装未制定专项方案或未按照规定进行,起重吊装阶段违规操作,构件运输时安全措施不到位;构件安装后未及时加固或采取措施等。

（一）预制构件堆放的安全隐患和处置

1. 主要表现形式：预制构件的堆放分为预制构件生产企业内的堆放和运输到施工现场的堆放两个方面。在预制场和施工现场均可能存在未按规定进行堆放的情况,造成预制构件掉落或者倾覆,以及预制构件的损坏和人员的伤害等。

2. 处置措施：严格按照规定制定存放的专项方案,并向操作人员进行技术交底,在堆放过程中,质量检验人员应加强巡视检查,确保构件的堆放符合设计和施工方案的要求。特别要对预制构件支承的位置、堆放的层数等严格按照规定实行。

（二）预制构件运输的安全隐患和处置

1. 主要表现形式：预制构件运输时未编制专项施工方案或未经过审批,运输车辆上的预制构件绑扎不牢固,构件间未采用柔性材料保护,运输时未按照方案规定的线路行驶,运输过程中不遵守交通规则,造成预制构件的损坏,或者在运输过程中造成车辆的倾翻等事故。

2.处置措施:制定预制构件运输的专项施工方案,并严格履行审批程序,明确运输车辆上的摆放、固定、绑扎等要求,明确车辆运行的线路,控制车辆运行的速度等。

(三)预制构件吊装的安全隐患及处置

1.主要表现形式:预制构件吊装未编制专项施工方案,吊装的起重设备、吊具等未进行检查,存在使用风险,高空坠物伤人,安装作业区域标志不清,有与安装作业无关的人员进入。

2.处置措施:预制构件吊装必须编制专项施工方案,并经过审查和审批;吊装使用的起重设备应进行选型和验算,确保满足构件的吊装要求;在吊装过程中使用的各种吊具和工器具,应进行经常性的检查,发现存在使用风险时,应立即停止使用;安装作业开始前,应对安装作业区域进行围护并做出明显的标志,拉警戒线,派专人看管,严禁与安装作业无关的人员进入;吊装的捆绑应使用有特殊工种作业证的司索工,捆绑应牢靠不掉落,防止预制构件在吊装过程中从高空滑落伤人,造成安全事故。

(四)预制构件临时固定的安全隐患及处理

1.主要表现方式:预制构件吊装就位后,未采取必要的临时固定措施,就松掉绑扎绳索,造成预制构件倾翻或者失稳倒塌,造成预制构件从高空掉落或者倒塌损坏等。

2.处置措施:制定预制构件临时就位和固定的施工方案,对预制构件临时支撑的位置、个数与角度等,应根据施工验算时采用的施工工况来决定;现场吊装时,必须确保预制构件就位并有效固定后,才能脱钩、松钢丝绳和卸去吊具;先行吊装的预制外楼板,安装时与楼层应设置临时支撑;与预制外墙板连接的临时调节杆、限位器等在混凝土达到设计要求后方可拆除;预制叠合楼板、预制阳台板、预制楼梯需设置临时支撑时,应进行计算以符合设计要求。

第五节　脚手架工程

脚手架是建筑施工中必不可少的临时设施。比如砌筑砖墙,浇筑混凝土,墙面的抹灰、装饰和粉刷,结构构件的安装等,都需要在砖墙近旁搭设脚手架,以便在其上进行施工操作、堆放施工用料和必要时的短距离水平运输。

脚手架虽然是随着工程进度而搭设,工程完毕就拆除,但它对建筑施工速度、工作效率、工程质量以及工人的人身安全有着直接的影响,如果脚手架搭设不及时,势必会拖延工程进度;脚手架搭设不符合施工需要,工人操作就不方便,质量得不到保证,工效也不能提高;脚手架搭设不牢固,不稳定,就容易造成施工中的伤亡事故。因此,对脚手架的选型、构造、搭设质量等绝不可疏忽大意、轻率处理。

一、脚手架种类

随着建筑施工技术的发展,脚手架的种类也愈来愈多。从搭设材质上说,不仅有传统的竹、木脚手架,而且还有钢管脚手架。钢管脚手架中分扣件式、碗扣式、门式、工具式;按搭设的立杆排数可分为单排架、双排架和满堂架;按搭设的用途可分为砌筑架、装修架;按搭设的位置可分为外脚手架和内脚手架。

（一）外脚手架

搭设在建筑物或构筑物的外围的脚手架称为外脚手架。外脚手架应从地面搭起，所以，也叫底撑式脚手架，一般来讲建筑物多高，其架子就要搭多高。

1. 单排脚手架：它由落地的单排立杆与大、小横杆绑扎或扣接而成。

2. 双排脚手架：它由落地的里、外两排立杆与大、小横杆绑扎或扣接而成。

（二）内脚手架

搭设在建筑物或构筑物内的脚手架称为内脚手架。主要有：马凳式内脚手架；支柱式内脚手架。

（三）工具式脚手架

1. 悬挑脚手架。它不直接从地面搭设，而是采用在楼板墙面或框架柱上以悬挑形式搭设。按悬挑杆件的不同种类可分为两种：一种是用 $\phi 48$ mm×3.5 mm 的钢管，一端固定在楼板上，另一端悬出在外面，在这个悬挑杆上搭设脚手架，它的高度应不超过 6 步架；另一种是用型钢做悬挑杆件，搭设高度不超过 20 步架（总高 20~30 m）。

2. 吊篮脚手架。它的基本构件是用 $\phi 50$ mm×3 mm 的钢管焊成矩形框架，并以 3~4 榀框架为一组，在屋面上设置吊点，用钢丝绳吊挂框架，它主要适用于外装修工程。

3. 附着式升降脚手架。附着在建筑物的外围，可以自行升降的脚手架称为附着式升降脚手架（其中实现整体提升者，也称为整体提升脚手架）。

4. 附墙悬挂脚手架（简称挂脚手架）。它是将脚手架挂在墙上或柱上预埋的挂钩上，在挂架上铺以脚手板而成。

5. 门式钢管脚手架。由于主架呈"门"字形，所以称为门式或门形脚手架，也称鹰架或龙门架。这种脚手架主要由主框、横框、交叉斜撑、脚手板、可调底座等组成。

二、脚手架的作用及基本要求

（一）脚手架的作用

脚手架既要满足施工需要，又要为保证工程质量和提高工效创造条件，同时还应为组织快速施工提供工作面，确保施工人员的人身安全。

（二）脚手架的基本要求

脚手架要有足够的牢固性和稳定性，保证在施工期间对所规定的荷载或在气候条件的影响下不变形、不摇晃、不倾斜，能确保作业人员的人身安全；要有足够的面积满足堆料、运输、操作和行走的要求；构造要简单，搭设、拆除和搬运要方便，使用要安全。

三、脚手架的材质与规格

（一）钢管的材质和规格

钢管应采用符合现行国家标准的规定。钢管的尺寸应按标准选用，每根钢管的最大质量不应大于 25 kg，钢管的尺寸为 $\phi 48$ mm×3.5 mm 和 $\phi 51$ mm×3 mm，最好采用 $\phi 48$ mm×3.5 mm 的钢管。

（二）扣件

扣件式钢管脚手架的扣件，应是采用可锻铸铁制作的扣件，其材质应符合现行国家标准《建筑施工扣件式钢管脚手架安全技术规范》(JGJ 130)的规定。采用其他材料制作的扣件,应经试验证明其质量符合该标准的规定后,才能使用。扣件的螺栓拧紧扭力矩达到65 N·m时,不得发生破坏,使用时扭力矩应在40～65 N·m之间。

(三) 钢脚手板

钢脚手板的材质应符合现行国家标准《碳素结构钢》(GB/T 700)中 Q 235-A 级钢的规定。

四、脚手架的设计

所谓脚手架的设计即根据脚手架的用途(承重、装修),在建工程的高度、外形及尺寸等的要求,而设计立杆的间距、大横杆的间距、连墙件的位置等,并且计算各杆件的应力在这种设计情况下能否满足要求,如不满足,可再调整立杆间距、大横杆间距和连墙件的位置设置等。

五、扣件式钢管脚手架的设计计算

(一) 荷载

荷载包含三个内容:荷载分类、荷载取值、荷载组合,下面分别介绍。

1. 荷载分类

对脚手架的计算基本依据是现行国家标准《冷弯薄壁型钢结构技术规范》(GBJ 50018)和《建筑结构荷载规范》(GBJ 50009),即对脚手架构件的计算采用了和上述两个国家标准相同的计算表达式、相同的荷载分项系数和有关设计指标。根据上述国标要求,对作用于脚手架上的荷载分为永久荷载(恒荷载)和可变荷载(活荷载),计算构件的内力(轴力)、弯矩、剪力等时要区别这两种荷载,要采用不同的荷载分项系数:永久荷载分项系数取1.2;可变荷载分项系数取1.4。

2. 荷载取值

1) 永久荷载

脚手架永久荷载应包括下列内容:

(1) 单排架、双排架与满堂脚手架

① 架体结构自重:包括立杆、纵向水平杆、横向水平杆、剪刀撑、扣件等的自重。

② 构、配件自重:包括脚手板、栏杆、挡脚板、安全网等防护设施的自重。

(2) 满堂支撑架

① 架体结构自重:包括立杆、纵向水平杆、横向水平杆、剪刀撑、可调托撑、扣件等的自重。

② 构、配件及可调托撑上主梁、次梁、支撑板等的自重。

永久荷载标准值按每米立杆承受的结构自重标准值[按《建筑施工扣件式钢管脚手架安全技术规范》(JGJ 130)规定取值];冲压钢脚手板、木脚手板与竹串片脚手板自重标准值按表 6.5.1 取值;栏杆与挡脚板自重标准值按表 6.5.2 取值;脚手架上吊挂的安全设施(安全网)的自重标准值应按实际情况采用。

表 6.5.1　脚手板自重标准值

类　别	标准值(kN/m²)	类　别	标准值(kN/m²)
冲压钢脚手板	0.30	木脚手板	0.35
竹串片脚手板	0.35	竹笆脚手板	0.10

表 6.5.2　栏杆、挡脚板自重标准值

类　别	标准值(kN/m²)	类　别	标准值(kN/m²)
栏杆、冲压钢脚手板挡板	0.16	栏杆、木脚手板挡板	0.17
栏杆、竹串片脚手板挡板	0.17		

2）可变荷载

脚手架可变荷载应包含下列内容：

（1）单排架、双排架与满堂脚手架

① 施工荷载：包括作业层上的人员、器具和材料等的自重。根据脚手架的不同用途，确定装修、结构两种施工均布荷载。装修脚手架为 2 kN/m²，结构施工脚手架为 3 kN/m²。

② 风荷载。

（2）满堂支撑架

① 作业层上的人员、设备等的自重。

② 结构构件、施工材料等的自重。

③ 风荷载。

3. 荷载组合

设计脚手架的承重构件时，应根据使用过程中可能出现的荷载取其最不利组合进行计算。在设计计算时荷载组合要按照现行规范《建筑施工扣件式钢管脚手架安全技术规范》（JGJ 130）的要求组合计算。

钢管脚手架的荷载由小横杆、大横杆和立杆组成的承载力构架承受，并通过立杆传给基础。剪刀撑、斜撑和连墙杆主要是保证脚手架的整体刚度和稳定性，增加抵抗垂直和水平力作用的能力。连墙杆则承受全部的风荷载。扣件则是架子组成整体的连接件和传力件。

（1）扣件式钢管脚手架的荷载传递路线。作用于脚手架上的荷载可归纳为两大类：竖向荷载和水平荷载，它们的传递路线如下：

① 北方地区

当采用冲压钢脚手板、木脚手板、竹串片脚手板时，脚手板一般铺在横向水平杆上，施工荷载的传递路线是：

脚手板（冲压钢脚手板或木脚手板）—横向水平杆（小横杆）—纵向水平杆（大横杆）—纵向水平杆与立柱连接的扣件—立柱

② 南方地区

当采用竹笆脚手板时，竹笆板一般铺在纵向水平杆上，这是我国南方地区的通常做法。施工荷载传递路线是：

脚手板(竹笆板)—纵向水平杆(大横杆)—横向水平杆(小横杆)—横向水平杆与立柱连拉的扣件—立柱

由上面的荷载传递路线可知:作用于脚手架上的全部竖向荷载和水平荷载最终都是通过立杆传递的;由竖向和水平荷载产生的竖向力由立杆传给基础;水平力则由立杆通过连墙件传给建筑物。分清组成脚手架的各构件各自传递哪些荷载,从而明确哪些构件是主要传力构件,各属于何种受力构件,以便按力学、结构知识对它们进行计算。

(2)组成扣件式钢管脚手架的杆件受力分析。由荷载传递路线的途径可知,立杆是传递全部竖向和水平荷载的最重要构件,它主要承受压力计算忽略扣件连接偏心以及施工荷载作用产生的弯矩。当不组合风荷载时,简化为轴压杆以便于计算。当组合风荷载时则为压弯构件。大、小横杆(纵向、横向水平杆)是受弯构件。连墙件也是最终将脚手架水平力传给建筑物的最重要构件,一般为偏心受压(刚性连墙件)构件,因偏心不大,规范中简化为轴心受压构件计算。

纵向或横向水平杆是靠扣件连接将施工荷载、脚手板自重传给立杆的,当连墙件采用扣件连接时,要靠扣件连接将脚手架的水平力由立杆传递到建筑物上。扣件连接是以扣件与钢管之间的摩擦力传递竖向力或水平力的,因此规范规定要对扣件进行抗滑计算。

连墙件主要承受风荷载和脚手架平面外变形产生的轴向力,它对脚手架的稳定和强度起着重要的作用。因此,连墙件的强度、稳定性和连接强度应按现行国家标准的规定进行设计计算。

立杆地基承载力计算:将脚手架的荷载传递到地面,那么,立杆基础底面的平均压力应大于立杆传下来的轴向力。因此地基承载力和沉降要进行计算。

(二) 扣件式钢管脚手架的计算内容、计算公式

1. 扣件式钢管脚手架计算内容

扣件式钢管脚手架在进行设计计算时需要计算的主要内容为:

(1)纵向、横向水平杆等受弯构件的强度和连接件的抗滑承载力。

(2)立杆的稳定性计算。

(3)连墙件的强度、稳定性和连接强度的计算。

(4)立杆地基承载力计算。

2. 主要计算公式

(1)纵向、横向水平杆的抗弯强度应按下式计算:

$$\sigma = \frac{M}{W} \leqslant f \tag{6.5.1}$$

式中:σ——弯曲正应力;

M——弯矩设计值(N·mm),应按公式 6.5.2 计算;

W——截面模量(mm³),应按《建筑施工扣件式钢管脚手架安全技术规范》(JGJ 130)采用;

f——钢材的抗弯强度设计值(N/mm²),应按《建筑施工扣件式钢管脚手架安全技术规范》(JGJ 130)采用。

(2) 纵向、横向水平杆弯矩设计值,应按下式计算:

$$M = 1.2M_{Gk} + 1.4\sum M_{Qk} \qquad (6.5.2)$$

式中:M_{Gk}——脚手板自重产生的弯矩标准值(kN·m);

M_{Qk}——施工荷载产生的弯矩标准值(kN·m)。

(3) 纵向、横向水平杆的挠度应符合下式规定:

$$v \leqslant [v] \qquad (6.5.3)$$

式中:v——挠度(mm);

$[v]$——容许挠度,应按《建筑施工扣件式钢管脚手架安全技术规范》(JGJ 130)采用。

(4) 扣件的抗滑承载力计算

纵向或横向水平与立杆连接时,其扣件的抗滑承载力应符合下式规定:

$$R \leqslant R_C \qquad (6.5.4)$$

式中:R——纵向或横向水平杆传给立杆的竖向作用力设计值;

R_C——扣件抗滑承载力设计值,应按《建筑施工扣件式钢管脚手架安全技术规范》(JGJ 130)采用。

(5) 立杆的稳定性应按下列公式计算:

不组合风荷载时:

$$\frac{N}{\phi A} \leqslant f \qquad (6.5.5)$$

组合风荷载时:

$$\frac{N}{\phi A} + \frac{M_w}{W} \leqslant f \qquad (6.5.6)$$

式中:N——计算立杆段的轴向力设计值(N),应按公式(6.5.7)、公式(6.5.8)计算;

ϕ——轴心受压构件的稳定系数,应按《建筑施工扣件式钢管脚手架安全技术规范》(JGJ 130)取值;

λ——长细比,$\lambda = \dfrac{l_o}{i}$;

l_o——计算长度(mm),应按公式(6.5.9)计算;

i——截面回转半径(mm),可按《建筑施工扣件式钢管脚手架安全技术规范》(JGJ 130)采用;

A——立杆的截面面积(mm²),可按《建筑施工扣件式钢管脚手架安全技术规范》(JGJ 130)采用;

M_w——计算立杆段由风荷载设计值产生的弯矩(N·mm),可按《建筑施工扣件式钢管脚手架安全技术规范》(JGJ 130)采用;

f——钢材的抗压强度设计值(N/mm²),应按《建筑施工扣件式钢管脚手架安全技术规范》(JGJ 130)采用。

(6) 计算立杆段的轴向力设计值 N,应按下列公式计算:

不组合风荷载时:

$$N = 1.2(N_{G1k} + N_{G2k}) + 1.4\sum N_{Qk} \qquad (6.5.7)$$

组合风荷载时

$$N = 1.2(N_{G1k} + N_{G2k}) + 0.9 \times 1.4 \sum N_{Qk} \qquad (6.5.8)$$

式中：N_{G1k}——脚手架结构自重产生的轴向力标准值；

　　N_{G2k}——构配件自重产生的轴向力标准值；

　　$\sum N_{Qk}$——施工荷载产生的轴向力标准值总和，内、外立杆各按一纵距内施工荷载
　　　　　　总和的 1/2 取值。

（7）立杆计算长度 l_o 应按下式计算：

$$l_o = k\mu h \qquad (6.5.9)$$

式中：k——计算长度附加系数，其值取 1.155，当验算立杆允许长细比时，取 $k=1$；

　　μ——考虑单、双排脚手架整体稳定因素的单杆计算长度系数，应按《建筑施工扣件式
　　　　钢管脚手架安全技术规范》(JGJ 130)采用；

　　h——步距。

（8）由风荷载产生的立杆段弯矩设计值 M_w，可按下式计算：

$$M_w = 0.9 \times 1.4 M_{wk} = 0.9 \times \frac{1.4 w_k l_a h^2}{10} \qquad (6.5.10)$$

式中：M_{wk}——风荷载产生的弯矩标准值(kN·m)；

　　w_k——风荷载标准值(kN/m²)，应按《建筑施工扣件式钢管脚手架安全技术规范》
　　　　(JGJ 130)计算；

　　l_a——立杆纵距(m)。

（9）连墙件杆件的强度及稳定性应按下式计算：

强度：

$$\sigma = \frac{N_l}{A_c} \leqslant 0.85 f \qquad (6.5.11)$$

稳定性：

$$\frac{N_l}{\phi A} \leqslant 0.85 f \qquad (6.5.12)$$

$$N_l = N_{lw} + N_o \qquad (6.5.13)$$

式中：σ——连墙件应力值(N/mm²)；

　　A_c——连墙件的净截面面积(mm²)；

　　A——连墙件的毛截面面积(mm²)；

　　N_l——连墙件轴向力设计值(N)；

　　N_{lw}——风荷载产生的连墙件轴向力设计值：

$$N_{lw} = 1.4 \cdot w_k \cdot A_w \qquad (6.5.14)$$

式中：A_w——单个连墙件所覆盖的脚手架外侧面的迎风面积；

　　N_o——连墙件约束脚手架平面外变形所产生的轴向力，单排架取 2 kN，双排架取 3 kN；

ϕ——连墙件的稳定系数,应根据连墙件长细比按《建筑施工扣件式钢管脚手架安全技术规范》(JGJ 130)取值;

f——连墙件钢材的强度设计值(N/mm^2),应按《建筑施工扣件式钢管脚手架安全技术规范》(JGJ 130)采用。

(10)立杆基础底面的平均压力应满足下式的要求:

$$P_k = \frac{N_k}{A} \leqslant f_g \quad\quad (6.5.15)$$

式中:P_k——立杆基础底面处的平均压力标准值(kPa);

N_k——上部结构传至立杆基础顶面的轴向力标准值(kN);

A——基础底面面积(m^2);

f_g——地基承载力特征值(kPa),应按《建筑施工扣件式钢管脚手架安全技术规范》(JGJ 130)规定采用。

(三)扣件式钢管脚手架的构造

1. 基本构造

扣件式钢管脚手架由钢管和扣件组成,有单排架和双排架两种。

在立杆、大横杆、小横杆三杆的交叉点称为主节点。主节点处立杆和大横杆的连接扣件与大横杆与小横杆的连接扣件的间距应小于 15 cm。在脚手架使用期间,主节点处的大、小横杆,纵、横向扫地杆及连墙件不能拆除。

2. 大横杆、小横杆、脚手板

1)大横杆

(1)大横杆可用于设置在立杆内侧,其长度不能小于 3 跨,不小于 6 m 长。

(2)大横杆用对接扣件接长,也可采用搭接。

大横杆的对接、搭接应符合下列规定:

大横杆的对接扣件应交错布置:两根相邻大横杆的接头不宜设置在同步或同跨内;不同步不同跨两相邻接头在水平方向错开的距离不应小于 500 mm;各接头中心至最近主节点的距离不宜大于纵距的 1/3。

搭接长度不应小于 1 m,应等间距设置 3 个旋转扣件固定,端部扣件盖板边缘至大横杆端部的距离不应小于 100 mm。

当使用冲压钢脚手板、木脚手板、竹串片脚手板时,大横杆应作为小横杆的支座,用直角扣件固定在立杆上;当使用竹笆脚手板时,大横杆应采用直角扣件固定在小横杆上,并应等间距设置,间距不应大于 400 mm。

2)小横杆

小横杆的构造应符合下列规定:

主节点处必须设置一根小横杆,用直角扣件扣紧且严禁拆除。

作业层上非主节点处的小横杆,宜根据支承脚手架的需要等间距设置,最大间距不应大于纵距的 1/2。

3)脚手板

当使用冲压钢脚手板、木脚手板、竹串片脚手板时,双排脚手架的横向水平杆两端均采用直角扣件固定在大横杆上;单排脚手架的小横杆的一端,应用直角扣件固定在大横杆上,另一端应插入墙内,插入长度不应小于180 mm。

使用竹笆脚手板时,双排脚手架的小横杆两端,应用直角扣件固定在立杆上;单排脚手架的小横杆一端,应用直角扣件固定在立杆上,另一端插入墙内,插入长度不应小于180 mm。

脚手板的设置应符合下列规定:作业层脚手板应铺满、铺稳;冲压钢脚手板、木脚手板、竹串片脚手板等,应设置在三根小横杆上。当脚手板长度小于2 m时,可采用两根小横杆支承,但应将脚手板两端与其可靠固定,严防倾翻。此三种脚手板的铺设可采用对接平铺,亦可采用搭接铺设。脚手板对接平铺时,接头处必须设两根小横杆,脚手板外伸长应取130~150 mm,两块脚手板外伸长度的和不应大于300 mm,脚手板搭接铺设时,接头必须支在小横杆上,搭接长度应大于200 mm。其伸出小横杆的长度不应小于100 mm。

竹笆脚手板应按其主筋垂直于纵向水平杆方向铺设,且采用对接平铺,四个角应用直径1.2 mm的镀锌钢丝固定在纵向水平杆(大横杆)上。

作业层端部脚手板探头长度应取150 mm,其板长两端均应与支承杆可靠地固定。

3. 立杆

每根立杆底部应设置底座,座下再设垫板。

(1)脚手架必须设置纵、横向扫地杆。纵向扫地杆应采用直角扣件固定在距离底座上皮不大于200 mm处的立杆上。横向扫地杆亦应采用直角扣件固定,紧靠纵向扫地杆上。当立杆基础不在同一高度上时,必须将高处的纵向扫地杆向低处延长两跨与立杆固定,高低差不应大于1 m。靠边坡上方的立杆轴线到边坡的距离不应小于500 mm。

(2)脚手架底层步距不应大于2 m。

(3)立杆必须用连墙件与建筑物可靠连接。

(4)立杆接长除顶层顶部可采用搭接外,其余各层必须采用对接扣件连接。

(5)立杆上的搭接扣件应交错布置:两根相邻立杆的接头不应设置在同步内,同步内隔一根立杆的两个相隔接头在高度方向错开的距离不宜小于500 mm;各接头中心至主节点的距离不宜大于步距的1/3。

(6)搭接长度不应小于1 m,应采用不少于两个旋转扣件固定,端部扣件盖板的边缘至杆端距离不应小于100 mm。

4. 连墙件

脚手架连墙件数量的设置除应满足设计计算要求外,尚应符合表6.5.3的规定。

表6.5.3 连墙件布置最大间距

脚手架高度		竖向间距(h)	水平间距(l_a)	每根连墙件覆盖面积(m^2)
双排	≤50 m	3	3	≤40
	>50 m	2	3	≤27
单排	≤24 m	3	3	≤40

注:h——步距;l_a——纵距。

（1）宜靠近主节点设置，偏离主节点的距离不应大于 300 mm；

（2）连墙件应从底层第一步大横杆处开始设置，当该处设置有困难时，应采用其他可靠措施固定。

六、脚手架安全使用与管理

1. 设置供操作人员上下使用的安全扶梯、爬梯或斜道。

2. 搭设完毕后应进行检查验收，经检查合格后才准使用。特别是高层脚手架和满堂脚手架更应进行检查验收后才能使用。

3. 在脚手架上同时进行多层作业的情况下，各作业层之间应设置可靠的防护棚，以防止上层坠物伤及下层作业人员。

4. 维修、加固。脚手架专项施工方案中，应包括脚手架拆除的方案和措施，拆除时应严格遵守。

七、脚手架的安全隐患排查治理要点

（一）脚手架工程安全隐患的主要表现形式

1. 材料隐患：脚手架材料不合格。

2. 工艺措施隐患：搭设不规范，没有按照方案来搭设，该连墙的没有连墙。

3. 管理隐患：操作人员没有按照交底进行操作，或者管理人员没有进行工艺交底，或者架子工无证上岗；在搭设过程中没有设置作业警示区。

上述安全隐患治理不当容易造成脚手架整架倾倒或局部垮架，整架失稳、垂直坍塌，人员从脚手架上坠落，落物伤人（物体打击），不当操作事故（闪失、碰撞等）。

（二）脚手架安全隐患治理要点

1. 编制脚手架工程规范性管理文件，建立有效的安全管理机制和办法。

2. 对进场材料进行检查。

3. 对架子工进行培训，在工程施工前要对作业人员进行技术交底；脚手架作业架子工必须持证上岗，未持证及未岗前培训人员不得进行此类作业。

4. 脚手架的搭设应严格按照编制的专项施工方案进行。搭设完成后的脚手架应经过验收合格后方可使用。对首次使用没有先例的高、难、新脚手架和有特殊要求的脚手架应进行必要的荷载试验，检验其承载能力和安全储备。

5. 支架在使用过程中应加强监控和日常的安全检查，发现异常应停止使用并及时处理。

6. 拆除作业时，应设置警示区域、警戒标志，并派专人看守。支架拆除应遵守"先搭后拆、后搭先拆"的原则。拆除时，必须由上而下逐层拆除，严禁上下多层交叉作业。

7. 拆除过程中，凡已松开的杆件、配件应拆除运走，避免误扶误靠；未拆除部分必须保持稳定，必要时要架设临时支撑。

8. 当遇到大风、大雨、大雾等恶劣天气情况时，严禁脚手架的搭设作业和在脚手架上进行施工作业。

第六节　高处作业工程

一、高处作业的类型

凡在坠落高度基准面 2 m 以上(含 2 m)有可能坠落的高处进行的作业称为高处作业。作业高度分为 2～5 m、5～15 m、15～30 m 及 30 m 以上 4 个区域。

在建筑施工中,高处作业主要有临边作业、洞口作业及独立悬空作业等,进行高处作业必须做好必要的安全防护技术措施。

(一) 临边作业

在施工现场,当工作面的边沿并无围护设施,使人与物有各种坠落可能的高处作业,属于临边作业。

1. 临边作业的防护主要为设置防护栏杆,并有其他防护措施。设置防护栏杆为临边防护所采用的主要方式。栏杆应由上、下两道横杆及栏杆柱构成。横杆离地高度,规定为上杆 1.0～1.2 m,下杆 0.5～0.6 m,即位于中间。

2. 防护栏杆的受力性能和力学计算。防护栏杆的整体构造,应使栏杆上杆能承受来自任何方向的 1 000 N 的外力。通常,可从简按容许应力法进行计算其弯矩、受弯正应力;需要控制变形时,计算挠度。

3. 用绿色密目式安全网全封闭。在建工程的外侧周边,如无外脚手架应用密目式安全网全封闭。如有外脚手架在脚手架的外侧也要用密目式安全网全封闭。

4. 装设安全防护门。

(二) 洞口作业

建筑物或构筑物在施工过程中,常会出现各种预留洞口、通道口、上料口、楼梯口、电梯井口,在其附近工作,称为洞口作业。

各种板与墙的孔口和洞口,各种预留洞口,桩孔上口,杯形、条形基础上口,电梯井口必须视具体情况分别设置牢固的盖板、防护栏杆、密目式安全网或其他防护坠落的设施。

防护栏杆的受力性能和力学计算与临边作业的防护栏杆相同。

(三) 悬空作业

施工现场,在周边临空的状态下进行作业时,高度在 2 m 及 2 m 以上,属于悬空高处作业。悬空高处作业的法定定义是:"在无立足点或无牢靠立足点的条件下,进行的高处作业统称为悬空高处作业。"因此,悬空作业尚无立足点,必须适当地建立牢靠的立足点,如搭设操作平台、脚手架或吊篮等,方可进行施工。

(四) 交叉作业

进行交叉作业时,不得在同一垂直方向上下同时操作,下层作业的位置必须处于依上层高度确定的可能坠落范围半径之外。不符合此条件,中间应设置安全防护层。

二、高处作业吊篮安全管理要点

吊篮必须具有产品合格证、使用说明书及相应管理记录档案,且各项安全保险、限位等装置齐全有效,产品铭牌清晰可见。

(一)对吊篮拆装的有关要求

1. 吊篮拆装单位应依法取得营业执照、模板脚手架专业承包资质、安全生产许可证,制定各项安全生产管理制度和操作规程,建立健全吊篮专项拆装、使用和维修等情况的管理记录档案,安装、拆卸人员应持有建设行政主管部门颁发的特种作业人员操作资格证(高空作业吊篮安装拆卸工)。

2. 吊篮拆装单位应与使用单位签订拆装合同、安全管理协议,明确各自的安全责任。拆装合同中应明确定期保养的具体时间、责任人、保养检查项目等内容。吊篮的安装和拆卸(包括二次移位)工作应由拆装单位负责。严禁使用单位擅自安装、拆卸吊篮。

3. 吊篮安装完成后,拆装单位应自检,并委托工程所在地具有相应资质的检验检测机构进行检测。检测合格后,使用单位应组织拆装单位、监理单位对吊篮的安装进行验收。验收应按照《建筑施工工具式脚手架安全技术规范》(JGJ 202)中规定的检查项目和标准进行,各相关单位应在表格上签字。验收合格后,方可投入使用。

(二)江苏省高处作业吊篮使用管理要求

1. 吊篮拆装单位应在施工现场派驻专业人员负责吊篮的检查与维保工作,确保吊篮的技术性能、安全装置符合标准和规范要求。对使用单位操作人员进行安全指导和技术交底。每天工作前,应核实和检查配重、重锤及悬挂机构,并进行空载运行,确保吊篮处于安全状态。

2. 在吊篮安装与使用区域内设置明显的安全警戒,做好安全防护,严禁立体交叉作业,严禁将吊篮用作垂直运输设备,严禁作业时吊篮下方站人。

3. 吊篮内的作业人员应系安全带,并将安全锁扣正确挂置在独立设置的安全绳上,安全绳应使用锦纶安全绳,且应固定于足够强度的建筑物结构上,严禁直接固定在吊篮支架上。

4. 吊篮内应设置限载限人和安全操作规程标志牌,严禁超载使用,严禁擅自改装、加长吊篮。每台吊篮中作业人员不得超过2人。

5. 吊篮作业人员应严格按照有关标准规范和操作规程施工,严禁违章操作,严禁作业人员直接从建筑物窗口等位置进、出吊篮。

6. 吊篮内严禁放置氧气瓶、乙炔瓶等易燃易爆品。利用吊篮进行电焊作业时,要采取严密的防火措施,严禁用吊篮做电焊接线回路。

7. 吊篮附近有架空输电线路时,应按照《施工现场临时用电安全技术规范》(JGJ 46)规定,安全距离不小于10 m。若因现场条件限制,不能满足时,应采取安全防护措施后方可使用吊篮。

8. 遇5级及以上大风和大雨、大雪、浓雾和雷雨等恶劣天气时,不得进行吊篮的安装、拆除和其他作业。

9. 吊篮维修和拆卸时,应先切断电源,并在显著位置设置"维修中禁用"和"拆除中禁用"的警示牌,并指派专人值守。

10. 吊篮出现故障或者发生异常情况时,操作人员应立即停止使用,消除故障和事故隐患后,方可重新投入使用。

11. 监理单位对吊篮安装、拆除过程进行现场监管,对违反安全生产法律法规、标准规范或安全操作规程的立即予以制止,发现存在事故隐患的,应要求使用、拆装单位整改。

12. 在同一施工现场建筑物或构造物相同高度范围内二次移位的吊篮,或因特殊情况项目停工超过 1 个月的吊篮,在投入使用前,应由使用单位组织拆装单位、监理单位对吊篮进行检查验收,合格后方可投入使用,并做好验收记录。在同一施工现场建筑物或构造物不同高度范围内二次移位的吊篮,或因特殊情况项目停工超过 6 个月的吊篮,在投入使用前,拆装单位应自检,并委托工程所在地具有相应资质的检验检测机构进行检测。检测合格后,由使用单位组织拆装单位、监理单位检查验收,合格后方可投入使用,并做好验收记录。

三、高处作业安全隐患治理要点

(一) 高处作业安全隐患类型

1. 高处作业平台、洞口等临边防护不到位,导致人员坠落。

2. 高处作业人员安全防护用品没有佩戴或正确使用导致施工人员受到伤害。

3. 高处作业人员抛撒施工物资导致下面人员受伤。

4. 安全网、安全防护栏设置不规范没有起到安全防范作用。

5. 安全通道不符合安全标准。

6. 吊篮安装、拆除、位移、养护没有按照规范要求进行,导致吊篮坠落或作业人员从吊篮坠落。

(二) 高处作业隐患排查治理

1. 凡是进行高处作业施工的,应使用脚手架、平台、梯子、防护围栏、安全带和安全网等。作业前应认真检查所用的安全设施是否牢固、可靠。

2. 凡从事高处作业人员应接受高处作业安全知识的教育;特殊高处作业人员应持证上岗,上岗前应依据有关规定进行专门的安全技术交底。采用新工艺、新技术、新材料和新设备的,应按规定对作业人员进行相关安全技术教育。

3. 高处作业人员应进行体检,体检合格后方可上岗。施工单位应为作业人员提供合格的安全帽、安全带等必备的个人安全防护用具,作业人员应按规定正确佩戴和使用。

4. 高处作业所用工具、材料严禁投掷,上下立体交叉作业确有需要时,中间须设置隔离设施。

5. 高处作业应设置可靠扶梯,作业人员应沿着扶梯上下,不得沿着立杆与栏杆攀登。

6. 高处作业上下应设置联系信号或通信装置,并指定专人负责。

7. 高处作业前,应组织有关部门对安全防护设施进行验收,经验收合格签订后方可作业。需要临时拆除或变动安全设施的,应经项目技术负责人审批签字,并组织有关部门验收,经验收合格签字后方可实施。

8. 高处作业吊篮主要安全隐患:

(1) 吊篮设备隐患:主要表现在主动设备故障、设备老化。

(2) 操作隐患:操作人员没有按照吊篮作业要求安全操作。

9. 高处作业吊篮主要安全隐患治理措施:

(1) 加强管理,定期对吊篮进行安全检查维护保养,发现设备有问题及时进行更换、维修,确保设备不带病作业。

(2) 加强对作业人员安全教育、培训,不违章作业,规范操作。

(3) 定期对高空作业人员进行体检,防止身体状况不适合高空作业的工人进入高空现场作业。

第七节 垂直运输机械

建筑机械是指用于各种建筑工程施工的工程机械、筑路机械、农业机械和运输机械等有关的机械设备的统称。本节重点介绍可能发生重大安全事故的,建筑工地常用的垂直运输机械的安全管理知识。

当前,在施工现场用于垂直运输的机械主要有三种:塔式起重机、龙门架(井字架)物料提升机和施工外用电梯。

一、塔式起重机安全实用技术及隐患排查治理

(一)塔式起重机安全实用技术

塔式起重机(简称塔吊),在建筑施工中已经得到广泛的应用,成为建筑安装施工中不可缺少的建筑机械。

由于塔吊的起重臂与塔身可成相互垂直的外形,故可把起重机靠近施工建筑物进行安装,塔吊的有效工作幅度优越于履带、轮胎式起重机,其工作高度可达 $100\sim160$ m。塔吊优于其他起重机械,再加上其操作方便、变幅简单等特点,是今后建筑业起重、运输、吊装作业的主导机械。

1. 塔吊分类

1) 按工作方法分类

(1) 固定式塔吊。

(2) 运行式塔吊。

2) 按旋转方式分类

(1) 上旋式:塔身上旋转,在塔顶上安装可旋转的起重臂。

(2) 下旋式:塔身与起重臂共同旋转。这种塔吊的起重臂与塔顶固定,平衡重和旋转支承装置布置在塔身下部。

3) 按变幅方法分类

(1) 动臂变幅:这种起重机变换工作半径是依靠变化起重臂的角度来实现的。

(2) 小车运行变幅:这种起重机的起重臂仰角固定,不能上升、下降,工作半径是依靠起重臂上的载重小车运行来完成的。

4) 按起重性能分类

(1) 轻型塔吊:起重量在 $0.5\sim3$ t,适用于五层以下砖混结构施工。

(2) 中型塔吊:起重量在 $3\sim15$ t,适用于工业建筑综合吊装和高层建筑施工。

(3) 重型塔吊:适用于多层工业厂房以及高炉设备安装。

2. 基本参数

起重机的基本参数有六项,即起重力矩、起重量、最大起重量、工作幅度、起升高度和轨距,其中起重力矩确定为主要参数。

(1)起重力矩(t·m):起重力矩是衡量塔吊起重能力的主要参数。选用塔吊,不仅考虑起重量,而且还应考虑工作幅度。即

$$起重力矩＝起重量×工作幅度$$

(2)起重量(t):起重量是以起重吊钩上所悬挂的索具与重物的质量之和计算的。

关于起重量应考虑两层含义:最大工作幅度时的起重量、最大额定起重量。在选择机型时,应按其说明书使用。

(3)工作幅度:工作幅度也称回转半径,是起重吊钩中心到塔吊回转中心线之间的水平距离(m),它是以建筑物尺寸和施工工艺的要求而确定的。

(4)起升高度:起升高度是在最大工作幅度时,吊钩中心线至轨顶面(轮胎式、履带式至地面)的垂直距离(m),该值的确定是以建筑物尺寸和施工工艺的要求而确定的。

(5)轨距:轨距值(m)是根据塔吊的整体稳定性和经济效果而定的。

3. 技术性能

按照关系式:起重力矩＝起重量×工作幅度,那么,当起重力矩确定后:①已知起重量即可求出工作幅度;②已知工作幅度即可求出起重量。因动臂式塔吊的工作幅度有限制范围,所以若以力矩值除以工作幅度,反算所得值并不准确。

小车运行式变幅塔吊,以 QTZ-200 型自升塔吊为例说明。此种塔吊是一种采用小车变幅、爬升套架、塔身接高的三用自升式塔吊。这种塔吊通过更换或增加一些辅助装置,可分别用作轨道式塔吊、附着式塔吊、固定式塔吊。此种塔吊采用液压顶升系统,塔身可随建筑物升高而升高,司机室设在塔最上部,视野开阔。

1)主要结构

金属结构包括底架、塔身、顶升套架、顶底及过渡节、转台、起重臂、平衡臂、塔帽、附着装置等部件。

(1)塔身:它是由第一节、第二节、4 个增强节和 22 个标准节构成。每节高 2.5 m。轨道式其臂根铰点最大高度 55.396 m,增加附着后可达 80.396 m。

每台塔机配 3 套附着装置,其安装间隔,不同塔吊间隔也不同。QTZ-200 塔吊规定间隔一般在 16~20 m,最下一道附着装置,距塔身底架不大于 60 m(轨道式最大臂根铰点高度 55 m)。各道附着装置的撑杆应交错布置,附着框架要固定牢靠,用高标号砂浆灌实,不许有任何滑动。

附着是为减小塔身的自由高度,改善塔身的受力情况,提高塔吊的使用高度而增加的受力装置。主要是把塔身的水平分力,通过此装置传递给建筑结构部分,附着点的位置和做法,要在施工组织设计中予以考虑。

(2)起重臂:此种塔吊不同于动臂式塔吊,起重臂为受弯构件,其断面呈空间三角形或四边形,载重小车沿起重臂移动实现变幅(回转半径的变化),起重臂的下弦杆安装有小车轨道。

(3)平衡臂:全长 20 m,平衡重由 4 个平衡重块、8 个悬接体组成,且有 8 个滚轮和牵引机构。移动平衡重的位置,以改善塔身所受的弯矩,增加塔吊的稳定性。

（4）顶升套架：顶升套架是用无缝钢管焊成的格构形桁架，其一侧开有门洞，并有引进轨道和摆渡小车，供引进塔身标准节用。

（5）过渡节：顶升套架以上是过渡节及回转机构，塔身增高时，由过渡节承座架承受以上全部结构质量，通过定位销固定在塔身上，然后引进接高塔身的标准节。

2）工作机构和安全装置

（1）行走机构：大车行走机构由底架、4个支腿和4个台车组成。轨道端头附近设行程限位开关。

（2）起升机构：起升卷扬机由两台 45 kW 电机驱动，起升卷扬机上装有吊钩上升限位器。

（3）变幅机构：起重臂根部和头部装有缓冲块和限位开关，以限定载重小车行程。

（4）回转机构：它由两台 5 kW 电机驱动。塔帽回转设有手动液压制动机构，防止起重臂定位后因大风吹动臂杆，影响就位。

（5）平衡重牵引：平衡重牵引是由 3 kW 电机驱动，平衡臂的两端设有缓冲块和限位开关。

（6）顶升液压系统。

3）基础

QTZ-200 塔吊有轨道式和固定式两种，地耐力要求 20 t/m²。

（1）轨道式基础：轨距 6.5 m，两端设止档和行程极限拨杆。

（2）固定式基础：按说明书配筋，浇混凝土。

4. 安全操作注意事项

（1）塔吊司机和信号人员，必须经专门培训持证上岗。

（2）实行专人专机管理，机长负责制，严格交接班制度。

（3）新安装的或经大修后的塔吊，必须按说明书要求进行整机试运转。

（4）塔吊距架空输电线路应保持安全距离。

（5）司机室内应配备适用的灭火器材。

（6）提升重物前，要确认重物的真实质量，要做到不超过规定的荷载，不得超载作业。

（7）两台塔吊在同一条轨道作业时，应保持安全距离。

两台同样高度的塔吊，其起重臂端部之间，应大于 4 m。两台塔吊同时作业，其吊物间距不得小于 2 m。

（8）轨道行走的塔吊，处于 90°弯道上，禁止起吊重物。

（9）操作中遇大风（6 级以上）等恶劣气候，应停止作业，将吊钩升起，夹好轨钳。当风力达 10 级以上时，吊钩落下钩住轨道，并在塔身结构架上拉四根钢丝绳，固定在附近的建筑物上。

（二）安全隐患排查治理

塔吊是建筑施工领域垂直运输中使用最为广泛的大型施工机械，在工程事故中塔吊的事故发生率占有很大的比例。塔吊在安装、拆卸、顶升等作业中都是高空作业，极易发生起重伤害事故，且造成的事故损害往往较大甚至惨重。此外极端天气（雷雨、大风、大雾）对塔吊安全运行的影响也比较突出。

塔吊的安全隐患及处置措施见表 6.7.1 所示。

表 6.7.1 塔吊的安全隐患及处置措施表

隐患类型	原因或表现形式	处置措施
钢结构隐患	钢结构锈蚀变形;缺乏保养;疲劳和锈蚀产生的裂纹。	除锈、刷漆保养;采用坡口焊接。
安装隐患	塔吊安装不到位,安装后没有进行验收。操作人员日常检查不到位。塔身倾斜,附墙连接紧固不良或连接不当。	1. 立即配齐缺失的标节螺栓、紧固螺母和防松螺母,用扭力扳手按照规定的紧固力矩紧固螺母; 2. 做好安装的验收工作,加强日常检查,及时紧固松动的螺母; 3. 对所有的连接销都应该安装开口销,防止销轴松动脱落。
行走系统隐患	安装过程中未进行认真检查,安装完毕没有进行验收;缺少日常检查保养。	加强塔吊安装前各机构的检查,做好安装后质量验收工作,对所有机电的辅助设施要安装到位,确保电机制动线圈干燥。
安全保护装置隐患	1. 力矩限位器、起重量限制器、吊钩升起高度限位器、变幅小车行程限位器、吊臂回转限位器等五大安全保护装置失效的原因主要是未接通电源线,未安装限位开关; 2. 调整不当,未对限位保护装置进行验收; 3. 限位保护装置开关固定不牢,开关损坏、检查不到位; 4. 保护装置变形、锈蚀,保护装置不能正常使用; 5. 对塔吊的安全技术不了解,不知道应安装风速仪。	1. 对安全保护装置必须按照技术参数进行安装和调整,同时做好验收和日常检查工作; 2. 调整好变幅小车的牵引钢绳张紧度,解除捆绑保护装置的铁丝等; 3. 修复变形的保护装置。 4. 当塔吊高度达到 50 m 后必须安装风速仪。
塔吊顶升机构隐患	1. 卷扬机排绳轮轴变形、轴上的润滑油钙化等导致卷筒排绳不良; 2. 滑轮保养、安装、使用不当,导致滑轮不转动,防脱绳损坏; 3. 吊钩防脱钩装置损坏; 4. 制动推杆变形,制动摩擦片损坏。	1. 加强保养; 2. 及时更换变形的轮轴; 3. 按照标准及时修复防脱钩装置; 4. 修复吊钩板,要求指挥人员注意指挥; 5. 及时修复损坏的制动推杆,及时保养检查,发现制动摩擦片磨损严重及时更换。
钢丝绳隐患	钢丝绳断丝,钢丝绳磨损严重。	1. 加强检查,及时发现并更换受损的钢丝绳; 2. 找出钢丝绳磨损的原因并进行处理。
塔吊电气系统隐患	1. 未及时检查、更换、包扎破损的电源线,电线使用时间过长自然老化,电缆使用不当被刮破,电源与电气元件的接头紧固不良,松动,导致电源线发热烫坏电缆线绝缘层,电器元件的质量差; 2. 电器元件的安装不规范,对电气系统的规范不了解。	1. 加强对电气安装质量的验收检查,对破损的电缆及时处理; 2. 对电源线裸露发热部位及时进行包扎、隔离等绝缘处理。严禁无电气安装维修资格证的人员进行电气系统安装维修。
作业隐患	1. 作业环境有高压输电线; 2. 作业人员不配合指挥人员或指挥人员不足; 3. 同一工作面有多台塔吊; 4. 夜间吊装或在大风、大雾气候条件下吊装作业; 5. 用塔吊吊人等等。	1. 加强对作业人员的培训和教育,要按照作业指南进行作业; 2. 配足地面指挥人员; 3. 当同一个平面有几台塔吊时要注意指挥人员的对讲机频率,防止误操作; 4. 塔吊作业危险性较大作业前,应对整个塔吊进行专门的检查验收; 5. 加强管理,建立健全安全管理制度并严格落实,建立特种设备技术档案,加强塔吊安装完毕验收管理,及时对塔吊进行报验取证。

二、门式起重设备安全技术及隐患排查治理

(一) 安全技术

龙门架、井字架都是用作施工中的物料垂直运输。龙门架、井字架是因架体的外形结构而得名。

龙门架由天梁及两立柱组成,形如门框;井架由四边的杆件组成,形如"井"字的截面架体,提升货物的吊篮(盘)在架体中间上下运行。

龙门架(井字架)物料升降机在现场使用,也应编制专项施工方案。

1. 构造

升降机架体的主要构件有立柱、天梁、上料吊篮、导轨及底盘。架体的固定方法可采用在架体上拴缆风绳,其另一端固定在地锚处;或沿架体每隔一定高度,设一道附墙杆件,与建筑物的结构部位连接牢固,从而保持架体的稳定。提升机宜选用可逆式卷扬机,高架提升机不得选用摩擦式卷扬机。

2. 吊篮(盘)安全防护装置

(1) 吊篮(盘)停车安全装置

吊篮(盘)停车安全装置是防止吊篮(盘)在装、卸料时卷扬机制动失灵而产生跌落事故的一种装置,有安全支杠和安全挂钩两种形式。安全挂钩需要人工操作目前很少使用,普遍使用的是安全支杠。

(2) 吊篮(盘)钢丝绳断后的安全装置

当钢丝绳突然断开时,此装置即弹出,两端将吊篮(盘)卡在架体上,使吊篮(盘)不坠落。

3. 基础、附墙架、缆风绳及地锚

(1) 基础:依据升降机的类型及土质情况确定基础的做法。

(2) 附墙架:每间隔一定高度必须设一道附墙杆件与建筑结构部分进行连接,从而确保架体的自身稳定。

(3) 缆风绳:当升降机无条件设置附墙架时,应采用缆风绳固定架体。

第一道缆风绳的位置可以设置在距地面 20 m 高处,架体高度超过 20 m 以上,每增高 10 m 就要增加一组缆风绳;每组(或每道)缆风绳不应少于 4 根,沿架体平面 360°范围内布局;按照缆风绳的受力情况应采用直径不小于 9.3 mm 的钢丝绳。

(4) 地锚:要视其土质情况,决定地锚的形式和做法。

4. 安装与拆除

龙门架(井字架)物料提升机的安装与拆除必须编制专项施工方案,并应由有资质的队伍施工。

(1) 升降机应有专职人员管理。司机应经专业培训,持证上岗。

(2) 组装后应进行验收,并进行空载、动载和超载试验。

(3) 严禁载人升降和禁止攀登架体及从架体下面穿越。

(二) 安全隐患排查治理处置

门式起重设备主要是龙门吊,其主要安全隐患为龙门钢结构隐患、轨道和基础隐患、龙门吊安全保护装置隐患。

1. 龙门钢结构隐患

龙门钢结构隐患主要表现为焊接质量差导致裂纹,或疲劳产生裂纹。结构上不合理产生积水部位,缺乏保养,产生锈蚀。

处置措施:编制焊接工艺及焊接方案,由持有结构焊接证书的工人焊接。

2. 轨道、基础隐患

轨道、基础隐患主要表现在使用的旧轨道变形严重,安装时线形调整有难度;对轨道的制作不重视,对轨道的制作安装把关不严,要求不高,制作完毕没有进行验收;轨道的制作缺乏整体性安排,一旦要延长轨道就出现问题;填方地带制作基础时,对地面压实不足,造成基础下沉。

处置措施:

(1) 加大基础支座的投入,严把轨道的技术标准,加强基础制作过程的监控。

(2) 轨道制作安装完毕后要加强验收工作。弯道上必须用正规的轨道夹板。

(3) 基础制作前必须了解龙门吊的最小弯转半径和最大坡度等技术参数。

(4) 龙门吊在使用中要加强对轨道的检查,发现问题要及时处理。

3. 龙门吊安全保护装置隐患

(1) 对龙门吊的安全技术规范不了解,不知道在何部位安装保护装置。

(2) 行程限位器碰尺安装不合理,时常碰坏限位器。

(3) 多数安全保护装置调整不当而失效。

处置措施:加强检查,及时按照安全保护装置的安装标准和设置位置进行维修和更换。加强对操作人员违章使用设备的查处,杜绝违章作业。

三、施工外用电梯安全技术要求和安全隐患排查

(一) 施工外用电梯安全技术要求

建筑施工外用电梯又称附壁式升降机,是一种垂直井架(立柱)导轨式外用笼式电梯。主要用于工业、民用高层建筑的施工,桥梁、矿井、水塔的高层物料和人员的垂直运输。

升降机的构造原理是将运载梯笼和平衡重之间,用钢丝绳悬挂在立柱顶端的定滑轮上,立柱与建筑结构进行刚性连接。梯笼内以电力驱动齿轮,凭借立柱上固定齿条的反作用力,梯笼沿立柱导轨作垂直运动。

施工外用电梯由于结构坚固,拆装方便,不用另设机房,应用较广泛。其立柱制成一定长度的标准节,上下各节可以互换,根据需要的高度到施工现场进行组装,一般架设高度可达 100 m,用于超高层建筑工时可达 200 m。电梯可借助本身安装在顶部的电动吊杆组装,也可利用施工现场的塔吊等起重设备组装。另外梯笼和平衡重的对称布置,故倾覆力矩很小,立柱又通过附壁架与建筑结构牢固连接(不需缆风绳),所以受力合理可靠。为保证使用安全,施工外用电梯本身设置了必要的安全装置,这些装置应该经常保持良好状态,防止意外事故。

(二) 安全隐患排查处置

施工外用电梯在建筑工程施工中是一种广泛运用的运载施工人员以及零星材料进出高空作业场地的专用设备。该设备一旦发生事故大多数是群死群伤的重大事故,因此,在

使用施工外用电梯时应严格遵守安全操作规程。

施工外用电梯主要安全隐患为安全保护装置隐患、电梯结构隐患和作业隐患。

1. 安全保护装置隐患主要是安全保护装置未接电或调试不当,或者使用磨损起不到安全保护作用而失效。

处置措施:加强保养检查,对失效的安全保护装置及时更换。

2. 电梯结构隐患主要是附墙支架连接装置损坏,安装质量差;承重钢丝绳卡得不牢或锈蚀。

处置措施:采用附墙支架的调整拉杆调整导轨的垂直度;立即安装修复附墙连接装置;安装防松调整拉杆;更换齿轮齿条;解除输送管吊在附墙支架上的钢丝绳。

3. 作业隐患主要是超载、偏载和违章作业,电梯门没有关而导致人坠落。

处置措施:加强管理、教育,防止违章作业、无证作业。采用现代数字化管理手段,人员进出电梯后电梯门自动关闭,电梯停靠点的门也是在电梯停靠或离开后自动开合。

第八节　施工现场临时用电工程

一、施工现场临时用电的组织设计

(一)临时用电的施工组织设计

按照《建筑工程施工现场供电安全规范》(GB 50194)、《施工现场临时用电安全技术规范》(JGJ 46)的规定:"临时用电设备在 5 台及以上或设备总容量在 50 kW 及以上者,应编制用电组织设计。"因此,临时用电施工组织设计是施工现场临时用电管理不可或缺的主要技术文件。

(二)临时用电施工组织设计主要内容

一个完整的施工用电组织设计应包括下列内容:

1. 现场勘测。

2. 确定电源进线、变电所或配电室、配电装置、用电设备位置及线路走向。

3. 进行负荷计算。

4. 选择变压器。

5. 设计配电系统:

(1)设计配电线路,选择导线或电缆。

(2)设计配电装置,选择电器。

(3)设计接地装置。

(4)绘制临时用电工程图纸,主要包括用电工程总平面图、配电装置布置图、配电系统接线图、接地装置设计图。

6. 设计防雷装置。

7. 确定防护措施。

8. 制定安全用电措施和电气防火措施。

二、施工现场对外电线路的安全距离及防护

(一)外电线路的安全距离

外电线路的安全距离是指带电导体与其附近接地的物体以及人体之间必须保持的最小空间距离或最小空气间隙。

在施工现场中,安全距离问题主要是指在建工程(含脚手架具)的外侧边缘与外电架空线路的边线之间的最小安全操作距离(表6.8.1),施工现场的机动车道与外电架空线路交叉时的最小安全垂直距离(表6.8.2),和起重机与架空线路边线的最小安全距离(见表6.8.3)。

表6.8.1 在建工程(含脚手架)的周边与架空线路的边线之间的最小安全操作距离

外电线路电压等级(kV)	<1	1~10	35~110	220	330~550
最小安全操作距离(m)	4.0	6.0	8.0	10	15

表6.8.2 施工现场的机动车道与架空线路交叉时的最小垂直距离

外电线路电压等级(kV)	<1	1~10	35
最小垂直距离(m)	6.0	7.0	7.0

表6.8.3 起重机与架空线路边线的最小安全距离

电压(kV)　　安全距离(m)	<1	10	35	110	220	330	500
沿垂直方向	1.5	3.0	4.0	5.0	6.0	7.0	8.5
沿水平方向	1.5	2.0	3.5	4.0	6.0	7.0	8.5

(二)外电线路的防护

为了确保施工安全,则必须采取设置防护性遮栏、栅栏,以及悬挂警告标志牌等防护措施。如无法设置遮栏则应采取停电、迁移外电线路或改变工程位置等,否则不得强行施工。防护设施与外电线路之间的安全距离不应小于表6.8.4所列数值。

表6.8.4 防护设施与外电线路之间的最小安全距离

外电线路电压等级(kV)	≤10	35	110	220	330	500
最小安全距离(m)	1.7	2.0	2.5	4.0	5.0	6.0

三、施工现场临时用电的接地与防雷

在施工现场,由于现场环境、条件的影响,间接触电现象往往比直接触电现象更普遍,危害也更大。因此,除了应采取防止直接触电的安全措施以外,还必须采取防止间接触电的安全技术措施。

(一)接地

在电气工程上,接地主要有4种基本类别:工作接地、保护接地、重复接地、防雷接地。设备与大地做金属性连接称为接地。接地通常是用接地体与土壤相接触实现的。金属导体或导体系统埋入地内土壤中,就构成一个接地体。接地体与接地线的总和称为接地

装置。

在施工现场专用变压器的供电的 TN-S 接零保护系统中,电气设备的金属外壳必须与保护零线连接。保护零线应由工作接地线、配电室(总配电箱)电源侧零线或总漏电保护器电源侧零线处引出。

施工现场与外电线路共用同一供电系统时,电气设备的接地、接零保护应与原系统保持一致。不得一部分设备做保护接零,另一部分设备做保护接地。

采用 TN 系统做保护接零时,工作零线(N 线)必须通过总漏电保护器,保护零线(PE线)必须由电源进线零线重复接地处或总漏电保护器电源侧零线处,引出形成局部 TN-S 接零保护系统

(二) 施工现场建筑机械设备的防雷

施工现场建筑机械是参照第三类工业建(构)筑物的防雷规定设置防雷装置。被保护物的高度系指最高点的高度,被保护物必须完全处在折线锥体之内方能确保安全。在《施工现场临时用电安全技术规范》(JGJ 46)中,规定单支避雷针的保护范围是以避雷针为轴的直线圆锥体,直线与轴即地面保护半径所对应的角为 60°,这种简易计算,主要考虑到施工现场使用方便等因素。

施工现场内的起重机、井字架、龙门架等机械设备,以及钢脚手架和正在施工的在建工程等的金属结构,当在相邻建筑物、构筑物等设施的防雷装置接闪器的保护范围以外时,应按表 6.8.5 规定安装防雷装置。

表 6.8.5 施工现场内机械设备及高架设施需安装防雷装置的规定

地区年平均雷暴日(d)	机械设备高度(m)
≤15	≥50
>5,<40	≥32
≥40,<90	≥20
≥90 及雷害特别严重地区	≥12

做防雷接地机械上的电气设备,所连接的 PE 线必须同时做重复接地,同一台机械电气设备的重复接地和机械的防雷接地可共用同一接地体,但接地电阻应符合重复接地电阻值的要求。

四、施工现场的配电室及自备电源

(一) 配电室的位置及布置

1. 配电柜正面的操作通道宽度,单列布置或双列背对背布置不小于 1.5 m,双列面对面布置不小于 2 m。

2. 配电柜后面的维护通道宽度,单列布置或双列面对面布置不小于 0.8 m,双列背对背布置不小于 1.5 m,个别地点有建筑物结构凸出的地方,则此点通道宽度可减少 0.2 m。

3. 配电柜侧面的维护通道宽度不小于 1 m。

4. 配电室的顶棚与地面的距离不低于 3 m。

5. 配电室内设置值班或检修室时,该室边缘处配电柜的水平距离大于 1 m,并采取屏障隔离。

6. 配电室内的裸母线与地面垂直距离小于 2.5 m 时,采用遮栏隔离,遮栏下面通道的高度不小于 1.9 m。

7. 配电室围栏上端与其正上方带电部分的净距不小于 0.075 m。

8. 配电装置的上端距顶棚不小于 0.5 m。

9. 配电室内的母线涂刷有色油漆,以标志相序;以柜正面方向为基准,其涂色符合表 6.8.6 规定。

表 6.8.6　母线涂色

相　别	颜　色	垂直排列	水平排列	引下排列
L₁(A)	黄	上	后	左
L₂(B)	绿	中	中	中
L₃(C)	红	下	前	右
N	淡蓝	—	—	—

10. 配电室的建筑物和构筑物的耐火等级不低于 3 级,室内配置砂箱和可用于扑灭电气火灾的灭火器。

11. 配电室的门向外开,并配锁。

12. 配电室的照明分别设置正常照明和事故照明。

(二) 自备电源

施工现场临时用电工程一般是由外电线路供电的。常因外电线路电力供应不足或其他原因而停止供电,使施工受到影响。所以,为了保证施工不因停电而中断,有的施工现场备有发电机组,作为外电线路停止供电时的持续供电电源,这就是所谓自备电源。自备发配电系统也应采用具有专用保护零线的、中性点直接接地的三相四线制供配电系统。但该系统运行必须与外电线路电源(例如电力变压)部分在电气上安全隔离,独立设置。

发电机组及其控制、配电、修理室等可分开设置;在保证电气安全距离和满足防火要求情况下可合并设置。发电机组的排烟管道必须伸出室外。发电机组及其控制、配电室内必须配置可用于扑火电气火灾的灭火器,严禁存放贮油桶。

五、临时用电负荷

在建筑施工中用电设备繁多,如塔式起重机、外用电梯、搅拌机、振捣器、电焊机、钢筋加工机械、木工加工机械、照明器以及各种电动工具。这些用电设备吸收电能的用电部分中的电流或功率,统称为用电设备的电力负荷或负载。为了使这些用电设备在正常情况下能够安全、可靠地获得其运行所需要的电力,而在故障情况下又能安全、可靠地得到保护,需要借助合理选择的配电线路、配电装置对电力进行传输、分配和控制。

负荷是电力负荷的简称,负荷计算,就是计算用电设备、配电线路、配电装置,以及变压器、发电机中的电流和功率。这些按照一定方法计算出来的电流或功率称为计算电流或计算功率。

负荷计算通常是从用电设备开始的,逐级经由配电装置和配电线路,直至电力变压器。即首先确定用电设备的设备容量(或额定负荷)和计算负荷,继之计算用电设备组的计算负荷,最后计算总配电箱或整个配电室的计算负荷。

六、施工现场的配电线路

施工现场的配电线路包括室外线路和室内线路。其敷设方式:室外线路主要有绝缘导线架空敷设(架空线路)和绝缘电缆埋地敷设(埋地电缆线路)两种,也有电缆线路架空明敷设的;室内线路通常有绝缘导线和电缆的明敷设和暗敷设(明设线路和暗设线路)两种。

(一)架空线的选择

架空线的选择主要是选择架空线路导线的种类和导线的截面,其选择依据主要是施工现场对架空线路敷设的要求和负荷计算的计算电流。

1. 导线种类的选择。按照施工现场对架空线路敷设的要求,架空线必须采用绝缘导线,或者为绝缘铜线,或者为绝缘铝线,但一般应优先选择绝缘铜线。

2. 导线截面的选择。导线截面的选择主要是依据负荷计算结果,按其允许温升初选导线截面,然后按线路电压偏移和机械强度校验,最后确定导线截面。

(二)架空线路的安全要求

1. 架空线必须采用绝缘导线。

2. 架空线的档距与弧垂:档距为不得大于 35 m,线间距不得小于 30 mm,还规定了架空线的最大弧垂处与地面的最小垂直距离(施工现场一般场所 4 m、机动车道 6 m、铁路轨道 7.5 m)。

3. 架空导线的最小截面:绝缘铝绞线截面不小于 16 mm^2;绝缘铜线截面不小于 10 mm^2。

4. 架空导线相序排列应符合下列规定:

(1) 动力、照明线在同一横担上架设时,导线相序排列是:面向负荷从左侧起依次为 L_1、N、L_2、PE。

(2) 动力、照明线在二层横担上分别架设时,导线相序排列是:上层横担面向负荷从左侧起依次为 L_1、L_2、L_3;下层横担面向负荷从左侧起依次为 L_1(L_2、L_3)、N、PE。

(三)电缆线路的安全要求

室外电缆的敷设分为埋地和架空两种方式,以埋地敷设为宜。

室外电缆埋地:安全可靠;人身危害大量减少;维修量大大减少;线路不易受雷电袭击。

室内外电缆的敷设:应以经济、方便、安全、可靠为依据。

电缆中必须包含全部工作芯线和用作保护零线或保护线的芯线。需要三相四线制配电的电缆线路必须采用五芯电缆。

五芯电缆必须包含淡蓝、绿/黄两种颜色绝缘芯线。淡蓝色芯线必须用作 N 线;绿/黄双色芯线必须用作 PE 线,严禁混用。

电缆线路应采用埋地或架空敷设,严禁沿地面明设,并应避免机械损伤和介质腐蚀。埋地电缆路径应设方位标志。电缆类型应根据敷设方式、环境条件选择。埋地敷设宜选用铠装电缆;当选用无铠装电缆时,应能防水、防腐。架空敷设宜选用无铠装电缆。电缆直接埋地敷设的深度不应小于 0.7 m,并应在电缆紧邻上、下、左、右侧均匀敷设不小于 50 mm 厚的细砂,然后覆盖砖或混凝土板等硬质保护层。埋地电缆在穿越建筑物、构筑物、道路、易受机械损伤、介质腐蚀场所及引出地面从 2.0 m 高到地下 0.2 m 处,必须加设防护套管,防护套管内径不应小于电缆外径的 1.5 倍。埋地电缆与附近外电电缆和管沟的平行间距不得小于 2 m,交叉间距不得小于 1 m。

七、施工现场的配电箱和开关箱

(一)配电箱与开关箱的设置

1. 设置原则。现场应设总配电箱(或配电室),总配电箱以下可设若干分配电箱,分配电箱以下可设若干开关箱,开关箱以下就是用电设备。

施工现场的照明配电箱与动力配电箱宜分别设置,各自成独立配电系统,以不致因动力停电或电气故障而影响照明。

2. 位置选择与环境条件。总配电箱是施工现场配电系统的总枢纽,其装设位置应考虑便于电源引入、靠近负荷中心、减少配电线路、缩短配电距离等因素综合确定。分配电箱则应设置在负荷相对集中的地区。开关箱与所控制的用电设备的水平距离不宜超过 3 m。配电箱、开关箱应装设在干燥、通风及常温场所,不得装设在有严重损伤作用的瓦斯、烟气、潮气及其他有害介质中,亦不得装设在易受外来固体物撞击、强烈振动、液体浸溅及热源烘烤场所。否则,应予清除或做防护处理。

配电箱、开关箱应装设端正、牢固。固定式配电箱、开关箱的中心点与地面的垂直距离应为 1.4~1.6 m。移动式配电箱、开关箱应装设在坚固、稳定的支架上。其中心点与地面的垂直距离宜为 0.8~1.6 m。

配电箱的电器安装板上必须分设 N 线端子板和 PE 线端子板。N 线端子板必须与金属电器安装板绝缘;PE 线端子板必须与金属电器安装板做电气连接。进出线中的 N 线必须通过 N 线端子板连接;PE 线必须通过 PE 线端子板连接。

(二)配电箱与开关箱的电器选择

配电箱、开关箱内的开关电器应能保证在正常或故障情况下可靠地分断电路,在漏电的情况下可靠地使漏电设备脱离电源,在维修时有明确可见的电源分断点。为此,配电箱和开关箱的电器选择应遵循下述各项原则。

1. 所有开关电器必须是合格产品。不论是选用新电器,还是使用旧电器,必须完整、无损、动作可靠、绝缘良好,严禁使用破、损电器。

2. 装有隔离电源的开关电器。

3. 配电箱内的开关电器应与配电线路一一对应配合,作分路设置。

4. 开关箱与用电设备之间应实行"一机一闸"制。

5. 配电箱、开关箱内应设置漏电保护器,其额定漏电动作电流和额定漏电动作时间应安全可靠(一般额定漏电动作电流≤30 mA,额定漏电动作时间<0.1 s,使用于潮湿或有腐蚀介质场所的漏电保护器应采用防溅型产品,其额定漏电动作电流不应大于 15 mA,额定漏电动作时间不应大于 0.1 s),并有合适的分级配合。但总配电箱(或配电室)内的漏电保护器其额定漏电动作电流与额定漏电动作时间的乘积最高应限制在 30 mA·s 以内。

6. 配电箱、开关箱的电源进线端严禁采用插头和插座做活动连接。

八、施工现场的照明

在施工现场的电气设备中,照明装置与人的接触最为经常和普遍。为了从技术上保证现场工作人员免受发生在照明装置上的触电伤害,照明装置必须采取如下技术措施:

1. 照明开关箱中的所有正常不带电的金属部件都必须作保护接零；所有灯具的金属外壳必须做保护接零。

2. 照明开关箱(板)应装设漏电保护器。

3. 照明线路的相线必须经过开关才能进入照明器，不得直接进入照明器。

4. 灯具的安装高度既要符合施工现场实际，又要符合安装要求。室外灯具距地不得低于 3 m；室内灯具距地不得低于 2.5 m。

5. 下列特殊场所应使用安全特低电压照明器：

(1) 隧道、人防工程、高温、有导电灰尘、比较潮湿或灯具离地面高度低于 2.5 m 等场所的照明，电源电压不应大于 36 V。

(2) 潮湿和易触及带电体场所的照明，电源电压不得大于 24 V。

(3) 特别潮湿的场所、导电良好的地面、锅炉或金属容器内工作的照明，电源电压不得大于 12 V。

(4) 移动式照明器(如行灯)的照明电源电压不得大于 36 V。

九、手持电动工具绝缘等级分类及使用要求

(一) 手持电动工具的分类

手持电动工具按触电保护可分为以下三类：

Ⅰ类工具。工具在防止触电的保护方面不仅依靠基本绝缘，而且它还包含一个附加安全预防措施。

Ⅱ类工具。工具在防止触电的保护方面不仅依靠基本绝缘，而且它还提双重绝缘或加强绝缘的附加安全预防措施和设有保护接地或依赖安装条件的安全措施。

Ⅲ类工具。工具在防止触电的保护方面依靠由安全特低电压供电和在工具内部不会产生比安全特低电压高的电压。

(二) 手持电动工具的使用要求

1. 空气湿度小于 75% 的一般场所可选用Ⅰ类或Ⅱ类手持式电动工具，其金属外壳与 PE 线的连接点不得少于 2 处；除塑料外壳Ⅱ类工具外，相关开关箱中漏电保护器的额定漏电动作电流不应大于 15 mA，额定漏电动作时间不应大于 0.1 s，其负荷线插头应具备专用的保护触头。所用插座和插头在结构上应保持一致，避免导电触头和保护触头混用。

2. 在潮湿场所或金属构架上操作时，必须选用Ⅱ类或由安全隔离变压器供电的Ⅲ类手持式电动工具。在潮湿场所或金属构架上严禁使用Ⅰ类手持式电动工具。

3. 狭窄场所必须选用由安全隔离变压器供电的Ⅲ类手持式电动工具，其开关箱和安全隔离变压器均应设置在狭窄场所外面，并连接 PE 线。操作过程中，应有人在外面监护。

4. 手持式电动工具的负荷线应采用耐气候型的橡皮护套铜芯软电缆，并不得有接头。

5. 手持式电动工具的外壳、手柄、插头、开关、负荷线等必须完好无损，使用前必须做绝缘检查和空载检查，在绝缘合格、空载运行正常后方可使用。

6. 使用手持式电动工具时，必须按规定穿、戴绝缘防护用品。

十、临时用电安全排查要点

在施工现场发生的安全事故中，因为临时用电系统原因造成的占有很大的比例。为了

加强建筑施工现场的用电管理,确保用电安全、可靠,防止事故发生,对用电设备做好接地保护、接零和漏电保护防止触电事故,对各条电缆做好敷设和隔离保护,都是非常有必要的防火防灾的有效措施。在项目开工前,施工单位专业电气技术人员应按照项目实际情况及项目用电设备负荷要求,编制临时用电施工组织设计,临时用电施工组织设计及变更必须履行"编制、审核、批准"的程序;施工现场临时用电方案编制人员应具备电气工程师资格,方案经相关部门审核及施工单位技术负责人批准,报监理工程师审查通过后实施。临时用电安全隐患主要表现在以下几个方面:

1. 临时设备隐患:配电箱隐患。

2. 临时线路安全隐患:表现为线路架设不规范,随手乱拉。没有有效安全绝缘保护。

3. 电气设备安全隐患:主要表现在设备缺少接地、接零保护,设备接线盒不防雨等;使用电动工具的操作工人没有戴绝缘手套;配电箱(配电柜)没有上锁任何人都可以接线;电动设备没有做到一机一闸等。

主要原因:非持证电工操作;工人临时用电知识贫乏;工人安全意识淡薄。

处置措施:加强临时用电安全管理,对工人进行临时用电安全教育,任何电气电线安装连接都应有持证电工操作。

第九节　建筑施工防火安全

一、建筑材料燃烧性能基础知识

建筑构件和建筑材料的防火性能是建筑构件的耐火极限和建筑材料的燃烧性能的综合表述。

"建筑构件"是指用于组成建筑物的梁、板、柱、墙、楼梯、屋顶承重构件、吊顶等。建筑构件的燃烧性能,是由构成建筑构件的材料的燃烧性能来决定的。我国将建筑构件按其燃烧性能划分为三类:不燃烧体、难燃烧体、燃烧体。建筑物的耐火能力取决于建筑构件的耐火性能,它是以耐火极限来衡量的。在建筑施工中这部分内容应是由监理工程师和工程质量监督人员掌握的。

"建筑材料"按其使用功能,有建筑装修装饰材料、保温隔声材料、管道材料以及施工材料等。建筑材料的防火性能一般用建筑材料的燃烧性能来表述。"建筑材料的燃烧性能"是指其燃烧或遇火时所发生的一切物理和化学变化。我国国家标准《建筑材料燃烧性能分级方法》(GB 8624)将建筑材料按其燃烧性能划分为四级:A级表示是不燃性建筑材料;B_1级表示是难燃性建筑材料;B_2级表示是可燃性建筑材料;B_3级表示是易燃性建筑材料。

二、建筑施工引起火灾和爆炸的原因

建筑施工中发生火灾和爆炸事故,主要发生在储存、运输及施工(加工)过程中。有间接原因也有直接原因。

(一)间接原因

间接原因可认为是由基础原因诱发出来的原因,可归纳为以下几种:

1. 技术的原因。储存材料的仓库等的设计及布置不符合防火规范要求;在制定施工方案时对易燃材料、易燃化学品认识不足,编制的防火防爆安全措施不够全面。

2. 管理的原因。安全生产责任制不落实,施工管理人员疏于管理;消防安全制度执行不力,动火作业督促检查不到位,不能及时发现或消除火灾隐患;施工人员缺乏防火安全思想和技术教育,对消防安全知识欠缺;未编制防火防爆应急救援预案或应急救援预案未进行演练。

（二）直接原因

建筑施工中引发火灾和爆炸事故的直接原因可归纳为以下几个方面:

1. 现场的设施不符合消防安全的要求,如仓库防火性能低,库内照明不足,通风不良,易燃易爆材料混放;在高压线下设置临时设施和堆放易燃材料;在易燃易爆材料堆放处实施动火作业。

2. 缺少防火、防爆安全装置和设施,如消防、疏散、急救设施不全,或设置不当等。

3. 在高处实施电焊、气割作业时,对作业的周围和下方缺少防护遮挡。

4. 雷击、地震、大风、洪水等天灾;雷区季节性施工避雷设施失效。

（三）灾害扩大的原因

初期火灾和爆炸事故,如果控制不及时,扑救不得力,便会发展扩大成为灾害。灾害扩大的主要原因是:

1. 作业人员对异常情况不能正确判断和及时报告处理。

2. 现场消防制度不落实,措施不落实,无灭火器材或灭火剂失效。

3. 延误报火警,消防人员未能及时到达火场灭火。

4. 因防火间距不足、可燃物质数量多,以及大风天气等而无法短时间灭火。

在生产加工和储存运输过程中,应全面地系统地分析造成火灾爆炸事故的各种原因,有效地采取相应的防火技术措施和管理措施,达到预防事故的目的。

三、防火防爆措施

为了预防火灾和爆炸,重要的是对危险物质和点火源进行严格管理。

（一）引起火灾爆炸的点火源

在建筑施工过程中,引起火灾爆炸的点火源主要有:

1. 明火。如喷灯、火炉、火柴、锅炉房或食堂烟筒、烟道喷出火星。

2. 电火花。如高电压的火花放电、短路和开闭电闸时的弧光放电、接点上的微弱火花等。

3. 电焊、气焊和气割的焊渣。

（二）预防火灾的措施

施工现场合理的平面布置是达到安全防火要求的重要措施之一。工程技术人员在编制施工组织设计或施工方案时,必须综合考虑防火要求、建筑物的性质、施工现场的周围环境等因素。进行施工现场的平面布置设计时应注意以下几点:

1. 要明确划出禁火作业区(易燃、可燃材料的堆放场地)、仓库区(易燃废料的堆放区)和现场的生活区,各区域之间要按规定保持如下防火安全距离:

(1) 禁火作业区距离生活区不小于 15 m,距离其他区域不小于 25 m。

（2）易燃、可燃材料堆料场及仓库与在建工程和其他区域的距离应不小于 20 m。

（3）易燃的废品集中场地与在建工程和其他区域的距离应不小于 30 m。

（4）防火间距内，不应堆放易燃和可燃材料。

2. 在一、二级动火区域施工，施工单位必须认真遵守消防法律法规，建立防火安全规章制度。在生产或者储存易燃易爆品的场区施工，施工单位应当与相关单位建立动火信息通报制度，自觉遵守相关单位消防管理制度，共同防范火灾。在施工现场禁火区域内施工，动火作业前必须申请办理动火证，动火证必须注明动火地点、动火时间、动火人、现场监护人、批准人和防火措施。动火证由安全生产管理部门负责管理，施工现场动火证的审批工作由工程项目负责人组织办理。动火作业没经过审批的，一律不得实施动火作业。

对易引起火灾的仓库，应将库房内、外按 500 m² 的区域分段设立防火墙，把建筑平面划分为若干个防火单元。储量大的易燃仓库，仓库应设两个以上的大门，大门应向外开启。固体易燃物品应当与易燃易爆的液体分间存放，不得在一个仓库内混合储存不同性质的物品。仓库应设在下风方向，保证消防水源充足和消防车辆通道的畅通。

3. 电气防火防爆措施。严格按照建设部行业标准《施工现场临时用电安全技术规范》（JGJ 46）的要求，编制临时用电专项施工方案和设置临时用电系统，以避免引起电气火灾。

4. 焊接、切割中防火防爆措施。对焊、割构件和焊、割场所，可采取以下措施：

（1）转移。在易燃、易爆场所和禁火区域内，应把需要焊、割的构件拆下来，转移到安全地带实施焊、割。

（2）隔离。对确实无法拆卸的焊、割构件，可把焊、割的部位或设备与其他易燃易爆物质进行隔离。高处实施电焊、气割作业部位要采取围挡措施，防止焊渣大面积散落地面。

（3）置换。对可燃气体的容器、管道进行焊、割时，可将惰性气体（如氮气）、二氧化碳、蒸汽或水注入焊、割的容器、管道内，把残存在里面的可燃气体置换出来。

（4）清洗。对储存过易燃液体的设备和管道进行焊、割前，应先用热水、蒸汽或酸液、碱液把残存在里面的易燃液体清洗掉。对无法溶解的污染物，应先铲除干净，然后再进行清洗。

（5）移去危险品。把作业现场的危险物品搬走。

（6）加强通风。在易燃、易爆、有毒气体的室内作业时，应进行通风，待室内的易燃、易爆和有毒气体排至室外后，才能进行焊、割。

（7）提高湿度，进行冷却。作业点附近的可燃物无法搬移时，可采用喷水的办法，把可燃物浇湿，进行冷却，增加它们的耐火能力。

（8）备好灭火器材。针对不同的作业现场和焊、割对象，配备一定数量的灭火器材，对大型工程项目禁火区域的动火施工，以及当作业现场环境比较复杂时，可以将消防车开至现场，铺设好水带，随时做好灭火准备。

焊、割作业中的火灾事故，有些往往是工程的结尾阶段，或在焊、割作业结束后。因焊、割结束后留下的火种没有熄灭造成。因此，焊、割作业结束后，必须及时彻底清理现场，清除遗留下来的火种。关闭电源、气源，把焊、割炬放置在安全的地方。

5. 其他的防火防爆措施如下：

（1）对于储存易燃物品的仓库，应有醒目的"禁止烟火"等安全标志，严禁吸烟、入库人员严禁带入火柴、打火机等火种。

（2）烘烤、熬炼使用明火或加热炉时，应用砖砌实体墙完全隔开。烟道、烟囱等部位与可燃建筑结构应用耐火材料隔离，操作人员应随时监督。

（3）办公室、食堂、宿舍等临时设施不得乱拉、乱扯电线，不得使用电炉子，取暖炉具应当符合防火要求，要由专人管理。

（4）施工现场内严禁焚烧建筑垃圾和用明火取暖。

（5）未经批准，严禁动火；没有消防措施、无人监护，严禁动火。

四、消防安全的基本知识

灭火就是破坏燃烧条件使燃烧反应终止的过程。其基本原理归纳为冷却、窒息、隔离和化学抑制等四个方面。

1. 冷却灭火。对一般可燃物来说，能够持续燃烧的条件之一就是它们在火焰或热的作用下达到了各自的着火温度。因此，对一般可燃物火灾，将可燃物冷却到其燃点或闪点以下，燃烧反应就会中止。水的灭火机理主要是冷却作用。

2. 窒息灭火。各种可燃物的燃烧都必须在其最低氧气浓度以上进行，否则燃烧不能持续进行。因此，通过降低燃烧物周围的氧气浓度可以起到灭火的作用。通常使用的二氧化碳、氮气、水蒸气等灭火机理主要是窒息作用。

3. 隔离灭火。把可燃物与引火源或氧气隔离开来，燃烧反应就会自动中止。火灾中，关闭有关阀门，切断流向着火区的可燃气体和液体的通道；打开有关阀门，使已经发生燃烧的容器或受到火势威胁的容器中的液体可燃物通过管道导至安全区域，都是隔离灭火的措施。

4. 化学抑制灭火。使用灭火剂与链式反应的中间体自由基反应，从而使燃烧的链式反应中断使燃烧不能持续进行。常用的干粉灭火剂、卤代烷灭火剂的主要灭火机理就是化学抑制作用。

五、火灾事故现场救护方法

火灾事故现场救护方法主要有自救和互救两种。在火场上，致人死亡的主要原因是一氧化碳中毒。据测算，一氧化碳浓度只需 1.3%，几分钟之内就可置人于死地。现场火灾救护要注意以下事项：

1. 发生火灾后，处于火灾现场的人员，要沉着冷静，初起火灾在尚未蔓延失控时，可根据燃烧物的性质采用灭火器或水紧急扑灭火源。如火势已大，应迅速判断危险地点、安全撤离方向并采取相应的办法，逃生脱险。

2. 在烟火中逃生要尽量放低身体，最好是沿着墙角匍匐前进，并用湿毛巾或湿手帕等捂住口鼻。

3. 如果身上着火，不要奔跑，将衣服撕裂脱下，浸入水中或用脚踩灭，或用水、灭火器扑灭。来不及撕脱衣服，可就地打滚，把火压灭。

4. 在地下建筑物中的逃生办法：

（1）要有逃生的意识，熟记疏散通道安全出口的位置，采取自救或互救手段疏散到地面，迅速撤离险区。

（2）地下建筑物发生火灾，要立即开启通风门窗等设施，迅速排出地下室内烟雾，以降低火场温度和提高火场能见度。

（3）逃生时，尽量低姿势前进，不要做深呼吸，可能的情况下用湿衣服或毛巾捂住口和鼻子，防止烟雾进入呼吸道。

（4）在火灾初起时，地下建筑内有关人员应及时引导疏散，并在转弯及出口处安排人员指示方向，疏散过程中要注意检查，防止有人未撤出。逃生人员要坚决服从工作人员的疏导，决不能盲目乱窜，已逃离地下建筑的人员不得再返回地下。

（5）疏散通道被大火阻断，应尽量想办法延长生存时间，等待消防队员前来救援。

火灾现场伤员的抢救，可视其伤害的部位和情况采取人工呼吸、紧急止血和骨折固定办法进行急救，将火灾损失降到最低限度。

六、建筑施工消防安全隐患排查治理

（一）隐患类型

1. 临时设施布局隐患：

（1）布局不合理导致易燃易爆品堆放不规范。

（2）布局不合理占用了消防通道。

（3）布局不合理导致消防通道不满足消防要求。

2. 设备、材料堆放不合理，特别是易燃易爆品没有按照消防安全要求进行堆放。

3. 临时设施材料隐患主要表现在临时设施材料不符合消防安全要求。

4. 临时消防设施隐患：

（1）临时疏散通道建设滞后或没有建设。

（2）临时消防设施建设材料不符合防火等级要求。

（3）没有设置消防安全逃生通道标志或逃生通道被其他临时设施占用。

5. 施工作业隐患：

（1）施工现场作业用火、临时用电、临时用气等没有按照消防安全的要求作业。

（2）焊接、切割等动火作业前消防措施不到位。

（3）明令禁止动火作业的地方动用明火。

6. 管理隐患：

（1）建筑施工消防安全管理体系不健全。

（2）消防设施设备配备不到位。

（3）没有消防安全应急预案或应急预案不合理、不可行。

7. 职工宿舍私拉乱接电线照明、取暖，工人宿舍动用明火做饭、取暖等。

8. 工地临时用电线路老化或没有按照临时用电规范要求连接使用。

9. 电气使用不当引起的消防安全隐患。

（二）隐患治理措施

1. 加强管理。建立健全工地消防安全管理制度和消防安全管理体系，明确各级消防安全管理人员的职责和岗位制度。

2. 对进场的施工作业人员作业前进行消防安全培训和消防安全技术交底。

3. 在施工过程中加强消防安全监督检查。

4. 临时消防设施建设要与其他临时设施同步进行并投入使用。

5. 临时设施不得占用消防通道。

6. 对有防火要求的临时设施材料要进行防火等级检测,不符合要求的不得使用。

7. 临时设施要布局合理,符合消防安全的要求。

8. 加强临时用电的管理和生活用火的管理。特别是职工宿舍要定期检查室内的临时生活用电、用火是否符合安全要求,至少应每季度检查一次。

第十节 施工现场监理常见安全隐患识别

建筑工程施工各类安全隐患都需要监理工程师能够及时准确地进行识别判定,并给予监理指令,防止工程施工安全隐患发展成为安全事故。表6.10.1列出了建筑施工现场常见的安全隐患识别及监理措施表以供参考。

表 6.10.1 建筑施工现场常见的安全隐患识别及监理措施表

序号	作业/活动/设施/场所	危险源	重大	一般	可能导致的事故	监理工作措施	备注
1	土方开挖	施工机械有缺陷		√	机械伤害,倾覆等	进行巡视检查	
2		施工机械的作业位置不符合要求		√	倾覆、触电等	进行巡视检查	
3		挖土机司机无证或违章作业		√	机械伤害等	督促施工单位进行教育和培训,进行巡视检查	
4		其他人员违规进入挖土机作业区域		√	机械伤害等	督促施工单位执行运行的安全控制程序,进行巡视检查	
5	基坑支护	支护方案或设计缺乏或者不符合要求	√		坍塌等	督促施工单位编制或修订方案,并组织审查	
6		临边防护措施缺乏或者不符合要求		√	坍塌等	督促施工单位认真落实经过审批的方案或修正不合理的方案	
7		未定期对支撑、边坡进行监视、测量		√	坍塌等	督促施工单位执行运行的安全控制程序、进行巡视检查	
8		坑壁支护不符合要求	√		坍塌等	督促施工单位执行已经批准的方案,进行巡视控制	
9		排水措施缺乏或者措施不当		√	坍塌等	进行巡视检查	
10		积土、料具堆放或机械设备施工不合理造成坑边荷载超载	√		坍塌等	督促施工单位执行运行的安全控制程序、进行巡视检查	
11		人员上下通道缺乏或设置不合理		√	高处坠落等	督促施工单位执行运行的安全控制程序、进行巡视检查	
12		基坑作业环境不符合要求或缺乏垂直作业上下隔离防护措施		√	高处坠落、物体打击等	督促施工单位对此危险源制定安全目标和管理方案	

序号	作业/活动/设施/场所	危险源	重大	一般	可能导致的事故	监理工作措施	备注
13	落地式脚手架工程	施工方案缺乏或不符合要求	√		高处坠落等	督促施工单位编制设计与施工方案,并组织审查	
14		脚手架材质不符合要求		√	架体倒塌,高处坠落等	进行巡视检查	
15		脚手架基础不能保证架体的荷载	√		架体倒塌,高处坠落等	督促施工单位执行已批准的方案,并根据实际情况对方案进行修正	
16		脚手架铺设或材质不符合要求		√	高处坠落等	进行巡视检查	
17		架体稳定性不符合要求		√	架体倒塌,高处坠落等	督促施工单位执行运行的安全控制程序,进行巡视检查	
18		脚手架荷载超载或堆放不均匀	√		架体倒塌,倾斜等	进行巡视检查	
19		架体防护不符合要求		√	高处坠落等	进行巡视检查	
20		无交底或验收		√	架体倾斜等	督促施工单位进行技术交底并认真验收	
21		人员与物料到达工作平台的方法不合理		√	高处坠落,物体打击等	督促施工单位执行运行的安全控制程序,督促施工单位进行教育和培训	
22		架体不按规定与建筑物拉结		√	架体倾倒等	进行巡视检查	
23		脚手架不按方案要求搭设		√	架体倾倒等	督促施工单位进行教育和培训,进行巡视检查	
24	悬挑式脚手架	悬挑梁安装不符合要求	√		架体倾倒等	督促施工单位执行运行的安全控制程序,进行巡视检查	
25		外挑杆件与建筑物连接不牢固	√		架体倾倒等	进行巡视检查	
26		架体搭设高度超过方案规定	√		架体倾倒等	督促施工单位执行已经过审查的方案,进行巡视检查	
27		立杆底部固定不牢	√		架体倾倒等	进行巡视检查	
28		施工方案缺乏或不符合要求	√		架体倾倒等	督促施工单位编制或修改方案,并组织审查	
29		搭设不符合方案要求		√	架体倾倒等	督促施工单位执行已批准的方案,进行巡视检查	
30		荷载超载或堆放不均匀	√		物体打击,架体倾倒等	进行巡视检查	
31		平台与脚手架相连		√	架体倾倒等	进行巡视检查	
32		堆放材料过高		√	物体打击等	督促施工单位进行教育和培训,进行巡视检查	
33	附着式升降脚手架	升降时架体上站人		√	高处坠落等	督促施工单位进行教育和培训,进行巡视检查	
34		无防坠装置或防坠装置不起作用	√		架体倾倒等	督促施工单位执行运行的安全控制程序,进行巡视检查	
35		钢挑架与建筑物连接不牢或不符合规定要求	√		架体倾倒等	进行巡视检查	

（续表）

序号	作业/活动/设施/场所	危险源	重大	一般	可能导致的事故	监理工作措施	备注
36		施工方案缺乏或不符合要求	√		倒塌,物体打击等	督促施工单位编制或修改方案,并组织审查,进行巡视检查	
37		无针对混凝土输送的安全措施	√		机械伤害等	要求施工单位针对实际情况提出相关措施	
38		混凝土模板支撑系统不符合要求	√		模板坍塌,物体打击等	督促施工单位执行已批准的方案,进行巡视检查	
39		支撑模板的立柱的稳定性不符合要求	√		模板坍塌等	督促施工单位执行已批准的方案,进行巡视检查	
40		模板存放无防倾倒措施或存放不符合要求		√	模板坍塌等	进行巡视检查	
41	模板工程	悬空作业未系安全带或系挂不符合要求	√		高处坠落等	督促施工单位进行教育和培训,进行巡视检查	
42		模板工程无验收与交底		√	倒塌、物体打击等	督促施工单位进行教育和培训,进行巡视检查	
43		模板作业 2 m 以上无可靠立足点	√		高处坠落等	进行巡视检查	
44		模板拆除区未设置警戒线且无人监护		√	物体打击等	督促施工单位执行运行的安全控制程序,进行巡视检查	
45		模板拆除前未经拆模申请批准	√		坍塌、物体打击等	督促施工单位执行运行的安全控制程序,督促施工单位进行教育和培训	
46		模板上施工荷载超过规定或堆放不均匀	√		坍塌、物体打击等	进行巡视检查	
47		员工作业违章		√	高处坠落等	督促施工单位进行教育和培训	
48	高处作业	安全网防护或材质不符合要求		√	高处坠落,物体打击等	进行巡视检查	
49		临边与"四口"防护措施缺陷		√	高处坠落等	进行巡视检查	
50		外电防护措施缺乏或不符合要求	√		触电等	进行巡视检查	
51		接地与接零保护系统不符合要求		√	触电等	进行巡视检查	
52	施工用电作业物体提升机安装、拆除	用电施工组织设计缺陷		√	触电等	督促施工单位进行教育和培训,进行巡视检查	
53		违反"一机,一闸,一漏,一箱"		√	触电等	督促施工单位进行教育和培训,进行巡视检查	
54		电线电缆老化,破皮未包扎		√	触电等	进行巡视检查	
55		非电工私拉乱接电线		√	触电等	督促施工单位进行教育和培训,进行巡视检查	
56		用其他金属丝代替熔丝		√	触电等	督促施工单位进行教育和培训,进行巡视检查	

（续表）

序号	作业/活动/设施/场所	危险源	重大	一般	可能导致的事故	监理工作措施	备注
57		电缆架设或埋设不符合要求		√	触电等	进行巡视检查	
58		灯具金属外壳未接地		√	触电等	进行巡视检查	
59		潮湿环境作业漏电保护参数过大或不灵敏		√	触电等	督促施工单位执行运行的安全控制程序,进行巡视检查	
60		闸刀及插座插头损坏,闸具不符合要求		√	触电等	进行巡视检查	
61		不符合"三级配电二级保护"要求导致防护不足		√	触电等	进行巡视检查	
62		手持照明未用36 V及以下电源供电		√	触电等	督促施工单位执行运行的安全控制程序,进行巡视检查	
63		带电作业无人监护		√	触电等	督促施工单位执行运行的安全控制程序,进行巡视检查	
64	施工用电作业物体提升机安装、拆除	无施工方案或方案不符合要求	√		架体倾倒等	督促施工单位编制施工方案,并严格执行	
65		物料提升机限拉保险装置不符合要求	√		吊盘冒顶等	督促施工单位执行运行的安全控制程序,进行巡视检查	
66		架体稳定性不符合要求	√		架体倾倒等	督促施工单位检查架体方案并整改,进行巡视检查	
67		钢丝绳有缺陷		√	机械伤害等	进行巡视检查	
68		装、拆人员未系好安全带及未穿戴好劳保用品		√	高处坠落等	督促施工单位进行教育和培训,进行巡视检查	
69		装、拆时未设置警戒区域或未进行监控		√	物体打击等	督促施工单位执行运行的安全控制程序	
70		装拆人员无证作业	√		高处坠落,机械伤害等	督促施工单位进行教育和培训,进行巡视检查	
71		卸料平台保护措施不符合要求		√	高处坠落,机械伤害等	进行巡视检查	
72		吊篮无安全门、自落门		√	机械伤害等	进行巡视检查	
73		传动系统及其安全装置配置不符合要求		√	机械伤害等	进行巡视检查	
74		避雷装置,接地不符合要求		√	火灾,触电等	进行巡视检查	
75		联络信号管理不符合要求		√	机械伤害等	督促施工单位执行运行的安全控制程序,进行巡视检查	
76	施工电梯	违章乘坐吊篮上下	√		机械伤害等	督促施工单位进行教育和培训,进行巡视检查	
77		司机无证上岗作业		√	机械伤害等	督促施工单位进行教育和培训,进行巡视检查	
78		无施工方案或方案不符合要求	√		设备倾覆等	督促施工单位编制设计与施工方案,并认真审查	
79		电梯安全装置不符合要求		√	机械伤害等	督促施工单位执行运行的安全控制程序,进行巡视检查	

（续表）

序号	作业/活动/设施/场所	危险源	重大	一般	可能导致的事故	监理工作措施	备注
80		防护棚、防护门等防护措施不符合要求		√	高处坠落，物体打击等	督促施工单位执行运行的安全控制程序，进行巡视检查	
81		电梯司机无证或违章作业		√	机械伤害等	督促施工单位进行教育和培训，进行巡视检查	
82		电梯超载运行	√		机械伤害等	督促施工单位执行运行的安全控制程序，进行巡视检查	
83		装、拆人员未系好安全带及未穿戴好劳保用品		√	高处坠落等	督促施工单位进行教育和培训，进行巡视检查	
84		装、拆时未设置警戒区域或未进行监控	√		物体打击等	督促施工单位执行运行的安全控制程序，进行巡视检查	
85	施工电梯	架体稳定性不符合要求	√		架体倾倒等	督促施工单位执行运行的安全控制程序，进行巡视检查	
86		避雷装置不符合要求		√	触电、火灾等	进行巡视检查	
87		联络信号管理不符合要求		√	机械伤害等	督促施工单位执行运行的安全控制程序，进行巡视检查	
88		卸料平台防护措施不符合要求或无防护门		√	高处坠落，物体打击等	进行巡视检查	
89		外用电梯门连锁装置失灵		√	高处坠落等	督促施工单位执行运行的安全控制程序，进行巡视检查	
90		装拆人员无证作业		√	机械伤害等	督促施工单位进行教育和培训，进行巡视检查	
91		塔吊力矩限制器、限位器、保险装置不符合要求	√		设备倾翻等	督促施工单位执行运行的安全控制程序，进行巡视检查	
92		超高塔吊附墙装置与夹轨钳不符合要求	√		设备倾翻等	进行巡视检查	
93		塔吊违章作业		√	机械伤害等	督促施工单位进行教育和培训，进行巡视检查	
94		塔吊路基与轨道不符合要求	√		设备倾翻等	进行巡视检查	
95	塔吊安装、拆除及作业，其他起重吊装作业	塔吊电器装置设置及其安全防护不符合要求		√	机械伤害，触电等	进行巡视检查	
96		多塔吊作业防碰撞措施不符合要求	√		设备倾翻等	督促施工单位执行已批准的方案或修改方案不合理的内容，进行巡视检查	
97		司机，挂钩工无证上岗		√	机械伤害等	督促施工单位进行教育和培训，进行巡视检查	
98		起重物件捆扎不紧或散装物料装的太满		√	物体打击等	督促施工单位执行运行的安全控制程序，进行巡视检查	
99		安装及拆除时未设置警戒线或未进行监控	√		物体打击等	督促施工单位执行运行的安全控制程序，进行巡视检查	
100		装拆人员无证作业	√		设备倾翻等	督促施工单位进行教育和培训，进行巡视检查	

（续表）

序号	作业/活动/设施/场所	危险源	重大	一般	可能导致的事故	监理工作措施	备注
101	塔吊安装、拆除及作业,其他起重吊装作业	起重吊装作业方案不符合要求	✓		机械伤害等	督促施工单位重新编制起重作业方案并认真组织审查	
102		起重机械设置有缺陷		✓	机械伤害等	进行巡视检查	
103		钢丝绳与索具不符合要求		✓	物体打击等	进行巡视检查	
104		路面地耐力或铺垫措施不符合要求	✓		设备倾翻等	督促施工单位执行经过审查的方案,进行巡视检查	
105		司机操作失误	✓		机械伤害等	督促施工单位进行教育和培训,进行巡视检查	
106		违章指挥		✓	机械伤害等	督促施工单位进行教育和培训,进行巡视检查	
107		起重吊装超载作业	✓		设备倾翻等	督促施工单位执行运行的安全控制程序,进行巡视检查	
108		高处作业人的安全防护措施不符合要求		✓	高处坠落等	进行巡视检查	
109		高处作业人员违章作业		✓	高处坠落等	督促施工单位进行教育和培训,进行巡视检查	
110		作业平台不符合要求		✓	高处坠落等	进行巡视检查	
111		吊装时构件堆放不符合要求		✓	构件倾倒,物体打击等	进行巡视检查	
112		警戒管理不符合要求		✓	物体打击等	督促施工单位执行运行的安全控制程序,进行巡视检查	
113	电气焊作业	未做保护接零,无漏电保护器		✓	触电等	督促施工单位执行运行的安全控制程序,进行巡视检查	
114		无二次侧空载降压保护器或触电保护器		✓	触电等	进行巡视检查	
115		一次侧线长度超过规定或不穿管保护		✓	触电等	进行巡视检查	
116		气瓶的使用与管理不符合要求		✓	爆炸等	督促施工单位进行教育和培训,进行巡视检查	
117		焊接作业工人个体防护不符合要求		✓	触电、灼伤等	督促施工单位进行教育和培训,进行巡视检查	
118		焊把线接头超过3处或绝缘老化		✓	触电等	进行巡视检查	
119		气瓶违规存放		✓	火灾、爆炸等	督促施工单位进行教育和培训,进行巡视检查	
120	拌和作业	搅拌机的安装不符合要求		✓	机械伤害等	进行巡视检查	
121		操作手柄无保险装置		✓	机械伤害等	进行巡视检查	
122		离合器、制动器、钢丝绳达不到要求		✓	机械伤害等	督促施工单位执行运行的安全控制程序,进行巡视检查	
123		作业平台的设置不符合要求		✓	高处坠落等	督促施工单位执行运行的安全控制程序,进行巡视检查	

（续表）

序号	作业/活动/设施/场所	危险源	重大	一般	可能导致的事故	监理工作措施	备注
124		作业工人粉尘与噪声的个体防护不符合要求		√	尘肺、听力损伤等	督促施工单位执行运行的安全控制程序,进行巡视检查	
125	打桩作业	打桩机的安装不符合要求		√	机械伤害等	督促施工单位执行运行的安全控制程序,进行巡视检查	
126		打桩作业违规操作		√	机械伤害等	督促施工单位进行教育和培训,进行巡视检查	
127		行走路面荷载不符合要求		√	设备倾翻等	督促施工单位执行运行的安全控制程序,进行巡视检查	
128		打桩机超高限位装置不符合要求		√	机械伤害等	督促施工单位执行运行的安全控制程序,进行巡视检查	
129	安全管理	对施工组织设计中安全措施的管理不符合要求		√	各类事故	督促施工单位对此危险源制定安全目标和管理方案	
130		未按法规要求建立健全安全生产责任制		√	各类事故	督促施工单位建立责任制	
131		未对分部工程实施安全技术交底		√	各类事故	督促施工单位进行教育与技术交底	
132		安全检查制度的建立与实施不符合要求		√	各类事故	督促施工单位建立健全安全检查制度	
133		安全标志的管理不符合要求		√	高处坠落,物体打击等	督促施工单位进行教育和培训,进行巡视检查	
134		防护用品的管理不符合要求		√	各类事故	进行巡视检查	
135	物料储备	易燃易爆及危险化学品的存放不符合要求		√	泄露、火灾等	督促施工单位执行运行的安全控制程序,进行巡视检查	
136		料具违规堆放		√	料具倾倒等	进行巡视检查	
137	消防管理	无消防措施、制度或消防设备		√	火灾等	督促施工单位对此危险源制定安全目标和管理方案	
138		灭火器材配置不合理		√	火灾等	督促施工单位执行运行的安全控制程序,进行巡视检查	
139		动火作业管理制度不符合要求		√	火灾等	督促施工单位对此危险源制定安全目标和管理方案	
140	生活设施管理	食堂不符合卫生要求		√	食物中毒等	可以不检查,但是发现问题要处理	
141		厕所及洗浴设施不符合要求		√	摔倒、传染病等	可以不检查,但是发现问题要处理	
142		活动板房无搭设方案及未验收		√	坍塌	可以不检查,但是发现问题要处理	
143		食堂采购不认真		√	食物中毒	可以不检查,但是发现问题要处理	
144		锅炉等压力容器的管理不符合要求		√	爆炸等	可以不检查,但是发现问题要处理	

第七章 生产安全事故及监理责任 案例分析

本章通过对一些典型生产安全事故案例的背景、事故发生原因、责任单位(人)责任追究的分析,说明监理单位和监理人员应该从中吸取哪些教训,同时,从监理工作角度提出如何进一步改进安全生产管理的建议。

案例分析表明,建设项目施工过程中的安全风险和隐患是客观存在的,由于物的不安全状态和人的不安全行为,安全事故偶有发生。在此过程中,虽然监理单位、监理人员承担着很大的安全管理风险及责任,但是,只要认真履行监理的安全管理职责,严格按法律法规及规范规程办事,及时发现生产安全隐患并要求施工单位改正,直至向建设主管部门报告,监理的安全责任风险是可以有效规避的。

第一节 基础及基坑坍塌事故

坍塌,指建筑物、构筑物、堆置物等倒塌以及土石塌方引起的事故。适用于因设计或施工不合理而造成的倒塌,以及土方、岩石发生的塌陷事故。

造成基础及基坑坍塌事故的原因是多方面的,如对场地工程地质情况缺乏全面、正确的了解,设计方案不合理或设计计算错误,施工质量差和监管不力(未按设计施工图和技术标准施工等)、环境条件改变等。

基础及基坑坍塌事故一般影响较大,往往造成较大的人员伤亡和经济损失,并可能破坏市政设施,造成较大的社会影响。

案例1 清华附中体育馆工程基础钢筋坍塌事故

一、背景材料

2014年12月29日8时10分左右,北京市海淀区清华附中体育馆工程发生筏板基础钢筋坍塌重大事故,造成10人死亡、4人受伤的重大安全事故。

建设单位:清华大学

施工单位:北京建工某工程建设有限公司

劳务分包单位:河南安阳某建筑劳务有限责任公司

监理单位:北京某工程管理有限公司

二、原因分析

1. 施工单位未按施工方案要求堆放物料

施工时违反"钢筋施工方案"规定,将整捆钢筋直接堆放在上层钢筋网上,导致马凳立筋失稳,产生过大的水平位移,进而引起立筋上、下焊接处断裂,致使基础底板钢筋整体坍塌。

2. 未按方案要求制作和布置马凳

现场制作马凳所用钢筋的直径从施工方案的 32 mm 减小至 25 mm 或 28 mm;现场马凳布置间距为 0.9 m 至 2.1 m,与要求的 1 m 严重不符,且布置不均、平均间距过大;马凳立筋上、下端焊接欠饱满。

3. 施工现场管理缺失、经营管理混乱

备案项目经理长期不在岗、专职安全员配备不足、项目实际负责人不具备项目管理资格和能力,施工现场缺乏有专业知识和能力的人员统一管理。

4. 监理监管不到位

对项目经理长期未到岗履职、未组织对劳务分包单位的审查、未检查专项施工方案的落实情况,施工项目部安全技术交底和安全培训教育工作不到位,施工单位使用未经培训的人员实施钢筋作业等未进行有效监督管理。

三、责任人处理

因施工、监理等相关单位人员未履行或未完全履行安全生产管理职责,共有 15 人被判刑,其中,监理人员有 4 人被判刑。

郝某,总监理工程师。未组织安排审查劳务分包合同,对施工单位长期未按方案作业的行为监督检查不到位,未监督钢筋施工交底、备案项目经理不在岗等。有期徒刑 5 年。

张某,执行总监。理由同前。有期徒刑 4 年 6 个月。

田某,监理工程师兼安全员。对现场未交底的情况未进行监督,对作业人员长期未按方案作业的行为巡视检查不到位。有期徒刑 4 年。

耿某,监理工程师。理由同前。有期徒刑 3 年,缓刑 3 年。

四、教训

1. 刑事处理人员多,对监理人员处理多、判刑重。

2. 监理责任主要是未组织对劳务分包单位的审查,未检查专项施工方案的落实情况。

五、建议

1. 对于施工单位(含专业分包和劳务分包)主要管理人员不到位情况,项目监理机构应以书面形式识别,并及时给业主发工程联系单、监理备忘录,给施工单位发监理通知单、工程暂停令,也可以监理报告形式报告政府主管部门,直至安全隐患消除。

2. 项目监理机构应审查分包单位(含劳务分包)的资质、安全生产许可证、分包合同及主要人员情况,以完善相关手续。特别提醒,项目监理机构应对施工单位驻现场的主要管理人员进行甄别,可以查验劳动合同和社保关系。

3. 项目监理机构应督促施工单位做好安全教育及安全技术交底工作，并要求施工单位形成书面文件，以备查。

4. 对施工单位的专项施工方案，项目监理机构应认真审核并督促按方案执行。

5. 监理人员应经常巡视、重点检查施工过程是否符合施工方案，特别是工况比对、关键参数、构造节点等，如：马凳支架钢筋直径、纵横向间距、焊接牢固等，发现问题及时书面要求整改，必要时，下发工程暂停令、通知建设单位直至向建设行政主管部门报告。

6. 项目监理机构应有较全面反映监理程序管理和技术管理正确性的相关资料，如监理日志，巡查及检查记录、工程例会或专题会议纪要等。

案例2　上海"莲花河畔景苑"楼体倾覆事故

一、背景材料

2009年6月27日5时30分左右，上海市闵行区"莲花河畔景苑"一栋13层在建住宅楼发生楼体倾覆事故，造成一名工人死亡。

涉案的开发商、施工单位和监理被追究法律责任。上海某建设监理有限公司总工程师兼"莲花河畔景苑"总监理工程师乔某被判处有期徒刑3年。

二、原因分析

经现场补充勘察和设计复核，原勘察报告、结构设计符合规范要求，大楼所用PHC管桩经检测，质量符合规范要求。

房屋倾倒的原因较简单，主要为施工方法不当。紧贴倾覆楼北侧，在短期内堆土过高，最高处达10 m左右。与此同时，紧邻大楼南侧的地下车库基坑正在开挖，开挖深度4.6 m。大楼两侧的压力差使土体产生水平位移，过大的水平力超过了桩基的抗侧能力，导致房屋倾倒。

三、教训

1. 总监理工程师乔某虽然知道先建高楼再挖地下车库的施工顺序不妥，并多次在会议上提出坚决反对意见，且拒绝在挖土令上签字，但是对隐患的严重程度估计不足，没有及时下达工程暂停令并向建设单位报告。

2. 总监理工程师乔某对建设单位指定没有资质的人员承包土方施工、违规堆土等行为未按照法律法规规定及时、有效制止，也未向政府主管部门报告。

四、建议

1. 项目监理机构在获得设计、施工及周边环境等全面资料后，应对安全风险进行评估识别，并采取防范措施，如编制有针对性的监理规划、监理实施细则等。

2. 项目监理机构人员应按合同和工程实际需要配备到位，由于项目有深基坑分项工程，所以项目监理机构应配备一定数量的具有深基坑施工和管理能力的监理工程师，负责深基坑施工阶段的技术管理工作。

3. 项目监理机构不能过分顾及业主的关系、情面，应按规定独立、自主地处理监理工作有关事项。在履行监理安全责任时,要有足够的敏感性,注意程序控制、自我保护。对于"先建高楼再挖地下车库"的非常规施工顺序,项目监理机构应予以安全风险识别和评价,并以"监理通知单、备忘录、监理报告"等书面方式告知有关各方。

4. 项目监理机构在施工过程中应加强监管,发现安全隐患应及时下发监理通知单,情况严重的(如土方施工单位没有施工资质、堆土过高、侧向挤压过大等),必须及时发工程暂停令。必要时,向政府建设主管部门报告,留下相关资料。

5. 需要特别说明的是:一般情况下,质量、进度、造价、变更类的工程暂停令应经建设单位同意后由总监理工程师下发,安全类的工程暂停令下发前无需得到建设单位同意(可以事后通报)。

6. 项目监理机构应灵活应用监理报告,总监理工程师或总监理工程师代表应根据现场安全风险程度和施工单位对监理指令的执行情况签发"监理报告"(附监理通知单、工程暂停令等资料),及时向建设主管部门报告。

案例3　上海地铁4号线隧道坍塌事故

一、背景材料

2003年7月1日凌晨,上海地铁轨道交通4号线在越江隧道区间用于连接上下行线的安全联络通道的施工作业面内,因大量水和流砂涌入,引起隧道部分结构损坏及周边地区地面沉降,先后造成3栋建筑物严重倾斜,1栋8层楼房倒塌,黄浦江防汛墙局部坍塌并引起管涌。由于人员及时撤离未造成伤亡,但损失严重,直接经济损失超过1.5亿元人民币。

事后有3人被判刑、3人被取保候审。某监理公司资质从甲级降为乙级,总监代表李某被判刑4年,公司经理、总监被取保候审。

二、原因分析

1. 施工顺序不合适

6月底,轨道交通4号线浦东南路至南浦大桥段上下行隧道旁通道上方一个大的竖井已经开挖好,在大竖井底板下距离隧道四五米处,还需要开挖两个小的竖井,才能与隧道相通。事故发生时,一个小竖井已经挖好,另外一个已开挖2m左右。

按照施工惯例,应该先挖旁通道,再挖竖井。但是施工方改变了开挖顺序,这样极容易造成坍塌。

2. 违章指挥、盲目蛮干,险情出现后处置不当

隧道施工时采用冷冻技术,事故前,冷冻的温度已经达到所需温度,但是6月28日因断电使冷冻温度慢慢回升,大概回升2℃多的时候,技术人员将情况汇报给某矿山工程有限公司上海分公司项目副经理李某。但是李说"不要紧,继续施工"。至6月30日,由于工人继续施工,向前挖掘,管片之上的流水和流砂压力终于突破极限值。

轨道交通4号线隧道施工所处土层为砂层土,含砂量、含水量很高,且水源头与江河湖泊相连,水的压力会随着潮汐变化而不同,在水压力作用下将大量砂性土源源不断带出。6月30日晚,施工现场出现大面积流砂,施工单位用干冰紧急制冷但措施很不得力。

3. 施工管理不善

施工单位对施工方案做了变更,将隧道冷冻施工的冷冻管数量、长度做了缩减,降低了隧道安全系数,但施工方案变更一直未经过监理单位审查。

三、教训

1. 监理公司对项目监理机构的配备不合理。总监理工程师是公司经理,不能常驻现场。总监代表属无证上岗,素质不高,缺乏与复杂工程相适应的技术水平和管理能力。

2. 对工程中重大危险源(达到一定规模的危险性较大的分部分项工程)重视不够,没有经常排查、评估存在的安全风险;未有效阻止施工方随意改变开挖顺序,未对调整的施工方案组织审查。

3. 没有组织足够的力量对工程实施有效的巡视检查。例如,没有发现施工单位无方案施工、不按方案施工、违章施工;没有发现现场停电,冷冻区域温度已上升了2 ℃多;没有发现工人在冷冻面挖掘造成了流水、流砂。

4. 监理自我保护意识薄弱,对施工单位擅自改变施工方法、改变施工顺序、违章指挥、违章作业、现场重大安全隐患熟视无睹,既没有下工程暂停令,也没有向建设单位和有关主管部门报告。

四、建议

1. 重视专项施工方案的审核和落实,特别是关键部位、关键工序的施工顺序、方法、机械、材料等是否与经审定的施工方案一致,发现异常应及时书面要求施工单位整改。如有重大变更,专项施工方案应重新编制,再次组织专家论证及报审,审查合格后方可再行施工。

2. 项目监理机构应加强对重大危险部位、工序的巡查和重点检查,注意发现安全隐患,包括重要施工参数和环境数据,并及时下达书面监理指令,正确运用工程暂停令和监理报告。

本案例中,只要监理人员具备较高的专业技术能力、较强的工作责任心,对施工单位采用不合适的施工顺序、擅自改变施工方法、减少隧道冷冻施工的冷冻管数量与冷冻管长度、停电后冷冻区域温度上升、工人在冷冻面挖掘造成流水流砂、流砂的处置等安全隐患是完全有时间、有可能发现,进而采取正确的处理措施的。

3. 对于存在重大安全风险的施工部位、工序,施工前应按应急救援预案检查应急人员、机械、材料物资等准备情况,不能流于形式。

4. 项目监理机构的人员配备要合理,骨干人员应满足监理规范规定的任职资格及专业能力要求,并配备到位,以满足现场监理工作需求。如特殊情况下投标或备案总监不能到位,在征得建设单位同意的前提下办理合法变更手续,并到政府主管部门备案。

5. 注意完善监理资料,保留项目监理机构进行安全管理的痕迹。

案例4　杭州风情大道地铁湘湖站坍塌事故

一、背景材料

建设单位:杭州地铁集团有限公司

设计单位:北京某设计研究总院有限责任公司

地勘单位:浙江某地矿勘察院

监理单位:上海某工程项目管理咨询有限公司

监测单位:安徽中铁某设计研究院(挂靠)

　　　　　浙江某建设工程检测有限公司(被挂靠)

施工单位:中国中铁股份有限公司所属某工程有限公司

2008年11月15日下午3时15分左右,正在施工的杭州地铁湘湖站北2号基坑现场发生大面积坍塌事故,造成21人死亡、24人受伤,直接经济损失4 961万元。

事后,包括工程项目总监代表蒋某在内的10名事故责任人被审查起诉,11人被行政处罚。

二、原因分析

1. 施工单位违规施工、冒险作业,基坑严重超挖,支撑体系存在严重缺陷且钢管支撑架设不及时,垫层未及时浇筑。

2. 监测单位(安徽中铁某设计研究院以浙江某建设工程检测有限公司名义,实为挂靠)施工监测失效,施工单位没有采取有效补救措施。

3. 工期不合理,盲目求快。国家发改委批复该项目完工日期为2010年,而主管部门的部分领导,不顾拆迁滞后一年,工程于2008年6月才实际施工的客观情况,仍要求提前工期至2009年完成,实际工期仅一年半,远远少于3年的合理工期。

4. 基坑周边超载严重。原道路设计车流量为3 000辆/日,因附近几条道路整修,所有车辆绕至风情大道通过,预计达30 000辆/日,且有大量超重车辆通行,造成地铁基坑超载严重。

5. 盲目压缩投资。在项目前期的策划阶段,有专家指出出事区域原为一条河流,后被回填,地质条件极差,宜采用暗挖盾构法施工,不宜采用造价低廉的明挖法。但建设方因担心成本过高,影响运营利润,对此合理方案予以否决。

6. 管理不善。

三、教训

1. 建设单位要认真把安全生产工作放在项目建设的第一位,合理确定项目投资和建设工期,加强对项目参建各方的监管。

2. 施工单位要强化施工全过程和各环节的安全生产管理,加大安全投入,严格按施工图、合同、法律法规及规范规程施工。

3. 监理单位要把质量安全放在第一位,认真落实项目总监负责制,对建设单位的违法行为也要有效识别。

四、建议

1. 安全隐患发展为安全事故是一个从量变到质变的过程。对深基坑等危险性较大的分部分项工程,项目监理机构应保持高度的警惕性和职业敏感性,在获得设计、施工及周边环境等全面资料后,应识别安全风险,并采取防范措施,编制有针对性的监理规划、监理实施细则等。

2. 项目监理机构应重视施工专项方案的审核和督促落实,特别是关键部位、关键工序的施工方式、机械、材料、地质条件、荷载、工况等是否与经审定的施工方案一致,发现异常应及时书面要求施工单位整改。如有重大变更,施工专项方案应重新编制,再次组织专家论证及报审,审查合格后方可再行施工。

3. 项目监理机构应加强施工过程中的监管,特别应加强重大危险施工部位、工序的巡查和重点检查。巡查和检查包括两个方面:一是肉眼观测施工情况是否与专项施工方案相符,如施工顺序、施工工况、周边条件,有无肉眼可见的裂缝、下沉或隆起、基坑流水流砂,有无违章指挥和违章作业(如超挖、基坑边过载)等。二是根据施工单位及第三方基坑监测报告,及时了解、分析基坑沉降、水平位移、基坑隆起、基坑内外水位、支护桩和水平支撑的轴力等数据的极值和速率。发现问题应及时下达书面监理指令,情况严重时,应下发工程暂停令,通知建设单位,向政府主管部门报告。

特别提醒,监理报告以后,如果现场安全隐患未能消除甚至隐患加剧,项目监理机构应再报告,并留下相关资料。

4. 对于工期过短等不合理要求,项目监理机构应予以书面识别,不能过分顾及个别官员、业主及施工单位的关系和情面,应按规定独立、自主地处理监理工作有关事项,注意程序控制、自我保护。本案例中,项目监理机构应果断、及时地以备忘录、监理报告等方式,将工期过短可能造成的安全风险告知建设单位、建设主管部门,并要求采取补救措施。

5. 注意完善监理资料,保证监理资料的真实性和及时性。监理日志及巡查、检查记录,工程例会或专题会议纪要等,应能较全面地反映监理程序管理和技术管理的正确性。

第二节　支撑及施工平台坍塌事故

支撑及施工平台作为临时结构体系对工程质量和施工安全非常重要,其强度、刚度及整体稳定性不足会引起变形过大、杆件歪扭,甚至整体坍塌等重大安全事故。

案例1　启东市某运动中心工程模板支架坍塌事故

一、背景材料

启东市某镇某运动中心项目,由启东某康复保健公司和启东某健身俱乐部有限公司共同投资兴建,由江苏某建筑公司施工。项目为四层框架结构,总建筑面积为 22 234 m²,其中地上 18 273 m²,地下 3 961 m²。发生高支模支撑体系坍塌的部位是运动中心的二、三层共享大厅,该厅南北向共设置 6 根柱(1 200 mm×1 200 mm),柱距 6 m,共长 36 m,东西向为 24 m 跨,主跨梁为钢筋混凝土结构,梁截面 800 mm×1 500 mm,支模高度为 11.6 m。

该项目模板支撑体系,于 2012 年 8 月 25 日前由分包单位木工班组(无搭设资质)搭设完成,搭设完成后,施工项目部未按程序组织相关人员进行验收,在监理未签发混凝土浇筑令的前提下,施工项目部擅自于 8 月 26 日进行运动大厅柱、大梁和楼盖的混凝土浇筑。

混凝土浇筑于上午 7 时 30 分左右开始,至 9 时 30 左右,共浇筑运动大厅南侧主梁和楼盖。17时左右,在浇筑混凝土过程中发现模板支撑排架下沉,执行经理冯某随即安排工人到已浇筑的大梁底部进行局部加固,当时,三楼楼盖浇筑面上有 5 人作业,到楼下进行支模加固的共有 8 人,其中 5 人在架子上进行加固作业,3 人在二楼楼面。

18时左右,模板及支撑系统突然发生变形,并瞬间坍塌。三楼楼盖上 5 名施工人员和二楼楼面 3 名人员成功脱险,5 名在进行加固作业的人员被困在坍塌的模板支撑体系及刚浇筑完的混凝土下面。事故共造成 4 人死亡,1 人受伤,直接经济损失约 800 万元。

二、原因分析

(一) 技术原因

1. 使用主要力学性能指标不合格的钢管、扣件,给高支模搭设施工从技术上埋下了重大隐患。

2. 支撑排架中,横向主梁、纵向次梁的立杆纵距、横距均为 1 050～1 150 mm,步距 1 750～1 800 mm。根据板面实际荷载计算,支撑架体的三维尺寸严重超标,其立杆的承载力严重不足。

3. 主梁下排架中两根立杆悬支在梁下排架水平横杆上,其排架中的水平横杆不能承受悬支杆的压力。

4. 排架中未按规定设置竖向剪刀撑和水平剪刀撑,直接造成排架刚度不足。未按规定设置扫地杆,纵横向水平杆间隔交错设置,直接造成对立杆的约束降低,立杆稳定性和承压能力大大下降。

5. 经检测,排架中的扣件螺栓拧紧力矩不合格率达 80%,大梁下立杆顶部未采用双扣件,扣件螺栓拧紧力矩不足。

6. 浇筑混凝土时,未按照从中间向两边的顺序浇筑,造成排架偏心承载,混凝土浇筑方法和浇筑顺序不符合施工规范的技术要求。

(二) 管理原因

1. 施工单位未认真履行法定职责,安全投入不足。未组织技术人员编制高大模板支撑架专项施工方案、应急救援预案和组织专家论证;向施工项目部派驻不具备执业资格要求的人员担任项目经理;未组织安全技术交底,安排无特殊工种操作证的木工搭设高支撑架,未组织搭设后验收;在发现模板支撑架异常后,未根据规定停止混凝土浇筑、撤离人员,而是违章指挥,盲目安排人员进行加固;项目经理、项目技术负责人、安全员等施工管理人员未尽职尽责。

2. 施工单位使用主要力学性能指标不合格的钢管、扣件。在排架搭设施工中,未能把住安全技术交底关、检查验收关。

3. 建设单位未认真履行法定职责。项目管理混乱,安全投入不足,未履行工程质量、安全报监和办理施工许可手续,违法施工;超低价签订监理合同,打着监理公司的名义进行监理,未向项目派驻符合要求的管理人员;工程管理混乱,未对施工单位、监理单位人员到岗情况进行审查,指派无证人员担任现场监理,强令施工企业违章开工建设。

4. 监理单位未向工程派驻现场监理人员,超低价签订监理合同,允许建设单位以本单位名义进行监理;项目总监严重失职,未按要求对施工现场实施有效监管,对存在的重大事故隐患和违章作业行为未进行有效制止和向建设主管部门报告。

5. 建设行政主管部门对该工程监管不力,对未履行工程质量、安全报监和办理施工许可手续的违法施工行为未采取有效措施进行制止。

6. 启东市某镇对新开发建设的工程监管不到位,对施工过程中存在的违法违规行为未采取有效措施进行制止,也未向建设主管部门报告。

三、事故处理

这起较大安全生产责任事故中,建设单位未取得建设许可,违法施工,打着监理单位名义实施项目监理;施工单位项目管理混乱,未按规范要求编制高大模板支撑专项施工方案,未组织专家论证,违规施工、违章指挥、违章操作;监理单位未履行监理职责,部门和属地监管不到位。

(一) 对有关事故单位责任的认定和处理

1. 施工单位江苏某建筑公司对事故发生负有主要责任。由安全生产监督管理部门给予该公司罚款人民币 30 万元的行政处罚,由省住房和城乡建设厅依据有关规定对其实施暂扣安全生产许可证 90 日的行政处罚,自安全生产许可证恢复之日起计算,在两年内不得增项和资质升级。

2. 建设单位启东某置业公司未履行法定职责,项目管理混乱,安全投入不足,对事故发生负有重要责任。由安全生产监督部门给予罚款人民币 30 万元的行政处罚。

3. 监理单位对事故发生负有重要责任。安全生产监督部门根据有关规定给予该公司罚款人民币 30 万元的行政处罚,由省住房和城乡建设厅依据有关规定对其实施停业 30 日(暂扣资质证书 30 日)的行政处罚,自解除暂扣之日起计算,在两年内不得增项和资质升级。

4. 住房和城乡建设局对事故工程监督不力,在办理了项目规划许可等手续后,跟踪服务监督管理不到位,对包括事故工程在内的"九大中心"工程均未取得建筑工程施工许可的违法行为,未采取有效措施予以制止,责令其向启东市人民政府做出深刻的书面检查。

5. 建筑工程管理局对事故工程安全生产监管不力,对工程未取得建筑工程施工许可的违法行为,未采取有效措施予以制止,责令其向启东市人民政府做出深刻的书面检查。

(二) 对有关责任人的责任认定和处理

因参与工程建设与管理的有关人员未履行或未完全履行安全生产管理职责,共有包括监理单位 3 人在内的 18 人被追责。

1. 樊某,监理单位法定代表人、董事长,作为本单位安全生产第一责任人,未履行安全生产管理的监理职责,允许建设单位以本单位名义进行工程监理,以超低价签订监理合同,未向事故工程派驻现场监理人员实施有效监理,对事故发生负有直接责任,涉嫌刑事犯罪。移交司法机关依法处理。

2. 黄某,项目监理机构总监理工程师,未认真履行总监理工程师的职责,未对事故工程实施有效监理,对事故发生负有一定责任,由安全生产监督管理部门对其进行罚款年收入 40％的行政处罚;由省住房和城乡建设厅对其实施停止监理执业证书两年的行政处罚。

3. 胡某,项目监理机构工程师,受公司工程部委派作为甲方代表,同时负责工程管理,负责质量、进度、安全等,并履行现场监理职责。未认真履行职责,对施工现场存在的违规行为未及时制止,未督促施工单位消除工程上存在的重大事故隐患,对事故发生负有重要责任。由安全生产监督部门、管理部门给予其行政处罚。

四、教训

1. 建设单位要认真把安全生产工作放在项目建设的第一位,严格执行国家的法律法规和规范,履行法定义务。必须严禁建设单位规避招投标程序,以监理单位名义自行监理。同时,建设单位要严格审查施工、监理单位的人员资质、资格与到岗情况;要依法办理各项建设施工许可手续,自觉接受当地政府的监督管理;要加大安全生产投入,保证安全生产管理的人员、资金、措施到位。

2. 监理单位要依法执业,规范公司经营行为,严格执行国家法律法规和行业规范标准,杜绝把经济利益、企业效益置于质量安全之上的行为。加强对公司从业人员的教育培训,提高履职的责任心、自觉性和业务水平。

3. 施工单位要强化施工安全管理。一是要加大安全投入,规范施工承包行为,严格按国家法规规范要求组建施工项目部;二是要进一步完善各项安全生产制度规程,严格施工全过程和各环节的安全生产管理;三是要严格分包单位和人员的资格审查,加强安全生产培训教育,提高从业人员安全生产意识和技能;四是要强化危险性较大的分部分项工程的管理,对于超过一定规模的危险性较大的分部分项工程,施工单位必须编制专项施工方案,并应组织专家论证,并落实专门部门和专人进行跟踪管理,从方案、队伍、施工、预案等各方面严格把关。

4. 建设行政主管部门要强化对在建工程的监督管理。一是要按照规定打击和整治建筑施工领域的违法违规行为;二是要加强对重点工程项目的跟踪督察,发现问题要及时采取有效措施予以整改;三是要加大行政执法力度,对在建工程存在严重事故隐患的施工工地,要采取强有力的措施予以制止;四是要加强队伍建设,充实建筑施工行政执法检查力量。

五、建议

1. 监理单位在业务活动中,严禁出借、挂靠监理企业资质,应坚持质量第一、安全至上的原则,反对片面追求经济效益、轻视监理工作质量的行为。监理单位低价签订监理合同承接业务,不仅扰乱了市场秩序,更给监理行业、监理人员带来极大的法律风险。

2. 建设单位弄虚作假、张冠李戴,打着监理单位的名义对项目进行监理,是一种严重的违法行为,监理单位在获得少量经济利益的同时存在极大的法律风险,对此行为,监理单位应坚决抵制。

3. 项目监理机构应在开工前审查开工条件,如未取得施工许可证和未办理质监、安监手续等,项目监理机构应以书面形式识别,给建设单位发监理备忘录,并在开工报审栏签署不同意开工意见。

4. 项目监理机构应审查分包单位(含劳务分包)的资质、安全生产许可证、分包合同、主要管理人员及特殊工种人员上岗证情况,完善相关手续。对于施工单位(含分包)主要管理人员不到位的情况,项目监理机构应以书面形式识别,并要求整改,直至到位或变更。

5. 对于超过一定规模的危险性较大的分部分项工程,施工单位必须编制专项施工方案,并组织专家论证,项目监理机构应认真审核,符合要求后方可实施。

6. 搭设模板支架所用的钢管、扣件等材料应检测,根据检测数据比对专项施工方案中结构计算书选用参数,合格后方可使用,如比对不符,应要求重新验算或变更材料。

7. 搭设及使用过程中,项目监理机构应不断巡视、重点检查,特别是关键构造节点,如:架体基础、水平及竖向支撑、连墙件等,发现问题及时下发书面监理指令,正确运用工程暂停令和监理报告。

案例 2　昆明新机场配套引桥工程混凝土支架垮塌事故

一、背景材料

2010 年 1 月 3 日下午,昆明新机场配套引桥工程在混凝土浇筑施工中发生支架垮塌事故,垮塌长度约 38.5 m,宽约 13.2 m,支撑高度约为 8 m。事故造成轻伤 26 人,重伤 8 人,死亡 7 人。

参与项目建设及管理的云南某市政建设有限公司、云南某建设有限公司、吉林省某劳务服务有限公司、云南某监理有限公司、云南省昆明新机场建设指挥部等有关单位相关事故责任人受到了党内严重警告处分、撤职以及经济罚款等处罚,另有 6 名涉嫌犯罪的事故责任人被移送司法机关处理,相关事故责任单位也受到了相应的经济处罚。

二、原因分析

经分析,导致支架垮塌的直接原因是:由于模板支架受力管件的质量差,架底管件存在缺陷,加之架体安装不规范,混凝土浇灌程序不合理,导致支撑不稳,连带架体整体发生坍塌。

1. 钢管、扣件存在严重质量问题。该桥梁工程施工采用碗扣式钢管架作为模板支撑,立杆的受力计算依照 $\phi48$ mm×3.5 mm 进行验算。事故现场抽查的结果显示,钢管壁厚最厚的为 3.35 mm,最薄的为 2.79 mm,平均厚度不足 3.0 mm。

根据现场抽查,碗扣横杆结构拉伸试验最小值为 18.05 kN,严重不符合规范要求(上碗扣的抗拉强度不能小于 30 kN,下碗扣、主碗扣检测强度不应小于 60 kN,横杆接扣剪切强度不应小于 50 kN,横杆接扣焊接的剪切强度不应小于 25 kN)。

2. 支架构造错误。调查中发现,模板支撑体系未设置水平剪刀撑,且纵向和横向剪刀撑不全,没有由底部连续设置。

3. 支架安装不规范。经调查,该工程模板支撑体系垂直度不符合规范要求,立柱偏心受力过大,现场碗扣没有锁紧,松动严重,个别的地方还没有连上碗扣。

4. 浇筑工艺违反规范要求。根据规范,混凝土箱梁的施工应采用从跨中间两端对称、分层浇筑的方式。调查中证实,事故当天混凝土浇筑时,操作现场为方便冲洗模板和混凝土成型,采用了从箱梁高处向低处一次性浇灌的方式,人为增大了混凝土向下流动时产生的水平位移。

5. 无有效的计算书。经调查,各方无法提供搭设支撑架的计算书,更无专家论证意见书。

6. 其他。抢工期；支架搭建工程层层转包；价格太低等。

三、教训

1. 监理没有认真对施工单位的资质和特殊工种人员的资格进行核查核验。

2. 监理没有认真对施工单位的施工方案进行审查。

3. 监理屈从工期压力，没有书面对不合理的工期和施工顺序提出反对意见。对现场存在的各方违反建设程序的行为以及施工中存在的严重安全隐患，监理也没有用书面形式明确表示反对。

四、建议

1. 根据规定，对于超过一定规模的危险性较大分部分项工程，施工单位必须编制专项施工方案，并组织专家论证。项目监理机构应审核施工专项方案（含计算书），符合要求后方可实施。同时项目监理机构应编制有针对性的监理实施细则。

2. 项目监理机构应事前审查分包单位（含劳务分包）的资质、安全生产许可证、分包合同、主要管理人员及特殊工种人员上岗证（建设主管部门颁发）情况，完善相关手续。模板支撑排架搭设人员必须为专业架子工，要求持证上岗，必须戴安全帽、系安全带、穿防滑鞋，正确使用各种安全防护用品。

3. 搭设所用钢管、碗扣件等材料应检测，根据检测数据比对结构计算书选用参数，合格后方可使用，如比对不符，应要求重新验算或更换材料。

4. 搭设及使用过程中，项目监理机构应巡视、重点检查关键构造节点，如：架体基础、立杆纵横排距、水平及竖向支撑、碗扣节点连接等，重点为：是否按施工方案搭设和使用。发现问题及时下发监理通知单，情况严重时发工程暂停令，并通知建设单位，必要时以监理报告方式报告建设主管部门（附监理通知单、工程暂停令等相关材料），并留下记录或必要证据。

5. 支架搭设完毕，施工单位在自检合格基础上应组织有关各方共同验收，项目监理机构必须参加，并形成验收记录。验收记录应包括立杆间距、步距、扫地杆设置、剪刀撑设置、连墙件设置、碗扣检查等关键数据。

6. 项目监理机构应按规定独立、自主地处理监理工作有关事项，对于抢工期等不合理要求，项目监理机构应有正确的判断和识别，必须在保证质量、安全前提下进行，不能过分顾及建设单位或施工单位的关系和情面、屈从于相关方领导的盲目指令。

案例3　江西宜春市丰城发电厂三期扩建工程坍塌事故

一、背景材料

"丰城电厂三期扩建工程"位于江西省宜春丰城市西面石上村铜鼓山，总投资额76.7亿元，拟建两台100万kW超临界燃煤机组。两台机组计划于2017年年底、2018年年初分别投产发电。建成投产后，丰城发电厂将成为江西省发电量最大的火力发电厂。

坍塌部位为D标段的钢筋混凝土薄壁双曲线冷却塔，高度156 m，于2016年4月份开工建设,发生事故时冷却塔已建设到 70 多 m。

建设单位:江西赣能股份有限公司丰城三期发电厂

设计单位:中国电力工程顾问集团某电力设计院有限公司

监理单位:上海某工程咨询有限公司

总包单位:中国电力工程顾问集团某电力设计院有限公司

施工单位:河北某烟塔工程有限公司

2016 年 11 月 24 日 7 时 40 分许,在建冷却塔施工平桥吊发生倒塌,并引起施工操作平台及上下施工平台用的电梯一起坍塌,造成 2 人受伤、74 人遇难的特别重大事故。

早上刚过 7 点,10 多位早班工人就到达冷却塔内,与零班交接。在他们头顶上方 70 多 m 的高处,搭建有施工平台,那里还有几十名工人。大概 5 分钟后,他们突然听到头顶上方有人大声喊叫,接着就看见上面的脚手架往下坠落,砸塌水塔和安全通道。在地面层工作的工人迅速往冷却塔外跑。短短十几分钟时间,整个施工平台完全坍塌。

二、原因分析

坍塌原因包括技术层面和管理方面,主要原因如下(包括但不限于):

1. 抢工期,盲目施工

据调查,2016 年 9 月 13 日,丰城电厂三期工程曾举行"协力奋战 100 天"动员大会。工程负责人在会上表示,要强化施工现场工作调度,监理、施工单位增加人员、设备投入,抢抓晴好天气,加快施工进度。

施工单位为赶工期,在外界气温较低情况下,混凝土未达到拆模强度就过早地拆除冷却塔外围的木质脚手架。混凝土因强度不足,在外部荷载作用下慢慢开裂、酥松、脱落,最后坍塌。

2. 安全管理松懈

据调查,施工现场管理较混乱,但参建各方包括建设行政主管部门未及时采取行之有效的措施,现场安全检查也流于形式,缺少事故发生之前一段时间的安全巡查或检查记录。

3. 其他

塔吊及附件的安装、使用、顶升、后期维修保养是否规范,是否有超载现象,塔吊司机是否存在疲劳驾驶、误操作等。另外,施工工况与施工组织设计或施工方案是否一致,如不一致,方案是否已经调整等。

三、责任人处理

据不完全统计,至 2016 年 12 月 28 日,已有多人被刑事起诉或调查,其中,包括 2 名监理人员。

1. 胡某,上海某工程咨询有限公司项目监理部总监。

2. 缪某,上海某工程咨询有限公司项目监理部安全副总监。

四、教训

1. 遇难人员多

据统计,本次安全事故为新中国成立以来建设工程领域(含建筑物、构筑物)在建项目最大质量安全事故之一,遇难 74 人,远超过国家规定的特别重大安全事故 30 人的界限,可谓惨烈。

2. "压缩工期"值得警醒

任何工程建设都有科学合理的建设周期,随意压缩工期,必然会抬升事故风险。但"压缩工期或赶工期"现象仍普遍,几乎成为建设工程领域的"顽疾"。对建设单位而言,工期越短完工越早,项目越能早日投用,能省钱还能尽早从项目中赚钱;对施工单位来说,工期越短,设备租赁费用、人力资源投入越少,资金成本也越低。但是,对于本工程来讲,74 条生命的代价是惨痛的。

3. 要时刻把安全生产摆在首要位置

参与建设的有关各方要充分认识安全生产工作的极端重要性、长期性、艰巨性、复杂性,增强做好安全生产工作的责任感、紧迫感,始终把安全生产工作摆在首要位置。

4. 做好日常的安全管理工作

各参加单位要严格按照《中华人民共和国安全生产法》等规定,切实抓好安全生产责任的落实,把安全生产主体责任落实到企业、分解给个人,真正形成人人有责的工作机制。同时,不断充实现场安全管理队伍,不断健全完善安全生产"网络化"体系,把安全生产责任和压力层层传递到施工一线、传递到个人。

对于容易引发群死群伤事故的高支模、脚手架、深基坑、大型起重机械等重大危险源的分部分项工程或工序,应重点管控,把安全隐患消除在萌芽状态。

五、建议

1. 建设工程施工存在客观规律,盲目赶工、抢工,极易造成群死群伤的重大恶性事故。对于影响工程质量、施工安全的盲目抢工,如"大干多少天、某年某月某日前必须封顶(竣工)"等,项目监理机构应加以识别并采取有效的自我保护措施。在履行监理安全责任时,要有足够的敏感性和监管力度,注意程序控制、自我保护。

2. 项目监理机构人员应不断加强学习,及时掌握最新的法律法规、技术规范和标准,特别是强制性标准,提高执法能力和业务水平。根据 2007 年《建设部关于发布建设事业"十一五"推广应用和限制禁止使用技术(第一批)的公告》(建设部公告第 659 号)的规定,大型施工机械设备应当具有完备的设备设计文件和出厂合格证明文件;自制的起重吊装设备、大型施工平台属于禁止使用技术并禁止使用。本工程自制的冷却塔施工平桥吊属于禁止使用技术,不能使用。如必须使用,应通过有资格的专家组成的专家组进行论证,对设计的合理性、安全性、制作材料及工艺要求、施工安全措施、设备使用条件、应急预案等进行充分认证审查,审查通过后方可实施。

3. 项目监理机构在督促施工单位安全管理体系有效运行的同时,应注意排查、评估施工现场存在的安全事故隐患。做好日常的安全巡查、重点检查工作,不能流于形式。对施工现场存在的安全事故隐患要采取积极措施,下发监理通知单要求整改,严重时,下发工程暂停令、通知建设单位,必要时报告建设行政主管部门。

4. 监理企业应重视"工程建设监理合同"对双方权利义务规定的相关条款。如果合同条款合法合规、双方权利义务对等,监理企业可以规避许多"额外"的安全风险;反之,监理企业可能增加许多"额外"的安全风险。例如,应避免把施工单位的安全工作、安全责任(如动火令审批、每周安全大检查、工人宿舍卫生检查等)规定为监理义务;应避免超越法律法规规定的安全处罚条款(如发现一次安全隐患罚项目监理机构 2 000 元、发生一次伤亡事故无论项目监理机构有没有责任都扣监理费等)。

5. 监理资料要及时完整,监理日志、巡查记录、检查记录,工程例会或专题会议纪要等,应能真实明白地反映监理程序管理和技术管理的正确性。

第三节　施工起重机械设备事故

施工起重机械包括塔吊、施工电梯等。施工电梯通常称为施工升降机,是高层建筑中经常使用的载人载货施工机械,一般由轿厢、驱动机构、标准节、附墙、底盘、围栏、电气系统等几部分组成。

施工起重机械在安装、使用、拆除等各个环节都很重要,稍有疏忽,极易发生性质恶劣的群死群伤事故。

案例 1　无锡市某工程施工升降机吊笼坠落事故

一、背景材料

无锡市某项目,由无锡市某房屋开发有限公司投资开发,江苏省启东市某建设集团总承包。至事故发生前,工程项目主体已封顶,正处在紧张的装饰施工阶段。

2007 年 1 月,施工项目部向启东总公司上海分公司租赁了型号为 SCD200/200 型施工升降机。租赁期限自 2007 年 1 月至 2008 年 1 月,双方签订了"机械租赁合同",合同约定出租方负责机械的"维修、保养工作及材料配件"。同月出租方与某起重设备安装公司签订了"施工升降机装拆合同"和"施工升降机装拆安全协议",合同约定该施工升降机的"安装、检测、加节、附墙、拆卸"由起重设备安装公司负责。

2007 年 1 月中旬,施工升降机安装完成,并于 2007 年 1 月 27 日经无锡市某检测中心检测,并出具了"施工升降机安装质量检测报告书"和"建设工程现场机械安装验收合格证书"。

2007 年 11 月 14 日 6 时左右,现场施工作业人员开始上班,主要施工任务是瓦工班组在 26 层至 31 层勾外墙线条、粉刷和地面清理。10 时 35 分左右,施工升降机西侧吊笼上行送水电工和管线材料,10 时 40 分左右,送瓦工班组施工人员和水电工等 13 人下行,停靠 26 层时(最后一次停靠)又有 4 人进入吊笼。此时,吊笼内共 17 人(含升降机司机张某,女)和 1 辆手推车(合计载重约 1 335 kg,为额定载重量 66%)。此时,升降机司机未启动升降机,吊笼却开始下滑,继而失速下坠至地面,造成吊笼内 17 人中 4 人当场死亡,13 人不同程度受伤(其中 7 人经抢救无效,先后于 11 月 14 日、15 日死亡)的重大生产安全事故,直接经济损失约 852 万元。

二、原因分析

(一)技术原因

经现场勘查、查阅资料,结合专业检测,造成本次事故的主要技术原因如下:

1. 该事故吊笼两台电磁制动器的制动力矩经专业检测分别为 25.5 N·m、77.5 N·m，实际总制动力矩为 103 N·m，小于使用说明书规定的 240 N·m（2×120 N·m）额定总制动力矩。事故发生时，吊笼净载荷达 1 335 kg，超过了现有制动力矩的承载能力。

2. 吊笼在电动机的驱动下以额定工作速度运行时，安装在传动板上的防坠安全器输出端驱动齿轮受到齿条的水平推力而有相互分离的趋势，因此规范中规定，施工升降机吊笼传动板上齿条背部均应加设齿轮防脱轨挡块，可有效防止齿轮脱离齿条。该事故吊笼传动板上未设置齿轮防脱轨挡块。

3. 吊笼传动板上设置的背轮是限制齿轮水平分离位移的，背轮轴原件杆径是 20 mm，8.8 级高强度内六角螺栓，但事故中的背轮轴直径是 18 mm，4.8 级的内六角螺栓，其轴的强度与承载能力大大低于原厂的内六角螺栓，其内六角螺栓的构造尺寸也存在缺陷。

4. 事故吊笼传动板结构存在技术缺陷，一是事故吊笼的背轮依靠偏心套调节齿轮齿条的齿合间隙，调节后紧固螺栓轴的螺母产生摩擦力紧固，偏心轮无固定措施，螺母无防松动措施。二是背轮轴安装在水平长孔内，在水平推动作用下可能产生横向滑动，使啮合间隙变大，使二者处于半啮合状态，传动中各齿轮逐个剧烈敲击齿条各齿，强大的水平冲击反力推动背轮轴在长孔内滑动，并导致螺母松动，进一步增加了齿轮齿条分离量，形成重大事故隐患。

（二）管理原因

1. 出租公司作为事故施工升降机出租单位，该施工升降机在上海使用期间，向上海建设工程质量安全监督总站申报时涂改出厂日期的资料，导致该施工升降机未被列入强制检测的范围，致使该施工升降机及配件的安全性能未得到必要的检测。出租公司作为事故施工升降机维修保养单位，对施工升降机的安全管理工作存在明显漏洞。事故施工升降机在使用期间，未按"使用说明书"的要求"每 40 个小时或至少每月一次"对电机电磁制动器和电机电磁制动器制动力矩进行检查和维修保养；未按照"使用说明书"的要求，每隔 3 个月进行坠落试验，导致西侧吊笼无防坠卡片、制动器制动力矩不足和下背轮螺栓存在的事故隐患没有得到及时发现和消除。

2. 施工项目部在投入使用事故升降机前，未参加该施工升降机使用前验收；未与出租公司明确施工升降机的安全管理职责和确定升降机安全检查人员，造成没有及时发现并消除该施工升降机维修保养不到位等问题。

3. 施工项目部未能严格管理工程项目人员，至 2007 年年初，原配备在施工项目部负责项目管理的项目经理仇某、陆某、邵某 3 人先后离开该工程项目，仅余的项目负责人柏某不具备高层建筑项目管理资格，施工项目部没有及时向集团总部报告上述情况并提出重新补充、调整意见，造成该工程施工项目部管理力量严重不足，不符合建设部关于对工程项目管理人员配备的规定。

4. 施工单位在工程施工期间，安全检查流于形式，检查无书面记录；未及时发现和纠正下属子公司在用施工升降机安全管理上存在的问题。

5. 施工单位对该工程项目动态管理和控制不到位，未能及时发现和解决工程施工项目部管理力量不足的问题；同时公司安全生产检查制度执行不严，既未认真检查工程施工项目部的安全管理工作，也没有严格督促分公司开展安全生产检查，集团公司安全检查缺书面记录，未能发现和纠正施工现场在用施工升降机安全管理上存在的问题。

6. 安装单位在施工升降机安装工程中,没有按照安装方案配备必要的技术管理人员;安装后没有对照标准规范对施工升降机严格进行安装质量的自检,且在验收机构的申报资料中,没有真实反映未做防坠试验的情况。

7. 无锡某监理公司履行监理职责不力,未能严格执行《条例》第十四条第三款"工程监理单位和监理工程师应当按照法律、法规和工程建设强制性标准实施监理"的规定,对施工项目监理部未按照法律、法规和工程建设强制性标准的要求开展起重机械检查,维修保养工作检查督促不到位。

8. 施工单位启东市某建设集团改制模式不够完善,集团公司与子公司之间的关系不顺,施工安全管理的责、权划分不明确,与其特级施工资质相适应的安全生产管理运行机制并未形成,导致集团公司对子公司的控制不能完全到位。

三、事故处理

升降机吊笼坠落事故是启东市某建设集团公司等单位对施工升降机管理松懈,租赁和使用存在质量缺陷的施工升降机,对在用施工升降机检查、维修保养工作均不到位,以及监理不力而造成的,这是一起重大生产安全责任事故。

(一)对有关事故单位的责任处理

1. 出租公司在起重机械设备安全管理工作上存在漏洞,未按照法律法规和规范标准等规定对事故施工升降机进行管理,维修保养工作不到位,未及时发现和消除事故隐患,应对本起事故负有责任。由安全生产监督管理部门依据《生产安全事故报告和调查处理条例》给予其经济处罚。

2. 施工单位对施工项目部管理力量配备、起重设备安全管理等方面失控,导致施工现场管理力量不足、起重设备管理不到位等问题长期未得到发现和整改;同时,公司安全生产检查制度执行不严,安全检查流于形式,未能发现和消除施工现场施工升降机的事故隐患和安全管理存在的问题,应对本起事故负有责任。由安全生产监督管理部门依据《生产安全事故报告和调查处理条例》给予其经济处罚;同时,由省住房和城乡建设厅依据有关规定对其实施暂扣安全生产许可证的行政处罚。

3. 安装单位对施工升降机安装质量自检不严格,且没有向验收机构如实申报未做防坠试验的情况,应对事故负有责任。由省住房和城乡建设厅依据有关规定对其实施吊销起重设备安装工程专业承包资质的行政处罚。

4. 监理单位未能严格执行《条例》第十四条第三款"工程监理单位和监理工程师应当按照法律、法规和工程建设强制性标准实施监理"的规定,对施工项目监理部未按照法律、法规和工程建设强制性标准的要求开展起重机械检查,维修保养工作检查监督不到位,应对事故负有责任。由建设行政主管部门依法实施行政处罚。

(二)对有关责任人处理

因参与工程建设与管理的相关单位人员未履行或未完全履行安全生产管理职责,共有12人被追责,其中包括2名监理人员。

1. 王某,监理公司项目总监,未有效组织监理人员按照法律、法规和强制性标准对施工现场在用施工升降机实施监理,没有及时发现和处理事故施工升降机的检测、维修、保养工作中的缺失,应对本起事故负有责任。移交司法机关依法处理。

2. 陆某，监理公司分管安全的监理工程师，未认真检查维修工陈某的维修保养工作，没有能够及时发现并督促整改事故施工升降机维修保养不到位的问题，应对本起事故负有重要责任。移交司法机关依法处理。

四、教训

1. 施工单位分公司应切实贯彻落实安全生产法律、法规和各项规范标准，要严格对起重机械设备的安全管理工作，加强对设备管理人员的业务教育培训，规范对设备的维修保养工作，及时发现和消除设备存在的事故隐患，防范设备事故的发生。

2. 施工单位总公司应理顺与各子公司的关系，承接工程项目后，组建施工项目部等管理活动应符合法律、法规的规定；加强对各分公司和施工项目部的监督管理，严格安全检查，督促各分公司和施工项目部认真执行法律、法规和公司的各项安全生产规章制度，要针对大型机械设备等重点环节、部位的实际情况，落实各项安全技术措施和管理措施，防止群死群伤事故的发生。

3. 监理公司应加强对施工现场监理人员的培训教育，确保监理人员及时掌握最新的规范和标准；应加强对项目监理机构的监督检查，督促项目监理机构严格按照法律、法规和强制性标准的要求，实施监理活动，对发现的事故隐患应按照规定及时采取措施，保障现场施工安全。

4. 建筑机械制造企业应认真吸取事故教训，对出厂的施工升降机及相关配件严把质量关；在新的安全标准出台后，对已出厂的施工升降机及相关配件，应及时联系产权单位，及时整改不符合新标准的事项，确保施工升降机的安全使用。

5. 地方人民政府有关部门在帮扶当地重点建筑施工企业时，对制定的方案应进一步把握与现行法律、法规、政策等的衔接；应严格按照法律、法规的规定，指导企业的改制，督促企业依法开展经营活动。

6. 建设行政主管部门应进一步加强对各市、县（区）建设行政主管部门的业务指导，深入安全生产专项整治活动，定期召集会议研究分析全市建设安全形势和特点，强化安全监督，提高全市建筑行业安全监管水平。

五、建议

1. 项目监理机构应认真审核施工单位申报的大型机械安装、使用、拆卸等报验手续，符合要求后方可安装及使用。要注意各种报验手续、报验资料的真实性，通过网络核对、施工法人单位盖章确认、向上一级管理机构求证等方法，避免报验资料（特别是复印资料）弄虚作假。

2. 项目监理机构人员应不断加强法律、法规学习，提高执法能力和业务水平，及时掌握最新的法律、法规、技术规范和标准，特别是强制性标准。要熟悉有关主管部门规定的建设领域推荐技术、限制技术、禁止技术的内容和范围，杜绝禁止技术违规使用、限制技术超范围使用的现象。对于 SCD200/200 型施工升降机，出厂年限超过 8 年的即属于限制技术范围，应由有资质评估机构评估合格后（强检），方可继续使用。本案由于施工单位出具了虚假的出厂年限证明（复印资料），监理机构未能识别而被追究了法律责任。

3. 对大型施工机械设备，项目监理机构要特别重视程序性管理。项目监理机构应督促施工单位做好机械的日常检查、维护保养等工作,并参加验收,要求施工单位保存相关资料,以备查。塔吊、施工电梯等大型施工机械设备,每次顶升、附墙作业后,都应进行验收和安全性能检测,并留下记录。大型施工机械设备安装、使用、拆卸阶段安全隐患较多,容易发生生产安全事故。项目监理机构要提醒施工单位对大型施工机械设备安装、使用、拆卸阶段的安全管理。大型施工机械设备安装、拆卸、维修时要进行围挡,防止对第三方造成伤害;在安装、拆卸、维修的间歇期(如夜间)要切除电源、悬挂警示标记、禁止人员靠近。

4. 项目监理机构应事前审查分包单位(含劳务分包)的资质、安全生产许可证、分包合同、主要管理人员及特殊工种人员上岗证(建设主管部门颁发)情况,完善相关手续。不符合要求的,要责令整改或停工。

5. 完善监理资料。如监理日志,巡查、检查记录,工程例会或专题会议纪要等,项目监理机构应有较全面反映监理程序管理和技术管理正确性的相关资料。同时,还需要求施工单位保留完善的安全管理资料,如定期对大型施工机械设备电气性能、限位限重机构、联锁装置、防坠安全装置的检查记录等。

案例2 武汉施工升降机坠落事故

一、背景材料

1. 工程及事故概况

东湖景园位于武汉市东湖生态旅游风景区,分为 A、B、C 三个区,2011 年 5 月 18 日开工建设,总建筑面积约 80 万 m²。

发生事故的 C7-1 号楼位于东湖景园 C 区,该区共建有高层楼房 7 栋,建筑面积约 15 万 m²。C7-1 号楼为 33 层框架剪力墙结构住宅用房,建筑面积约 1.6 万 m²,2012 年 6 月 25 日主体结构封顶,事故发生时正处于内外装修施工阶段。

建设单位:武汉市东湖生态旅游风景区某村民委员会(以下简称"东湖村委会")

建设管理单位:武汉万嘉置业某公司(以下简称"万嘉公司"),该公司未取得建设工程管理资质

施工单位:湖北祥和某有限公司(以下简称"祥和公司")

监理单位:武汉博特某监理有限责任公司(以下简称"博特公司")

施工升降机设备产权及安装、维护单位:武汉中汇某设备有限公司(以下简称"中汇公司")

建筑安全监管单位:武汉市洪山区建筑管理站及下属和平分站

2012 年 9 月 13 日 11 时 30 分许,升降机司机李某将东湖景园 C7-1 号楼施工升降机左侧吊笼停在下终端站,按往常一样锁上锁拔出钥匙,关上护栏门后下班。当日 13 时 10 分许,提前到该楼顶楼施工的 19 名工人擅自将停在下终端站的 C7-1 号楼施工升降机左侧吊笼打开,携施工物件进入吊笼,操作施工升降机上升。该吊笼运行至 33 层顶楼平台附近时突然倾翻,连同导轨架及顶部 4 节标准节一起坠落地面。造成吊笼内 19 人当场死亡的重大施工安全事故,直接经济损失约 1 800 万元。

2. 前期工作情况

截至事故发生时,包括事故楼房 C7-1 号楼在内的东湖景园仍未取得"土地使用证""建

设工程规划许可证""施工图审查合格书""施工招标中标通知书"和"建筑工程施工许可证"。

3. 事故施工升降机及司机基本情况

事故设备为 SCD200/200TK 型施工升降机,有左右对称 2 个吊笼,额定载重量为 2× 2 t,其设计和生产单位均为湖北江汉某机械有限公司(以下简称"江汉公司")。2009 年 6 月 22 日,中汇公司与江汉公司签订该施工升降机购买合同,产品正式出厂日期为 2009 年 7 月 10 日,出厂时各项证照齐全。中汇公司于 2011 年 5 月 6 日为事故施工升降机申报取得武汉市城乡建设委员会核发的"武汉市施工升降机备案证",备案额定承载人数为 12 人,最大安装高度为 150 m。

2012 年 3 月 1 日,中汇公司与祥和公司东湖景园施工项目部签订施工升降机设备租赁合同。2012 年 4 月 13 日,中汇公司向武汉市洪山区建筑管理站递交了"武汉市建筑起重机械安装告知书",但中汇公司在办理建筑起重机械安装(拆卸)告知手续前,没有将该施工升降机安装(拆卸)工程专项施工方案报送监理单位博特公司审核。4 月 16 日,事故施工升降机从武汉市万科高尔夫项目转场至东湖景园 C7-1 号楼工地开始安装,安装完毕后进行了自检。5 月 9 日,武汉市特种设备监督检验所对该施工升降机出具了"安装检测合格报告"。5 月 14 日,武汉市洪山区建筑管理站核发"武汉市建筑起重机械使用登记证",有效期至 2013 年 5 月 14 日。东湖景园 C 区施工项目部和中汇公司未以此登记牌更换施工升降机上原有登记牌,以致事故现场该施工升降机上仍装着编号为"WH-S0436"的原登记牌,其有效期显示为"2011 年 6 月 23 日至 2012 年 6 月 23 日"。

初次安装并经检测合格后,中汇公司对该施工升降机先后进行了 4 次加节和附着安装,共安装标准节 70 节,附着 11 道。其中最后一次安装是从第 55 节标准节开始加节和附着 2 道,时间为 2012 年 7 月 2 日。每次加节和附着安装均未按照专项施工方案实施,未组织安全施工技术交底,未按有关规定进行验收。

事故施工升降机坠落的左侧吊笼司机李某被派上岗前后未经正规培训,所持"建筑施工特种作业操作资格证"系伪造(施工现场负责人和安全负责人购买并发放)。

二、事故原因分析

(一)直接原因

经调查认定,事故发生的直接原因是:事故发生时,事故施工升降机导轨架第 66 节和 67 节标准节连接处的 4 个连接螺栓只有左侧两个螺栓有效连接,而右侧(受力边)两个螺栓连接失效无法受力。在此工况下,事故升降机左侧吊笼超过备案额定承载人数(12 人),承载 19 人和约 245 kg 物件,上升到第 66 节标准节上部(33 层楼顶部)接近平台位置时,产生的倾覆力矩大于配重、导轨架等固有的平衡力矩,造成事故施工升降机左侧吊笼顷刻倾覆,并连同 67~70 节标准节坠落地面。

(二)间接原因

1. 祥和公司(东湖景园 C 区施工总承包单位)

(1) 祥和公司管理混乱,将施工总承包一级资质出借给其他单位和个人承接工程。

(2) 祥和公司使用非公司人员吴某的资格证书,在投标时将吴某作为东湖景园项目经理,但未安排吴某实际参与项目投标和施工管理活动。

（3）未落实企业安全生产主体责任，安全生产责任制不落实，未与施工项目部签订安全生产责任书；安全生产管理制度不健全、不落实，培训教育制度不落实，未建立安全隐患排查整治制度。

（4）未认真贯彻落实相关法律、法规精神，对东湖景园施工和施工升降机安装使用的安全生产检查和隐患排查流于形式，未能及时发现和整改事故施工升降机存在的重大安全隐患。

上述问题是导致事故发生的主要原因。

2. 东湖景园 C 区施工项目部

（1）现场负责人和主要管理人员均非祥和公司人员，现场负责人易某及大部分安全员不具备岗位执业资格。

（2）安全生产管理制度不健全、不落实，在东湖景园无"建设工程规划许可证""建筑工程施工许可证""中标通知书"和"开工通知书"的情况下，违规进场施工，且施工过程中忽视安全管理，现场管理混乱，并存在非法转包。

（3）未依照规定对施工升降机加节进行申报和验收，并擅自使用。

（4）联系购买并使用伪造的施工升降机"建筑施工特种作业操作资格证"。对施工人员私自操作施工升降机的行为，批评教育不够，制止管控不力。

（5）对施工和施工升降机安装使用的安全生产检查和隐患排查流于形式，未能及时发现和整改事故施工升降机存在的重大安全隐患。

上述问题是导致事故发生的主要原因。

3. 中汇公司（施工升降机的设备产权及安装、维护单位）

（1）安全生产主体责任不落实，安全生产管理制度不健全、不落实，安全培训教育不到位，企业主要负责人、项目主要负责人、专职安全生产管理人员和特种作业人员等安全意识薄弱。

（2）中汇公司内部管理混乱，起重机械安装、维护制度不健全、不落实，施工升降机加节和附着安装不规范，安装、维护记录不全不实。

（3）安排不具备岗位执业资格的员工杜某负责施工升降机维修保养。

（4）对施工升降机使用安全生产检查和维护流于形式，未能及时发现和整改事故施工升降机存在的重大安全隐患。

上述问题是导致事故发生的主要原因。

4. 万嘉公司（建设管理单位）

（1）万嘉公司不具备工程建设管理资质，在东湖景园无"建设工程规划许可证""建筑工程施工许可证"和未履行相关招投标程序的情况下，违规组织施工单位、监理单位进场开工。未经规划部门许可和放、验红线，擅自要求施工方以前期勘测的三个测量控制点作为依据，进行放线施工。

（2）在"建筑规划方案"之外违规多建一栋两单元住宅用房。

（3）在施工过程中违规组织虚假招投标活动。未落实企业安全生产主体责任，安全生产责任制不落实，未与项目管理部签订安全生产责任书。

（4）安全生产管理制度不健全、不落实，未建立安全隐患排查整治制度。万嘉公司东湖景园项目管理部只注重工程进度，忽视安全管理，未依照国家、省、市相关文件精神，对项目施工和施工升降机安装使用安全生产检查以及隐患排查流于形式,未能及时发现和督促整改事故施工升降机存在的重大安全隐患。

上述问题是导致事故发生的主要原因。

5. 博特公司(监理单位)

(1)博特公司安全生产主体责任不落实,未与分公司、监理部签订安全生产责任书,安全生产管理制度不健全,落实不到位。

(2)博特公司内部管理混乱,对分公司管理、指导不到位,未督促分公司建立健全安全生产管理制度;对东湖景园"监理规划"和"监理细则"审查不到位。

(3)博特公司使用非公司人员曾某的资格证书,在投标时将曾某作为东湖景园项目总监,但未安排曾某实际参与项目投标和监理活动。

(4)项目监理部总监代表丁某和部分监理人员不具备岗位执业资格;安全管理制度不健全、不落实,在项目无"建设工程规划许可证""建筑工程施工许可证"和未取得"中标通知书"的情况下,违规进场监理。

(5)未依照规定督促相关单位对施工升降机进行加节验收和使用管理,作为监理单位也未参加验收。

(6)对项目施工和施工升降机安装使用安全生产检查以及隐患排查流于形式,未能及时发现和督促整改事故施工升降机存在的重大安全隐患。

上述问题是导致事故发生的主要原因。

6. 东湖村委会(建设单位)

(1)违反有关规定选择无资质的项目建设管理单位;对项目建设管理单位、施工单位、监理单位落实安全生产工作监督不到位。

(2)对施工现场存在的安全生产问题督促整改不力。

上述问题是导致事故发生的重要原因。

7. 武汉市建设主管部门

(1)武汉市城乡建设委员会作为全市建设行业主管部门,虽然对全市建设工程安全隐患排查、安全生产检查工作进行了部署,但组织领导不力,监督检查不到位。

(2)对武汉市城建安全生产管理站领导、指导和监督不力。该委员会建筑业管理办公室指定洪山区建筑管理站为东湖景园建设安全监管单位,后续监督检查工作不到位,未能及时发现并制止东湖景园违法施工行为。

(3)武汉市城建安全生产管理站作为全市建设安全监管主管机构,对洪山区建筑管理站业务指导不力,监督检查不到位,未能制止东湖景园违法施工行为,安全生产工作落实不力。

(4)武汉市洪山区建筑管理站及下属和平分站作为东湖景园建设安全监管单位,在该项目无"建设工程规划许可证""建筑工程施工许可证"的情况下,未能有效制止违法施工,对参建各方安全监管不到位。对工程安全隐患排查、起重机械安全专项大检查的工作贯彻执行不力,未能及时有效督促参建各方认真开展自查自纠和整改,致使事故施工升降机存在的重大安全隐患未及时得到排查整改。

上述问题是导致事故发生的重要原因。

三、对事故有关责任人员和单位的处理

经调查认定,武汉市东湖生态旅游风景区"9·13"重大建筑施工事故是一起生产安全责任事故。因参与工程建设与管理的相关单位人员未履行或未完全履行安全生产管理职责,共有 7 人被批捕、4 人被移交司法机关处理,多人受到党纪、政纪处分,部分处理如下。

1. 易某,东湖景园施工项目部现场负责人,被武汉市检察院以涉嫌重大责任事故罪予以批捕。

2. 易某,东湖景园施工项目部安全负责人、安全员,被武汉市检察院以涉嫌重大责任事故罪予以批捕。

3. 肖某,东湖景园施工项目部内、外墙粉刷施工项目负责人,被武汉市检察院以涉嫌重大责任事故罪予以批捕。

4. 魏某,男,中汇公司总经理,被武汉市检察院以涉嫌重大责任事故罪予以批捕。

5. 杜某,男,中汇公司施工升降机维修负责人,被武汉市检察院以涉嫌重大责任事故罪予以批捕。

6. 丁某,男,博特公司监理部总监代表,被武汉市检察院以涉嫌重大责任事故罪予以批捕。

四、建议

1. 安全生产管理的监理工作分为两个方面:一是程序性管理,二是符合性管理。审查审核施工单位有没有资质、人员有没有资格、施工方案审查手续是否齐全、施工安全管理体系是否正常运行(本案施工电梯是否超载)等情况属于程序性管理;检查施工方案中具体计算或具体图表有没有差错、现场具体施工作业顺序或施工工法是否合理、施工电梯标准节连接处的连接螺栓是否齐全或有效连接、施工电梯限位开关的双金属片间隙是否过宽等情况属于符合性管理。对项目监理机构和监理人员而言,程序性管理比符合性管理重要得多,程序性管理不到位比符合性管理不到位所承担的法律责任要大得多。

2. 监理单位应建立健全履行监理安全生产法定职责的相关制度,对项目监理机构做好安全交底,对项目监理机构安全生产管理的监理工作进行检查。

3. 监理单位在业务活动中,应坚持质量第一、安全至上的原则,反对片面追求经济效益、轻视监理工作质量的行为。监理单位应根据招投标文件及工程实际需要派驻符合要求的现场监理人员,特别是骨干人员,以确保监理工作质量。因特殊原因,总监或其他主要投标人员不能派驻现场时,在征得建设单位同意的前期下及时更换,并到建设行政主管部门备案。

4. 项目监理机构应在开工前审查开工条件(开工报审),如未取得施工许可和未办理质监、安监手续等,监理部应以书面形式识别,给建设单位下发备忘录,在开工报审栏签署不同意开工意见。

5. 项目监理机构应认真审查分包单位(含劳务分包)的资质、安全生产许可证、分包合同、主要管理人员及特殊工种人员上岗证情况,完善相关手续。对于施工单位(含分包)主要管理人员不到位的情况,项目监理机构应以书面形式识别,并要求整改,直至到位或变更。

项目监理机构应要求施工单位对其提供的相关复印件加盖公章,对特殊工种人员上岗

证等重要资料,建议到建设行政主管部门的网站核查,以防止出现不必要的误判。

6. 项目监理机构应认真审核施工单位申报的大型机械进场、使用、拆卸等报验手续,符合要求后方可安装、使用和拆卸。使用过程中应督促施工单位做好机械的日常检查、维护保养等工作,并参加验收并保存相关资料,特别是加节和附着安装后的检查验收。

第四节　吊篮(平台)坠落事故

吊篮是一种能够替代传统脚手架,并能够重复使用的高处作业设备,具有操作灵活、移位容易、方便实用等优点。吊篮按用途不同可分为维修吊篮和装修吊篮,按驱动型式可分为手动、气动和电动,按提升方式可分为卷扬式和爬升式。目前,吊篮在高层建筑的外墙施工、幕墙安装、保温施工和维修清洗等高空作业中得到广泛使用。

吊篮一般由生产厂家提供定型产品,个别项目因特殊原因自行制作,吊篮包括悬吊平台、提升机、安全锁、悬挂结构、电气控制箱等装置。因吊篮在其架设、使用、维修保养、拆卸等环节的不规范行为,时常导致高空坠落事故,所以,项目监理机构必须加强对吊篮施工各环节的监管。

案例1　南京市某项目吊篮坠落事故

一、背景材料

南京市溧水区某安置房工程位于南京市溧水区城南新区幸庄路以南、珍珠南路以西,为多幢高层住宅,外墙采用真石漆。

建设单位:南京某保障房公司

管理单位:南京某安置房建设项目管理部

施工单位:南京某建设有限公司

吊篮租赁单位:南京华峻租赁公司

监理单位:南京某建设监理咨询有限公司

2015年8月17日13时30分左右,位于南京市某小区安置房二标段房屋外墙真石漆工程项目6#楼建设工地发生吊篮高处坠落。事故造成3人死亡,直接经济损失约345万元。

二、原因分析

(一) 直接原因

吊篮在提升过程中,工作钢丝绳被滞留在提升机等部位的真石漆污迹、杂物挤出传动盘绳槽,在提升机动力作用下造成工作钢丝绳断裂;工作钢丝绳断裂时,安全锁因污物摆臂回位受阻,未能锁住安全钢丝绳,致吊篮平台快速倾翻。

(二) 间接原因

1. 吊篮防护污染措施不落实,真石漆污物导致钢丝绳断裂、安全锁失效。

2. 作业人员违反"不得将吊篮作为垂直运输设备"和"吊篮内作业人员不应该超过 2 人"的规定,违规使用吊篮,且未佩戴安全带。

3. 项目承包单位出借资质,未组建项目经理部实施现场管理。

4. 非法分包,以包代管,吊篮使用前安全交底不清、检测和验收管理缺失。

5. 各有关单位和相关负责人安全管理责任不落实,施工现场安全管理不认真,违章操作未及时发现,违规行为未及时制止。

6. 行业主管部门对有关单位和相关人员的建筑市场违法行为监管不到位。

三、事故责任处理

吊篮高处坠落是一起严重的安全责任事故,因参与工程建设与管理的相关单位人员未履行或未完全履行安全生产管理职责,共有 4 人被移交司法机关处理,多人受到党纪、政纪处分,部分人员如下:

1. 事故死者何某某、赵某某、何某,油漆工,3 人到楼顶刷女儿墙时,违反"不得将吊篮作为垂直运输设备"和"吊篮内作业人员不应该超过 2 人"的规定,违规使用吊篮,且未佩戴安全带。对这起事故的发生负有重要责任,鉴于 3 人已经死亡,不再追究其责任。

2. 汤某某,外墙真石漆工程个体承包人、施工现场负责人,带领无资质人员安装事发吊篮,在吊篮未经检测、验收情况下,安排人员使用吊篮,教育和督促作业人员执行吊篮使用规定不到位,现场安全管理缺失。对该起事故发生负有直接管理责任,建议移送司法机关追究刑事责任。

3. 李某,南京某租赁公司法定代表人,对吊篮使用方未进行"对吊篮上的污迹、杂物进行清理等日常维护要求或进行喷涂作业时应对吊篮的提升机、安全锁采取防污染保护措施"等内容的安全交底,现场巡查不到位,未能发现吊篮安全锁等部位被污染的问题;假冒吊篮生产单位编制专项施工方案并私刻该单位印章,伪造吊篮安装检测报告、现场机械安装检验合格证,伪造吊篮安拆人员操作资格证复印件,致吊篮使用管理缺失,吊篮未经检测、验收就投入使用。对该起事故发生负有重要管理责任,建议移送司法机关追究刑事责任。

4. 邢某某,外墙真石漆、涂料等项目工程个体承包人。在南京某建设有限公司不知情的情况下,以个人名义借用其他单位资质承揽外墙真石漆工程,又将工程非法分包,未安排具备相应建设工程管理资格的管理人员实施现场管理,以包代管,施工现场安全管理严重缺失,造成项目工程被层层分包的情况未被及时制止、吊篮使用前安全交底不清、检测和验收管理缺失。对该起事故发生负有重要管理责任,建议移送司法机关追究刑事责任。

5. 周某,南京某区住建局建筑安装管理站工作人员(事业编制),负责该安置房建设建筑市场监督检查管理工作。在履行建筑市场监督检查职责过程中,对建设方未取得施工许可擅自组织施工和项目工程被非法分包、层层转包给不具备施工资质个人施工的行为,未尽到监督检查职责。对该起事故发生负有重要管理责任,建议移送司法机关追究刑事责任。待司法机关处理后,按照干部管理权限给予其党纪政纪处分。

6. 周某某,南京某监理咨询有限公司监理项目部总监,履行职责不到位,监理部对吊篮安装拆卸人员资质审核和现场安全巡查不认真,没有及时发现吊篮未经检测、验收而投入使用和作业人员违规使用吊篮的行为等。对该起事故发生负有监理责任,建议依据《安全生产违法行为行政处罚办法》给予罚款 9 000 元的行政处罚。同时，由南京某建设监理咨询有限公司按照公司相关规定给予撤销项目总监职务。

四、建议

1. 项目监理机构应特别注重审查分包单位（含劳务分包）的资质、安全生产许可证、分包合同及主要人员情况，完善相关手续。对于施工单位（含分包）主要管理人员不到位情况，项目监理机构应以书面形式识别，如给业主发工程联系单、监理备忘录，给施工单位发监理通知单、工程暂停令，也可以报告政府主管部门，直至施工单位（含分包）主要管理人员到位或变更。

2. 项目监理机构应做好吊篮安全性能检测及登记备案手续的核查，做到资料齐全。并做好特殊工种人员的前期审核和过程检查核对工作，对有疑问的人员，要求到建设行政主管部门的网站核对，以保证人证合一，如有问题，应要求施工单位整改。

3. 项目监理机构应加强平时的巡查、重点检查等工作，正确、灵活运用"监理通知单""工程暂停令"和"监理报告"等监理手段，发现问题及时书面要求施工单位整改；严重时，下发工程暂停令并告知建设单位；必要时，报告建设行政主管部门。特殊情况下，也可以采用传真、邮件、短信、微信等电子文件形式报告建设行政主管部门。紧急情况下采用电话报告的，建议留下电话记录。

4. 项目监理机构人员应不断加强法律法规学习，提高执法能力和业务水平，及时掌握最新的法律法规、技术规范和标准，特别是强制性标准。

5. 完善监理资料。如监理日志，巡查、检查记录，工程例会或专题会议纪要等，项目监理机构应有较全面反映监理程序管理和技术管理正确性的相关资料。特别强调，需有相关书面资料、电子文件痕迹或其他必要的证据。

案例 2　盐城市某厂房工程自制吊篮钢平台坠落事故

一、背景材料

（一）工程概况

江苏某海上风电轴承制造有限公司位于江苏盐城阜宁经济开发区花园路 68 号，占地约 13.53 hm²（203 亩），总投资 45 694 万元，新增建筑面积 94 740 m²。

项目由北京某轧机轴承制造有限公司投资，由无施工资质的个体户唐某借用阜宁县某建设集团一级施工资质承揽该工程，并于 2011 年 11 月 13 日与江苏某海上风电轴承制造有限公司签订了"建设工程施工合同"。

工程施工之初，唐某将土建部分转包给无施工资质的邹某承包施工，当邹某完成了土建基础部分后，邹某因造价低原因撤离了施工现场，剩余土建由唐某自行组织施工，2011 年 11 月 23 日，唐某将 1 号、2 号、3 号厂房钢结构工程转包给无施工资质的孟某，孟某承接了钢结构工程后，自己负责钢结构构件制作，将钢结构安装转包给个体户孙某。

（二）吊篮钢平台概况

屋面梁钢檩条下需反扣彩钢板，由于 3 号厂房高度较高，如采用活动脚手架方式会投入较大。因此,施工员孙某提议采用吊篮施工,并得到负责钢结构安装承包人孙某、钢结构制作人孟某的认可。之后,孟某从山东购进角钢、方管等材料,并付2万元给孙某购买钢丝绳和4台多功能提升机等构件。备齐材料后,施工员孙某负责制作了两台吊篮钢平台。

(三) 事故经过

2012年3月10号上午,3号厂房施工现场施工人员在两台吊篮钢平台上进行反扣彩钢板安装,其中,一台吊篮钢平台安装在北跨(7轴—8轴之间南侧),另一台吊篮钢平台安装在南跨西南角。在北跨吊篮钢平台上有施工员孙某和施工作业人员成某等9人,吊篮钢平台的升降由施工员孙某和施工作业人员徐某负责操纵。

11时10分左右,孙某等人在反扣彩钢板安装结束后,准备将吊篮钢平台下降至地面,当钢平台从作业面下降约1.5 m时,该平台东北角提升钢丝绳突然断裂,造成钢平台倾斜失稳,随后西北角提升钢丝绳也断裂,使吊篮北端坠落,造成孙某等9名工作人员从约14 m高度坠落至地面,在吊篮钢平台一端坠落冲击荷载的作用下,南侧两根提升钢丝绳相继断裂,致使9名施工人员坠落,吊篮钢平台呈180度倾覆于地面,部分人员被压在钢平台下。

该事故导致6人死亡,3人受伤,直接经济损失约400万元。

二、原因分析

(一) 技术原因

1. 违规使用明令禁止使用的自制简易吊篮钢平台

从事故现场坠落的钢平台和另一台悬挂在钢屋架上的钢平台实物看,两台吊篮钢平台均为施工单位现场自制,且施工单位未能提供制作此钢平台的相关设计图纸和设计计算书、专家论证和鉴定意见书等文件资料。

2. 吊篮钢平台提升钢丝绳选择不符合国家标准

根据国家《高处作业吊篮》(GB 19155—2003)标准第5.4.6.2条规定:钢丝绳安全系数不应小于9。经现场勘查,该吊篮钢平台提升用钢丝绳的实际直径平均值为7.2 mm,经计算,吊篮钢平台所使用的提升钢丝绳安全储备不能满足计算要求,钢丝绳选择不符合国家提升钢丝绳选择标准。

吊篮提升钢丝绳在事故发生时实际荷载为3.651 t,其中钢平台自重为2.75 t、施工活荷载含人员、材料和工具为0.9 t,在这种情况下提升钢丝绳的安全系数仅为4.33;如果参照相关规范要求"平台活荷载200 kg/m²"计算,则提升钢丝绳安全系数仅为0.83。同时,依据《高处作业吊篮》标准第5.4.6.1条"吊篮宜选用高强度、镀锌、柔度好的钢丝绳,其性能应符合GB/T 8918"的规定,对照《重要用途钢丝绳》(GB8918—2006)标准,重要用途的钢丝绳最小直径应为8 mm。而现场测得4根提升钢丝绳的直径分别只有7.35 mm、7.23 mm、7.23 mm、7.05 mm。

3. 吊篮钢平台制作工艺、结构不合理

经现场测量,坠落吊篮钢平台南北长为10 m,东西宽8.6 m,主要结构采用63 mm×63 mm×5 mm角钢,围护及支撑结构采用30 mm×30 mm×3 mm角钢和50 mm×30 mm×1.7 mm方管,平台板采用0.8 mm彩钢板,经焊接而成,传动及提升装置采用固定在平台上的4台多功能提升机,通过钢丝绳与分别固定在钢平台两侧主结构架和厂房钢屋架梁上的4组滑轮组连接,做上下提升。

经现场检查，吊篮钢平台焊缝不透，焊接质量粗糙，制作过程中没有按照《高处作业吊篮》第 5.2.4 条和 5.2.5 条的规定设置安全钢丝绳、安全锁、超载保护装置等必要的安全装置；传动滑轮组设计及钢丝绳固定不合理，4 台独立提升机未采取同步技术措施，全凭操作人员的感觉进行操作。

操作面四周设置的防护栏高度仅为 500 mm，大大低于《高处作业吊篮》标准 5.4.2.5 条中 1 100 mm 的规定要求，同时也没有按照标准规定，在防护栏杆底部四周设置围护挡板。

4. 吊篮钢平台传动装置安装、使用不符合规定

《高处作业吊篮》标准第 5.4.3.2 条规定：绳轮直径与钢丝绳直径之比不应小于 20。而事故现场实际安装在吊篮钢平台两侧的钢丝绳绳轮直径为 80 mm，绳轮与钢丝绳直径之比不符合要求，造成钢丝绳在工作时，通过绳轮的弯曲半径过小，且又需要连续通过两个绳轮，极易产生塑性变形和交变荷载，从而降低钢丝绳的使用寿命；加之，提升钢丝绳端固定点安装时与绳轮间距较小，又未对提升钢丝绳采取防止卡绳、堵绳、缠绳的保护措施。造成吊篮钢平台不能保持平稳状态，导致钢丝绳通过滑轮时，与钢结构产生摩擦而降低实际承载力，甚至产生突然卡绳发生钢丝绳瞬间剪切断裂等现象。

（二）管理原因

1. 建筑工程层层转包、非法分包，现场安全管理严重缺失

唐某非法借用阜宁县某建设集团有限公司施工资质承揽工程，工程到手后又将建设项目土建、钢结构工程非法分包给无资质的个人邹某和孟某；孟某以个人名义非法承揽钢结构工程，又将钢结构安装业务非法分包给无资质的个人孙某。

2. 阜宁县某建设集团有限公司非法出借资质

董事长兼总经理王某同意无资质个人唐某非法借用本企业资质承揽工程，非法承包须具备钢结构工程专业承包一级资质的建设工程项目；施工现场安全管理混乱，未落实安全生产责任制，几乎无人监管。

3. 阜宁县某监理有限公司现场监理工作严重不力

监理对钢结构专项施工方案未审查，对擅自使用自制吊篮钢平台未要求施工单位整改，未要求施工单位暂时停止施工，未及时向有关主管部门报告。

4. 阜宁县某经济开发区管理委员会、住房和城乡建设局监管不到位。

三、事故处理

自制吊篮钢平台坠落是一起安全生产责任事故。因参与工程建设与管理的相关单位及人员未履行或未完全履行安全生产管理职责，根据责任大小分别被追责，其中，监理公司及相关人员处理如下：

1. 阜宁县某监理有限公司，对事故的发生负有责任。由市安监局依据国务院《生产安全事故报告和调查处理条例》第三十七条第二项和参照国家安监总局《安全生产行政处罚自由裁量标准》，对该公司处 30 万元的罚款。由市城乡建设局依据有关规定对其做出暂停招标 60 日的行政处罚。

2. 李某，某监理有限公司总监理工程师。对项目施工现场管理严重不力，未审查钢结构专项施工方案，对擅自使用自制吊篮钢平台未要求施工单位整改，未要求施工单位暂时

停止施工,未及时向有关主管部门报告,对事故的发生负有主要责任,移交司法机关处理。

3. 吴某,男,62岁,阜宁县某监理有限公司现场监理,对项目施工监理不力,对施工现场存在违法行为未及时发现和制止,对事故的发生负有责任。由市安监局依据国家安监局《安全生产违法行为行政处罚办法》第四十四条和参照国家安监总局《安全生产行政处罚自由裁量标准》,对其处6 000元的罚款。

4. 唐某,男,47岁,阜宁县某监理有限公司法定代表人、总经理。作为公司安全生产第一负责人,公司安全生产管理不到位,对公司驻江苏某海上风电轴承制造项目监理部人员配备不足、安全生产责任落实不到位、安全检查和隐患整改督促不力,对事故的发生负有重要责任。由市安监局依据国务院《生产安全事故报告和调查处理条例》第三十八条第二项和参照国家安监总局《安全生产行政处罚自由裁量标准》,对其处上一年收入40%的罚款。

四、事故教训

1. 阜宁县各有关行政主管单位要认真落实安全生产责任制,认真履行安全生产职责,切实将政府部门安全生产监管责任和企业安全生产主体责任落实到位。

2. 事故有关责任单位要严格遵守安全生产法和建设工程有关法律法规,认真履行法定的行政许可程序,严禁非法转包、分包,非法挂靠等违法行为。

3. 事故发生责任单位要强化职工"三级"安全教育,未经培训合格不得上岗作业;强化特种作业人员的管理,特种作业人员无证不得上岗作业。

4. 事故发生责任单位要进一步教育员工严格遵守各项安全生产规章制度和操作规程,严格施工现场安全管理,杜绝"三违"行为。

5. 项目监理机构在抓好工程质量的同时,更要抓好工程的安全管理,严格审查施工单位编制的施工组织设计中的安全技术措施,特别是危险性较大分部分项工程专项施工方案,定期巡查施工作业情况,及时制止违规施工作业。

五、建议

1. 吊篮钢平台的制造、安装、操作是专业性较强的和危险性很高的一项工作。2007年建设部在《关于发布建设事业"十一五"推广应用和限制禁止使用技术(第一批)的公告》(公告第659号)中将"房屋建筑施工中使用不经设计计算和制作的,无可靠安全防护和限位保险装置的自制简易吊篮"作为禁止使用技术。《江苏省建筑施工起重机械设备安全监督管理规定》第六条做出了"建筑业企业自行研制用于特殊工程施工的非定型的起重机械设备必须有设计图纸和设计计算书,由企业技术部门组织专家论证和鉴定,符合安全技术条件的经有关部门批准,方可投入使用"的规定。项目监理机构和监理人员必须严格遵守国家和行业法律法规和技术规定的要求,禁止施工单位的违章指挥和违章作业。需要特别指出的是,设计计算书必须包括吊篮及挑梁结构的强度和刚度验算,及钢丝绳安全系数验算等,监理人员应熟悉相关规定,并要求施工单位严格执行。

2. 从技术和起重安全的专业角度审视这起事故,该事故的发生是必然的。施工单位的一个普通土建施工员,擅自自制吊篮钢平台,一无资格,二无专业技术能力,三无经验,由于事故当事人无知和野蛮的原因,直接造成了这起事故。对这种"无知无畏"的严重安全隐患,项目监理机构应当及时"发现"、坚决制止。

3. 当前,一些施工单位一味地降低施工成本,非法自制简易起重机械设备,这具有一定的普遍性。项目监理机构应加强国家有关法律法规和技术标准的学习和宣传教育,要求施工单位特别是总承包单位自觉执行国家和行业法律法规和技术规定,加强对分包单位非法自制行为的处罚力度,打击非法"包工头"的违法违规行为,以遏制这类生产安全事故的发生。项目监理机构应认真审查分包单位资质和主要管理人员的相关资料,如:劳动合同、社保关系等,如有怀疑,可以电话政府职能部门或上其网站查询真伪,以避免出现无资质的个人借用、挂靠施工或层层转包和非法分包等违法现象。本案例中,如果监理人员工作责任心强一点、做得细一点,可以发现层层转包、非法分包、以个人名义承包项目等违法现象,并及时制止。

4. 项目监理机构应对钢结构施工方案认真审查,特别是对文件限制类技术,如:自制吊篮钢平台更需重视,要求编制专项施工方案,提供完整的设计图和设计计算书,并组织专家论证,方案完善后方可实施。施工过程中,项目监理机构应加强关键部位、关键物件的检查,如:钢丝绳直径、焊接质量、传动及提升装置、系统同步、护身栏杆等,发现问题及时发监理通知单要求整改,必要时发工程暂停令、监理备忘录、向建设单位报告,或报告建设行政主管部门。

5. 项目监理机构日常的安全生产管理的工作要注意留下痕迹,该说的说到,该写的写到,该签发的监理指令发到、跟踪到。切忌只说不写,没有文字资料记录,在处理事故时缺乏监理履行职责的有力证据,造成被追究法律责任的被动局面。

案例3 盐城某烟囱工程高处坠落事故

一、背景材料

盐城市某钢铁厂1号烧结区烟囱项目工程,设计总高度100 m,2010年3月10日开工建设,事故发生时,烟囱主体已施工到70 m。

项目由盐城市某监理公司监理,外省某建筑公司总承包,该公司承接到工程后,将工程整体分包给无烟囱施工资质的袁某,袁某又将工程整体转包给个体工头陈某。

主体施工时,在烟囱北侧外挂爬梯,专供施工人员上下。在烟囱内采用钢管扣件搭设井字架作为材料运输,井字架搭设由季某、刘某负责。

2010年9月7日20时左右,有8名施工人员从烟囱北侧外挂爬梯上到70 m高的作业平台,到平台后,丁某和季某在平台上料口北侧处负责接料,其余施工作业人员负责烟囱主体施工,20时40分左右,井字架在吊料过程中顶端架体钢管突然发生扭曲变形,并向西南方倾斜,与井架架体相连的接料口平台架体也发生变形,导致站在接料口平台脚手架上接料的丁某、季某从70 m高处坠落地面,经送医院抢救无效死亡。

事故造成2人死亡,直接经济损失约100万元。

二、原因分析

(一)技术原因

1. 该工程搭设的井字架未编制专项施工方案,搭设施工过程中缺乏规范、安全可靠的作业指导,作为材料运输的井字架、接料平台及接料口不满足施工要求。

2. 烟囱主体已施工到高度 70 m,井架架体高度为 79 m,井架架体在烟囱的 70 m 处未设置连墙件,其架体悬臂高度约十几米,当井架吊笼运输混凝土砂浆时,因井架架体悬臂部分刚度不足发生扭曲。

3. 接料口平台上脚手板未锚固。

4. 烟囱内采用钢管扣件搭设的井字架未搭设剪刀撑,连墙结构不符合规定,步距设计偏大,钢管壁厚不符合规范规定,钢管锈蚀严重,架体刚度、钢管强度不足。

5. 在 100 m 高的烟囱内采用钢管扣件搭设安装起重设备,违反了《特种设备安全监察条例》的规定。

6. 接料口平台周边未设置防护栏杆。

(二) 管理原因

1. 施工单位违反了《中华人民共和国建筑法》第二十八条、第二十九条的规定,将工程整体分包给无烟囱施工资质的袁某。

2. 个体包工头陈某无视国家安全生产法律、法规,在其不具备安全生产条件下,野蛮施工。

3. 袁某伪造某高空维修安装防腐有限公司的合同,私刻合同章,骗取工程后,又将工程整体转包给个体包工头陈某施工。

4. 建设单位未取得施工许可证,未办理安全监督手续,擅自组织施工。

5. 监理单位未对法定的施工手续、施工单位的资质、操作人员的资格、专项施工方案进行审查,对施工现场存在的隐患不监管。

三、事故责任处理

烟囱工程高处坠落是一起典型的不执行相关程序,不办理施工许可证、安全监督手续,违法分包、转包工程,是一起施工单位无视《中华人民共和国建筑法》和安全生产法律法规,野蛮施工引发的安全责任事故。

1. 建设单位在未办理施工许可等相关手续的情况下进行工程建设,在施工过程中未对监理、施工单位安全工作实施统一有效的协调、管理,未能督促相关施工单位落实施工现场隐患的整改,未落实相关监管部门的整改要求,对事故的发生负重要责任,由建设行政主管部门依法对建设单位进行处罚。

2. 监理单位未履行监理职责,忽视施工安全管理,未对施工单位的资质、操作人员的资格、专项施工方案进行审查,对事故的发生负有重要责任。由建设行政主管部门按照有关规定对监理单位负责人和项目总监进行诫勉谈话。

3. 包工头袁某,无资质承接该烟囱工程,并擅自私刻合同专用章骗取工程,又将工程违法转包给无烟囱施工资质的陈某,在日常施工中未实施有效的安全管理,未对现场进行事故隐患的排查,未组织人员进行安全生产教育,未督促施工人员做好作业中的防护,袁某、陈某对事故的发生负有直接责任。移交司法机关依法处理。

4. 施工单位法定代表人龚某、挂名施工项目部负责人尹某,违反《中华人民共和国建筑法》的规定将工程转包给无施工资质的个人,日常安全管理不到位,不重视安全生产工作,对相关人员资格审查不严,对安全生产工作督促、检查不力,对安全事故隐患没能及时进行排查。龚某、尹某对事故发生负有直接领导责任。由建设行政主管部门按照有关规定对其行政处罚和经济处罚。

四、教训

1. 建设单位要认真吸取事故教训，未取得施工许可证和未办理质监、安监手续不得施工。要高度重视安全生产工作，严格落实企业安全生产主体责任，切实加强对施工单位、监理单位安全生产工作的统一协调和管理，督促施工单位加强施工现场的隐患排查整改。

2. 施工单位要加强内部管理，杜绝无资格的个人担任项目负责人，严格从业人员安全培训教育。认真落实安全生产责任制及各项安全措施，严把资质审查关。不得将工程发包给资质等级不符合工程要求的单位施工。杜绝超范围发包和以包代管、包而不管的现象。要严格按照合同法的有关要求签订施工合同，对危险性较大的施工项目要制定方案，并经有关专家审查，施工人员操作前，施工负责人应对施工人员进行安全技术交底。

3. 严格遵守安全操作规程，在施工过程中要严格遵守国家有关安全生产的法律、法规和安全技术规范、规程和规章制度，严肃查处违章指挥和违章作业。

4. 加强对从业人员的安全教育，建立安全生产教育培训制度，未经安全生产教育培训的人员不得上岗作业。

五、建议

1. 项目监理机构应在开工前审查开工条件（开工报审），如未取得施工许可证和未办理质监、安监手续等，项目监理机构应识别，并及时给建设单位发监理工程师备忘录，在开工报审栏签署不同意开工意见。

2. 项目监理机构应事前审查分包单位（含劳务分包）资质、安全生产许可证、分包合同、主要管理人员及特殊工种人员上岗证（建设主管部门颁发，必要时上网站查询）情况，完善相关手续。

3. 项目监理机构应核查施工单位（含分包）主要管理人员的劳动关系，如劳动合同、社保关系等，以防止出现无资质的个人借用、挂靠施工或层层转包和非法分包等违法现象。同时，应检查其到位情况，如有问题，项目监理机构应发监理通知单、备忘录等要求整改，也可以通知建设单位，严重时，向建设行政主管部门报告，直至到位或变更。

4. 项目监理机构应加强对重大危险源、重大危险施工部位、工序的事前控制，本案例中，在烟囱内采用钢管扣件搭设井字架，高度达 100 m，根据《危险性较大的分部分项工程安全管理办法》的规定，应要求施工单位编制专项施工方案，并组织专家论证，符合要求后方可实施。同时，项目监理机构应编制有针对性的监理实施细则。

5. 搭设所用钢管、扣件等材料应检测，项目监理机构应根据实测数据比对结构计算书选用参数，符合后方可使用，如不符合，应要求重新验算或更换材料。

6. 搭设及使用过程中，项目监理机构应巡视、重点检查，特别是关键构造节点，如：架体基础、水平及竖向支撑、连墙件、悬臂高度、电气系统等，重点为：是否按施工方案搭设和使用。发现问题及时下达监理通知单，严重时发工程暂停令，必要时以监理报告方式报告建设行政主管部门。

第五节　物体打击事故

物体打击是指失控物体的惯性力造成的人身伤害事故。如落物、滚石、锤击、碎裂、崩块、砸伤等造成的伤害,不包括爆炸而引起的物体打击。

案例　无锡市某住宅工程物体打击事故

一、背景材料

无锡市北塘区某 26 号楼项目,由某建筑公司总承包。2010 年 12 月 26 日上午 8 时 20 分许,按照指挥工对讲机发出的指令,塔机操作工将塔机吊臂回转至主楼东北侧钢管堆放处,放下吊钩。李某用 2 根吊索(长约 6 m 的钢丝绳)捆绑整捆钢管(共 26 根,长 6 m),然后用对讲机通知塔机操作工起吊。捆绑方式为:用吊索在整捆钢管中部缠绕两圈,吊索两端绳套挂在吊钩上,两个吊点相距约 1 m。8 时 40 分许,当钢管吊至约 14 层楼高度时,在大风的作用下,所吊钢管倾斜并全部散落至地面。

当时,潘某、卢某和黄某 3 名施工人员正途经吊钩下方,均被坠落钢管击中。3 人虽在第一时间被送往医院抢救,但因伤势过重,抢救无效于当日死亡。

二、原因分析

(一) 技术原因

司索工李某无证上岗作业,缺乏吊装基本常识,吊装钢管时未采用卸扣吊索捆绑的方式,而是采用钢丝绳缠绕的方式,导致整捆钢管起吊时受力不紧,且 6 m 长的钢管吊点之间距离又较近,不能保证钢管在起吊过程中的平衡。信号指挥工无证上岗作业,未检查司索工的工作流程,吊装材料捆绑方式不当,材料未捆绑牢就指挥起吊,起吊时钢管重心失稳并散落,导致事故发生。

(二) 管理原因

1. 施工总包单位项目经理部安全管理流于形式,特种作业人员管理制度不落实,在约 2 个月的时间内,施工现场未配备具有特殊工种要求的塔机指挥工、司索工,放任无证人员违章从事司索和指挥作业;未及时发现使用不当的捆绑方式。

2. 项目监理部未严格履行监理职责,未按照法律、法规和工程建设强制性标准实施监理,对施工安全监理不力、措施不严,在约 2 个月的时间内,未对无证人员上岗作业等事故隐患采取措施。

三、事故处理

本次工程物体打击事故是一起典型的无证上岗、违反操作规定引发的较大安全责任事故。因参与工程建设与管理的相关单位及人员未履行或未完全履行安全生产管理职责,相关责任单位和个人被追责,其中,监理公司及相关人员处理如下:

1. 工程监理单位对施工安全监理不力、措施不严,没能及时发现和纠正施工现场长期存在的隐患,应对事故发生负有管理责任。由建设行政主管部门依照有关规定给予其行政处罚。

2. 项目总监理工程师未认真履行总监职责,未能组织监理部严格按照法律法规和强制性标准的要求对施工安全实施监理,对施工现场长期存在特种作业人员无证上岗的事故隐患,未能及时采取必要的监理措施,应对事故发生负有监管责任。由省住房和城乡建设厅对其实施撤销监理执业资格的行政处罚。

四、建议

1. 施工单位不按建设程序,不按法律法规及标准规范和经批准的施工组织设计(专项施工方案)施工是最大的安全事故隐患,对此,项目监理机构应有清醒的认识。因此,监理人员督促施工单位建立健全施工安全保证体系并可靠运行,督促施工单位按建设程序、法律法规及标准规范、经批准的施工组织设计(专项施工方案)施工,是规避监理安全责任最重要的工作之一。

2. 项目监理机构应做好起重机械司机、起重司索信号工等特殊工种人员的检查核对工作,必要时上建设主管部门的网站查询,做到人证合一,并加强动态管理。在视线遮挡、起吊物件易重心失稳或散落等复杂情况下,需配备2名或2名以上起重司索信号工,以确保操作过程安全。

3. 项目监理机构应做好日常的安全巡查、重点检查工作,不能流于形式,切实执行"十不吊"规定。发现问题应及时书面要求整改,必要时,下发工程暂停令、通知建设单位或向建设行政主管部门报告。

4. 注意完善监理资料。如监理日志,巡查、检查记录,工程例会或专题会议纪要等,项目监理机构应有较全面反映监理程序管理和技术管理正确性的相关资料。

第六节　中毒和窒息事故

中毒是指人接触有毒物质,如误吃有毒食物或呼吸有毒气体引起的人体急性中毒事故;在暗井、涵洞、地下管道等不通风的地方工作,因为氧气缺乏,有时会发生突然晕倒,甚至死亡的事故称为窒息。两种现象合为一体,称为中毒和窒息事故。

案例　南通市某污水处理工程中毒事故

一、背景材料

南通市港闸区某污水管道工程,全长约4 100 m,采用D1000钢管,污水管道采用2 mm×φ800 mm钢管沉管施工过河。全线在桥头北侧设置污水泵站一座,共有大小检查井70余个,污水管道与检查井相通,污水检查井内壁采用IPN8710互穿网络防腐,底漆两道,面漆两道。

事故窨井情况:事发窨井编号 W17,为 1.2 m×2.9 m 的矩形独立阀门检查井,井室高 3.7 m。与外部管道无连通,井壁装有交错两排塑钢爬梯。该窨井已于半月前完成闭水试验,事发时正在进行管线防腐作业。

2012 年 10 月 9 日上午,江苏某路桥建设公司刘某、丁某、钱某对污水管道最后两个相邻的窨井(编号 W17)进行防锈施工(用防腐涂料涂抹井内壁)。早上 6 点 30 分左右,施工人员打开井盖进行自然通风。7 点 10 分左右,施工工人丁某携带过滤式防毒面罩,系安全绳进入 W17 污水检查井,在检查井内壁涂刷防腐涂料(涂料种类为 IPN8710 互穿网络防腐涂料),窨井上面有钱某在外监护。十分钟后,钱某不见井内动静,观察发现丁某倒在井内积水中(水深约 1 m),钱某见状随即下井施救,也晕倒在水中。施工队电工陆某听到工地人员呼救后,一边赶往事发地点,一边用手机向 120、110 和 119 报警,到事故窨井后,陆某即下井救人,下井后,感到气味太重、头晕,马上又返回井口。闻讯赶来的杨某见先后两人晕倒在井中,不听周围人员劝阻,也进入井内施救,同时晕倒在井内。接警后赶到的消防人员将三人救出,经 120 人员确认,三人已无生命特征。

二、原因分析

(一) 技术原因

1. 进入窨井内进行防腐作业前未对窨井内有毒有害气体进行检测,也未对施工作业人员进行有毒有害告知和安全技术交底。

2. 事故窨井为 1.2 m×2.9 m×3.7 m 的矩形作业空间,施工作业人员在通风条件不良的窨井内进行防腐作业,吸入高浓度的一氧化碳有毒气体后(窨井内实际检测值为 42.12 mg/m³,合格标准为 30 mg/m³)中毒。

3. 防腐作业施工人员使用不当的个人防护用品,在通风不良的作业空间作业,不应佩戴"过滤式防毒面罩",应佩戴"隔离式防毒面罩"。

4. 在危险的环境下作业,施救人员缺乏防中毒安全专业知识,盲目下井施救,施工现场无应急救援保障技术措施。

(二) 管理原因

1. 施工项目部未组织制定密闭空间作业安全生产岗位责任制、安全生产教育制度。

2. 施工项目部在密闭空间环境下施工未组织制定安全专项方案、未提供防护措施,未对窨井内存在的有毒气体检测。在应急救援等技术措施不到位的情况下违规组织作业人员下井涂料作业。

3. 施工项目部未组织作业人员针对窨井内有毒气体进行安全教育培训,作业人员对窨井内存在的有毒气体危险性认识不足,导致盲目下窨井施工作业和不听劝阻下窨井救人。

4. 施工项目部对在密闭空间危险环境下(窨井下)进行涂料防腐作业组织工作不到位。未规定窨井下作业人员和窨井上监护人员联络、报警、撤离信号,未按《密闭空间作业职业危害防护规范》的要求,配置隔离式防护面具,未组织制定应急救援预案。

三、事故处理

这是一起生产安全责任事故,施工人员对窨井内防腐作业的危险性认识不足、施工组织不严密、安全技术措施不落实、发现人员中毒险情后施救措施不当导致事故发生和扩大。因参与工程建设与管理的相关单位及人员未履行或未完全履行安全生产管理职责,相关责任单位和个人被追责,其中,监理公司及相关人员处理如下:

1. 监理单位未能认真履行安全生产法定义务,对施工组织设计审查不严格,安全检查不细致,对施工单位存在的劳保用品不规范等隐患未及时发现和消除,对事故发生负有严重责任。由安全生产监督管理部门依据安全生产有关法规给予该公司行政处罚。

2. 彭某,总监理工程师,未能及时发现和消除密闭作业工程中存在的重大事故隐患,对事故发生负有重要监理责任,由安全生产监督管理部门依据规定给予其罚款的行政处罚。由建设行政主管部门根据有关规定暂停其市场准入资格。

四、教训

1. 施工单位要强化施工安全管理。一是要加大安全投入,落实密闭空间作业的安全防护设备,配齐、配好防护器材;二是要进一步完善各项安全生产管理制度,严格密闭空间安全生产管理;三是要加强安全生产培训教育,提高从业人员安全生产意识和应急处置能力。

2. 监理单位要认真履行监理的安全职责,监督施工企业加大安全投入,配齐、配好安全防护器材及其他安全防护设备设施,落实各项安全措施,加强密闭空间作业管理。

3. 项目管理单位要认真履行职责,加强对施工单位安全质量管理体系运行情况的检查,督促企业完善各项制度,落实施工安全措施,保证建设项目的施工安全。

4. 建设主管部门要加强对建筑施工企业密闭空间作业的安全监管,加大对施工作业现场的检查和执法力度,督促施工企业在进行密闭空间作业时,严格执行国家有关法规标准,认真落实密闭空间作业审批制度。

五、建议

1. 项目监理机构应高度关注施工现场高空坠落、机械伤害、物体打击、坍塌、触电等"五大杀手"可能造成的伤亡事故隐患,同时也要关注中毒、失火这两类易发的施工伤亡事故隐患。对于密闭空间等危险性较大的施工作业,项目监理机构应予以关注,并做好事前控制。要求施工单位编制专项施工方案及应急救援预案。同时,项目监理机构应编制有针对性的监理实施细则。

2. 项目监理机构应事前审查施工单位(含劳务分包)安全生产许可证、质量安全管理体系、管理措施、规定等,完善相关手续。督促施工单位切实做好安全教育及安全技术交底工作,并要求施工单位留存资料。

3. 项目监理机构应检查安全文明措施费的有效使用情况,如安全防护器材(防毒面具)、安全防护设备(毒气检测设备)、设施等,对有毒有害、易燃易爆气体进行检测控制。如有问题,及时以书面形式识别,并要求整改。

4. 加强平时的巡查、重点检查等工作,地下管道、隧道涵洞、窨井施工必须落实毒气浓度检测措施和中毒应急救援措施,发现问题应及时书面要求整改,必要时下发工程暂停令、通知建设单位或报告建设行政主管部门。

5. 项目监理机构人员应不断加强法律法规学习,提高执法能力和业务水平;对现场的安全隐患和安全事故,应要求施工单位严格按照"四不放过"的原则(即事故原因不查明不放过、事故责任人未处理不放过、群众未受教育不放过、纠正预防措施未落实不放过)进行。

六、附注

密闭空间是指封闭或部分封闭,进出口较为狭窄,通风不良,容易变成有毒有害、易燃易爆物质积(聚)或氧含量不足的空间。

在建筑施工和市政工程中常见的密闭空间作业主要有清理、疏通下水管、化粪池、窨井、污水池、新污水口与老污水口接口、酒窖清理等高危作业。在这些缺氧危害部位容易产生的有毒气体主要有硫化氢、一氧化碳等。

为防止密闭空间作业中毒事故的发生,应做好以下技术防护措施:

1. 密闭空间与其他系统连通的孔、洞有可能危及安全作业的,应采取有效封堵隔离措施。

2. 密闭空间作业前应根据密闭空间原物料的特点,对密闭空间进行清理或置换,并实施密闭空间含氧量、毒性气体、易燃易爆气体等介质浓度检测。确保密闭空间介质浓度满足国家和行业所规定的技术要求。

3. 在密闭空间作业时,应采取措施,保持密闭空间空气通风良好,必要时可进行强制通风,禁止向密闭空间充氧气或密集空气。

4. 在密闭空间作业前 30 分钟内,应对密闭空间进行气体监测分析,合格后方可进入。在作业过程中,定时对密闭空间内气体进行分析,检测间隔时间不得超过 2 小时。

5. 在缺氧或者密闭空间作业时,应佩戴隔离式防护面具,必要时应佩戴救生绳;在易燃易爆的密闭空间作业时,应穿戴防静电工作服、工作鞋,使用防爆型灯具及不产生火花的工具;在有酸的密闭空间作业时,应佩戴防酸工作服、工作鞋、手套等护品;在产生噪声的密闭空间作业时,应佩戴耳塞或耳罩等防噪声护具。

6. 应根据密闭空间作业环境,依据规范标准要求做好密闭空间安全用电。

7. 在密闭空间外设监护人,作业时监护人不得擅离岗位,随时与作业人员保持联系。

8. 在密闭空间入口设置"密闭空间,未经许可不得入内"的警示标志,拉好警戒线。

9. 在密闭空间外,应按照应急救援预案的要求,在密闭空间现场配备足够的空气呼吸器、消防器材和清水等相应的应急器材和用品。

第七节　火　灾　事　故

案例　上海静安区教师公寓特大火灾事故

一、背景材料

项目名称:上海静安区胶州路教师公寓(728 号)节能墙体保温改造工程

项目内容:外立面搭设脚手架、外墙喷涂聚氨酯硬泡体保温材料、更换外窗等。

建设单位:上海静安区建设和交通委员会

设计单位:上海静安某置业设计有限公司

监理单位：上海市静安某建设工程监理有限公司

总包单位：上海市静安区某建设总公司

分包单位：总包单位的子公司上海某建筑装饰工程公司

再分包单位：若干小装饰施工队

教师公寓高 28 层，建筑高度 85 m，建筑面积 17 965 m²，其中底层为商场，2～4 层为办公，5～28 层为住宅，于 1998 年 1 月建成。

2010 年 11 月 15 日，上海市静安区胶州路 728 号胶州教师公寓正在进行外墙整体节能保温改造，14 时 14 分左右，大楼中部发生火灾，随后引燃脚手架表面的尼龙防护网和脚手架上的毛竹片，在烟囱效应的作用下迅速蔓延，最终包围并烧毁了整栋大厦。火灾持续了 4 个多小时，至 18 点 30 分大火基本被扑灭。虽经消防部门全力救援，火灾最终导致 58 人遇难，71 人受伤。

事故经过如下：2010 年 11 月 18 日 14 时 14 分左右，4 名无证焊工在 10 层电梯前室北窗外进行违章电焊作业，由于未采取保护措施，电焊溅落的金属熔融物引燃下方 9 层位置脚手架防护平台上堆积的聚氨酯硬泡保温材料碎块，聚氨酯迅速燃烧形成密集火势，由于无消防设施，4 人不能将初期火势扑灭，并逃跑。燃烧的聚氨酯引燃了楼体 9 层附近表面覆盖的尼龙防护网和脚手架上的毛竹片。由于尼龙防护网是全楼相连的一个整体，火势便由此开始以 9 层为中心蔓延，尼龙防护网的燃烧引燃了脚手架上的毛竹片，同时引燃了各层室内的窗帘、家具、煤气管道的残余气体等易燃物质，造成火势的急速扩大，并于 15 时 45 分火势达到最大。在消防员的不懈努力下，火势于 16 时 40 分开始减弱，于 18 时 30 分被基本扑灭。

二、原因分析

（一）直接原因

1. 无证焊工违章作业

两名电焊工未经正规培训，施焊时安全防护不到位，个人防火责任意识不强。13 时 45 分左右，两名电焊工在 10 楼外墙施焊时，施焊火星不慎引燃易燃物引起火灾，自行扑救失败后，并未在第一时间报警，而是在慌乱中离开了现场。

2. 工程中所采用的聚氨酯硬泡保温材料不合格或部分不合格

工程中所采用的聚氨酯硬泡保温材料不合格或部分不合格，不能满足燃烧性能不低于 B2 级要求（不能被焊渣引燃）。

（二）间接原因

1. 装修工程违法违规，层层多次分包，导致安全责任落实不到位

大楼外墙节能保温改造由上海静安建设总公司总承包，总承包方又将全部工程分包给上海佳艺建筑装饰工程公司，上海佳艺建筑装饰工程公司又将工程进一步分包，脚手架搭设作业分包给上海迪姆物业管理有限公司施工，节能工程、保温工程和铝窗作业等通过政府采购程序分别选择正捷节能工程有限公司和中航铝门窗有限公司进行施工。上海迪姆物业管理有限公司将脚手架工程又分包给其他公司、施工队等；正捷节能工程有限公司将保温材料又分包给三家其他单位。这使得安全责任层层减弱，给安全管理带来很大的阻碍，给施工带来很大的事故隐患。

2. 施工作业现场管理混乱，存在明显的抢工期、抢进度、突击施工的行为

根据《条例》第七条：建设单位不得对勘察、设计、施工、工程监理等单位提出不符合建设工程安全生产法律、法规和强制性标准规定的要求，不得压缩合同约定的工期。第十条：建设单位在申请领取施工许可证时，应当提供建设工程有关安全施工措施的资料。依法批准开工报告的建设工程，建设单位应当自开工报告批准之日起 15 日内，将保证安全施工的措施报送建设工程所在地的县级以上地方人民政府建设行政主管部门或者其他有关部门备案。

3. 事故现场安全措施不落实，违规使用大量尼龙网、毛竹片等易燃材料，导致大火迅速蔓延

火灾能够蔓延并扩大至全楼的原因不是聚氨酯硬泡保温材料的不合格，而是事故大楼表面违规使用的易燃尼龙防护网和脚手架上的毛竹片。施工地点必须使用防护网，脚手架上也必须放置踏板，但材料的选用必须符合《条例》的规定，能够保证安全，不会发生燃烧才行。

4. 监理单位、施工单位、建设单位存在隶属或者利害关系

建设单位上海静安区建交委，直接管辖工程总承包单位上海静安建设总公司，第一分包单位上海佳艺建筑装饰工程公司及监理单位都是上海静安建设总公司的全资子公司，因此，监理单位、施工单位、建设单位存在明显的隶属及利害关系。

《中华人民共和国建筑法》中第三十四条规定，工程监理单位与被监理工程的承包单位以及建筑材料、建筑构配件和设备供应单位不得有隶属关系或者其他利害关系。这次事故中，监理单位、施工单位、建设单位可能存在相互配合共同牟利的可能性。监理公司没有认真履行建设工程安全生产职责，未依照法律、法规规定监理，对无证施工行为未能采取有效措施加以制止，未认真落实《条例》第十四条第二款规定的安全责任，在施工单位违法施工的情况下，没有及时向有关主管部门报告，对事故发生负有监督不力的责任。

5. 有关部门监管不力，导致以上四种情况"多次分包多家作业、现场管理混乱、事故现场违规选用材料、建设主体单位存在利害关系"的出现

相关部门对建筑市场监管匮乏，未能对工程承包、分包起到监督作用，缺乏对施工现场的监督检查，对施工现场无证上岗等情况未能及时发现并处置。对于建设单位上报备案的施工单位、监理单位未能进行检查，导致施工单位与监理存在"兄弟单位"关系。

三、法律责任追究

依据建筑法等相关法律规定，是典型的严重责任事故。因参与工程建设与管理的相关单位人员未履行或未完全履行安全生产管理职责，有多人被判刑，其中包括两名监理人员。

1. 张某，静安某建设工程监理有限公司监理，重大责任事故罪，有期徒刑 5 年。

2. 卫某，静安某建设工程监理有限公司监理，重大责任事故罪，有期徒刑 2 年。

四、教训

1. 施工总包企业要建立健全安全质量管理制度并落实

施工总承包企业要规范自己的分包行为，严格监督分包单位的施工情况，不分包给不具有资格的单位，对分包单位的再分包等情况要及时制止。施工总承包企业对分包单位要

进行监督管理,及时发现事故隐患,并勒令其整改。施工单位要加大对作业人员的安全教育培训,对特种作业人员必须严格要求具备特种作业操作资格证,杜绝无证上岗的行为。施工企业要落实安全责任制,项目主要负责人、专职安全管理人员必须加强日常安全生产的监督检查,尤其对于一些危险性较大的施工作业,必须进行现场监督、指导,及时制止"三违"行为。

2. 监理单位切实落实履行监理职责

按照《建设工程监理规范》及《条例》,监理单位应严格审查各施工单位(含分包单位)的资质并提出审查建议,在施工阶段,应严格日常管理,对违反国家强制性标准的不安全行为,及时制止并下达监理通知单或工程暂停令,施工单位拒不整改的,要立即上报建设单位,建设单位不采纳的,要上报安全生产主管部门。

3. 政府主管部门应加强监督管理的职能

政府主管部门需进一步规范施工许可证的受理发放流程,确保建设工程的安全生产。严格加强对复工、新开工工地的审核,严格执行自查、整改、复工申请、现场复核、监督抽查和审核批准等程序办理复工手续;对需申领施工许可证的新开工工程,严格按施工许可申请、现场核查和申领施工许可证等程序办理有关手续。政府监管部门要加强施工现场的检查力度,突出重点,抓住关键环节,反"三违"(违章指挥、违章作业、违反劳动纪律)、查"三超"(超载、超员、超速)、禁"三赶"(赶工期、赶进度、赶速度),对违规行为进行重罚。

4. 进行高层逃生知识培训,让居民与工作人员了解逃生方法。

五、建议

1. 监理单位应严格遵守《中华人民共和国建筑法》和《条例》等规定,工程监理单位与被监理工程的承包单位以及建筑材料、建筑构配件和设备供应单位不得有隶属关系或者其他利害关系,如果存在隶属关系或者其他利害关系,监理单位的法律地位无法确立。监理单位不能利令智昏,为了经济利益而忽视其他更为严重的法律责任,杜绝此类项目合同的签订。

2. 项目监理机构在获得设计、施工及周边环境等全面资料后(本工程为施工期间住户未搬迁、商店正常营业、原消防设施老旧等),应识别消防安全风险,并采取事前防范措施,如编制专项消防监理实施细则。注意新建工程与维修改造工程之间的区别,特别是在正常使用状态下维修改造工程,其消防风险更大、事故后果更严重。对这些工程,项目监理机构要特别关注施工组织设计或专项方案中的消防安全措施,避免犯经验主义的错误。

3. 项目监理机构应做好施工特种作业人员的前期审核和过程检查核对工作,必要时,上建设主管部门的网站查询,要做到人证合一,对电工、焊工、起重机械司机等特种作业人员要加大动态检查的频度、力度,审核和核查核对工作要持续进行,发现问题,应坚决要求施工单位整改纠正。

4. 项目监理机构应在开工前审查开工条件(开工报审),如未取得施工许可证和未办理质监、安监手续等,监理部应识别,在开工报审栏签署不同意开工意见。

5. 项目监理机构应审查分包单位(含劳务分包)的资质、安全生产许可证、分包合同及主要人员情况,完善相关手续。对于施工单位(含分包)主要管理人员不到位情况,项目监理机构应书面识别,如发监理通知单、工程暂停令、监理备忘录等,并通知建设单位,情况严重时,也可以"监理报告"向政府主管部门报告,直至到位或变更。

6. 项目监理机构应督促施工单位做好安全教育及安全技术交底工作,并要求施工单位形成书面文件和留存资料,以备查。

7. 项目监理机构应加强平时的巡查、重点检查等工作,正确、灵活运用监理 A 表,如"工程联系单""监理通知单""监理备忘录""工程暂停令"和"监理报告"等。对现场违规使用不符合防火等级的保温板、大量易燃尼龙网、竹笆片等材料,应及时发现并书面要求整改。必要时,下发工程暂停令、通知建设单位,情况严重时,书面报告建设行政主管部门。

附　　录

附录一：建设工程安全相关法规性文件及
江苏省、南京市有关文件

(一)《中华人民共和国建筑法》(主席令第 46 号)

　　《全国人民代表大会常务委员会关于修改〈中华人民共和国建筑法〉的决定》已由中华人民共和国第十一届全国人民代表大会常务委员会第二十次会议于 2011 年 4 月 22 日通过，现予公布，自 2011 年 7 月 1 日起施行。

中华人民共和国主席　　胡锦涛

2011 年 4 月 22 日

中华人民共和国建筑法

第一章　总　　则

　　第一条　为了加强对建筑活动的监督管理，维护建筑市场秩序，保证建筑工程的质量和安全，促进建筑业健康发展，制定本法。

　　第二条　在中华人民共和国境内从事建筑活动，实施对建筑活动的监督管理，应当遵守本法。

　　本法所称建筑活动，是指各类房屋建筑及其附属设施的建造和与其配套的线路、管道、设备的安装活动。

　　第三条　建筑活动应当确保建筑工程质量和安全，符合国家的建筑工程安全标准。

　　第四条　国家扶持建筑业的发展，支持建筑科学技术研究，提高房屋建筑设计水平，鼓励节约能源和保护环境，提倡采用先进技术、先进设备、先进工艺、新型建筑材料和现代管理方式。

　　第五条　从事建筑活动应当遵守法律、法规，不得损害社会公共利益和他人的合法权益。

　　任何单位和个人都不得妨碍和阻挠依法进行的建筑活动。

　　第六条　国务院建设行政主管部门对全国的建筑活动实施统一监督管理。

第二章　建筑许可
第一节　建筑工程施工许可

第七条　建筑工程开工前,建设单位应当按照国家有关规定向工程所在地县级以上人民政府建设行政主管部门申请领取施工许可证;但是,国务院建设行政主管部门确定的限额以下的小型工程除外。

按照国务院规定的权限和程序批准开工报告的建筑工程,不再领取施工许可证。

第八条　申请领取施工许可证,应当具备下列条件:

(一)已经办理该建筑工程用地批准手续;

(二)在城市规划区的建筑工程,已经取得规划许可证;

(三)需要拆迁的,其拆迁进度符合施工要求;

(四)已经确定建筑施工企业;

(五)有满足施工需要的施工图纸及技术资料;

(六)有保证工程质量和安全的具体措施;

(七)建设资金已经落实;

(八)法律、行政法规规定的其他条件。

建设行政主管部门应当自收到申请之日起十五日内,对符合条件的申请颁发施工许可证。

第九条　建设单位应当自领取施工许可证之日起三个月内开工。因故不能按期开工的,应当向发证机关申请延期;延期以两次为限,每次不超过三个月。既不开工又不申请延期或者超过延期时限的,施工许可证自行废止。

第十条　在建的建筑工程因故中止施工的,建设单位应当自中止施工之日起一个月内,向发证机关报告,并按照规定做好建筑工程的维护管理工作。

建筑工程恢复施工时,应当向发证机关报告;中止施工满一年的工程恢复施工前,建设单位应当报发证机关核验施工许可证。

第十一条　按照国务院有关规定批准开工报告的建筑工程,因故不能按期开工或者中止施工的,应当及时向批准机关报告情况。因故不能按期开工超过六个月的,应当重新办理开工报告的批准手续。

第二节　从业资格

第十二条　从事建筑活动的建筑施工企业、勘察单位、设计单位和工程监理单位,应当具备下列条件:

(一)有符合国家规定的注册资本;

(二)有与其从事的建筑活动相适应的具有法定执业资格的专业技术人员;

(三)有从事相关建筑活动所应有的技术装备;

(四)法律、行政法规规定的其他条件。

第十三条　从事建筑活动的建筑施工企业、勘察单位、设计单位和工程监理单位,按照其拥有的注册资本、专业技术人员、技术装备和已完成的建筑工程业绩等资质条件,划分为不同的资质等级,经资质审查合格,取得相应等级的资质证书后,方可在其资质等级许可的范围内从事建筑活动。

第十四条　从事建筑活动的专业技术人员,应当依法取得相应的执业资格证书,并在执业资格证书许可的范围内从事建筑活动。

第三章　建筑工程发包与承包

第一节　一般规定

第十五条　建筑工程的发包单位与承包单位应当依法订立书面合同,明确双方的权利和义务。

发包单位和承包单位应当全面履行合同约定的义务。不按照合同约定履行义务的,依法承担违约责任。

第十六条　建筑工程发包与承包的招标投标活动,应当遵循公开、公正、平等竞争的原则,择优选择承包单位。

建筑工程的招标投标,本法没有规定的,适用有关招标投标法律的规定。

第十七条　发包单位及其工作人员在建筑工程发包中不得收受贿赂、回扣或者索取其他好处。

承包单位及其工作人员不得利用向发包单位及其工作人员行贿、提供回扣或者给予其他好处等不正当手段承揽工程。

第十八条　建筑工程造价应当按照国家有关规定,由发包单位与承包单位在合同中约定。公开招标发包的,其造价的约定,须遵守招标投标法律的规定。

发包单位应当按照合同的约定,及时拨付工程款项。

第二节　发　包

第十九条　建筑工程依法实行招标发包,对不适于招标发包的可以直接发包。

第二十条　建筑工程实行公开招标的,发包单位应当依照法定程序和方式,发布招标公告,提供载有招标工程的主要技术要求、主要的合同条款、评标的标准和方法以及开标、评标、定标的程序等内容的招标文件。

开标应当在招标文件规定的时间、地点公开进行。开标后应当按照招标文件规定的评标标准和程序对标书进行评价、比较,在具备相应资质条件的投标者中,择优选定中标者。

第二十一条　建筑工程招标的开标、评标、定标由建设单位依法组织实施,并接受有关行政主管部门的监督。

第二十二条　建筑工程实行招标发包的,发包单位应当将建筑工程发包给依法中标的承包单位。建筑工程实行直接发包的,发包单位应当将建筑工程发包给具有相应资质条件的承包单位。

第二十三条　政府及其所属部门不得滥用行政权力,限定发包单位将招标发包的建筑工程发包给指定的承包单位。

第二十四条　提倡对建筑工程实行总承包,禁止将建筑工程肢解发包。

建筑工程的发包单位可以将建筑工程的勘察、设计、施工、设备采购一并发包给一个工程总承包单位,也可以将建筑工程勘察、设计、施工、设备采购的一项或者多项发包给一个工程总承包单位;但是,不得将应当由一个承包单位完成的建筑工程肢解成若干部分发包给几个承包单位。

第二十五条　按照合同约定,建筑材料、建筑构配件和设备由工程承包单位采购的,发包单位不得指定承包单位购入用于工程的建筑材料、建筑构配件和设备或者指定生产厂、供应商。

第三节　承　　包

第二十六条　承包建筑工程的单位应当持有依法取得的资质证书,并在其资质等级许可的业务范围内承揽工程。

禁止建筑施工企业超越本企业资质等级许可的业务范围或者以任何形式用其他建筑施工企业的名义承揽工程。禁止建筑施工企业以任何形式允许其他单位或者个人使用本企业的资质证书、营业执照,以本企业的名义承揽工程。

第二十七条　大型建筑工程或者结构复杂的建筑工程,可以由两个以上的承包单位联合共同承包。共同承包的各方对承包合同的履行承担连带责任。

两个以上不同资质等级的单位实行联合共同承包的,应当按照资质等级低的单位的业务许可范围承揽工程。

第二十八条　禁止承包单位将其承包的全部建筑工程转包给他人,禁止承包单位将其承包的全部建筑工程肢解以后以分包的名义分别转包给他人。

第二十九条　建筑工程总承包单位可以将承包工程中的部分工程发包给具有相应资质条件的分包单位;但是,除总承包合同中约定的分包外,必须经建设单位认可。施工总承包的,建筑工程主体结构的施工必须由总承包单位自行完成。

建筑工程总承包单位按照总承包合同的约定对建设单位负责;分包单位按照分包合同的约定对总承包单位负责。总承包单位和分包单位就分包工程对建设单位承担连带责任。

禁止总承包单位将工程分包给不具备相应资质条件的单位。禁止分包单位将其承包的工程再分包。

第四章　建筑工程监理

第三十条　国家推行建筑工程监理制度。

国务院可以规定实行强制监理的建筑工程的范围。

第三十一条　实行监理的建筑工程,由建设单位委托具有相应资质条件的工程监理单位监理。建设单位与其委托的工程监理单位应当订立书面委托监理合同。

第三十二条　建筑工程监理应当依照法律、行政法规及有关的技术标准、设计文件和建筑工程承包合同,对承包单位在施工质量、建设工期和建设资金使用等方面,代表建设单位实施监督。

工程监理人员认为工程施工不符合工程设计要求、施工技术标准和合同约定的,有权要求建筑施工企业改正。

工程监理人员发现工程设计不符合建筑工程质量标准或者合同约定的质量要求的,应当报告建设单位要求设计单位改正。

第三十三条　实施建筑工程监理前,建设单位应当将委托的工程监理单位、监理的内容及监理权限,书面通知被监理的建筑施工企业。

第三十四条　工程监理单位应当在其资质等级许可的监理范围内,承担工程监理业务。

工程监理单位应当根据建设单位的委托,客观、公正地执行监理任务。

工程监理单位与被监理工程的承包单位以及建筑材料、建筑构配件和设备供应单位不得有隶属关系或者其他利害关系。

工程监理单位不得转让工程监理业务。

第三十五条 工程监理单位不按照委托监理合同的约定履行监理义务,对应当监督检查的项目不检查或者不按照规定检查,给建设单位造成损失的,应当承担相应的赔偿责任。

工程监理单位与承包单位串通,为承包单位谋取非法利益,给建设单位造成损失的,应当与承包单位承担连带赔偿责任。

第五章　建筑安全生产管理

第三十六条 建筑工程安全生产管理必须坚持安全第一、预防为主的方针,建立健全安全生产的责任制度和群防群治制度。

第三十七条 建筑工程设计应当符合按照国家规定制定的建筑安全规程和技术规范,保证工程的安全性能。

第三十八条 建筑施工企业在编制施工组织设计时,应当根据建筑工程的特点制定相应的安全技术措施;对专业性较强的工程项目,应当编制专项安全施工组织设计,并采取安全技术措施。

第三十九条 建筑施工企业应当在施工现场采取维护安全、防范危险、预防火灾等措施;有条件的,应当对施工现场实行封闭管理。

施工现场对毗邻的建筑物、构筑物和特殊作业环境可能造成损害的,建筑施工企业应当采取安全防护措施。

第四十条 建设单位应当向建筑施工企业提供与施工现场相关的地下管线资料,建筑施工企业应当采取措施加以保护。

第四十一条 建筑施工企业应当遵守有关环境保护和安全生产的法律、法规的规定,采取控制和处理施工现场的各种粉尘、废气、废水、固体废物以及噪声、振动对环境的污染和危害的措施。

第四十二条 有下列情形之一的,建设单位应当按照国家有关规定办理申请批准手续:

(一)需要临时占用规划批准范围以外场地的;

(二)可能损坏道路、管线、电力、邮电通讯等公共设施的;

(三)需要临时停水、停电、中断道路交通的;

(四)需要进行爆破作业的;

(五)法律、法规规定需要办理报批手续的其他情形。

第四十三条 建设行政主管部门负责建筑安全生产的管理,并依法接受劳动行政主管部门对建筑安全生产的指导和监督。

第四十四条 建筑施工企业必须依法加强对建筑安全生产的管理,执行安全生产责任制度,采取有效措施,防止伤亡和其他安全生产事故的发生。

建筑施工企业的法定代表人对本企业的安全生产负责。

第四十五条 施工现场安全由建筑施工企业负责。实行施工总承包的,由总承包单位负责。分包单位向总承包单位负责,服从总承包单位对施工现场的安全生产管理。

第四十六条 建筑施工企业应当建立健全劳动安全生产教育培训制度,加强对职工安全生产的教育培训;未经安全生产教育培训的人员,不得上岗作业。

第四十七条 建筑施工企业和作业人员在施工过程中,应当遵守有关安全生产的法律、法规和建筑行业安全规章、规程,不得违章指挥或者违章作业。作业人员有权对影响人身健康的作业程序和作业条件提出改进意见,有权获得安全生产所需的防护用品。作业人员对危及生命安全和人身健康的行为有权提出批评、检举和控告。

第四十八条　建筑施工企业应当依法为职工参加工伤保险缴纳工伤保险费。鼓励企业为从事危险作业的职工办理意外伤害保险,支付保险费。

第四十九条　涉及建筑主体和承重结构变动的装修工程,建设单位应当在施工前委托原设计单位或者具有相应资质条件的设计单位提出设计方案;没有设计方案的,不得施工。

第五十条　房屋拆除应当由具备保证安全条件的建筑施工单位承担,由建筑施工单位负责人对安全负责。

第五十一条　施工中发生事故时,建筑施工企业应当采取紧急措施减少人员伤亡和事故损失,并按照国家有关规定及时向有关部门报告。

第六章　建筑工程质量管理

第五十二条　建筑工程勘察、设计、施工的质量必须符合国家有关建筑工程安全标准的要求,具体管理办法由国务院规定。

有关建筑工程安全的国家标准不能适应确保建筑安全的要求时,应当及时修订。

第五十三条　国家对从事建筑活动的单位推行质量体系认证制度。从事建筑活动的单位根据自愿原则可以向国务院产品质量监督管理部门或者国务院产品质量监督管理部门授权的部门认可的认证机构申请质量体系认证。经认证合格的,由认证机构颁发质量体系认证证书。

第五十四条　建设单位不得以任何理由,要求建筑设计单位或者建筑施工企业在工程设计或者施工作业中,违反法律、行政法规和建筑工程质量、安全标准,降低工程质量。

建筑设计单位和建筑施工企业对建设单位违反前款规定提出的降低工程质量的要求,应当予以拒绝。

第五十五条　建筑工程实行总承包的,工程质量由工程总承包单位负责,总承包单位将建筑工程分包给其他单位的,应当对分包工程的质量与分包单位承担连带责任。分包单位应当接受总承包单位的质量管理。

第五十六条　建筑工程的勘察、设计单位必须对其勘察、设计的质量负责。勘察、设计文件应当符合有关法律、行政法规的规定和建筑工程质量、安全标准、建筑工程勘察、设计技术规范以及合同的约定。设计文件选用的建筑材料、建筑构配件和设备,应当注明其规格、型号、性能等技术指标,其质量要求必须符合国家规定的标准。

第五十七条　建筑设计单位对设计文件选用的建筑材料、建筑构配件和设备,不得指定生产厂、供应商。

第五十八条　建筑施工企业对工程的施工质量负责。

建筑施工企业必须按照工程设计图纸和施工技术标准施工,不得偷工减料。工程设计的修改由原设计单位负责,建筑施工企业不得擅自修改工程设计。

第五十九条　建筑施工企业必须按照工程设计要求、施工技术标准和合同的约定,对建筑材料、建筑构配件和设备进行检验,不合格的不得使用。

第六十条　建筑物在合理使用寿命内,必须确保地基基础工程和主体结构的质量。

建筑工程竣工时,屋顶、墙面不得留有渗漏、开裂等质量缺陷;对已发现的质量缺陷,建筑施工企业应当修复。

第六十一条 交付竣工验收的建筑工程,必须符合规定的建筑工程质量标准,有完整的工程技术经济资料和经签署的工程保修书,并具备国家规定的其他竣工条件。

建筑工程竣工经验收合格后,方可交付使用;未经验收或者验收不合格的,不得交付使用。

第六十二条 建筑工程实行质量保修制度。

建筑工程的保修范围应当包括地基基础工程、主体结构工程、屋面防水工程和其他土建工程,以及电气管线、上下水管线的安装工程,供热、供冷系统工程等项目;保修的期限应当按照保证建筑物合理寿命年限内正常使用,维护使用者合法权益的原则确定。具体的保修范围和最低保修期限由国务院规定。

第六十三条 任何单位和个人对建筑工程的质量事故、质量缺陷都有权向建设行政主管部门或者其他有关部门进行检举、控告、投诉。

第七章 法律责任

第六十四条 违反本法规定,未取得施工许可证或者开工报告未经批准擅自施工的,责令改正,对不符合开工条件的责令停止施工,可以处以罚款。

第六十五条 发包单位将工程发包给不具有相应资质条件的承包单位的,或者违反本法规定将建筑工程肢解发包的,责令改正,处以罚款。

超越本单位资质等级承揽工程的,责令停止违法行为,处以罚款,可以责令停业整顿,降低资质等级;情节严重的,吊销资质证书;有违法所得的,予以没收。

未取得资质证书承揽工程的,予以取缔,并处罚款;有违法所得的,予以没收。

以欺骗手段取得资质证书的,吊销资质证书,处以罚款;构成犯罪的,依法追究刑事责任。

第六十六条 建筑施工企业转让、出借资质证书或者以其他方式允许他人以本企业的名义承揽工程的,责令改正,没收违法所得,并处罚款,可以责令停业整顿,降低资质等级;情节严重的,吊销资质证书。对因该项承揽工程不符合规定的质量标准造成的损失,建筑施工企业与使用本企业名义的单位或者个人承担连带赔偿责任。

第六十七条 承包单位将承包的工程转包的,或者违反本法规定进行分包的,责令改正,没收违法所得,并处罚款,可以责令停业整顿,降低资质等级;情节严重的,吊销资质证书。

承包单位有前款规定的违法行为的,对因转包工程或者违法分包的工程不符合规定的质量标准造成的损失,与接受转包或者分包的单位承担连带赔偿责任。

第六十八条 在工程发包与承包中索贿、受贿、行贿,构成犯罪的,依法追究刑事责任;不构成犯罪的,分别处以罚款,没收贿赂的财物,对直接负责的主管人员和其他直接责任人员给予处分。

对在工程承包中行贿的承包单位,除依照前款规定处罚外,可以责令停业整顿,降低资质等级或者吊销资质证书。

第六十九条 工程监理单位与建设单位或者建筑施工企业串通,弄虚作假、降低工程质量的,责令改正,处以罚款,降低资质等级或者吊销资质证书;有违法所得的,予以没收;造成损失的,承担连带赔偿责任;构成犯罪的,依法追究刑事责任。

工程监理单位转让监理业务的,责令改正,没收违法所得,可以责令停业整顿,降低资质等级;情节严重的,吊销资质证书。

第七十条　违反本法规定,涉及建筑主体或者承重结构变动的装修工程擅自施工的,责令改正,处以罚款;造成损失的,承担赔偿责任;构成犯罪的,依法追究刑事责任。

第七十一条　建筑施工企业违反本法规定,对建筑安全事故隐患不采取措施予以消除的,责令改正,可以处以罚款;情节严重的,责令停业整顿,降低资质等级或者吊销资质证书;构成犯罪的,依法追究刑事责任。

建筑施工企业的管理人员违章指挥、强令职工冒险作业,因而发生重大伤亡事故或者造成其他严重后果的,依法追究刑事责任。

第七十二条　建设单位违反本法规定,要求建筑设计单位或者建筑施工企业违反建筑工程质量、安全标准,降低工程质量的,责令改正,可以处以罚款;构成犯罪的,依法追究刑事责任。

第七十三条　建筑设计单位不按照建筑工程质量、安全标准进行设计的,责令改正,处以罚款;造成工程质量事故的,责令停业整顿,降低资质等级或者吊销资质证书,没收违法所得,并处罚款;造成损失的,承担赔偿责任;构成犯罪的,依法追究刑事责任。

第七十四条　建筑施工企业在施工中偷工减料的,使用不合格的建筑材料、建筑构配件和设备的,或者有其他不按照工程设计图纸或者施工技术标准施工的行为的,责令改正,处以罚款;情节严重的,责令停业整顿,降低资质等级或者吊销资质证书;造成建筑工程质量不符合规定的质量标准的,负责返工、修理,并赔偿因此造成的损失;构成犯罪的,依法追究刑事责任。

第七十五条　建筑施工企业违反本法规定,不履行保修义务或者拖延履行保修义务的,责令改正,可以处以罚款,并对在保修期内因屋顶、墙面渗漏、开裂等质量缺陷造成的损失,承担赔偿责任。

第七十六条　本法规定的责令停业整顿、降低资质等级和吊销资质证书的行政处罚,由颁发资质证书的机关决定;其他行政处罚,由建设行政主管部门或者有关部门依照法律和国务院规定的职权范围决定。

依照本法规定被吊销资质证书的,由工商行政管理部门吊销其营业执照。

第七十七条　违反本法规定,对不具备相应资质等级条件的单位颁发该等级资质证书的,由其上级机关责令收回所发的资质证书,对直接负责的主管人员和其他直接责任人员给予行政处分;构成犯罪的,依法追究刑事责任。

第七十八条　政府及其所属部门的工作人员违反本法规定,限定发包单位将招标发包的工程发包给指定的承包单位的,由上级机关责令改正;构成犯罪的,依法追究刑事责任。

第七十九条　负责颁发建筑工程施工许可证的部门及其工作人员对不符合施工条件的建筑工程颁发施工许可证的,负责工程质量监督检查或者竣工验收的部门及其工作人员对不合格的建筑工程出具质量合格文件或者按合格工程验收的,由上级机关责令改正,对责任人员给予行政处分;构成犯罪的,依法追究刑事责任;造成损失的,由该部门承担相应的赔偿责任。

第八十条　在建筑物的合理使用寿命内,因建筑工程质量不合格受到损害的,有权向责任者要求赔偿。

第八章　附　则

第八十一条　本法关于施工许可、建筑施工企业资质审查和建筑工程发包、承包、禁止转包,以及建筑工程监理、建筑工程安全和质量管理的规定,适用于其他专业建筑工程的建筑活动,具体办法由国务院规定。

第八十二条　建设行政主管部门和其他有关部门在对建筑活动实施监督管理中,除按照国务院有关规定收取费用外,不得收取其他费用。

第八十三条　省、自治区、直辖市人民政府确定的小型房屋建筑工程的建筑活动,参照本法执行。

依法核定作为文物保护的纪念建筑物和古建筑等的修缮,依照文物保护的有关法律规定执行。

抢险救灾及其他临时性房屋建筑和农民自建低层住宅的建筑活动,不适用本法。

第八十四条　军用房屋建筑工程建筑活动的具体管理办法,由国务院、中央军事委员会依据本法制定。

第八十五条　本法自 1998 年 3 月 1 日起施行。

(二)《中华人民共和国安全生产法》(主席令第 13 号)

《全国人民代表大会常务委员会关于修改〈中华人民共和国安全生产法〉的决定》已由中华人民共和国第十二届全国人民代表大会常务委员会第十次会议于 2014 年 8 月 31 日通过,现予公布,自 2014 年 12 月 1 日起施行。

中华人民共和国主席　习近平
2014 年 8 月 31 日

中华人民共和国安全生产法

第一章　总　则

第一条　为了加强安全生产工作,防止和减少生产安全事故,保障人民群众生命和财产安全,促进经济社会持续健康发展,制定本法。

第二条　在中华人民共和国领域内从事生产经营活动的单位(以下统称生产经营单位)的安全生产,适用本法;有关法律、行政法规对消防安全和道路交通安全、铁路交通安全、水上交通安全、民用航空安全以及核与辐射安全、特种设备安全另有规定的,适用其规定。

第三条　安全生产工作应当以人为本,坚持安全发展,坚持安全第一、预防为主、综合治理的方针,强化和落实生产经营单位的主体责任,建立生产经营单位负责、职工参与、政府监管、行业自律和社会监督的机制。

第四条　生产经营单位必须遵守本法和其他有关安全生产的法律、法规,加强安全生产管理,建立、健全安全生产责任制和安全生产规章制度,改善安全生产条件,推进安全生产标准化建设,提高安全生产水平,确保安全生产。

第五条　生产经营单位的主要负责人对本单位的安全生产工作全面负责。

第六条　生产经营单位的从业人员有依法获得安全生产保障的权利,并应当依法履行安全生产方面的义务。

第七条　工会依法对安全生产工作进行监督。

生产经营单位的工会依法组织职工参加本单位安全生产工作的民主管理和民主监督,维护职工在安全生产方面的合法权益。生产经营单位制定或者修改有关安全生产的规章制度,应当听取工会的意见。

第八条　国务院和县级以上地方各级人民政府应当根据国民经济和社会发展规划制定安全生产规划,并组织实施。安全生产规划应当与城乡规划相衔接。

国务院和县级以上地方各级人民政府应当加强对安全生产工作的领导,支持、督促各有关部门依法履行安全生产监督管理职责,建立健全安全生产工作协调机制,及时协调、解决安全生产监督管理中存在的重大问题。

乡、镇人民政府以及街道办事处、开发区管理机构等地方人民政府的派出机关应当按照职责,加强对本行政区域内生产经营单位安全生产状况的监督检查,协助上级人民政府有关部门依法履行安全生产监督管理职责。

第九条　国务院安全生产监督管理部门依照本法,对全国安全生产工作实施综合监督管理;县级以上地方各级人民政府安全生产监督管理部门依照本法,对本行政区域内安全生产工作实施综合监督管理。

国务院有关部门依照本法和其他有关法律、行政法规的规定,在各自的职责范围内对有关行业、领域的安全生产工作实施监督管理;县级以上地方各级人民政府有关部门依照本法和其他有关法律、法规的规定,在各自的职责范围内对有关行业、领域的安全生产工作实施监督管理。

安全生产监督管理部门和对有关行业、领域的安全生产工作实施监督管理的部门,统称负有安全生产监督管理职责的部门。

第十条　国务院有关部门应当按照保障安全生产的要求,依法及时制定有关的国家标准或者行业标准,并根据科技进步和经济发展适时修订。

生产经营单位必须执行依法制定的保障安全生产的国家标准或者行业标准。

第十一条　各级人民政府及其有关部门应当采取多种形式,加强对有关安全生产的法律、法规和安全生产知识的宣传,增强全社会的安全生产意识。

第十二条　有关协会组织依照法律、行政法规和章程,为生产经营单位提供安全生产方面的信息、培训等服务,发挥自律作用,促进生产经营单位加强安全生产管理。

第十三条　依法设立的为安全生产提供技术、管理服务的机构,依照法律、行政法规和执业准则,接受生产经营单位的委托为其安全生产工作提供技术、管理服务。

生产经营单位委托前款规定的机构提供安全生产技术、管理服务的,保证安全生产的责任仍由本单位负责。

第十四条　国家实行生产安全事故责任追究制度,依照本法和有关法律、法规的规定,追究生产安全事故责任人员的法律责任。

第十五条　国家鼓励和支持安全生产科学技术研究和安全生产先进技术的推广应用,提高安全生产水平。

第十六条 国家对在改善安全生产条件、防止生产安全事故、参加抢险救护等方面取得显著成绩的单位和个人,给予奖励。

第二章 生产经营单位的安全生产保障

第十七条 生产经营单位应当具备本法和有关法律、行政法规和国家标准或者行业标准规定的安全生产条件;不具备安全生产条件的,不得从事生产经营活动。

第十八条 生产经营单位的主要负责人对本单位安全生产工作负有下列职责:

(一)建立、健全本单位安全生产责任制;

(二)组织制定本单位安全生产规章制度和操作规程;

(三)组织制定并实施本单位安全生产教育和培训计划;

(四)保证本单位安全生产投入的有效实施;

(五)督促、检查本单位的安全生产工作,及时消除生产安全事故隐患;

(六)组织制定并实施本单位的生产安全事故应急救援预案;

(七)及时、如实报告生产安全事故。

第十九条 生产经营单位的安全生产责任制应当明确各岗位的责任人员、责任范围和考核标准等内容。

生产经营单位应当建立相应的机制,加强对安全生产责任制落实情况的监督考核,保证安全生产责任制的落实。

第二十条 生产经营单位应当具备的安全生产条件所必需的资金投入,由生产经营单位的决策机构、主要负责人或者个人经营的投资人予以保证,并对由于安全生产所必需的资金投入不足导致的后果承担责任。

有关生产经营单位应当按照规定提取和使用安全生产费用,专门用于改善安全生产条件。安全生产费用在成本中据实列支。安全生产费用提取、使用和监督管理的具体办法由国务院财政部门会同国务院安全生产监督管理部门征求国务院有关部门意见后制定。

第二十一条 矿山、金属冶炼、建筑施工、道路运输单位和危险物品的生产、经营、储存单位,应当设置安全生产管理机构或者配备专职安全生产管理人员。

前款规定以外的其他生产经营单位,从业人员超过一百人的,应当设置安全生产管理机构或者配备专职安全生产管理人员;从业人员在一百人以下的,应当配备专职或者兼职的安全生产管理人员。

第二十二条 生产经营单位的安全生产管理机构以及安全生产管理人员履行下列职责:

(一)组织或者参与拟订本单位安全生产规章制度、操作规程和生产安全事故应急救援预案;

(二)组织或者参与本单位安全生产教育和培训,如实记录安全生产教育和培训情况;

(三)督促落实本单位重大危险源的安全管理措施;

(四)组织或者参与本单位应急救援演练;

(五)检查本单位的安全生产状况,及时排查生产安全事故隐患,提出改进安全生产管理的建议;

(六)制止和纠正违章指挥、强令冒险作业、违反操作规程的行为;

(七)督促落实本单位安全生产整改措施。

第二十三条　生产经营单位的安全生产管理机构以及安全生产管理人员应当恪尽职守，依法履行职责。

生产经营单位作出涉及安全生产的经营决策，应当听取安全生产管理机构以及安全生产管理人员的意见。

生产经营单位不得因安全生产管理人员依法履行职责而降低其工资、福利等待遇或者解除与其订立的劳动合同。

危险物品的生产、储存单位以及矿山、金属冶炼单位的安全生产管理人员的任免，应当告知主管的负有安全生产监督管理职责的部门。

第二十四条　生产经营单位的主要负责人和安全生产管理人员必须具备与本单位所从事的生产经营活动相应的安全生产知识和管理能力。

危险物品的生产、经营、储存单位以及矿山、金属冶炼、建筑施工、道路运输单位的主要负责人和安全生产管理人员，应当由主管的负有安全生产监督管理职责的部门对其安全生产知识和管理能力考核合格。考核不得收费。

危险物品的生产、储存单位以及矿山、金属冶炼单位应当有注册安全工程师从事安全生产管理工作。鼓励其他生产经营单位聘用注册安全工程师从事安全生产管理工作。注册安全工程师按专业分类管理，具体办法由国务院人力资源和社会保障部门、国务院安全生产监督管理部门会同国务院有关部门制定。

第二十五条　生产经营单位应当对从业人员进行安全生产教育和培训，保证从业人员具备必要的安全生产知识，熟悉有关的安全生产规章制度和安全操作规程，掌握本岗位的安全操作技能，了解事故应急处理措施，知悉自身在安全生产方面的权利和义务。未经安全生产教育和培训合格的从业人员，不得上岗作业。

生产经营单位使用被派遣劳动者的，应当将被派遣劳动者纳入本单位从业人员统一管理，对被派遣劳动者进行岗位安全操作规程和安全操作技能的教育和培训。劳务派遣单位应当对被派遣劳动者进行必要的安全生产教育和培训。

生产经营单位接收中等职业学校、高等学校学生实习的，应当对实习学生进行相应的安全生产教育和培训，提供必要的劳动防护用品。学校应当协助生产经营单位对实习学生进行安全生产教育和培训。

生产经营单位应当建立安全生产教育和培训档案，如实记录安全生产教育和培训的时间、内容、参加人员以及考核结果等情况。

第二十六条　生产经营单位采用新工艺、新技术、新材料或者使用新设备，必须了解、掌握其安全技术特性，采取有效的安全防护措施，并对从业人员进行专门的安全生产教育和培训。

第二十七条　生产经营单位的特种作业人员必须按照国家有关规定经专门的安全作业培训，取得相应资格，方可上岗作业。

特种作业人员的范围由国务院安全生产监督管理部门会同国务院有关部门确定。

第二十八条　生产经营单位新建、改建、扩建工程项目（以下统称建设项目）的安全设施，必须与主体工程同时设计、同时施工、同时投入生产和使用。安全设施投资应当纳入建设项目概算。

第二十九条　矿山、金属冶炼建设项目和用于生产、储存、装卸危险物品的建设项目，应当按照国家有关规定进行安全评价。

第三十条 建设项目安全设施的设计人、设计单位应当对安全设施设计负责。

矿山、金属冶炼建设项目和用于生产、储存、装卸危险物品的建设项目的安全设施设计应当按照国家有关规定报经有关部门审查,审查部门及其负责审查的人员对审查结果负责。

第三十一条 矿山、金属冶炼建设项目和用于生产、储存、装卸危险物品的建设项目的施工单位必须按照批准的安全设施设计施工,并对安全设施的工程质量负责。

矿山、金属冶炼建设项目和用于生产、储存危险物品的建设项目竣工投入生产或者使用前,应当由建设单位负责组织对安全设施进行验收;验收合格后,方可投入生产和使用。安全生产监督管理部门应当加强对建设单位验收活动和验收结果的监督核查。

第三十二条 生产经营单位应当在有较大危险因素的生产经营场所和有关设施、设备上,设置明显的安全警示标志。

第三十三条 安全设备的设计、制造、安装、使用、检测、维修、改造和报废,应当符合国家标准或者行业标准。

生产经营单位必须对安全设备进行经常性维护、保养,并定期检测,保证正常运转。维护、保养、检测应当作好记录,并由有关人员签字。

第三十四条 生产经营单位使用的危险物品的容器、运输工具,以及涉及人身安全、危险性较大的海洋石油开采特种设备和矿山井下特种设备,必须按照国家有关规定,由专业生产单位生产,并经具有专业资质的检测、检验机构检测、检验合格,取得安全使用证或者安全标志,方可投入使用。检测、检验机构对检测、检验结果负责。

第三十五条 国家对严重危及生产安全的工艺、设备实行淘汰制度,具体目录由国务院安全生产监督管理部门会同国务院有关部门制定并公布。法律、行政法规对目录的制定另有规定的,适用其规定。

省、自治区、直辖市人民政府可以根据本地区实际情况制定并公布具体目录,对前款规定以外的危及生产安全的工艺、设备予以淘汰。

生产经营单位不得使用应当淘汰的危及生产安全的工艺、设备。

第三十六条 生产、经营、运输、储存、使用危险物品或者处置废弃危险物品的,由有关主管部门依照有关法律、法规的规定和国家标准或者行业标准审批并实施监督管理。

生产经营单位生产、经营、运输、储存、使用危险物品或者处置废弃危险物品,必须执行有关法律、法规和国家标准或者行业标准,建立专门的安全管理制度,采取可靠的安全措施,接受有关主管部门依法实施的监督管理。

第三十七条 生产经营单位对重大危险源应当登记建档,进行定期检测、评估、监控,并制定应急预案,告知从业人员和相关人员在紧急情况下应当采取的应急措施。

生产经营单位应当按照国家有关规定将本单位重大危险源及有关安全措施、应急措施报有关地方人民政府安全生产监督管理部门和有关部门备案。

第三十八条 生产经营单位应当建立健全生产安全事故隐患排查治理制度,采取技术、管理措施,及时发现并消除事故隐患。事故隐患排查治理情况应当如实记录,并向从业人员通报。

县级以上地方各级人民政府负有安全生产监督管理职责的部门应当建立健全重大事

故隐患治理督办制度,督促生产经营单位消除重大事故隐患。

第三十九条　生产、经营、储存、使用危险物品的车间、商店、仓库不得与员工宿舍在同一座建筑物内,并应当与员工宿舍保持安全距离。

生产经营场所和员工宿舍应当设有符合紧急疏散要求、标志明显、保持畅通的出口。禁止锁闭、封堵生产经营场所或者员工宿舍的出口。

第四十条　生产经营单位进行爆破、吊装以及国务院安全生产监督管理部门会同国务院有关部门规定的其他危险作业,应当安排专门人员进行现场安全管理,确保操作规程的遵守和安全措施的落实。

第四十一条　生产经营单位应当教育和督促从业人员严格执行本单位的安全生产规章制度和安全操作规程;并向从业人员如实告知作业场所和工作岗位存在的危险因素、防范措施以及事故应急措施。

第四十二条　生产经营单位必须为从业人员提供符合国家标准或者行业标准的劳动防护用品,并监督、教育从业人员按照使用规则佩戴、使用。

第四十三条　生产经营单位的安全生产管理人员应当根据本单位的生产经营特点,对安全生产状况进行经常性检查;对检查中发现的安全问题,应当立即处理;不能处理的,应当及时报告本单位有关负责人,有关负责人应当及时处理。检查及处理情况应当如实记录在案。

生产经营单位的安全生产管理人员在检查中发现重大事故隐患,依照前款规定向本单位有关负责人报告,有关负责人不及时处理的,安全生产管理人员可以向主管的负有安全生产监督管理职责的部门报告,接到报告的部门应当依法及时处理。

第四十四条　生产经营单位应当安排用于配备劳动防护用品、进行安全生产培训的经费。

第四十五条　两个以上生产经营单位在同一作业区域内进行生产经营活动,可能危及对方生产安全的,应当签订安全生产管理协议,明确各自的安全生产管理职责和应当采取的安全措施,并指定专职安全生产管理人员进行安全检查与协调。

第四十六条　生产经营单位不得将生产经营项目、场所、设备发包或者出租给不具备安全生产条件或者相应资质的单位或者个人。

生产经营项目、场所发包或者出租给其他单位的,生产经营单位应当与承包单位、承租单位签订专门的安全生产管理协议,或者在承包合同、租赁合同中约定各自的安全生产管理职责;生产经营单位对承包单位、承租单位的安全生产工作统一协调、管理,定期进行安全检查,发现安全问题的,应当及时督促整改。

第四十七条　生产经营单位发生生产安全事故时,单位的主要负责人应当立即组织抢救,并不得在事故调查处理期间擅离职守。

第四十八条　生产经营单位必须依法参加工伤保险,为从业人员缴纳保险费。

国家鼓励生产经营单位投保安全生产责任保险。

第三章　从业人员的安全生产权利义务

第四十九条　生产经营单位与从业人员订立的劳动合同,应当载明有关保障从业人员劳动安全、防止职业危害的事项,以及依法为从业人员办理工伤保险的事项。

生产经营单位不得以任何形式与从业人员订立协议,免除或者减轻其对从业人员因生产安全事故伤亡依法应承担的责任。

第五十条 生产经营单位的从业人员有权了解其作业场所和工作岗位存在的危险因素、防范措施及事故应急措施,有权对本单位的安全生产工作提出建议。

第五十一条 从业人员有权对本单位安全生产工作中存在的问题提出批评、检举、控告;有权拒绝违章指挥和强令冒险作业。

生产经营单位不得因从业人员对本单位安全生产工作提出批评、检举、控告或者拒绝违章指挥、强令冒险作业而降低其工资、福利等待遇或者解除与其订立的劳动合同。

第五十二条 从业人员发现直接危及人身安全的紧急情况时,有权停止作业或者在采取可能的应急措施后撤离作业场所。

生产经营单位不得因从业人员在前款紧急情况下停止作业或者采取紧急撤离措施而降低其工资、福利等待遇或者解除与其订立的劳动合同。

第五十三条 因生产安全事故受到损害的从业人员,除依法享有工伤保险外,依照有关民事法律尚有获得赔偿的权利的,有权向本单位提出赔偿要求。

第五十四条 从业人员在作业过程中,应当严格遵守本单位的安全生产规章制度和操作规程,服从管理,正确佩戴和使用劳动防护用品。

第五十五条 从业人员应当接受安全生产教育和培训,掌握本职工作所需的安全生产知识,提高安全生产技能,增强事故预防和应急处理能力。

第五十六条 从业人员发现事故隐患或者其他不安全因素,应当立即向现场安全生产管理人员或者本单位负责人报告;接到报告的人员应当及时予以处理。

第五十七条 工会有权对建设项目的安全设施与主体工程同时设计、同时施工、同时投入生产和使用进行监督,提出意见。

工会对生产经营单位违反安全生产法律、法规,侵犯从业人员合法权益的行为,有权要求纠正;发现生产经营单位违章指挥、强令冒险作业或者发现事故隐患时,有权提出解决的建议,生产经营单位应当及时研究答复;发现危及从业人员生命安全的情况时,有权向生产经营单位建议组织从业人员撤离危险场所,生产经营单位必须立即作出处理。

工会有权依法参加事故调查,向有关部门提出处理意见,并要求追究有关人员的责任。

第五十八条 生产经营单位使用被派遣劳动者的,被派遣劳动者享有本法规定的从业人员的权利,并应当履行本法规定的从业人员的义务。

第四章 安全生产的监督管理

第五十九条 县级以上地方各级人民政府应当根据本行政区域内的安全生产状况,组织有关部门按照职责分工,对本行政区域内容易发生重大生产安全事故的生产经营单位进行严格检查。

安全生产监督管理部门应当按照分类分级监督管理的要求,制定安全生产年度监督检查计划,并按照年度监督检查计划进行监督检查,发现事故隐患,应当及时处理。

第六十条 负有安全生产监督管理职责的部门依照有关法律、法规的规定,对涉及安全生产的事项需要审查批准(包括批准、核准、许可、注册、认证、颁发证照等,下同)或者验收的,必须严格依照有关法律、法规和国家标准或者行业标准规定的安全生产条件和程序进行审查;不符合有关法律、法规和国家标准或者行业标准规定的安全生产条件的,不得批准或者验收通过。对未依法取得批准或者验收合格的单位擅自从事有关活动的,负责行政审批的部门发现或者接到举报后应当立即予以取缔，并依法予以处理。对已经依法取得批准的单位，负责行政审批的部门发现其不再具备安全生产条件的，应当撤销原批准。

第六十一条　负有安全生产监督管理职责的部门对涉及安全生产的事项进行审查、验收，不得收取费用；不得要求接受审查、验收的单位购买其指定品牌或者指定生产、销售单位的安全设备、器材或者其他产品。

第六十二条　安全生产监督管理部门和其他负有安全生产监督管理职责的部门依法开展安全生产行政执法工作，对生产经营单位执行有关安全生产的法律、法规和国家标准或者行业标准的情况进行监督检查，行使以下职权：

（一）进入生产经营单位进行检查，调阅有关资料，向有关单位和人员了解情况；

（二）对检查中发现的安全生产违法行为，当场予以纠正或者要求限期改正；对依法应当给予行政处罚的行为，依照本法和其他有关法律、行政法规的规定作出行政处罚决定；

（三）对检查中发现的事故隐患，应当责令立即排除；重大事故隐患排除前或者排除过程中无法保证安全的，应当责令从危险区域内撤出作业人员，责令暂时停产停业或者停止使用相关设施、设备；重大事故隐患排除后，经审查同意，方可恢复生产经营和使用；

（四）对有根据认为不符合保障安全生产的国家标准或者行业标准的设施、设备、器材以及违法生产、储存、使用、经营、运输的危险物品予以查封或者扣押，对违法生产、储存、使用、经营危险物品的作业场所予以查封，并依法作出处理决定。

监督检查不得影响被检查单位的正常生产经营活动。

第六十三条　生产经营单位对负有安全生产监督管理职责的部门的监督检查人员（以下统称安全生产监督检查人员）依法履行监督检查职责，应当予以配合，不得拒绝、阻挠。

第六十四条　安全生产监督检查人员应当忠于职守，坚持原则，秉公执法。

安全生产监督检查人员执行监督检查任务时，必须出示有效的监督执法证件；对涉及被检查单位的技术秘密和业务秘密，应当为其保密。

第六十五条　安全生产监督检查人员应当将检查的时间、地点、内容、发现的问题及其处理情况，作出书面记录，并由检查人员和被检查单位的负责人签字；被检查单位的负责人拒绝签字的，检查人员应当将情况记录在案，并向负有安全生产监督管理职责的部门报告。

第六十六条　负有安全生产监督管理职责的部门在监督检查中，应当互相配合，实行联合检查；确需分别进行检查的，应当互通情况，发现存在的安全问题应当由其他有关部门进行处理的，应当及时移送其他有关部门并形成记录备查，接受移送的部门应当及时进行处理。

第六十七条　负有安全生产监督管理职责的部门依法对存在重大事故隐患的生产经营单位作出停产停业、停止施工、停止使用相关设施或者设备的决定，生产经营单位应当依法执行，及时消除事故隐患。生产经营单位拒不执行，有发生生产安全事故的现实危险的，在保证安全的前提下，经本部门主要负责人批准，负有安全生产监督管理职责的部门可以采取通知有关单位停止供电、停止供应民用爆炸物品等措施，强制生产经营单位履行决定。通知应当采用书面形式，有关单位应当予以配合。

负有安全生产监督管理职责的部门依照前款规定采取停止供电措施，除有危及生产安全的紧急情形外，应当提前二十四小时通知生产经营单位。生产经营单位依法履行行政决定、采取相应措施消除事故隐患的，负有安全生产监督管理职责的部门应当及时解除前款规定的措施。

第六十八条　监察机关依照行政监察法的规定,对负有安全生产监督管理职责的部门及其工作人员履行安全生产监督管理职责实施监察。

第六十九条　承担安全评价、认证、检测、检验的机构应当具备国家规定的资质条件,并对其作出的安全评价、认证、检测、检验的结果负责。

第七十条　负有安全生产监督管理职责的部门应当建立举报制度,公开举报电话、信箱或者电子邮件地址,受理有关安全生产的举报;受理的举报事项经调查核实后,应当形成书面材料;需要落实整改措施的,报经有关负责人签字并督促落实。

第七十一条　任何单位或者个人对事故隐患或者安全生产违法行为,均有权向负有安全生产监督管理职责的部门报告或者举报。

第七十二条　居民委员会、村民委员会发现其所在区域内的生产经营单位存在事故隐患或者安全生产违法行为时,应当向当地人民政府或者有关部门报告。

第七十三条　县级以上各级人民政府及其有关部门对报告重大事故隐患或者举报安全生产违法行为的有功人员,给予奖励。具体奖励办法由国务院安全生产监督管理部门会同国务院财政部门制定。

第七十四条　新闻、出版、广播、电影、电视等单位有进行安全生产公益宣传教育的义务,有对违反安全生产法律、法规的行为进行舆论监督的权利。

第七十五条　负有安全生产监督管理职责的部门应当建立安全生产违法行为信息库,如实记录生产经营单位的安全生产违法行为信息;对违法行为情节严重的生产经营单位,应当向社会公告,并通报行业主管部门、投资主管部门、国土资源主管部门、证券监督管理机构以及有关金融机构。

第五章　生产安全事故的应急救援与调查处理

第七十六条　国家加强生产安全事故应急能力建设,在重点行业、领域建立应急救援基地和应急救援队伍,鼓励生产经营单位和其他社会力量建立应急救援队伍,配备相应的应急救援装备和物资,提高应急救援的专业化水平。

国务院安全生产监督管理部门建立全国统一的生产安全事故应急救援信息系统,国务院有关部门建立健全相关行业、领域的生产安全事故应急救援信息系统。

第七十七条　县级以上地方各级人民政府应当组织有关部门制定本行政区域内生产安全事故应急救援预案,建立应急救援体系。

第七十八条　生产经营单位应当制定本单位生产安全事故应急救援预案,与所在地县级以上地方人民政府组织制定的生产安全事故应急救援预案相衔接,并定期组织演练。

第七十九条　危险物品的生产、经营、储存单位以及矿山、金属冶炼、城市轨道交通运营、建筑施工单位应当建立应急救援组织;生产经营规模较小的,可以不建立应急救援组织,但应当指定兼职的应急救援人员。

危险物品的生产、经营、储存、运输单位以及矿山、金属冶炼、城市轨道交通运营、建筑施工单位应当配备必要的应急救援器材、设备和物资,并进行经常性维护、保养,保证正常运转。

第八十条　生产经营单位发生生产安全事故后,事故现场有关人员应当立即报告本单位负责人。

单位负责人接到事故报告后,应当迅速采取有效措施,组织抢救,防止事故扩大,减少人员伤亡和财产损失,并按照国家有关规定立即如实报告当地负有安全生产监督管理职责的部门,不得隐瞒不报、谎报或者迟报,不得故意破坏事故现场、毁灭有关证据。

第八十一条　负有安全生产监督管理职责的部门接到事故报告后,应当立即按照国家有关规定上报事故情况。负有安全生产监督管理职责的部门和有关地方人民政府对事故情况不得隐瞒不报、谎报或者迟报。

第八十二条　有关地方人民政府和负有安全生产监督管理职责的部门的负责人接到生产安全事故报告后,应当按照生产安全事故应急救援预案的要求立即赶到事故现场,组织事故抢救。

参与事故抢救的部门和单位应当服从统一指挥,加强协同联动,采取有效的应急救援措施,并根据事故救援的需要采取警戒、疏散等措施,防止事故扩大和次生灾害的发生,减少人员伤亡和财产损失。

事故抢救过程中应当采取必要措施,避免或者减少对环境造成的危害。

任何单位和个人都应当支持、配合事故抢救,并提供一切便利条件。

第八十三条　事故调查处理应当按照科学严谨、依法依规、实事求是、注重实效的原则,及时、准确地查清事故原因,查明事故性质和责任,总结事故教训,提出整改措施,并对事故责任者提出处理意见。事故调查报告应当依法及时向社会公布。事故调查和处理的具体办法由国务院制定。

事故发生单位应当及时全面落实整改措施,负有安全生产监督管理职责的部门应当加强监督检查。

第八十四条　生产经营单位发生生产安全事故,经调查确定为责任事故的,除了应当查明事故单位的责任并依法予以追究外,还应当查明对安全生产的有关事项负有审查批准和监督职责的行政部门的责任,对有失职、渎职行为的,依照本法第八十七条的规定追究法律责任。

第八十五条　任何单位和个人不得阻挠和干涉对事故的依法调查处理。

第八十六条　县级以上地方各级人民政府安全生产监督管理部门应当定期统计分析本行政区域内发生生产安全事故的情况,并定期向社会公布。

第六章　法律责任

第八十七条　负有安全生产监督管理职责的部门的工作人员,有下列行为之一的,给予降级或者撤职的处分;构成犯罪的,依照刑法有关规定追究刑事责任:

(一)对不符合法定安全生产条件的涉及安全生产的事项予以批准或者验收通过的;

(二)发现未依法取得批准、验收的单位擅自从事有关活动或者接到举报后不予取缔或者不依法予以处理的;

(三)对已经依法取得批准的单位不履行监督管理职责,发现其不再具备安全生产条件而不撤销原批准或者发现安全生产违法行为不予查处的;

(四)在监督检查中发现重大事故隐患,不依法及时处理的。

负有安全生产监督管理职责的部门的工作人员有前款规定以外的滥用职权、玩忽职守、徇私舞弊行为的,依法给予处分;构成犯罪的,依照刑法有关规定追究刑事责任。

第八十八条　负有安全生产监督管理职责的部门,要求被审查、验收的单位购买其指定的安全设备、器材或者其他产品的,在对安全生产事项的审查、验收中收取费用的,由其上级机关或者监察机关责令改正,责令退还收取的费用;情节严重的,对直接负责的主管人员和其他直接责任人员依法给予处分。

第八十九条 承担安全评价、认证、检测、检验工作的机构,出具虚假证明的,没收违法所得;违法所得在十万元以上的,并处违法所得二倍以上五倍以下的罚款;没有违法所得或者违法所得不足十万元的,单处或者并处十万元以上二十万元以下的罚款;对其直接负责的主管人员和其他直接责任人员处二万元以上五万元以下的罚款;给他人造成损害的,与生产经营单位承担连带赔偿责任;构成犯罪的,依照刑法有关规定追究刑事责任。

对有前款违法行为的机构,吊销其相应资质。

第九十条 生产经营单位的决策机构、主要负责人或者个人经营的投资人不依照本法规定保证安全生产所必需的资金投入,致使生产经营单位不具备安全生产条件的,责令限期改正,提供必需的资金;逾期未改正的,责令生产经营单位停产停业整顿。

有前款违法行为,导致发生生产安全事故的,对生产经营单位的主要负责人给予撤职处分,对个人经营的投资人处二万元以上二十万元以下的罚款;构成犯罪的,依照刑法有关规定追究刑事责任。

第九十一条 生产经营单位的主要负责人未履行本法规定的安全生产管理职责的,责令限期改正;逾期未改正的,处二万元以上五万元以下的罚款,责令生产经营单位停产停业整顿。

生产经营单位的主要负责人有前款违法行为,导致发生生产安全事故的,给予撤职处分;构成犯罪的,依照刑法有关规定追究刑事责任。

生产经营单位的主要负责人依照前款规定受刑事处罚或者撤职处分的,自刑罚执行完毕或者受处分之日起,五年内不得担任任何生产经营单位的主要负责人;对重大、特别重大生产安全事故负有责任的,终身不得担任本行业生产经营单位的主要负责人。

第九十二条 生产经营单位的主要负责人未履行本法规定的安全生产管理职责,导致发生生产安全事故的,由安全生产监督管理部门依照下列规定处以罚款:

(一)发生一般事故的,处上一年年收入百分之三十的罚款;

(二)发生较大事故的,处上一年年收入百分之四十的罚款;

(三)发生重大事故的,处上一年年收入百分之六十的罚款;

(四)发生特别重大事故的,处上一年年收入百分之八十的罚款。

第九十三条 生产经营单位的安全生产管理人员未履行本法规定的安全生产管理职责的,责令限期改正;导致发生生产安全事故的,暂停或者撤销其与安全生产有关的资格;构成犯罪的,依照刑法有关规定追究刑事责任。

第九十四条 生产经营单位有下列行为之一的,责令限期改正,可以处五万元以下的罚款;逾期未改正的,责令停产停业整顿,并处五万元以上十万元以下的罚款,对其直接负责的主管人员和其他直接责任人员处一万元以上二万元以下的罚款:

(一)未按照规定设置安全生产管理机构或者配备安全生产管理人员的;

(二)危险物品的生产、经营、储存单位以及矿山、金属冶炼、建筑施工、道路运输单位的主要负责人和安全生产管理人员未按照规定经考核合格的;

(三)未按照规定对从业人员、被派遣劳动者、实习学生进行安全生产教育和培训,或者未按照规定如实告知有关的安全生产事项的；

（四）未如实记录安全生产教育和培训情况的；

（五）未将事故隐患排查治理情况如实记录或者未向从业人员通报的；

（六）未按照规定制定生产安全事故应急救援预案或者未定期组织演练的；

（七）特种作业人员未按照规定经专门的安全作业培训并取得相应资格，上岗作业的。

第九十五条　生产经营单位有下列行为之一的，责令停止建设或者停产停业整顿，限期改正；逾期未改正的，处五十万元以上一百万元以下的罚款，对其直接负责的主管人员和其他直接责任人员处二万元以上五万元以下的罚款；构成犯罪的，依照刑法有关规定追究刑事责任：

（一）未按照规定对矿山、金属冶炼建设项目或者用于生产、储存、装卸危险物品的建设项目进行安全评价的；

（二）矿山、金属冶炼建设项目或者用于生产、储存、装卸危险物品的建设项目没有安全设施设计或者安全设施设计未按照规定报经有关部门审查同意的；

（三）矿山、金属冶炼建设项目或者用于生产、储存、装卸危险物品的建设项目的施工单位未按照批准的安全设施设计施工的；

（四）矿山、金属冶炼建设项目或者用于生产、储存危险物品的建设项目竣工投入生产或者使用前，安全设施未经验收合格的。

第九十六条　生产经营单位有下列行为之一的，责令限期改正，可以处五万元以下的罚款；逾期未改正的，处五万元以上二十万元以下的罚款，对其直接负责的主管人员和其他直接责任人员处一万元以上二万元以下的罚款；情节严重的，责令停产停业整顿；构成犯罪的，依照刑法有关规定追究刑事责任：

（一）未在有较大危险因素的生产经营场所和有关设施、设备上设置明显的安全警示标志的；

（二）安全设备的安装、使用、检测、改造和报废不符合国家标准或者行业标准的；

（三）未对安全设备进行经常性维护、保养和定期检测的；

（四）未为从业人员提供符合国家标准或者行业标准的劳动防护用品的；

（五）危险物品的容器、运输工具，以及涉及人身安全、危险性较大的海洋石油开采特种设备和矿山井下特种设备未经具有专业资质的机构检测、检验合格，取得安全使用证或者安全标志，投入使用的；

（六）使用应当淘汰的危及生产安全的工艺、设备的。

第九十七条　未经依法批准，擅自生产、经营、运输、储存、使用危险物品或者处置废弃危险物品的，依照有关危险物品安全管理的法律、行政法规的规定予以处罚；构成犯罪的，依照刑法有关规定追究刑事责任。

第九十八条　生产经营单位有下列行为之一的，责令限期改正，可以处十万元以下的罚款；逾期未改正的，责令停产停业整顿，并处十万元以上二十万元以下的罚款，对其直接负责的主管人员和其他直接责任人员处二万元以上五万元以下的罚款；构成犯罪的，依照刑法有关规定追究刑事责任：

（一）生产、经营、运输、储存、使用危险物品或者处置废弃危险物品，未建立专门安全管理制度、未采取可靠的安全措施的；

（二）对重大危险源未登记建档，或者未进行评估、监控，或者未制定应急预案的；

（三）进行爆破、吊装以及国务院安全生产监督管理部门会同国务院有关部门规定的其他危险作业，未安排专门人员进行现场安全管理的；

（四）未建立事故隐患排查治理制度的。

第九十九条 生产经营单位未采取措施消除事故隐患的，责令立即消除或者限期消除；生产经营单位拒不执行的，责令停产停业整顿，并处十万元以上五十万元以下的罚款，对其直接负责的主管人员和其他直接责任人员处二万元以上五万元以下的罚款。

第一百条 生产经营单位将生产经营项目、场所、设备发包或者出租给不具备安全生产条件或者相应资质的单位或者个人的，责令限期改正，没收违法所得；违法所得十万元以上的，并处违法所得二倍以上五倍以下的罚款；没有违法所得或者违法所得不足十万元的，单处或者并处十万元以上二十万元以下的罚款；对其直接负责的主管人员和其他直接责任人员处一万元以上二万元以下的罚款；导致发生生产安全事故给他人造成损害的，与承包方、承租方承担连带赔偿责任。

生产经营单位未与承包单位、承租单位签订专门的安全生产管理协议或者未在承包合同、租赁合同中明确各自的安全生产管理职责，或者未对承包单位、承租单位的安全生产统一协调、管理的，责令限期改正，可以处五万元以下的罚款，对其直接负责的主管人员和其他直接责任人员可以处一万元以下的罚款；逾期未改正的，责令停产停业整顿。

第一百零一条 两个以上生产经营单位在同一作业区域内进行可能危及对方安全生产的生产经营活动，未签订安全生产管理协议或者未指定专职安全生产管理人员进行安全检查与协调的，责令限期改正，可以处五万元以下的罚款，对其直接负责的主管人员和其他直接责任人员可以处一万元以下的罚款；逾期未改正的，责令停产停业。

第一百零二条 生产经营单位有下列行为之一的，责令限期改正，可以处五万元以下的罚款，对其直接负责的主管人员和其他直接责任人员可以处一万元以下的罚款；逾期未改正的，责令停产停业整顿；构成犯罪的，依照刑法有关规定追究刑事责任：

（一）生产、经营、储存、使用危险物品的车间、商店、仓库与员工宿舍在同一座建筑内，或者与员工宿舍的距离不符合安全要求的；

（二）生产经营场所和员工宿舍未设有符合紧急疏散需要、标志明显、保持畅通的出口，或者锁闭、封堵生产经营场所或者员工宿舍出口的。

第一百零三条 生产经营单位与从业人员订立协议，免除或者减轻其对从业人员因生产安全事故伤亡依法应承担的责任的，该协议无效；对生产经营单位的主要负责人、个人经营的投资人处二万元以上十万元以下的罚款。

第一百零四条 生产经营单位的从业人员不服从管理，违反安全生产规章制度或者操作规程的，由生产经营单位给予批评教育，依照有关规章制度给予处分；构成犯罪的，依照刑法有关规定追究刑事责任。

第一百零五条 违反本法规定，生产经营单位拒绝、阻碍负有安全生产监督管理职责的部门依法实施监督检查的，责令改正；拒不改正的，处二万元以上二十万元以下的罚款；对其直接负责的主管人员和其他直接责任人员处一万元以上二万元以下的罚款；构成犯罪的，依照刑法有关规定追究刑事责任。

第一百零六条 生产经营单位的主要负责人在本单位发生生产安全事故时，不立即组织抢救或者在事故调查处理期间擅离职守或者逃匿的,给予降级、撤职的处分,并由安全生产监督管理部门处上一年年收入百分之六十至百分之一百的罚款;对逃匿的处十五日以下拘留;构成犯罪的,依照刑法有关规定追究刑事责任。

生产经营单位的主要负责人对生产安全事故隐瞒不报、谎报或者迟报的,依照前款规定处罚。

第一百零七条　有关地方人民政府、负有安全生产监督管理职责的部门,对生产安全事故隐瞒不报、谎报或者迟报的,对直接负责的主管人员和其他直接责任人员依法给予处分;构成犯罪的,依照刑法有关规定追究刑事责任。

第一百零八条　生产经营单位不具备本法和其他有关法律、行政法规和国家标准或者行业标准规定的安全生产条件,经停产停业整顿仍不具备安全生产条件的,予以关闭;有关部门应当依法吊销其有关证照。

第一百零九条　发生生产安全事故,对负有责任的生产经营单位除要求其依法承担相应的赔偿等责任外,由安全生产监督管理部门依照下列规定处以罚款:

(一)发生一般事故的,处二十万元以上五十万元以下的罚款;

(二)发生较大事故的,处五十万元以上一百万元以下的罚款;

(三)发生重大事故的,处一百万元以上五百万元以下的罚款;

(四)发生特别重大事故的,处五百万元以上一千万元以下的罚款;情节特别严重的,处一千万元以上二千万元以下的罚款。

第一百一十条　本法规定的行政处罚,由安全生产监督管理部门和其他负有安全生产监督管理职责的部门按照职责分工决定。予以关闭的行政处罚由负有安全生产监督管理职责的部门报请县级以上人民政府按照国务院规定的权限决定;给予拘留的行政处罚由公安机关依照治安管理处罚法的规定决定。

第一百一十一条　生产经营单位发生生产安全事故造成人员伤亡、他人财产损失的,应当依法承担赔偿责任;拒不承担或者其负责人逃匿的,由人民法院依法强制执行。

生产安全事故的责任人未依法承担赔偿责任,经人民法院依法采取执行措施后,仍不能对受害人给予足额赔偿的,应当继续履行赔偿义务;受害人发现责任人有其他财产的,可以随时请求人民法院执行。

第七章　附　则

第一百一十二条　本法下列用语的含义:

危险物品,是指易燃易爆物品、危险化学品、放射性物品等能够危及人身安全和财产安全的物品。

重大危险源,是指长期地或者临时地生产、搬运、使用或者储存危险物品,且危险物品的数量等于或者超过临界量的单元(包括场所和设施)。

第一百一十三条　本法规定的生产安全一般事故、较大事故、重大事故、特别重大事故的划分标准由国务院规定。

国务院安全生产监督管理部门和其他负有安全生产监督管理职责的部门应当根据各自的职责分工,制定相关行业、领域重大事故隐患的判定标准。

第一百一十四条　本法自 2014 年 12 月 1 日起施行。

(三)《中华人民共和国刑法》摘录

第一百三十四条　在生产、作业中违反有关安全管理的规定,因而发生重大伤亡事故或者造成其他严重后果的,处三年以下有期徒刑或者拘役;情节特别恶劣的,处三年以上七年以下有期徒刑。(重大责任事故罪)

强令他人违章冒险作业,因而发生重大伤亡事故或者造成其他严重后果的,处五年以下有期徒刑或者拘役;情节特别恶劣的,处五年以上有期徒刑。

第一百三十五条　安全生产设施或者安全生产条件不符合国家规定,因而发生重大伤亡事故或者造成其他严重后果的,对直接负责的主管人员和其他直接责任人员,处三年以下有期徒刑或者拘役;情节特别恶劣的,处三年以上七年以下有期徒刑。(重大劳动安全事故罪)

第一百三十五条之一　举办大型群众性活动违反安全管理规定,因而发生重大伤亡事故或者造成其他严重后果的,对直接负责的主管人员和其他直接责任人员,处三年以下有期徒刑或者拘役;情节特别恶劣的,处三年以上七年以下有期徒刑。

第一百三十七条　建设单位、设计单位、施工单位、工程监理单位违反国家规定,降低工程质量标准,造成重大安全事故的,对直接责任人员,处五年以下有期徒刑或者拘役,并处罚金;后果特别严重的,处五年以上十年以下有期徒刑,并处罚金。(工程重大安全事故罪)

(四)《中华人民共和国特种设备安全法》(主席令第4号)

《中华人民共和国特种设备安全法》已由中华人民共和国第十二届全国人民代表大会常务委员会第三次会议于2013年6月29日通过,现予公布,自2014年1月1日起施行。

中华人民共和国主席　习近平

2013年6月29日

中华人民共和国特种设备安全法

第一章　总　　则

第一条　为了加强特种设备安全工作,预防特种设备事故,保障人身和财产安全,促进经济社会发展,制定本法。

第二条　特种设备的生产(包括设计、制造、安装、改造、修理)、经营、使用、检验、检测和特种设备安全的监督管理,适用本法。

本法所称特种设备,是指对人身和财产安全有较大危险性的锅炉、压力容器(含气瓶)、压力管道、电梯、起重机械、客运索道、大型游乐设施、场(厂)内专用机动车辆,以及法律、行政法规规定适用本法的其他特种设备。

国家对特种设备实行目录管理。特种设备目录由国务院负责特种设备安全监督管理的部门制定,报国务院批准后执行。

第三条　特种设备安全工作应当坚持安全第一、预防为主、节能环保、综合治理的原则。

第四条　国家对特种设备的生产、经营、使用,实施分类的、全过程的安全监督管理。

第五条　国务院负责特种设备安全监督管理的部门对全国特种设备安全实施监督管理。县级以上地方各级人民政府负责特种设备安全监督管理的部门对本行政区域内特种设备安全实施监督管理。

第六条　国务院和地方各级人民政府应当加强对特种设备安全工作的领导,督促各有关部门依法履行监督管理职责。

县级以上地方各级人民政府应当建立协调机制,及时协调、解决特种设备安全监督管理中存在的问题。

第七条　特种设备生产、经营、使用单位应当遵守本法和其他有关法律、法规,建立、健全特种设备安全和节能责任制度,加强特种设备安全和节能管理,确保特种设备生产、经营、使用安全,符合节能要求。

第八条　特种设备生产、经营、使用、检验、检测应当遵守有关特种设备安全技术规范及相关标准。

特种设备安全技术规范由国务院负责特种设备安全监督管理的部门制定。

第九条　特种设备行业协会应当加强行业自律,推进行业诚信体系建设,提高特种设备安全管理水平。

第十条　国家支持有关特种设备安全的科学技术研究,鼓励先进技术和先进管理方法的推广应用,对做出突出贡献的单位和个人给予奖励。

第十一条　负责特种设备安全监督管理的部门应当加强特种设备安全宣传教育,普及特种设备安全知识,增强社会公众的特种设备安全意识。

第十二条　任何单位和个人有权向负责特种设备安全监督管理的部门和有关部门举报涉及特种设备安全的违法行为,接到举报的部门应当及时处理。

第二章　生产、经营、使用
第一节　一般规定

第十三条　特种设备生产、经营、使用单位及其主要负责人对其生产、经营、使用的特种设备安全负责。

特种设备生产、经营、使用单位应当按照国家有关规定配备特种设备安全管理人员、检测人员和作业人员,并对其进行必要的安全教育和技能培训。

第十四条　特种设备安全管理人员、检测人员和作业人员应当按照国家有关规定取得相应资格,方可从事相关工作。特种设备安全管理人员、检测人员和作业人员应当严格执行安全技术规范和管理制度,保证特种设备安全。

第十五条　特种设备生产、经营、使用单位对其生产、经营、使用的特种设备应当进行自行检测和维护保养,对国家规定实行检验的特种设备应当及时申报并接受检验。

第十六条　特种设备采用新材料、新技术、新工艺,与安全技术规范的要求不一致,或者安全技术规范未作要求、可能对安全性能有重大影响的,应当向国务院负责特种设备安全监督管理的部门申报,由国务院负责特种设备安全监督管理的部门及时委托安全技术咨询机构或者相关专业机构进行技术评审,评审结果经国务院负责特种设备安全监督管理的部门批准,方可投入生产、使用。

国务院负责特种设备安全监督管理的部门应当将允许使用的新材料、新技术、新工艺的有关技术要求,及时纳入安全技术规范。

第十七条 国家鼓励投保特种设备安全责任保险。

第二节 生 产

第十八条 国家按照分类监督管理的原则对特种设备生产实行许可制度。特种设备生产单位应当具备下列条件,并经负责特种设备安全监督管理的部门许可,方可从事生产活动:

(一)有与生产相适应的专业技术人员;

(二)有与生产相适应的设备、设施和工作场所;

(三)有健全的质量保证、安全管理和岗位责任等制度。

第十九条 特种设备生产单位应当保证特种设备生产符合安全技术规范及相关标准的要求,对其生产的特种设备的安全性能负责。不得生产不符合安全性能要求和能效指标以及国家明令淘汰的特种设备。

第二十条 锅炉、气瓶、氧舱、客运索道、大型游乐设施的设计文件,应当经负责特种设备安全监督管理的部门核准的检验机构鉴定,方可用于制造。

特种设备产品、部件或者试制的特种设备新产品、新部件以及特种设备采用的新材料,按照安全技术规范的要求需要通过型式试验进行安全性验证的,应当经负责特种设备安全监督管理的部门核准的检验机构进行型式试验。

第二十一条 特种设备出厂时,应当随附安全技术规范要求的设计文件、产品质量合格证明、安装及使用维护保养说明、监督检验证明等相关技术资料和文件,并在特种设备显著位置设置产品铭牌、安全警示标志及其说明。

第二十二条 电梯的安装、改造、修理,必须由电梯制造单位或者其委托的依照本法取得相应许可的单位进行。电梯制造单位委托其他单位进行电梯安装、改造、修理的,应当对其安装、改造、修理进行安全指导和监控,并按照安全技术规范的要求进行校验和调试。电梯制造单位对电梯安全性能负责。

第二十三条 特种设备安装、改造、修理的施工单位应当在施工前将拟进行的特种设备安装、改造、修理情况书面告知直辖市或者设区的市级人民政府负责特种设备安全监督管理的部门。

第二十四条 特种设备安装、改造、修理竣工后,安装、改造、修理的施工单位应当在验收后三十日内将相关技术资料和文件移交特种设备使用单位。特种设备使用单位应当将其存入该特种设备的安全技术档案。

第二十五条 锅炉、压力容器、压力管道元件等特种设备的制造过程和锅炉、压力容器、压力管道、电梯、起重机械、客运索道、大型游乐设施的安装、改造、重大修理过程,应当经特种设备检验机构按照安全技术规范的要求进行监督检验;未经监督检验或者监督检验不合格的,不得出厂或者交付使用。

第二十六条 国家建立缺陷特种设备召回制度。因生产原因造成特种设备存在危及安全的同一性缺陷的,特种设备生产单位应当立即停止生产,主动召回。

国务院负责特种设备安全监督管理的部门发现特种设备存在应当召回而未召回的情形时,应当责令特种设备生产单位召回。

第三节　经　营

第二十七条　特种设备销售单位销售的特种设备,应当符合安全技术规范及相关标准的要求,其设计文件、产品质量合格证明、安装及使用维护保养说明、监督检验证明等相关技术资料和文件应当齐全。

特种设备销售单位应当建立特种设备检查验收和销售记录制度。

禁止销售未取得许可生产的特种设备,未经检验和检验不合格的特种设备,或者国家明令淘汰和已经报废的特种设备。

第二十八条　特种设备出租单位不得出租未取得许可生产的特种设备或者国家明令淘汰和已经报废的特种设备,以及未按照安全技术规范的要求进行维护保养和未经检验或者检验不合格的特种设备。

第二十九条　特种设备在出租期间的使用管理和维护保养义务由特种设备出租单位承担,法律另有规定或者当事人另有约定的除外。

第三十条　进口的特种设备应当符合我国安全技术规范的要求,并经检验合格;需要取得我国特种设备生产许可的,应当取得许可。

进口特种设备随附的技术资料和文件应当符合本法第二十一条的规定,其安装及使用维护保养说明、产品铭牌、安全警示标志及其说明应当采用中文。

特种设备的进出口检验,应当遵守有关进出口商品检验的法律、行政法规。

第三十一条　进口特种设备,应当向进口地负责特种设备安全监督管理的部门履行提前告知义务。

第四节　使　用

第三十二条　特种设备使用单位应当使用取得许可生产并经检验合格的特种设备。

禁止使用国家明令淘汰和已经报废的特种设备。

第三十三条　特种设备使用单位应当在特种设备投入使用前或者投入使用后三十日内,向负责特种设备安全监督管理的部门办理使用登记,取得使用登记证书。登记标志应当置于该特种设备的显著位置。

第三十四条　特种设备使用单位应当建立岗位责任、隐患治理、应急救援等安全管理制度,制定操作规程,保证特种设备安全运行。

第三十五条　特种设备使用单位应当建立特种设备安全技术档案。安全技术档案应当包括以下内容:

(一)特种设备的设计文件、产品质量合格证明、安装及使用维护保养说明、监督检验证明等相关技术资料和文件;

(二)特种设备的定期检验和定期自行检查记录;

(三)特种设备的日常使用状况记录;

(四)特种设备及其附属仪器仪表的维护保养记录;

(五)特种设备的运行故障和事故记录。

第三十六条　电梯、客运索道、大型游乐设施等为公众提供服务的特种设备的运营使用单位,应当对特种设备的使用安全负责,设置特种设备安全管理机构或者配备专职的特种设备安全管理人员;其他特种设备使用单位,应当根据情况设置特种设备安全管理机构或者配备专职、兼职的特种设备安全管理人员。

第三十七条 特种设备的使用应当具有规定的安全距离、安全防护措施。

与特种设备安全相关的建筑物、附属设施,应当符合有关法律、行政法规的规定。

第三十八条 特种设备属于共有的,共有人可以委托物业服务单位或者其他管理人管理特种设备,受托人履行本法规定的特种设备使用单位的义务,承担相应责任。共有人未委托的,由共有人或者实际管理人履行管理义务,承担相应责任。

第三十九条 特种设备使用单位应当对其使用的特种设备进行经常性维护保养和定期自行检查,并作出记录。

特种设备使用单位应当对其使用的特种设备的安全附件、安全保护装置进行定期校验、检修,并作出记录。

第四十条 特种设备使用单位应当按照安全技术规范的要求,在检验合格有效期届满前一个月向特种设备检验机构提出定期检验要求。

特种设备检验机构接到定期检验要求后,应当按照安全技术规范的要求及时进行安全性能检验。特种设备使用单位应当将定期检验标志置于该特种设备的显著位置。

未经定期检验或者检验不合格的特种设备,不得继续使用。

第四十一条 特种设备安全管理人员应当对特种设备使用状况进行经常性检查,发现问题应当立即处理;情况紧急时,可以决定停止使用特种设备并及时报告本单位有关负责人。

特种设备作业人员在作业过程中发现事故隐患或者其他不安全因素,应当立即向特种设备安全管理人员和单位有关负责人报告;特种设备运行不正常时,特种设备作业人员应当按照操作规程采取有效措施保证安全。

第四十二条 特种设备出现故障或者发生异常情况,特种设备使用单位应当对其进行全面检查,消除事故隐患,方可继续使用。

第四十三条 客运索道、大型游乐设施在每日投入使用前,其运营使用单位应当进行试运行和例行安全检查,并对安全附件和安全保护装置进行检查确认。

电梯、客运索道、大型游乐设施的运营使用单位应当将电梯、客运索道、大型游乐设施的安全使用说明、安全注意事项和警示标志置于易于为乘客注意的显著位置。

公众乘坐或者操作电梯、客运索道、大型游乐设施,应当遵守安全使用说明和安全注意事项的要求,服从有关工作人员的管理和指挥;遇有运行不正常时,应当按照安全指引,有序撤离。

第四十四条 锅炉使用单位应当按照安全技术规范的要求进行锅炉水(介)质处理,并接受特种设备检验机构的定期检验。

从事锅炉清洗,应当按照安全技术规范的要求进行,并接受特种设备检验机构的监督检验。

第四十五条 电梯的维护保养应当由电梯制造单位或者依照本法取得许可的安装、改造、修理单位进行。

电梯的维护保养单位应当在维护保养中严格执行安全技术规范的要求,保证其维护保养的电梯的安全性能,并负责落实现场安全防护措施,保证施工安全。

电梯的维护保养单位应当对其维护保养的电梯的安全性能负责;接到故障通知后,应当立即赶赴现场,并采取必要的应急救援措施。

第四十六条　电梯投入使用后，电梯制造单位应当对其制造的电梯的安全运行情况进行跟踪调查和了解，对电梯的维护保养单位或者使用单位在维护保养和安全运行方面存在的问题，提出改进建议，并提供必要的技术帮助；发现电梯存在严重事故隐患时，应当及时告知电梯使用单位，并向负责特种设备安全监督管理的部门报告。电梯制造单位对调查和了解的情况，应当作出记录。

第四十七条　特种设备进行改造、修理，按照规定需要变更使用登记的，应当办理变更登记，方可继续使用。

第四十八条　特种设备存在严重事故隐患，无改造、修理价值，或者达到安全技术规范规定的其他报废条件的，特种设备使用单位应当依法履行报废义务，采取必要措施消除该特种设备的使用功能，并向原登记的负责特种设备安全监督管理的部门办理使用登记证书注销手续。

前款规定报废条件以外的特种设备，达到设计使用年限可以继续使用的，应当按照安全技术规范的要求通过检验或者安全评估，并办理使用登记证书变更，方可继续使用。允许继续使用的，应当采取加强检验、检测和维护保养等措施，确保使用安全。

第四十九条　移动式压力容器、气瓶充装单位，应当具备下列条件，并经负责特种设备安全监督管理的部门许可，方可从事充装活动：

（一）有与充装和管理相适应的管理人员和技术人员；

（二）有与充装和管理相适应的充装设备、检测手段、场地厂房、器具、安全设施；

（三）有健全的充装管理制度、责任制度、处理措施。

充装单位应当建立充装前后的检查、记录制度，禁止对不符合安全技术规范要求的移动式压力容器和气瓶进行充装。

气瓶充装单位应当向气体使用者提供符合安全技术规范要求的气瓶，对气体使用者进行气瓶安全使用指导，并按照安全技术规范的要求办理气瓶使用登记，及时申报定期检验。

第三章　检验、检测

第五十条　从事本法规定的监督检验、定期检验的特种设备检验机构，以及为特种设备生产、经营、使用提供检测服务的特种设备检测机构，应当具备下列条件，并经负责特种设备安全监督管理的部门核准，方可从事检验、检测工作：

（一）有与检验、检测工作相适应的检验、检测人员；

（二）有与检验、检测工作相适应的检验、检测仪器和设备；

（三）有健全的检验、检测管理制度和责任制度。

第五十一条　特种设备检验、检测机构的检验、检测人员应当经考核，取得检验、检测人员资格，方可从事检验、检测工作。

特种设备检验、检测机构的检验、检测人员不得同时在两个以上检验、检测机构中执业；变更执业机构的，应当依法办理变更手续。

第五十二条　特种设备检验、检测工作应当遵守法律、行政法规的规定，并按照安全技术规范的要求进行。

特种设备检验、检测机构及其检验、检测人员应当依法为特种设备生产、经营、使用单位提供安全、可靠、便捷、诚信的检验、检测服务。

第五十三条　特种设备检验、检测机构及其检验、检测人员应当客观、公正、及时地出具检验、检测报告,并对检验、检测结果和鉴定结论负责。

特种设备检验、检测机构及其检验、检测人员在检验、检测中发现特种设备存在严重事故隐患时,应当及时告知相关单位,并立即向负责特种设备安全监督管理的部门报告。

负责特种设备安全监督管理的部门应当组织对特种设备检验、检测机构的检验、检测结果和鉴定结论进行监督抽查,但应当防止重复抽查。监督抽查结果应当向社会公布。

第五十四条 特种设备生产、经营、使用单位应当按照安全技术规范的要求向特种设备检验、检测机构及其检验、检测人员提供特种设备相关资料和必要的检验、检测条件,并对资料的真实性负责。

第五十五条 特种设备检验、检测机构及其检验、检测人员对检验、检测过程中知悉的商业秘密,负有保密义务。

特种设备检验、检测机构及其检验、检测人员不得从事有关特种设备的生产、经营活动,不得推荐或者监制、监销特种设备。

第五十六条 特种设备检验机构及其检验人员利用检验工作故意刁难特种设备生产、经营、使用单位的,特种设备生产、经营、使用单位有权向负责特种设备安全监督管理的部门投诉,接到投诉的部门应当及时进行调查处理。

第四章 监督管理

第五十七条 负责特种设备安全监督管理的部门依照本法规定,对特种设备生产、经营、使用单位和检验、检测机构实施监督检查。

负责特种设备安全监督管理的部门应当对学校、幼儿园以及医院、车站、客运码头、商场、体育场馆、展览馆、公园等公众聚集场所的特种设备,实施重点安全监督检查。

第五十八条 负责特种设备安全监督管理的部门实施本法规定的许可工作,应当依照本法和其他有关法律、行政法规规定的条件和程序以及安全技术规范的要求进行审查;不符合规定的,不得许可。

第五十九条 负责特种设备安全监督管理的部门在办理本法规定的许可时,其受理、审查、许可的程序必须公开,并应当自受理申请之日起三十日内,作出许可或者不予许可的决定;不予许可的,应当书面向申请人说明理由。

第六十条 负责特种设备安全监督管理的部门对依法办理使用登记的特种设备应当建立完整的监督管理档案和信息查询系统;对达到报废条件的特种设备,应当及时督促特种设备使用单位依法履行报废义务。

第六十一条 负责特种设备安全监督管理的部门在依法履行监督检查职责时,可以行使下列职权:

(一)进入现场进行检查,向特种设备生产、经营、使用单位和检验、检测机构的主要负责人和其他有关人员调查、了解有关情况;

(二)根据举报或者取得的涉嫌违法证据,查阅、复制特种设备生产、经营、使用单位和检验、检测机构的有关合同、发票、账簿以及其他有关资料;

(三)对有证据表明不符合安全技术规范要求或者存在严重事故隐患的特种设备实施查封、扣押;

(四)对流入市场的达到报废条件或者已经报废的特种设备实施查封、扣押;

(五)对违反本法规定的行为作出行政处罚决定。

第六十二条　负责特种设备安全监督管理的部门在依法履行职责过程中,发现违反本法规定和安全技术规范要求的行为或者特种设备存在事故隐患时,应当以书面形式发出特种设备安全监察指令,责令有关单位及时采取措施予以改正或者消除事故隐患。紧急情况下要求有关单位采取紧急处置措施的,应当随后补发特种设备安全监察指令。

第六十三条　负责特种设备安全监督管理的部门在依法履行职责过程中,发现重大违法行为或者特种设备存在严重事故隐患时,应当责令有关单位立即停止违法行为、采取措施消除事故隐患,并及时向上级负责特种设备安全监督管理的部门报告。接到报告的负责特种设备安全监督管理的部门应当采取必要措施,及时予以处理。

对违法行为、严重事故隐患的处理需要当地人民政府和有关部门的支持、配合时,负责特种设备安全监督管理的部门应当报告当地人民政府,并通知其他有关部门。当地人民政府和其他有关部门应当采取必要措施,及时予以处理。

第六十四条　地方各级人民政府负责特种设备安全监督管理的部门不得要求已经依照本法规定在其他地方取得许可的特种设备生产单位重复取得许可,不得要求对已经依照本法规定在其他地方检验合格的特种设备重复进行检验。

第六十五条　负责特种设备安全监督管理的部门的安全监察人员应当熟悉相关法律、法规,具有相应的专业知识和工作经验,取得特种设备安全行政执法证件。

特种设备安全监察人员应当忠于职守、坚持原则、秉公执法。

负责特种设备安全监督管理的部门实施安全监督检查时,应当有二名以上特种设备安全监察人员参加,并出示有效的特种设备安全行政执法证件。

第六十六条　负责特种设备安全监督管理的部门对特种设备生产、经营、使用单位和检验、检测机构实施监督检查,应当对每次监督检查的内容、发现的问题及处理情况作出记录,并由参加监督检查的特种设备安全监察人员和被检查单位的有关负责人签字后归档。被检查单位的有关负责人拒绝签字的,特种设备安全监察人员应当将情况记录在案。

第六十七条　负责特种设备安全监督管理的部门及其工作人员不得推荐或者监制、监销特种设备;对履行职责过程中知悉的商业秘密负有保密义务。

第六十八条　国务院负责特种设备安全监督管理的部门和省、自治区、直辖市人民政府负责特种设备安全监督管理的部门应当定期向社会公布特种设备安全总体状况。

第五章　事故应急救援与调查处理

第六十九条　国务院负责特种设备安全监督管理的部门应当依法组织制定特种设备重特大事故应急预案,报国务院批准后纳入国家突发事件应急预案体系。

县级以上地方各级人民政府及其负责特种设备安全监督管理的部门应当依法组织制定本行政区域内特种设备事故应急预案,建立或者纳入相应的应急处置与救援体系。

特种设备使用单位应当制定特种设备事故应急专项预案,并定期进行应急演练。

第七十条　特种设备发生事故后,事故发生单位应当按照应急预案采取措施,组织抢救,防止事故扩大,减少人员伤亡和财产损失,保护事故现场和有关证据,并及时向事故发生地县级以上人民政府负责特种设备安全监督管理的部门和有关部门报告。

县级以上人民政府负责特种设备安全监督管理的部门接到事故报告,应当尽快核实情况,立即向本级人民政府报告,并按照规定逐级上报。必要时,负责特种设备安全监督管理的部门可以越级上报事故情况。对特别重大事故、重大事故,国务院负责特种设备安全监督管理的部门应当立即报告国务院并通报国务院安全生产监督管理部门等有关部门。

与事故相关的单位和人员不得迟报、谎报或者瞒报事故情况，不得隐匿、毁灭有关证据或者故意破坏事故现场。

第七十一条 事故发生地人民政府接到事故报告，应当依法启动应急预案，采取应急处置措施，组织应急救援。

第七十二条 特种设备发生特别重大事故，由国务院或者国务院授权有关部门组织事故调查组进行调查。

发生重大事故，由国务院负责特种设备安全监督管理的部门会同有关部门组织事故调查组进行调查。

发生较大事故，由省、自治区、直辖市人民政府负责特种设备安全监督管理的部门会同有关部门组织事故调查组进行调查。

发生一般事故，由设区的市级人民政府负责特种设备安全监督管理的部门会同有关部门组织事故调查组进行调查。

事故调查组应当依法、独立、公正开展调查，提出事故调查报告。

第七十三条 组织事故调查的部门应当将事故调查报告报本级人民政府，并报上一级人民政府负责特种设备安全监督管理的部门备案。有关部门和单位应当依照法律、行政法规的规定，追究事故责任单位和人员的责任。

事故责任单位应当依法落实整改措施，预防同类事故发生。事故造成损害的，事故责任单位应当依法承担赔偿责任。

第六章 法律责任

第七十四条 违反本法规定，未经许可从事特种设备生产活动的，责令停止生产，没收违法制造的特种设备，处十万元以上五十万元以下罚款；有违法所得的，没收违法所得；已经实施安装、改造、修理的，责令恢复原状或者责令限期由取得许可的单位重新安装、改造、修理。

第七十五条 违反本法规定，特种设备的设计文件未经鉴定，擅自用于制造的，责令改正，没收违法制造的特种设备，处五万元以上五十万元以下罚款。

第七十六条 违反本法规定，未进行型式试验的，责令限期改正；逾期未改正的，处三万元以上三十万元以下罚款。

第七十七条 违反本法规定，特种设备出厂时，未按照安全技术规范的要求随附相关技术资料和文件的，责令限期改正；逾期未改正的，责令停止制造、销售，处二万元以上二十万元以下罚款；有违法所得的，没收违法所得。

第七十八条 违反本法规定，特种设备安装、改造、修理的施工单位在施工前未书面告知负责特种设备安全监督管理的部门即行施工的，或者在验收后三十日内未将相关技术资料和文件移交特种设备使用单位的，责令限期改正；逾期未改正的，处一万元以上十万元以下罚款。

第七十九条 违反本法规定，特种设备的制造、安装、改造、重大修理以及锅炉清洗过程，未经监督检验的，责令限期改正；逾期未改正的，处五万元以上二十万元以下罚款；有违法所得的，没收违法所得；情节严重的，吊销生产许可证。

第八十条 违反本法规定，电梯制造单位有下列情形之一的，责令限期改正；逾期未改

正的,处一万元以上十万元以下罚款:

（一）未按照安全技术规范的要求对电梯进行校验、调试的;

（二）对电梯的安全运行情况进行跟踪调查和了解时,发现存在严重事故隐患,未及时告知电梯使用单位并向负责特种设备安全监督管理的部门报告的。

第八十一条 违反本法规定,特种设备生产单位有下列行为之一的,责令限期改正;逾期未改正的,责令停止生产,处五万元以上五十万元以下罚款;情节严重的,吊销生产许可证:

（一）不再具备生产条件、生产许可证已经过期或者超出许可范围生产的;

（二）明知特种设备存在同一性缺陷,未立即停止生产并召回的。

违反本法规定,特种设备生产单位生产、销售、交付国家明令淘汰的特种设备的,责令停止生产、销售,没收违法生产、销售、交付的特种设备,处三万元以上三十万元以下罚款;有违法所得的,没收违法所得。

特种设备生产单位涂改、倒卖、出租、出借生产许可证的,责令停止生产,处五万元以上五十万元以下罚款;情节严重的,吊销生产许可证。

第八十二条 违反本法规定,特种设备经营单位有下列行为之一的,责令停止经营,没收违法经营的特种设备,处三万元以上三十万元以下罚款;有违法所得的,没收违法所得:

（一）销售、出租未取得许可生产,未经检验或者检验不合格的特种设备的;

（二）销售、出租国家明令淘汰、已经报废的特种设备,或者未按照安全技术规范的要求进行维护保养的特种设备的。

违反本法规定,特种设备销售单位未建立检查验收和销售记录制度,或者进口特种设备未履行提前告知义务的,责令改正,处一万元以上十万元以下罚款。

特种设备生产单位销售、交付未经检验或者检验不合格的特种设备的,依照本条第一款规定处罚;情节严重的,吊销生产许可证。

第八十三条 违反本法规定,特种设备使用单位有下列行为之一的,责令限期改正;逾期未改正的,责令停止使用有关特种设备,处一万元以上十万元以下罚款:

（一）使用特种设备未按照规定办理使用登记的;

（二）未建立特种设备安全技术档案或者安全技术档案不符合规定要求,或者未依法设置使用登记标志、定期检验标志的;

（三）未对其使用的特种设备进行经常性维护保养和定期自行检查,或者未对其使用的特种设备的安全附件、安全保护装置进行定期校验、检修,并作出记录的;

（四）未按照安全技术规范的要求及时申报并接受检验的;

（五）未按照安全技术规范的要求进行锅炉水（介）质处理的;

（六）未制定特种设备事故应急专项预案的。

第八十四条 违反本法规定,特种设备使用单位有下列行为之一的,责令停止使用有关特种设备,处三万元以上三十万元以下罚款:

（一）使用未取得许可生产,未经检验或者检验不合格的特种设备,或者国家明令淘汰、已经报废的特种设备的;

（二）特种设备出现故障或者发生异常情况,未对其进行全面检查、消除事故隐患,继续使用的;

（三）特种设备存在严重事故隐患，无改造、修理价值，或者达到安全技术规范规定的其他报废条件，未依法履行报废义务，并办理使用登记证书注销手续的。

第八十五条 违反本法规定，移动式压力容器、气瓶充装单位有下列行为之一的，责令改正，处二万元以上二十万元以下罚款；情节严重的，吊销充装许可证：

（一）未按照规定实施充装前后的检查、记录制度的；

（二）对不符合安全技术规范要求的移动式压力容器和气瓶进行充装的。

违反本法规定，未经许可，擅自从事移动式压力容器或者气瓶充装活动的，予以取缔，没收违法充装的气瓶，处十万元以上五十万元以下罚款；有违法所得的，没收违法所得。

第八十六条 违反本法规定，特种设备生产、经营、使用单位有下列情形之一的，责令限期改正；逾期未改正的，责令停止使用有关特种设备或者停产停业整顿，处一万元以上五万元以下罚款：

（一）未配备具有相应资格的特种设备安全管理人员、检测人员和作业人员的；

（二）使用未取得相应资格的人员从事特种设备安全管理、检测和作业的；

（三）未对特种设备安全管理人员、检测人员和作业人员进行安全教育和技能培训的。

第八十七条 违反本法规定，电梯、客运索道、大型游乐设施的运营使用单位有下列情形之一的，责令限期改正；逾期未改正的，责令停止使用有关特种设备或者停产停业整顿，处二万元以上十万元以下罚款：

（一）未设置特种设备安全管理机构或者配备专职的特种设备安全管理人员的；

（二）客运索道、大型游乐设施每日投入使用前，未进行试运行和例行安全检查，未对安全附件和安全保护装置进行检查确认的；

（三）未将电梯、客运索道、大型游乐设施的安全使用说明、安全注意事项和警示标志置于易于为乘客注意的显著位置的。

第八十八条 违反本法规定，未经许可，擅自从事电梯维护保养的，责令停止违法行为，处一万元以上十万元以下罚款；有违法所得的，没收违法所得。

电梯的维护保养单位未按照本法规定以及安全技术规范的要求，进行电梯维护保养的，依照前款规定处罚。

第八十九条 发生特种设备事故，有下列情形之一的，对单位处五万元以上二十万元以下罚款；对主要负责人处一万元以上五万元以下罚款；主要负责人属于国家工作人员的，并依法给予处分：

（一）发生特种设备事故时，不立即组织抢救或者在事故调查处理期间擅离职守或者逃匿的；

（二）对特种设备事故迟报、谎报或者瞒报的。

第九十条 发生事故，对负有责任的单位除要求其依法承担相应的赔偿等责任外，依照下列规定处以罚款：

（一）发生一般事故，处十万元以上二十万元以下罚款；

（二）发生较大事故，处二十万元以上五十万元以下罚款；

（三）发生重大事故，处五十万元以上二百万元以下罚款。

第九十一条 对事故发生负有责任的单位的主要负责人未依法履行职责或者负有领导责任的，依照下列规定处以罚款；属于国家工作人员的，并依法给予处分：

（一）发生一般事故，处上一年年收入百分之三十的罚款；

（二）发生较大事故，处上一年年收入百分之四十的罚款；

（三）发生重大事故，处上一年年收入百分之六十的罚款。

第九十二条　违反本法规定，特种设备安全管理人员、检测人员和作业人员不履行岗位职责，违反操作规程和有关安全规章制度，造成事故的，吊销相关人员的资格。

第九十三条　违反本法规定，特种设备检验、检测机构及其检验、检测人员有下列行为之一的，责令改正，对机构处五万元以上二十万元以下罚款，对直接负责的主管人员和其他直接责任人员处五千元以上五万元以下罚款；情节严重的，吊销机构资质和有关人员的资格：

（一）未经核准或者超出核准范围、使用未取得相应资格的人员从事检验、检测的；

（二）未按照安全技术规范的要求进行检验、检测的；

（三）出具虚假的检验、检测结果和鉴定结论或者检验、检测结果和鉴定结论严重失实的；

（四）发现特种设备存在严重事故隐患，未及时告知相关单位，并立即向负责特种设备安全监督管理的部门报告的；

（五）泄露检验、检测过程中知悉的商业秘密的；

（六）从事有关特种设备的生产、经营活动的；

（七）推荐或者监制、监销特种设备的；

（八）利用检验工作故意刁难相关单位的。

违反本法规定，特种设备检验、检测机构的检验、检测人员同时在两个以上检验、检测机构中执业的，处五千元以上五万元以下罚款；情节严重的，吊销其资格。

第九十四条　违反本法规定，负责特种设备安全监督管理的部门及其工作人员有下列行为之一的，由上级机关责令改正；对直接负责的主管人员和其他直接责任人员，依法给予处分：

（一）未依照法律、行政法规规定的条件、程序实施许可的；

（二）发现未经许可擅自从事特种设备的生产、使用或者检验、检测活动不予取缔或者不依法予以处理的；

（三）发现特种设备生产单位不再具备本法规定的条件而不吊销其许可证，或者发现特种设备生产、经营、使用违法行为不予查处的；

（四）发现特种设备检验、检测机构不再具备本法规定的条件而不撤销其核准，或者对其出具虚假的检验、检测结果和鉴定结论或者检验、检测结果和鉴定结论严重失实的行为不予查处的；

（五）发现违反本法规定和安全技术规范要求的行为或者特种设备存在事故隐患，不立即处理的；

（六）发现重大违法行为或者特种设备存在严重事故隐患，未及时向上级负责特种设备安全监督管理的部门报告，或者接到报告的负责特种设备安全监督管理的部门不立即处理的；

（七）要求已经依照本法规定在其他地方取得许可的特种设备生产单位重复取得许可，或者要求对已经依照本法规定在其他地方检验合格的特种设备重复进行检验的；

（八）推荐或者监制、监销特种设备的；

（九）泄露履行职责过程中知悉的商业秘密的；

（十）接到特种设备事故报告未立即向本级人民政府报告，并按照规定上报的；

（十一）迟报、漏报、谎报或者瞒报事故的；

（十二）妨碍事故救援或者事故调查处理的；

（十三）其他滥用职权、玩忽职守、徇私舞弊的行为。

第九十五条　违反本法规定，特种设备生产、经营、使用单位或者检验、检测机构拒不接受负责特种设备安全监督管理的部门依法实施的监督检查的，责令限期改正；逾期未改正的，责令停产停业整顿，处二万元以上二十万元以下罚款。

特种设备生产、经营、使用单位擅自动用、调换、转移、损毁被查封、扣押的特种设备或者其主要部件的，责令改正，处五万元以上二十万元以下罚款；情节严重的，吊销生产许可证，注销特种设备使用登记证书。

第九十六条　违反本法规定，被依法吊销许可证的，自吊销许可证之日起三年内，负责特种设备安全监督管理的部门不予受理其新的许可申请。

第九十七条　违反本法规定，造成人身、财产损害的，依法承担民事责任。

违反本法规定，应当承担民事赔偿责任和缴纳罚款、罚金，其财产不足以同时支付时，先承担民事赔偿责任。

第九十八条　违反本法规定，构成违反治安管理行为的，依法给予治安管理处罚；构成犯罪的，依法追究刑事责任。

第七章　附　　则

第九十九条　特种设备行政许可、检验的收费，依照法律、行政法规的规定执行。

第一百条　军事装备、核设施、航空航天器使用的特种设备安全的监督管理不适用本法。

铁路机车、海上设施和船舶、矿山井下使用的特种设备以及民用机场专用设备安全的监督管理，房屋建筑工地、市政工程工地用起重机械和场（厂）内专用机动车辆的安装、使用的监督管理，由有关部门依照本法和其他有关法律的规定实施。

第一百零一条　本法自 2014 年 1 月 1 日起施行。

（五）《建设工程安全生产管理条例》（国务院令第 393 号）

《建设工程安全生产管理条例》已经 2003 年 11 月 12 日国务院第 28 次常务会议通过，现予公布，自 2004 年 2 月 1 日起施行。

总理　温家宝

二〇〇三年十一月二十四日

建设工程安全生产管理条例

第一章　总　　则

第一条　为了加强建设工程安全生产监督管理，保障人民群众生命和财产安全，根据《中华人民共和国建筑法》、《中华人民共和国安全生产法》，制定本条例。

第二条　在中华人民共和国境内从事建设工程的新建、扩建、改建和拆除等有关活动及实施对建设工程安全生产的监督管理，必须遵守本条例。

本条例所称建设工程，是指土木工程、建筑工程、线路管道和设备安装工程及装修工程。

第三条　建设工程安全生产管理，坚持安全第一、预防为主的方针。

第四条　建设单位、勘察单位、设计单位、施工单位、工程监理单位及其他与建设工程安全生产有关的单位，必须遵守安全生产法律、法规的规定，保证建设工程安全生产，依法承担建设工程安全生产责任。

第五条　国家鼓励建设工程安全生产的科学技术研究和先进技术的推广应用，推进建设工程安全生产的科学管理。

第二章　建设单位的安全责任

第六条　建设单位应当向施工单位提供施工现场及毗邻区域内供水、排水、供电、供气、供热、通信、广播电视等地下管线资料，气象和水文观测资料，相邻建筑物和构筑物、地下工程的有关资料，并保证资料的真实、准确、完整。

建设单位因建设工程需要，向有关部门或者单位查询前款规定的资料时，有关部门或者单位应当及时提供。

第七条　建设单位不得对勘察、设计、施工、工程监理等单位提出不符合建设工程安全生产法律、法规和强制性标准规定的要求，不得压缩合同约定的工期。

第八条　建设单位在编制工程概算时，应当确定建设工程安全作业环境及安全施工措施所需费用。

第九条　建设单位不得明示或者暗示施工单位购买、租赁、使用不符合安全施工要求的安全防护用具、机械设备、施工机具及配件、消防设施和器材。

第十条　建设单位在申请领取施工许可证时，应当提供建设工程有关安全施工措施的资料。

依法批准开工报告的建设工程，建设单位应当自开工报告批准之日起 15 日内，将保证安全施工的措施报送建设工程所在地的县级以上地方人民政府建设行政主管部门或者其他有关部门备案。

第十一条　建设单位应当将拆除工程发包给具有相应资质等级的施工单位。

建设单位应当在拆除工程施工 15 日前，将下列资料报送建设工程所在地的县级以上地方人民政府建设行政主管部门或者其他有关部门备案：

（一）施工单位资质等级证明；

（二）拟拆除建筑物、构筑物及可能危及毗邻建筑的说明；

（三）拆除施工组织方案；

（四）堆放、清除废弃物的措施。

实施爆破作业的，应当遵守国家有关民用爆炸物品管理的规定。

第三章　勘察、设计、工程监理及其他有关单位的安全责任

第十二条　勘察单位应当按照法律、法规和工程建设强制性标准进行勘察，提供的勘察文件应当真实、准确，满足建设工程安全生产的需要。

勘察单位在勘察作业时，应当严格执行操作规程，采取措施保证各类管线、设施和周边

建筑物、构筑物的安全。

第十三条 设计单位应当按照法律、法规和工程建设强制性标准进行设计，防止因设计不合理导致生产安全事故的发生。

设计单位应当考虑施工安全操作和防护的需要，对涉及施工安全的重点部位和环节在设计文件中注明，并对防范生产安全事故提出指导意见。

采用新结构、新材料、新工艺的建设工程和特殊结构的建设工程，设计单位应当在设计中提出保障施工作业人员安全和预防生产安全事故的措施建议。

设计单位和注册建筑师等注册执业人员应当对其设计负责。

第十四条 工程监理单位应当审查施工组织设计中的安全技术措施或者专项施工方案是否符合工程建设强制性标准。

工程监理单位在实施监理过程中，发现存在安全事故隐患的，应当要求施工单位整改；情况严重的，应当要求施工单位暂时停止施工，并及时报告建设单位。施工单位拒不整改或者不停止施工的，工程监理单位应当及时向有关主管部门报告。

工程监理单位和监理工程师应当按照法律、法规和工程建设强制性标准实施监理，并对建设工程安全生产承担监理责任。

第十五条 为建设工程提供机械设备和配件的单位，应当按照安全施工的要求配备齐全有效的保险、限位等安全设施和装置。

第十六条 出租的机械设备和施工机具及配件，应当具有生产（制造）许可证、产品合格证。

出租单位应当对出租的机械设备和施工机具及配件的安全性能进行检测，在签订租赁协议时，应当出具检测合格证明。

禁止出租检测不合格的机械设备和施工机具及配件。

第十七条 在施工现场安装、拆卸施工起重机械和整体提升脚手架、模板等自升式架设设施，必须由具有相应资质的单位承担。

安装、拆卸施工起重机械和整体提升脚手架、模板等自升式架设设施，应当编制拆装方案、制定安全施工措施，并由专业技术人员现场监督。

施工起重机械和整体提升脚手架、模板等自升式架设设施安装完毕后，安装单位应当自检，出具自检合格证明，并向施工单位进行安全使用说明，办理验收手续并签字。

第十八条 施工起重机械和整体提升脚手架、模板等自升式架设设施的使用达到国家规定的检验检测期限的，必须经具有专业资质的检验检测机构检测。经检测不合格的，不得继续使用。

第十九条 检验检测机构对检测合格的施工起重机械和整体提升脚手架、模板等自升式架设设施，应当出具安全合格证明文件，并对检测结果负责。

第四章 施工单位的安全责任

第二十条 施工单位从事建设工程的新建、扩建、改建和拆除等活动，应当具备国家规定的注册资本、专业技术人员、技术装备和安全生产等条件，依法取得相应等级的资质证书，并在其资质等级许可的范围内承揽工程。

第二十一条 施工单位主要负责人依法对本单位的安全生产工作全面负责。施工单位应当建立健全安全生产责任制度和安全生产教育培训制度，制定安全生产规章制度和操作规程,保证本单位安全生产条件所需资金的投入,对所承担的建设工程进行定期和专项安全检查,并做好安全检查记录。

施工单位的项目负责人应当由取得相应执业资格的人员担任,对建设工程项目的安全施工负责,落实安全生产责任制度、安全生产规章制度和操作规程,确保安全生产费用的有效使用,并根据工程的特点组织制定安全施工措施,消除安全事故隐患,及时、如实报告生产安全事故。

第二十二条　施工单位对列入建设工程概算的安全作业环境及安全施工措施所需费用,应当用于施工安全防护用具及设施的采购和更新、安全施工措施的落实、安全生产条件的改善,不得挪作他用。

第二十三条　施工单位应当设立安全生产管理机构,配备专职安全生产管理人员。

专职安全生产管理人员负责对安全生产进行现场监督检查。发现安全事故隐患,应当及时向项目负责人和安全生产管理机构报告;对违章指挥、违章操作的,应当立即制止。

专职安全生产管理人员的配备办法由国务院建设行政主管部门会同国务院其他有关部门制定。

第二十四条　建设工程实行施工总承包的,由总承包单位对施工现场的安全生产负总责。

总承包单位应当自行完成建设工程主体结构的施工。

总承包单位依法将建设工程分包给其他单位的,分包合同中应当明确各自的安全生产方面的权利、义务。总承包单位和分包单位对分包工程的安全生产承担连带责任。

分包单位应当服从总承包单位的安全生产管理,分包单位不服从管理导致生产安全事故的,由分包单位承担主要责任。

第二十五条　垂直运输机械作业人员、安装拆卸工、爆破作业人员、起重信号工、登高架设作业人员等特种作业人员,必须按照国家有关规定经过专门的安全作业培训,并取得特种作业操作资格证书后,方可上岗作业。

第二十六条　施工单位应当在施工组织设计中编制安全技术措施和施工现场临时用电方案,对下列达到一定规模的危险性较大的分部分项工程编制专项施工方案,并附具安全验算结果,经施工单位技术负责人、总监理工程师签字后实施,由专职安全生产管理人员进行现场监督:

(一)基坑支护与降水工程;

(二)土方开挖工程;

(三)模板工程;

(四)起重吊装工程;

(五)脚手架工程;

(六)拆除、爆破工程;

(七)国务院建设行政主管部门或者其他有关部门规定的其他危险性较大的工程。

对前款所列工程中涉及深基坑、地下暗挖工程、高大模板工程的专项施工方案,施工单位还应当组织专家进行论证、审查。

本条第一款规定的达到一定规模的危险性较大工程的标准,由国务院建设行政主管部门会同国务院其他有关部门制定。

第二十七条 建设工程施工前,施工单位负责项目管理的技术人员应当对有关安全施工的技术要求向施工作业班组、作业人员作出详细说明,并由双方签字确认。

第二十八条 施工单位应当在施工现场入口处、施工起重机械、临时用电设施、脚手架、出入通道口、楼梯口、电梯井口、孔洞口、桥梁口、隧道口、基坑边沿、爆破物及有害危险气体和液体存放处等危险部位,设置明显的安全警示标志。安全警示标志必须符合国家标准。

施工单位应当根据不同施工阶段和周围环境及季节、气候的变化,在施工现场采取相应的安全施工措施。施工现场暂时停止施工的,施工单位应当做好现场防护,所需费用由责任方承担,或者按照合同约定执行。

第二十九条 施工单位应当将施工现场的办公、生活区与作业区分开设置,并保持安全距离;办公、生活区的选址应当符合安全性要求。职工的膳食、饮水、休息场所等应当符合卫生标准。施工单位不得在尚未竣工的建筑物内设置员工集体宿舍。

施工现场临时搭建的建筑物应当符合安全使用要求。施工现场使用的装配式活动房屋应当具有产品合格证。

第三十条 施工单位对因建设工程施工可能造成损害的毗邻建筑物、构筑物和地下管线等,应当采取专项防护措施。

施工单位应当遵守有关环境保护法律、法规的规定,在施工现场采取措施,防止或者减少粉尘、废气、废水、固体废物、噪声、振动和施工照明对人和环境的危害和污染。

在城市市区内的建设工程,施工单位应当对施工现场实行封闭围挡。

第三十一条 施工单位应当在施工现场建立消防安全责任制度,确定消防安全责任人,制定用火、用电、使用易燃易爆材料等各项消防安全管理制度和操作规程,设置消防通道、消防水源,配备消防设施和灭火器材,并在施工现场入口处设置明显标志。

第三十二条 施工单位应当向作业人员提供安全防护用具和安全防护服装,并书面告知危险岗位的操作规程和违章操作的危害。

作业人员有权对施工现场的作业条件、作业程序和作业方式中存在的安全问题提出批评、检举和控告,有权拒绝违章指挥和强令冒险作业。

在施工中发生危及人身安全的紧急情况时,作业人员有权立即停止作业或者在采取必要的应急措施后撤离危险区域。

第三十三条 作业人员应当遵守安全施工的强制性标准、规章制度和操作规程,正确使用安全防护用具、机械设备等。

第三十四条 施工单位采购、租赁的安全防护用具、机械设备、施工机具及配件,应当具有生产(制造)许可证、产品合格证,并在进入施工现场前进行查验。

施工现场的安全防护用具、机械设备、施工机具及配件必须由专人管理,定期进行检查、维修和保养,建立相应的资料档案,并按照国家有关规定及时报废。

第三十五条 施工单位在使用施工起重机械和整体提升脚手架、模板等自升式架设设施前,应当组织有关单位进行验收,也可以委托具有相应资质的检验检测机构进行验收;使用承租的机械设备和施工机具及配件的,由施工总承包单位、分包单位、出租单位和安装单位共同进行验收。验收合格的方可使用。

《特种设备安全监察条例》规定的施工起重机械,在验收前应当经有相应资质的检验检测机构监督检验合格。

施工单位应当自施工起重机械和整体提升脚手架、模板等自升式架设设施验收合格之日起 30 日内,向建设行政主管部门或者其他有关部门登记。登记标志应当置于或者附着于该设备的显著位置。

第三十六条　施工单位的主要负责人、项目负责人、专职安全生产管理人员应当经建设行政主管部门或者其他有关部门考核合格后方可任职。

施工单位应当对管理人员和作业人员每年至少进行一次安全生产教育培训,其教育培训情况记入个人工作档案。安全生产教育培训考核不合格的人员,不得上岗。

第三十七条　作业人员进入新的岗位或者新的施工现场前,应当接受安全生产教育培训。未经教育培训或者教育培训考核不合格的人员,不得上岗作业。

施工单位在采用新技术、新工艺、新设备、新材料时,应当对作业人员进行相应的安全生产教育培训。

第三十八条　施工单位应当为施工现场从事危险作业的人员办理意外伤害保险。

意外伤害保险费由施工单位支付。实行施工总承包的,由总承包单位支付意外伤害保险费。意外伤害保险期限自建设工程开工之日起至竣工验收合格止。

第五章　监督管理

第三十九条　国务院负责安全生产监督管理的部门依照《中华人民共和国安全生产法》的规定,对全国建设工程安全生产工作实施综合监督管理。

县级以上地方人民政府负责安全生产监督管理的部门依照《中华人民共和国安全生产法》的规定,对本行政区域内建设工程安全生产工作实施综合监督管理。

第四十条　国务院建设行政主管部门对全国的建设工程安全生产实施监督管理。国务院铁路、交通、水利等有关部门按照国务院规定的职责分工,负责有关专业建设工程安全生产的监督管理。

县级以上地方人民政府建设行政主管部门对本行政区域内的建设工程安全生产实施监督管理。县级以上地方人民政府交通、水利等有关部门在各自的职责范围内,负责本行政区域内的专业建设工程安全生产的监督管理。

第四十一条　建设行政主管部门和其他有关部门应当将本条例第十条、第十一条规定的有关资料的主要内容抄送同级负责安全生产监督管理的部门。

第四十二条　建设行政主管部门在审核发放施工许可证时,应当对建设工程是否有安全施工措施进行审查,对没有安全施工措施的,不得颁发施工许可证。

建设行政主管部门或者其他有关部门对建设工程是否有安全施工措施进行审查时,不得收取费用。

第四十三条　县级以上人民政府负有建设工程安全生产监督管理职责的部门在各自的职责范围内履行安全监督检查职责时,有权采取下列措施:

(一)要求被检查单位提供有关建设工程安全生产的文件和资料;

(二)进入被检查单位施工现场进行检查;

(三)纠正施工中违反安全生产要求的行为;

(四)对检查中发现的安全事故隐患,责令立即排除;重大安全事故隐患排除前或者排除过程中无法保证安全的,责令从危险区域内撤出作业人员或者暂时停止施工。

第四十四条 建设行政主管部门或者其他有关部门可以将施工现场的监督检查委托给建设工程安全监督机构具体实施。

第四十五条 国家对严重危及施工安全的工艺、设备、材料实行淘汰制度。具体目录由国务院建设行政主管部门会同国务院其他有关部门制定并公布。

第四十六条 县级以上人民政府建设行政主管部门和其他有关部门应当及时受理对建设工程生产安全事故及安全事故隐患的检举、控告和投诉。

第六章　生产安全事故的应急救援和调查处理

第四十七条 县级以上地方人民政府建设行政主管部门应当根据本级人民政府的要求,制定本行政区域内建设工程特大生产安全事故应急救援预案。

第四十八条 施工单位应当制定本单位生产安全事故应急救援预案,建立应急救援组织或者配备应急救援人员,配备必要的应急救援器材、设备,并定期组织演练。

第四十九条 施工单位应当根据建设工程施工的特点、范围,对施工现场易发生重大事故的部位、环节进行监控,制定施工现场生产安全事故应急救援预案。实行施工总承包的,由总承包单位统一组织编制建设工程生产安全事故应急救援预案,工程总承包单位和分包单位按照应急救援预案,各自建立应急救援组织或者配备应急救援人员,配备救援器材、设备,并定期组织演练。

第五十条 施工单位发生生产安全事故,应当按照国家有关伤亡事故报告和调查处理的规定,及时、如实地向负责安全生产监督管理的部门、建设行政主管部门或者其他有关部门报告;特种设备发生事故的,还应当同时向特种设备安全监督管理部门报告。接到报告的部门应当按照国家有关规定,如实上报。

实行施工总承包的建设工程,由总承包单位负责上报事故。

第五十一条 发生生产安全事故后,施工单位应当采取措施防止事故扩大,保护事故现场。需要移动现场物品时,应当做出标记和书面记录,妥善保管有关证物。

第五十二条 建设工程生产安全事故的调查、对事故责任单位和责任人的处罚与处理,按照有关法律、法规的规定执行。

第七章　法律责任

第五十三条 违反本条例的规定,县级以上人民政府建设行政主管部门或者其他有关行政管理部门的工作人员,有下列行为之一的,给予降级或者撤职的行政处分;构成犯罪的,依照刑法有关规定追究刑事责任:

（一）对不具备安全生产条件的施工单位颁发资质证书的;

（二）对没有安全施工措施的建设工程颁发施工许可证的;

（三）发现违法行为不予查处的;

（四）不依法履行监督管理职责的其他行为。

第五十四条 违反本条例的规定,建设单位未提供建设工程安全生产作业环境及安全施工措施所需费用的,责令限期改正;逾期未改正的,责令该建设工程停止施工。

建设单位未将保证安全施工的措施或者拆除工程的有关资料报送有关部门备案的,责令限期改正,给予警告。

第五十五条 违反本条例的规定,建设单位有下列行为之一的,责令限期改正,处20万元以上50万元以下的罚款;造成重大安全事故,构成犯罪的,对直接责任人员,依照刑法有

关规定追究刑事责任;造成损失的,依法承担赔偿责任:

（一）对勘察、设计、施工、工程监理等单位提出不符合安全生产法律、法规和强制性标准规定的要求的;

（二）要求施工单位压缩合同约定的工期的;

（三）将拆除工程发包给不具有相应资质等级的施工单位的。

第五十六条　违反本条例的规定,勘察单位、设计单位有下列行为之一的,责令限期改正,处 10 万元以上 30 万元以下的罚款;情节严重的,责令停业整顿,降低资质等级,直至吊销资质证书;造成重大安全事故,构成犯罪的,对直接责任人员,依照刑法有关规定追究刑事责任;造成损失的,依法承担赔偿责任:

（一）未按照法律、法规和工程建设强制性标准进行勘察、设计的;

（二）采用新结构、新材料、新工艺的建设工程和特殊结构的建设工程,设计单位未在设计中提出保障施工作业人员安全和预防生产安全事故的措施建议的。

第五十七条　违反本条例的规定,工程监理单位有下列行为之一的,责令限期改正;逾期未改正的,责令停业整顿,并处 10 万元以上 30 万元以下的罚款;情节严重的,降低资质等级,直至吊销资质证书;造成重大安全事故,构成犯罪的,对直接责任人员,依照刑法有关规定追究刑事责任;造成损失的,依法承担赔偿责任:

（一）未对施工组织设计中的安全技术措施或者专项施工方案进行审查的;

（二）发现安全事故隐患未及时要求施工单位整改或者暂时停止施工的;

（三）施工单位拒不整改或者不停止施工,未及时向有关主管部门报告的;

（四）未依照法律、法规和工程建设强制性标准实施监理的。

第五十八条　注册执业人员未执行法律、法规和工程建设强制性标准的,责令停止执业 3 个月以上 1 年以下;情节严重的,吊销执业资格证书,5 年内不予注册;造成重大安全事故的,终身不予注册;构成犯罪的,依照刑法有关规定追究刑事责任。

第五十九条　违反本条例的规定,为建设工程提供机械设备和配件的单位,未按照安全施工的要求配备齐全有效的保险、限位等安全设施和装置的,责令限期改正,处合同价款 1 倍以上 3 倍以下的罚款;造成损失的,依法承担赔偿责任。

第六十条　违反本条例的规定,出租单位出租未经安全性能检测或者经检测不合格的机械设备和施工机具及配件的,责令停业整顿,并处 5 万元以上 10 万元以下的罚款;造成损失的,依法承担赔偿责任。

第六十一条　违反本条例的规定,施工起重机械和整体提升脚手架、模板等自升式架设设施安装、拆卸单位有下列行为之一的,责令限期改正,处 5 万元以上 10 万元以下的罚款;情节严重的,责令停业整顿,降低资质等级,直至吊销资质证书;造成损失的,依法承担赔偿责任:

（一）未编制拆装方案、制定安全施工措施的;

（二）未由专业技术人员现场监督的;

（三）未出具自检合格证明或者出具虚假证明的;

（四）未向施工单位进行安全使用说明,办理移交手续的。

施工起重机械和整体提升脚手架、模板等自升式架设设施安装、拆卸单位有前款规定的第（一）项、第（三）项行为,经有关部门或者单位职工提出后,对事故隐患仍不采取措施,因而发生重大伤亡事故或者造成其他严重后果,构成犯罪的,对直接责任人员,依照刑法有关规定追究刑事责任。

第六十二条 违反本条例的规定,施工单位有下列行为之一的,责令限期改正;逾期未改正的,责令停业整顿,依照《中华人民共和国安全生产法》的有关规定处以罚款;造成重大安全事故,构成犯罪的,对直接责任人员,依照刑法有关规定追究刑事责任:

(一)未设立安全生产管理机构、配备专职安全生产管理人员或者分部分项工程施工时无专职安全生产管理人员现场监督的;

(二)施工单位的主要负责人、项目负责人、专职安全生产管理人员、作业人员或者特种作业人员,未经安全教育培训或者经考核不合格即从事相关工作的;

(三)未在施工现场的危险部位设置明显的安全警示标志,或者未按照国家有关规定在施工现场设置消防通道、消防水源、配备消防设施和灭火器材的;

(四)未向作业人员提供安全防护用具和安全防护服装的;

(五)未按照规定在施工起重机械和整体提升脚手架、模板等自升式架设设施验收合格后登记的;

(六)使用国家明令淘汰、禁止使用的危及施工安全的工艺、设备、材料的。

第六十三条 违反本条例的规定,施工单位挪用列入建设工程概算的安全生产作业环境及安全施工措施所需费用的,责令限期改正,处挪用费用20%以上50%以下的罚款;造成损失的,依法承担赔偿责任。

第六十四条 违反本条例的规定,施工单位有下列行为之一的,责令限期改正;逾期未改正的,责令停业整顿,并处5万元以上10万元以下的罚款;造成重大安全事故,构成犯罪的,对直接责任人员,依照刑法有关规定追究刑事责任:

(一)施工前未对有关安全施工的技术要求作出详细说明的;

(二)未根据不同施工阶段和周围环境及季节、气候的变化,在施工现场采取相应的安全施工措施,或者在城市市区内的建设工程的施工现场未实行封闭围挡的;

(三)在尚未竣工的建筑物内设置员工集体宿舍的;

(四)施工现场临时搭建的建筑物不符合安全使用要求的;

(五)未对因建设工程施工可能造成损害的毗邻建筑物、构筑物和地下管线等采取专项防护措施的。

施工单位有前款规定第(四)项、第(五)项行为,造成损失的,依法承担赔偿责任。

第六十五条 违反本条例的规定,施工单位有下列行为之一的,责令限期改正;逾期未改正的,责令停业整顿,并处10万元以上30万元以下的罚款;情节严重的,降低资质等级,直至吊销资质证书;造成重大安全事故,构成犯罪的,对直接责任人员,依照刑法有关规定追究刑事责任;造成损失的,依法承担赔偿责任:

(一)安全防护用具、机械设备、施工机具及配件在进入施工现场前未经查验或者查验不合格即投入使用的;

(二)使用未经验收或者验收不合格的施工起重机械和整体提升脚手架、模板等自升式架设设施的;

(三)委托不具有相应资质的单位承担施工现场安装、拆卸施工起重机械和整体提升脚手架、模板等自升式架设设施的;

（四）在施工组织设计中未编制安全技术措施、施工现场临时用电方案或者专项施工方案的。

第六十六条　违反本条例的规定，施工单位的主要负责人、项目负责人未履行安全生产管理职责的，责令限期改正；逾期未改正的，责令施工单位停业整顿；造成重大安全事故、重大伤亡事故或者其他严重后果，构成犯罪的，依照刑法有关规定追究刑事责任。

作业人员不服管理、违反规章制度和操作规程冒险作业造成重大伤亡事故或者其他严重后果，构成犯罪的，依照刑法有关规定追究刑事责任。

施工单位的主要负责人、项目负责人有前款违法行为，尚不够刑事处罚的，处 2 万元以上 20 万元以下的罚款或者按照管理权限给予撤职处分；自刑罚执行完毕或者受处分之日起，5 年内不得担任任何施工单位的主要负责人、项目负责人。

第六十七条　施工单位取得资质证书后，降低安全生产条件的，责令限期改正；经整改仍未达到与其资质等级相适应的安全生产条件的，责令停业整顿，降低其资质等级直至吊销资质证书。

第六十八条　本条例规定的行政处罚，由建设行政主管部门或者其他有关部门依照法定职权决定。

违反消防安全管理规定的行为，由公安消防机构依法处罚。

有关法律、行政法规对建设工程安全生产违法行为的行政处罚决定机关另有规定的，从其规定。

第八章　附　则

第六十九条　抢险救灾和农民自建低层住宅的安全生产管理，不适用本条例。

第七十条　军事建设工程的安全生产管理，按照中央军事委员会的有关规定执行。

第七十一条　本条例自 2004 年 2 月 1 日起施行。

（六）《建设工程质量管理条例》（国务院令第 279 号）

《建设工程质量管理条例》已经 2000 年 1 月 10 日国务院第 25 次常务会议通过，现予发布，自发布之日起施行。

总理　朱镕基

2000 年 1 月 30 日

建设工程质量管理条例

第一章　总　则

第一条　为了加强对建设工程质量的管理，保证建设工程质量，保护人民生命和财产安全，根据《中华人民共和国建筑法》，制定本条例。

第二条　凡在中华人民共和国境内从事建设工程的新建、扩建、改建等有关活动及实施对建设工程质量监督管理的，必须遵守本条例。

本条例所称建设工程，是指土木工程、建筑工程、线路管道和设备安装工程及装修工程。

第三条　建设单位、勘察单位、设计单位、施工单位、工程监理单位依法对建设工程质量负责。

第四条　县级以上人民政府建设行政主管部门和其他有关部门应当加强对建设工程质量的监督管理。

第五条　从事建设工程活动，必须严格执行基本建设程序，坚持先勘察、后设计、再施工的原则。

县级以上人民政府及其有关部门不得超越权限审批建设项目或者擅自简化基本建设程序。

第六条　国家鼓励采用先进的科学技术和管理方法，提高建设工程质量。

第二章　建设单位的质量责任和义务

第七条　建设单位应当将工程发包给具有相应资质等级的单位。

建设单位不得将建设工程肢解发包。

第八条　建设单位应当依法对工程建设项目的勘察、设计、施工、监理以及与工程建设有关的重要设备、材料等的采购进行招标。

第九条　建设单位必须向有关的勘察、设计、施工、工程监理等单位提供与建设工程有关的原始资料。

原始资料必须真实、准确、齐全。

第十条　建设工程发包单位不得迫使承包方以低于成本的价格竞标，不得任意压缩合理工期。

建设单位不得明示或者暗示设计单位或者施工单位违反工程建设强制性标准，降低建设工程质量。

第十一条　建设单位应当将施工图设计文件报县级以上人民政府建设行政主管部门或者其他有关部门审查。施工图设计文件审查的具体办法，由国务院建设行政主管部门会同国务院其他有关部门制定。

施工图设计文件未经审查批准的，不得使用。

第十二条　实行监理的建设工程，建设单位应当委托具有相应资质等级的工程监理单位进行监理，也可以委托具有工程监理相应资质等级并与被监理工程的施工承包单位没有隶属关系或者其他利害关系的该工程的设计单位进行监理。

下列建设工程必须实行监理：

（一）国家重点建设工程；

（二）大中型公用事业工程；

（三）成片开发建设的住宅小区工程；

（四）利用外国政府或者国际组织贷款、援助资金的工程；

（五）国家规定必须实行监理的其他工程。

第十三条　建设单位在领取施工许可证或者开工报告前，应当按照国家有关规定办理工程质量监督手续。

第十四条　按照合同约定，由建设单位采购建筑材料、建筑构配件和设备的，建设单位应当保证建筑材料、建筑构配件和设备符合设计文件和合同要求。

建设单位不得明示或者暗示施工单位使用不合格的建筑材料、建筑构配件和设备。

第十五条　涉及建筑主体和承重结构变动的装修工程,建设单位应当在施工前委托原设计单位或者具有相应资质等级的设计单位提出设计方案;没有设计方案的,不得施工。

房屋建筑使用者在装修过程中,不得擅自变动房屋建筑主体和承重结构。

第十六条　建设单位收到建设工程竣工报告后,应当组织设计、施工、工程监理等有关单位进行竣工验收。

建设工程竣工验收应当具备下列条件:

(一)完成建设工程设计和合同约定的各项内容;

(二)有完整的技术档案和施工管理资料;

(三)有工程使用的主要建筑材料、建筑构配件和设备的进场试验报告;

(四)有勘察、设计、施工、工程监理等单位分别签署的质量合格文件;

(五)有施工单位签署的工程保修书。

建设工程经验收合格的,方可交付使用。

第十七条　建设单位应当严格按照国家有关档案管理的规定,及时收集、整理建设项目各环节的文件资料,建立、健全建设项目档案,并在建设工程竣工验收后,及时向建设行政主管部门或者其他有关部门移交建设项目档案。

第三章　勘察、设计单位的质量责任和义务

第十八条　从事建设工程勘察、设计的单位应当依法取得相应等级的资质证书,并在其资质等级许可的范围内承揽工程。

禁止勘察、设计单位超越其资质等级许可的范围或者以其他勘察、设计单位的名义承揽工程。禁止勘察、设计单位允许其他单位或者个人以本单位的名义承揽工程。

勘察、设计单位不得转包或者违法分包所承揽的工程。

第十九条　勘察、设计单位必须按照工程建设强制性标准进行勘察、设计,并对其勘察、设计的质量负责。

注册建筑师、注册结构工程师等注册执业人员应当在设计文件上签字,对设计文件负责。

第二十条　勘察单位提供的地质、测量、水文等勘察成果必须真实、准确。

第二十一条　设计单位应当根据勘察成果文件进行建设工程设计。

设计文件应当符合国家规定的设计深度要求,注明工程合理使用年限。

第二十二条　设计单位在设计文件中选用的建筑材料、建筑构配件和设备,应当注明规格、型号、性能等技术指标,其质量要求必须符合国家规定的标准。

除有特殊要求的建筑材料、专用设备、工艺生产线等外,设计单位不得指定生产厂、供应商。

第二十三条　设计单位应当就审查合格的施工图设计文件向施工单位作出详细说明。

第二十四条　设计单位应当参与建设工程质量事故分析,并对因设计造成的质量事故,提出相应的技术处理方案。

第四章　施工单位的质量责任和义务

第二十五条　施工单位应当依法取得相应等级的资质证书,并在其资质等级许可的范围内承揽工程。

禁止施工单位超越本单位资质等级许可的业务范围或者以其他施工单位的名义承揽工程。禁止施工单位允许其他单位或者个人以本单位的名义承揽工程。

施工单位不得转包或者违法分包工程。

第二十六条 施工单位对建设工程的施工质量负责。

施工单位应当建立质量责任制，确定工程项目的项目经理、技术负责人和施工管理负责人。

建设工程实行总承包的，总承包单位应当对全部建设工程质量负责；建设工程勘察、设计、施工、设备采购的一项或者多项实行总承包的，总承包单位应当对其承包的建设工程或者采购的设备的质量负责。

第二十七条 总承包单位依法将建设工程分包给其他单位的，分包单位应当按照分包合同的约定对其分包工程的质量向总承包单位负责，总承包单位与分包单位对分包工程的质量承担连带责任。

第二十八条 施工单位必须按照工程设计图纸和施工技术标准施工，不得擅自修改工程设计，不得偷工减料。

施工单位在施工过程中发现设计文件和图纸有差错的，应当及时提出意见和建议。

第二十九条 施工单位必须按照工程设计要求、施工技术标准和合同约定，对建筑材料、建筑构配件、设备和商品混凝土进行检验，检验应当有书面记录和专人签字；未经检验或者检验不合格的，不得使用。

第三十条 施工单位必须建立、健全施工质量的检验制度，严格工序管理，作好隐蔽工程的质量检查和记录。隐蔽工程在隐蔽前，施工单位应当通知建设单位和建设工程质量监督机构。

第三十一条 施工人员对涉及结构安全的试块、试件以及有关材料，应当在建设单位或者工程监理单位监督下现场取样，并送具有相应资质等级的质量检测单位进行检测。

第三十二条 施工单位对施工中出现质量问题的建设工程或者竣工验收不合格的建设工程，应当负责返修。

第三十三条 施工单位应当建立、健全教育培训制度，加强对职工的教育培训；未经教育培训或者考核不合格的人员，不得上岗作业。

第五章 工程监理单位的质量责任和义务

第三十四条 工程监理单位应当依法取得相应等级的资质证书，并在其资质等级许可的范围内承担工程监理业务。

禁止工程监理单位超越本单位资质等级许可的范围或者以其他工程监理单位的名义承担工程监理业务。禁止工程监理单位允许其他单位或者个人以本单位的名义承担工程监理业务。

工程监理单位不得转让工程监理业务。

第三十五条 工程监理单位与被监理工程的施工承包单位以及建筑材料、建筑构配件和设备供应单位有隶属关系或者其他利害关系的，不得承担该项建设工程的监理业务。

第三十六条 工程监理单位应当依照法律、法规以及有关技术标准、设计文件和建设工程承包合同，代表建设单位对施工质量实施监理，并对施工质量承担监理责任。

第三十七条 工程监理单位应当选派具备相应资格的总监理工程师和监理工程师进

驻施工现场。

　　未经监理工程师签字,建筑材料、建筑构配件和设备不得在工程上使用或者安装,施工单位不得进行下一道工序的施工。未经总监理工程师签字,建设单位不拨付工程款,不进行竣工验收。

　　第三十八条　监理工程师应当按照工程监理规范的要求,采取旁站、巡视和平行检验等形式,对建设工程实施监理。

第六章　建设工程质量保修

　　第三十九条　建设工程实行质量保修制度。建设工程承包单位在向建设单位提交工程竣工验收报告时,应当向建设单位出具质量保修书。质量保修书中应当明确建设工程的保修范围、保修期限和保修责任等。

　　第四十条　在正常使用条件下,建设工程的最低保修期限为:

　　(一)基础设施工程、房屋建筑的地基基础工程和主体结构工程,为设计文件规定的该工程的合理使用年限;

　　(二)屋面防水工程、有防水要求的卫生间、房间和外墙面的防渗漏,为5年;

　　(三)供热与供冷系统,为2个采暖期、供冷期;

　　(四)电气管线、给排水管道、设备安装和装修工程,为2年。

　　其他项目的保修期限由发包方与承包方约定。

　　建设工程的保修期,自竣工验收合格之日起计算。

　　第四十一条　建设工程在保修范围和保修期限内发生质量问题的,施工单位应当履行保修义务,并对造成的损失承担赔偿责任。

　　第四十二条　建设工程在超过合理使用年限后需要继续使用的,产权所有人应当委托具有相应资质等级的勘察、设计单位鉴定,并根据鉴定结果采取加固、维修等措施,重新界定使用期。

第七章　监督管理

　　第四十三条　国家实行建设工程质量监督管理制度。

　　国务院建设行政主管部门对全国的建设工程质量实施统一监督管理。国务院铁路、交通、水利等有关部门按照国务院规定的职责分工,负责对全国的有关专业建设工程质量的监督管理。

　　县级以上地方人民政府建设行政主管部门对本行政区域内的建设工程质量实施监督管理,县级以上地方人民政府交通、水利等有关部门在各自的职责范围内,负责对本行政区域内的专业建设工程质量的监督管理。

　　第四十四条　国务院建设行政主管部门和国务院铁路、交通、水利等有关部门应当加强对有关建设工程质量的法律、法规和强制性标准执行情况的监督检查。

　　第四十五条　国务院发展计划部门按照国务院规定的职责,组织稽察特派员,对国家出资的重大建设项目实施监督检查。

　　国务院经济贸易主管部门按照国务院规定的职责,对国家重大技术改造项目实施监督检查。

　　第四十六条　建设工程质量监督管理,可以由建设行政主管部门或者其他有关部门委托的建设工程质量监督机构具体实施。

从事房屋建筑工程和市政基础设施工程质量监督的机构,必须按照国家有关规定经国务院建设行政主管部门或者省、自治区、直辖市人民政府建设行政主管部门考核;从事专业建设工程质量监督的机构,必须按照国家有关规定经国务院有关部门或者省、自治区、直辖市人民政府有关部门考核。经考核合格后,方可实施质量监督。

第四十七条 县级以上地方人民政府建设行政主管部门和其他有关部门应当加强对有关建设工程质量的法律、法规和强制性标准执行情况的监督检查。

第四十八条 县级以上人民政府建设行政主管部门和其他有关部门履行监督检查职责时,有权采取下列措施:

(一)要求被检查的单位提供有关工程质量的文件和资料;

(二)进入被检查单位的施工现场进行检查;

(三)发现有影响工程质量的问题时,责令改正。

第四十九条 建设单位应当自建设工程竣工验收合格之日起15日内,将建设工程竣工验收报告和规划、公安消防、环保等部门出具的认可文件或者准许使用文件报建设行政主管部门或者其他有关部门备案。

建设行政主管部门或者其他有关部门发现建设单位在竣工验收过程中有违反国家有关建设工程质量管理规定行为的,责令停止使用,重新组织竣工验收。

第五十条 有关单位和个人对县级以上人民政府建设行政主管部门和其他有关部门进行的监督检查应当支持与配合,不得拒绝或者阻碍建设工程质量监督检查人员依法执行职务。

第五十一条 供水、供电、供气、公安消防等部门或者单位不得明示或者暗示建设单位、施工单位购买其指定的生产供应单位的建筑材料、建筑构配件和设备。

第五十二条 建设工程发生质量事故,有关单位应当在24小时内向当地建设行政主管部门和其他有关部门报告,对重大质量事故,事故发生地的建设行政主管部门和其他有关部门应当按照事故类别和等级向当地人民政府和上级建设行政主管部门和其他有关部门报告。

特别重大质量事故的调查程序按照国务院有关规定办理。

第五十三条 任何单位和个人对建设工程的质量事故、质量缺陷都有权检举、控告、投诉。

第八章 罚 则

第五十四条 违反本条例规定,建设单位将建设工程发包给不具有相应资质等级的勘察、设计、施工单位或者委托给不具有相应资质等级的工程监理单位的,责令改正,处50万元以上100万元以下的罚款。

第五十五条 违反本条例规定,建设单位将建设工程肢解发包的,责令改正,处工程合同价款0.5%以上1%以下的罚款;对全部或者部分使用国有资金的项目,并可以暂停项目执行或者暂停资金拨付。

第五十六条 违反本条例规定,建设单位有下列行为之一的,责令改正,处20万元以上50万元以下的罚款:

(一)迫使承包方以低于成本的价格竞标的;

(二)任意压缩合理工期的;

(三)明示或者暗示设计单位或者施工单位违反工程建设强制性标准,降低工程质量的;

（四）施工图设计文件未经审查或者审查不合格，擅自施工的；

（五）建设项目必须实行工程监理而未实行工程监理的；

（六）未按照国家规定办理工程质量监督手续的；

（七）明示或者暗示施工单位使用不合格的建筑材料、建筑构配件和设备的；

（八）未按照国家规定将竣工验收报告、有关认可文件或者准许使用文件报送备案的。

第五十七条　违反本条例规定，建设单位未取得施工许可证或者开工报告未经批准，擅自施工的，责令停止施工，限期改正，处工程合同价款 1% 以上 2% 以下的罚款。

第五十八条　违反本条例规定，建设单位有下列行为之一的，责令改正，处工程合同价款 2% 以上 4% 以下的罚款；造成损失的，依法承担赔偿责任：

（一）未组织竣工验收，擅自交付使用的；

（二）验收不合格，擅自交付使用的；

（三）对不合格的建设工程按照合格工程验收的。

第五十九条　违反本条例规定，建设工程竣工验收后，建设单位未向建设行政主管部门或者其他有关部门移交建设项目档案的，责令改正，处 1 万元以上 10 万元以下的罚款。

第六十条　违反本条例规定，勘察、设计、施工、工程监理单位超越本单位资质等级承揽工程的，责令停止违法行为，对勘察、设计单位或者工程监理单位处合同约定的勘察费、设计费或者监理酬金 1 倍以上 2 倍以下的罚款；对施工单位处工程合同价款 2% 以上 4% 以下的罚款，可以责令停业整顿，降低资质等级；情节严重的，吊销资质证书；有违法所得的，予以没收。

未取得资质证书承揽工程的，予以取缔，依照前款规定处以罚款；有违法所得的，予以没收。

以欺骗手段取得资质证书承揽工程的，吊销资质证书，依照本条第一款规定处以罚款；有违法所得的，予以没收。

第六十一条　违反本条例规定，勘察、设计、施工、工程监理单位允许其他单位或者个人以本单位名义承揽工程的、责令改正，没收违法所得，对勘察、设计单位和工程监理单位处合同约定的勘察费、设计费和监理酬金 1 倍以上 2 倍以下的罚款；对施工单位处工程合同价款 2% 以上 4% 以下的罚款；可以责令停业整顿，降低资质等级；情节严重的，吊销资质证书。

第六十二条　违反本条例规定，承包单位将承包的工程转包或者违法分包的，责令改正，没收违法所得，对勘察、设计单位处合同约定的勘察费、设计费 25% 以上 50% 以下的罚款；对施工单位处工程合同价款 0.5% 以上 1% 以下的罚款；可以责令停业整顿，降低资质等级；情节严重的，吊销资质证书。

工程监理单位转让工程监理业务的，责令改正，没收违法所得，处合同约定的监理酬金 25% 以上 50% 以下的罚款；可以责令停业整顿，降低资质等级；情节严重的，吊销资质证书。

第六十三条　违反本条例规定，有下列行为之一的，责令改正，处 10 万元以上 30 万元以下的罚款：

（一）勘察单位未按照工程建设强制性标准进行勘察的；

（二）设计单位未根据勘察成果文件进行工程设计的；

（三）设计单位指定建筑材料、建筑构配件的生产厂、供应商的；

（四）设计单位未按照工程建设强制性标准进行设计的。

有前款所列行为,造成工程质量事故的,责令停业整顿,降低资质等级;情节严重的,吊销资质证书;造成损失的,依法承担赔偿责任。

第六十四条 违反本条例规定,施工单位在施工中偷工减料的,使用不合格的建筑材料、建筑构配件和设备的,或者有不按照工程设计图纸或者施工技术标准施工的其他行为的,责令改正,处工程合同价款2%以上4%以下的罚款;造成建设工程质量不符合规定的质量标准的,负责返工、修理,并赔偿因此造成的损失;情节严重的,责令停业整顿,降低资质等级或者吊销资质证书。

第六十五条 违反本条例规定,施工单位未对建筑材料、建筑构配件、设备和商品混凝土进行检验,或者未对涉及结构安全的试块、试件以及有关材料取样检测的,责令改正,处10万元以上20万元以下的罚款;情节严重的,责令停业整顿,降低资质等级或者吊销资质证书;造成损失的,依法承担赔偿责任。

第六十六条 违反本条例规定,施工单位不履行保修义务或者拖延履行保修义务的,责令改正,处10万元以上20万元以下的罚款,并对在保修期内因质量缺陷造成的损失承担赔偿责任。

第六十七条 工程监理单位有下列行为之一的,责令改正,处50万元以上100万元以下的罚款,降低资质等级或者吊销资质证书;有违法所得的,予以没收;造成损失的,承担连带赔偿责任:

(一)与建设单位或者施工单位串通,弄虚作假、降低工程质量的;

(二)将不合格的建设工程、建筑材料、建筑构配件和设备按照合格签字的。

第六十八条 违反本条例规定,工程监理单位与被监理工程的施工承包单位以及建筑材料、建筑构配件和设备供应单位有隶属关系或者其他利害关系承担该项建设工程的监理业务的,责令改正,处5万元以上10万元以下的罚款,降低资质等级或者吊销资质证书;有违法所得的,予以没收。

第六十九条 违反本条例规定,涉及建筑主体或者承重结构变动的装修工程,没有设计方案擅自施工的,责令改正,处50万元以上100万元以下的罚款;房屋建筑使用者在装修过程中擅自变动房屋建筑主体和承重结构的,责令改正,处5万元以上10万元以下的罚款。

有前款所列行为,造成损失的,依法承担赔偿责任。

第七十条 发生重大工程质量事故隐瞒不报、谎报或者拖延报告期限的,对直接负责的主管人员和其他责任人员依法给予行政处分。

第七十一条 违反本条例规定,供水、供电、供气、公安消防等部门或者单位明示或者暗示建设单位或者施工单位购买其指定的生产供应单位的建筑材料、建筑构配件和设备的,责令改正。

第七十二条 违反本条例规定,注册建筑师、注册结构工程师、监理工程师等注册执业人员因过错造成质量事故的,责令停止执业1年;造成重大质量事故的,吊销执业资格证书,5年以内不予注册;情节特别恶劣的,终身不予注册。

第七十三条 依照本条例规定,给予单位罚款处罚的,对单位直接负责的主管人员和其他直接责任人员处单位罚款数额5%以上10%以下的罚款。

第七十四条 建设单位、设计单位、施工单位、工程监理单位违反国家规定,降低工程质量标准,造成重大安全事故,构成犯罪的,对直接责任人员依法追究刑事责任。

第七十五条　本条例规定的责令停业整顿、降低资质等级和吊销资质证书的行政处罚,由颁发资质证书的机关决定;其他行政处罚,由建设行政主管部门或者其他有关部门依照法定职权决定。

依照本条例规定被吊销资质证书的,由工商行政管理部门吊销其营业执照。

第七十六条　国家机关工作人员在建设工程质量监督管理工作中玩忽职守、滥用职权、徇私舞弊,构成犯罪的,依法追究刑事责任;尚不构成犯罪的,依法给予行政处分。

第七十七条　建设、勘察、设计、施工、工程监理单位的工作人员因调动工作、退休等原因离开该单位后,被发现在该单位工作期间违反国家有关建设工程质量管理规定,造成重大工程质量事故的,仍应当依法追究法律责任。

第九章　附　　则

第七十八条　本条例所称肢解发包,是指建设单位将应当由一个承包单位完成的建设工程分解成若干部分发包给不同的承包单位的行为。

本条例所称违法分包,是指下列行为:

(一)总承包单位将建设工程分包给不具备相应资质条件的单位的;

(二)建设工程总承包合同中未有约定,又未经建设单位认可,承包单位将其承包的部分建设工程交由其他单位完成的;

(三)施工总承包单位将建设工程主体结构的施工分包给其他单位的;

(四)分包单位将其承包的建设工程再分包的。

本条例所称转包,是指承包单位承包建设工程,不履行合同约定的责任和义务,将其承包的全部建设工程转给他人或者将其承包的全部建设工程肢解以后以分包的名义分别转给其他单位承包的行为。

第七十九条　本条例规定的罚款和没收的违法所得,必须全部上缴国库。

第八十条　抢险救灾及其他临时性房屋建筑和农民自建低层住宅的建设活动,不适用本条例。

第八十一条　军事建设工程的管理,按照中央军事委员会的有关规定执行。

第八十二条　本条例自 2000 年 1 月 30 日起施行。

附刑法有关条款

第一百三十七条　建设单位、设计单位、施工单位、工程监理单位违反国家规定,降低工程质量标准,造成重大安全事故的,对直接责任人员处五年以下有期徒刑或者拘役,并处罚金;后果特别严重的,处五年以上十年以下有期徒刑,并处罚金。

(七)《生产安全事故报告和调查处理条例》(国务院令第 493 号)

《生产安全事故报告和调查处理条例》已经 2007 年 3 月 28 日国务院第 172 次常务会议通过,现予公布,自 2007 年 6 月 1 日起施行。

总理　温家宝
二〇〇七年四月九日

生产安全事故报告和调查处理条例

第一章 总 则

第一条 为了规范生产安全事故的报告和调查处理,落实生产安全事故责任追究制度,防止和减少生产安全事故,根据《中华人民共和国安全生产法》和有关法律,制定本条例。

第二条 生产经营活动中发生的造成人身伤亡或者直接经济损失的生产安全事故的报告和调查处理,适用本条例;环境污染事故、核设施事故、国防科研生产事故的报告和调查处理不适用本条例。

第三条 根据生产安全事故(以下简称事故)造成的人员伤亡或者直接经济损失,事故一般分为以下等级:

(一) 特别重大事故,是指造成 30 人以上死亡,或者 100 人以上重伤(包括急性工业中毒,下同),或者 1 亿元以上直接经济损失的事故;

(二) 重大事故,是指造成 10 人以上 30 人以下死亡,或者 50 人以上 100 人以下重伤,或者 5 000 万元以上 1 亿元以下直接经济损失的事故;

(三) 较大事故,是指造成 3 人以上 10 人以下死亡,或者 10 人以上 50 人以下重伤,或者 1 000 万元以上 5 000 万元以下直接经济损失的事故;

(四) 一般事故,是指造成 3 人以下死亡,或者 10 人以下重伤,或者 1 000 万元以下直接经济损失的事故。

国务院安全生产监督管理部门可以会同国务院有关部门,制定事故等级划分的补充性规定。

本条第一款所称的"以上"包括本数,所称的"以下"不包括本数。

第四条 事故报告应当及时、准确、完整,任何单位和个人对事故不得迟报、漏报、谎报或者瞒报。

事故调查处理应当坚持实事求是、尊重科学的原则,及时、准确地查清事故经过、事故原因和事故损失,查明事故性质,认定事故责任,总结事故教训,提出整改措施,并对事故责任者依法追究责任。

第五条 县级以上人民政府应当依照本条例的规定,严格履行职责,及时、准确地完成事故调查处理工作。

事故发生地有关地方人民政府应当支持、配合上级人民政府或者有关部门的事故调查处理工作,并提供必要的便利条件。

参加事故调查处理的部门和单位应当互相配合,提高事故调查处理工作的效率。

第六条 工会依法参加事故调查处理,有权向有关部门提出处理意见。

第七条 任何单位和个人不得阻挠和干涉对事故的报告和依法调查处理。

第八条 对事故报告和调查处理中的违法行为,任何单位和个人有权向安全生产监督管理部门、监察机关或者其他有关部门举报,接到举报的部门应当依法及时处理。

第二章 事故报告

第九条 事故发生后,事故现场有关人员应当立即向本单位负责人报告;单位负责人接到报告后,应当于 1 小时内向事故发生地县级以上人民政府安全生产监督管理部门和负有安全生产监督管理职责的有关部门报告。

情况紧急时,事故现场有关人员可以直接向事故发生地县级以上人民政府安全生产监督管理部门和负有安全生产监督管理职责的有关部门报告。

第十条　安全生产监督管理部门和负有安全生产监督管理职责的有关部门接到事故报告后,应当依照下列规定上报事故情况,并通知公安机关、劳动保障行政部门、工会和人民检察院:

(一)特别重大事故、重大事故逐级上报至国务院安全生产监督管理部门和负有安全生产监督管理职责的有关部门;

(二)较大事故逐级上报至省、自治区、直辖市人民政府安全生产监督管理部门和负有安全生产监督管理职责的有关部门;

(三)一般事故上报至设区的市级人民政府安全生产监督管理部门和负有安全生产监督管理职责的有关部门。

安全生产监督管理部门和负有安全生产监督管理职责的有关部门依照前款规定上报事故情况,应当同时报告本级人民政府。国务院安全生产监督管理部门和负有安全生产监督管理职责的有关部门以及省级人民政府接到发生特别重大事故、重大事故的报告后,应当立即报告国务院。

必要时,安全生产监督管理部门和负有安全生产监督管理职责的有关部门可以越级上报事故情况。

第十一条　安全生产监督管理部门和负有安全生产监督管理职责的有关部门逐级上报事故情况,每级上报的时间不得超过 2 小时。

第十二条　报告事故应当包括下列内容:

(一)事故发生单位概况;

(二)事故发生的时间、地点以及事故现场情况;

(三)事故的简要经过;

(四)事故已经造成或者可能造成的伤亡人数(包括下落不明的人数)和初步估计的直接经济损失;

(五)已经采取的措施;

(六)其他应当报告的情况。

第十三条　事故报告后出现新情况的,应当及时补报。

自事故发生之日起 30 日内,事故造成的伤亡人数发生变化的,应当及时补报。道路交通事故、火灾事故自发生之日起 7 日内,事故造成的伤亡人数发生变化的,应当及时补报。

第十四条　事故发生单位负责人接到事故报告后,应当立即启动事故相应应急预案,或者采取有效措施,组织抢救,防止事故扩大,减少人员伤亡和财产损失。

第十五条　事故发生地有关地方人民政府、安全生产监督管理部门和负有安全生产监督管理职责的有关部门接到事故报告后,其负责人应当立即赶赴事故现场,组织事故救援。

第十六条　事故发生后,有关单位和人员应当妥善保护事故现场以及相关证据,任何单位和个人不得破坏事故现场、毁灭相关证据。

因抢救人员、防止事故扩大以及疏通交通等原因,需要移动事故现场物件的,应当做出标志,绘制现场简图并做出书面记录,妥善保存现场重要痕迹、物证。

第十七条 事故发生地公安机关根据事故的情况,对涉嫌犯罪的,应当依法立案侦查,采取强制措施和侦查措施。犯罪嫌疑人逃匿的,公安机关应当迅速追捕归案。

第十八条 安全生产监督管理部门和负有安全生产监督管理职责的有关部门应当建立值班制度,并向社会公布值班电话,受理事故报告和举报。

第三章　事故调查

第十九条 特别重大事故由国务院或者国务院授权有关部门组织事故调查组进行调查。

重大事故、较大事故、一般事故分别由事故发生地省级人民政府、设区的市级人民政府、县级人民政府负责调查。省级人民政府、设区的市级人民政府、县级人民政府可以直接组织事故调查组进行调查,也可以授权或者委托有关部门组织事故调查组进行调查。

未造成人员伤亡的一般事故,县级人民政府也可以委托事故发生单位组织事故调查组进行调查。

第二十条 上级人民政府认为必要时,可以调查由下级人民政府负责调查的事故。

自事故发生之日起 30 日内(道路交通事故、火灾事故自发生之日起 7 日内),因事故伤亡人数变化导致事故等级发生变化,依照本条例规定应当由上级人民政府负责调查的,上级人民政府可以另行组织事故调查组进行调查。

第二十一条 特别重大事故以下等级事故,事故发生地与事故发生单位不在同一个县级以上行政区域的,由事故发生地人民政府负责调查,事故发生单位所在地人民政府应当派人参加。

第二十二条 事故调查组的组成应当遵循精简、效能的原则。

根据事故的具体情况,事故调查组由有关人民政府、安全生产监督管理部门、负有安全生产监督管理职责的有关部门、监察机关、公安机关以及工会派人组成,并应当邀请人民检察院派人参加。

事故调查组可以聘请有关专家参与调查。

第二十三条 事故调查组成员应当具有事故调查所需要的知识和专长,并与所调查的事故没有直接利害关系。

第二十四条 事故调查组组长由负责事故调查的人民政府指定。事故调查组组长主持事故调查组的工作。

第二十五条 事故调查组履行下列职责:

(一)查明事故发生的经过、原因、人员伤亡情况及直接经济损失;

(二)认定事故的性质和事故责任;

(三)提出对事故责任者的处理建议;

(四)总结事故教训,提出防范和整改措施;

(五)提交事故调查报告。

第二十六条 事故调查组有权向有关单位和个人了解与事故有关的情况,并要求其提供相关文件、资料,有关单位和个人不得拒绝。

事故发生单位的负责人和有关人员在事故调查期间不得擅离职守,并应当随时接受事故调查组的询问,如实提供有关情况。

事故调查中发现涉嫌犯罪的,事故调查组应当及时将有关材料或者其复印件移交司法机关处理。

第二十七条　事故调查中需要进行技术鉴定的,事故调查组应当委托具有国家规定资质的单位进行技术鉴定。必要时,事故调查组可以直接组织专家进行技术鉴定。技术鉴定所需时间不计入事故调查期限。

第二十八条　事故调查组成员在事故调查工作中应当诚信公正、恪尽职守,遵守事故调查组的纪律,保守事故调查的秘密。

未经事故调查组组长允许,事故调查组成员不得擅自发布有关事故的信息。

第二十九条　事故调查组应当自事故发生之日起 60 日内提交事故调查报告;特殊情况下,经负责事故调查的人民政府批准,提交事故调查报告的期限可以适当延长,但延长的期限最长不超过 60 日。

第三十条　事故调查报告应当包括下列内容:

(一)事故发生单位概况;

(二)事故发生经过和事故救援情况;

(三)事故造成的人员伤亡和直接经济损失;

(四)事故发生的原因和事故性质;

(五)事故责任的认定以及对事故责任者的处理建议;

(六)事故防范和整改措施。

事故调查报告应当附具有关证据材料。事故调查组成员应当在事故调查报告上签名。

第三十一条　事故调查报告报送负责事故调查的人民政府后,事故调查工作即告结束。事故调查的有关资料应当归档保存。

第四章　事故处理

第三十二条　重大事故、较大事故、一般事故,负责事故调查的人民政府应当自收到事故调查报告之日起 15 日内做出批复;特别重大事故,30 日内做出批复,特殊情况下,批复时间可以适当延长,但延长的时间最长不超过 30 日。

有关机关应当按照人民政府的批复,依照法律、行政法规规定的权限和程序,对事故发生单位和有关人员进行行政处罚,对负有事故责任的国家工作人员进行处分。

事故发生单位应当按照负责事故调查的人民政府的批复,对本单位负有事故责任的人员进行处理。

负有事故责任的人员涉嫌犯罪的,依法追究刑事责任。

第三十三条　事故发生单位应当认真吸取事故教训,落实防范和整改措施,防止事故再次发生。防范和整改措施的落实情况应当接受工会和职工的监督。

安全生产监督管理部门和负有安全生产监督管理职责的有关部门应当对事故发生单位落实防范和整改措施的情况进行监督检查。

第三十四条　事故处理的情况由负责事故调查的人民政府或者其授权的有关部门、机构向社会公布,依法应当保密的除外。

第五章　法律责任

第三十五条　事故发生单位主要负责人有下列行为之一的,处上一年年收入 40% 至 80% 的罚款;属于国家工作人员的,并依法给予处分;构成犯罪的,依法追究刑事责任:

(一)不立即组织事故抢救的;

（二）迟报或者漏报事故的；

（三）在事故调查处理期间擅离职守的。

第三十六条 事故发生单位及其有关人员有下列行为之一的，对事故发生单位处 100 万元以上 500 万元以下的罚款；对主要负责人、直接负责的主管人员和其他直接责任人员处上一年年收入 60％至 100％的罚款；属于国家工作人员的，并依法给予处分；构成违反治安管理行为的，由公安机关依法给予治安管理处罚；构成犯罪的，依法追究刑事责任：

（一）谎报或者瞒报事故的；

（二）伪造或者故意破坏事故现场的；

（三）转移、隐匿资金、财产，或者销毁有关证据、资料的；

（四）拒绝接受调查或者拒绝提供有关情况和资料的；

（五）在事故调查中作伪证或者指使他人作伪证的；

（六）事故发生后逃匿的。

第三十七条 事故发生单位对事故发生负有责任的，依照下列规定处以罚款：

（一）发生一般事故的，处 10 万元以上 20 万元以下的罚款；

（二）发生较大事故的，处 20 万元以上 50 万元以下的罚款；

（三）发生重大事故的，处 50 万元以上 200 万元以下的罚款；

（四）发生特别重大事故的，处 200 万元以上 500 万元以下的罚款。

第三十八条 事故发生单位主要负责人未依法履行安全生产管理职责，导致事故发生的，依照下列规定处以罚款；属于国家工作人员的，并依法给予处分；构成犯罪的，依法追究刑事责任：

（一）发生一般事故的，处上一年年收入 30％的罚款；

（二）发生较大事故的，处上一年年收入 40％的罚款；

（三）发生重大事故的，处上一年年收入 60％的罚款；

（四）发生特别重大事故的，处上一年年收入 80％的罚款。

第三十九条 有关地方人民政府、安全生产监督管理部门和负有安全生产监督管理职责的有关部门有下列行为之一的，对直接负责的主管人员和其他直接责任人员依法给予处分；构成犯罪的，依法追究刑事责任：

（一）不立即组织事故抢救的；

（二）迟报、漏报、谎报或者瞒报事故的；

（三）阻碍、干涉事故调查工作的；

（四）在事故调查中作伪证或者指使他人作伪证的。

第四十条 事故发生单位对事故发生负有责任的，由有关部门依法暂扣或者吊销其有关证照；对事故发生单位负有事故责任的有关人员，依法暂停或者撤销其与安全生产有关的执业资格、岗位证书；事故发生单位主要负责人受到刑事处罚或者撤职处分的，自刑罚执行完毕或者受处分之日起，5 年内不得担任任何生产经营单位的主要负责人。

为发生事故的单位提供虚假证明的中介机构，由有关部门依法暂扣或者吊销其有关证照及其相关人员的执业资格；构成犯罪的，依法追究刑事责任。

第四十一条 参与事故调查的人员在事故调查中有下列行为之一的，依法给予处分；构成犯罪的，依法追究刑事责任：

（一）对事故调查工作不负责任，致使事故调查工作有重大疏漏的；

（二）包庇、袒护负有事故责任的人员或者借机打击报复的。

第四十二条　违反本条例规定，有关地方人民政府或者有关部门故意拖延或者拒绝落实经批复的对事故责任人的处理意见的，由监察机关对有关责任人员依法给予处分。

第四十三条　本条例规定的罚款的行政处罚，由安全生产监督管理部门决定。

法律、行政法规对行政处罚的种类、幅度和决定机关另有规定的，依照其规定。

第六章　附　则

第四十四条　没有造成人员伤亡，但是社会影响恶劣的事故，国务院或者有关地方人民政府认为需要调查处理的，依照本条例的有关规定执行。

国家机关、事业单位、人民团体发生的事故的报告和调查处理，参照本条例的规定执行。

第四十五条　特别重大事故以下等级事故的报告和调查处理，有关法律、行政法规或者国务院另有规定的，依照其规定。

第四十六条　本条例自 2007 年 6 月 1 日起施行。国务院 1989 年 3 月 29 日公布的《特别重大事故调查程序暂行规定》和 1991 年 2 月 22 日公布的《企业职工伤亡事故报告和处理规定》同时废止。

（八）《建筑起重机械安全监督管理规定》（建设部令第 166 号）

《建筑起重机械安全监督管理规定》已于 2008 年 1 月 8 号经建设部第 145 次常务会议讨论通过，现予发布，自 2008 年 6 月 1 日起施行。

建设部部长　汪光焘

二〇〇八年一月二十八日

建筑起重机械安全监督管理规定

第一条　为了加强建筑起重机械的安全监督管理，防止和减少生产安全事故，保障人民群众生命和财产安全，依据《建设工程安全生产管理条例》、《特种设备安全监察条例》、《安全生产许可证条例》，制定本规定。

第二条　建筑起重机械的租赁、安装、拆卸、使用及其监督管理，适用本规定。

本规定所称建筑起重机械，是指纳入特种设备目录，在房屋建筑工地和市政工程工地安装、拆卸、使用的起重机械。

第三条　国务院建设主管部门对全国建筑起重机械的租赁、安装、拆卸、使用实施监督管理。

县级以上地方人民政府建设主管部门对本行政区域内的建筑起重机械的租赁、安装、拆卸、使用实施监督管理。

第四条　出租单位出租的建筑起重机械和使用单位购置、租赁、使用的建筑起重机械应当具有特种设备制造许可证、产品合格证、制造监督检验证明。

第五条　出租单位在建筑起重机械首次出租前，自购建筑起重机械的使用单位在建筑起重机械首次安装前，应当持建筑起重机械特种设备制造许可证、产品合格证和制造监督检验证明到本单位工商注册所在地县级以上地方人民政府建设主管部门办理备案。

第六条　出租单位应当在签订的建筑起重机械租赁合同中，明确租赁双方的安全责任，并出具建筑起重机械特种设备制造许可证、产品合格证、制造监督检验证明、备案证明和自检合格证明，提交安装使用说明书。

第七条　有下列情形之一的建筑起重机械，不得出租、使用：

（一）属国家明令淘汰或者禁止使用的；

（二）超过安全技术标准或者制造厂家规定的使用年限的；

（三）经检验达不到安全技术标准规定的；

（四）没有完整安全技术档案的；

（五）没有齐全有效的安全保护装置的。

第八条　建筑起重机械有本规定第七条第（一）、（二）、（三）项情形之一的，出租单位或者自购建筑起重机械的使用单位应当予以报废，并向原备案机关办理注销手续。

第九条　出租单位、自购建筑起重机械的使用单位，应当建立建筑起重机械安全技术档案。

建筑起重机械安全技术档案应当包括以下资料：

（一）购销合同、制造许可证、产品合格证、制造监督检验证明、安装使用说明书、备案证明等原始资料；

（二）定期检验报告、定期自行检查记录、定期维护保养记录、维修和技术改造记录、运行故障和生产安全事故记录、累计运转记录等运行资料；

（三）历次安装验收资料。

第十条　从事建筑起重机械安装、拆卸活动的单位（以下简称安装单位）应当依法取得建设主管部门颁发的相应资质和建筑施工企业安全生产许可证，并在其资质许可范围内承揽建筑起重机械安装、拆卸工程。

第十一条　建筑起重机械使用单位和安装单位应当在签订的建筑起重机械安装、拆卸合同中明确双方的安全生产责任。

实行施工总承包的，施工总承包单位应当与安装单位签订建筑起重机械安装、拆卸工程安全协议书。

第十二条　安装单位应当履行下列安全职责：

（一）按照安全技术标准及建筑起重机械性能要求，编制建筑起重机械安装、拆卸工程专项施工方案，并由本单位技术负责人签字；

（二）按照安全技术标准及安装使用说明书等检查建筑起重机械及现场施工条件；

（三）组织安全施工技术交底并签字确认；

（四）制定建筑起重机械安装、拆卸工程生产安全事故应急救援预案；

（五）将建筑起重机械安装、拆卸工程专项施工方案，安装、拆卸人员名单，安装、拆卸时间等材料报施工总承包单位和监理单位审核后，告知工程所在地县级以上地方人民政府建设主管部门。

第十三条　安装单位应当按照建筑起重机械安装、拆卸工程专项施工方案及安全操作规程组织安装、拆卸作业。

安装单位的专业技术人员、专职安全生产管理人员应当进行现场监督，技术负责人应当定期巡查。

第十四条　建筑起重机械安装完毕后，安装单位应当按照安全技术标准及安装使用说明书的有关要求对建筑起重机械进行自检、调试和试运转。自检合格的，应当出具自检合格证明，并向使用单位进行安全使用说明。

第十五条　安装单位应当建立建筑起重机械安装、拆卸工程档案。

建筑起重机械安装、拆卸工程档案应当包括以下资料：

（一）安装、拆卸合同及安全协议书；

（二）安装、拆卸工程专项施工方案；

（三）安全施工技术交底的有关资料；

（四）安装工程验收资料；

（五）安装、拆卸工程生产安全事故应急救援预案。

第十六条　建筑起重机械安装完毕后，使用单位应当组织出租、安装、监理等有关单位进行验收，或者委托具有相应资质的检验检测机构进行验收。建筑起重机械经验收合格后方可投入使用，未经验收或者验收不合格的不得使用。

实行施工总承包的，由施工总承包单位组织验收。

建筑起重机械在验收前应当经有相应资质的检验检测机构监督检验合格。

检验检测机构和检验检测人员对检验检测结果、鉴定结论依法承担法律责任。

第十七条　使用单位应当自建筑起重机械安装验收合格之日起 30 日内，将建筑起重机械安装验收资料、建筑起重机械安全管理制度、特种作业人员名单等，向工程所在地县级以上地方人民政府建设主管部门办理建筑起重机械使用登记。登记标志置于或者附着于该设备的显著位置。

第十八条　使用单位应当履行下列安全职责：

（一）根据不同施工阶段、周围环境以及季节、气候的变化，对建筑起重机械采取相应的安全防护措施；

（二）制定建筑起重机械生产安全事故应急救援预案；

（三）在建筑起重机械活动范围内设置明显的安全警示标志，对集中作业区做好安全防护；

（四）设置相应的设备管理机构或者配备专职的设备管理人员；

（五）指定专职设备管理人员、专职安全生产管理人员进行现场监督检查；

（六）建筑起重机械出现故障或者发生异常情况的，立即停止使用，消除故障和事故隐患后，方可重新投入使用。

第十九条　使用单位应当对在用的建筑起重机械及其安全保护装置、吊具、索具等进行经常性和定期的检查、维护和保养，并做好记录。

使用单位在建筑起重机械租期结束后，应当将定期检查、维护和保养记录移交出租单位。

建筑起重机械租赁合同对建筑起重机械的检查、维护、保养另有约定的，从其约定。

第二十条　建筑起重机械在使用过程中需要附着的，使用单位应当委托原安装单位或者具有相应资质的安装单位按照专项施工方案实施，并按照本规定第十六条规定组织验收。验收合格后方可投入使用。

建筑起重机械在使用过程中需要顶升的,使用单位委托原安装单位或者具有相应资质的安装单位按照专项施工方案实施后,即可投入使用。

禁止擅自在建筑起重机械上安装非原制造厂制造的标准节和附着装置。

第二十一条 施工总承包单位应当履行下列安全职责:

(一)向安装单位提供拟安装设备位置的基础施工资料,确保建筑起重机械进场安装、拆卸所需的施工条件;

(二)审核建筑起重机械的特种设备制造许可证、产品合格证、制造监督检验证明、备案证明等文件;

(三)审核安装单位、使用单位的资质证书、安全生产许可证和特种作业人员的特种作业操作资格证书;

(四)审核安装单位制定的建筑起重机械安装、拆卸工程专项施工方案和生产安全事故应急救援预案;

(五)审核使用单位制定的建筑起重机械生产安全事故应急救援预案;

(六)指定专职安全生产管理人员监督检查建筑起重机械安装、拆卸、使用情况;

(七)施工现场有多台塔式起重机作业时,应当组织制定并实施防止塔式起重机相互碰撞的安全措施。

第二十二条 监理单位应当履行下列安全职责:

(一)审核建筑起重机械特种设备制造许可证、产品合格证、制造监督检验证明、备案证明等文件;

(二)审核建筑起重机械安装单位、使用单位的资质证书、安全生产许可证和特种作业人员的特种作业操作资格证书;

(三)审核建筑起重机械安装、拆卸工程专项施工方案;

(四)监督安装单位执行建筑起重机械安装、拆卸工程专项施工方案情况;

(五)监督检查建筑起重机械的使用情况;

(六)发现存在生产安全事故隐患的,应当要求安装单位、使用单位限期整改,对安装单位、使用单位拒不整改的,及时向建设单位报告。

第二十三条 依法发包给两个及两个以上施工单位的工程,不同施工单位在同一施工现场使用多台塔式起重机作业时,建设单位应当协调组织制定防止塔式起重机相互碰撞的安全措施。

安装单位、使用单位拒不整改生产安全事故隐患的,建设单位接到监理单位报告后,应当责令安装单位、使用单位立即停工整改。

第二十四条 建筑起重机械特种作业人员应当遵守建筑起重机械安全操作规程和安全管理制度,在作业中有权拒绝违章指挥和强令冒险作业,有权在发生危及人身安全的紧急情况时立即停止作业或者采取必要的应急措施后撤离危险区域。

第二十五条 建筑起重机械安装拆卸工、起重信号工、起重司机、司索工等特种作业人员应当经建设主管部门考核合格,并取得特种作业操作资格证书后,方可上岗作业。

省、自治区、直辖市人民政府建设主管部门负责组织实施建筑施工企业特种作业人员的考核。

特种作业人员的特种作业操作资格证书由国务院建设主管部门规定统一的样式。

第二十六条　建设主管部门履行安全监督检查职责时,有权采取下列措施:

(一)要求被检查的单位提供有关建筑起重机械的文件和资料;

(二)进入被检查单位和被检查单位的施工现场进行检查;

(三)对检查中发现的建筑起重机械生产安全事故隐患,责令立即排除;重大生产安全事故隐患排除前或者排除过程中无法保证安全的,责令从危险区域撤出作业人员或者暂时停止施工。

第二十七条　负责办理备案或者登记的建设主管部门应当建立本行政区域内的建筑起重机械档案,按照有关规定对建筑起重机械进行统一编号,并定期向社会公布建筑起重机械的安全状况。

第二十八条　违反本规定,出租单位、自购建筑起重机械的使用单位,有下列行为之一的,由县级以上地方人民政府建设主管部门责令限期改正,予以警告,并处以 5 000 元以上 1 万元以下罚款:

(一)未按照规定办理备案的;

(二)未按照规定办理注销手续的;

(三)未按照规定建立建筑起重机械安全技术档案的。

第二十九条　违反本规定,安装单位有下列行为之一的,由县级以上地方人民政府建设主管部门责令限期改正,予以警告,并处以 5 000 元以上 3 万元以下罚款:

(一)未履行第十二条第(二)、(四)、(五)项安全职责的;

(二)未按照规定建立建筑起重机械安装、拆卸工程档案的;

(三)未按照建筑起重机械安装、拆卸工程专项施工方案及安全操作规程组织安装、拆卸作业的。

第三十条　违反本规定,使用单位有下列行为之一的,由县级以上地方人民政府建设主管部门责令限期改正,予以警告,并处以 5 000 元以上 3 万元以下罚款:

(一)未履行第十八条第(一)、(二)、(四)、(六)项安全职责的;

(二)未指定专职设备管理人员进行现场监督检查的;

(三)擅自在建筑起重机械上安装非原制造厂制造的标准节和附着装置的。

第三十一条　违反本规定,施工总承包单位未履行第二十一条第(一)、(三)、(四)、(五)、(七)项安全职责的,由县级以上地方人民政府建设主管部门责令限期改正,予以警告,并处以 5 000 元以上 3 万元以下罚款。

第三十二条　违反本规定,监理单位未履行第二十二条第(一)、(二)、(四)、(五)项安全职责的,由县级以上地方人民政府建设主管部门责令限期改正,予以警告,并处以 5 000 元以上 3 万元以下罚款。

第三十三条　违反本规定,建设单位有下列行为之一的,由县级以上地方人民政府建设主管部门责令限期改正,予以警告,并处以 5 000 元以上 3 万元以下罚款;逾期未改的,责令停止施工:

(一)未按照规定协调组织制定防止多台塔式起重机相互碰撞的安全措施的;

(二)接到监理单位报告后,未责令安装单位、使用单位立即停工整改的。

第三十四条　违反本规定,建设主管部门的工作人员有下列行为之一的,依法给予处

分;构成犯罪的,依法追究刑事责任:

（一）发现违反本规定的违法行为不依法查处的;

（二）发现在用的建筑起重机械存在严重生产安全事故隐患不依法处理的;

（三）不依法履行监督管理职责的其他行为。

第三十五条　本规定自 2008 年 6 月 1 日起施行。

（九）《建筑业企业资质管理规定》（建设部令第 22 号）

《建筑业企业资质管理规定》已经第 20 次部常务会议审议通过,现予发布,自 2015 年 3 月 1 日起施行。

住房城乡建设部部长　陈政高

2015 年 1 月 22 日

建筑业企业资质管理规定

第一章　总　　则

第一条　为了加强对建筑活动的监督管理,维护公共利益和规范建筑市场秩序,保证建设工程质量安全,促进建筑业的健康发展,根据《中华人民共和国建筑法》、《中华人民共和国行政许可法》、《建设工程质量管理条例》、《建设工程安全生产管理条例》等法律、行政法规,制定本规定。

第二条　在中华人民共和国境内申请建筑业企业资质,实施对建筑业企业资质监督管理,适用本规定。

本规定所称建筑业企业,是指从事土木工程、建筑工程、线路管道设备安装工程的新建、扩建、改建等施工活动的企业。

第三条　企业应当按照其拥有的资产、主要人员、已完成的工程业绩和技术装备等条件申请建筑业企业资质,经审查合格,取得建筑业企业资质证书后,方可在资质许可的范围内从事建筑施工活动。

第四条　国务院住房城乡建设主管部门负责全国建筑业企业资质的统一监督管理。国务院交通运输、水利、工业信息化等有关部门配合国务院住房城乡建设主管部门实施相关资质类别建筑业企业资质的管理工作。

省、自治区、直辖市人民政府住房城乡建设主管部门负责本行政区域内建筑业企业资质的统一监督管理。省、自治区、直辖市人民政府交通运输、水利、通信等有关部门配合同级住房城乡建设主管部门实施本行政区域内相关资质类别建筑业企业资质的管理工作。

第五条　建筑业企业资质分为施工总承包资质、专业承包资质、施工劳务资质三个序列。

施工总承包资质、专业承包资质按照工程性质和技术特点分别划分为若干资质类别,各资质类别按照规定的条件划分为若干资质等级。施工劳务资质不分类别与等级。

第六条　建筑业企业资质标准和取得相应资质的企业可以承担工程的具体范围,由国务院住房城乡建设主管部门会同国务院有关部门制定。

第七条　国家鼓励取得施工总承包资质的企业拥有全资或者控股的劳务企业。

建筑业企业应当加强技术创新和人员培训,使用先进的建造技术、建筑材料,开展绿色施工。

第二章　申请与许可

第八条　企业可以申请一项或多项建筑业企业资质。

企业首次申请或增项申请资质,应当申请最低等级资质。

第九条　下列建筑业企业资质,由国务院住房城乡建设主管部门许可:

(一)施工总承包资质序列特级资质、一级资质及铁路工程施工总承包二级资质;

(二)专业承包资质序列公路、水运、水利、铁路、民航方面的专业承包一级资质及铁路、民航方面的专业承包二级资质;涉及多个专业的专业承包一级资质。

第十条　下列建筑业企业资质,由企业工商注册所在地省、自治区、直辖市人民政府住房城乡建设主管部门许可:

(一)施工总承包资质序列二级资质及铁路、通信工程施工总承包三级资质;

(二)专业承包资质序列一级资质(不含公路、水运、水利、铁路、民航方面的专业承包一级资质及涉及多个专业的专业承包一级资质);

(三)专业承包资质序列二级资质(不含铁路、民航方面的专业承包二级资质);铁路方面专业承包三级资质;特种工程专业承包资质。

第十一条　下列建筑业企业资质,由企业工商注册所在地设区的市人民政府住房城乡建设主管部门许可:

(一)施工总承包资质序列三级资质(不含铁路、通信工程施工总承包三级资质);

(二)专业承包资质序列三级资质(不含铁路方面专业承包资质)及预拌混凝土、模板脚手架专业承包资质;

(三)施工劳务资质;

(四)燃气燃烧器具安装、维修企业资质。

第十二条　申请本规定第九条所列资质的,应当向企业工商注册所在地省、自治区、直辖市人民政府住房城乡建设主管部门提出申请。其中,国务院国有资产管理部门直接监管的建筑企业及其下属一层级的企业,可以由国务院国有资产管理部门直接监管的建筑企业向国务院住房城乡建设主管部门提出申请。

省、自治区、直辖市人民政府住房城乡建设主管部门应当自受理申请之日起20个工作日内初审完毕,并将初审意见和申请材料报国务院住房城乡建设主管部门。

国务院住房城乡建设主管部门应当自省、自治区、直辖市人民政府住房城乡建设主管部门受理申请材料之日起60个工作日内完成审查,公示审查意见,公示时间为10个工作日。其中,涉及公路、水运、水利、通信、铁路、民航等方面资质的,由国务院住房城乡建设主管部门会同国务院有关部门审查。

第十三条　本规定第十条规定的资质许可程序由省、自治区、直辖市人民政府住房城乡建设主管部门依法确定,并向社会公布。

本规定第十一条规定的资质许可程序由设区的市级人民政府住房城乡建设主管部门依法确定,并向社会公布。

第十四条 企业申请建筑业企业资质,应当提交以下材料:

(一)建筑业企业资质申请表及相应的电子文档;

(二)企业营业执照正副本复印件;

(三)企业章程复印件;

(四)企业资产证明文件复印件;

(五)企业主要人员证明文件复印件;

(六)企业资质标准要求的技术装备的相应证明文件复印件;

(七)企业安全生产条件有关材料复印件;

(八)按照国家有关规定应提交的其他材料。

第十五条 企业申请建筑业企业资质,应当如实提交有关申请材料。资质许可机关收到申请材料后,应当按照《中华人民共和国行政许可法》的规定办理受理手续。

第十六条 资质许可机关应当及时将资质许可决定向社会公开,并为公众查询提供便利。

第十七条 建筑业企业资质证书分为正本和副本,由国务院住房城乡建设主管部门统一印制,正、副本具备同等法律效力。资质证书有效期为5年。

第三章 延续与变更

第十八条 建筑业企业资质证书有效期届满,企业继续从事建筑施工活动的,应当于资质证书有效期届满3个月前,向原资质许可机关提出延续申请。

资质许可机关应当在建筑业企业资质证书有效期届满前做出是否准予延续的决定;逾期未做出决定的,视为准予延续。

第十九条 企业在建筑业企业资质证书有效期内名称、地址、注册资本、法定代表人等发生变更的,应当在工商部门办理变更手续后1个月内办理资质证书变更手续。

第二十条 由国务院住房城乡建设主管部门颁发的建筑业企业资质证书的变更,企业应当向企业工商注册所在地省、自治区、直辖市人民政府住房城乡建设主管部门提出变更申请,省、自治区、直辖市人民政府住房城乡建设主管部门应当自受理申请之日起2日内将有关变更证明材料报国务院住房城乡建设主管部门,由国务院住房城乡建设主管部门在2日内办理变更手续。

前款规定以外的资质证书的变更,由企业工商注册所在地的省、自治区、直辖市人民政府住房城乡建设主管部门或者设区的市人民政府住房城乡建设主管部门依法另行规定。变更结果应当在资质证书变更后15日内,报国务院住房城乡建设主管部门备案。

涉及公路、水运、水利、通信、铁路、民航等方面的建筑业企业资质证书的变更,办理变更手续的住房城乡建设主管部门应当将建筑业企业资质证书变更情况告知同级有关部门。

第二十一条 企业发生合并、分立、重组以及改制等事项,需承继原建筑业企业资质的,应当申请重新核定建筑业企业资质等级。

第二十二条 企业需更换、遗失补办建筑业企业资质证书的,应当持建筑业企业资质证书更换、遗失补办申请等材料向资质许可机关申请办理。资质许可机关应当在2个工作日内办理完毕。

企业遗失建筑业企业资质证书的,在申请补办前应当在公众媒体上刊登遗失声明。

第二十三条 企业申请建筑业企业资质升级、资质增项,在申请之日起前一年至资质许可决定作出前,有下列情形之一的,资质许可机关不予批准其建筑业企业资质升级申请和增项申请：

（一）超越本企业资质等级或以其他企业的名义承揽工程，或允许其他企业或个人以本企业的名义承揽工程的；

（二）与建设单位或企业之间相互串通投标，或以行贿等不正当手段谋取中标的；

（三）未取得施工许可证擅自施工的；

（四）将承包的工程转包或违法分包的；

（五）违反国家工程建设强制性标准施工的；

（六）恶意拖欠分包企业工程款或者劳务人员工资的；

（七）隐瞒或谎报、拖延报告工程质量安全事故，破坏事故现场、阻碍对事故调查的；

（八）按照国家法律、法规和标准规定需要持证上岗的现场管理人员和技术工种作业人员未取得证书上岗的；

（九）未依法履行工程质量保修义务或拖延履行保修义务的；

（十）伪造、变造、倒卖、出租、出借或者以其他形式非法转让建筑业企业资质证书的；

（十一）发生过较大以上质量安全事故或者发生过两起以上一般质量安全事故的；

（十二）其他违反法律、法规的行为。

第四章　监督管理

第二十四条　县级以上人民政府住房城乡建设主管部门和其他有关部门应当依照有关法律、法规和本规定，加强对企业取得建筑业企业资质后是否满足资质标准和市场行为的监督管理。

上级住房城乡建设主管部门应当加强对下级住房城乡建设主管部门资质管理工作的监督检查，及时纠正建筑业企业资质管理中的违法行为。

第二十五条　住房城乡建设主管部门、其他有关部门的监督检查人员履行监督检查职责时，有权采取下列措施：

（一）要求被检查企业提供建筑业企业资质证书、企业有关人员的注册执业证书、职称证书、岗位证书和考核或者培训合格证书，有关施工业务的文档，有关质量管理、安全生产管理、合同管理、档案管理、财务管理等企业内部管理制度的文件；

（二）进入被检查企业进行检查，查阅相关资料；

（三）纠正违反有关法律、法规和本规定及有关规范和标准的行为。

监督检查人员应当将监督检查情况和处理结果予以记录，由监督检查人员和被检查企业的有关人员签字确认后归档。

第二十六条　住房城乡建设主管部门、其他有关部门的监督检查人员在实施监督检查时，应当出示证件，并要有两名以上人员参加。

监督检查人员应当为被检查企业保守商业秘密，不得索取或者收受企业的财物，不得谋取其他利益。

有关企业和个人对依法进行的监督检查应当协助与配合，不得拒绝或者阻挠。

监督检查机关应当将监督检查的处理结果向社会公布。

第二十七条　企业违法从事建筑活动的，违法行为发生地的县级以上地方人民政府住房城乡建设主管部门或者其他有关部门应当依法查处，并将违法事实、处理结果或者处理建议及时告知该建筑业企业资质的许可机关。

对取得国务院住房城乡建设主管部门颁发的建筑业企业资质证书的企业需要处以停业整顿、降低资质等级、吊销资质证书行政处罚的，县级以上地方人民政府住房城乡建设主管部门或者其他有关部门，应当通过省、自治区、直辖市人民政府住房城乡建设主管部门或者国务院有关部门，将违法事实、处理建议及时报送国务院住房城乡建设主管部门。

第二十八条 取得建筑业企业资质证书的企业，应当保持资产、主要人员、技术装备等方面满足相应建筑业企业资质标准要求的条件。

企业不再符合相应建筑业企业资质标准要求条件的，县级以上地方人民政府住房城乡建设主管部门、其他有关部门，应当责令其限期改正并向社会公告，整改期限最长不超过3个月；企业整改期间不得申请建筑业企业资质的升级、增项，不能承揽新的工程；逾期仍未达到建筑业企业资质标准要求条件的，资质许可机关可以撤回其建筑业企业资质证书。

被撤回建筑业企业资质证书的企业，可以在资质被撤回后3个月内，向资质许可机关提出核定低于原等级同类别资质的申请。

第二十九条 有下列情形之一的，资质许可机关应当撤销建筑业企业资质：

（一）资质许可机关工作人员滥用职权、玩忽职守准予资质许可的；

（二）超越法定职权准予资质许可的；

（三）违反法定程序准予资质许可的；

（四）对不符合资质标准条件的申请企业准予资质许可的；

（五）依法可以撤销资质许可的其他情形。

以欺骗、贿赂等不正当手段取得资质许可的，应当予以撤销。

第三十条 有下列情形之一的，资质许可机关应当依法注销建筑业企业资质，并向社会公布其建筑业企业资质证书作废，企业应当及时将建筑业企业资质证书交回资质许可机关：

（一）资质证书有效期届满，未依法申请延续的；

（二）企业依法终止的；

（三）资质证书依法被撤回、撤销或吊销的；

（四）企业提出注销申请的；

（五）法律、法规规定的应当注销建筑业企业资质的其他情形。

第三十一条 有关部门应当将监督检查情况和处理意见及时告知资质许可机关。资质许可机关应当将涉及有关公路、水运、水利、通信、铁路、民航等方面的建筑业企业资质许可被撤回、撤销、吊销和注销的情况告知同级有关部门。

第三十二条 资质许可机关应当建立、健全建筑业企业信用档案管理制度。建筑业企业信用档案应当包括企业基本情况、资质、业绩、工程质量和安全、合同履约、社会投诉和违法行为等情况。

企业的信用档案信息按照有关规定向社会公开。

取得建筑业企业资质的企业应当按照有关规定，向资质许可机关提供真实、准确、完整的企业信用档案信息。

第三十三条 县级以上地方人民政府住房城乡建设主管部门或其他有关部门依法给予企业行政处罚的，应当将行政处罚决定以及给予行政处罚的事实、理由和依据，通过省、自治区、直辖市人民政府住房城乡建设主管部门或者国务院有关部门报国务院住房城乡建设主管部门备案。

第三十四条　资质许可机关应当推行建筑业企业资质许可电子化,建立建筑业企业资质管理信息系统。

第五章　法律责任

第三十五条　申请企业隐瞒有关真实情况或者提供虚假材料申请建筑业企业资质的,资质许可机关不予许可,并给予警告,申请企业在1年内不得再次申请建筑业企业资质。

第三十六条　企业以欺骗、贿赂等不正当手段取得建筑业企业资质的,由原资质许可机关予以撤销;由县级以上地方人民政府住房城乡建设主管部门或者其他有关部门给予警告,并处3万元的罚款;申请企业3年内不得再次申请建筑业企业资质。

第三十七条　企业有本规定第二十三条行为之一,《中华人民共和国建筑法》、《建设工程质量管理条例》和其他有关法律、法规对处罚机关和处罚方式有规定的,依照法律、法规的规定执行;法律、法规未作规定的,由县级以上地方人民政府住房城乡建设主管部门或者其他有关部门给予警告,责令改正,并处1万元以上3万元以下的罚款。

第三十八条　企业未按照本规定及时办理建筑业企业资质证书变更手续的,由县级以上地方人民政府住房城乡建设主管部门责令限期办理;逾期不办理的,可处以1 000元以上1万元以下的罚款。

第三十九条　企业在接受监督检查时,不如实提供有关材料,或者拒绝、阻碍监督检查的,由县级以上地方人民政府住房城乡建设主管部门责令限期改正,并可以处3万元以下罚款。

第四十条　企业未按照本规定要求提供企业信用档案信息的,由县级以上地方人民政府住房城乡建设主管部门或者其他有关部门给予警告,责令限期改正;逾期未改正的,可处以1 000元以上1万元以下的罚款。

第四十一条　县级以上人民政府住房城乡建设主管部门及其工作人员,违反本规定,有下列情形之一的,由其上级行政机关或者监察机关责令改正;对直接负责的主管人员和其他直接责任人员,依法给予行政处分;直接负责的主管人员和其他直接责任人员构成犯罪的,依法追究刑事责任:

(一)对不符合资质标准规定条件的申请企业准予资质许可的;

(二)对符合受理条件的申请企业不予受理或者未在法定期限内初审完毕的;

(三)对符合资质标准规定条件的申请企业不予许可或者不在法定期限内准予资质许可的;

(四)发现违反本规定规定的行为不予查处,或者接到举报后不依法处理的;

(五)在企业资质许可和监督管理中,利用职务上的便利,收受他人财物或者其他好处,以及有其他违法行为的。

第六章　附　则

第四十二条　本规定自2015年3月1日起施行。2007年6月26日建设部颁布的《建筑业企业资质管理规定》(建设部令第159号)同时废止。

(十)《建筑施工企业主要负责人、项目负责人和专职安全生产管理人员安全生产管理规定》(建设部令第17号)

《建筑施工企业主要负责人、项目负责人和专职安全生产管理人员安全生产管理规定》已经第13次部常务会议审议通过,现予发布,自2014年9月1日起施行。

住房城乡建设部部长　姜伟新
2014年6月25日

建筑施工企业主要负责人、项目负责人和专职安全生产管理人员安全生产管理规定

第一章　总　则

第一条　为了加强房屋建筑和市政基础设施工程施工安全监督管理,提高建筑施工企业主要负责人、项目负责人和专职安全生产管理人员(以下合称"安管人员")的安全生产管理能力,根据《中华人民共和国安全生产法》、《建设工程安全生产管理条例》等法律法规,制定本规定。

第二条　在中华人民共和国境内从事房屋建筑和市政基础设施工程施工活动的建筑施工企业的"安管人员",参加安全生产考核,履行安全生产责任,以及对其实施安全生产监督管理,应当符合本规定。

第三条　企业主要负责人,是指对本企业生产经营活动和安全生产工作具有决策权的领导人员。

项目负责人,是指取得相应注册执业资格,由企业法定代表人授权,负责具体工程项目管理的人员。

专职安全生产管理人员,是指在企业专职从事安全生产管理工作的人员,包括企业安全生产管理机构的人员和工程项目专职从事安全生产管理工作的人员。

第四条　国务院住房城乡建设主管部门负责对全国"安管人员"安全生产工作进行监督管理。

县级以上地方人民政府住房城乡建设主管部门负责对本行政区域内"安管人员"安全生产工作进行监督管理。

第二章　考核发证

第五条　"安管人员"应当通过其受聘企业,向企业工商注册地的省、自治区、直辖市人民政府住房城乡建设主管部门(以下简称考核机关)申请安全生产考核,并取得安全生产考核合格证书。安全生产考核不得收费。

第六条　申请参加安全生产考核的"安管人员",应当具备相应文化程度、专业技术职称和一定安全生产工作经历,与企业确立劳动关系,并经企业年度安全生产教育培训合格。

第七条　安全生产考核包括安全生产知识考核和管理能力考核。

安全生产知识考核内容包括:建筑施工安全的法律法规、规章制度、标准规范,建筑施工安全管理基本理论等。

安全生产管理能力考核内容包括:建立和落实安全生产管理制度、辨识和监控危险性较大的分部分项工程、发现和消除安全事故隐患、报告和处置生产安全事故等方面的能力。

第八条　对安全生产考核合格的,考核机关应当在20个工作日内核发安全生产考核合格证书,并予以公告;对不合格的,应当通过"安管人员"所在企业通知本人并说明理由。

第九条　安全生产考核合格证书有效期为3年,证书在全国范围内有效。

证书式样由国务院住房城乡建设主管部门统一规定。

第十条　安全生产考核合格证书有效期届满需要延续的,"安管人员"应当在有效期届满前3个月内,由本人通过受聘企业向原考核机关申请证书延续。准予证书延续的,证书有效期延续3年。

对证书有效期内未因生产安全事故或者违反本规定受到行政处罚,信用档案中无不良行为记录,且已按规定参加企业和县级以上人民政府住房城乡建设主管部门组织的安全生产教育培训的,考核机关应当在受理延续申请之日起20个工作日内,准予证书延续。

第十一条　"安管人员"变更受聘企业的,应当与原聘用企业解除劳动关系,并通过新聘用企业到考核机关申请办理证书变更手续。考核机关应当在受理变更申请之日起5个工作日内办理完毕。

第十二条　"安管人员"遗失安全生产考核合格证书的,应当在公共媒体上声明作废,通过其受聘企业向原考核机关申请补办。考核机关应当在受理申请之日起5个工作日内办理完毕。

第十三条　"安管人员"不得涂改、倒卖、出租、出借或者以其他形式非法转让安全生产考核合格证书。

第三章　安全责任

第十四条　主要负责人对本企业安全生产工作全面负责,应当建立健全企业安全生产管理体系,设置安全生产管理机构,配备专职安全生产管理人员,保证安全生产投入,督促检查本企业安全生产工作,及时消除安全事故隐患,落实安全生产责任。

第十五条　主要负责人应当与项目负责人签订安全生产责任书,确定项目安全生产考核目标、奖惩措施,以及企业为项目提供的安全管理和技术保障措施。

工程项目实行总承包的,总承包企业应当与分包企业签订安全生产协议,明确双方安全生产责任。

第十六条　主要负责人应当按规定检查企业所承担的工程项目,考核项目负责人安全生产管理能力。发现项目负责人履职不到位的,应当责令其改正;必要时,调整项目负责人。检查情况应当记入企业和项目安全管理档案。

第十七条　项目负责人对本项目安全生产管理全面负责,应当建立项目安全生产管理体系,明确项目管理人员安全职责,落实安全生产管理制度,确保项目安全生产费用有效使用。

第十八条　项目负责人应当按规定实施项目安全生产管理,监控危险性较大分部分项工程,及时排查处理施工现场安全事故隐患,隐患排查处理情况应当记入项目安全管理档案;发生事故时,应当按规定及时报告并开展现场救援。

工程项目实行总承包的,总承包企业项目负责人应当定期考核分包企业安全生产管理情况。

第十九条　企业安全生产管理机构专职安全生产管理人员应当检查在建项目安全生产管理情况,重点检查项目负责人、项目专职安全生产管理人员履责情况,处理在建项目违规违章行为,并记入企业安全管理档案。

第二十条　项目专职安全生产管理人员应当每天在施工现场开展安全检查,现场监督危险性较大的分部分项工程安全专项施工方案实施。对检查中发现的安全事故隐患,应当立即处理;不能处理的,应当及时报告项目负责人和企业安全生产管理机构。项目负责人应当及时处理。检查及处理情况应当记入项目安全管理档案。

第二十一条 建筑施工企业应当建立安全生产教育培训制度,制定年度培训计划,每年对"安管人员"进行培训和考核,考核不合格的,不得上岗。培训情况应当记入企业安全生产教育培训档案。

第二十二条 建筑施工企业安全生产管理机构和工程项目应当按规定配备相应数量和相关专业的专职安全生产管理人员。危险性较大的分部分项工程施工时,应当安排专职安全生产管理人员现场监督。

第四章 监督管理

第二十三条 县级以上人民政府住房城乡建设主管部门应当依照有关法律法规和本规定,对"安管人员"持证上岗、教育培训和履行职责等情况进行监督检查。

第二十四条 县级以上人民政府住房城乡建设主管部门在实施监督检查时,应当有两名以上监督检查人员参加,不得妨碍企业正常的生产经营活动,不得索取或者收受企业的财物,不得谋取其他利益。

有关企业和个人对依法进行的监督检查应当协助与配合,不得拒绝或者阻挠。

第二十五条 县级以上人民政府住房城乡建设主管部门依法进行监督检查时,发现"安管人员"有违反本规定行为的,应当依法查处并将违法事实、处理结果或者处理建议告知考核机关。

第二十六条 考核机关应当建立本行政区域内"安管人员"的信用档案。违法违规行为、被投诉举报处理、行政处罚等情况应当作为不良行为记入信用档案,并按规定向社会公开。

"安管人员"及其受聘企业应当按规定向考核机关提供相关信息。

第五章 法律责任

第二十七条 "安管人员"隐瞒有关情况或者提供虚假材料申请安全生产考核的,考核机关不予考核,并给予警告;"安管人员"1年内不得再次申请考核。

"安管人员"以欺骗、贿赂等不正当手段取得安全生产考核合格证书的,由原考核机关撤销安全生产考核合格证书;"安管人员"3年内不得再次申请考核。

第二十八条 "安管人员"涂改、倒卖、出租、出借或者以其他形式非法转让安全生产考核合格证书的,由县级以上地方人民政府住房城乡建设主管部门给予警告,并处1 000元以上5 000元以下的罚款。

第二十九条 建筑施工企业未按规定开展"安管人员"安全生产教育培训考核,或者未按规定如实将考核情况记入安全生产教育培训档案的,由县级以上地方人民政府住房城乡建设主管部门责令限期改正,并处2万元以下的罚款。

第三十条 建筑施工企业有下列行为之一的,由县级以上人民政府住房城乡建设主管部门责令限期改正;逾期未改正的,责令停业整顿,并处2万元以下的罚款;导致不具备《安全生产许可证条例》规定的安全生产条件的,应当依法暂扣或者吊销安全生产许可证:

(一)未按规定设立安全生产管理机构的;

(二)未按规定配备专职安全生产管理人员的;

(三)危险性较大的分部分项工程施工时未安排专职安全生产管理人员现场监督的;

（四）"安管人员"未取得安全生产考核合格证书的。

第三十一条 "安管人员"未按规定办理证书变更的,由县级以上地方人民政府住房城乡建设主管部门责令限期改正,并处 1 000 元以上 5 000 元以下的罚款。

第三十二条 主要负责人、项目负责人未按规定履行安全生产管理职责的,由县级以上人民政府住房城乡建设主管部门责令限期改正;逾期未改正的,责令建筑施工企业停业整顿;造成生产安全事故或者其他严重后果的,按照《生产安全事故报告和调查处理条例》的有关规定,依法暂扣或者吊销安全生产考核合格证书;构成犯罪的,依法追究刑事责任。

主要负责人、项目负责人有前款违法行为,尚不够刑事处罚的,处 2 万元以上 20 万元以下的罚款或者按照管理权限给予撤职处分;自刑罚执行完毕或者受处分之日起,5 年内不得担任建筑施工企业的主要负责人、项目负责人。

第三十三条 专职安全生产管理人员未按规定履行安全生产管理职责的,由县级以上地方人民政府住房城乡建设主管部门责令限期改正,并处 1 000 元以上 5 000 元以下的罚款;造成生产安全事故或者其他严重后果的,按照《生产安全事故报告和调查处理条例》的有关规定,依法暂扣或者吊销安全生产考核合格证书;构成犯罪的,依法追究刑事责任。

第三十四条 县级以上人民政府住房城乡建设主管部门及其工作人员,有下列情形之一的,由其上级行政机关或者监察机关责令改正,对直接负责的主管人员和其他直接责任人员依法给予处分;构成犯罪的,依法追究刑事责任:

（一）向不具备法定条件的"安管人员"核发安全生产考核合格证书的;

（二）对符合法定条件的"安管人员"不予核发或者不在法定期限内核发安全生产考核合格证书的;

（三）对符合法定条件的申请不予受理或者未在法定期限内办理完毕的;

（四）利用职务上的便利,索取或者收受他人财物或者谋取其他利益的;

（五）不依法履行监督管理职责,造成严重后果的。

第六章 附 则
第三十五条 本规定自 2014 年 9 月 1 日起施行。

（十一）《建设工程监理规范》(GB/T 50319—2013)摘录

2.0.2 建设工程监理 construction project management

工程监理单位受建设单位委托,根据法律法规、工程建设标准、勘察设计文件及合同,在施工阶段对建设工程质量、造价、进度进行控制,对合同、信息进行管理,对工程建设相关方的关系进行协调,并履行建设工程安全生产管理法定职责的服务活动。

3.2 监理人员职责

3.2.1 总监理工程师应履行下列职责:

1 确定项目监理机构人员及其岗位职责。

2 组织编制监理规划,审批监理实施细则。

3 根据工程进展及监理工作情况调配监理人员,检查监理人员工作。

4 组织召开监理例会。

5 组织审核分包单位资格。

6 组织审查施工组织设计、(专项)施工方案。

7 审查工程开复工报审表,签发工程开工令、暂停令和复工令。

8 组织检查施工单位现场质量、安全生产管理体系的建立及运行情况。

9 组织审核施工单位的付款申请,签发工程款支付证书,组织审核竣工结算。

10 组织审查和处理工程变更。

11 调解建设单位与施工单位的合同争议,处理工程索赔。

12 组织验收分部工程,组织审查单位工程质量检验资料。

13 审查施工单位的竣工申请,组织工程竣工预验收,组织编写工程质量评估报告,参与工程竣工验收。

14 参与或配合工程质量安全事故的调查和处理。

15 组织编写监理月报、监理工作总结,组织整理监理文件资料。

3.2.2 总监理工程师不得将下列工作委托给总监理工程师代表:

1 组织编制监理规划,审批监理实施细则。

2 根据工程进展及监理工作情况调配监理人员。

3 组织审查施工组织设计、(专项)施工方案。

4 签发工程开工令、暂停令和复工令。

5 签发工程款支付证书,组织审核竣工结算。

6 调解建设单位与施工单位的合同争议,处理工程索赔。

7 审查施工单位的竣工申请,组织工程竣工预验收,组织编写工程质量评估报告,参与工程竣工验收。

8 参与或配合工程质量安全事故的调查和处理。

3.2.3 专业监理工程师应履行下列职责:

1 参与编制监理规划,负责编制监理实施细则。

2 审查施工单位提交的涉及本专业的报审文件,并向总监理工程师报告。

3 参与审核分包单位资格。

4 指导、检查监理员工作,定期向总监理工程师报告本专业监理工作实施情况。

5 检查进场的工程材料、构配件、设备的质量。

6 验收检验批、隐蔽工程、分项工程,参与验收分部工程。

7 处置发现的质量问题和安全事故隐患。

8 进行工程计量。

9 参与工程变更的审查和处理。

10 组织编写监理日志,参与编写监理月报。

11 收集、汇总、参与整理监理文件资料。

12 参与工程竣工预验收和竣工验收。

3.2.4 监理员应履行下列职责:

1 检查施工单位投入工程的人力、主要设备的使用及运行状况。

2 进行见证取样。

3 复核工程计量有关数据。

4 检查工序施工结果。

5 发现施工作业中的问题,及时指出并向专业监理工程师报告。

4.2 监理规划

4.2.3 监理规划应包括下列主要内容:

1 工程概况。

2 监理工作的范围、内容、目标。

3 监理工作依据。

4 监理组织形式、人员配备及进退场计划、监理人员岗位职责。

5 监理工作制度。

6 工程质量控制。

7 工程造价控制。

8 工程进度控制。

9 安全生产管理的监理工作。

10 合同与信息管理。

11 组织协调。

12 监理工作设施。

4.3 监理实施细则

4.3.1 对专业性较强、危险性较大的分部分项工程,项目监理机构应编制监理实施细则。

5.1 一般规定

5.1.6 项目监理机构应审查施工单位报审的施工组织设计,符合要求时,应由总监理工程师签认后报建设单位。项目监理机构应要求施工单位按已批准的施工组织设计组织施工。施工组织设计需要调整时,项目监理机构应按程序重新审查。

施工组织设计审查应包括下列基本内容:

1 编审程序应符合相关规定。

2 施工进度、施工方案及工程质量保证措施应符合施工合同要求。

3 资金、劳动力、材料、设备等资源供应计划应满足工程施工需要。

4 安全技术措施应符合工程建设强制性标准。

5 施工总平面布置应科学合理。

5.1.8 总监理工程师应组织专业监理工程师审查施工单位报送的工程开工报审表及相关资料;同时具备下列条件时,应由总监理工程师签署审核意见,并应报建设单位批准后,总监理工程师签发工程开工令:

1 设计交底和图纸会审已完成。

2 施工组织设计已由总监理工程师签认。

3 施工单位现场质量、安全生产管理体系已建立,管理及施工人员已到位,施工机械具备使用条件,主要工程材料已落实。

4 进场道路及水、电、通信等已满足开工要求。

5.1.10 分包工程开工前,项目监理机构应审核施工单位报送的分包单位资格报审表,专业监理工程师提出审查意见后,应由总监理工程师审核签认。

分包单位资格审核应包括下列基本内容:

    1 营业执照、企业资质等级证书。

    2 安全生产许可证文件。

    3 类似工程业绩。

    4 专职管理人员和特种作业人员的资格。

5.1.12 项目监理机构宜根据工程特点、施工合同、工程设计文件及经过批准的施工组织设计对工程风险进行分析,并宜提出工程质量、造价、进度目标控制及安全生产管理的防范性对策。

5.5 安全生产管理的监理工作

5.5.1 项目监理机构应根据法律法规、工程建设强制性标准,履行建设工程安全生产管理的监理职责,并应将安全生产管理的监理工作内容、方法和措施纳入监理规划及监理实施细则。

5.5.2 项目监理机构应审查施工单位现场安全生产规章制度的建立和实施情况,并应审查施工单位安全生产许可证及施工单位项目经理、专职安全生产管理人员和特种作业人员的资格,同时应核查施工机械和设施的安全许可验收手续。

5.5.3 项目监理机构应审查施工单位报审的专项施工方案,符合要求的,应由总监理工程师签认后报建设单位。超过一定规模的危险性较大的分部分项工程的专项施工方案,应检查施工单位组织专家进行论证、审查的情况,以及是否附具安全验算结果。项目监理机构应要求施工单位按已批准的专项施工方案组织施工。专项施工方案需要调整时,施工单位应按程序重新提交项目监理机构审查。

    专项施工方案审查应包括下列基本内容:

    1 编审程序应符合相关规定。

    2 安全技术措施应符合建设工程强制性标准。

5.5.4 专项施工方案报审表应按本规范表 B.0.1 的要求填写。

5.5.5 项目监理机构应巡视检查危险性较大的分部分项工程专项施工方案实施情况。发现未按专项施工方案实施时,应签发监理通知单,要求施工单位按专项施工方案实施。

5.5.6 项目监理机构在实施监理过程中,发现工程存在安全事故隐患时,应签发监理通知单,要求施工单位整改;情况严重时,应签发工程暂停令,并应及时报告建设单位。施工单位拒不整改或不停止施工时,项目监理机构应及时向有关主管部门报送监理报告。

    监理报告应按本规范表 A.0.4 的要求填写。

(十二)《建设工程监理合同(示范文本)》(GF—2012-0202)摘录

1. 定义与解释

  1.1 定义

    除根据上下文另有其意义外,组成本合同的全部文件中的下列名词和用语应具有本款所赋予的含义:

1.1.1　"工程"是指按照本合同约定实施监理与相关服务的建设工程。

1.1.2　"委托人"是指本合同中委托监理与相关服务的一方,及其合法的继承人或受让人。

1.1.3　"监理人"是指本合同中提供监理与相关服务的一方,及其合法的继承人。

1.1.4　"承包人"是指在工程范围内与委托人签订勘察、设计、施工等有关合同的当事人,及其合法的继承人。

1.1.5　"监理"是指监理人受委托人的委托,依照法律法规、工程建设标准、勘察设计文件及合同,在施工阶段对建设工程质量、进度、造价进行控制,对合同、信息进行管理,对工程建设相关方的关系进行协调,并履行建设工程安全生产管理法定职责的服务活动。

1.1.9　"项目监理机构"是指监理人派驻工程负责履行本合同的组织机构。

1.1.10　"总监理工程师"是指由监理人的法定代表人书面授权,全面负责履行本合同、主持项目监理机构工作的注册监理工程师。

2. 监理人的义务

2.1　监理的范围和工作内容

2.1.1　监理范围在专用条件中约定。

2.1.2　除专用条件另有约定外,监理工作内容包括:

(1) 收到工程设计文件后编制监理规划,并在第一次工地会议7天前报委托人。根据有关规定和监理工作需要,编制监理实施细则;

(2) 熟悉工程设计文件,并参加由委托人主持的图纸会审和设计交底会议;

(3) 参加由委托人主持的第一次工地会议;主持监理例会并根据工程需要主持或参加专题会议;

(4) 审查施工承包人提交的施工组织设计,重点审查其中的质量安全技术措施、专项施工方案与工程建设强制性标准的符合性;

(5) 检查施工承包人工程质量、安全生产管理制度及组织机构和人员资格;

(6) 检查施工承包人专职安全生产管理人员的配备情况;

(7) 审查施工承包人提交的施工进度计划,核查承包人对施工进度计划的调整;

(8) 检查施工承包人的试验室;

(9) 审核施工分包人资质条件;

(10) 查验施工承包人的施工测量放线成果;

(11) 审查工程开工条件,对条件具备的签发开工令;

(12) 审查施工承包人报送的工程材料、构配件、设备质量证明文件的有效性和符合性,并按规定对用于工程的材料采取平行检验或见证取样方式进行抽检;

(13) 审核施工承包人提交的工程款支付申请,签发或出具工程款支付证书,并报委托人审核、批准;

(14) 在巡视、旁站和检验过程中,发现工程质量、施工安全存在事故隐患的,要求施工承包人整改并报委托人;

(15) 经委托人同意,签发工程暂停令和复工令;

(16) 审查施工承包人提交的采用新材料、新工艺、新技术、新设备的论证材料及相关验收标准；

（17）验收隐蔽工程、分部分项工程；

（18）审查施工承包人提交的工程变更申请，协调处理施工进度调整、费用索赔、合同争议等事项；

（19）审查施工承包人提交的竣工验收申请，编写工程质量评估报告；

（20）参加工程竣工验收，签署竣工验收意见；

（21）审查施工承包人提交的竣工结算申请并报委托人；

（22）编制、整理工程监理归档文件并报委托人。

（十三）《国务院办公厅关于大力发展装配式建筑的指导意见》（国办发〔2016〕71号）

各省、自治区、直辖市人民政府，国务院各部委、各直属机构：

装配式建筑是用预制部品部件在工地装配而成的建筑。发展装配式建筑是建造方式的重大变革，是推进供给侧结构性改革和新型城镇化发展的重要举措，有利于节约资源能源、减少施工污染、提升劳动生产效率和质量安全水平，有利于促进建筑业与信息化工业化深度融合、培育新产业新动能、推动化解过剩产能。近年来，我国积极探索发展装配式建筑，但建造方式大多仍以现场浇筑为主，装配式建筑比例和规模化程度较低，与发展绿色建筑的有关要求以及先进建造方式相比还有很大差距。为贯彻落实《中共中央　国务院关于进一步加强城市规划建设管理工作的若干意见》和《政府工作报告》部署，大力发展装配式建筑，经国务院同意，现提出以下意见。

一、总体要求

（一）指导思想

全面贯彻党的十八大和十八届三中、四中、五中全会以及中央城镇化工作会议、中央城市工作会议精神，认真落实党中央、国务院决策部署，按照"五位一体"总体布局和"四个全面"战略布局，牢固树立和贯彻落实创新、协调、绿色、开放、共享的发展理念，按照适用、经济、安全、绿色、美观的要求，推动建造方式创新，大力发展装配式混凝土建筑和钢结构建筑，在具备条件的地方倡导发展现代木结构建筑，不断提高装配式建筑在新建建筑中的比例。坚持标准化设计、工厂化生产、装配化施工、一体化装修、信息化管理、智能化应用，提高技术水平和工程质量，促进建筑产业转型升级。

（二）基本原则

坚持市场主导、政府推动。适应市场需求，充分发挥市场在资源配置中的决定性作用，更好发挥政府规划引导和政策支持作用，形成有利的体制机制和市场环境，促进市场主体积极参与、协同配合，有序发展装配式建筑。

坚持分区推进、逐步推广。根据不同地区的经济社会发展状况和产业技术条件，划分重点推进地区、积极推进地区和鼓励推进地区，因地制宜、循序渐进，以点带面、试点先行，及时总结经验，形成局部带动整体的工作格局。

坚持顶层设计、协调发展。把协同推进标准、设计、生产、施工、使用维护等作为发展装配式建筑的有效抓手，推动各个环节有机结合，以建造方式变革促进工程建设全过程提质增效,带动建筑业整体水平的提升。

(三)工作目标

以京津冀、长三角、珠三角三大城市群为重点推进地区,常住人口超过300万的其他城市为积极推进地区,其余城市为鼓励推进地区,因地制宜发展装配式混凝土结构、钢结构和现代木结构等装配式建筑。力争用10年左右的时间,使装配式建筑占新建建筑面积的比例达到30%。同时,逐步完善法律法规、技术标准和监管体系,推动形成一批设计、施工、部品部件规模化生产企业,具有现代装配建造水平的工程总承包企业以及与之相适应的专业化技能队伍。

二、重点任务

(四)健全标准规范体系

加快编制装配式建筑国家标准、行业标准和地方标准,支持企业编制标准、加强技术创新,鼓励社会组织编制团体标准,促进关键技术和成套技术研究成果转化为标准规范。强化建筑材料标准、部品部件标准、工程标准之间的衔接。制修订装配式建筑工程定额等计价依据。完善装配式建筑防火抗震防灾标准。研究建立装配式建筑评价标准和方法。逐步建立完善覆盖设计、生产、施工和使用维护全过程的装配式建筑标准规范体系。

(五)创新装配式建筑设计

统筹建筑结构、机电设备、部品部件、装配施工、装饰装修,推行装配式建筑一体化集成设计。推广通用化、模数化、标准化设计方式,积极应用建筑信息模型技术,提高建筑领域各专业协同设计能力,加强对装配式建筑建设全过程的指导和服务。鼓励设计单位与科研院所、高校等联合开发装配式建筑设计技术和通用设计软件。

(六)优化部品部件生产

引导建筑行业部品部件生产企业合理布局,提高产业聚集度,培育一批技术先进、专业配套、管理规范的骨干企业和生产基地。支持部品部件生产企业完善产品品种和规格,促进专业化、标准化、规模化、信息化生产,优化物流管理,合理组织配送。积极引导设备制造企业研发部品部件生产装备机具,提高自动化和柔性加工技术水平。建立部品部件质量验收机制,确保产品质量。

(七)提升装配施工水平

引导企业研发应用与装配式施工相适应的技术、设备和机具,提高部品部件的装配施工连接质量和建筑安全性能。鼓励企业创新施工组织方式,推行绿色施工,应用结构工程与分部分项工程协同施工新模式。支持施工企业总结编制施工工法,提高装配施工技能,实现技术工艺、组织管理、技能队伍的转变,打造一批具有较高装配施工技术水平的骨干企业。

(八)推进建筑全装修

实行装配式建筑装饰装修与主体结构、机电设备协同施工。积极推广标准化、集成化、模块化的装修模式,促进整体厨卫、轻质隔墙等材料、产品和设备管线集成化技术的应用,提高装配化装修水平。倡导菜单式全装修,满足消费者个性化需求。

(九)推广绿色建材

提高绿色建材在装配式建筑中的应用比例。开发应用品质优良、节能环保、功能良好的新型建筑材料,并加快推进绿色建材评价。鼓励装饰与保温隔热材料一体化应用。推广应用高性能节能门窗。强制淘汰不符合节能环保要求、质量性能差的建筑材料,确保安全、绿色、环保。

(十) 推行工程总承包

装配式建筑原则上应采用工程总承包模式,可按照技术复杂类工程项目招投标。工程总承包企业要对工程质量、安全、进度、造价负总责。要健全与装配式建筑总承包相适应的发包承包、施工许可、分包管理、工程造价、质量安全监管、竣工验收等制度,实现工程设计、部品部件生产、施工及采购的统一管理和深度融合,优化项目管理方式。鼓励建立装配式建筑产业技术创新联盟,加大研发投入,增强创新能力。支持大型设计、施工和部品部件生产企业通过调整组织架构、健全管理体系,向具有工程管理、设计、施工、生产、采购能力的工程总承包企业转型。

(十一) 确保工程质量安全

完善装配式建筑工程质量安全管理制度,健全质量安全责任体系,落实各方主体质量安全责任。加强全过程监管,建设和监理等相关方可采用驻厂监造等方式加强部品部件生产质量管控;施工企业要加强施工过程质量安全控制和检验检测,完善装配施工质量保证体系;在建筑物明显部位设置永久性标牌,公示质量安全责任主体和主要责任人。加强行业监管,明确符合装配式建筑特点的施工图审查要求,建立全过程质量追溯制度,加大抽查抽测力度,严肃查处质量安全违法违规行为。

三、保障措施

(十二) 加强组织领导

各地区要因地制宜研究提出发展装配式建筑的目标和任务,建立健全工作机制,完善配套政策,组织具体实施,确保各项任务落到实处。各有关部门要加大指导、协调和支持力度,将发展装配式建筑作为贯彻落实中央城市工作会议精神的重要工作,列入城市规划建设管理工作监督考核指标体系,定期通报考核结果。

(十三) 加大政策支持

建立健全装配式建筑相关法律法规体系。结合节能减排、产业发展、科技创新、污染防治等方面政策,加大对装配式建筑的支持力度。支持符合高新技术企业条件的装配式建筑部品部件生产企业享受相关优惠政策。符合新型墙体材料目录的部品部件生产企业,可按规定享受增值税即征即退优惠政策。在土地供应中,可将发展装配式建筑的相关要求纳入供地方案,并落实到土地使用合同中。鼓励各地结合实际出台支持装配式建筑发展的规划审批、土地供应、基础设施配套、财政金融等相关政策措施。政府投资工程要带头发展装配式建筑,推动装配式建筑"走出去"。在中国人居环境奖评选、国家生态园林城市评估、绿色建筑评价等工作中增加装配式建筑方面的指标要求。

(十四) 强化队伍建设

大力培养装配式建筑设计、生产、施工、管理等专业人才。鼓励高等学校、职业学校设置装配式建筑相关课程,推动装配式建筑企业开展校企合作,创新人才培养模式。在建筑行业专业技术人员继续教育中增加装配式建筑相关内容。加大职业技能培训资金投入,建立培训基地,加强岗位技能提升培训,促进建筑业农民工向技术工人转型。加强国际交流合作,积极引进海外专业人才参与装配式建筑的研发、生产和管理。

（十五）做好宣传引导

通过多种形式深入宣传发展装配式建筑的经济社会效益，广泛宣传装配式建筑基本知识，提高社会认知度，营造各方共同关注、支持装配式建筑发展的良好氛围，促进装配式建筑相关产业和市场发展。

国务院办公厅

2016 年 9 月 27 日

（十四）《国务院办公厅关于推进城市地下综合管廊建设的指导意见》（国办发〔2015〕61 号）

各省、自治区、直辖市人民政府，国务院各部委、各直属机构：

地下综合管廊是指在城市地下用于集中敷设电力、通信、广播电视、给水、排水、热力、燃气等市政管线的公共隧道。我国正处在城镇化快速发展时期，地下基础设施建设滞后。推进城市地下综合管廊建设，统筹各类市政管线规划、建设和管理，解决反复开挖路面、架空线网密集、管线事故频发等问题，有利于保障城市安全、完善城市功能、美化城市景观、促进城市集约高效和转型发展，有利于提高城市综合承载能力和城镇化发展质量，有利于增加公共产品有效投资、拉动社会资本投入、打造经济发展新动力。为切实做好城市地下综合管廊建设工作，经国务院同意，现提出以下意见：

一、总体要求

（一）指导思想

全面贯彻落实党的十八大和十八届二中、三中、四中全会精神，按照《国务院关于加强城市基础设施建设的意见》（国发〔2013〕36 号）和《国务院办公厅关于加强城市地下管线建设管理的指导意见》（国办发〔2014〕27 号）有关部署，适应新型城镇化和现代化城市建设的要求，把地下综合管廊建设作为履行政府职能、完善城市基础设施的重要内容，在继续做好试点工程的基础上，总结国内外先进经验和有效做法，逐步提高城市道路配建地下综合管廊的比例，全面推动地下综合管廊建设。

（二）工作目标

到 2020 年，建成一批具有国际先进水平的地下综合管廊并投入运营，反复开挖地面的"马路拉链"问题明显改善，管线安全水平和防灾抗灾能力明显提升，逐步消除主要街道蜘蛛网式架空线，城市地面景观明显好转。

（三）基本原则

——坚持立足实际，加强顶层设计，积极有序推进，切实提高建设和管理水平。

——坚持规划先行，明确质量标准，完善技术规范，满足基本公共服务功能。

——坚持政府主导，加大政策支持，发挥市场作用，吸引社会资本广泛参与。

二、统筹规划

（四）编制专项规划

各城市人民政府要按照"先规划、后建设"的原则，在地下管线普查的基础上，统筹各类管线实际发展需要,组织编制地下综合管廊建设规划,规划期限原则上应与城市总体规划相一致。结合地下空间开发利用、各类地下管线、道路交通等专项建设规划,合理确定地下综合管廊建设布局、管线种类、断面形式、平面位置、竖向控制等,明确建设规模和时序,综合考虑城市发展远景,预留和控制有关地下空间。建立建设项目储备制度,明确五年项目滚动规划和年度建设计划,积极、稳妥、有序推进地下综合管廊建设。

(五) 完善标准规范

根据城市发展需要抓紧制定和完善地下综合管廊建设和抗震防灾等方面的国家标准。地下综合管廊工程结构设计应考虑各类管线接入、引出支线的需求,满足抗震、人防和综合防灾等需要。地下综合管廊断面应满足所在区域所有管线入廊的需要,符合入廊管线敷设、增容、运行和维护检修的空间要求,并配建行车和行人检修通道,合理设置出入口,便于维修和更换管道。地下综合管廊应配套建设消防、供电、照明、通风、给排水、视频、标识、安全与报警、智能管理等附属设施,提高智能化监控管理水平,确保管廊安全运行。要满足各类管线独立运行维护和安全管理需要,避免产生相互干扰。

三、有序建设

(六) 划定建设区域

从 2015 年起,城市新区、各类园区、成片开发区域的新建道路要根据功能需求,同步建设地下综合管廊;老城区要结合旧城更新、道路改造、河道治理、地下空间开发等,因地制宜、统筹安排地下综合管廊建设。在交通流量较大、地下管线密集的城市道路、轨道交通、地下综合体等地段,城市高强度开发区、重要公共空间、主要道路交叉口、道路与铁路或河流的交叉处,以及道路宽度难以单独敷设多种管线的路段,要优先建设地下综合管廊。加快既有地面城市电网、通信网络等架空线入地工程。

(七) 明确实施主体

鼓励由企业投资建设和运营管理地下综合管廊。创新投融资模式,推广运用政府和社会资本合作(PPP)模式,通过特许经营、投资补贴、贷款贴息等形式,鼓励社会资本组建项目公司参与城市地下综合管廊建设和运营管理,优化合同管理,确保项目合理稳定回报。优先鼓励入廊管线单位共同组建或与社会资本合作组建股份制公司,或在城市人民政府指导下组成地下综合管廊业主委员会,公开招标选择建设和运营管理单位。积极培育大型专业化地下综合管廊建设和运营管理企业,支持企业跨地区开展业务,提供系统、规范的服务。

(八) 确保质量安全

严格履行法定的项目建设程序,规范招投标行为,落实工程建设各方质量安全主体责任,切实把加强质量安全监管贯穿于规划、建设、运营全过程,建设单位要按规定及时报送工程档案。建立地下综合管廊工程质量终身责任永久性标牌制度,接受社会监督。根据地下综合管廊结构类型、受力条件、使用要求和所处环境等因素,考虑耐久性、可靠性和经济性,科学选择工程材料,主要材料宜采用高性能混凝土和高强钢筋。推进地下综合管廊主体结构构件标准化,积极推广应用预制拼装技术,提高工程质量和安全水平,同时有效带动工业构件生产、施工设备制造等相关产业发展。

四、严格管理

(九) 明确入廊要求

城市规划区范围内的各类管线原则上应敷设于地下空间。已建设地下综合管廊的区域,该区域内的所有管线必须入廊。在地下综合管廊以外的位置新建管线的,规划部门不予许可审批,建设部门不予施工许可审批,市政道路部门不予掘路许可审批。既有管线应根据实际情况逐步有序迁移至地下综合管廊。各行业主管部门和有关企业要积极配合城市人民政府做好各自管线入廊工作。

（十）实行有偿使用

入廊管线单位应向地下综合管廊建设运营单位交纳入廊费和日常维护费,具体收费标准要统筹考虑建设和运营、成本和收益的关系,由地下综合管廊建设运营单位与入廊管线单位根据市场化原则共同协商确定。入廊费主要根据地下综合管廊本体及附属设施建设成本,以及各入廊管线单独敷设和更新改造成本确定。日常维护费主要根据地下综合管廊本体及附属设施维修、更新等维护成本,以及管线占用地下综合管廊空间比例、对附属设施使用强度等因素合理确定。公益性文化企业的有线电视网入廊,有关收费标准可适当给予优惠。由发展改革委会同住房城乡建设部制定指导意见,引导规范供需双方协商确定地下综合管廊收费标准,形成合理的收费机制。在地下综合管廊运营初期不能通过收费弥补成本的,地方人民政府视情给予必要的财政补贴。

（十一）提高管理水平

城市人民政府要制定地下综合管廊具体管理办法,加强工作指导与监督。地下综合管廊运营单位要完善管理制度,与入廊管线单位签订协议,明确入廊管线种类、时间、费用和责权利等内容,确保地下综合管廊正常运行。地下综合管廊本体及附属设施管理由地下综合管廊建设运营单位负责,入廊管线的设施维护及日常管理由各管线单位负责。管廊建设运营单位与入廊管线单位要分工明确,各司其职,相互配合,做好突发事件处置和应急管理等工作。

五、支持政策

（十二）加大政府投入

中央财政要发挥"四两拨千斤"的作用,积极引导地下综合管廊建设,通过现有渠道统筹安排资金予以支持。地方各级人民政府要进一步加大地下综合管廊建设资金投入。省级人民政府要加强地下综合管廊建设资金的统筹,城市人民政府要在年度预算和建设计划中优先安排地下综合管廊项目,并纳入地方政府采购范围。有条件的城市人民政府可对地下综合管廊项目给予贷款贴息。

（十三）完善融资支持

将地下综合管廊建设作为国家重点支持的民生工程,充分发挥开发性金融作用,鼓励相关金融机构积极加大对地下综合管廊建设的信贷支持力度。鼓励银行业金融机构在风险可控、商业可持续的前提下,为地下综合管廊项目提供中长期信贷支持,积极开展特许经营权、收费权和购买服务协议预期收益等担保创新类贷款业务,加大对地下综合管廊项目的支持力度。将地下综合管廊建设列入专项金融债支持范围予以长期投资。支持符合条件的地下综合管廊建设运营企业发行企业债券和项目收益票据,专项用于地下综合管廊建设项目。

城市人民政府是地下综合管廊建设管理工作的责任主体,要加强组织领导,明确主管部门,建立协调机制,扎实推进具体工作;要将地下综合管廊建设纳入政府绩效考核体系,建立有效的督查制度,定期对地下综合管廊建设工作进行督促检查。住房城乡建设部要会同有关部门建立推进地下综合管廊建设工作协调机制,组织设立地下综合管廊专家委员会;抓好地下综合管廊试点工作,尽快形成一批可复制、可推广的示范项目,经验成熟后有效推开,并加强对全国地下综合管廊建设管理工作的指导和监督检查。各管线行业主管部门、管理单位等要各司其职,密切配合,共同有序推动地下综合管廊建设。中央企业、省属企业要配合城市人民政府做好所属管线入地入廊工作。

国务院办公厅

2015 年 8 月 3 日

(十五)《关于落实建设工程安全生产监理责任的若干意见》(建市〔2006〕 248 号)

各省、自治区建设厅,直辖市建委,山东、江苏省建管局,新疆生产建设兵团建设局,国务院有关部门,总后基建营房部工程管理局,国资委管理的有关企业,有关行业协会:

为了认真贯彻《建设工程安全生产管理条例》(以下简称《条例》),指导和督促工程监理单位(以下简称"监理单位")落实安全生产监理责任,做好建设工程安全生产的监理工作(以下简称"安全监理"),切实加强建设工程安全生产管理,提出如下意见:

一、建设工程安全监理的主要工作内容

监理单位应当按照法律、法规和工程建设强制性标准及监理委托合同实施监理,对所监理工程的施工安全生产进行监督检查,具体内容包括:

(一)施工准备阶段安全监理的主要工作内容

1. 监理单位应根据《条例》的规定,按照工程建设强制性标准、《建设工程监理规范》(GB 50319)和相关行业监理规范的要求,编制包括安全监理内容的项目监理规划,明确安全监理的范围、内容、工作程序和制度措施,以及人员配备计划和职责等。

2. 对中型及以上项目和《条例》第二十六条规定的危险性较大的分部分项工程,监理单位应当编制监理实施细则。实施细则应当明确安全监理的方法、措施和控制要点,以及对施工单位安全技术措施的检查方案。

3. 审查施工单位编制的施工组织设计中的安全技术措施和危险性较大的分部分项工程安全专项施工方案是否符合工程建设强制性标准要求。审查的主要内容应当包括:

(1) 施工单位编制的地下管线保护措施方案是否符合强制性标准要求;

(2) 基坑支护与降水、土方开挖与边坡防护、模板、起重吊装、脚手架、拆除、爆破等分部分项工程的专项施工方案是否符合强制性标准要求;

(3) 施工现场临时用电施工组织设计或者安全用电技术措施和电气防火措施是否符合强制性标准要求;

(4) 冬季、雨季等季节性施工方案的制定是否符合强制性标准要求;

(5) 施工总平面布置图是否符合安全生产的要求,办公、宿舍、食堂、道路等临时设施设置以及排水、防火措施是否符合强制性标准要求。

4. 检查施工单位在工程项目上的安全生产规章制度和安全监管机构的建立、健全及专职安全生产管理人员配备情况，督促施工单位检查各分包单位的安全生产规章制度的建立情况。

5. 审查施工单位资质和安全生产许可证是否合法有效。

6. 审查项目经理和专职安全生产管理人员是否具备合法资格，是否与投标文件相一致。

7. 审核特种作业人员的特种作业操作资格证书是否合法有效。

8. 审核施工单位应急救援预案和安全防护措施费用使用计划。

（二）施工阶段安全监理的主要工作内容

1. 监督施工单位按照施工组织设计中的安全技术措施和专项施工方案组织施工，及时制止违规施工作业。

2. 定期巡视检查施工过程中的危险性较大工程作业情况。

3. 核查施工现场施工起重机械、整体提升脚手架、模板等自升式架设设施和安全设施的验收手续。

4. 检查施工现场各种安全标志和安全防护措施是否符合强制性标准要求，并检查安全生产费用的使用情况。

5. 督促施工单位进行安全自查工作，并对施工单位自查情况进行抽查，参加建设单位组织的安全生产专项检查。

二、建设工程安全监理的工作程序

（一）监理单位按照《建设工程监理规范》和相关行业监理规范要求，编制含有安全监理内容的监理规划和监理实施细则。

（二）在施工准备阶段，监理单位审查核验施工单位提交的有关技术文件及资料，并由项目总监在有关技术文件报审表上签署意见；审查未通过的，安全技术措施及专项施工方案不得实施。

（三）在施工阶段，监理单位应对施工现场安全生产情况进行巡视检查，对发现的各类安全事故隐患，应书面通知施工单位，并督促其立即整改；情况严重的，监理单位应及时下达工程暂停令，要求施工单位停工整改，并同时报告建设单位。安全事故隐患消除后，监理单位应检查整改结果，签署复查或复工意见。施工单位拒不整改或不停工整改的，监理单位应当及时向工程所在地建设主管部门或工程项目的行业主管部门报告，以电话形式报告的，应当有通话记录，并及时补充书面报告。检查、整改、复查、报告等情况应记载在监理日志、监理月报中。

监理单位应核查施工单位提交的施工起重机械、整体提升脚手架、模板等自升式架设设施和安全设施等验收记录，并由安全监理人员签收备案。

（四）工程竣工后，监理单位应将有关安全生产的技术文件、验收记录、监理规划、监理实施细则、监理月报、监理会议纪要及相关书面通知等按规定立卷归档。

三、建设工程安全生产的监理责任

（一）监理单位应对施工组织设计中的安全技术措施或专项施工方案进行审查，未进行审查的，监理单位应承担《条例》第五十七条规定的法律责任。

施工组织设计中的安全技术措施或专项施工方案未经监理单位审查签字认可，施工单位擅自施工的,监理单位应及时下达工程暂停令,并将情况及时书面报告建设单位。监理单位未及时下达工程暂停令并报告的,应承担《条例》第五十七条规定的法律责任。

（二）监理单位在监理巡视检查过程中,发现存在安全事故隐患的,应按照有关规定及时下达书面指令要求施工单位进行整改或停止施工。监理单位发现安全事故隐患没有及时下达书面指令要求施工单位进行整改或停止施工的,应承担《条例》第五十七条规定的法律责任。

（三）施工单位拒绝按照监理单位的要求进行整改或者停止施工的,监理单位应及时将情况向当地建设主管部门或工程项目的行业主管部门报告。监理单位没有及时报告,应承担《条例》第五十七条规定的法律责任。

（四）监理单位未依照法律、法规和工程建设强制性标准实施监理的,应当承担《条例》第五十七条规定的法律责任。

监理单位履行了上述规定的职责,施工单位未执行监理指令继续施工或发生安全事故的,应依法追究监理单位以外的其他相关单位和人员的法律责任。

四、落实安全生产监理责任的主要工作

（一）健全监理单位安全监理责任制。监理单位法定代表人应对本企业监理工程项目的安全监理全面负责。总监理工程师要对工程项目的安全监理负责,并根据工程项目特点,明确监理人员的安全监理职责。

（二）完善监理单位安全生产管理制度。在健全审查核验制度、检查验收制度和督促整改制度基础上,完善工地例会制度及资料归档制度。定期召开工地例会,针对薄弱环节,提出整改意见,并督促落实;指定专人负责监理内业资料的整理、分类及立卷归档。

（三）建立监理人员安全生产教育培训制度。监理单位的总监理工程师和安全监理人员需经安全生产教育培训后方可上岗,其教育培训情况记入个人继续教育档案。

各级建设主管部门和有关主管部门应当加强建设工程安全生产管理工作的监督检查,督促监理单位落实安全生产监理责任,对监理单位实施安全监理给予支持和指导,共同督促施工单位加强安全生产管理,防止安全事故的发生。

中华人民共和国建设部
二〇〇六年十月十六日

（十六）住房城乡建设部关于印发《建设单位项目负责人质量安全责任八项规定(试行)》等四个规定的通知(建市〔2015〕35 号)

各省、自治区住房城乡建设厅,直辖市建委、北京市规委、新疆生产建设兵团建设局:

为进一步落实建筑工程各方主体项目负责人的质量安全责任,我部制定了《建设单位项目负责人质量安全责任八项规定(试行)》、《建筑工程勘察单位项目负责人质量安全责任七项规定(试行)》、《建筑工程设计单位项目负责人质量安全责任七项规定(试行)》、《建筑工程项目总监理工程师质量安全责任六项规定(试行)》。现印发给你们,请遵照执行。执行中的问题和建议,请反馈我部建筑市场监管司、工程质量安全监管司。

中华人民共和国住房和城乡建设部

2015 年 3 月 6 日

建筑工程项目总监理工程师质量安全责任六项规定(试行)摘录

建筑工程项目总监理工程师(以下简称项目总监)是指经工程监理单位法定代表人授权,代表工程监理单位主持建筑工程项目的全面监理工作并对其承担终身责任的人员。建筑工程项目开工前,监理单位法定代表人应当签署授权书,明确项目总监。项目总监应当严格执行以下规定并承担相应责任:

一、项目监理工作实行项目总监负责制。项目总监应当按规定取得注册执业资格;不得违反规定受聘于两个及以上单位从事执业活动。

二、项目总监应当在岗履职。应当组织审查施工单位提交的施工组织设计中的安全技术措施或者专项施工方案,并监督施工单位按已批准的施工组织设计中的安全技术措施或者专项施工方案组织施工;应当组织审查施工单位报审的分包单位资格,督促施工单位落实劳务人员持证上岗制度;发现施工单位存在转包和违法分包的,应当及时向建设单位和有关主管部门报告。

三、工程监理单位应当选派具备相应资格的监理人员进驻项目现场,项目总监应当组织项目监理人员采取旁站、巡视和平行检验等形式实施工程监理,按照规定对施工单位报审的建筑材料、建筑构配件和设备进行检查,不得将不合格的建筑材料、建筑构配件和设备按合格签字。

四、项目总监发现施工单位未按照设计文件施工、违反工程建设强制性标准施工或者发生质量事故的,应当按照建设工程监理规范规定及时签发工程暂停令。

五、在实施监理过程中,发现存在安全事故隐患的,项目总监应当要求施工单位整改;情况严重的,应当要求施工单位暂时停止施工,并及时报告建设单位;施工单位拒不整改或者不停止施工的,项目总监应当及时向有关主管部门报告,主管部门接到项目总监报告后,应当及时处理。

六、项目总监应当审查施工单位的竣工申请,并参加建设单位组织的工程竣工验收,不得将不合格工程按照合格签认。

项目总监责任的落实不免除工程监理单位和其他监理人员按照法律法规和监理合同应当承担和履行的相应责任。

各级住房城乡建设主管部门应当加强对项目总监履职情况的监督检查,发现存在违反上述规定的,依照相关法律法规和规章实施行政处罚或处理(建筑工程项目总监理工程师质量安全违法违规行为行政处罚规定见附件)。应当建立健全监理企业和项目总监的信用档案,将其违法违规行为及处罚处理结果记入信用档案,并在建筑市场监管与诚信信息发布平台上公布。

附件:建筑工程项目总监理工程师质量安全违法违规行为行政处罚规定

附件

建筑工程项目总监理工程师质量安全违法违规行为行政处罚规定

一、违反第一项规定的行政处罚

项目总监未按规定取得注册执业资格的,按照《注册监理工程师管理规定》第二十九条规定对项目总监实施行政处罚。项目总监违反规定受聘于两个及以上单位并执业的,按照《注册监理工程师管理规定》第三十一条规定对项目总监实施行政处罚。

二、违反第二项规定的行政处罚

项目总监未按规定组织审查施工单位提交的施工组织设计中的安全技术措施或者专项施工方案,按照《建设工程安全生产管理条例》第五十七条规定对监理单位实施行政处罚;按照《建设工程安全生产管理条例》第五十八条规定对项目总监实施行政处罚。

三、违反第三项规定的行政处罚

项目总监未按规定组织项目监理机构人员采取旁站、巡视和平行检验等形式实施监理造成质量事故的,按照《建设工程质量管理条例》第七十二条规定对项目总监实施行政处罚。项目总监将不合格的建筑材料、建筑构配件和设备按合格签字的,按照《建设工程质量管理条例》第六十七条规定对监理单位实施行政处罚;按照《建设工程质量管理条例》第七十三条规定对项目总监实施行政处罚。

四、违反第四项规定的行政处罚

项目总监发现施工单位未按照法律法规以及有关技术标准、设计文件和建设工程承包合同施工未要求施工单位整改,造成质量事故的,按照《建设工程质量管理条例》第七十二条规定对项目总监实施行政处罚。

五、违反第五项规定的行政处罚

项目总监发现存在安全事故隐患,未要求施工单位整改;情况严重的,未要求施工单位暂时停止施工,未及时报告建设单位;施工单位拒不整改或者不停止施工,未及时向有关主管部门报告的,按照《建设工程安全生产管理条例》第五十七条规定对监理单位实施行政处罚;按照《建设工程安全生产管理条例》第五十八条规定对项目总监实施行政处罚。

六、违反第六项规定的行政处罚

项目总监未按规定审查施工单位的竣工申请,未参加建设单位组织的工程竣工验收的,按照《注册监理工程师管理规定》第三十一条规定对项目总监实施行政处罚。项目总监将不合格工程按照合格签认的,按照《建设工程质量管理条例》第六十七条规定对监理单位实施行政处罚;按照《建设工程质量管理条例》第七十三条规定对项目总监实施行政处罚。

(十七) 住房城乡建设部关于印发《建筑施工项目经理质量安全责任十项规定(试行)》的通知(建质〔2014〕123 号)

各省、自治区住房城乡建设厅,直辖市建委,新疆生产建设兵团建设局:

为进一步落实建筑施工项目经理质量安全责任,保证工程质量安全,我部制定了《建筑施工项目经理质量安全责任十项规定(试行)》。现印发给你们,请遵照执行。执行中的问题和建议,请反馈我部工程质量安全监管司。

中华人民共和国住房和城乡建设部

2014 年 8 月 25 日

建筑施工项目经理质量安全责任十项规定(试行)

一、建筑施工项目经理(以下简称项目经理)必须按规定取得相应执业资格和安全生产考核合格证书;合同约定的项目经理必须在岗履职,不得违反规定同时在两个及两个以上的工程项目担任项目经理。

二、项目经理必须对工程项目施工质量安全负全责,负责建立质量安全管理体系,负责配备专职质量、安全等施工现场管理人员,负责落实质量安全责任制、质量安全管理规章制度和操作规程。

三、项目经理必须按照工程设计图纸和技术标准组织施工,不得偷工减料;负责组织编制施工组织设计,负责组织制定质量安全技术措施,负责组织编制、论证和实施危险性较大分部分项工程专项施工方案;负责组织质量安全技术交底。

四、项目经理必须组织对进入现场的建筑材料、构配件、设备、预拌混凝土等进行检验,未经检验或检验不合格,不得使用;必须组织对涉及结构安全的试块、试件以及有关材料进行取样检测,送检试样不得弄虚作假,不得篡改或者伪造检测报告,不得明示或暗示检测机构出具虚假检测报告。

五、项目经理必须组织做好隐蔽工程的验收工作,参加地基基础、主体结构等分部工程的验收,参加单位工程和工程竣工验收;必须在验收文件上签字,不得签署虚假文件。

六、项目经理必须在起重机械安装、拆卸,模板支架搭设等危险性较大分部分项工程施工期间现场带班;必须组织起重机械、模板支架等使用前验收,未经验收或验收不合格,不得使用;必须组织起重机械使用过程日常检查,不得使用安全保护装置失效的起重机械。

七、项目经理必须将安全生产费用足额用于安全防护和安全措施,不得挪作他用;作业人员未配备安全防护用具,不得上岗;严禁使用国家明令淘汰、禁止使用的危及施工质量安全的工艺、设备、材料。

八、项目经理必须定期组织质量安全隐患排查,及时消除质量安全隐患;必须落实住房城乡建设主管部门和工程建设相关单位提出的质量安全隐患整改要求,在隐患整改报告上签字。

九、项目经理必须组织对施工现场作业人员进行岗前质量安全教育,组织审核建筑施工特种作业人员操作资格证书,未经质量安全教育和无证人员不得上岗。

十、项目经理必须按规定报告质量安全事故,立即启动应急预案,保护事故现场,开展应急救援。

建筑施工企业应当定期或不定期对项目经理履职情况进行检查,发现项目经理履职不到位的,及时予以纠正;必要时,按照规定程序更换符合条件的项目经理。

住房城乡建设主管部门应当加强对项目经理履职情况的动态监管,在检查中发现项目经理违反上述规定的,依照相关法律法规和规章实施行政处罚(建筑施工项目经理质量安全违法违规行为行政处罚规定见附件1),同时对相应违法违规行为实行记分管理(建筑施工项目经理质量安全违法违规行为记分管理规定见附件2),行政处罚及记分情况应当在建筑市场监管与诚信信息发布平台上公布。

附件:1. 建筑施工项目经理质量安全违法违规行为行政处罚规定
2. 建筑施工项目经理质量安全违法违规行为记分管理规定

附件1

建筑施工项目经理质量安全违法违规行为行政处罚规定

一、违反第一项规定的行政处罚

(一)未按规定取得建造师执业资格注册证书担任大中型工程项目经理的,对项目经理按照《注册建造师管理规定》第35条规定实施行政处罚。

(二)未取得安全生产考核合格证书担任项目经理的,对施工单位按照《建设工程安全生产管理条例》第62条规定实施行政处罚,对项目经理按照《建设工程安全生产管理条例》第58条或第66条规定实施行政处罚。

(三)违反规定同时在两个及两个以上工程项目担任项目经理的,对项目经理按照《注册建造师管理规定》第37条规定实施行政处罚。

二、违反第二项规定的行政处罚

(一)未落实项目安全生产责任制,或者未落实质量安全管理规章制度和操作规程的,对项目经理按照《建设工程安全生产管理条例》第58条或第66条规定实施行政处罚。

(二)未按规定配备专职安全生产管理人员的,对施工单位按照《建设工程安全生产管理条例》第62条规定实施行政处罚,对项目经理按照《建设工程安全生产管理条例》第58条或第66条规定实施行政处罚。

三、违反第三项规定的行政处罚

(一)未按照工程设计图纸和技术标准组织施工的,对施工单位按照《建设工程质量管理条例》第64条规定实施行政处罚;对项目经理按照《建设工程质量管理条例》第73条规定实施行政处罚。

(二)在施工组织设计中未编制安全技术措施的,对施工单位按照《建设工程安全生产管理条例》第65条规定实施行政处罚;对项目经理按照《建设工程安全生产管理条例》第58条或第66条规定实施行政处罚。

(三)未编制危险性较大分部分项工程专项施工方案的,对施工单位按照《建设工程安全生产管理条例》第65条规定实施行政处罚;对项目经理按照《建设工程安全生产管理条例》第58条或第66条规定实施行政处罚。

(四)未进行安全技术交底的,对施工单位按照《建设工程安全生产管理条例》第64条规定实施行政处罚;对项目经理按照《建设工程安全生产管理条例》第58条或第66条规定实施行政处罚。

四、违反第四项规定的行政处罚

(一)未对进入现场的建筑材料、建筑构配件、设备、预拌混凝土等进行检验的,对施工单位按照《建设工程质量管理条例》第65条规定实施行政处罚;对项目经理按照《建设工程质量管理条例》第73条规定实施行政处罚。

（二）使用不合格的建筑材料、建筑构配件、设备的，对施工单位按照《建设工程质量管理条例》第64条规定实施行政处罚；对项目经理按照《建设工程质量管理条例》第73条规定实施行政处罚。

（三）未对涉及结构安全的试块、试件以及有关材料取样检测的，对施工单位按照《建设工程质量管理条例》第65条规定实施行政处罚；对项目经理按照《建设工程质量管理条例》第73条规定实施行政处罚。

五、违反第五项规定的行政处罚

（一）未参加分部工程、单位工程和工程竣工验收的，对施工单位按照《建设工程质量管理条例》第64条规定实施行政处罚；对项目经理按照《建设工程质量管理条例》第73条规定实施行政处罚。

（二）签署虚假文件的，对项目经理按照《注册建造师管理规定》第37条规定实施行政处罚。

六、违反第六项规定的行政处罚

使用未经验收或者验收不合格的起重机械的，对施工单位按照《建设工程安全生产管理条例》第65条规定实施行政处罚；对项目经理按照《建设工程安全生产管理条例》第58条或第66条规定实施行政处罚。

七、违反第七项规定的行政处罚

（一）挪用安全生产费用的，对施工单位按照《建设工程安全生产管理条例》第63条规定实施行政处罚；对项目经理按照《建设工程安全生产管理条例》第58条或第66条规定实施行政处罚。

（二）未向作业人员提供安全防护用具的，对施工单位按照《建设工程安全生产管理条例》第62条规定实施行政处罚；对项目经理按照《建设工程安全生产管理条例》第58条或第66条规定实施行政处罚。

（三）使用国家明令淘汰、禁止使用的危及施工安全的工艺、设备、材料的，对施工单位按照《建设工程安全生产管理条例》第62条规定实施行政处罚；对项目经理按照《建设工程安全生产管理条例》第58条或第66条规定实施行政处罚。

八、违反第八项规定的行政处罚

对建筑安全事故隐患不采取措施予以消除的，对施工单位按照《中华人民共和国建筑法》第71条规定实施行政处罚，对项目经理按照《建设工程安全生产管理条例》第58条或第66条规定实施行政处罚。

九、违反第九项规定的行政处罚

作业人员或者特种作业人员未经安全教育培训或者经考核不合格即从事相关工作的，对施工单位按照《建设工程安全生产管理条例》第62条规定实施行政处罚；对项目经理按照《建设工程安全生产管理条例》第58条或第66条规定实施行政处罚。

十、违反第十项规定的行政处罚

未按规定报告生产安全事故的，对项目经理按照《建设工程安全生产管理条例》第58条或第66条规定实施行政处罚。

附件 2

建筑施工项目经理质量安全违法违规行为记分管理规定

一、建筑施工项目经理(以下简称项目经理)质量安全违法违规行为记分周期为 12 个月,满分为 12 分。自项目经理所负责的工程项目取得"建筑工程施工许可证"之日起计算。

二、依据项目经理质量安全违法违规行为的类别以及严重程度,一次记分的分值分为 12 分、6 分、3 分、1 分四种。

三、项目经理有下列行为之一的,一次记 12 分:

(一)超越执业范围或未取得安全生产考核合格证书担任项目经理的;

(二)执业资格证书或安全生产考核合格证书过期仍担任项目经理的;

(三)因未履行安全生产管理职责或未执行法律法规、工程建设强制性标准造成质量安全事故的;

(四)谎报、瞒报质量安全事故的;

(五)发生质量安全事故后故意破坏事故现场或未开展应急救援的。

四、项目经理有下列行为之一的,一次记 6 分:

(一)违反规定同时在两个或两个以上工程项目上担任项目经理的;

(二)未按照工程设计图纸和施工技术标准组织施工的;

(三)未按规定组织编制、论证和实施危险性较大分部分项工程专项施工方案的;

(四)未按规定组织对涉及结构安全的试块、试件以及有关材料进行见证取样的;

(五)送检试样弄虚作假的;

(六)篡改或者伪造检测报告的;

(七)明示或暗示检测机构出具虚假检测报告的;

(八)未参加分部工程验收,或未参加单位工程和工程竣工验收的;

(九)签署虚假文件的;

(十)危险性较大分部分项工程施工期间未在现场带班的;

(十一)未组织起重机械、模板支架等使用前验收的;

(十二)使用安全保护装置失效的起重机械的;

(十三)使用国家明令淘汰、禁止使用的危及施工质量安全的工艺、设备、材料的;

(十四)未组织落实住房城乡建设主管部门和工程建设相关单位提出的质量安全隐患整改要求的。

五、项目经理有下列行为之一的,一次记 3 分:

(一)合同约定的项目经理未在岗履职的;

(二)未按规定组织对进入现场的建筑材料、构配件、设备、预拌混凝土等进行检验的;

(三)未按规定组织做好隐蔽工程验收的;

(四)挪用安全生产费用的;

(五)现场作业人员未配备安全防护用具上岗作业的;

(六)未组织质量安全隐患排查,或隐患排查治理不到位的;

(七)特种作业人员无证上岗作业的;

(八)作业人员未经质量安全教育上岗作业的。

六、项目经理有下列行为之一的,一次记 1 分:

（一）未按规定配备专职质量、安全管理人员的；

（二）未落实质量安全责任制的；

（三）未落实企业质量安全管理规章制度和操作规程的；

（四）未按规定组织编制施工组织设计或制定质量安全技术措施的；

（五）未组织实施质量安全技术交底的；

（六）未按规定在验收文件或隐患整改报告上签字，或由他人代签的。

七、工程所在地住房城乡建设主管部门在检查中发现项目经理有质量安全违法违规行为的，应当责令其改正，并按本规定进行记分；在一次检查中发现项目经理有两个及以上质量安全违法违规行为的，应当分别记分，累加分值。

八、项目经理在一个记分周期内累积记分超过 6 分的，工程所在地住房城乡建设主管部门应当对其负责的工程项目实施重点监管，增加监督执法抽查频次。

九、项目经理在一个记分周期内累积记分达到 12 分的，住房城乡建设主管部门应当依法责令该项目经理停止执业 1 年；情节严重的，吊销执业资格证书，5 年内不予注册；造成重大质量安全事故的，终身不予注册。项目经理在停止执业期间，应当接受住房城乡建设主管部门组织的质量安全教育培训，其所属施工单位应当按规定程序更换符合条件的项目经理。

十、各省、自治区、直辖市人民政府住房城乡建设主管部门可以根据本办法，结合本地区实际制定实施细则。

（十八）住房城乡建设部关于印发《建筑工程五方责任主体项目负责人质量终身责任追究暂行办法》的通知（建质〔2014〕124 号）

各省、自治区住房城乡建设厅，直辖市建委（规委），新疆生产建设兵团建设局：

为贯彻《建设工程质量管理条例》，强化工程质量终身责任落实，现将《建筑工程五方责任主体项目负责人质量终身责任追究暂行办法》印发给你们，请认真贯彻执行。

中华人民共和国住房和城乡建设部

2014 年 8 月 25 日

建筑工程五方责任主体项目负责人质量终身责任追究暂行办法

第一条　为加强房屋建筑和市政基础设施工程（以下简称建筑工程）质量管理，提高质量责任意识，强化质量责任追究，保证工程建设质量，根据《中华人民共和国建筑法》、《建设工程质量管理条例》等法律法规，制定本办法。

第二条　建筑工程五方责任主体项目负责人是指承担建筑工程项目建设的建设单位项目负责人、勘察单位项目负责人、设计单位项目负责人、施工单位项目经理、监理单位总监理工程师。

建筑工程开工建设前，建设、勘察、设计、施工、监理单位法定代表人应当签署授权书，明确本单位项目负责人。

第三条 建筑工程五方责任主体项目负责人质量终身责任,是指参与新建、扩建、改建的建筑工程项目负责人按照国家法律法规和有关规定,在工程设计使用年限内对工程质量承担相应责任。

第四条 国务院住房城乡建设主管部门负责对全国建筑工程项目负责人质量终身责任追究工作进行指导和监督管理。

县级以上地方人民政府住房城乡建设主管部门负责对本行政区域内的建筑工程项目负责人质量终身责任追究工作实施监督管理。

第五条 建设单位项目负责人对工程质量承担全面责任,不得违法发包、肢解发包,不得以任何理由要求勘察、设计、施工、监理单位违反法律法规和工程建设标准,降低工程质量,其违法违规或不当行为造成工程质量事故或质量问题应当承担责任。

勘察、设计单位项目负责人应当保证勘察设计文件符合法律法规和工程建设强制性标准的要求,对因勘察、设计导致的工程质量事故或质量问题承担责任。

施工单位项目经理应当按照经审查合格的施工图设计文件和施工技术标准进行施工,对因施工导致的工程质量事故或质量问题承担责任。

监理单位总监理工程师应当按照法律法规、有关技术标准、设计文件和工程承包合同进行监理,对施工质量承担监理责任。

第六条 符合下列情形之一的,县级以上地方人民政府住房城乡建设主管部门应当依法追究项目负责人的质量终身责任:

(一)发生工程质量事故;

(二)发生投诉、举报、群体性事件、媒体报道并造成恶劣社会影响的严重工程质量问题;

(三)由于勘察、设计或施工原因造成尚在设计使用年限内的建筑工程不能正常使用;

(四)存在其他需追究责任的违法违规行为。

第七条 工程质量终身责任实行书面承诺和竣工后永久性标牌等制度。

第八条 项目负责人应当在办理工程质量监督手续前签署工程质量终身责任承诺书,连同法定代表人授权书,报工程质量监督机构备案。项目负责人如有更换的,应当按规定办理变更程序,重新签署工程质量终身责任承诺书,连同法定代表人授权书,报工程质量监督机构备案。

第九条 建筑工程竣工验收合格后,建设单位应当在建筑物明显部位设置永久性标牌,载明建设、勘察、设计、施工、监理单位名称和项目负责人姓名。

第十条 建设单位应当建立建筑工程各方主体项目负责人质量终身责任信息档案,工程竣工验收合格后移交城建档案管理部门。项目负责人质量终身责任信息档案包括下列内容:

(一)建设、勘察、设计、施工、监理单位项目负责人姓名,身份证号码,执业资格,所在单位,变更情况等;

(二)建设、勘察、设计、施工、监理单位项目负责人签署的工程质量终身责任承诺书;

(三)法定代表人授权书。

第十一条 发生本办法第六条所列情形之一的,对建设单位项目负责人按以下方式进行责任追究:

（一）项目负责人为国家公职人员的，将其违法违规行为告知其上级主管部门及纪检监察部门，并建议对项目负责人给予相应的行政、纪律处分；

（二）构成犯罪的，移送司法机关依法追究刑事责任；

（三）处单位罚款数额 5% 以上 10% 以下的罚款；

（四）向社会公布曝光。

第十二条　发生本办法第六条所列情形之一的，对勘察单位项目负责人、设计单位项目负责人按以下方式进行责任追究：

（一）项目负责人为注册建筑师、勘察设计注册工程师的，责令停止执业 1 年；造成重大质量事故的，吊销执业资格证书，5 年以内不予注册；情节特别恶劣的，终身不予注册；

（二）构成犯罪的，移送司法机关依法追究刑事责任；

（三）处单位罚款数额 5% 以上 10% 以下的罚款；

（四）向社会公布曝光。

第十三条　发生本办法第六条所列情形之一的，对施工单位项目经理按以下方式进行责任追究：

（一）项目经理为相关注册执业人员的，责令停止执业 1 年；造成重大质量事故的，吊销执业资格证书，5 年以内不予注册；情节特别恶劣的，终身不予注册；

（二）构成犯罪的，移送司法机关依法追究刑事责任；

（三）处单位罚款数额 5% 以上 10% 以下的罚款；

（四）向社会公布曝光。

第十四条　发生本办法第六条所列情形之一的，对监理单位总监理工程师按以下方式进行责任追究：

（一）责令停止注册监理工程师执业 1 年；造成重大质量事故的，吊销执业资格证书，5 年以内不予注册；情节特别恶劣的，终身不予注册；

（二）构成犯罪的，移送司法机关依法追究刑事责任；

（三）处单位罚款数额 5% 以上 10% 以下的罚款；

（四）向社会公布曝光。

第十五条　住房城乡建设主管部门应当及时公布项目负责人质量责任追究情况，将其违法违规等不良行为及处罚结果记入个人信用档案，给予信用惩戒。

鼓励住房城乡建设主管部门向社会公开项目负责人终身质量责任承诺等质量责任信息。

第十六条　项目负责人因调动工作等原因离开原单位后，被发现在原单位工作期间违反国家法律法规、工程建设标准及有关规定，造成所负责项目发生工程质量事故或严重质量问题的，仍应按本办法第十一条、第十二条、第十三条、第十四条规定依法追究相应责任。

项目负责人已退休的，被发现在工作期间违反国家法律法规、工程建设标准及有关规定，造成所负责项目发生工程质量事故或严重质量问题的，仍应按本办法第十一条、第十二条、第十三条、第十四条规定依法追究相应责任，且不得返聘从事相关技术工作。项目负责人为国家公职人员的，根据其承担责任依法应当给予降级、撤职、开除处分的，按照规定相应降低或取消其享受的待遇。

第十七条 工程质量事故或严重质量问题相关责任单位已被撤销、注销、吊销营业执照或者宣告破产的,仍应按本办法第十一条、第十二条、第十三条、第十四条规定依法追究项目负责人的责任。

第十八条 违反法律法规规定,造成工程质量事故或严重质量问题的,除依照本办法规定追究项目负责人终身责任外,还应依法追究相关责任单位和责任人员的责任。

第十九条 省、自治区、直辖市住房城乡建设主管部门可以根据本办法,制定实施细则。

第二十条 本办法自印发之日起施行。

(十九) 关于印发《危险性较大的分部分项工程安全管理办法》的通知(建质〔2009〕87 号)

各省、自治区住房和城乡建设厅,直辖市建委,江苏省、山东省建管局,新疆生产建设兵团建设局,中央管理的建筑企业:

为进一步规范和加强对危险性较大的分部分项工程安全管理,积极防范和遏制建筑施工生产安全事故的发生,我们组织修订了《危险性较大的分部分项工程安全管理办法》,现印发给你们,请遵照执行。

中华人民共和国住房和城乡建设部

二〇〇九年五月十三日

危险性较大的分部分项工程安全管理办法

第一条 为加强对危险性较大的分部分项工程安全管理,明确安全专项施工方案编制内容,规范专家论证程序,确保安全专项施工方案实施,积极防范和遏制建筑施工生产安全事故的发生,依据《建设工程安全生产管理条例》及相关安全生产法律法规制定本办法。

第二条 本办法适用于房屋建筑和市政基础设施工程(以下简称"建筑工程")的新建、改建、扩建、装修和拆除等建筑安全生产活动及安全管理。

第三条 本办法所称危险性较大的分部分项工程是指建筑工程在施工过程中存在的、可能导致作业人员群死群伤或造成重大不良社会影响的分部分项工程。危险性较大的分部分项工程范围见附件一。

危险性较大的分部分项工程安全专项施工方案(以下简称"专项方案"),是指施工单位在编制施工组织(总)设计的基础上,针对危险性较大的分部分项工程单独编制的安全技术措施文件。

第四条 建设单位在申请领取施工许可证或办理安全监督手续时,应当提供危险性较大的分部分项工程清单和安全管理措施。施工单位、监理单位应当建立危险性较大的分部分项工程安全管理制度。

第五条 施工单位应当在危险性较大的分部分项工程施工前编制专项方案;对于超过

一定规模的危险性较大的分部分项工程,施工单位应当组织专家对专项方案进行论证。超过一定规模的危险性较大的分部分项工程范围见附件二。

第六条 建筑工程实行施工总承包的,专项方案应当由施工总承包单位组织编制。其中,起重机械安装拆卸工程、深基坑工程、附着式升降脚手架等专业工程实行分包的,其专项方案可由专业承包单位组织编制。

第七条 专项方案编制应当包括以下内容:

(一)工程概况:危险性较大的分部分项工程概况、施工平面布置、施工要求和技术保证条件。

(二)编制依据:相关法律、法规、规范性文件、标准、规范及图纸(国标图集)、施工组织设计等。

(三)施工计划:包括施工进度计划、材料与设备计划。

(四)施工工艺技术:技术参数、工艺流程、施工方法、检查验收等。

(五)施工安全保证措施:组织保障、技术措施、应急预案、监测监控等。

(六)劳动力计划:专职安全生产管理人员、特种作业人员等。

(七)计算书及相关图纸。

第八条 专项方案应当由施工单位技术部门组织本单位施工技术、安全、质量等部门的专业技术人员进行审核。经审核合格的,由施工单位技术负责人签字。实行施工总承包的,专项方案应当由总承包单位技术负责人及相关专业承包单位技术负责人签字。

不需专家论证的专项方案,经施工单位审核合格后报监理单位,由项目总监理工程师审核签字。

第九条 超过一定规模的危险性较大的分部分项工程专项方案应当由施工单位组织召开专家论证会。实行施工总承包的,由施工总承包单位组织召开专家论证会。

下列人员应当参加专家论证会:

(一)专家组成员;

(二)建设单位项目负责人或技术负责人;

(三)监理单位项目总监理工程师及相关人员;

(四)施工单位分管安全的负责人、技术负责人、项目负责人、项目技术负责人、专项方案编制人员、项目专职安全生产管理人员;

(五)勘察、设计单位项目技术负责人及相关人员。

第十条 专家组成员应当由 5 名及以上符合相关专业要求的专家组成。

本项目参建各方的人员不得以专家身份参加专家论证会。

第十一条 专家论证的主要内容:

(一)专项方案内容是否完整、可行;

(二)专项方案计算书和验算依据是否符合有关标准规范;

(三)安全施工的基本条件是否满足现场实际情况。

专项方案经论证后,专家组应当提交论证报告,对论证的内容提出明确的意见,并在论证报告上签字。该报告作为专项方案修改完善的指导意见。

第十二条 施工单位应当根据论证报告修改完善专项方案,并经施工单位技术负责人、项目总监理工程师、建设单位项目负责人签字后,方可组织实施。

实行施工总承包的,应当由施工总承包单位、相关专业承包单位技术负责人签字。

第十三条 专项方案经论证后需做重大修改的,施工单位应当按照论证报告修改,并重新组织专家进行论证。

第十四条 施工单位应当严格按照专项方案组织施工,不得擅自修改、调整专项方案。

如因设计、结构、外部环境等因素发生变化确需修改的,修改后的专项方案应当按本办法第八条重新审核。对于超过一定规模的危险性较大工程的专项方案,施工单位应当重新组织专家进行论证。

第十五条 专项方案实施前,编制人员或项目技术负责人应当向现场管理人员和作业人员进行安全技术交底。

第十六条 施工单位应当指定专人对专项方案实施情况进行现场监督和按规定进行监测。发现不按照专项方案施工的,应当要求其立即整改;发现有危及人身安全紧急情况的,应当立即组织作业人员撤离危险区域。

施工单位技术负责人应当定期巡查专项方案实施情况。

第十七条 对于按规定需要验收的危险性较大的分部分项工程,施工单位、监理单位应当组织有关人员进行验收。验收合格的,经施工单位项目技术负责人及项目总监理工程师签字后,方可进入下一道工序。

第十八条 监理单位应当将危险性较大的分部分项工程列入监理规划和监理实施细则,应当针对工程特点、周边环境和施工工艺等,制定安全监理工作流程、方法和措施。

第十九条 监理单位应当对专项方案实施情况进行现场监理;对不按专项方案实施的,应当责令整改,施工单位拒不整改的,应当及时向建设单位报告;建设单位接到监理单位报告后,应当立即责令施工单位停工整改;施工单位仍不停工整改的,建设单位应当及时向住房城乡建设主管部门报告。

第二十条 各地住房城乡建设主管部门应当按专业类别建立专家库。专家库的专业类别及专家数量应根据本地实际情况设置。

专家名单应当予以公示。

第二十一条 专家库的专家应当具备以下基本条件:

(一)诚实守信、作风正派、学术严谨;

(二)从事专业工作15年以上或具有丰富的专业经验;

(三)具有高级专业技术职称。

第二十二条 各地住房城乡建设主管部门应当根据本地区实际情况,制定专家资格审查办法和管理制度并建立专家诚信档案,及时更新专家库。

第二十三条 建设单位未按规定提供危险性较大的分部分项工程清单和安全管理措施,未责令施工单位停工整改的,未向住房城乡建设主管部门报告的;施工单位未按规定编制、实施专项方案的;监理单位未按规定审核专项方案或未对危险性较大的分部分项工程实施监理的;住房城乡建设主管部门应当依据有关法律法规予以处罚。

第二十四条 各地住房城乡建设主管部门可结合本地区实际,依照本办法制定实施细则。

第二十五条 本办法自颁布之日起实施。原《关于印发〈建筑施工企业安全生产管理机构设置及专职安全生产管理人员配备办法〉和〈危险性较大工程安全专项施工方案编制及专家论证审查办法〉的通知》(建质〔2004〕213 号)中的《危险性较大工程安全专项施工方案编制及专家论证审查办法》废止。

附件一:危险性较大的分部分项工程范围

附件二:超过一定规模的危险性较大的分部分项工程范围

附件一

危险性较大的分部分项工程范围

一、基坑支护、降水工程

开挖深度超过 3 m(含 3 m)或虽未超过 3 m 但地质条件和周边环境复杂的基坑(槽)支护、降水工程。

二、土方开挖工程

开挖深度超过 3 m(含 3 m)的基坑(槽)的土方开挖工程。

三、模板工程及支撑体系

(一)各类工具式模板工程:包括大模板、滑模、爬模、飞模等工程。

(二)混凝土模板支撑工程:搭设高度 5 m 及以上;搭设跨度 10 m 及以上;施工总荷载 10 kN/m^2 及以上;集中线荷载 15 kN/m 及以上;高度大于支撑水平投影宽度且相对独立无联系构件的混凝土模板支撑工程。

(三)承重支撑体系:用于钢结构安装等满堂支撑体系。

四、起重吊装及安装拆卸工程

(一)采用非常规起重设备、方法,且单件起吊重量在 10 kN 及以上的起重吊装工程。

(二)采用起重机械进行安装的工程。

(三)起重机械设备自身的安装、拆卸。

五、脚手架工程

(一)搭设高度 24 m 及以上的落地式钢管脚手架工程。

(二)附着式整体和分片提升脚手架工程。

(三)悬挑式脚手架工程。

(四)吊篮脚手架工程。

(五)自制卸料平台、移动操作平台工程。

(六)新型及异型脚手架工程。

六、拆除、爆破工程

(一)建筑物、构筑物拆除工程。

(二)采用爆破拆除的工程。

七、其他

(一)建筑幕墙安装工程。

(二)钢结构、网架和索膜结构安装工程。

(三)人工挖扩孔桩工程。

(四)地下暗挖、顶管及水下作业工程。

(五)预应力工程。

（六）采用新技术、新工艺、新材料、新设备及尚无相关技术标准的危险性较大的分部分项工程。

附件二
超过一定规模的危险性较大的分部分项工程范围

一、深基坑工程

（一）开挖深度超过 5 m（含 5 m）的基坑（槽）的土方开挖、支护、降水工程。

（二）开挖深度虽未超过 5 m，但地质条件、周围环境和地下管线复杂，或影响毗邻建筑（构筑）物安全的基坑（槽）的土方开挖、支护、降水工程。

二、模板工程及支撑体系

（一）工具式模板工程：包括滑模、爬模、飞模工程。

（二）混凝土模板支撑工程：搭设高度 8 m 及以上；搭设跨度 18 m 及以上；施工总荷载 15 kN/m² 及以上；集中线荷载 20 kN/m 及以上。

（三）承重支撑体系：用于钢结构安装等满堂支撑体系，承受单点集中荷载 700 kg 以上。

三、起重吊装及安装拆卸工程

（一）采用非常规起重设备、方法，且单件起吊重量在 100 kN 及以上的起重吊装工程。

（二）起重量 300 kN 及以上的起重设备安装工程；高度 200 m 及以上内爬起重设备的拆除工程。

四、脚手架工程

（一）搭设高度 50 m 及以上落地式钢管脚手架工程。

（二）提升高度 150 m 及以上附着式整体和分片提升脚手架工程。

（三）架体高度 20 m 及以上悬挑式脚手架工程。

五、拆除、爆破工程

（一）采用爆破拆除的工程。

（二）码头、桥梁、高架、烟囱、水塔或拆除中容易引起有毒有害气（液）体或粉尘扩散、易燃易爆事故发生的特殊建、构筑物的拆除工程。

（三）可能影响行人、交通、电力设施、通讯设施或其他建、构筑物安全的拆除工程。

（四）文物保护建筑、优秀历史建筑或历史文化风貌区控制范围的拆除工程。

六、其他

（一）施工高度 50 m 及以上的建筑幕墙安装工程。

（二）跨度大于 36 m 及以上的钢结构安装工程；跨度大于 60 m 及以上的网架和索膜结构安装工程。

（三）开挖深度超过 16 m 的人工挖孔桩工程。

（四）地下暗挖工程、顶管工程、水下作业工程。

（五）采用新技术、新工艺、新材料、新设备及尚无相关技术标准的危险性较大的分部分项工程。

（二十）关于印发《建设工程高大模板支撑系统施工安全监督管理导则》的通知（建质〔2009〕254 号）

各省、自治区住房和城乡建设厅,直辖市建委(建设交通委),江苏省、山东省建管局,新疆生产建设兵团建设局,中央管理的建筑企业:

为进一步规范和加强对建设工程高大模板支撑系统施工安全的监督管理,积极预防和控制建筑生产安全事故,我们组织制定了《建设工程高大模板支撑系统施工安全监督管理导则》,现印发给你们,请遵照执行。

中华人民共和国住房和城乡建设部

二〇〇九年十月二十六日

建设工程高大模板支撑系统施工安全监督管理导则

1　总则

1.1　为预防建设工程高大模板支撑系统(以下简称高大模板支撑系统)坍塌事故,保证施工安全,依据《建设工程安全生产管理条例》及相关安全生产法律法规、标准规范,制定本导则。

1.2　本导则适用于房屋建筑和市政基础设施建设工程高大模板支撑系统的施工安全监督管理。

1.3　本导则所称高大模板支撑系统是指建设工程施工现场混凝土构件模板支撑高度超过 8 m,或搭设跨度超过 18 m,或施工总荷载大于 15 kN/m²,或集中线荷载大于 20 kN/m 的模板支撑系统。

1.4　高大模板支撑系统施工应严格遵循安全技术规范和专项方案规定,严密组织,责任落实,确保施工过程的安全。

2　方案管理

2.1　方案编制

2.1.1　施工单位应依据国家现行相关标准规范,由项目技术负责人组织相关专业技术人员,结合工程实际,编制高大模板支撑系统的专项施工方案。

2.1.2　专项施工方案应当包括以下内容:

(一)编制说明及依据:相关法律、法规、规范性文件、标准、规范及图纸(国标图集)、施工组织设计等。

(二)工程概况:高大模板工程特点、施工平面及立面布置、施工要求和技术保证条件,具体明确支模区域、支模标高、高度、支模范围内的梁截面尺寸、跨度、板厚、支撑的地基情况等。

(三)施工计划:施工进度计划、材料与设备计划等。

(四)施工工艺技术:高大模板支撑系统的基础处理、主要搭设方法、工艺要求、材料的力学性能指标、构造设置以及检查、验收要求等。

（五）施工安全保证措施：模板支撑体系搭设及混凝土浇筑区域管理人员组织机构、施工技术措施、模板安装和拆除的安全技术措施、施工应急救援预案，模板支撑系统在搭设、钢筋安装、混凝土浇捣过程中及混凝土终凝前后模板支撑体系位移的监测监控措施等。

（六）劳动力计划：包括专职安全生产管理人员、特种作业人员的配置等。

（七）计算书及相关图纸：验算项目及计算内容包括模板、模板支撑系统的主要结构强度和截面特征及各项荷载设计值及荷载组合，梁、板模板支撑系统的强度和刚度计算，梁板下立杆稳定性计算，立杆基础承载力验算，支撑系统支撑层承载力验算，转换层下支撑层承载力验算等。每项计算列出计算简图和截面构造大样图，注明材料尺寸、规格、纵横支撑间距。

附图包括支模区域立杆、纵横水平杆平面布置图，支撑系统立面图、剖面图，水平剪刀撑布置平面图及竖向剪刀撑布置投影图，梁板支模大样图，支撑体系监测平面布置图及连墙件布设位置及节点大样图等。

2.2 审核论证

2.2.1 高大模板支撑系统专项施工方案，应先由施工单位技术部门组织本单位施工技术、安全、质量等部门的专业技术人员进行审核，经施工单位技术负责人签字后，再按照相关规定组织专家论证。下列人员应参加专家论证会：

（一）专家组成员；

（二）建设单位项目负责人或技术负责人；

（三）监理单位项目总监理工程师及相关人员；

（四）施工单位分管安全的负责人、技术负责人、项目负责人、项目技术负责人、专项方案编制人员、项目专职安全管理人员；

（五）勘察、设计单位项目技术负责人及相关人员。

2.2.2 专家组成员应当由 5 名及以上符合相关专业要求的专家组成。本项目参建各方的人员不得以专家身份参加专家论证会。

2.2.3 专家论证的主要内容包括：

（一）方案是否依据施工现场的实际施工条件编制；方案、构造、计算是否完整、可行；

（二）方案计算书、验算依据是否符合有关标准规范；

（三）安全施工的基本条件是否符合现场实际情况。

2.2.4 施工单位根据专家组的论证报告，对专项施工方案进行修改完善，并经施工单位技术负责人、项目总监理工程师、建设单位项目负责人批准签字后，方可组织实施。

2.2.5 监理单位应编制安全监理实施细则，明确对高大模板支撑系统的重点审核内容、检查方法和频率要求。

3 验收管理

3.1 高大模板支撑系统搭设前，应由项目技术负责人组织对需要处理或加固的地基、基础进行验收，并留存记录。

3.2 高大模板支撑系统的结构材料应按以下要求进行验收、抽检和检测，并留存记录、资料。

3.2.1 施工单位应对进场的承重杆件、连接件等材料的产品合格证、生产许可证、检测报告进行复核，并对其表面观感、重量等物理指标进行抽检。

3.2.2　对承重杆件的外观抽检数量不得低于搭设用量的30％,发现质量不符合标准、情况严重的,要进行100％的检验,并随机抽取外观检验不合格的材料(由监理见证取样)送法定专业检测机构进行检测。

3.2.3　采用钢管扣件搭设高大模板支撑系统时,还应对扣件螺栓的紧固力矩进行抽查,抽查数量应符合《建筑施工扣件式钢管脚手架安全技术规范》(JGJ 130)的规定,对梁底扣件应进行100％检查。

3.3　高大模板支撑系统应在搭设完成后,由项目负责人组织验收,验收人员应包括施工单位和项目两级技术人员、项目安全、质量、施工人员,监理单位的总监和专业监理工程师。验收合格,经施工单位项目技术负责人及项目总监理工程师签字后,方可进入后续工序的施工。

4　施工管理

4.1　一般规定

4.1.1　高大模板支撑系统应优先选用技术成熟的定型化、工具式支撑体系。

4.1.2　搭设高大模板支撑架体的作业人员必须经过培训,取得建筑施工脚手架特种作业操作资格证书后方可上岗。其他相关施工人员应掌握相应的专业知识和技能。

4.1.3　高大模板支撑系统搭设前,项目工程技术负责人或方案编制人员应当根据专项施工方案和有关规范、标准的要求,对现场管理人员、操作班组、作业人员进行安全技术交底,并履行签字手续。

安全技术交底的内容应包括模板支撑工程工艺、工序、作业要点和搭设安全技术要求等内容,并保留记录。

4.1.4　作业人员应严格按规范、专项施工方案和安全技术交底书的要求进行操作,并正确配戴相应的劳动防护用品。

4.2　搭设管理

4.2.1　高大模板支撑系统的地基承载力、沉降等应能满足方案设计要求。如遇松软土、回填土,应根据设计要求进行平整、夯实,并采取防水、排水措施,按规定在模板支撑立柱底部采用具有足够强度和刚度的垫板。

4.2.2　对于高大模板支撑体系,其高度与宽度相比大于两倍的独立支撑系统,应加设保证整体稳定的构造措施。

4.2.3　高大模板工程搭设的构造要求应当符合相关技术规范要求,支撑系统立柱接长严禁搭接;应设置扫地杆、纵横向支撑及水平垂直剪刀撑,并与主体结构的墙、柱牢固拉接。

4.2.4　搭设高度2 m以上的支撑架体应设置作业人员登高措施。作业面应按有关规定设置安全防护设施。

4.2.5　模板支撑系统应为独立的系统,禁止与物料提升机、施工升降机、塔吊等起重设备钢结构架体机身及其附着设施相连接;禁止与施工脚手架、物料周转料平台等架体相连接。

4.3　使用与检查

4.3.1　模板、钢筋及其他材料等施工荷载应均匀堆置,放平放稳。施工总荷载不得超过模板支撑系统设计荷载要求。

4.3.2 模板支撑系统在使用过程中，立柱底部不得松动悬空，不得任意拆除任何杆件，不得松动扣件，也不得用作缆风绳的拉接。

4.3.3 施工过程中检查项目应符合下列要求：

（一）立柱底部基础应回填夯实；

（二）垫木应满足设计要求；

（三）底座位置应正确，顶托螺杆伸出长度应符合规定；

（四）立柱的规格尺寸和垂直度应符合要求，不得出现偏心荷载；

（五）扫地杆、水平拉杆、剪刀撑等设置应符合规定，固定可靠；

（六）安全网和各种安全防护设施符合要求。

4.4 混凝土浇筑

4.4.1 混凝土浇筑前，施工单位项目技术负责人、项目总监确认具备混凝土浇筑的安全生产条件后，签署混凝土浇筑令，方可浇筑混凝土。

4.4.2 框架结构中，柱和梁板的混凝土浇筑顺序，应按先浇筑柱混凝土，后浇筑梁板混凝土的顺序进行。浇筑过程应符合专项施工方案要求，并确保支撑系统受力均匀，避免引起高大模板支撑系统的失稳倾斜。

4.4.3 浇筑过程应有专人对高大模板支撑系统进行观测，发现有松动、变形等情况，必须立即停止浇筑，撤离作业人员，并采取相应的加固措施。

4.5 拆除管理

4.5.1 高大模板支撑系统拆除前，项目技术负责人、项目总监应核查混凝土同条件试块强度报告，浇筑混凝土达到拆模强度后方可拆除，并履行拆模审批签字手续。

4.5.2 高大模板支撑系统的拆除作业必须自上而下逐层进行，严禁上下层同时拆除作业，分段拆除的高度不应大于两层。设有附墙连接的模板支撑系统，附墙连接必须随支撑架体逐层拆除，严禁先将附墙连接全部或数层拆除后再拆支撑架体。

4.5.3 高大模板支撑系统拆除时，严禁将拆卸的杆件向地面抛掷，应有专人传递至地面，并按规格分类均匀堆放。

4.5.4 高大模板支撑系统搭设和拆除过程中，地面应设置围栏和警戒标志，并派专人看守，严禁非操作人员进入作业范围。

5 监督管理

5.1 施工单位应严格按照专项施工方案组织施工。高大模板支撑系统搭设、拆除及混凝土浇筑过程中，应有专业技术人员进行现场指导，设专人负责安全检查，发现险情，立即停止施工并采取应急措施，排除险情后，方可继续施工。

5.2 监理单位对高大模板支撑系统的搭设、拆除及混凝土浇筑实施巡视检查，发现安全隐患应责令整改，对施工单位拒不整改或拒不停止施工的，应当及时向建设单位报告。

5.3 建设主管部门及监督机构应将高大模板支撑系统作为建设工程安全监督重点，加强对方案审核论证、验收、检查、监控程序的监督。

6 附则

6.1 建设工程高大模板支撑系统施工安全监督管理，除执行本导则的规定外，还应符合国家现行有关法律法规和标准规范的规定。

（二十一）关于印发《建筑施工特种作业人员管理规定》的通知（建质〔2008〕75号）

各省、自治区建设厅，直辖市建委，江苏省、山东省建管局，新疆生产建设兵团建设局：

现将《建筑施工特种作业人员管理规定》印发给你们，请结合本地区实际贯彻执行。

中华人民共和国住房和城乡建设部

二〇〇八年四月十八日

建筑施工特种作业人员管理规定

第一章　总　　则

第一条　为加强对建筑施工特种作业人员的管理，防止和减少生产安全事故，根据《安全生产许可证条例》、《建筑起重机械安全监督管理规定》等法规规章，制定本规定。

第二条　建筑施工特种作业人员的考核、发证、从业和监督管理，适用本规定。

本规定所称建筑施工特种作业人员是指在房屋建筑和市政工程施工活动中，从事可能对本人、他人及周围设备设施的安全造成重大危害作业的人员。

第三条　建筑施工特种作业包括：

（一）建筑电工；

（二）建筑架子工；

（三）建筑起重信号司索工；

（四）建筑起重机械司机；

（五）建筑起重机械安装拆卸工；

（六）高处作业吊篮安装拆卸工；

（七）经省级以上人民政府建设主管部门认定的其他特种作业。

第四条　建筑施工特种作业人员必须经建设主管部门考核合格，取得建筑施工特种作业人员操作资格证书（以下简称"资格证书"），方可上岗从事相应作业。

第五条　国务院建设主管部门负责全国建筑施工特种作业人员的监督管理工作。

省、自治区、直辖市人民政府建设主管部门负责本行政区域内建筑施工特种作业人员的监督管理工作。

第二章　考　　核

第六条　建筑施工特种作业人员的考核发证工作，由省、自治区、直辖市人民政府建设主管部门或其委托的考核发证机构（以下简称"考核发证机关"）负责组织实施。

第七条　考核发证机关应当在办公场所公布建筑施工特种作业人员申请条件、申请程序、工作时限、收费依据和标准等事项。

考核发证机关应当在考核前在机关网站或新闻媒体上公布考核科目、考核地点、考核时间和监督电话等事项。

第八条　申请从事建筑施工特种作业的人员，应当具备下列基本条件：

（一）年满 18 周岁且符合相关工种规定的年龄要求；

（二）经医院体检合格且无妨碍从事相应特种作业的疾病和生理缺陷；

（三）初中及以上学历；

（四）符合相应特种作业需要的其他条件。

第九条 符合本规定第八条规定的人员应当向本人户籍所在地或者从业所在地考核发证机关提出申请，并提交相关证明材料。

第十条 考核发证机关应当自收到申请人提交的申请材料之日起 5 个工作日内依法作出受理或者不予受理决定。

对于受理的申请，考核发证机关应当及时向申请人核发准考证。

第十一条 建筑施工特种作业人员的考核内容应当包括安全技术理论和实际操作。

考核大纲由国务院建设主管部门制定。

第十二条 考核发证机关应当自考核结束之日起 10 个工作日内公布考核成绩。

第十三条 考核发证机关对于考核合格的，应当自考核结果公布之日起 10 个工作日内颁发资格证书；对于考核不合格的，应当通知申请人并说明理由。

第十四条 资格证书应当采用国务院建设主管部门规定的统一样式，由考核发证机关编号后签发。资格证书在全国通用。

资格证书样式见附件一，编号规则见附件二。

第三章 从 业

第十五条 持有资格证书的人员，应当受聘于建筑施工企业或者建筑起重机械出租单位（以下简称用人单位），方可从事相应的特种作业。

第十六条 用人单位对于首次取得资格证书的人员，应当在其正式上岗前安排不少于 3 个月的实习操作。

第十七条 建筑施工特种作业人员应当严格按照安全技术标准、规范和规程进行作业，正确佩戴和使用安全防护用品，并按规定对作业工具和设备进行维护保养。

建筑施工特种作业人员应当参加年度安全教育培训或者继续教育，每年不得少于 24 小时。

第十八条 在施工中发生危及人身安全的紧急情况时，建筑施工特种作业人员有权立即停止作业或者撤离危险区域，并向施工现场专职安全生产管理人员和项目负责人报告。

第十九条 用人单位应当履行下列职责：

（一）与持有效资格证书的特种作业人员订立劳动合同；

（二）制定并落实本单位特种作业安全操作规程和有关安全管理制度；

（三）书面告知特种作业人员违章操作的危害；

（四）向特种作业人员提供齐全、合格的安全防护用品和安全的作业条件；

（五）按规定组织特种作业人员参加年度安全教育培训或者继续教育，培训时间不少于 24 小时；

（六）建立本单位特种作业人员管理档案；

（七）查处特种作业人员违章行为并记录在档；

（八）法律法规及有关规定明确的其他职责。

第二十条　任何单位和个人不得非法涂改、倒卖、出租、出借或者以其他形式转让资格证书。

第二十一条　建筑施工特种作业人员变动工作单位,任何单位和个人不得以任何理由非法扣押其资格证书。

第四章　延 期 复 核

第二十二条　资格证书有效期为两年。有效期满需要延期的,建筑施工特种作业人员应当于期满前3个月内向原考核发证机关申请办理延期复核手续。延期复核合格的,资格证书有效期延期2年。

第二十三条　建筑施工特种作业人员申请延期复核,应当提交下列材料:

（一）身份证（原件和复印件）;

（二）体检合格证明;

（三）年度安全教育培训证明或者继续教育证明;

（四）用人单位出具的特种作业人员管理档案记录;

（五）考核发证机关规定提交的其他资料。

第二十四条　建筑施工特种作业人员在资格证书有效期内,有下列情形之一的,延期复核结果为不合格:

（一）超过相关工种规定年龄要求的;

（二）身体健康状况不再适应相应特种作业岗位的;

（三）对生产安全事故负有责任的;

（四）2年内违章操作记录达3次（含3次）以上的;

（五）未按规定参加年度安全教育培训或者继续教育的;

（六）考核发证机关规定的其他情形。

第二十五条　考核发证机关在收到建筑施工特种作业人员提交的延期复核资料后,应当根据以下情况分别作出处理:

（一）对于属于本规定第二十四条情形之一的,自收到延期复核资料之日起5个工作日内作出不予延期决定,并说明理由;

（二）对于提交资料齐全且无本规定第二十四条情形的,自受理之日起10个工作日内办理准予延期复核手续,并在证书上注明延期复核合格,并加盖延期复核专用章。

第二十六条　考核发证机关应当在资格证书有效期满前按本规定第二十五条作出决定;逾期未作出决定的,视为延期复核合格。

第五章　监 督 管 理

第二十七条　考核发证机关应当制定建筑施工特种作业人员考核发证管理制度,建立本地区建筑施工特种作业人员档案。

县级以上地方人民政府建设主管部门应当监督检查建筑施工特种作业人员从业活动,查处违章作业行为并记录在档。

第二十八条　考核发证机关应当在每年年底向国务院建设主管部门报送建筑施工特种作业人员考核发证和延期复核情况的年度统计信息资料。

第二十九条　有下列情形之一的,考核发证机关应当撤销资格证书:

（一）持证人弄虚作假骗取资格证书或者办理延期复核手续的;

（二）考核发证机关工作人员违法核发资格证书的;

（三）考核发证机关规定应当撤销资格证书的其他情形。

第三十条 有下列情形之一的,考核发证机关应当注销资格证书:

（一）依法不予延期的;

（二）持证人逾期未申请办理延期复核手续的;

（三）持证人死亡或者不具有完全民事行为能力的;

（四）考核发证机关规定应当注销的其他情形。

第六章 附 则

第三十一条 省、自治区、直辖市人民政府建设主管部门可结合本地区实际情况制定实施细则,并报国务院建设主管部门备案。

第三十二条 本办法自 2008 年 6 月 1 日起施行。

附件一:建筑施工特种作业操作资格证书样式(略)

附件二:建筑施工特种作业操作资格证书编号规则(略)

(二十二) 关于印发《关于进一步规范房屋建筑和市政工程生产安全事故报告和调查处理工作的若干意见》的通知(建质〔2007〕257 号)

各省、自治区建设厅,直辖市建委,江苏省、山东省建管局,新疆生产建设兵团建设局:

为贯彻落实《生产安全事故报告和调查处理条例》(国务院令第 493 号),规范房屋建筑和市政工程生产安全事故报告和调查处理工作,我们制定了《关于进一步规范房屋建筑和市政工程生产安全事故报告和调查处理工作的若干意见》,现印发给你们,请认真贯彻执行。

中华人民共和国建设部

二○○七年十一月九日

关于进一步规范房屋建筑和市政工程生产安全事故报告和调查处理工作的若干意见

为认真贯彻落实《生产安全事故报告和调查处理条例》(国务院令第 493 号,以下简称《条例》),规范房屋建筑和市政工程生产安全事故报告和调查处理工作,现提出如下意见:

一、事故等级划分

（一）特别重大事故,是指造成 30 人以上死亡,或者 100 人以上重伤,或者 1 亿元以上直接经济损失的事故;

（二）重大事故,是指造成 10 人以上 30 人以下死亡,或者 50 人以上 100 人以下重伤,或者 5000 万元以上 1 亿元以下直接经济损失的事故;

（三）较大事故,是指造成 3 人以上 10 人以下死亡,或者 10 人以上 50 人以下重伤,或者 1 000 万元以上 5 000 万元以下直接经济损失的事故;

（四）一般事故,是指造成 3 人以下死亡,或者 10 人以下重伤,或者 1 000 万元以下 100 万元以上直接经济损失的事故。

本等级划分所称的"以上"包括本数,所称的"以下"不包括本数。

二、事故报告

（一）施工单位事故报告要求

事故发生后,事故现场有关人员应当立即向施工单位负责人报告;施工单位负责人接到报告后,应当于1小时内向事故发生地县级以上人民政府建设主管部门和有关部门报告。

情况紧急时,事故现场有关人员可以直接向事故发生地县级以上人民政府建设主管部门和有关部门报告。

实行施工总承包的建设工程,由总承包单位负责上报事故。

（二）建设主管部门事故报告要求

1. 建设主管部门接到事故报告后,应当依照下列规定上报事故情况,并通知安全生产监督管理部门、公安机关、劳动保障行政主管部门、工会和人民检察院:

（1）较大事故、重大事故及特别重大事故逐级上报至国务院建设主管部门;

（2）一般事故逐级上报至省、自治区、直辖市人民政府建设主管部门;

（3）建设主管部门依照本条规定上报事故情况,应当同时报告本级人民政府。国务院建设主管部门接到重大事故和特别重大事故的报告后,应当立即报告国务院。

必要时,建设主管部门可以越级上报事故情况。

2. 建设主管部门按照本规定逐级上报事故情况时,每级上报的时间不得超过2小时。

3. 事故报告内容:

（1）事故发生的时间、地点和工程项目、有关单位名称;

（2）事故的简要经过;

（3）事故已经造成或者可能造成的伤亡人数（包括下落不明的人数）和初步估计的直接经济损失;

（4）事故的初步原因;

（5）事故发生后采取的措施及事故控制情况;

（6）事故报告单位或报告人员;

（7）其他应当报告的情况。

4. 事故报告后出现新情况,以及事故发生之日起30日内伤亡人数发生变化的,应当及时补报。

三、事故调查

（一）建设主管部门应当按照有关人民政府的授权或委托组织事故调查组对事故进行调查,并履行下列职责:

1. 核实事故项目基本情况,包括项目履行法定建设程序情况、参与项目建设活动各方主体履行职责的情况;

2. 查明事故发生的经过、原因、人员伤亡及直接经济损失,并依据国家有关法律法规和技术标准分析事故的直接原因和间接原因;

3. 认定事故的性质,明确事故责任单位和责任人员在事故中的责任;

4. 依照国家有关法律法规对事故的责任单位和责任人员提出处理建议;

5. 总结事故教训,提出防范和整改措施;

6. 提交事故调查报告。

（二）事故调查报告应当包括下列内容：

1. 事故发生单位概况；

2. 事故发生经过和事故救援情况；

3. 事故造成的人员伤亡和直接经济损失；

4. 事故发生的原因和事故性质；

5. 事故责任的认定和对事故责任者的处理建议；

6. 事故防范和整改措施。

事故调查报告应当附具有关证据材料，事故调查组成员应当在事故调查报告上签名。

四、事故处理

（一）建设主管部门应当依据有关人民政府对事故的批复和有关法律法规的规定，对事故相关责任者实施行政处罚。处罚权限不属本级建设主管部门的，应当在收到事故调查报告批复后 15 个工作日内，将事故调查报告（附具有关证据材料）、结案批复、本级建设主管部门对有关责任者的处理建议等转送有权限的建设主管部门。

（二）建设主管部门应当依照有关法律法规的规定，对因降低安全生产条件导致事故发生的施工单位给予暂扣或吊销安全生产许可证的处罚；对事故负有责任的相关单位给予罚款、停业整顿、降低资质等级或吊销资质证书的处罚。

（三）建设主管部门应当依照有关法律法规的规定，对事故发生负有责任的注册执业资格人员给予罚款、停止执业或吊销其注册执业资格证书的处罚。

五、事故统计

（一）建设主管部门除按上述规定上报生产安全事故外，还应当按照有关规定将一般及以上生产安全事故通过《建设系统安全事故和自然灾害快报系统》上报至国务院建设主管部门。

（二）对于经调查认定为非生产安全事故的，建设主管部门应在事故性质认定后 10 个工作日内将有关材料报上一级建设主管部门。

六、其他要求

事故发生地的建设主管部门接到事故报告后，其负责人应立即赶赴事故现场，组织事故救援。

发生一般及以上事故或领导对事故有批示要求的，设区的市级建设主管部门应派员赶赴现场了解事故有关情况。

发生较大及以上事故或领导对事故有批示要求的，省、自治区建设厅，直辖市建委应派员赶赴现场了解事故有关情况。

发生重大及以上事故或领导对事故有批示要求的，国务院建设主管部门应根据相关规定派员赶赴现场了解事故有关情况。

七、各地区可以根据本地实际情况制定实施细则

（二十三）住房城乡建设部关于印发《建筑工程施工转包违法分包等违法行为认定查处管理办法（试行）》的通知（建市〔2014〕118 号）

各省、自治区住房城乡建设厅，直辖市建委，新疆生产建设兵团建设局：

为了规范建筑工程施工承发包活动，保证工程质量和施工安全，有效遏制违法发包、转包、违法分包及挂靠等违法行为,维护建筑市场秩序和建设工程主要参与方的合法权益,我部制定了《建筑工程施工转包违法分包等违法行为认定查处管理办法(试行)》,现印发给你们,请遵照执行。在执行过程中遇到的问题,请及时报我部。

中华人民共和国住房和城乡建设部
2014 年 8 月 4 日

建筑工程施工转包违法分包等违法行为认定查处管理办法(试行)摘录

第四条　本办法所称违法发包,是指建设单位将工程发包给不具有相应资质条件的单位或个人,或者肢解发包等违反法律法规规定的行为。

第五条　存在下列情形之一的,属于违法发包:

(一)建设单位将工程发包给个人的;

(二)建设单位将工程发包给不具有相应资质或安全生产许可的施工单位的;

(三)未履行法定发包程序,包括应当依法进行招标未招标,应当申请直接发包未申请或申请未核准的;

(四)建设单位设置不合理的招投标条件,限制、排斥潜在投标人或者投标人的;

(五)建设单位将一个单位工程的施工分解成若干部分发包给不同的施工总承包或专业承包单位的;

(六)建设单位将施工合同范围内的单位工程或分部分项工程又另行发包的;

(七)建设单位违反施工合同约定,通过各种形式要求承包单位选择其指定分包单位的;

(八)法律法规规定的其他违法发包行为。

第六条　本办法所称转包,是指施工单位承包工程后,不履行合同约定的责任和义务,将其承包的全部工程或者将其承包的全部工程肢解后以分包的名义分别转给其他单位或个人施工的行为。

第七条　存在下列情形之一的,属于转包:

(一)施工单位将其承包的全部工程转给其他单位或个人施工的;

(二)施工总承包单位或专业承包单位将其承包的全部工程肢解以后,以分包的名义分别转给其他单位或个人施工的;

(三)施工总承包单位或专业承包单位未在施工现场设立项目管理机构或未派驻项目负责人、技术负责人、质量管理负责人、安全管理负责人等主要管理人员,不履行管理义务,未对该工程的施工活动进行组织管理的;

(四)施工总承包单位或专业承包单位不履行管理义务,只向实际施工单位收取费用,主要建筑材料、构配件及工程设备的采购由其他单位或个人实施的;

(五)劳务分包单位承包的范围是施工总承包单位或专业承包单位承包的全部工程,劳务分包单位计取的是除上缴给施工总承包单位或专业承包单位"管理费"之外的全部工程价款的;

(六)施工总承包单位或专业承包单位通过采取合作、联营、个人承包等形式或名义,直接或变相的将其承包的全部工程转给其他单位或个人施工的;

（七）法律法规规定的其他转包行为。

第八条　本办法所称违法分包，是指施工单位承包工程后违反法律法规规定或者施工合同关于工程分包的约定，把单位工程或分部分项工程分包给其他单位或个人施工的行为。

第九条　存在下列情形之一的，属于违法分包：

（一）施工单位将工程分包给个人的；

（二）施工单位将工程分包给不具备相应资质或安全生产许可的单位的；

（三）施工合同中没有约定，又未经建设单位认可，施工单位将其承包的部分工程交由其他单位施工的；

（四）施工总承包单位将房屋建筑工程的主体结构的施工分包给其他单位的，钢结构工程除外；

（五）专业分包单位将其承包的专业工程中非劳务作业部分再分包的；

（六）劳务分包单位将其承包的劳务再分包的；

（七）劳务分包单位除计取劳务作业费用外，还计取主要建筑材料款、周转材料款和大中型施工机械设备费用的；

（八）法律法规规定的其他违法分包行为。

第十条　本办法所称挂靠，是指单位或个人以其他有资质的施工单位的名义，承揽工程的行为。

前款所称承揽工程，包括参与投标、订立合同、办理有关施工手续、从事施工等活动。

第十一条　存在下列情形之一的，属于挂靠：

（一）没有资质的单位或个人借用其他施工单位的资质承揽工程的；

（二）有资质的施工单位相互借用资质承揽工程的，包括资质等级低的借用资质等级高的，资质等级高的借用资质等级低的，相同资质等级相互借用的；

（三）专业分包的发包单位不是该工程的施工总承包或专业承包单位的，但建设单位依约作为发包单位的除外；

（四）劳务分包的发包单位不是该工程的施工总承包、专业承包单位或专业分包单位的；

（五）施工单位在施工现场派驻的项目负责人、技术负责人、质量管理负责人、安全管理负责人中一人以上与施工单位没有订立劳动合同，或没有建立劳动工资或社会养老保险关系的；

（六）实际施工总承包单位或专业承包单位与建设单位之间没有工程款收付关系，或者工程款支付凭证上载明的单位与施工合同中载明的承包单位不一致，又不能进行合理解释并提供材料证明的；

（七）合同约定由施工总承包单位或专业承包单位负责采购或租赁的主要建筑材料、构配件及工程设备或租赁的施工机械设备，由其他单位或个人采购、租赁，或者施工单位不能提供有关采购、租赁合同及发票等证明，又不能进行合理解释并提供材料证明的；

（八）法律法规规定的其他挂靠行为。

第十二条　建设单位及监理单位发现施工单位有转包、违法分包及挂靠等违法行为的，应及时向工程所在地的县级以上人民政府住房城乡建设主管部门报告。

施工总承包单位或专业承包单位发现分包单位有违法分包及挂靠等违法行为，应及时向建设单位和工程所在地的县级以上人民政府住房城乡建设主管部门报告;发现建设单位有违法发包行为的,应及时向工程所在地的县级以上人民政府住房城乡建设主管部门报告。

其他单位和个人发现违法发包、转包、违法分包及挂靠等违法行为的,均可向工程所在地的县级以上人民政府住房城乡建设主管部门进行举报并提供相关证据或线索。

接到举报的住房城乡建设主管部门应当依法受理、调查、认定和处理,除无法告知举报人的情况外,应当及时将查处结果告知举报人。

第十八条 本办法自 2014 年 10 月 1 日起施行。住房城乡建设部之前发布的有关规定与本办法的规定不一致的,以本办法为准。

(二十四)住房城乡建设部关于印发《建筑业企业资质标准》的通知(建市〔2014〕159 号)

各省、自治区住房城乡建设厅,直辖市建委,新疆生产建设兵团建设局,国务院有关部门建设司,总后基建营房部工程管理局:

根据《中华人民共和国建筑法》,我部会同国务院有关部门制定了《建筑业企业资质标准》。现印发给你们,请遵照执行。

本标准自 2015 年 1 月 1 日起施行。原建设部印发的《建筑业企业资质等级标准》(建建〔2001〕82 号)同时废止。

中华人民共和国住房和城乡建设部

2014 年 11 月 6 日

建筑业企业资质标准(摘录)

一 总 则

为规范建筑市场秩序,加强建筑活动监管,保证建设工程质量安全,促进建筑业科学发展,根据《中华人民共和国建筑法》、《中华人民共和国行政许可法》、《建设工程质量管理条例》和《建设工程安全生产管理条例》等法律、法规,制定本资质标准。

一、资质分类

建筑业企业资质分为施工总承包、专业承包和施工劳务三个序列。其中施工总承包序列设有 12 个类别,一般分为 4 个等级(特级、一级、二级、三级);专业承包序列设有 36 个类别,一般分为 3 个等级(一级、二级、三级);施工劳务序列不分类别和等级。本标准包括建筑业企业资质各个序列、类别和等级的资质标准。

二、基本条件

具有法人资格的企业申请建筑业企业资质应具备下列基本条件:

(一)具有满足本标准要求的资产;

(二)具有满足本标准要求的注册建造师及其他注册人员、工程技术人员、施工现场管理人员和技术工人;

（三）具有满足本标准要求的工程业绩；

（四）具有必要的技术装备。

三、业务范围

（一）施工总承包工程应由取得相应施工总承包资质的企业承担。取得施工总承包资质的企业可以对所承接的施工总承包工程内各专业工程全部自行施工，也可以将专业工程依法进行分包。对设有资质的专业工程进行分包时，应分包给具有相应专业承包资质的企业。施工总承包企业将劳务作业分包时，应分包给具有施工劳务资质的企业。

（二）设有专业承包资质的专业工程单独发包时，应由取得相应专业承包资质的企业承担。取得专业承包资质的企业可以承接具有施工总承包资质的企业依法分包的专业工程或建设单位依法发包的专业工程。取得专业承包资质的企业应对所承接的专业工程全部自行组织施工，劳务作业可以分包，但应分包给具有施工劳务资质的企业。

（三）取得施工劳务资质的企业可以承接具有施工总承包资质或专业承包资质的企业分包的劳务作业。

（四）取得施工总承包资质的企业，可以从事资质证书许可范围内的相应工程总承包、工程项目管理等业务。

四、有关说明

（一）本标准"注册建造师或其他注册人员"是指取得相应的注册证书并在申请资质企业注册的人员；"持有岗位证书的施工现场管理人员"是指持有国务院有关行业部门认可单位颁发的岗位（培训）证书的施工现场管理人员，或按照相关行业标准规定，通过有关部门或行业协会职业能力评价，取得职业能力评价合格证书的人员；"经考核或培训合格的技术工人"是指经国务院有关行业部门、地方有关部门以及行业协会考核或培训合格的技术工人。

（二）本标准"企业主要人员"年龄限 60 周岁以下。

（三）本标准要求的职称是指工程序列职称。

（四）施工总承包资质标准中的"技术工人"包括企业直接聘用的技术工人和企业全资或控股的劳务企业的技术工人。

（五）本标准要求的工程业绩是指申请资质企业依法承揽并独立完成的工程业绩。

（六）本标准"配套工程"含厂/矿区内的自备电站、道路、专用铁路、通信、各种管网管线和相应建筑物、构筑物等全部配套工程。

（七）本标准的"以上"、"以下"、"不少于"、"超过"、"不超过"均包含本数。

（八）施工总承包特级资质标准另行制定。

二　标　　准

（一）施工总承包序列资质标准

施工总承包序列设有 12 个类别，分别是：建筑工程施工总承包、公路工程施工总承包、铁路工程施工总承包、港口与航道工程施工总承包、水利水电工程施工总承包、电力工程施工总承包、矿山工程施工总承包、冶金工程施工总承包、石油化工工程施工总承包、市政公用工程施工总承包、通信工程施工总承包、机电工程施工总承包。

资质标准（略）

（二）专业承包序列资质标准

专业承包序列设有 36 个类别，分别是：地基基础工程专业承包、起重设备安装工程专业承包、预拌混凝土专业承包、电子与智能化工程专业承包、消防设施工程专业承包、防水防腐保温工程专业承包、桥梁工程专业承包资质、隧道工程专业承包、钢结构工程专业承包、模板脚手架专业承包、建筑装修装饰工程专业承包、建筑机电安装工程专业承包、建筑幕墙工程专业承包、古建筑工程专业承包、城市及道路照明工程专业承包、公路路面工程专业承包、公路路基工程专业承包、公路交通工程专业承包、铁路电务工程专业承包、铁路铺轨架梁工程专业承包、铁路电气化工程专业承包、机场场道工程专业承包、民航空管工程及机场弱电系统工程专业承包、机场目视助航工程专业承包、港口与海岸工程专业承包、航道工程专业承包、通航建筑物工程专业承包、港航设备安装及水上交管工程专业承包、水工金属结构制作与安装工程专业承包、水利水电机电安装工程专业承包、河湖整治工程专业承包、输变电工程专业承包、核工程专业承包、海洋石油工程专业承包、环保工程专业承包、特种工程专业承包。

资质标准（略）

（三）施工劳务序列资质标准

施工劳务序列不分类别和等级。

资质标准（略）

（二十五）关于印发《建筑施工企业安全生产管理机构设置及专职安全生产管理人员配备办法》的通知（建质〔2008〕91号）

各省、自治区建设厅，直辖市建委，江苏、山东省建管局，新疆生产建设兵团建设局，中央管理的建筑企业：

为进一步规范建筑施工企业安全生产管理机构设置及专职安全生产管理人员配备，全面落实建筑施工企业安全生产主体责任，我们组织修订了《建筑施工企业安全生产管理机构设置及专职安全生产管理人员配备办法》，现印发给你们，请遵照执行。原《关于印发〈建筑施工企业安全生产管理机构设置及专职安全生产管理人员配备办法〉和〈危险性较大工程安全专项施工方案编制及专家论证审查办法〉的通知》（建质〔2004〕213号）中的《建筑施工企业安全生产管理机构设置及专职安全生产管理人员配备办法》同时废止。

中华人民共和国住房和城乡建设部

二〇〇八年五月十三日

建筑施工企业安全生产管理机构设置及专职安全生产管理人员配备办法

第一条　为规范建筑施工企业安全生产管理机构的设置，明确建筑施工企业和项目专职安全生产管理人员的配备标准，根据《中华人民共和国安全生产法》、《建设工程安全生产管理条例》、《安全生产许可证条例》及《建筑施工企业安全生产许可证管理规定》，制定本办法。

第二条　从事土木工程、建筑工程、线路管道和设备安装工程及装修工程的新建、改建、扩建和拆除等活动的建筑施工企业安全生产管理机构的设置及其专职安全生产管理人员的配备,适用本办法。

第三条 本办法所称安全生产管理机构是指建筑施工企业设置的负责安全生产管理工作的独立职能部门。

第四条 本办法所称专职安全生产管理人员是指经建设主管部门或者其他有关部门安全生产考核合格取得安全生产考核合格证书,并在建筑施工企业及其项目从事安全生产管理工作的专职人员。

第五条 建筑施工企业应当依法设置安全生产管理机构,在企业主要负责人的领导下开展本企业的安全生产管理工作。

第六条 建筑施工企业安全生产管理机构具有以下职责:

(一)宣传和贯彻国家有关安全生产法律法规和标准;

(二)编制并适时更新安全生产管理制度并监督实施;

(三)组织或参与企业生产安全事故应急救援预案的编制及演练;

(四)组织开展安全教育培训与交流;

(五)协调配备项目专职安全生产管理人员;

(六)制订企业安全生产检查计划并组织实施;

(七)监督在建项目安全生产费用的使用;

(八)参与危险性较大工程安全专项施工方案专家论证会;

(九)通报在建项目违规违章查处情况;

(十)组织开展安全生产评优评先表彰工作;

(十一)建立企业在建项目安全生产管理档案;

(十二)考核评价分包企业安全生产业绩及项目安全生产管理情况;

(十三)参加生产安全事故的调查和处理工作;

(十四)企业明确的其他安全生产管理职责。

第七条 建筑施工企业安全生产管理机构专职安全生产管理人员在施工现场检查过程中具有以下职责:

(一)查阅在建项目安全生产有关资料、核实有关情况;

(二)检查危险性较大工程安全专项施工方案落实情况;

(三)监督项目专职安全生产管理人员履责情况;

(四)监督作业人员安全防护用品的配备及使用情况;

(五)对发现的安全生产违章违规行为或安全隐患,有权当场予以纠正或作出处理决定;

(六)对不符合安全生产条件的设施、设备、器材,有权当场作出查封的处理决定;

(七)对施工现场存在的重大安全隐患有权越级报告或直接向建设主管部门报告。

(八)企业明确的其他安全生产管理职责。

第八条 建筑施工企业安全生产管理机构专职安全生产管理人员的配备应满足下列要求,并应根据企业经营规模、设备管理和生产需要予以增加:

(一)建筑施工总承包资质序列企业:特级资质不少于6人;一级资质不少于4人;二级和二级以下资质企业不少于3人。

(二)建筑施工专业承包资质序列企业:一级资质不少于3人;二级和二级以下资质企业不少于2人。

（三）建筑施工劳务分包资质序列企业：不少于 2 人。

（四）建筑施工企业的分公司、区域公司等较大的分支机构（以下简称分支机构）应依据实际生产情况配备不少于 2 人的专职安全生产管理人员。

第九条　建筑施工企业应当实行建设工程项目专职安全生产管理人员委派制度。建设工程项目的专职安全生产管理人员应当定期将项目安全生产管理情况报告企业安全生产管理机构。

第十条　建筑施工企业应当在建设工程项目组建安全生产领导小组。建设工程实行施工总承包的，安全生产领导小组由总承包企业、专业承包企业和劳务分包企业项目经理、技术负责人和专职安全生产管理人员组成。

第十一条　安全生产领导小组的主要职责：

（一）贯彻落实国家有关安全生产法律法规和标准；

（二）组织制定项目安全生产管理制度并监督实施；

（三）编制项目生产安全事故应急救援预案并组织演练；

（四）保证项目安全生产费用的有效使用；

（五）组织编制危险性较大工程安全专项施工方案；

（六）开展项目安全教育培训；

（七）组织实施项目安全检查和隐患排查；

（八）建立项目安全生产管理档案；

（九）及时、如实报告安全生产事故。

第十二条　项目专职安全生产管理人员具有以下主要职责：

（一）负责施工现场安全生产日常检查并做好检查记录；

（二）现场监督危险性较大工程安全专项施工方案实施情况；

（三）对作业人员违规违章行为有权予以纠正或查处；

（四）对施工现场存在的安全隐患有权责令立即整改；

（五）对于发现的重大安全隐患，有权向企业安全生产管理机构报告；

（六）依法报告生产安全事故情况。

第十三条　总承包单位配备项目专职安全生产管理人员应当满足下列要求：

（一）建筑工程、装修工程按照建筑面积配备：

1. 1 万平方米以下的工程不少于 1 人；

2. 1 万～5 万平方米的工程不少于 2 人；

3. 5 万平方米及以上的工程不少于 3 人，且按专业配备专职安全生产管理人员。

（二）土木工程、线路管道、设备安装工程按照工程合同价配备：

1. 5 000 万元以下的工程不少于 1 人；

2. 5 000 万～1 亿元的工程不少于 2 人；

3. 1 亿元及以上的工程不少于 3 人，且按专业配备专职安全生产管理人员。

第十四条　分包单位配备项目专职安全生产管理人员应当满足下列要求：

（一）专业承包单位应当配置至少 1 人，并根据所承担的分部分项工程的工程量和施工危险程度增加。

（二）劳务分包单位施工人员在 50 人以下的，应当配备 1 名专职安全生产管理人员；

50～200 人的，应当配备 2 名专职安全生产管理人员；200 人及以上的，应当配备 3 名及以上专职安全生产管理人员，并根据所承担的分部分项工程施工危险实际情况增加，不得少于工程施工人员总人数的 5‰。

第十五条 采用新技术、新工艺、新材料或致害因素多、施工作业难度大的工程项目，项目专职安全生产管理人员的数量应当根据施工实际情况，在第十三条、第十四条规定的配备标准上增加。

第十六条 施工作业班组可以设置兼职安全巡查员，对本班组的作业场所进行安全监督检查。

建筑施工企业应当定期对兼职安全巡查员进行安全教育培训。

第十七条 安全生产许可证颁发管理机关颁发安全生产许可证时，应当审查建筑施工企业安全生产管理机构设置及其专职安全生产管理人员的配备情况。

第十八条 建设主管部门核发施工许可证或者核准开工报告时，应当审查该工程项目专职安全生产管理人员的配备情况。

第十九条 建设主管部门应当监督检查建筑施工企业安全生产管理机构及其专职安全生产管理人员履责情况。

第二十条 本办法自颁发之日起实施，原《关于印发〈建筑施工企业安全生产管理机构设置及专职安全生产管理人员配备办法〉和〈危险性较大工程安全专项施工方案编制及专家论证审查办法〉的通知》（建质〔2004〕213 号）中的《建筑施工企业安全生产管理机构设置及专职安全生产管理人员配备办法》废止。

（二十六）关于印发《建筑工程安全生产监督管理工作导则》的通知（建质〔2005〕184 号）

各省、自治区建设厅，直辖市建委，江苏省、山东省建管局，新疆生产建设兵团：

为完善建筑工程安全生产管理制度，规范建筑工程安全生产监管行为，根据有关法律法规，借鉴部分地区经验，我部制定了《建筑工程安全生产监督管理工作导则》，现印发给你们，请结合实际执行。各地要注重总结监管经验，创新监管制度，改进监管方式，全面提高建筑工程安全生产监督管理工作水平。

附件：建筑工程安全生产监督管理工作导则

中华人民共和国建设部

二〇〇五年十月十三日

建筑工程安全生产监督管理工作导则

1　总则

1.1　为加强建筑工程安全生产监管，完善管理制度，规范监管行为，提高工作效率，依据《中华人民共和国建筑法》、《中华人民共和国安全生产法》、《建设工程安全生产管理条例》、《安全生产许可证条例》等有关法律、法规，制定本导则。

1.2　本导则适用于县级以上人民政府建设行政主管部门对建筑工程新建、改建、扩建、拆除和装饰装修工程等实施的安全生产监督管理。

1.3　本导则所称建筑工程安全生产监督管理,是指建设行政主管部门依据法律、法规和工程建设强制性标准,对建筑工程安全生产实施监督管理,督促各方主体履行相应安全生产责任,以控制和减少建筑施工事故发生,保障人民生命财产安全、维护公众利益的行为。

1.4　建筑工程安全生产监督管理坚持"以人为本"理念,贯彻"安全第一、预防为主"的方针,依靠科学管理和技术进步,遵循属地管理和层级监督相结合、监督安全保证体系运行与监督工程实体防护相结合、全面要求与重点监管相结合、监督执法与服务指导相结合的原则。

2　建筑工程安全生产监督管理制度

2.1　建设行政主管部门应当依照有关法律法规,针对有关责任主体和工程项目,健全完善以下安全生产监督管理制度:

2.1.1　建筑施工企业安全生产许可证制度。

2.1.2　建筑施工企业"三类人员"安全生产任职考核制度。

2.1.3　建筑工程安全施工措施备案制度。

2.1.4　建筑工程开工安全条件审查制度。

2.1.5　施工现场特种作业人员持证上岗制度。

2.1.6　施工起重机械使用登记制度。

2.1.7　建筑工程生产安全事故应急救援制度。

2.1.8　危及施工安全的工艺、设备、材料淘汰制度。

2.1.9　法律法规规定的其他有关制度。

2.2　各地区建设行政主管部门可结合实际,在本级机关建立以下安全生产工作制度:

2.2.1　建筑工程安全生产形势分析制度。定期对本行政区域内建筑工程安全生产状况进行多角度、全方位分析,找出事故多发类型、原因和安全生产管理薄弱环节,制定相应措施,并发布建筑工程安全生产形势分析报告。

2.2.2　建筑工程安全生产联络员制度。在本行政区域内各市、县及有关企业中设置安全生产联络员,定期召开会议,加强工作信息动态交流,研究控制事故的对策、措施,部署和安排重大工作。

2.2.3　建筑工程安全生产预警提示制度。在重大节日、重要会议、特殊季节、恶劣天气到来和施工高峰期之前,认真分析和查找本行政区域建筑工程安全生产薄弱环节,深刻吸取以往年度同时期曾发生事故的教训,有针对性地提早作出符合实际的安全生产工作部署。

2.2.4　建筑工程重大危险源公示和跟踪整改制度。开展本行政区域建筑工程重大危险源的普查登记工作,掌握重大危险源的数量和分布状况,经常性的向社会公布建筑工程重大危险源名录、整改措施及治理情况。

2.2.5　建筑工程安全生产监管责任层级监督与重点地区监督检查制度。监督检查下级建设行政主管部门安全生产责任制的建立和落实情况、贯彻执行安全生产法规政策和制定各项监管措施情况;根据安全生产形势分析,结合重大事故暴露出的问题及在专项整治、监管工作中存在的突出问题,确定重点监督检查地区。

2.2.6 建筑工程安全重特大事故约谈制度。上级建设行政主管部门领导要与事故发生地建设行政主管部门负责人约见谈话,分析事故原因和安全生产形势,研究工作措施。事故发生地建设行政主管部门负责人要与发生事故工程的建设单位、施工单位等有关责任主体的负责人进行约谈告诫,并将约谈告诫记录向社会公示。

2.2.7 建筑工程安全生产监督执法人员培训考核制度。对建筑工程安全生产监督执法人员定期进行安全生产法律、法规和标准、规范的培训,并进行考核,考核合格的方可上岗。

2.2.8 建筑工程安全监督管理档案评查制度。对建筑工程安全生产的监督检查、行政处罚、事故处理等行政执法文书、记录、证据材料等立卷归档。

2.2.9 建筑工程安全生产信用监督和失信惩戒制度。将建筑工程安全生产各方责任主体和从业人员安全生产不良行为记录在案,并利用网络、媒体等向全社会公示,加大安全生产社会监督力度。

2.3 建设行政主管部门应结合本部门、本地区工作实际,不断创新安全监管机制,健全监管制度,改进监管方式,提高监管水平。

3 安全生产层级监督管理

3.1 建设行政主管部门对下级建设行政主管部门层级监督检查的主要内容是:

3.1.1 履行安全生产监管职责情况。

3.1.2 建立完善建筑工程安全生产法规、标准情况。

3.1.3 建立和执行本导则2中规定的安全生产监督管理制度情况。

3.1.4 制定和落实安全生产控制指标情况。

3.1.5 建筑工程特大伤害未遂事故、事故防范措施、重大事故隐患督促整改情况。

3.1.6 开展建筑工程安全生产专项整治和执法情况。

3.1.7 其他有关事项。

3.2 建设行政主管部门对下级建设行政主管部门层级监督检查的主要方式是:

3.2.1 听取下级建设行政主管部门的工作汇报。

3.2.2 询问有关人员安全生产监督管理情况。

3.2.3 查阅有关规范性文件、安全生产责任书、安全生产控制指标、监督执法案卷和有关会议记录等文件资料。

3.2.4 抽查有关企业和施工现场,检查监督管理实效。

3.2.5 对下级履行安全生产监管职责情况进行综合评价,并反馈监督检查意见。

4 对施工单位的安全生产监督管理

4.1 建设行政主管部门对施工单位安全生产监督管理的内容主要是:

4.1.1 "安全生产许可证"办理情况。

4.1.2 建筑工程安全防护、文明施工措施费用的使用情况。

4.1.3 设置安全生产管理机构和配备专职安全管理人员情况。

4.1.4 三类人员经主管部门安全生产考核情况。

4.1.5 特种作业人员持证上岗情况。

4.1.6 安全生产教育培训计划制定和实施情况。

4.1.7　施工现场作业人员意外伤害保险办理情况。

4.1.8　职业危害防治措施制定情况,安全防护用具和安全防护服装的提供及使用管理情况。

4.1.9　施工组织设计和专项施工方案编制、审批及实施情况。

4.1.10　生产安全事故应急救援预案的建立与落实情况。

4.1.11　企业内部安全生产检查开展和事故隐患整改情况。

4.1.12　重大危险源的登记、公示与监控情况。

4.1.13　生产安全事故的统计、报告和调查处理情况。

4.1.14　其他有关事项。

4.2　建设行政主管部门对施工单位安全生产监督管理的方式主要是:

4.2.1　日常监管

4.2.1.1　听取工作汇报或情况介绍。

4.2.1.2　查阅相关文件资料和资质资格证明。

4.2.1.3　考察、问询有关人员。

4.2.1.4　抽查施工现场或勘察现场,检查履行职责情况。

4.2.1.5　反馈监督检查意见。

4.2.2　安全生产许可证动态监管

4.2.2.1　对于承建施工企业未取得安全生产许可证的工程项目,不得颁发施工许可证。

4.2.2.2　发现未取得安全生产许可证施工企业从事施工活动的,严格按照《安全生产许可证条例》进行处罚。

4.2.2.3　取得安全生产许可证后,对降低安全生产条件的,暂扣安全生产许可证,限期整改,整改不合格的,吊销安全生产许可证。

4.2.2.4　对于发生重大事故的施工企业,立即暂扣安全生产许可证,并限期整改。生产安全事故所在地建设行政主管部门(跨省施工的,由事故所在地省级建设行政主管部门)要及时将事故情况通报给发生事故施工单位的安全生产许可证颁发机关。

4.2.2.5　对向不具备法定条件施工企业颁发安全生产许可证的,及向承建施工企业未取得安全生产许可证的项目颁发施工许可证的,要严肃追究有关主管部门的违法发证责任。

5　对监理单位的安全生产监督管理

5.1　建设行政主管部门对工程监理单位安全生产监督检查的主要内容是:

5.1.1　将安全生产管理内容纳入监理规划的情况,以及在监理规划和中型以上工程的监理细则中制定对施工单位安全技术措施的检查方面情况。

5.1.2　审查施工企业资质和安全生产许可证、三类人员及特种作业人员取得考核合格证书和操作资格证书情况。

5.1.3　审核施工企业安全生产保证体系、安全生产责任制、各项规章制度和安全监管机构建立及人员配备情况。

5.1.4　审核施工企业应急救援预案和安全防护、文明施工措施费用使用计划情况。

5.1.5　审核施工现场安全防护是否符合投标时承诺和《建筑施工现场环境与卫生标准》等标准要求情况。

5.1.6 复查施工单位施工机械和各种设施的安全许可验收手续情况。

5.1.7 审查施工组织设计中的安全技术措施或专项施工方案是否符合工程建设强制性标准情况。

5.1.8 定期巡视检查危险性较大工程作业情况。

5.1.9 下达隐患整改通知单,要求施工单位整改事故隐患情况或暂时停工情况;整改结果复查情况;向建设单位报告督促施工单位整改情况;向工程所在地建设行政主管部门报告施工单位拒不整改或不停止施工情况。

5.1.10 其他有关事项。

5.2 建设行政主管部门对监理单位安全生产监督检查的主要方式可参照本导则4.2.1相关内容。

6 对建设、勘察、设计和其他单位的安全生产监督管理

6.1 建设行政主管部门对建设单位安全生产监督检查的主要内容是:

6.1.1 申领施工许可证时,提供建筑工程有关安全施工措施资料的情况;按规定办理工程质量和安全监督手续的情况。

6.1.2 按照国家有关规定和合同约定向施工单位拨付建筑工程安全防护、文明施工措施费用的情况。

6.1.3 向施工单位提供施工现场及毗邻区域内地下管线资料,气象和水文观测资料,相邻建筑物和构筑物、地下工程等有关资料的情况。

6.1.4 履行合同约定工期的情况。

6.1.5 有无明示或暗示施工单位购买、租赁、使用不符合安全施工要求的安全防护用具、机械设备、施工机具及配件、消防设施和器材的行为。

6.1.6 其他有关事项。

6.2 建设行政主管部门对勘察、设计单位安全生产监督检查的主要内容是:

6.2.1 勘察单位按照工程建设强制性标准进行勘察情况;提供真实、准确的勘察文件情况;采取措施保证各类管线、设施和周边建筑物、构筑物安全的情况。

6.2.2 设计单位按照工程建设强制性标准进行设计情况;在设计文件中注明施工安全重点部位、环节以及提出指导意见的情况;采用新结构、新材料、新工艺或特殊结构的建筑工程,提出保障施工作业人员安全和预防生产安全事故措施建议的情况。

6.2.3 其他有关事项。

6.4 建设行政主管部门对其他有关单位安全生产监督检查的主要内容是:

6.4.1 机械设备、施工机具及配件的出租单位提供相关制造许可证、产品合格证、检测合格证明的情况;

6.4.2 施工起重机械和整体提升脚手架、模板等自升式架设设施安装单位的资质、安全施工措施及验收调试等情况;

6.4.3 施工起重机械和整体提升脚手架、模板等自升式架设设施的检验检测单位资质和出具安全合格证明文件情况。

6.5 建设行政主管部门对建设、勘察、设计和其他有关单位安全生产监督检查的主要方式可参照本导则4.2.1相关内容。

7　对施工现场的安全生产监督管理

7.1　建设行政主管部门对工程项目开工前的安全生产条件审查。

7.1.1　在颁发项目施工许可证前,建设单位或建设单位委托的监理单位,应当审查施工企业和现场各项安全生产条件是否符合开工要求,并将审查结果报送工程所在地建设行政主管部门。审查的主要内容是:施工企业和工程项目安全生产责任体系、制度、机构建立情况,安全监管人员配备情况,各项安全施工措施与项目施工特点结合情况,现场文明施工、安全防护和临时设施等情况。

7.1.2　建设行政主管部门对审查结果进行复查。必要时,到工程项目施工现场进行抽查。

7.2　建设行政主管部门对工程项目开工后的安全生产监管。

7.2.1　工程项目各项基本建设手续办理情况、有关责任主体和人员的资质和执业资格情况。

7.2.2　施工、监理单位等各方主体按本导则相关内容要求履行安全生产监管职责情况。

7.2.3　施工现场实体防护情况,施工单位执行安全生产法律、法规和标准规范情况。

7.2.4　施工现场文明施工情况。

7.2.5　其他有关事项。

7.3　建设行政主管部门对施工现场安全生产情况的监督检查可采取下列方式:

7.3.1　查阅相关文件资料和现场防护、文明施工情况。

7.3.2　询问有关人员安全生产监管职责履行情况。

7.3.3　反馈检查意见,通报存在问题。对发现的事故隐患,下发整改通知书,限期改正;对存在重大安全隐患的,下达停工整改通知书,责令立即停工,限期改正。对施工现场整改情况进行复查验收,逾期未整改的,依法予以行政处罚。

7.3.4　监督检查后,建设行政主管部门作出书面安全监督检查记录。

7.3.5　工程竣工后,将历次检查记录和日常监管情况纳入建筑工程安全生产责任主体和从业人员安全信用档案,并作为对安全生产许可证动态监管的重要依据。

7.3.6　建设行政主管部门接到群众有关建筑工程安全生产的投诉或监理单位等的报告时,应到施工现场调查了解有关情况,并作出相应处理。

7.3.7　建设行政主管部门对施工现场实施监督检查时,应当有两名以上监督执法人员参加,并出示有效的执法证件。

7.3.8　建设行政主管部门应制定本辖区内年度安全生产监督检查计划,在工程项目建设的各个阶段,对施工现场的安全生产情况进行监督检查,并逐步推行网格式安全巡查制度,明确每个网格区域的安全生产监管责任人。

8　附则

8.1　本导则中的建筑工程,是指房屋建筑、市政基础设施工程。

8.2　建筑工程安全生产监督管理除执行本导则的规定外,还应符合国家有关法律、法规和工程技术标准、规范的规定。

8.3　省、自治区、直辖市人民政府建设行政主管部门可以根据本导则制定实施细则。

（二十七）《建设部关于发布建设事业"十一五"推广应用和限制禁止使用技术（第一批）的公告》（建设部公告第 659 号）摘录

为加强对建设事业"十一五"推广应用新技术的指导，限制、禁止使用技术的管理，积极培育和引导建设技术市场的发展，加快推进建设事业科技进步，依据《建设领域推广应用新技术管理规定》（建设部令第 109 号）、《建设部推广应用新技术管理细则》（建科〔2002〕222 号）和实施《建设事业"十一五"重点推广技术领域》（建科〔2006〕315 号）的要求，我部组织编制了《建设事业"十一五"推广应用和限制禁止使用技术（第一批）》（以下简称《技术公告》）。现予公告，并就有关事宜通知如下：

一、《技术公告》是在我部全面研究、分析建设事业"十一五"重点工作和科技发展规划及其技术创新部署，提出《建设事业"十一五"重点推广技术领域》的基础上编制的。体现了在"十一五"科技支撑和引领建设事业发展工作中，更加注重资源环境科技问题、社会发展科技问题，更加注重城乡区域统筹中城镇化与城市发展的重大科技问题和新农村建设科技问题，进一步强化了对建设事业技术发展的导向。公告的技术内容覆盖了建筑节能与新能源利用技术、节地与地下空间利用技术、节水与水资源开发利用技术、节材与材料资源合理利用技术、城镇环境友好技术、新农村建设先进适用技术、新型建筑结构施工技术与施工及质量安全技术、信息化应用技术、城市公共交通技术等 9 个重点推广技术领域，共计 395 项技术，其中推广应用技术 326 项，限制使用技术 37 项，禁止使用技术 32 项。

二、各省、自治区、直辖市建设主管部门要采取切实措施，研究制定优惠政策，开展工程示范，加强工程化应用技术配套，积极推进《技术公告》发布新技术的推广应用；采取措施加强宣传，使本地区有关设计、施工、房地产开发、监理、质量、安全、施工图审查、验收等工程相关单位和技术应用单位以及基层建设主管部门，尽快了解并准确把握公告的内容和技术要求，适时调整产品结构，促进技术升级，确保《技术公告》的实施。

三、对《技术公告》中的限制使用技术和禁止使用技术，施工图设计审查单位、工程监理单位和工程质量安全监督部门应将其列为审查内容，依照《技术公告》的规定进行审查，房地产开发、设计和施工单位不得违反规定使用。凡违反《技术公告》并违反工程建设强制性标准的，依据《建设工程质量管理条例》和《建设工程安全生产管理条例》对有关单位进行处罚。

四、为促进有关单位准确把握《技术公告》内容和技术要求，我部确定了每项公告技术的咨询服务单位，《技术公告》实施过程有关单位中可直接咨询同时公布的相应技术咨询服务单位。各技术咨询服务单位应当认真履行职责和义务，准确提供相应的技术咨询。

五、未列入本《技术公告》，现阶段广泛应用的技术，不属于本《技术公告》的调整范围。

六、本《技术公告》发布后，《化学建材技术与产品公告》（建设部公告第 27 号）、《建设部推广应用和限制禁止使用技术》（建设部公告第 218 号）即废止。

中华人民共和国建设部

二〇〇七年六月十四日

1. 推广应用技术部分(节选)

序号	技术分类			技术名称	主要技术性能及特点	适用范围	生效时间
	领域	类目	类别				
55	二、节地与地下空间开发利用技术领域	地下工程施工技术	深基坑开挖与支护技术	深层喷射搅拌法施工技术	通过深层搅拌法与高压旋喷法的组合,实现搅拌与旋喷的有机结合,达到一机多用,提高水泥与土的拌和均匀度和水泥土强度,当桩径为 500～600 mm 时,桩身强度可达 3～20 MPa。可用于复合地基加固体。如作成实体或格栅式,可插入型钢等加筋材料,用于边坡支挡,具有挡土和挡水双重功能。	地基处理与基坑支护	自本公告发布之日起至下期公告发布本类技术之日止
56				基坑工程的信息化施工技术	在深基施工过程中,在基坑侧壁和支挡结构以及周边建(构)筑物有代表性部位设置应力、应变、斜率和孔隙水压与变形等测试元器件。通过施工过程中的监测数据进行分析,对设计成果进行预测和修正,调整施工方案,确保基坑和周边环境的安全。	软土地区,周边环境要求严格的深基坑工程都应采用信息化施工技术	
57				土钉墙支护技术	土钉墙是采用土钉加固原位土体用以维护基坑边坡稳定支护方法。支护结构由土钉和钢筋网喷射混凝土面板组成。土钉与预应力锚杆或微型桩结合形成复合土钉墙。土钉墙应强调因地制宜设计,施工应加强质量监控。支护深度一般不宜大于 12 m,复合土钉墙可适当加大支护深度。	地下水位以上或经降水后的黏性土、中密度以上砂土的基坑支护	
58			逆作法与半逆作法施工技术	逆作法或半逆作法施工技术	对于施工场地狭窄、工期要求高的大型公共建筑,可采用逆作或半逆作法施工。采用地下连续墙作围护支护,在柱位置向下作支承桩柱(支承梁板),以结构梁板作为水平支撑,自上而下逐层支护挖土逆作施工。地上部分也可同时由下而上正作施工,缩短工期。	工程场地狭窄的闹市区,对支护变形控制严、工期要求高的大型公共建筑深基础和地下室施工	
59			地基处理技术	强夯法处理大块石高填方地基	用于填料粒径大(最大可达 800 mm)的高填方地基分层强夯处理。与碾压法相比,可减少填料破碎和分层铺填费用,降低造价,缩短工期,在山区和丘陵地区有广泛的应用前景。	大面积、大块石高填方地基,如开山填谷、开山填海、西部机场和道路工程	
60				水泥粉煤灰碎石桩复合地基技术	由水泥粉煤灰碎石桩(CFG 桩)、桩间土和褥垫层组成的新型复合地基,可确保桩土共同承担荷载。采用长螺旋钻成孔、泵灌成桩施工方法。处理后的复合地基承载力提高 1～2 倍,综合造价约为灌注桩的 50%～70%。	非饱和及饱和粉土、黏性土、砂土等地质条件的建筑物与构筑物的复合地基	
61				孔内深层强夯法地基处理技术	通过孔道将强夯引入到地基深处,用异型重锤对孔内填料自下而上分层进行高动能、超压强、强挤密的孔内深层强夯作业,使孔内填料沿竖向深层压密固结,同时对桩周土进行横向的强力挤密加固。针对不同的土质,采取不同的工艺,使桩体获得串珠状、扩大头和托盘状,有利于桩与桩间土的紧密结合,增大相互之间的摩擦力,地基处理后整体刚度均匀并可提高承载力。	湿陷性黄土、填土及其他非饱和软弱地基土层的地基处理	
62				新型桩锤强夯(置换法)地基处理技术	采用柱形锤(锤底面积 1 m² 左右,锤高 2～3 m,锤重 10～15 t),落高 15～20 m,当夯锤着底深度接近相对硬层时,分层夯填建筑垃圾或块石、碎石或原场地土等,再采用柱形锤和普通夯锤夯实,最后用普通夯锤满夯,形成夯实柱体复合地基。处理深度可达 10～15 m,承载力增幅 50%～150%。	厚度不超过 15 m 的软土、填土等软弱地基上的多层以及建(构)筑物建筑物地基处理	

（续表）

序号	技术分类			技术名称	主要技术性能及特点	适用范围	生效时间
	领域	类目	类别				
63	二、节地与地下空间开发利用技术领域	地下工程施工技术	桩基工程	基桩高低应变动测分析系统	高低应变采集分析一体化，具有交直流两用、程控放大、自动复位、故障自动诊断、报警功能；采用内装放大传感器；适应恶劣环境，不受电缆长度限制；保证14位A/D转换精度的低噪声水平。	桩基（钢桩、预制桩、灌注桩）、复合地基中的高黏结强度竖向增强体的完整性和承载力检测	自本公告发布之日起至下期公告发布本类技术之日止
64				灌注桩后注浆成套技术	通过桩底桩侧后注浆，使桩底沉渣、桩侧泥皮和桩周一定范围内土体得到加固，提高单桩承载力40%～120%，粗粒土承载力增幅大于细粒土，增强桩基础抗变形能力，可减少沉降30%左右，并节省桩基材耗和造价。	泥浆护壁钻和干作业钻、挖孔灌注桩	
65				全夯式扩底灌注桩	对传统的沉管夯扩桩设备进行改造，由原用柴油锤改为电动落锤，由此不仅可夯扩桩端，而且可对桩身混凝土实施夯击（混凝土面高于钢筋笼），提高其密实度，桩身呈"糖葫芦"或"玉米棒"形状，并有一定扩径。由此使单桩承载力较传统夯扩桩提高60%以上，而且可确保工艺系数 Ψ_c 不小于0.8。	一般黏性土、砂土、粉土、填土、淤泥或淤泥质土场地层中承载力要求不是特别大的疏桩（桩距一般不小于 $5d$）桩基	
66				预应力混凝土管桩快速机械连接技术	将加工好的机械连接接头预先浇注在混凝土管桩两端头，然后在施工现场用螺纹连接的一种新型管桩连接技术。接头由螺纹端盘、螺母、连接端盘、挡板防松嵌块组成，通过连接件的机械连接咬合作用，实现预应力混凝土管桩连接。具有接头对中性好、施工速度快、操作方便、质量稳定、无明火作用、不受施工环境和气候的影响，可全天候施工等特点。	房屋、公路、铁路等工程的预制桩基础	
67				挤扩多支盘灌注桩技术	在传统钻孔灌注桩的基础上，使用专用液压挤扩设备，在桩孔中经高能量双向液压，使挤扩机弓压臂水平挤入土体而在桩身的不同部位形成支、盘体，有效改善桩基身承载状况，具有承载能力高、受荷沉降小等特点。	非软土、非湿陷性土、非液化土层中的短桩、中长桩	
68				沉管钢筋混凝土夯扩载体短桩技术	利用天然地基浅部较好土层为持力层，用柱锤夯击管内干硬性混凝土，将套管沉至预定持力层（深度5～7 m），由套管侧开口填入建筑垃圾等粗骨料，边填边夯，形成夯扩载体，周围土体也得到密实；随将钢筋笼安放于套管内并灌注混凝土，拔管后形成夯扩载体短桩。	深部无软弱下卧层，浅部5～7 m土层相对较好，上部荷载不大的多层建筑	
69				矩形顶管机及矩形隧道的建造技术	通过大刀盘及仿形刀对正面土体的全断面切削，掘切的矩形断面由不断顶入的矩形管节组成矩形隧道。以土压平衡为工作原理，改变螺旋机的旋转速度及顶管速度来控制排土量，使土压舱内的土压力值稳定并控制在所设定的压力值范围内，达到开挖切削面的土体稳定。	黏土、粉质黏土及粉土等地层中施工应用	

（续表）

序号	技术分类			技术名称	主要技术性能及特点	适用范围	生效时间
	领域	类目	类别				
107	四　节材与材料资源合理利用技术领域	混凝土工程节材技术	高强、高性能混凝土技术与轻骨料混凝土	高性能混凝土技术	高性能混凝土是指使用高效减水剂和活性掺合料，严格控制水胶比和水泥用量，应用先进技术和设备配制的混凝土，具有良好的工作性、适宜的强度及优异的体积稳定性和耐久性，在恶劣环境下使用寿命长等特点。	对混凝土耐久性有较高要求的房屋建筑结构以及桥梁、港口、机场、道路等市政基础设施中的钢筋混凝土结构	自本公告发布之日起至下期公告发布本类技术之日止
108				预拌混凝土技术	将混凝土置于在有自动计量装置的混凝土搅拌站集中拌制混凝土，向施工现场供应商品混凝土，可提高混凝土质量，确保混凝土质量稳定，减少现场和城市环境污染，提高劳动生产率。适宜于采用散装水泥，并可降低水泥用量，节约水泥，属于环保节材的绿色建材	大中城市工业与民用建筑及大型混凝土工程	
109				自密实混凝土技术	采用预拌技术生产的、具有高流动性而不离析、可不经振捣或少振捣即可充满模型并自动密实的混凝土。自密实混凝土大量使用工业废料，保护环境；由于省去振捣工序，可减少噪音污染，实现文明施工。	钢筋密集、结构形状复杂、薄壁、超高等无法使用振捣器的混凝土结构	
110				高性能轻骨料混凝土成套技术	该技术可使轻骨料混凝土拌和物具有高流动性、高保塑性、高均质稳定性（轻骨料不上浮分层），且使硬化后混凝土具有较高强度、高体积稳定性及高耐久性。有利于减轻建筑物尤其是高层建筑物自重和建筑保温节能。	有减轻建筑物自重及对混凝土耐久性有较高要求的工业与民用建筑	
111			混凝节材施工技术	合成纤维在混凝土工程中的应用	可降低混凝土的塑性收缩，使混凝土裂纹减少；提高混凝土抗冲击韧性；适当提高混凝土抗压强度等力学性能及耐磨性，显著提高混凝土质量和耐久性。一般要求合成纤维抗拉强度 560～770 MPa，杨氏弹性模量大于 3 500 MPa，熔点 160～170 ℃。常用的合成纤维有聚丙烯纤维、聚丙烯腈纤维、聚酯纤维等。	建筑结构工程和抗裂性要求较高的混凝土路面、机场道面、桥面等工程	
112				大掺量粉煤灰在大体积泵送混凝土中的应用技术	应用大掺量粉煤灰和外加剂配制大体积泵送混凝土，可使混凝土拌和物的保塑性和可泵性得到改善，粉煤灰可取代水泥用量 30%～50%，水化热明显降低，混凝土温差裂缝大大减少，确保砼工程质量。	大体积混凝土建筑结构构件和基础	
113			混凝土高效外加剂与高效掺合料	混凝土高效减水剂	聚羧酸系和氨基磺酸盐系的新型高效减水剂，具有对水泥分散力强、减水率高、混凝土坍落度损失小、与水泥适应性好等优点。一般减水率≥20%，对于坍落度大于 180 mm 的大流动性混凝土，2 h坍落度损失不超过 20 mm，降低混凝土的单方用水量，混凝土的流动性以及保塑性好，可以满足配制高性能混凝土的需要。	高性能混凝土配制	
114				矿物掺合料	混凝土中应用适当比表面积的活性或非活性矿物掺合料，不仅可改善混凝土的细观结构，提高骨料与水泥石之间的界面强度，而且可充填混凝土内部的毛细孔，起到增强和密实的作用，也可改善混		

（续表）

序号	技术分类 领域	类目	类别	技术名称	主要技术性能及特点	适用范围	生效时间
114	四 节材与材料资源合理利用技术领域	混凝土工程节材技术	混凝土高效外加剂与高效掺合剂	矿物掺合料	凝土施工性能。活性矿物掺合料一般由工业废渣（粉煤灰、矿渣等）磨细加工而成，非活性矿物掺合料一般由石灰石、石英砂等磨细而成。	掺入混凝土中作为配制高性能混凝土的必需组分	自本公告发布之日起至下期公告发布本类技术之日止
115			预拌砂浆工程应用技术	商品砂浆应用技术	商品砂浆包括预拌砂浆和干粉砂浆，属于砂浆的专业化集中生产和商品化供应。该技术有利于提高砂浆质量，且砂浆质量稳定；可生产技术性能要求高的专用砂浆，实现砂浆产品系列化；可节约水泥，减少城市环境污染；提高劳动生产率。	一般工业与民用建筑的砌筑、抹灰和地面工程	
116		钢筋工程节材技术	高强钢筋与新型钢筋连接节材技术	HRB400级钢筋应用技术	采用微合金技术生产的 HRB400 级钢筋，抗拉强度 570 MPa，屈服强度 400 MPa，强度设计值 360 MPa，伸长率（δ_5）≥14%。强度高、延性好，我国现行《混凝土结构设计规范》中列为主导受力钢筋。产品标准、结构设计和施工规范齐全。	钢筋混凝土结构的受力钢筋	
117				钢筋机械连接技术	滚轧直螺纹钢筋接头、镦粗直螺纹钢筋接头、带肋钢筋套筒挤压接头应达到《钢筋机械连接通用技术规程》(JGJ 107—2003) Ⅰ 级和 Ⅱ 级接头性能标准。钢筋机械连接强度高，质量稳定，施工方便，对提高钢筋工程的质量、施工速度和效益有重要作用。应根据不同的工程应用场合、接头的性能、工艺特点选用不同类型接头。	房屋建筑与一般构筑物中直径为 16～40 mm 的 HRB335 和 HRB400 级钢筋的连接。对桥梁、大坝等重要工程结构也可参考应用	
118				钢筋焊接网应用技术	钢筋焊接网片工厂化生产，尺寸精确，整体性好，易于确保混凝土保护层厚度和钢筋位置的正确，可显著提高钢筋工程质量。钢筋焊接网片生产效率高。材料可使用冷轧带肋钢筋或热轧带肋钢筋，设计强度值为 360 MPa。	房屋建筑的混凝土楼盖、墙体，以及桥面、路面、隧洞等钢筋混凝土工程	
143		化学建材技术	新型建筑涂料及配套材料技术	合成树脂乳液内墙涂料	丙烯酸共聚乳液（纯丙、苯丙、醋丙、叔醋等）系列、乙烯-醋酸乙烯共聚乳液内墙涂料，产品性能符合 GB/T 9756—2001 的要求，有害物质量符合 GB 18582 的要求，施工符合 JGJ/T 29—2003 规程。	房屋建筑内墙装饰装修工程	
144				弹性建筑涂料	具有弥盖因基材伸缩（运动）产生细小裂纹的功能，产品性能符合 JG/T 172—2005 标准要求。	房屋建筑内外墙及公共建筑外墙的装饰装修工程	
147				水性木器漆	安全、环保，产品性能及有害物质限量符合 HG/T 3828—2006 标准要求。	房屋建筑的室内地板、家具及装饰装修工程	
154			建筑用新型建筑粘接剂技术	建筑用硅酮结构密封胶	产品性能应符合 GB 16776—2004 的要求。具有耐紫外线、耐臭氧、耐候性能好、粘结力强和使用寿命长等特点。	玻璃幕墙、金属板幕墙的结构性粘接装配和隐框、半隐框及点支承玻璃幕墙用中空玻璃的第二道结构性粘接密封	
166		其他节材技术	管道阴极保护技术	管道阴极保护系统及其检测	阴极保护是通过阴极电流使金属阴极极化实现。通常采用牺牲阳极或外加电流的方法。系统的检测主要通过密间隔测量管道阴极保护 Von,Voff 的数据来准确分析判定管道的阴极保护状态。	埋地钢质水管以及石油、化工管线	

序号	技术分类			技术名称	主要技术性能及特点	适用范围	生效时间
	领域	类目	类别				
171	五城镇环境友好技术领域	城镇市容环境技术	城镇绿化技术	岩石边坡植被护坡绿化技术	岩石护坡的结构由锚钉（锚杆）、复合材料网、覆层基材三部分组成。覆层基材是核心部分，由绿化基材、结构改良剂、混合草种三部分组成，并采用改进后的混凝土喷射机喷涂岩石表面。构造简单、固坡迅速、造价合理，易于施工维护和管理。	铁路、公路、堤坝、矿山等工程建设的岩石防护和植被恢复	
226	七新型建筑结构、施工技术与施工、质量安全技术领域	绿色与新型建筑结构技术	新型混凝土结构技术	现浇框架结构	采用现浇框架，可以实现大开间住宅及较大柱网的一般公共建筑工程，配合使用轻质隔墙和保温外墙板技术，达到较好的使用功能，符合相关标准，综合效益好。	12层以下民用建筑工程	自本公告发布之日起至下期公告发布本类技术之日止
227				密肋壁板结构住宅体系	由密肋复合墙板与隐形框架装配现浇而成的一种新型结构体系。隐形框架在多层建筑中按构造设计，小高层建筑中依据受力计算确定截面及配筋；楼板在多层建筑中可根据抗震设防烈度选用预应力空心板、密肋复合楼板或现浇钢筋混凝土楼板，在小高层建筑中均采用现浇。	多层或小高层住宅的墙体结构	
228				聚苯保温模板复合保温混凝土结构墙体体系	运用标准化生产的聚苯类保温产品作为模板（三维钢丝网聚苯乙烯泡沫板、模网外墙板、聚苯复合砌模），进行现场装配，墙内部配筋，再整体浇筑混凝土的一种改进型混凝土结构体系。具有节能、环保、隔声、安全和舒适及建筑装修一体化等特点。	住宅和普通公共建筑的墙体结构	
229				键槽节点预制预应力混凝土装配整体式框架结构体系	采用现浇或预制钢筋混凝土柱、预制预应力混凝土叠合梁、板等作为基本结构构件，通过键槽节点，现场装配后用混凝土后浇，形成整体框架结构体系。由于采用预应力技术，可减小构件截面，降低含钢量20%以上。构件在工厂生产，减少施工现场湿作业，施工方便快捷，减轻噪音污染，利于环保。	多层建筑。采用预制柱时，适用于抗震设防烈度不超过7度地区；采用现浇柱时，适用于抗震设防烈度不超过8度地区	
230				轻型结构建筑体系（CL建筑体系）	由CL墙板、实体剪力墙等组成，也可以用预制的CL网架（中间夹聚苯板），施工现场安装后浇注混凝土后形成"复合墙体"，构成集保温、隔热和受力于一体的建筑体系。该体系具有良好的节能效果和抗震性能，与砖混结构相比可扩大使用面积8%～10%，产业化程度较高。	抗震设防烈度不超过8度的寒冷地区12层以下住宅建筑	
231			新型砌体结构技术	配筋混凝土小型空心砌块结构体系	在混凝土空心砌块孔洞内配筋并灌注混凝土芯柱，构成配筋砌块剪力墙体系。楼板现浇，施工方便，造价低，符合抗震要求。与钢筋混凝土剪力墙结构相比，可降低造价，节约钢材，缩短工期。应用时需符合相关标准、规范和规程的规定。	按不同设防烈度适用于18层以下住宅	
232			新型钢结构建筑体系	钢-混凝土混合住宅结构体系	由钢框架与混凝土的楼梯间、电梯井等构成核心筒组成混合结构体系。钢柱采用H型钢柱、方钢管柱或圆钢管混凝土柱；梁可采用H型钢梁；内隔墙与外墙体采用轻质材料。结构自重轻，性能好，施工速度快。其经济指标与钢筋混凝土结构相当。应用时需符合相关标准、规范和规程的规定。	抗震设防烈度不超过8度地区的7～15层住宅	
233				钢框架住宅结构体系	可分为H型钢柱、钢梁钢框架结构和钢框架加支撑结构两种类型。墙体可采用轻质材料。结构自重轻，抗震性能良好，施工速度快。其经济指标略高于钢筋混凝土结构。应用时需符合相关标准、规范和规程的规定。	钢框架结构不超过6层，住宅钢框架加支撑结构可用于7～15层	

序号	技术分类			技术名称	主要技术性能及特点	适用范围	生效时间
	领域	类目	类别				
234	七 新型建筑结构、施工技术与施工、质量安全技术领域	绿色与新型建筑结构技术	大跨度楼盖体系	现浇无粘结预应力楼板技术	在楼(屋面)板内配置无粘结预应力筋,可实现大跨度,可取消次梁,节约钢材,简化模板和钢筋施工工艺,提高结构性能。无粘结预应力筋布筋和张拉的施工方便,综合经济效益好。	大开间住宅、大柱网公共建筑的楼盖结构	自本公告发布之日起至下期公告发布本类技术之日止
235				现浇有粘结预应力楼盖技术	在框架梁内配置有粘结预应力筋,可实现大柱网建筑平面(在楼板内也可取消次梁,采用配置无粘结预应力筋的平板),减少用钢量,减少混凝土用量,降低结构梁高,综合经济效益好。	大柱网公共建筑工程	
236				现浇空心或夹芯楼板技术	可采用空心(薄壁筒永久性芯模)或夹芯材料作填充用于现浇楼板,形成混凝土空心楼盖结构,[对大跨度楼(屋)盖结构也可应用无粘结预应力],结构高变低、自重轻,隔声和保温效果好,板总厚为160~250 mm。应用时需符合相关标准、规范和规程的规定。	大开间住宅、大柱网公共建筑工程	
237				大开间预应力装配整体式及预制整体式楼板技术	采用高强钢丝、钢绞线制作预应力预制薄板,并采用加强互相连接的构造措施,加浇混凝土后形成装配整体式及双向受力的叠合式楼板。与现浇混凝土楼板比,钢筋用量可节省30%,混凝土用量节省20%~25%,节约模板、工期短、方便施工。具有大开间、延性好、挠度小、裂缝控制性能好等特性。	民用建筑中大开间楼板结构	
238				预应力倒T形薄板叠合楼盖技术	预应力倒T形薄板由工厂制造,现场安装施工后在其上敷设钢筋灌混凝土,形成现浇整体式钢筋混凝土楼盖。其强度、刚度等均优于现浇混凝土楼盖,从而节省了模板,减少了钢筋用量,加快了施工进度,综合成本可降低10%~15%。	抗震设防裂度不超过8度地区的一般工业与民用建筑的楼盖	
239				复合预应力混凝土框架倒扁梁楼板(预应力混凝土夹层板)技术	由上下层薄板(含暗肋)和夹芯层组成的楼盖结构体系。暗梁和暗肋中配有预应力筋;夹层板的上下层和夹芯块在浇灌混凝土时,采用"二次浇灌、一次成型";夹芯块为结构用增强憎水膨胀珍珠岩芯板,其重量≤400 kg/m³,相对于实心平板楼盖结构减轻自重38%;可降低结构层高,在建筑总高度不变的条件下,可增加楼层数,扩大使用面积;自重轻,抗震性能好,具有良好的隔音、保温功能。	多层、高层民用建筑的楼盖和上人屋面,以及要求屋顶或层间隔音、保温有特殊要求的建筑	
240			预应力混凝土结构技术	无收缩预应力混凝土高性能灌浆材料应用技术	基于流变学原理和水泥的水化机理,在灌浆料中掺入超塑化剂,大幅度降低灌浆料中混合体系的屈服剪应力和塑性黏度;采用分子结构设计的原理,优选出适合于灌浆料的新型水溶性高分子材料,大幅度提高其假塑性,通过发气和固相体积膨胀的双重技术,在灌浆料的不同时期产生适度膨胀,以补偿由于水泥水化产生的收缩,改善水泥石孔结构,在提高灌浆料的体积稳定性的同时改善其耐久性。	后张法有粘结预应力混凝土施工	
241				后张预应力结构孔道真空灌浆技术工艺用于后张预应力结构孔道灌浆	提高后张预应力孔道灌浆的密实度,可以提高后张预应力混凝土结构的质量和耐久性。	不同结构桥梁的后张预应力混凝土结构	

序号	技术分类			技术名称	主要技术性能及特点	适用范围	生效时间
	领域	类目	类别				
242	七、新型建筑结构、施工技术与施工、质量安全技术领域	重大项目施工技术	大型结构工程安装技术	集群千斤顶同步整体提升技术	利用计算机对成群千斤顶的载荷或行程进行同步的分配与控制，或拉动钢绞线，对钢绞线反复地收紧与固定，达到构件或设备提升安装就位的目的。	大吨位、多吊点的重物同步提升与构件、设备安装	自本公告发布之日起至下期公告发布本类技术之日止
243				钢结构构件的空间滑移安装就位技术	将钢结构杆件运至指定现场，经组装后吊运至高空拼装胎上，拼接成滑移单元，经滑移轨道整体牵引滑移至设计位置。经往复滑移拼接，直至完成整个钢结构屋盖施工。钢结构构件的空间滑移安装技术可节省大量脚手架，还可缩短工期，并提高钢结构屋面组装质量。	大型空间钢结构桁架或网架结构安装	
244				大型设备与构件整体提升安装技术	应用机、电、液一体化原理，合理选用机具设备，使大型构件与设备在整体提升过程中受力均匀，提升(滑移)同步，物体整体平稳就位。特别是超大型构件的整体提升、整体滑移和整体安装就位，以达到构件与设备安装大型化、施工机具设备小型化、简单化，计算机控制自动化，提升(滑移)工艺标准化、规范化和推广应用多样化。	大型设备和大跨、超重结构的安装	
245		新型模板与脚手架技术	新型模板与脚手架施工技术	整体智能爬模平台技术	整体智能爬模平台由模板、平台、支撑体系、提升机构和控制系统组成。现浇混凝土的内外墙模板都能按楼层整体提升。提升机构支撑在已建的结构上，由电动或液压传动提升。提升时，通过电脑采集动力和速度信号，同时监控提升状况，实现自动均衡升降。技术先进，机械化、智能化度高；模板整体成型，机位跨度大，布置灵活；可重复使用，通用性好；有助于提高工程质量，加快施工进度，实现安全文明施工。	房屋建筑施工	
246				液压自爬模施工技术	液压自爬模由支撑架体、操作平台、导轨及模板系统构成，依靠液压使架体和模板沿导轨提升安装就位。爬升速度快，操作方便，结构简单，整体稳定性好，高空作业安全可靠；可垂直爬升，可沿斜面爬升；爬升平稳同步，纠偏简单，施工误差可逐层消除。在施工过程中与其他专业不争机械、不占工期、不抢占施工面，施工作业效率显著；不需要大量人员，具有明显的经济效益和社会效益。	房屋建筑施工	
247				高强覆塑竹胶合板模板	在原有覆塑"冷进冷出"工艺的基础上，通过对胶粘剂的改性，调整施胶与干燥工艺，改进热压工艺，从而实现较低温度下的"一次覆塑热进热出"生产工艺。使竹胶合板模板的周转次数达30次以上，并可与钢框配合制成钢框竹胶合板模板，并形成模数化系列生产。	土木、建筑工程施工模板，更适用于高温、高寒、高湿地区建筑施工模板	
248				平板玻璃钢圆柱模板	根据流体力学原理和平板玻璃钢抗拉强度高、且具有一定柔性的特点，将平板玻璃钢做成圆柱板，取消柱箍。在新浇注混凝土侧压力作用下，圆柱模板自动胀圆成圆柱体。改变了过去靠模板刚度控制混凝土圆柱成型的传统做法。达到施工简便，降低成本的目的。	工业与民用建筑以及市政桥梁工程的钢筋混凝土独立圆柱的模板	

序号	技术分类			技术名称	主要技术性能及特点	适用范围	生效时间
	领域	类目	类别				
249	七、新型建筑结构、施工技术与施工、质量安全技术领域	新型模板与脚手架技术	新型模板与脚手架施工技术	智能附着式整体升降脚手架技术	附着式整体升降脚手架，附着在在建工程上，带有升降机构，可以自行升降。升降工作除附墙连接外全部自动化、机械化；电脑智能控制、自动监控；防坠装置多重设置、多道防护；将高空搭设、拆除等危险工作转化为地面作业；降低建筑成本，节能、环保。该类技术其设计、构造、升降等均应符合 JGJ 59—99 和建建（2000）230 号文的规定。	房屋建筑施工	自本公告发布之日起至下期公告发布本类技术之日止
250				附着式升降脚手架（爬架技术）	具有定型的主框架和定型的底部支撑水平框架的架体，附着在在建工程上，带有升降机构，可以自行升降。可用于剪力墙、框剪、框架、筒体等高层结构的施工，适应性广。并可根据建筑物结构和施工的要求进行整体、多跨和单跨任意组合；可用电动设备、液压设施实现升降。能节约材料、节约人工、机械使用费，缩短施工工期；升降、防倾及防坠装置安全可靠。该类技术的设计、构造、升降、同步、防坠、防倾，均应符合 JGJ 59—99 和建建（2000）230 号文的规定。	房屋建筑施工	
251				外脚手架工具式连墙技术	采用与预埋件相连的、既能受拉又能受压的工具式连墙件，能可靠地传递脚手架水平荷载，使脚手架和主体结构形成可靠的连接，并增强脚手架的整体性、稳定性。	各种外脚手架	
252		建设工程施工、质量安全技术	临时用电技术	透明塑壳断路器	产品符合 GB 14048.2—2001、JGJ 46—2005 标准要求，具有可见分断点的隔离、过载及短路保护功能。如 DZ20T 系列产品，额定电流 100A、250A、400A 及 630A。产品应通过隔离功能附加试验，如触头位置/泄漏电流/8 kV 冲击电压等验证试验，并可设置断开位置指示件，通过 CCC 认证。	建筑施工现场总配电箱、分配电箱、开关箱中	
253				电子式和电磁式漏电断路器	产品符合 GB 14048.2—2001，GB 6829，JGJ 46—2005 标准要求。具有过载、短路及漏电保护功能，电子式漏电断路器还应具有辅助电源故障时自动断电保护功能，产品应通过 CCC 认证。	建筑施工现场总配电箱和开关箱中	
254				电磁式和电子式漏电保护器	产品符合 GB 6829，JGJ 46—2005 标准要求；此类产品本身不具备过载及短路保护功能，必须与断路器配合使用。如 LBM-1 型漏电保护器与 DZ20T 系列产品配合使用可实现漏电保护，并具有辅助电源故障时能自动断电功能。提高漏电动作的可靠性，使用安全。产品应通过 CCC 认证。	建筑施工现场总配电箱和开关箱中	

2. 限制使用技术部分(节选)

序号	领域	技术名称	说　明	限用范围	生效时间
3	一 建筑节能与新能源开发利用技术领域	无预热功能焊机制作的塑料门窗	依据建设部印发的《关于发布化学建材技术与产品公告》(27 号公告)	不得用于严寒、寒冷和夏热冬冷地区的房屋建筑	自 2001 年 7 月 4 日起执行
4		非中空玻璃单框双玻门窗		不得用于城镇居住建筑	
5		单腔结构型材的未增塑聚氯乙烯(PVC-U)塑料窗	任何开启形式的单腔结构型材的 PVC 塑料窗均不能保证排水性能和保温性能	不得用于城镇民用建筑	自本公告发布之日起执行
6		非断热金属型材制作的单玻窗	在《建设部推广应用和限制禁止使用技术》(建设部第 218 号公告)基础上,扩大了限用范围	不得用于民用建筑	
7		32 系列实腹钢窗			
8		25 系列、35 系列空腹钢窗			
20	四 节材与材料资源合理利用技术领域	混凝土现场拌制	依据《建设部推广应用和限制禁止使用技术》(建设部第 218 号公告)	不得用于东部地区的大中城市和中西部地区的大城市,由当地行政主管部门颁布具体实施内容。	自 2005 年 1 月 1 日起执行
21		尿素型混凝土抗冻外加剂		不得用于民用建筑的冬期混凝土施工	自 2004 年 3 月 18 日起执行
22		非滚动轴承式滑轮	依据建设部印发的《关于发布化学建材技术与产品公告》(27 号公告)	不得用于房屋建筑的推拉门窗(纱窗除外)	自 2001 年 7 月 4 日起执行
26		仿瓷内墙涂料(以聚乙烯醇为基料掺入灰钙粉、大白粉、滑石粉等)	依据建设部印发的《关于发布化学建材技术与产品公告》(27 号公告)	不得用于房屋建筑的室内高级装饰装修工程	自 2001 年 7 月 4 日起执行
27		矿物纤维防火喷涂材料和高含量苯类溶剂型钢结构防火涂料	依据《建设部推广应用和限制禁止使用技术》(建设部第 218 号公告)	不得用于房屋建筑室内钢结构工程	自 2004 年 7 月 1 日起执行
28		聚乙烯醇缩甲醛类胶粘剂		不得用于医院、老年建筑、幼儿园、学校教室等民用建筑的室内装饰装修工程	自 2004 年 7 月 1 日起执行
29		低碳冷拔钢丝的应用		不得用于钢筋混凝土结构或构件中的受力钢筋	自 2005 年 1 月 1 日起执行
30		桥面沥青弹塑体填充式伸缩缝		不得用于大、中型市政桥梁	自 2004 年 7 月 1 日起执行
31		桥面连续构造处橡胶片隔离层材料		不得用于市政桥梁	

（续表）

序号	领域	技术名称	说　明	限用范围	生效时间
32	五、新型建筑结构、施工技术与施工、质量安全技术领域	水泥预制板临时活动房屋	这类活动房现在无标准，基础构造过于简陋，经不住暴风雨的袭击。易发生安全事故。	易受飓风、暴风、山体滑坡等各类自然灾害影响地区禁止使用；其他地区仅用于单层临时房屋且必须有可靠的抗风、防坍塌措施。	自本公告发布之日起新开工工程
33		超过一定使用年限的塔式起重机	630 kN·m 以下（不含 630 kN·m）、出厂年限超过 10 年（不含 10 年）的塔式起重机；630～1 250 kN·m（不含 1 250 kN·m）、出厂年限超过 15 年（不含 15 年）的塔式起重机；1 250 kN·m 以上、出厂年限超过 20 年（不含 20 年）的塔式起重机。由于使用年限过久，存在设备结构疲劳、锈蚀、变形等安全隐患。超过年限的由有资质评估机构评估合格后，可继续使用。	建筑施工现场	自本公告发布之日起
34		超过一定使用年限的施工升降机	出厂年限超过 8 年（不含 8 年）的 SC 型施工升降机，传动系统磨损严重，钢结构疲劳、变形、腐蚀等较严重，存在安全隐患；出厂年限超过 5 年（不含 5 年）的 SS 型施工升降机，使用时间过长造成结构件疲劳、变形、腐蚀等较严重，运动件磨损严重，存在安全隐患。超过年限的由有资质评估机构评估合格后，可继续使用。		
35		人工挖孔桩	依据《建设部推广应用和限制禁止使用技术》（建设部第 218 号公告）	不得用于软土或易发生流沙的场地。地下水位高的场地，应先降水后施工。	自 2004 年 3 月 18 日起执行

3. 禁止使用技术部分（节选）

序号	领域	技术名称	说　明	禁用范围	生效时间
2	二、节材与材料资源合理利用技术领域	手工机具制作的塑料门窗	依据建设部印发的《关于发布化学建材技术与产品公告》（27 号公告）	禁止用于房屋建筑	自 2001 年 7 月 4 日起执行
3		非硅化密封毛条		禁止用于房屋建筑门窗	
4		高填充 PVC 密封胶条			
5		型材老化时间小于 6 000 h（M 类）建筑用未增塑聚氯乙烯（PVC-U）塑料窗	根据气象统计资料，我国 90% 以上地区为恶劣气候区，只适用于人工老化 6 000 h（S 类）以上的型材，其余地区主要分布在人口稀少的北部边境地区。	禁止用于房屋建筑外窗	自公告发布之日起执行
6		主型材可视面壁厚小于 2.2 mm 的推拉塑料窗	2004 年 10 月 1 日起实施的 GB/T 8814《门、窗用未增塑聚氯乙烯（PVC-U）型材》中，对主型材可视面的壁厚分为三类，A 类≥2.8 mm，B 类≥2.5 mm，C 类不规定。该标准实施后，根据对行业企业所生产的型材的壁厚的了解，有些企业为了降低成本，	禁止用于房屋建筑	自公告发布之日起执行

序号	领域	技术名称	说　明	禁用范围	生效时间
6	二 节材与材料资源合理利用技术领域	主型材可视面壁厚小于2.2 mm的推拉塑料窗	型材的壁厚在不断的下降，推拉窗型材有的壁厚甚至在2.0 mm以下，而且型材的断面也是越来越小，很难保证塑料窗刚度和在制作、安装过程中与五金附件、墙体的连接质量以及窗在长期使用过程中所能抵抗外界的气候条件变化等，严重影响了塑料门窗的产品质量和信誉。 为保证提高塑料窗的加工制作、安装质量和保证建筑用塑料窗在外界气候条件变化下的影响和长期使用功能。同时也使推拉窗窗框和窗扇焊接角破坏力的计算值达到于2006年1月1日起实施的JG/T 140—2005《未增塑聚氯乙烯（PVC-U)塑料窗》标准中对主型材可视面最小实测壁厚的要求，即推拉窗主型材可视面最小实测壁厚≥2.2 mm。	禁止用于房屋建筑	自公告发布之日起执行
7		主型材可视面壁厚小于2.8 mm的平开塑料门	2004年10月1日起实施的GB/T 8814《门、窗用未增塑聚氯乙烯（PVC-U)型材》对主型材可视面的壁厚分为三类，A类≥2.8 mm，B类≥2.5 mm，C类不规定。该标准实施后，根据对行业企业所生产的型材的壁厚的了解，有些企业为了降低成本，型材的壁厚在不断地下降，而且型材的断面也是越来越小，很难保证塑料门的刚度和在制作、安装过程中与五金附件、墙体的连接质量，门框与门扇的连接质量等，严重影响了塑料门窗的产品质量和信誉。 为保证提高塑料门的加工制作、安装质量和保证建筑用塑料门在外界气候条件变化下的影响和长期使用功能，同时也使平开门门框和门扇焊接角破坏力的计算值达到JG/T 180《未增塑聚氯乙烯（PVC-U)塑料门》标准中规定主型材可视面最小实测壁厚，即平开门主型材可视面最小实测壁厚≥2.8 mm。		
8		主型材可视面壁厚小于2.5 mm的平开塑料窗	2004年10月1日起实施的GB/T 8814《门、窗用未增塑聚氯乙烯（PVC-U)型材》中，对主型材可视面的壁厚分为三类，A类≥2.8 mm，B类≥2.5 mm，C类不规定。该标准实施后，根据我们对行业企业所生产的型材的壁厚的了解，有些企业为了降低成本，型材的壁厚在不断地下降，而且型材的断面也是越来越小，很难保证塑料窗刚度和在制作、安装过程中与五金附件、墙体的连接质量和以及窗在长期使用过程中所能抵抗外界的气候条件变化等，严重响了塑料门窗的产品质量和信誉。 为保证提高塑料窗的加工制作、安装质量和保证建筑用塑料窗在外界气候条件变化下的影响和长期使用功能，同时也使平开窗窗框和窗扇焊接角破坏力的计算值达到于2006年1月1日起实施的JG/T 140—2005《未增塑聚氯乙烯（PVC-U)塑料窗》标准中对主型材可视面最小实测壁厚的要求，即平开窗主型材可视面最小实测壁厚≥2.5 mm。		

（续表）

序号	领域	技术名称	说　明	禁用范围	生效时间
9	二　节材与材料资源合理利用技术领域	主型材可视面壁厚小于 2.5 mm 的推拉塑料门	2004 年 10 月 1 日起实施的 GB/T 8814《门、窗用未增塑聚氯乙烯（PVC-U）型材》对主型材可视面的壁厚分为三类，A 类≥2.8 mm，B 类≥2.5 mm，C 类不规定。该标准实施后，根据对行业企业所生产的型材的壁厚的了解，有些企业为了降低成本，型材的壁厚在不断地下降，而且型材的断面也是越来越小，也很难保证塑料门的刚度和在制作、安装过程中与五金附件、墙体的连接质量，门框与门扇的连接质量等，严重影响了塑料门窗的产品质量和信誉。 为保证提高塑料门的加工制作、安装质量和保证建筑用塑料门在外界气候条件变化下的影响和长期使用功能，同时也使平开门和推拉窗门框 和门扇焊接角破坏力的计算值达到 JG/T 180《未增塑聚氯乙烯（PVC-U）塑料门》标准中规定推拉门主型材可视面最小实测壁厚应≥2.5 mm。	禁止用于房屋建筑	自公告发布之日起执行
15		聚乙烯醇水玻璃内墙涂料（106 内墙涂料）	依据建设部印发的《关于发布化学建材技术与产品公告》（27 号公告）	禁止用于房屋建筑的室内装饰装修工程	自 2001 年 7 月 4 日起执行
16		聚乙烯醇缩甲醛内墙涂料（107、803 内墙涂料）			
17		多彩内墙涂料（树脂以硝化纤维素为主，溶剂以二甲苯为主的 O/W 型涂料）			
21	三　新型建筑结构、施工技术与施工、质量安全技术领域	简易临时吊架	用钢筋焊成梯型架体，挂在外墙上，在梯形架体的横梁上铺设脚手板后，作为砌筑和装修脚手架使用，在施工现场临时搭设，制作粗糙，缺少安全措施。已造成多起群死群伤事故。	禁止用于房屋建筑施工	自本公告发布之日起执行
22		自制简易吊篮	包括用扣件和钢管搭设的吊篮、不经设计计算就制作出的吊篮、无可靠的安全防护和限位保险装置的吊篮。		
23		大模板悬挂脚手架（包括同类型脚手架）	在大模板就位后，再在其上安装"掛脚手架"作为操作平台，在安装过程中，施工人员必须站在起重机吊起的架体上作业，由于结构缺陷，架体横向稳定性差，抗风荷载能力差，容易造成架体倾翻，极易发生坠落事故。在设计、搭设和使用方面存在严重安全隐患，危险性大。		
24		石板闸刀开关	产品安全性能差	建筑施工现场	
25		HK1、HK2、HK2P、HK8 型闸刀开关	产品安全性能差		
26		瓷插式熔断器	产品安全性能差		
27		QT60/80 塔机（70 及 80 年代生产产品）	上世纪 70～80 年代生产的动臂式塔机，安全装置不齐全，安全性能差。		

序号	领域	技术名称	说　　明	禁用范围	生效时间
28	三　新型建筑结构、施工技术与施工、质量安全技术领域	井架简易塔式起重机	塔身结构由杆件用螺栓连接,受力不明确,非标准节形式,起重臂无风标效应。安全性能差,安全装置不齐全,稳定性差。	建筑施工现场	自本公告发布之日起执行
29		QTG20、QTG25、QTG30等型号的塔式起重机	自行安装的固定式塔式起重机,由于无顶升套架及机构,无高处安装作业平台,安装拆卸工况差,安全无保证。		
31		自制简易的或用摩擦式卷扬机驱动的钢丝绳式物料提升机	卷扬机制动装置由手工控制,无法进行上、下限位和速度的自动控制。无安全装置或安全装置无效,安全隐患大、技术落后,不符合现行的标准要求。		

(二十八) 省住房城乡建设厅关于印发《江苏省深基坑支护工程监理实施细则(标准化格式文本)》的通知(苏建建管〔2013〕314号)

各市建设局(委),苏州工业园区规划建设局、张家港保税区规划建设局,昆山市、泰兴市、沭阳县建设局:

为提高监理规范化管理水平,提升监理现场的工作质量,我厅组织编制了《江苏省深基坑支护工程监理实施细则(标准化格式文本)》,现印发你们,供全省统一使用。

附件:《江苏省深基坑支护工程监理实施细则(标准化格式文本)》

江苏省住房和城乡建设厅

2013年6月25日

附件：

_____工程

监理实施细则

（深基坑支护工程）

（标准化格式文本）

内容提要：

深基坑支护工程概况

本工程特点、难点

监理工作依据

监理组织机构

监理工作流程

监理工作控制要点及目标值

监理工作方法及措施

工程监理机构(章)：_____

专业监理工程师：_____

总监理工程师：_____

日期：_____

江苏省住房和城乡建设厅监制

深基坑支护工程监理实施细则

1　深基坑支护工程概况

1.1　深基坑支护工程的重要性。

1.2　本工程及深基坑支护工程概况及参数(可根据实际调整):

序号	各分项工程内容	设计及参数	设计单位	施工单位	备　注
1	支护桩、钢筋砼及钢支撑系统				
2	地下连续墙				
3	锚杆或土钉墙				
4	水泥土搅拌桩				
5	土方开挖				
6	降水				
7	其他分项工程				
8	换撑及拆撑	(实施单位)			
9	基坑监测	(实施单位)			
10	支护桩基检测	(实施单位)			

(注:表格应根据工程实际情况进行调整。)

2　本工程深基坑支护工程的特点、难点

2.1　本工程深基坑支护工程设计、施工特点、难点:＿＿＿＿＿＿＿＿＿＿＿。

2.2　本工程深基坑支护工程监理质量控制的重点:＿＿＿＿＿＿＿＿＿＿＿。

3　深基坑支护工程监理工作依据

3.1　经审查合格的设计文件。

3.2　本工程施工合同、协议等资料。

3.3　本工程"监理规划"。

3.4　经批准的工程施工组织设计、专项施工方案。

3.5　本工程适用的深基坑支护工程相关现行法律法规、技术标准规范及图集。

表 3.1　深基坑支护工程相关现行法律法规、技术标准规范及图集一览表

序号	名　称	编号

3.6　其他依据:

4　项目监理部组织机构

4.1　项目监理部组织机构框图:(示意,框图中可添加人员姓名)

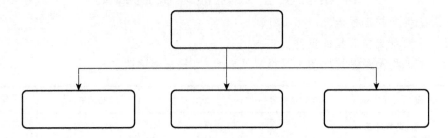

图 4.1　项目监理部组织机构框图

5　深基坑支护工程监理工作流程(用框图表示)

5.1　深基坑支护工程施工阶段监理程序:(示意)

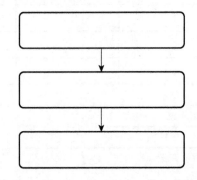

图 5.1　深基坑支护工程施工阶段监理程序框图

5.2　深基坑支护工程施工方案审核程序(同上)。

5.3　分包单位资格审核监理工作程序(同上)。

5.4　深基坑支护工程施工质量控制流程(同上)。

5.5　深基坑支护工程验收流程(同上)。

5.6　其他程序或流程(根据工程实际情况增减、调整)。

6　深基坑支护工程监理工作控制要点及目标值

6.1　本工程深基坑支护工程质量目标。

根据设计文件、施工合同及相关标准的要求,本工程深基坑等级为_____,子分部质量目标确定为_____、工期目标为_____。

6.2　本工程深基坑支护工程监理质量控制点。

依据建质〔2009〕87号文及省市建设行政主管部门的相关规定,本项目深基坑支护将对以下安全专项施工方案进行专家论证:

1. _____。

2. _____。

3. _____。

4. _____。

根据国家规范及相关标准的规定,结合本工程深基坑支护分项工程的实施内容及特点,本工程深基坑支护工程监理质量控制关键点的确定。

序号	分项工程名称	质量控制关键点
1		
2		
3		
4		
5		
6		
7		
8		
9		

6.3　深基坑支护工程各分项工程监理控制要点及目标值。

根据国家规范及相关标准的规定,结合本工程深基坑支护分项工程的实施内容及特点,本工程深基坑支护工程监理质量控制要点及目标值。

6.4　深基坑支护工程监测的监理控制要点。

7　深基坑支护工程监理工作方法及措施

7.1　审查内容:＿＿＿＿＿＿＿＿＿＿＿＿＿＿＿＿＿＿＿＿＿＿＿＿＿＿＿＿＿。

(如:审查设计图审手续是否完备;是否进行了专家论证;签字手续是否齐全;如有较大变更是否重新组织专家论证,签字批准手续是否齐全;审查承包单位的质量保证体系、安保体系是否建立健全;审查承包单位报送的拟进场的建筑材料/构配件/设备报审表及其质量证明资料。)

7.2　复核内容:＿＿＿＿＿＿＿＿＿＿＿＿＿＿＿＿＿＿＿＿＿＿＿＿＿＿＿＿＿。

(如:施工单位生产资质、安全生产许可证,特种作业人员上岗证等。)

7.3　质量安全问题的处理方法:＿＿＿＿＿＿＿＿＿＿＿＿＿＿＿＿＿＿＿＿＿。

(如:对深基坑支护工程施工过程中质量问题及安全问题,监理处理方法。如监理工程师通知单、停工令、备忘录、项目监理机构向有关主管部门质量安全报告单等。)

7.4　旁站

本工程深基坑支护工程监理旁站部位主要包括:＿＿＿＿＿＿＿＿＿＿＿＿＿＿＿。

其他:＿＿＿＿＿＿＿＿＿＿＿＿＿＿＿＿＿＿＿＿＿＿＿＿＿＿＿＿＿＿＿＿＿＿。

(注:监理人员在哪些部位旁站。)

7.5　平行检验:＿＿＿＿＿＿＿＿＿＿＿＿＿＿＿＿＿＿＿＿＿＿＿＿＿＿＿＿＿。

(如材料的平行检验和工序的平行检验等,材料如钢筋、砼的平行检验等。)

7.6　巡视检查内容:＿＿＿＿＿＿＿＿＿＿＿＿＿＿＿＿＿＿＿＿＿＿＿＿＿＿＿。

(如工程测量基准点、控制点及监测点等的保护使用情况,进场工程材料的质量检测、报验情况,施工现场的工程材料/构配件的制作加工使用情况,正在施工作业面操作情况,施工现场机械设备、安全设施使用和保养情况,各作业面安全操作、文明施工情况,已完成的检验批、分部分项工程质量等。)

7.7 现场协调方式:_____。

(如组织现场协调会、工地例会、专题会议等。)

7.8 其他监理方法:_____。

(如工程款支付控制、验收等。)

7.9 深基坑支护子分部工程质量检测。

(如所有建筑材料、产品、半成品的常规材料检测;支护桩结构的强度、桩身完整性检测;水泥土桩的取芯、强度检测;土层锚杆拉拔力检测;支撑结构的砼强度检测;钢结构的焊缝质量检测;其他必要的检测项目。)

7.10 表式。

深基坑支护工程监理表式、表格可由监理机构根据相关规定自行设置。

(二十九) 省住房城乡建设厅关于印发《江苏省高支模工程监理实施细则(标准化格式文本)》和《江苏省扣件式钢管脚手架搭设、拆除工程监理实施细则(标准化格式文本)》的通知(苏建建管〔2013〕266 号)

各市建设局(委),苏州工业园区规划建设局、张家港保税区规划建设局,昆山市、泰兴市、沭阳县建设局:

为了提高监理规范化管理水平,提升监理现场的工作质量,我厅组织编制了《江苏省高支模工程监理实施细则(标准化格式文本)》和《江苏省扣件式钢管脚手架搭设、拆除工程监理实施细则(标准化格式文本)》,现印发你们,供全省统一使用。

附件:1.《江苏省高支模工程监理实施细则(标准化格式文本)》

2.《江苏省扣件式钢管脚手架搭设、拆除工程监理实施细则(标准化格式文本)》

江苏省住房和城乡建设厅

2013 年 6 月 4 日

附件1：

_____工程

监理实施细则

（高支模工程）
（标准化格式文本）
内容提要：

高支模工程概况

本工程特点、难点

监理工作依据

监理组织机构

监理工作流程

监理工作控制要点及目标值

监理工作方法及措施

工程监理机构（章）：_____

专业监理工程师：_____

总监理工程师：_____

日期：_____

江苏省住房和城乡建设厅监制

高支模工程监理实施细则

1　高支模工程概况

1.1　工程概况：

（应介绍本工程高大模板支架的相关内容：种类、最高多少，模板最重多少，安装的方法，支架上部主要荷载特征、地基特征等。）

1.2　本高支模工程概况：（如有多种支模形式应分别说明）

表1.1　本高支模工程概况一览表

高支模分项工程	施组设计要求	施工单位
地基处理		
支架材料		
支架安装		
支架及模板拆除		

2　本工程高支模工程的特点、难点

2.1　本工程高支模分部工程设计、施工特点、难点：_____。

2.2　本工程高支模分部工程监理质量控制的重点：_____。

3　高支模工程监理工作依据

3.1　经审查合格的设计文件。

3.2　本工程施工合同、协议等资料。

3.3　本工程"监理规划"。

3.4　经批准的工程施工组织设计、专项施工方案。

3.5　本工程适用的高支模工程相关现行法律法规、技术标准规范及图集。

表3.1　高支模工程相关现行法律法规、技术标准规范及图集一览表

序号	名　　称	编号
1		
2		
3		
4		
5		
6		

3.6　其他依据：

4　项目监理部组织机构

4.1　项目监理部组织机构框图：（示意，框图中可添加人员姓名）

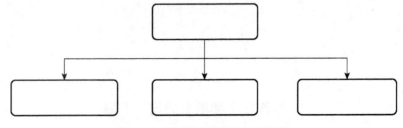

图4.1　项目监理部组织机构框图

5　高支模工程监理工作流程(用框图表示)

5.1　高支模工程施工阶段监理程序:(示意)

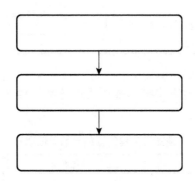

图 5.1　高支模工程施工阶段监理程序框图

5.2　高支模施工专项方案审批监理程序:

5.3　高支模搭设阶段的监理工作程序:

5.4　支架预压的监理工作程序:

5.5　浇筑混凝土的施工监理工作程序:

5.6　地基处理的监理工作程序:

5.7　支架拆除的监理工作程序:

5.8　其他程序或流程:(根据工程实际情况增减、调整)

6　高支模工程监理工作控制要点及目标值

6.1　根据施工组织设计文件、施工合同及相关标准的要求,本高支模工程质量目标确定为:＿＿＿＿＿＿＿＿＿＿＿＿＿＿＿＿＿。

本高支模工程的检验及主要验收内容如下:

表 6.1　高支模工程检验及主要验收内容一览表

序号	检验项目	主要验收内容
1	地基	
2	支架工程	
3	模板工程	
4	预压后验收	

6.2　本高支模工程监理质量控制点。

表 6.2　高支模工程监理质量控制点一览表

序号	项　目	控　制　点
1	施工单位资质	
2	高支模施工方案	
3	地基处理	
4	支架搭设	
5	模板安装	

(续表)

序号	项　目	控　制　点
6	支架预压	
7	混凝土浇筑过程的监测	
8	支架拆除	

6.3　材料、设备进场检查验收。

6.3.1　专业监理工程师对高支模工程所用进场材料和设备检查内容有：_____。

6.3.2　材料的见证取样：

表 6.3　高支模工程监理材料的见证取样一览表

序号	材料名称	要求抽检数量	检验方法
1	支(构)材料		
2	扣件		
3	模板		
4	…		
5	…		
6	…		

6.4　高支模方案设计要求。

以下专项施工方案施工单位应编制专项施工方案：①搭设高度 5 m 及以上；②搭设跨度 10 m 及以上；③施工总荷载 10 kN/m² 及以上；④集中线荷载 15 kN/m 及以上；⑤高度大于支撑水平投影宽度且相对独立无联系构件的混凝土模板支撑工程。

以下专项施工方案施工单位应组织专家组论证审查：①高度超过 8 m 及以上；②搭设跨度超过 18 m 及以上；③施工总荷载 15 kN/m² 及以上；④集中线荷载 20 kN/m 及以上。

对于设通道、通航的支架应做专门的设计与计算。

6.5　高支模施工专项方案审查的监理要点。

(高支模施工专项方案的编制内容、施工单位审核程序必须符合住建部〔2009〕87 号文的规定。)

6.6　高支模搭设过程的监理工作要点。

(高支模搭设的单位和个人的资质必须符合相关规定。在搭设时施工单位要做好自检，监理应做好巡视检查。)

6.7　支架预压监理工作要点。

(支架预压必须按设计的加载和卸载方案实施，并应加强现场的监视和检测。)

6.8　混凝土浇筑的监理工作要点。

(混凝土的浇筑必须按预定的浇筑程序和方案进行，并随时观察支架的变形情况，避免意外事故的发生。)

6.9　支架的拆除阶段监理要点。

(支架的拆除需等混凝土强度达到设计要求方可拆除，拆除顺序应符合规范要求。)

7　高支模工程监理工作方法及措施

7.1　审查内容：_____。

(如审查承包单位、分包单位的安全生产保证体系、质量保证体系是否建立、健全；审查承包单位报送的高支模专项施工方案,按要求需专家论证的是否组织论证并按论证意见修改完善,并提出审查意见;审查施工单位报送的进场材料、构配件和设备的报告,审查地基处理后的检验报告、支架搭设后的自查报告、支架预压后的沉降观测报告和高支模拆除的申请报告等;重点要认真审查施工单位方案中的技术方案的可行性,内容的完整性。)

7.2　复核内容:＿＿＿＿＿＿＿＿＿＿＿＿＿＿＿＿＿＿＿＿＿＿＿＿＿＿＿＿＿。

(如承包单位、分包单位资质、安全生产许可证、专职安全员、特种人员作业上岗证;复核专项方案中的荷载计算书;复核地基处理的承载力、标高、平整度、排水等情况;复核支架的位置、间距、支构(件)的链接质量,扫地杆、支撑等的搭设情况是否符合设计要求;复核模板安装的位置、尺寸、标高等是否符合要求;复核支架预压的堆载顺序、重量、和预压时间、变形等情况是否符合设计要求;复核支架拆模前结构混凝土同条件试块强度试验报告是否达到拆模强度要求等。)

7.3　质量安全问题的处理方法:＿＿＿＿＿＿＿＿＿＿＿＿＿＿＿＿＿＿＿＿＿。

(如对未按照经批准的专项施工方案实施,搭设、使用或拆除中出现的质量、安全问题,材料、构配件进场未经监理人员验收或验收不合格,支架搭设完成后未经检查验收而擅自进行预压或混凝土浇筑的监理工程师应及时下达监理工程师通知单、备忘录、停工令等,报告业主,必要时报告政府行政主管部门。监理工程师在日常的巡视检查过程中发现的一些较轻微的质量问题和安全隐患要及时要求施工单位进行现场整改并做好复查。)

7.4　旁站。

本工程高支模工程监理旁站内容主要包括:＿＿混凝土浇筑＿＿。

其他:＿＿＿＿＿＿＿＿＿＿＿＿＿＿＿＿＿＿＿＿＿＿＿＿＿＿＿＿＿＿＿＿＿。

(注:应根据住建部的有关规定确定,监理人员在哪些部位旁站。)

7.5　巡视检查内容:＿＿＿＿＿＿＿＿＿＿＿＿＿＿＿＿＿＿＿＿＿＿＿＿＿＿。

(如:对现场安全警戒情况,施工顺序、方法,搭设质量情况,安全文明施工情况;施工人员安全防护齐备,有无违规违章作业;支架的扫地杆、斜撑、剪刀撑设置、对预压过程中的支架沉降和变形、稳定情况,混凝土浇筑过程中支架的变形、沉降、稳定等进行巡视检查,发现其他及时处理。)

7.6　现场协调方式:＿＿＿＿＿＿＿＿＿＿＿＿＿＿＿＿＿＿＿＿＿＿＿＿＿＿。

(如:组织现场协调会、工地例会、专题会议等。)

7.7　其他监理方法:＿＿＿＿＿＿＿＿＿＿＿＿＿＿＿＿＿＿＿＿＿＿＿＿＿＿。

7.8　验收。

7.8.1　验收条件。

7.8.2　验收程序。

7.8.3　验收内容:＿＿＿＿＿＿＿＿＿＿＿＿＿＿＿＿＿＿＿＿＿＿＿＿＿＿。

7.9　高支模工程履行监理法定职责的服务。

7.9.1　开工前的安全监督管理:＿＿＿＿＿＿＿＿＿＿＿＿＿＿＿＿＿＿＿＿。

7.9.2　施工过程中的安全监督管理:＿＿＿＿＿＿＿＿＿＿＿＿＿＿＿＿＿＿。

7.9.3　安全监测:＿＿＿＿＿＿＿＿＿＿＿＿＿＿＿＿＿＿＿＿＿＿＿＿＿＿。

8　表式:按建设行政主管部门规定用表:＿＿＿＿＿＿＿＿＿＿＿＿＿＿＿＿。

(如施工安全生产管理体系报审表 A3.2,分包单位资质报审表 A3.6,施工安全专项方案报审表 A3.9 等。)

附件2：

_____工程

监理实施细则

（扣件式钢管脚手架搭设、拆除工程）

（标准化格式文本）

内容提要：

工程及脚手架搭设、拆除概况

脚手架搭设、拆除重点、难点

监理工作依据

监理组织机构

监理工作流程

监理工作的目标及要点

监理工作的方法及措施

项目监理机构(章)：_____

专业监理工程师：_____

总监理工程师：_____

日期：_____

江苏省住房与城乡建设厅监制

扣件式钢管脚手架搭设、拆除工程监理实施细则

1　工程概况

1.1　工程概况：(简述建筑面积、高度、层高、结构形式等)

1.2　脚手架搭设、拆除概况：

1.2.1　拟搭设、拆除的脚手架型式：

☐单排钢管脚手架　　　　　　　　☐开口型

☐双排钢管脚手架　　　　　　　　☐封圈型

☐满堂脚手架　　　　　　　　　　☐敞开式

☐满堂支撑架　　　　　　　　　　☐遮挡式

☐悬挑式脚手架　　　　　　　　　☐封闭式

☐独立式脚手架(支撑架)　　　　　☐底部双管立杆

☐整体提升脚手架(可单独编制细则)

1.2.2　拟搭设、拆除的脚手架用途：

☐结构施工　　　　　　　　　　　☐围护架

☐装饰施工　　　　　　　　　　　☐模板施工

1.2.3　拟搭设、拆除脚手架分布区域：(可列表或图示、高大模板单列)

1.2.4　脚手架承受荷载简述：

满堂支撑架需注明各区域板厚、最大梁截面、构件尺寸、高度、跨度、永久荷载、可变荷载(可列表)。

1.2.5　拟搭设、拆除的脚手架构造要求：(高大模板单列)

表 1.1　拟搭设、拆除的脚手架构造要求一览表

序号	区域(轴线)	脚手架型式	构造要求	构配件选用
1				
2				
3				
·				
·				
·				
n				

表中构造要求主要有以下内容(包括但不限于)脚手架长度、宽度、高度、步距，主杆纵距、横距，连墙件纵距、横距，门洞构造、剪刀撑、横向斜撑构造等。

1.3　脚手架地基与基础构造：

2　扣件式钢管脚手架搭设、拆除工程的特点、难点

2.1　扣件式钢管脚手架搭设、拆除的特点、难点：＿＿＿＿＿＿＿＿＿＿＿＿＿＿＿。

2.2　脚手架搭设、拆除施工安全生产管理监理工作的重点：＿＿＿＿＿＿＿＿＿＿＿＿＿。

3　监理依据

3.1　本工程施工合同、协议等资料。

3.2　本工程"监理规划"。

3.3 经审批通过的施工组织设计、脚手架搭设、拆除专项施工方案。

3.4 本项目适用的扣件式脚手架搭设、拆除相关现行法律法规、技术标准规范。

表 3.1　扣件式钢管脚手架搭设、拆除工程相关法律法规、技术标准规范一览表

序号	名　称	编　号

3.5 其他依据：

4　监理组织架构

4.1 扣件式钢管脚手架搭设工程监理组织架构框图：（示意，图框中可添加人员姓名）

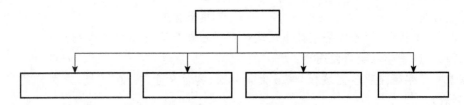

图 4.1　监理组织架构框图

5　监理工作的主要流程（用框图表示）

5.1 脚手架搭设、拆除工程监理的主要工作程序：（示意）

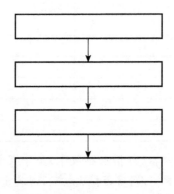

图 5.1　脚手架搭设、拆除工程的监理工作程序

5.2 扣件式钢管脚手架专项施工方案审核程序：

5.3 分包单位资质审核监理工作程序：

5.4 扣件式钢管脚手架材料、构配件验收监理程序：

5.5 扣件式钢管脚手架搭设检查验收程序：

5.6 其他程序或流程：（根据搭设、拆除实际情况增减、调整）

6　安全生产管理监理工作的目标及要点

6.1　扣件式钢管脚手架搭设、拆除工程监理的目标：

按照施工合同、相关规范标准及专项施工方案要求，本扣件式钢管脚手架搭设、拆除工程监理的目标为：＿＿＿＿＿＿＿＿＿＿＿＿＿＿＿＿＿＿＿＿＿＿＿＿＿＿＿＿＿＿＿＿。

6.2　扣件式钢管脚手架搭设、拆除工程监理项目要点见表6.1：

表6.1　扣件式钢管脚手架搭设、拆除监理要点

序号	安全控制项目	安全控制点	安全控制要求
1	安全管理		
2	材料、构配件		
3	地基与基础		
4	搭设构造		
6	搭设质量检查与验收		
7	接地与避雷		
8	脚手架拆除		

6.3　扣件式钢管脚手架搭设、拆除工程监理要点：

6.3.1　扣件式钢管脚手架搭设、拆除工程专项施工方案审查。

6.3.2　资质审查。

6.3.3　材料、构配件进场验收。

脚手架材料、构配件进场后，监理工程师应参加检查验收，检查验收内容见表6.2：

表 6.2　材料、构配件质量检查表

项目	要　　求	抽检数量	检查方法
钢管			
钢管外径及壁厚			
扣件			
可调托撑			
脚手板			
钢筋			

脚手架材料、构配件进场后,监理工程师应随机抽取外观检验不合格的钢管、扣件见证取样送法定专业检测机构进行检测,检测项目见表 6.3。

表 6.3　钢管、扣件见证取样检测项目

序号	见证取样材料名称	检测项目	备注
1	钢管		
2	扣件		
3	钢筋		

6.3.4　地基与基础检查。

6.3.5　脚手架搭设构造。

6.3.6　脚手架搭设施工。

6.3.7　脚手架拆除施工。

6.3.8　脚手架检查与验收。

7　监理的主要工作方法及措施

7.1　审查内容:＿＿＿＿＿＿＿＿＿＿＿＿＿＿＿＿＿＿＿＿＿＿＿＿＿＿＿＿＿。

(如:审查承包单位、分包单位的安全生产保证体系、质量保证体系是否建立、健全;审查承包单位报送的专项施工方案,按要求需专家论证的是否组织论证并按论证意见修改完善,并提出审查意见;审查承包单位报送的拟进场的脚手架材料、构配件报审表(通用报审表)证明文件;审查脚手架搭设完成后检查验收报告;审查脚手架拆除签字审批手续;审查工程安全防护措施费使用计划等。)

7.2 复核内容：_____。

（如：承包单位、分包单位资质、安全生产许可证、特种人员作业上岗证；脚手架基础标高、放线定位、复核每步架主杆位置，间距；脚手架搭设在6～8 m高度后中间检查复核；脚手架搭设完成后、使用中、拆除前检查复核；高大模板支撑系统拆除前，复核结构混凝土同条件试块强度试验报告是否达到拆模强度要求；独立支撑系统拆除前，应检查其上支撑结构是否连接并形成稳定的受力体系等。）

7.3 质量安全问题的处理方法：_____。

（如：对未按照经批准的专项施工方案实施，搭设、使用或拆除中出现的质量、安全问题，材料、构配件进场未经监理人员验收或验收不合格，脚手架搭设完成后未经检查验收而擅自使用的及时下达监理工程师通知单、备忘录、停工令等，必要时报告政府行政主管部门。）

7.4 旁站。

扣件式脚手架搭设与拆除过程中监理需旁站的部位为：_____。

7.5 平行检验。

表7.1 扣件式钢管脚手架搭设施工监理平行检验计划表

序号	部位或过程	检验项目	检验比例	检验方法	备注

7.6 巡视检查内容：_____。

（如：对现场安全警戒情况，施工顺序、方法，搭设质量情况，安全文明施工情况；施工人员安全防护齐备，有无违规违章作业；脚手架扫地杆、连墙件、剪刀撑设置、杆件连接位置方式等进行巡视检查。）

7.7 现场协调方式：_____。

（脚手架在搭设时、使用中、拆除前可能牵涉到不同施工单位作业及使用，为此监理机构须及时予以协调。通常采用会议协调，其方式有：现场协调、工地例会、监理专题会议等。）

7.8 验收。

7.8.1 验收条件。

7.8.2 验收内容。

7.8.3 验收程序。

7.9 高支模工程安全生产管理监理工作的服务。

7.9.1 开工前的安全监督管理。

7.9.2 施工过程中的安全监督管理。

7.9.3 安全监测。

8 表式

扣件式脚手架中间检查及交付使用前验收见相关表式（表格由监理机构自行设置）。

(三十)《关于加强全省建筑安全生产责任追究若干意见的通知》(苏建质安〔2011〕847号)摘录

二、监理企业在一个考核年度内所监理的工程项目发生建筑施工安全生产责任事故的,依照《建设工程安全生产管理条例》第五十八条的规定,对其责任人(包括总监理工程师和专业监理工程师)分别作出如下处理:

1. 发生一般安全生产事故的,死亡1~2人的,暂扣其1年注册监理工程师证书;

2. 发生较大安全生产事故的,死亡3~5人的,暂扣其2年注册监理工程师证书;死亡6~9人的,暂扣其3年注册监理工程师证书;

以上所述责任人在注册监理工程师(包括江苏省监理工程师)证书暂扣期内,不得从事工程监理工作,期满后须参加省住房城乡建设厅组织的安全生产知识考核,合格后方可重新从事工程监理工作;

3. 发生重或特大安全生产事故的,报请住房和城乡建设部注销国家注册监理工程师证书,并终生不得从事工程建设监理工作。

以上所述责任人国家注册监理工程师(包括江苏省监理工程师)证书暂扣起始时间或注销时间自事故处罚决定作出之日起计算。

四、建筑施工、监理企业发生建筑施工安全生产责任事故的,发证机关应当依照《建设工程安全生产管理条例》第六十七条的规定,对其资质采取如下措施:

1. 发生一般安全生产事故的,自安全生产许可证最后一次恢复之日起算,在1年内不得增加资质类别及资质升级;

2. 发生较大安全生产事故的,自安全生产许可证最后一次恢复之日起算,在2年内不得增加资质类别及资质升级;

3. 发生重或特大安全生产事故的,自安全生产许可证处罚之日起,降低建筑施工、监理企业资质等级或吊销资质证书。

十一、各级建设行政主管部门在实施工程项目检查时,发现有下列情况之一的,除通报批评监理企业外,取消其在本考核年度内"示范监理企业"、"优秀监理企业"、"示范监理项目"参评资格。同时取消该项目监理人员在本考核年度内各类先进评比资格。

1. 对未履行基本建设程序的行为不予制止的;

2. 未按有关规定配备监理人员的;

3. 项目总监理工程师和专业监理工程师无证上岗、脱岗、顶岗的;

4. 未按有关规定编制危险性较大分部分项工程安全监理实施细则的;

5. 未建立监理安全台账的。

(三十一)《江苏省建筑施工特种作业人员管理暂行办法》(苏建管质〔2009〕5号)摘录

第三条 建筑施工特种作业人员(以下简称"特种作业人员")包括下列人员:

(一)建筑电工;

（二）建筑架子工；

（三）建筑起重司索信号工；

（四）建筑起重机械司机；

（五）建筑起重机械安装拆卸工；

（六）高处作业吊篮安装拆卸工；

（七）建筑焊工；

（八）建筑施工机械安装质量检验工；

（九）桩机操作工；

（十）建筑混凝土泵操作工；

（十一）建筑施工现场场内机动车司机；

（十二）其他特种作业人员。

附件2

江苏省建筑施工特种作业操作资格证书编号规则

1. 建筑施工特种作业操作资格证书编号共14位。其中：

（1）第1位为江苏省的简称"苏"；

（2）第2位为持证人所在市的英文代码（各市英文代码表见表A）；

（3）第3、4位为工种类别代码，用2个阿拉伯数字标注（工种类别代码表见表B）；

（4）第5至8位为发证年份，用4个阿拉伯数字标注；

（5）第9至14位为证书序号，用6个阿拉伯数字标注，从000001开始。

2. 各市英文代码表A

城市	代码	城市	代码	城市	代码
南京	A	南通	F	镇江	L
无锡	B	连云港	G	泰州	M
徐州	C	淮安	H	宿迁	N
常州	D	盐城	J		
苏州	E	扬州	K		

3. 工种类别代码表B

序号	工　种　类　别	代码
1	建筑电工	01
2	建筑架子工	02
3	建筑起重信号司索工	03
4	建筑起重机械司机	04
5	建筑起重机械安装拆卸工	05
6	高处作业吊篮安装拆卸工	06
7	建筑焊工	07
8	建筑施工机械安装质量检验工	08
9	桩机操作工	09
10	建筑混凝土泵操作工	10
11	建筑施工现场场内机动车司机	11

（三十二）《省政府办公厅关于推进城市地下综合管廊建设的实施意见》（苏政办发〔2016〕45号）

各市、县（市、区）人民政府，省各委办厅局，省各直属单位：

为提高城市建设管理水平，根据《国务院办公厅关于推进城市地下综合管廊建设的指导意见》（国办发〔2015〕61号），紧密结合江苏实际，现就加快推进城市地下综合管廊建设提出如下实施意见。

一、深化对城市地下综合管廊建设重要性的认识

地下综合管廊是指在城市地下空间用于集中敷设给水、排水、燃气、热力、电力、通信、广播电视等市政管线，同步配套消防、照明、通风、监控与报警等附属设施，实施统一规划、建设和管理的公共隧道，具有资源集约化、使用寿命长、安全性能高、环境效益佳、全生命周期经济效益好、管线运行维护方便等显著优点。推进地下综合管廊建设，统筹各类市政管线规划、建设和管理，解决"马路拉链""空中蛛网"、管线事故频发等问题，有利于保障城市安全、完善城市功能、美化城市景观，促进城市集约高效和转型发展，有利于提高城市综合承载能力和城镇化发展质量，有利于增加公共产品有效投资、拉动社会资本投入、打造经济发展新动力。各地、各有关部门对此要高度重视，将地下综合管廊建设工作摆上重要议事日程，加强领导、科学谋划、有序推进，不断提高城市建设、管理、运行现代化水平。

二、准确把握城市地下综合管廊建设的总体要求

（一）指导思想。全面贯彻中央关于城市规划、建设和管理的决策部署，坚持立足实际、加强顶层设计，坚持规划先行、明确质量标准，坚持政府主导、发挥市场作用，以推进新型城镇化和完善城市功能品质为导向，以地下空间集约高效利用和管线安全运行为目标，把地下综合管廊建设作为履行政府职能、完善城市基础设施的重要内容，在继续做好试点工作的基础上，积极借鉴国内外先进经验，综合运用各项政策措施，在新区建设、旧城改造中统筹推进地下综合管廊建设。

（二）工作目标。全省城市新区、各类园区、成片开发区域的新建道路必须同步建设地下综合管廊，老城区要结合地下空间开发利用、地铁建设、旧城更新、河道治理、道路改扩建等，逐步推进地下综合管廊建设。在各省辖市和有条件县（市）开展地下综合管廊建设试点，2017年全面完成试点任务，形成较为成熟的建设和运营经验。到2020年，全省开工建设城市地下综合管廊300公里以上，一批具有国际先进水平的地下综合管廊投入运营，"马路拉链"问题明显改善，主要街道蜘蛛网式架空线逐步消除，管线安全水平和防灾抗灾能力明显提升。

三、统筹推进城市地下综合管廊规划建设管理工作

（一）编制专项规划，有序组织实施。各地要按照"先规划、后建设""先地下、后地上"的原则，开展地下管线普查，并依据《城市地下综合管廊工程规划编制指引》，委托具有相应资质的规划设计单位，抓紧组织编制城市地下综合管廊专项规划。专项规划应统筹各类管线的实际发展需要，加强与城市总体规划以及地下空间规划、道路交通规划等相关专项规划的衔接。科学划定适宜建设区域，在充分征求各入廊管线单位意见的基础上，合理确定城市地下综合管廊建设目标、建设布局、管线种类、断面形式、平面位置、竖向控制等，明确建设规模和建设时序。各省辖市要在2016年8月底、各县（市）在2016年年底前编制完成专项规划，经上一级主管部门组织技术评审后，报同级人民政府批准实施。各地要依据专项规划有序组织实施，合理确定工程建设区域，建立健全项目储备制度，明确五年项目滚动规划和年度建设计划，并按照《住房城乡建设部关于建立全国城市地下综合管廊建设信息周报制度的通知》（建城〔2016〕69号）要求，及时通过"全国城市地下综合管廊建设项目信息系统"上报规划和工程建设情况。

（二）落实建设标准，确保质量安全。地下综合管廊建设应符合《城市综合管廊工程技术规范》（GB 50838—2015），考虑各类管线接入、引出支线的需求，满足抗震、人防和综合防灾等需要，同步建设各类附属设施，提高智能化监控管理水平，确保管廊运行安全。管廊断面应满足入廊管线安装、增容、检修、维护作业的空间要求，配建检测车和行人检修通道。切实履行项目建设法定程序，严格遵守工程招投标、质量安全管理等有关规定，建立地下综合管廊工程质量终身责任永久性标牌制度。加强施工现场管理，落实工程建设各方质量安全主体责任，把质量安全监管贯穿于规划、建设、运营、管理全过程。工程竣工验收合格并备案后方可投入使用，建设单位应向管廊运营管理单位和城建档案管理机构报送工程档案。

（三）完善运营模式，提高管理水平。各地要积极探索推进体制机制创新，建立发展可持续、安全有保障、运营规范化的综合管廊建设运营管理模式。鼓励由管线权属单位按约定比例共同出资成立股份制公司，负责地下综合管廊投资、建设和运营管理。推广政府和社会资本合作（PPP）模式，通过特许经营权、投资补贴、贷款贴息等形式，鼓励社会资本参与城市地下综合管廊建设和运营管理，并通过优化合同管理，确保项目合理稳定回报。研究制定地下综合管廊管理办法，明确各部门职责，加强工作指导与监督。管廊运营单位要建立健全运营管理制度，与入廊管线单位签订协议，做到分工明确、各司其职、密切配合，保证地下综合管廊长久正常运行。管廊建设运营单位负责管廊本体及附属设施维护管理，入廊管线单位负责各自入廊管线的设施维护，并接受管廊运营单位的监督检查。

四、制定实施城市地下综合管廊建设支持政策

（一）严格按要求推动管线入廊。城市人民政府要加强统筹协调，对入廊管线种类进行充分论证，督促管廊建设运营单位与管线权属单位签订入廊承诺协议书。凡建有地下综合管廊的区域，各类管线必须全部入廊。在地下综合管廊以外的位置新建管线的，规划部门不予许可审批，建设部门不予施工许可审批，市政道路部门不予掘路许可审批。既有管线要根据实际情况，因地制宜，逐步有序迁移至地下综合管廊。各行业主管部门和有关企业，要根据国家有关要求，积极配合城市人民政府做好管线入廊工作。

（二）建立管线入廊有偿使用机制。入廊管线单位应向管廊建设运营单位交纳入廊费和日常维护费，其中入廊费主要依据管廊建设成本以及入廊管线单独敷设和更新改造成本等确定，日常维护费主要依据管廊维护成本、管线占用空间比例和对附属设施使用强度等因素合理确定。有偿使用费标准原则上由管廊建设运营单位与入廊管线单位协商确定，不能取得一致意见时，应由城市人民政府组织相关部门进行协调。对暂不具备供需双方协商定价条件的，可实行政府定价或政府指导价。省人民政府统一授权各设区市人民政府依法制定有偿使用费标准或政府指导价的基准价、浮动幅度，并规定付费方式、计费周期、定期调整机制等有关事项。公益性文化企业的有线电视网入廊,有关收费标准可适当给予优惠。省价格主管部门会同住房城乡建设部门适时制定城市地下综合管廊有偿使用实施办法。

(三)加大公共财政支持力度。城市人民政府要加大地下综合管廊建设资金投入,统筹用好城市基础设施配套费、土地出让收益等专项资金,在年度预算和建设计划中优先安排地下综合管廊项目,并纳入地方政府采购范围;对地下综合管廊运营初期不能通过收费弥补成本的,各地视情给予必要的财政补贴;有条件的城市可对地下综合管廊项目给予贷款贴息。省财政整合城镇基础设施建设相关专项资金,支持地下综合管廊省级试点示范;对符合条件并纳入省级PPP项目库的地下综合管廊项目,省PPP融资支持基金给予优先扶持。积极争取中央财政对地下综合管廊建设的支持,对符合条件的地下综合管廊项目,鼓励其申请国家专项建设基金补充项目资本金。

(四)发挥金融信贷的积极作用。各地要抢抓开发性、政策性金融机构支持地下综合管廊建设的机遇,将国家开发银行、中国农业发展银行作为重点合作银行,主动对接、加强合作,及时共享项目信息,强化信贷资金对地下综合管廊建设的支撑保障。鼓励银行业金融机构加强金融产品创新,开发符合城市地下综合管廊项目特点的金融产品,积极开展特许经营权、收费权和购买服务协议预期收益等担保创新类贷款业务,加大对地下综合管廊的支持力度。鼓励银行业金融机构在风险可控、商业可持续的前提下,为地下综合管廊项目提供中长期信贷支持,将地下综合管廊建设列入专项金融债支持范围予以长期投资。支持符合条件的地下综合管廊建设运营企业发行企业债券和项目收益票据,专项用于地下综合管廊建设项目。

城市人民政府作为地下综合管廊建设管理工作的责任主体,要加强组织领导,明确主管部门,建立协调机制,统筹推进各项工作,将地下综合管廊建设纳入政府绩效考核体系,建立健全督查制度,定期对地下综合管廊建设进度、质量和安全进行督导检查。省住房城乡建设厅要发挥牵头作用,加强业务指导和监督检查,会同有关部门组织开展省级试点工作,尽快形成一批可复制、可推广的示范项目,经验成熟后在全省面上推广。各管线行业主管部门、管理单位要各司其职,通力配合,共同有序推动地下综合管廊建设。

江苏省人民政府办公厅

2016年5月5日

(三十三)《江苏省住房和城乡建设厅关于加强装配式混凝土结构建筑工程质量安全管理的通知》(苏建质安〔2016〕664号)

各设区市建设局(委)、泰州市建工局,苏州工业园区规划建设局、张家港保税区规划建设局,昆山市、泰兴市、沭阳县建设局:

为进一步推进我省建筑产业现代化发展,建立健全工程质量安全监管体系,严格企业质量安全主体责任,加强预制构件生产质量监管,强化装配式施工现场安全管理,提升工程质量安全管理水平,根据《建设工程质量管理条例》、《建设工程安全生产管理条例》以及《江

苏省安全生产条例》,对加强装配式混凝土结构建筑工程质量安全管理工作提出如下要求:

一、严格落实质量安全主体责任

严格执行国家、省有关技术标准、规范、规定,认真履行质量安全主体责任。

(一)建设单位

1. 建设单位应按有关规定将装配式建筑施工图设计文件送审查机构审查。有涉及与结构安全、使用功能相关的重要设计变更时,需送原审查机构重新审图。

2. 建设单位应根据装配式建筑施工特点,选择市场信誉好、施工能力强、管理水平高、工程质量安全有保证的施工队伍承接项目施工。

3. 建设单位应要求监理单位对预制混凝土构件生产环节加强监理。

4. 建设单位应建立相应的工作制度,组织工程参建各方进行预制混凝土构件生产的验收和现场安装样板验收,合格后方可进行批量生产或后续施工。

(二)设计单位

1. 施工图设计文件应严格执行装配式建筑设计文件编制要求及深度规定,对可能存在的质量安全风险应作出提示。

2. 设计单位应会同施工单位充分考虑构件吊点、塔吊和施工机械附墙预埋件、脚手架拉结等施工安全因素,提出施工过程中确保质量安全的措施。

(三)施工单位

1. 施工单位应大力推进 BIM 技术的运用,以达到工序、工艺、设施设备符合质量安全管理的要求。

2. 施工单位应根据国家现行相关标准规范,由项目技术负责人组织相关专业技术人员,结合工程实际,根据《装配式结构工程施工质量验收规程》、《装配式混凝土结构建筑工程施工安全管理导则》编制装配式混凝土结构施工质量安全专项方案,经建设单位组织专家论证后,并按规定经监理审核批准后报属地质量安全监督机构登记备查。

3. 施工总包单位应根据施工现场构件堆场设置、设备设施安装使用、因吊装造成非连续施工等特点,编制安全生产文明施工措施方案,并严格执行。

(四)监理单位

1. 监理单位应严格审查装配式混凝土结构施工质量安全专项方案,并根据专项方案编制可操作性的监理实施细则,明确监理的关键环节、关键部位及旁站巡视等要求,关键环节和关键部位旁站应留存影像等相关资料。

2. 监理单位应切实履行相关监理职责,加强对原材料验收、检测、隐蔽工程验收和检验批验收;加强对预制构件生产的监理,实施预制构件生产驻场监理时,应加强对原材料和实验室的监理。

3. 监理单位应加强现场安全管理的监管,对施工单位吊装前的准备工作、吊装过程中的管理人员到岗情况、作业人员的持证上岗情况、临边作业的防护措施及相关辅助设施的设置严格管理。

(五)预制构件生产单位

1. 生产单位应按照审查合格的施工图设计文件进行预制构件的生产。

2. 生产单位应编制预制构件生产方案,明确质量保证措施,加强预制构件生产过程中的质量控制,加强实验室技术力量建设,加强原材料、混凝土强度、连接件、构件性能等的检验。

3.生产单位应对检验合格的预制构件进行标识,标识可以采用芯片或二维码,并建立构件信息管理系统,确保构件信息的可靠性和追溯性。出厂的构件应提供完整的质量证明文件。

二、切实加强施工现场质量安全管理

质量安全各方责任主体要建立健全施工现场质量安全管理体系。

(一)加强预制混凝土构件生产、安装环节质量管控

预制混凝土构件生产单位应建立首件验收制度。对预制混凝土构件生产单位在同一个项目上生产的同类型试制或首个预制构件,建设单位应组织设计单位、施工单位、监理单位、预制混凝土构件生产单位进行现场验收,合格后方可进行批量生产。同时应加强对预制混凝土构件的标识、外观质量、几何尺寸的构件质量管理。

施工单位应建立现场安装样板验收制度。施工单位在全面开展预制构件安装前,应完成现场预制构件安装样板间,经建设单位组织设计单位、施工单位、监理单位进行验收合格后,方可进行后续施工。施工单位应确保预制混凝土构件安装质量、安全,钢筋灌浆套孔的预留位置、套孔内杂质、注浆孔通透性、连接接头质量控制等方面应强化现场工序管理,留存有关质量证明资料。

施工单位应加强施工质量风险管理措施。对装配式建筑的防水防渗问题予以重视,在施工过程中应加强防水施工质量的管控力度,采取有效的措施确保防水施工的质量满足相关要求。

(二)强化施工现场风险源管控

施工单位应依据国家现行相关标准规范以及《江苏省装配式混凝土结构建筑工程施工安全管理导则》(附后),由项目技术负责人组织相关专业技术人员,结合工程实际,编制装配式混凝土结构施工安全管理专项方案,经建设单位组织专家评审,并报监理批准后实施。

三、严格落实相关标准和要求

建设、施工和监理单位应严格按照《装配式混凝土剪力墙结构技术规程》(DB42/T 1044—2015)、《混凝土结构工程施工质量验收规范》(GB 50204—2015)及江苏省地方标准《装配式建筑工程施工质量验收规程》(省住建厅公告〔2016〕第 31 号)的要求进行施工和验收。同时应加强装配式混凝土结构工程竣工档案资料的管理。各地质量、安全监督机构应加强对装配式混凝土结构工程的监管,有针对性地制定监督方案,加大技术支持和服务力度,对违反管理要求的相关单位依法予以严肃查处。

执行过程中,如有问题,请与我厅工程质量安全监管处联系。

附件:1.装配式建筑工程施工质量验收规程(江苏省住房和城乡建设厅公告〔2016〕第 31 号)

2.江苏省装配式混凝土结构建筑工程施工安全管理导则

江苏省住房和城乡建设厅
2016 年 12 月 13 日

附件1

江苏省住房和城乡建设厅
公　告

第 31 号

省住房和城乡建设厅关于发布江苏省工程建设标准
《装配式结构工程施工质量验收规程》的公告

现批准《装配式结构工程施工质量验收规程》为江苏省工程建设强制性标准,编号为 DGJ 32/J184—2016,自 2016 年 12 月 1 日起实施。其中第 5.2.1、6.4.13 条为强制性条文,必须严格执行。

该规程由江苏省工程建设标准站组织出版、发行。

省住房和城乡建设厅

2016 年 9 月 1 日

附件2

装配式混凝土结构建筑工程施工安全管理导则
第一章　总　　则

1.1　为保证装配式混凝土结构建筑工程施工安全,依据《建设工程安全生产管理条例》、《危险性较大分部分项工程安全管理办法》及相关安全生产法律法规、标准规范,制定本导则。

1.2　本导则适用于主体结构设计部分或全部采用预制混凝土构件装配而成的混凝土结构建筑工程的施工安全管理。

1.3　本导则所称装配式混凝土结构是指采用预制混凝土构件通过可靠的连接方式装配而成的混凝土结构。

1.4　装配式混凝土结构建筑工程设计和施工应遵循现行国家标准《混凝土结构设计规范》【GB 50010】、《混凝土结构工程施工规范》【GB 50666】和行业标准《装配式混凝土结构技术规程》【JGJ 1】等要求,应遵循《建筑施工起重吊装工程安全技术规范》【JGJ 276】、《建筑施工扣件式脚手架安全技术规范》【JGJ 130】、《建筑施工模板安全技术规范》【JGJ 162】、《建筑施工高处作业安全技术规范》【JGJ 80】等技术规范和本导则的要求,确保施工安全。

第二章　监　督　管　理

2.1　建设单位应按有关规定将装配式混凝土结构建筑施工图设计文件送审查机构审查;根据装配式建筑施工特点对施工现场定期组织检查。

2.2　施工单位应严格按照专项施工方案组织施工。现场作业过程中,应安排专业技术人员现场指导。发现险情,立即停止施工并采取应急措施,排除险情后,方可继续施工。

2.3　监理单位对装配式混凝土结构建筑工程的施工实施全过程监理,加强对方案审核论证、验收、检查等程序的监督。发现安全隐患应责令整改,对施工单位拒不整改或拒不停止施工的,应当及时向建设单位报告。

2.4　建设行政主管部门及监督机构应将装配式混凝土结构建筑工程作为监管重点,

发现违法违规行为应依法予以查处。

第三章 安全管理专项方案

3.1 专项方案编制

3.1.1 施工单位应依据国家现行标准、规范,由项目技术负责人组织相关专业技术人员,结合工程实际,编制装配式混凝土结构施工安全管理专项方案。

3.1.2 专项施工方案应当包括以下内容:

1. 工程概况:装配式构件的设计总体布置情况,具体明确预制构件的安装区域、标高、高度、截面尺寸、跨度情况等,施工场地环境条件和技术保证条件。

2. 编制说明及依据:相关法律、法规、规范性文件、标准、规范及图纸(国标图集)、施工组织设计等。

3. 施工计划:施工进度计划、材料与设备计划等。

4. 施工工艺技术:构件运输方式、堆放场地的地基处理、主要吊装设备和机具、吊装流程和方法、专用吊耳设计及构造、安装连接节点构造设置及施工工艺、材料的力学性能指标、临时支撑系统的设计和搭设要求、外脚手架防护系统、检查和验收要求等。

5. 施工安全保证措施:项目管理人员组织机构、构件安装安全技术措施、装配式混凝土结构在未形成完整体系之前构件及临时支撑系统稳定性的监控措施、施工应急救援预案等。

6. 劳动力计划:包括专职安全生产管理人员、特种作业人员的配置等。

7. 计算书及相关图纸:

1) 验算项目及计算内容包括:设备及吊具的吊装能力验算、临时支撑系统强度和刚度及稳定性验算、支撑层承载力验算、外脚手架安全防护系统设计验算等。

2) 附图包括:安装流程图、主要类型构件的安装连接节点构造图,各类吊点构造详图、临时支撑系统设计图、外防护脚手架系统设计图、吊装设备及构件临时堆放场地布置图等。

3.2 审核论证

3.2.1 装配式混凝土结构专项安全管理施工方案,应先由施工单位技术部门组织本单位施工技术、安全、质量等部门的专业技术人员进行审核,经施工单位技术负责人签字后,再按照相关规定组织专家论证。下列人员应参加专家论证会:

1. 专家组成员;

2. 建设单位项目负责人或技术负责人;

3. 监理单位项目总监理工程师及相关人员;

4. 施工单位分管安全的负责人、技术负责人、项目负责人、项目技术负责人、专项方案编制人员、项目专职安全管理人员;

5. 勘察、设计单位项目技术负责人及相关人员。

3.2.2 专家组成员应当由5名及以上包含结构设计、起重吊装、施工等相关专业的专家组成。本项目参建各方的人员不得以专家身份参加专家论证会。

3.2.3 专家论证的主要内容包括:

1. 方案是否符合配装式混凝土结构深化设计图的相关要求;

2. 方案是否依据施工现场的实际施工条件编制,方案是否完整可行;

3. 方案计算书、验算依据是否符合有关标准规范;

4. 安全施工的基本条件是否符合现场实际情况。

3.2.4　施工单位根据专家组的论证报告,对专项施工方案进行修改完善,并经施工单位技术负责人、项目总监理工程师、建设单位项目负责人批准签字后,方可组织实施。

3.2.5　监理单位应编制安全监理实施细则,明确对装配式混凝土结构体系施工的重点审核内容、检查方法和频率要求。

第四章　构件制作管理

4.1　构件制作单位应制订标准化生产流程、工艺、安全等管理手册,建立标准化质量安全管理体系。

4.2　构件制作单位在构件预制前应根据设计文件,对各种构件在施工过程的受力点及预留、预埋件等进行必要的复核。

4.3　预制构件生产前,生产厂区技术负责人在对生产人员进行技术、质量交底的同时应进行安全专项交底。

4.4　构件生产过程中除应对建筑、结构设计的隐蔽分项工程进行隐蔽工程验收外,还应对施工安装工艺有要求的临时性预置埋件、吊耳、孔洞等进行专项验收。

4.5　构件吊运、翻转应按设计要求使用专用吊点,构件脱模应使用专设顶推工具,严禁野蛮撬、挖、打,各种不同用途的吊点应在构件脱模后及时做好标识标记。

4.6　构件制作单位应对检验合格的预制构件进行标识,标识可以采用芯片或二维码方式,并建立构件信息管理系统,确保构件信息的可靠性和追溯性。

4.7　监理单位应指派专业监理工程师进驻生产厂区,对构件生产的技术、工艺和产品质量进行安全生产监督管理。

第五章　构件运输堆放

5.1　预制构件的运输应符合下列规定:

1. 应预先对预制构件的运输线路进行沿途实地勘察,对道路、桥梁、限高设施等实际条件进行调查;

2. 运输车辆应满足构件尺寸、载重及交通安全要求,并优先选用构件运输专用车辆;

3. 根据结构重量和外形尺寸采用专门设计制作的多种类型构件的运输架;

4. 应采取防止构件移动或倾倒的绑扎固定措施;

5. 运输细长构件时应根据需要设置附助支架;

6. 对构件边角部或链索接触处的混凝土,宜采用垫衬加以保护。

5.2　预制构件的堆放应符合下列规定:

1. 预制构件堆放场地地基承载力应满足专项方案要求。如遇松软土、回填土,应根据方案要求进行平整、夯实,并采取防水、排水和表面硬化措施,按规定在构件底部采用具有足够强度和刚度的垫板。

2. 垫木或垫块在构件下的位置宜与脱模、吊装时的起吊位置一致。重叠堆放构件时,每层构件间的垫木或垫块应在同一垂直线上,并应设置防止构件倾覆的支架。堆垛层数应根据构件与垫木或垫块的承载能力及堆垛的稳定性确定,预制构件中的预埋吊件及临时支撑应根据《混凝土结构工程施工规范》【GB 50666】和《建筑施工临时支撑结构安全技术规范》的相关规定计算。

3. 对于外观复杂墙板或柱宜采用工具式插放架或靠放架直立堆放、直立运输。插放架、靠放架应有足够的强度、刚度和稳定性。采用靠放架直立堆放的构件宜对称靠放、饰面朝外，倾斜角度不宜小于80°。

4. 吊运平卧制作的侧向刚度较小的混凝土构件时，宜平稳一次就位，并应根据构件跨度、刚度确定吊索绑扎形式及加固措施。

5. 施工现场堆放的构件，宜按安装顺序分类堆放，堆垛宜布置在吊车工作范围内且不受其他工序施工作业影响的区域。

6. 预应力构件的堆放应考虑反拱的影响。

5.3 预制构件应尽量堆放在安装起吊设备的作业覆盖区内，避免场内二次搬运。当因场地条件限制，预制构件的施工场地内需二次搬运时应符合下列规定：

1. 应优先选用汽车起重机、塔式起重机等起吊装设备搬运起吊；

2. 当受场地条件限制需采用拔杆、桅杆等设施起吊时，应有针对性的专项方案，并对拔杆、桅杆等设施进行力学分析计算；

3. 场内运输应采用专用运输工具，严禁采用地面拖拽方式进行搬运作业；

4. 二次搬运后需临时停放的应采用稳定措施。

第六章 现场装配施工

6.1 一般规定

6.1.1 施工单位应对装配式混凝土结构体系的施工作业编制标准化施工用册。吊装机具、临时支撑、接头模具应优先选用技术成熟的工具式标准化定型设施。

6.1.2 起重设备操作人员、吊装司索信号人员均必须经过培训，取得建筑施工特种作业操作资格证书后方可上岗，其他相关施工人员应经培训掌握相应的专业知识和技能。

6.1.3 装配式混凝土结构体系施工前，项目工程技术负责人或方案编制人员应当根据专项施工方案和有关规范、标准的要求，对现场管理人员、操作班组、作业人员分别进行安全技术交底，并履行签字手续。安全技术交底的内容应包括工程工艺、工序、作业要点和安全技术要求等内容，并保留记录。

6.1.4 作业人员应严格按规范、专项施工方案和安全技术交底书的要求进行操作，并正确配戴相应的劳动防护用品和安全防护设施。

6.1.5 吊装作业应实施区域封闭管理，对吊装作业影响区域进行隔离围挡，设置警界线和警界标识；对无法实施隔离封闭的区域，应采取专项防护措施。

6.2 吊装设备及吊具

6.2.1 应根据预制构件形状、尺寸、重量和作业半径等要求选择吊具和起重设备，所采用的吊具和起重设备及施工操作应符合国家现行有关标准及产品应用技术手册的有关规定；宜优先选用变频式等微动性能较好的起重吊装设备。

6.2.2 在装配式混凝土结构体系施工过程中，起重设备的型号、起吊位置、回转半径应与施工专项方案一致，并满足施工工况需要。如需变更起重设备或施工工况，应编制补充方案经审批后实行，必要时应经原方案评审组专家评审。

6.2.3 当局部区域采用常规吊装设备无法吊装，需采用非常规起重设备、方法时，应进行专项设计，专项设计应包括设备的结构和构造设计详图、计算书和操作工艺要求。单件起吊重量在100 kN及以上时，专项设计应通过专家评审。

6.2.4 起重设备应保持机况良好，定期维护保养到位，各项安全保护装置齐全有效。

6.2.5　构件吊点应依据深化设计图的要求设置和使用,吊装时应对构件上各预设螺栓(孔)功能标识进行检查复核,防止因吊点错误造成构件损坏。

6.2.6　每个构件不应少于2个吊点,对长度或面积较大的构件,需采用多吊点吊装时,应采用平衡梁(或闭口动滑轮)等方法使各吊点受力均匀;当采用多吊点不能确保多吊点受力均匀时,最多按3个吊点进行吊点吊具的承载力验算。

6.2.7　应根据起重构件的重量和吊点设置,分别计算各吊索的承载受力,并对所选吊索的规格进行复核验算,同一类型的构件吊装宜采用同一规格的吊索。

6.2.8　对体形复杂、重心与形心偏差较大的构件,为满足吊装时各构件之间的安装接点的角度要求,应通过计算确定各吊索的长度和角度,必要时可采用可调节螺杆或手拉葫芦等进行微调,应对所用调节螺杆或手拉葫芦的承载力进行复核验算。

6.2.9　起重机具吊钩规格应满足吊装构件的起重要求,吊钩应有安全闭锁保险装置。

6.2.10　吊索与构件吊点之间应采用封闭式卡环(卸扣),其规格应满足起吊承载力的要求。

6.2.11　应根据起重设备对建筑物锚固点的荷载要求对建筑物锚固点的强度和预制装配构件的稳定性进行复核验收,确保起重设备附着锚固点强度和附着的预制装配构件的整体稳定性。

6.3　吊装组织与指挥

6.3.1　项目部应建立健全吊装作业组织指挥体系,明确分工,落实责任。

6.3.2　施工现场应设一名总指挥,负责在构件吊装时统一指挥各工种的协调作业。

6.3.3　吊装作业时,起重设备司机、信号工、司索工、电焊工等特种作业工种人员应配备齐全。

6.3.4　吊运过程中,操作人员应位于安全可靠位置,不应有人员随预制构件一同起吊。当吊装构件的起吊地点与安装地点距离较远时,应设二级指挥信号工。

6.4　构件吊装及临时支撑

6.4.1　吊装作业实施之前应核实现场环境、天气、道路状况满足吊装施工要求。4级以上大风应停止墙、板挡风面积较大的构件吊装作业,6级以上大风应停止所有构件的吊装作业。

6.4.2　装配式结构正式施工前,宜选择有代表性的样板单元进行预制构件试安装。

6.4.3　各种类型的构件在正式吊装前必须进行试吊:开始起吊时,应将构件吊离地面200～300 mm后停止起吊,并检查构件主要受力部位的作用情况、起重设备的稳定性、制动系统的可靠性、构件的平衡性和绑扎牢固性等,待确认无误后方可继续起吊。已吊起的构件不得在空中长久停滞。

6.4.4　应采取措施保证起重设备的主钩位置、吊具及构件重心在垂直方向上重合;吊运过程应平稳,不应有偏斜和大幅度摆动。

6.4.5　平卧堆放的竖向结构,在起吊扶正过程中,应正确使用不同功能的预设吊点,并按设计要求进行吊点的转换,避免吊点损坏。

6.4.6　在吊装柱、结构墙板等竖向构件就位前,应将已完成面结构标高调整到位,不得直接用手在拼装缝内操作。

6.4.7　在吊装柱、结构墙板等垂向构件时,各独立柱应在两个不同方向设可调节临时支撑,使构件、支撑及已完成楼面之间形成稳定的三角支撑体系。每个预制构件的临时支撑不宜少于2道;预制墙板的斜撑,其支撑点距离板底的距离不应小于板高的1/2;临时支撑的数量和位置应根据吊装方案确定,如需临时变更应通过原方案编制和审批人的同意。

6.4.8 解除吊具应在就位后临时稳定措施安装完成后进行,解除吊具应有可靠的爬梯等安全措施。

6.4.9 临时支撑与柱、墙上部及已完成结构之间应设置螺栓锚固连接。螺栓锚固螺栓(孔)应预先留设,不宜临时钻孔锚固。

6.4.10 在吊装外围护墙时,应避免碰撞外脚手架,临时稳定支撑不得与外脚手架相连。

6.4.11 在吊装梁板等水平构件时,搁置点的位置应按方案要求设置临时支架。临时支架的强度和稳定性应按《建筑施工临时支撑结构技术规范》【JGJ 300】的要求进行复核。

6.4.12 当装配施工方法或施工顺序对结构的内力和变形产生较大影响,或设计文件有特殊要求时,应进行施工阶段结构分析,并应对施工阶段结构的强度、稳定性和刚度进行验算,其验算结果应满足设计要求。

6.4.13 施工阶段的临时支承结构和措施应按施工状况的荷载作用,对构件应进行强度、稳定性和刚度验算,对连接节点应进行强度和稳定验算。当临时支承结构作为设备承载结构时,应进行专项设计;当临时支承结构或措施对结构产生较大影响时,应提交原设计单位确认。

6.4.14 节点注浆时应确保管路通畅,注浆设备应有压力保护装置。

6.4.15 施工阶段的临时支承结构拆除应满足以下条件:

1. 临时支承所承载的楼层装配体系中现浇部分的混凝土强度达到设计要求;当设计无具体要求时,同条件养护试件的混凝土抗压强度应符合《混凝土结构工程施工规范》【GB 50666】的拆模要求。

2. 多个楼层间连续临时竖向的底层支架拆除时间,应根据连续支模的楼层间荷载分配和混凝土强度的增长情况确定。

3. 竖向结构的临时支撑应在该层结构的注浆、现浇部分已完成并形成稳定结构体系后方可拆除。

6.5 外脚手架防护

6.5.1 结构施工楼层应在满足构件吊装要求的条件下采用外防护脚手架进行全封闭施工,脚手架的防护高度应超出施工作业面最高点1.5 m。

6.5.2 外防护脚手架方案设计应充分考虑建筑物周边装配构件的吊装工艺要求,但不得在没有外防护措施的情况下进行吊装作业。

6.5.3 外防护架体形式可根据施工工艺要求采用落地式、悬挑式、工具式等类型,确定架体形式后应根据相关规范要求编制外脚手架专项施工方案,对属于超过一定规模的危险性较大分部分项工程的,应按规定对方案进行专家评审。

6.5.4 应在预制构件中预设外脚手架连墙件、附着件的连接螺栓(孔)。

6.5.5 严禁将外防护脚手架作为吊装构件的临时支撑。

6.6 现浇构件施工

6.6.1 水平叠合浇筑构件在吊装完成后现浇部分施工前,应按施工方案的要求对临时支架进行复查验收。

6.6.2　预制梁、板装配构件的现浇部分施工应符合下列规定：

1.　预制构件两端支座处的搁置长度均应满足设计要求，支垫处的受力状态应保持均匀一致；

2.　施工荷载应符合设计规定，并应避免单个梁、板承受较大的集中荷载；

3.　不宜在施工现场对预制梁、板进行二次切割、开洞。

6.6.3　楼面采用泵送混凝土浇筑时，应采取措施避免泵送设备的重量及水平冲击力对安装构件及临时支撑体系造成损害。

6.6.4　全现浇部分的施工应符合《混凝土结构工程施工规范》【GB 50666】的相关规定。当现浇部分的模板支撑在装配构件上时，应对装配构件的承载能力进行复核。

6.6.5　临时固定措施的拆除应在装配式结构体系形成并达到后续施工要求的承载力、刚度及稳定性要求后进行。

第七章　附　　则

7.1　装配式混凝土结构建筑工程的施工安全管理，除执行本导则的规定外，还应符合国家现行有关法律法规、标准、规范的规定。

7.2　该导则由江苏省住房和城乡建设厅负责解释。

（三十四）《关于进一步加强附着式升降脚手架和高处作业吊篮安全管理的通知》（苏建质安〔2015〕418号）摘录

一、严格安装、拆除过程安全管理

（一）附着式升降脚手架安装、拆除管理

4.　附着式升降脚手架安装、拆除前，专业承包单位应根据工程结构特点、施工环境、条件及施工要求编制专项施工方案，经本单位技术负责人审批，加盖公章，报施工总承包单位技术负责人及项目总监理工程师审核。提升高度150米及以上的，施工总承包单位必须组织专家对专项施工方案进行论证，论证通过后方可实施。

6.　施工总承包单位应组织专业承包单位、监理单位对附着式升降脚手架的安装进行验收。验收应按照《建筑施工工具式脚手架安全技术规范》中表8.1.3的检查项目和标准进行，各相关单位应在表格上签字。验收合格后，方可投入使用。

7.　附着式升降脚手架每次提升或下降前、提升或下降到位后投入使用前，施工总承包单位应组织专业承包单位、监理单位按照《建筑施工工具式脚手架安全技术规范》的有关要求进行检查验收。

8.　附着式升降脚手架安装完毕后，施工总承包单位验收合格之日起30日内，持下列资料（经监理审查确认）到工程所在地区市（县）建设主管部门办理使用登记备案：

（1）住房城乡建设部出具的科学技术成果鉴定（评估）证书、附着式升降脚手架产品合格证；

（2）附着式升降脚手架专业承包单位法人营业执照、建筑业企业资质证书、安全生产许可证；

（3）附着式升降脚手架的安装、拆除以及进行升降操作人员的建筑施工特种作业操作

资格证书;

(4) 检验检测报告;

(5) 安装验收等资料。

工程所在地区市(县)建设主管部门应核对原件,留存复印件,复印件应加盖施工总承包单位公章,符合条件的应予以备案,并颁发附着式升降脚手架使用登记证。

(二) 高处作业吊篮的安装、拆除管理

4. 吊篮安装完成后,拆装单位应自检,并委托工程所在地具有相应资质的检验检测机构进行检测。检测合格后,使用单位应组织拆装单位、监理单位对吊篮的安装进行验收。验收应按照《建筑施工工具式脚手架安全技术规范》中表 8.2.2 的检查项目和标准进行,各相关单位应在表格上签字。验收合格后,方可投入使用。

二、严格使用过程安全管理

(一) 附着式升降脚手架的使用管理

6. 监理单位对附着式升降脚手架安装、拆除和升降过程进行现场监管,对违反安全生产法律法规、标准规范或安全操作规程的立即予以制止,发现存在事故隐患的,应要求施工总承包单位和专业承包单位整改。

7. 项目因特殊原因停工超过 1 个月的,复工时,附着式升降脚手架在投入使用前,应由施工总承包单位组织专业承包单位、监理单位对附着式升降脚手架进行检查验收,合格后方可投入使用,并做好验收记录。项目因特殊原因停工超过 6 个月的,复工时,附着式升降脚手架在投入使用前,应重新委托工程所在地具有相应资质的检验检测机构进行检测,检测合格后,由施工总承包单位组织专业承包单位、监理单位对附着式升降脚手架进行检查验收,合格后方可投入使用,并做好验收记录。

(二) 高处作业吊篮使用管理

11. 监理单位对吊篮安装、拆除过程进行现场监管,对违反安全生产法律法规、标准规范或安全操作规程的立即予以制止,发现存在事故隐患的,应要求使用、拆装单位整改。

12. 在同一施工现场建筑物或构造物相同高度范围内二次移位的吊篮,或因特殊情况项目停工超过 1 个月的吊篮,在投入使用前,应由使用单位组织拆装单位、监理单位对吊篮进行检查验收,合格后方可投入使用,并做好验收记录。在同一施工现场建筑物或构造物不同高度范围内二次移位的吊篮,或因特殊情况项目停工超过 6 个月的吊篮,在投入使用前,拆装单位应自检,并委托工程所在地具有相应资质的检验检测机构进行检测。检测合格后,由使用单位组织拆装单位、监理单位检查验收,合格后方可投入使用,并做好验收记录。

三、严格落实相关各方主体责任

(一) 附着式升降脚手架的管理责任

3. 监理单位应履行下列安全主要职责:

(1) 审查附着式升降脚手架的科学技术成果鉴定(评估)证书、产品合格证,审查专业承包单位的施工资质证书、安全生产许可证等相关资料,审核附着式升降脚手架专项施工方案,审查特种作业人员的建筑施工特种作业操作资格证书,审查施工总承包单位办理使用登记备案相关资料。

(2) 参加附着式升降脚手架的检查验收。定期对附着式升降脚手架的使用情况进行安全巡检,对附着式升降脚手架的使用状况进行安全监理并做好工作记录。

（3）发现安全隐患时,应要求责任单位进行限期整改,对拒不整改的,及时向建设单位和建设行政主管部门报告。

（4）审查附着式升降脚手架专项施工方案及生产安全事故应急救援预案。

（二）高处作业吊篮管理责任

4. 监理单位应履行下列安全主要职责:

（1）对吊篮安全使用负监理责任,负责审核吊篮的相关产品技术资料和吊篮拆装单位和作业人员的相关证件,审核吊篮的安装、拆卸专项方案;

（2）监督检查吊篮的安装、拆卸及使用情况,对发现存在生产安全事故隐患的,要求施工总承包单位、使用单位、拆装单位限期整改或暂停使用,对拒不整改的,及时向建设单位和建设主管部门报告。

（三十五）《江苏省建筑外墙保温材料防火暂行规定》（苏公通字〔2012〕671号）

第一条　为贯彻落实《国务院关于加强和改进消防工作的意见》（国发〔2011〕46号）,规范我省范围内新建、改建、扩建民用建筑外墙保温材料的防火设计及使用,有效预防和减少建筑外墙保温材料火灾事故,根据国家相关技术标准,结合我省实际,制定本规定。

第二条　建筑外墙外保温材料与基层墙体、装饰层之间无空腔时,其保温系统应符合下列规定:

（一）住宅建筑

1. 建筑高度大于54 m时,其保温材料的燃烧性能应为A级。

2. 建筑高度不大于54 m时,其保温材料的燃烧性能不应低于B1级。当采用B1级保温材料时,应采用不燃材料做防护层,且建筑首层的防护层厚度不应小于10 mm,其他楼层不应小于5 mm;应在每层采用高度不小于300 mm的不燃材料设置水平防火隔离带。

（二）除住宅建筑外的其他建筑

1. 设置人员密集场所的建筑,应采用A级保温材料。

2. 不设置人员密集场所的建筑,当建筑高度大于50 m时,其保温材料的燃烧性能应为A级;建筑高度不大于50 m时,其保温材料的燃烧性能不应低于B1级。当采用B1级保温材料时,应采用不燃材料做保护层,且保护层的厚度不应小于15 mm;应在每层采用高度不小于300 mm的不燃材料设置水平防火隔离带。

第三条　建筑外墙外保温系统与基层墙体、装饰层之间有空腔时,其保温系统应符合下列规定:

（一）当建筑高度大于24 m时,其保温材料的燃烧性能应为A级。

（二）当建筑高度不大于24 m时,其保温材料的燃烧性能不应低于B1级。采用B1级保温材料时,保温材料两侧应采用不燃材料做保护层,且保护层的厚度不应小于20 mm;应在每层采用高度不小于300 mm的不燃材料设置水平防火隔离带。

（三）保温系统与基层墙体、装饰层之间的空腔,应在每层楼板处采用防火封堵材料封堵。

第四条 采用保温材料与两侧墙体无空腔的结构保温一体系统的建筑外墙,应符合国家和省现行产品标准、施工规范等相关技术标准的规定,且其中保温材料的燃烧性能不应低于 B1 级。

第五条 建筑的屋面外保温材料的燃烧性能不应低于 B1 级。当采用 B1 级保温材料时,应采用不小于 10 mm 的不燃材料做防护层,并采用宽度不小于 500 mm 的不燃材料设置防火隔离带将屋面和外墙分隔。屋顶防水层应采用厚度不小于 10 mm 的不燃材料进行覆盖。

第六条 建筑外墙采用内保温系统时,应符合下列规定:

(一)人员密集场所及各类建筑的疏散楼梯间、避难走道、避难间、避难层,应采用 A 级保温材料。

(二)其他建筑、场所或部位,应采用低烟、低毒且燃烧性能不低于 B1 级的保温材料。采用 B1 级保温材料时,应采用不燃材料做防护层,且保护层的厚度不应小于 10 mm。

第七条 防火隔离带应采用 A 级无机保温材料,并沿楼板位置设置。防火隔离带与基层墙面应进行全面积粘贴,且应与外墙保温同步施工。

第八条 建筑外墙保温系统的施工应符合下列规定:

(一)B1 级保温材料进场后,应远离火源。露天存放时,应采用不燃材料覆盖。

(二)幕墙的支撑构件和空调机等设施的支撑构件,其电焊等工序应在保温材料铺设前进行。确需在保温材料铺设后进行的,应在电焊部位的周围及底部铺设防火毯等防火保护措施。

(三)不得直接在 B1 级保温材料上进行防水材料的热熔、热粘结法施工。

(四)施工用照明等高温设备靠近 B1 级保温材料时,应采取可靠的防火保护措施。

(五)施工现场应设置室内外临时消火栓系统,并满足施工现场火灾扑救的消防供水要求。

(六)外墙保温工程施工作业工位应配备足够的灭火器材。

第九条 电器线路、防雷装置不应穿越或敷设在 B1 级保温材料中,确需穿越或敷设时,应采取防火保护措施。安装开关、插座等电器配件的周围应采取防火保护措施。

第十条 屋面、地下室外墙面不得采用岩棉、玻璃棉等吸水率高的保温材料。

第十一条 既有建筑外墙改造或改变使用功能时,建筑外墙保温材料的防火要求应按本规定执行。

第十二条 严禁采用不符合国家和省现行标准规范规定以及没有产品标准的外墙保温材料。工程建设项目采用新技术、新材料的,须按有关规定经省住房和城乡建设厅、省公安厅组织专家论证通过后,方可在工程中应用。

第十三条 本规定自下发之日起执行。

(三十六)关于印发《江苏省应用外墙外保温粘贴饰面砖做法技术规定》的通知(苏建科〔2008〕295 号)

各市建设局(建委)、规划局:

为确保建筑节能工程质量,规范我省建筑外墙外保温粘贴饰面砖技术应用,我厅制定了《江苏省应用外墙外保温粘贴饰面砖做法技术规定》,现印发给你们。

本技术规定自 2008 年 12 月 1 日起实施,原《江苏省外墙外保温粘贴饰面砖做法技术要求(暂行)》(苏建科〔2006〕287 号)同时废止。

附件:《江苏省应用外墙外保温粘贴饰面砖做法技术规定》。

江苏省建设厅

二〇〇八年十月二十三日

江苏省应用外墙外保温粘贴饰面砖做法技术规定

第一条　为了规范我省建筑外墙外保温粘贴饰面砖做法,确保工程质量和安全,特制定本技术要求。

第二条　外墙外保温粘贴饰面砖系统应充分考虑抗震、抗风时基层材料的正常变形及大气物理化学作用等因素的影响,结合我省的实际情况,外墙外保温粘贴饰面砖系统最大应用高度不得大于 40 m。

第三条　外墙外保温粘贴饰面砖系统应有完善的系统设计方案。系统应采用增强网加机械锚固措施,锚固件应保证可靠锚入基层,增强网应采用热镀锌电焊钢丝网,增强网和锚固件构成的系统应能独立承受风荷载和自重作用。外墙外保温粘贴饰面砖系统的材料,包括保温材料、锚固件、抗裂砂浆、胶粘剂、界面砂浆、增强网、饰面砖、填缝材料等的各项性能指标都应符合国家和省有关标准的规定。且面砖质量不应大于 20 kg/m²,单块面砖面积不宜大于 0.01 m²。

系统应经过包括耐候性试验的型式检验,当系统材料有任一变更时应重新进行该项检验。

第四条　当系统经过严格的型式检验并有成熟的施工工艺时,可采用耐碱玻纤网格布增强薄抹灰外保温系统粘贴饰面砖,系统各组成材料除了应符合国家和省有关标准规定外,系统抗拉强度不应小于 0.2 MPa,保温板的表观密度应在 25 kg/m³ 至 35 kg/m³ 之间,压缩强度应在 150 kPa 至 250 kPa 之间,吸水率(浸水 96 h)应小于 1.5%,耐碱玻纤网格布的 ZrO_2 含量不应小于 14.5%,且表面须经涂塑处理。

第五条　外墙外保温粘贴饰面砖系统应结合立面设计合理设置分格缝,分格缝间距:竖向不宜大于 12 m,横向不宜大于 6 m。面砖间应留缝,缝宽不小于 6 mm,并应采取柔性防水材料勾缝处理,确保面层不渗水。

第六条　建设单位应慎重选用成熟、可靠的外墙外保温粘贴饰面砖系统。设计单位应进行系统设计,明确系统构造及各组成材料的性能指标。施工单位应按设计和标准要求编制专项施工方案,在大面积施工前应进行现场"样板"试验,在"样板"试验验收合格后方可进行大面积施工。工程监理单位应当按照设计要求和施工单位的专项施工方案进行材料、工序等过程控制。

第七条　在进行外墙外保温粘贴饰面砖系统施工和验收时,除执行本技术规定外,尚应符合国家和省现行的有关标准和规定。

第八条　本技术规定自 2008 年 12 月 1 日起实施,《江苏省外墙外保温粘贴饰面砖做法技术要求(暂行)》同时废止。

(三十七)《南京市安全生产条例》(南京市人民代表大会常务委员会公告第 4 号)摘录

第三章 重点事项规范

第三十四条 建设工程施工现场安全由建筑施工单位负总责;实行施工总承包的,由总承包单位负责。总承包单位依法将建设工程的专业工程或者劳务作业分包给其他单位的,分包合同应当明确总承包单位和分包单位在安全生产方面的责任,但不得约定劳务分包单位承担主要安全生产责任。

建设工程施工单位通过租赁设备的方式将施工作业或者工程发包给设备租赁单位的,建设工程施工单位应当承担安全生产管理职责,不得将依法由其承担的安全生产责任转移给设备租赁单位。

第三十五条 建设工程监理单位应当审查施工组织设计中的安全技术措施或者专项施工方案是否符合工程建设强制性标准。

工程监理单位在实施监理过程中,发现存在安全事故隐患的,应当要求施工单位整改;情况严重的,应当要求施工单位暂时停止施工,并及时报告建设单位。施工单位拒不整改或者不停止施工的,工程监理单位应当及时向有关部门报告。

工程监理单位和监理工程师应当依照法律、法规和工程建设强制性标准实施监理,并对建设工程安全生产承担监理责任。

(三十八)《南京市建设工程施工现场管理办法》(南京市人民政府令第 296 号)

《南京市建设工程施工现场管理办法》已经 2013 年 10 月 15 日市政府第 16 次常务会议审议通过,现予发布,自 2013 年 12 月 1 日起施行。

2013 年 10 月 15 日

南京市建设工程施工现场管理办法

第一章 总 则

第一条 为了加强建设工程施工现场管理,保障施工现场安全生产和文明施工,维护城市环境卫生,根据《中华人民共和国建筑法》、国务院《建设工程安全生产管理条例》等有关法律、法规,结合本市实际,制定本办法。

第二条 本市行政区域内建设工程施工现场的施工安全和文明施工活动及其监督管理,适用本办法。

第三条 本办法所称建设工程施工现场(以下称施工现场),是指房屋建筑、市政基础设施、城市轨道交通、建筑装饰装修等建设工程和建(构)筑物拆除所占用的施工场地。

第四条 市住房和城乡建设行政主管部门(以下称市施工现场监管部门)负责本市施工现场的综合监督管理。区(园区)施工现场监管部门按照规定的职责,负责辖区内施工现场的监督管理。

城市管理、国土资源、环境保护、安全生产监督、公安、规划等行政主管部门根据各自职责,做好施工现场监督管理工作。

第五条　鼓励在工程施工中采取绿色、先进的施工技术,推进施工现场的规范化、科学化管理,提高施工现场管理水平。对在施工现场管理工作中做出显著成绩的单位和个人,应当给予表彰或者奖励。

第二章　一般规定

第六条　施工现场的范围,以经批准的建设工程用地、临时用地、临时占用道路范围为准。

建设单位或其委托的项目管理单位(以下称建设单位)应当在建设工程开工前到施工现场监管部门办理安全监督备案手续,并提供安全生产和文明施工管理资料。

第七条　建设、勘察、设计、监理、施工等工程建设各方责任主体及其他有关单位应当按照法律、法规、规章的规定履行文明施工和安全生产职责,落实施工现场的各项规定,承担相应责任。

第八条　建设单位履行下列责任:

(一)建设工程招标或者直接发包时,在招标文件和承发包合同中明确勘察、设计、监理、施工等单位有关文明施工和安全生产的要求和措施;

(二)编制工程概(预)算时,按照有关规定确定安全文明施工措施费用,并在招标文件和工程承发包合同中单独列支,不得将其纳入招标投标竞价范围;

(三)建设工程开工前,预付不少于安全文明施工措施费基本费部分的60%,并按照合同约定及时向施工单位支付安全文明施工措施费用,督促施工单位落实安全生产和文明施工措施;

(四)建设工程设计文件确定前,组织有关单位对可能造成毗邻建(构)筑物、各类管线、重要设施等产生影响的现场进行勘查,并将勘查结果以书面形式提交给设计单位;

因工程施工对毗邻的建(构)筑物、各类管线、重要设施等造成安全隐患的,应当组织相关单位采取有效措施,确保人员安全,并及时委托专业检测机构或鉴定机构对其进行安全性鉴定,排除安全隐患;

(五)成立施工现场质量安全管理机构,制定相应的管理制度及考核办法;对施工现场扬尘整治负总责,明确专人负责施工现场文明施工的协调管理;

(六)依法应当履行的其他责任。

第九条　勘察、设计单位履行下列责任:

(一)按照工程建设强制性标准进行勘察、设计,提供的勘察报告和设计文件应当真实、准确;

(二)执行操作规程和文明施工有关规定,采取措施保证各类管线、设施和周边建(构)筑物的安全;

(三)工程设计应当考虑施工安全操作和防护的需要,在设计文件中注明涉及施工安全的重点部位和环节、建设工程本体以及毗邻的建(构)筑物、各类管线、重要设施等的监测要求和监测控制限值等,并对防范生产安全事故提出指导意见;

(四)在勘察设计文件中标明现场服务的节点、事项和内容,就审查合格的施工图设计文件向施工、监理等单位作出详细说明,并及时处理施工中出现的与设计相关的安全技术问题;

（五）根据施工现场安全生产、应急抢险的需要，配合有关单位及时提出处理措施；

（六）依法应当履行的其他责任。

第十条 监理单位履行下列责任：

（一）配备与建设工程项目相适应的专业监理人员和专职安全监理人员，专职安全监理人员应当经安全生产教育培训合格。未经建设单位同意不得擅自更换总监理工程师，确需更换的，不得降低相应的资格条件，并履行相关变更手续。

（二）审查进场施工单位的资质证书、安全生产许可证以及项目经理、专职安全管理人员和特种作业人员的资格证书，记录施工总承包和专业分包单位项目经理、安全管理人员的在岗情况。

（三）审查施工组织设计中安全技术措施和专项施工方案，并实施跟踪监理；重点监控危险性较大的分部分项工程施工，对涉及施工安全的重点部位和环节实施旁站监理。

（四）现场见证取样送检，参与施工机械、安全设施的验收，督促施工单位安全检查，及时消除隐患。

（五）对安全文明施工措施费的投入、使用和管理情况进行审查，督促施工单位做好施工现场文明施工管理。

（六）依法定应当履行的其他责任。

第十一条 施工单位履行下列责任：

（一）建立施工现场文明施工和安全生产管理体系，设置安全生产管理机构和配备专职安全管理人员，执行企业负责人及项目经理施工现场带班制度，定期组织文明施工和安全生产检查。

（二）和施工现场项目经理、技术负责人、专职安全管理人员建立劳动关系，并交纳社会保险。未经建设单位同意不得擅自更换项目经理，确需更换的，不得降低相应的资格条件，并履行相关变更手续。

（三）应当严格按照建筑业安全作业规程和标准、施工方案以及设计要求进行施工。

（四）危险性较大的分部分项工程施工时，项目经理应当指定相应专业技术人员和专职安全管理人员共同进行现场监督。

（五）落实和执行文明施工的目标、制度以及工程各阶段文明施工的计划和措施，按照规定投入、使用安全文明措施费，不得挪作他用。

（六）依法为职工参加工伤保险缴纳工伤保险费。鼓励企业为从事危险作业的职工办理意外伤害保险。

（七）依法应当履行的其他责任。

第十二条 建筑机械设备、安全设施等租赁单位应当按照安全技术标准、规范，提供符合要求的设备、设施、材料，建立使用、维护和报废制度，并接受施工现场监管部门的监督。

第十三条 鼓励建设单位委托具有监理和造价咨询资质的项目管理单位，对建设工程前期、勘察、设计、施工等全过程进行专业化的管理和服务。

第十四条 建设单位或其委托的工程造价咨询单位在审核工程竣工结算时，应当依据住房和城乡建设行政主管部门出具的安全文明施工措施费测定表格确定费率，计取现场安全文明施工措施费。

第十五条 建设工程因故暂停施工的，建设单位应当和监理、施工等单位签订管理协议,明确停工期间文明施工和安全生产管理责任。各单位应当按照各自职责和管理协议约定,做好停工期间施工现场管理工作。

第十六条　施工现场涉及临近管线作业的,管线产权、管理单位应当及时提供交底和指导服务。

第三章　施工安全管理

第十七条　建设、设计、监理、施工等单位及其他有关单位应当依法履行安全生产的责任和义务,确保施工现场安全。

第十八条　危险性较大的分部分项工程应当按照规定编制专项施工方案,履行论证、审核、审批等程序和交底、验收等手续。

当超过一定规模的危险性较大的分部分项工程施工至关键节点时,施工单位应当至少邀请一名参与专项施工方案论证的专家对专项施工方案的实施情况进行现场检查。

专家应当在市施工现场监管部门公布的专家库中选取。

第十九条　实施建(构)筑物拆除的,应当遵守下列规定:

(一)拆除前,建设单位负责拆除区域内各类管线的切断和迁移,并经管线产权、管理单位签字确认;

(二)建设单位应当将拆除工程发包给具有相应资质和安全生产许可证的施工单位,并提供建(构)筑物原结构图及相关文件;

(三)施工单位制定拆除专项施工方案,经专家论证后组织实施;

(四)拆除现场设置围挡,划定危险区域,设置明显的警戒和警示标志;

(五)采用机械或者爆破方式拆除,不得采取立体交叉方式;实施爆破作业的,应当遵守国家有关爆破作业管理规定;

(六)拆除作业时,应当由专业技术人员现场指挥。

第二十条　施工起重机械、桩工机械、高处作业吊篮、场内施工机动车辆和整体提升脚手架等应当经具有相应资质的检验检测机构检验合格后方可投入使用;未经检验或者检验不合格的不得使用。

施工起重机械设备安装(拆卸)单位,应当依法取得建设行政主管部门核发的资质证书和安全生产许可证书,并在市施工现场监管部门办理备案手续。

第二十一条　高大模板支撑系统、二十米以上的悬挑脚手架、五十米以上的落地式钢管脚手架使用的钢管、扣件应当在监理单位见证下,施工单位取样,送法定专业检测机构进行检测,检测结果作为专项方案设计计算依据。

第二十二条　施工单位应当建立消防安全责任制度,确定消防安全责任人;制定用火、用电消防安全管理制度和易燃易爆材料使用操作规程;设置消防通道、消防水源,配备消防设施和灭火器材。

第二十三条　施工单位应当定期对施工人员开展安全教育培训。未经教育培训或者考核不合格的人员,不得上岗作业。

第二十四条　施工单位应当向施工人员提供符合规定的安全防护用具、安全防护服装和安全生产作业环境,并书面告知危险岗位的操作规程和违反操作规程操作的危害。

施工单位应当根据季节和天气特点,按照有关规定采取预警和安全防护措施;出现高温天气或者其他异常天气时,应当限制或者禁止室外露天作业。

第二十五条　施工单位应当建立健全应急保障制度和体系,制定企业、项目应急预案,落实物资、设备、人员等应急资源。

第二十六条　施工单位应当建立事故报告制度。事故发生后,应当立即启动应急响应,组织救援,做好现场保护工作并立即向本单位负责人报告;单位负责人接到报告后,应当立即向事故发生地的施工现场监管部门和有关部门报告。

第四章　文明施工管理

第二十七条　实行总承包的建设工程,由总承包单位负责统一管理;分包单位负责分包范围内的施工现场管理。

建设工程依法发包给多个施工单位的,由建设单位负责施工现场的统一管理;建设单位委托其中一个施工单位统一管理施工现场的,应当在合同中载明,明确管理责任、费用,并书面通知其他施工单位。

建设单位应当督促监理、施工单位按照标准做好施工现场管理,在工程开工、收尾、拆围、绿化等施工阶段不得降低文明施工标准。

第二十八条　建设工程开工前,建设单位应当组织完成围挡设置、施工现场道路硬化、冲洗台设置以及落实保洁责任,并报施工现场监管部门验收。未经验收合格的,建设单位不得申请办理建筑垃圾处置许可。

第二十九条　施工现场应当设置连续、封闭的围挡,并符合下列要求:

(一)采用符合要求的硬质材料,不得使用彩条布、竹篱笆或者安全网等,表面应当整洁、美观,色彩和周围的环境相协调;

(二)围挡高度不得低于 2.0 米,临时道路挖掘采用不得低于 1.1 米的警示护栏。围挡应当设置不得低于 0.3 米的防溢座;

(三)城区主干道、景观道、商业区、风景区以及影响市容景观的施工现场,围挡不得低于 2.5 米;

(四)基础平整、牢固,围挡不得用于挡土、承重。

第三十条　施工现场的主要入口处应当设置工程概况牌,建设、监理、施工等单位管理人员名单及监督电话牌,安全生产牌,消防保卫牌,文明施工牌,扬尘防治公示牌,施工现场总平面图,建筑垃圾运输处置公示牌,以及其他应当设置的施工标牌。

第三十一条　施工现场主要通道、出入口、操作场地应当实施硬化处理;城区主干道、景观道、商业区、风景区两侧桩基工程应当实行硬地坪施工。施工现场应当采取保洁措施,不得积尘、积泥。

施工现场机械设备安装、材料堆放、临时设施设置,应当符合施工现场总平面图的要求。

第三十二条　车辆冲洗台应当设置在施工现场出入口,并设置排水沟、污水沉淀池,配备高压冲洗设施。推广使用自动冲洗装置。

冲洗台的长度不得小于八米,宽度不得小于六米。清洗车辆的污水,应当综合循环利用,或者经沉淀处理达标后按要求排放。

确因场地条件无法设置车辆冲洗台的,应当采取其他有效保洁措施,确保净车出场。

第三十三条　渣土运输单位应当在施工现场配备现场管理员,负责运输车辆保洁、装载卸载的验收工作,并做好书面记录;配合和服从施工现场清洁保洁的管理。

车辆未经冲洗干净不得出场。

第三十四条　施工单位在施工过程中应当采取下列扬尘控制措施：

（一）施工现场脚手架外侧设置整齐、清洁的密目式安全网，鼓励采用不透尘材质的安全网；

（二）裸置场地和集中堆放的土方采取覆盖、固化或者绿化措施；

（三）对易产生扬尘的建筑材料采取有效覆盖措施，现场加工易产生粉尘的建筑材料应当在封闭的环境中进行；

（四）建筑垃圾集中、分类堆放，四十八小时内不能及时清运的，采取覆盖、洒水等防尘措施；

（五）建（构）筑物拆除施工过程中采取湿式作业法，拆除作业时对拆除的建（构）筑物进行洒水或者喷淋；

（六）不得现场拌制石灰土、二灰结石和水泥稳定碎石；

（七）路面铣刨后应当采取措施控制扬尘，并在二十四小时内摊铺沥青。

第三十五条　施工单位应当为施工现场周边居民交通出行提供可靠的安全环境：

（一）建设工程项目的外立面紧邻人行道或者车行道的，应当采取安全防护设施，并设置必要的警示和引导标志；

（二）对道路实施全部封闭、部分封闭或者减少车行道，影响行人出行安全的，应当设置安全通道；

（三）临时占用施工现场以外的道路或者场地的，应当设置围挡予以封闭；

（四）在城市道路上开挖管线沟、槽、坑，当日不能完工且需要作为通行道路的，在该道路上覆盖钢板并固定可靠，对一些危险部位应当设置符合国家标准的安全警示标志和防护设施。

第三十六条　施工单位应当为作业人员提供安全、卫生的生活环境：

（一）生活区与施工作业区分开设置，不得在施工现场内搭设帐篷。

（二）建立生活卫生责任制，食品、饮水符合卫生管理要求，专人负责清扫保洁工作。设置的临时厕所等卫生设施符合市容环境卫生标准。

（三）职工宿舍内的卫生、通风、照明设备良好，净高不得低于 2.4 米，走道宽度不得小于 0.9 米。

（四）每间居住人员不得超过十六人，床铺不得超过两层，严禁使用通铺；设置可开启式窗户，宿舍内应当设置生活用品专柜。

（五）各类生活设施应当符合消防、通风、卫生、采光要求。

第三十七条　建设单位、施工单位不得擅自改变临时设施的使用性质。施工结束后应当及时拆除施工现场围挡和其他施工临时设施，平整施工场地，清除建筑垃圾、渣土及其他废弃物。

第三十八条　施工单位应当在施工现场主要出入口以及涉及施工现场管理的重要部位，推行与施工现场监管部门联网的实时视频监控系统。

第五章　监　督　管　理

第三十九条　市施工现场监管部门负责市及市级以上立项的施工现场的监督管理。

鼓楼区、建邺区、秦淮区、雨花台区、栖霞区、玄武区施工现场监管部门负责辖区内建

(构)筑物拆除工地、小区环境整治出新工地、本区立项以及不需要立项的项目施工现场的监督管理。

江宁区、浦口区、六合区、溧水区、高淳区施工现场监管部门负责辖区内的施工现场的监督管理。

园区施工现场监管部门负责本区域内施工现场的监督管理。

第四十条　施工现场监管部门应当履行下列职责：

（一）建立健全建设工程监督管理制度，配备相应的监管人员和装备；

（二）监督检查建设工程各责任主体的文明施工和施工安全行为，以及管理体系和责任制落实情况；

（三）对违反建设工程文明施工和安全生产法律、法规、强制性标准等行为进行查处；

（四）参加建设施工现场生产安全事故的调查处理；

（五）依法应当履行的其他职责。

第四十一条　施工现场监管部门进行施工现场监督检查时，有权采取下列措施：

（一）要求被检查单位提供有关建设工程资料；

（二）进入施工现场进行检查，并将检查的时间、地点、内容、发现的问题及其处理情况，作出书面记录；

（三）对检查中发现的安全事故隐患或者文明施工管理不到位情形，责令改正或者立即排除，重大安全事故隐患排除前或者排除过程中无法保证安全的，责令从危险区域内撤出作业人员或者暂停施工；

（四）依法应当规定采取的其他措施。

第四十二条　施工现场监管部门应当建立信用信息管理平台，将建设工程各方责任主体和注册执业人员的信用信息，按照诚信奖励和失信惩戒的原则实行分类动态管理，实现资源共享，并在资质管理、招标投标、表彰评优等方面，对守信的单位和人员给予激励，对失信的单位和人员给予警示。

第六章　法律责任

第四十三条　违反本办法规定，建设单位有下列行为之一的，由施工现场监管部门责令限期改正，并处一万元以上三万元以下的罚款；拒不改正的，按照有关法律、法规进行查处。

（一）未办理安全监督备案手续的；

（二）工程开工前，预付安全文明施工措施费少于基本费60％的；

（三）未成立施工现场质量安全管理机构，无专人负责施工现场文明施工的协调管理的；

（四）停工期间未与监理、施工等单位签订管理协议，造成严重后果的；

（五）未履行文明施工管理职责，造成周边环境污染的。

第四十四条　违反本办法规定，监理单位有下列行为之一的，由施工现场监管部门责令限期改正，并处一万元以上二万元以下的罚款；拒不改正的，按照有关法律、法规进行查处。

（一）未配备与工程项目相适应的专业监理人员或者专职安全监理人员的；

（二）未审查施工单位相关人员资格证的；

（三）未对施工现场发现的文明施工和安全管理问题进行跟踪监理的；

（四）未按照规定实施旁站监理的。

第四十五条　违反本办法规定,施工单位有下列行为之一的,由施工现场监管部门责令限期改正,并处一万元以上二万元以下的罚款;拒不改正的,按照有关法律、法规进行查处。

(一)建(构)筑物拆除施工过程中未采取湿式作业法的;

(二)城市道路上开挖管线沟、槽、坑,未按照规定覆盖钢板的;

(三)未按照规定设置围挡、标识牌的;

(四)未按照规定进行场地硬化或者场地积尘、积泥严重的;

(五)未按照施工总平面图的要求安装机械设备、堆放材料、设置临时设施的;

(六)现场拌制石灰土、二灰结石和水泥稳定碎石的。

第四十六条　违反本办法规定,施工单位有下列行为之一的,由施工现场监管部门责令限期改正,并处一万元以上三万元以下的罚款;拒不改正的,按照有关法律、法规进行查处。

(一)危险性较大的分部分项工程施工时,未指定相应专业技术人员和专职安全管理人员共同进行现场监督的;

(二)施工起重机械、桩工机械、高处作业吊篮、场内施工机动车辆和整体提升脚手架等设施未经检验或者检验不合格投入使用的;

(三)施工起重机械设备安装(拆卸)单位未按规定办理备案手续的或使用未办理备案手续的施工起重机械设备安装(拆卸)单位进行施工起重机械设备安装(拆卸)作业的;

(四)未采用机械或者爆破方式拆除建(构)筑物的。

第四十七条　施工现场监管部门应当建立行政裁量权基准制度,明确本办法规定的各项行政处罚的适用情形、处罚标准和幅度并予公布,接受社会监督。

第四十八条　施工现场监管部门的工作人员违反本办法规定,滥用职权、徇私舞弊、玩忽职守的,依法给予行政处分;构成犯罪的,依法追究刑事责任。

第七章　附　　则

第四十九条　本办法所称的园区,是指依法设立并由市、区人民政府派出或者指定机构管理的工业园区、经济技术开发区、综合保税区、出口加工区以及其他功能园区。

第五十条　交通、水利、园林绿化、电力、通讯等专业工程施工现场的管理,法律、法规有规定的,从其规定;没有规定的,参照本办法执行。

抢险救灾及其他临时性建设工程、居民个人住宅装饰装修工程、农民自建(拆)低层住宅和军事工程施工现场管理,不适用本办法。

第五十一条　本办法自 2013 年 12 月 1 日起施行。2005 年 2 月 1 日市人民政府发布的《南京市工程施工现场管理规定》同时废止。

(三十九) 关于印发《南京市建筑工程特大事故应急处理预案》的通知(宁建工字〔2006〕108 号)

各区县建工(设)局,在宁建安企业,驻宁办事处:

现将《南京市建筑工程特大事故应急处理预案》印发给你们,请认真遵照执行。

南京市建筑工程局

二〇〇六年六月十三日

南京市建筑工程特大事故应急处理预案

为积极应对可能发生的建筑工程重特大安全事故,高效、有序地组织事故抢救工作,最大限度地减少人员伤亡和财产损失,维护正常的社会秩序和工作秩序,根据《中华人民共和国安全生产法》、《建设工程安全生产管理条例》、国务院安委会办公室《关于加强安全生产事故应急预案监督管理的通知》和《江苏省安全生产条例》及省建设厅、省建管局的要求,结合我市建筑工程施工的实际,在我局原有的建筑工程重特大事故应急救援预案的基础上,修订《南京市建筑工程特大事故应急处理预案》(以下简称预案)。

一、适用范围

本预案适用于在本市城区内建筑工程施工现场可能发生的造成一次死亡 3 人以上 9 人以下、一次死亡 10 人以上或直接经济损失 100 万元以上的特大事故。

二、事故可能发生的类别

(一)深基坑坍塌;

(二)塔式起重机等大型机械设备倒塌;

(三)整体模板支撑体系坍塌;

(四)多、高层建筑外脚手架倒塌;

(五)其他重特大安全事故。

三、事故应急处理指挥系统

(一)市建工局成立建筑工程重特大事故应急处理指挥部(以下简称指挥部)。总指挥由市建工局局长担任;副总指挥由市建工局分管安全的副局长和其他副局长和局总工程师担任,成员由市建工局相关处室单位负责人组成。指挥部成员名单、专家库名单、专业施工类应急抢救队伍库名单、应急救援物资设备库清单详见附表一、二、三、四。

(二)指挥部下设办公室,办公室设在市建工局质量安全处,负责落实值班和应急处理具体工作。

四、事故应急处理指挥部职责

(一)组织有关部门和事发现场有关单位按照应急预案迅速开展抢救工作,防止事故的进一步扩大,力争把事故损失降到最低程度;

(二)根据事故发生状态,统一布置应急预案的实施工作,并对应急处理工作中发生的争议采取紧急处理措施;

(三)根据预案实施过程中发生的变化和问题,及时对预案进行修改和完善;

(四)紧急调集各类物资、人员、设备,当事故有危及周边单位和人员的险情时,组织力量进行人员和物资疏散工作;

(五)配合有关部门进行事故调查处理工作;

(六)组织做好稳定秩序和伤亡人员的善后及安抚工作;

(七)适时将事故的原因、责任及处理意见向社会公布。

五、事故报告和现场保护

(一)重特大事故发生后,事故单位必须以最快捷的方法,立即将所发生的重特大事故的情况报市建工局指挥部,并在 24 小时内写出书面报告。事故报告应包括以下内容:

(1)发生事故的单位名称、企业规模;

（2）事故发生的时间、地点；

（3）事故的简要经过、伤亡人数、直接经济损失初步估计；

（4）事故原因、性质的初步判断；

（5）事故抢救处理的情况和采取的措施；

（6）需要有关部门和单位协助事故抢救和处理的有关事宜；

（7）事故的报告单位、签发人和时间。

（二）建工局指挥部接到重特大事故报告后，立即报告市政府和市安委会办公室，并迅速上报省建设厅、省建管局、同时派人迅速赶赴现场，进行事故现场的保护和证据收集工作。必要时将事故情况通报给市公安局或驻军及武警部队，请求给予支援。

（三）重特大事故发生后，事故发生地的有关部门和事故现场有关单位必须严格保护事故现场，并迅速采取必要措施抢救人员和财产。因抢救伤员、防止事故的扩大及疏通交通等原因需要移动现场物件时，必须做出标志、拍照、详细记录和绘制事故现场图，并妥善保存现场重要痕迹、物证等。

六、应急处理预案

（一）接到事故后 10 分钟内应立即开展以下工作：

（1）迅速上报市委、市政府。

（2）指挥部根据事故或险情情况，立即组织或指令相关部门调集应急抢救人员、车辆、机械设备，组织抢救力量，迅速赶赴现场。

（二）应急处理措施

（1）抢救方案

根据事故现场情况，迅速调集必要的机械设备及人员进行抢救。如有人员失踪，应尽快查清下落，同时根据工程特点、事故类别，请相关专家制定深化抢救方案，必要时请求军警部门协助抢险，疏散人群，维持现场秩序。

（2）伤员抢救

立即与急救中心和医院联系，请求出动急救车辆并做好急救准备，确保伤员得到及时医治。

（3）事故现场取证

救助行动中，安排人员同时做好事故调查取证工作，以利于事故处理，防止证据遗失。

（4）自我保护

在抢救行动中，抢救机械设备和救助人员应严格执行安全操作规程，配齐安全设施和防护工具，加强自我保护，确保抢救行动过程中的人身和财产安全。

七、其他事项

（一）本预案是建工局针对有可能发生的重特大事故，组织实施紧急救援工作并协助上级部门进行事故调查处理的指导性意见，在实施过程中根据不同情况随机进行处理。

（二）救援以事发现场施工队伍为主，在救援中所产生的费用由事故发生单位垫付。

（三）在宁施工企业应按照本预案的要求，结合本行业的特点和实际情况，制定本单位重特大事故应急处理预案并根据条例和环境的变化及时修改完善，报有关安全监督机构备案。

（四）各区县建工（设）局必须在本预案实施之日起 30 日内完成本地区事故应急救援预案的制定工作，并根据条件和环境的变化及时修改和完善预案的内容。及时组织有关部门人员认真学习,掌握预案的内容和相关措施。定期组织演练,确保在紧急情况下按照预案的要求,有条不紊地开展事故应急处理工作。

(五)发生重特大事故后,事故单位应立即报告,各有关部门负责人在接到事故发生信息后必须在最短时间内进入各自岗位,迅速开展工作。对失职、渎职行为要依法追究责任。

(六)本预案自公布之日起实施。

附表一:南京市建筑工程重特大事故应急处理指挥部成员名单(略)

附表二:南京市建筑工程重特大事故应急处理指挥部专家库名单(略)

附表三:南京市建筑工程重特大事故专业施工类应急救援队伍库名单(略)

附表四:南京市建筑工程重特大事故应急物资设备库清单(略)

(四十)关于印发《南京市建设工程安全生产与文明施工不良行为红、黄牌警示实施细则》的通知(宁建规字〔2014〕2 号)摘录

各有关单位:

现将新修订的《南京市建设工程安全生产与文明施工不良行为红、黄牌警示实施细则》印发给你们,请遵照执行。原《关于印发〈南京市建设工程安全生产与文明施工不良行为红、黄牌警示实施细则〉的通知》(宁建规字〔2013〕1 号)废止。

南京市住房和城乡建设委员会

2014 年 4 月 9 日

南京市建设工程安全生产与文明施工不良行为红、黄牌警示实施细则

第二条 本细则所称建设工程是指房屋建筑、市政基础设施、城市轨道交通、建筑装饰装修、园林绿化等工程。

第八条 有下列行为之一的,可以对监理单位和项目总监实施黄牌警示 30 日:

(一)对施工过程中应发现而未发现的安全生产和文明施工方面的问题,未及时下达监理工程师通知书,或未对整改结果进行复查的;

(二)施工现场安全生产和文明施工存在问题,下达整改或暂停令后责任单位拒不整改或停工,未按规定报告建设单位及监督部门的;

(三)相关文件规定的其他降低安全生产条件和文明施工行为的。

第九条 有下列行为之一的,可以对监理单位和项目总监实施黄牌警示 60 日:

(一)在监项目发生一般生产安全事故,监理负有管理责任的;

(二)未按规定对施工组织设计和专项施工方案进行审查或对上道工序未报经监理验收即进入下道工序施工的行为,不及时以书面形式予以制止和纠正的;

(三)中标项目总监未到岗履职或未按规定进行变更的;

(四)未按规定配备项目总监、专业监理工程师、专职安全监理工程师、监理员、见证取样人员的;

（五）同一项目的监理机构一个月内两次被下达整改通知书的或项目监理机构收到整改通知书后拒不整改的；

（六）在市级及以上建设行政主管部门组织的建设工程安全生产、文明施工检查中被通报批评的；

（七）相关文件规定的其他降低安全生产条件和文明施工行为的。

第十条　有下列行为之一的，可以对监理单位和项目总监实施红牌警示30日：

（一）施工过程中未采取有效保护措施造成管线损坏或未采取有效文明施工措施，造成重大社会影响，负有监理责任的；

（二）同一工程项目六个月内第二次达到黄牌警示情形的；

（三）相关文件规定的其他降低安全生产条件和文明施工行为的。

第十一条　有下列行为之一的，可以对监理单位和项目总监实施红牌警示60日：

（一）未按规定对超过一定规模危险性较大分部分项工程进行现场监理的；

（二）在监项目发生较大及以上生产安全事故，监理负有重要责任的；

（三）同一项目在黄牌警示期限内，再次达到黄牌警示情形的或同一工程项目六个月内第二次达到红牌警示30日情形的；

（四）相关文件规定的其他降低安全生产条件和文明施工行为的。

第十二条　有下列行为之一的，可以对责任单位和责任人实施红牌警示90日：

（一）同一项目在红牌警示期限内，再次被亮红牌的；

（二）在重要节假日期间或特殊保障期间，不履行职责，文明施工措施不到位，产生重大社会影响的或发生较大及以上生产安全事故的；

（三）相关文件规定的其他降低安全生产条件和文明施工行为的。

第十五条　红黄牌警示惩戒措施：

（三）被黄牌警示的单位和责任人，由招标人自主选择是否允许参与投标报名；被红牌警示的责任单位和责任人在被警示期间禁止在我市建设工程市场参与投标报名。

（四十一）关于印发《南京市建筑工程危险性较大的分部分项工程安全技术管理实施意见》的通知（宁建工字〔2009〕104号）

各有关单位：

为进一步规范和加强对危险性较大分部分项工程的安全技术管理，防范建筑施工生产安全事故的发生，根据国务院《建设工程安全生产管理条例》、住房和城乡建设部《危险性较大的分部分项工程安全管理办法》（建质〔2009〕87号），我局对《南京市建筑工程危险性较大工程专项施工方案编制及专家论证审查实施细则》（宁建工字〔2007〕88号）进行了修订。现将修订后的《南京市建筑工程危险性较大的分部分项工程安全技术管理实施意见》印发给你们，请遵照执行。

南京市建筑工程局

二〇〇九年八月七日

南京市建筑工程危险性较大的分部分项工程安全技术管理实施意见

第一条 为加强建筑工程施工项目的安全技术管理,规范危险性较大的分部分项工程专项施工方案编制、审批及专家论证等管理行为,防止建筑施工生产安全事故的发生,根据国务院《建设工程安全生产管理条例》和住房和城乡建设部《危险性较大的分部分项工程安全管理办法》(建质〔2009〕87号)等法规、标准、规范和规程,结合本市实际制定本实施意见。

第二条 本实施意见适用于本市行政区域内从事房屋建筑建造及其范围内的管道敷设、设备安装及建筑装饰装修工程的新建、改建、扩建、拆除等活动的安全技术管理。

第三条 本实施意见所称危险性较大的分部分项工程是指建筑工程在施工过程中存在的、可能导致作业人员群死群伤或造成重大不良社会影响的分部分项工程。危险性较大的分部分项工程范围见附件一。危险性较大的分部分项工程专项施工方案(以下简称"专项方案"),是指施工单位在编制施工组织(总)设计的基础上,针对危险性较大的分部分项工程单独编制的安全技术措施文件。

第四条 施工单位在办理安全监督备案手续时应提供危险性较大的分部分项工程清单和安全管理措施。危险性较大的分部分项工程清单见附件二。

第五条 施工单位应当在危险性较大的分部分项工程施工前按《建筑施工组织设计规范》(GB/T 50502—2009)编制专项方案;对于超过一定规模的危险性较大的分部分项工程,施工单位应组织专家对专项方案进行论证。超过一定规模的危险性较大的分部分项工程范围见附件三。

实行施工总承包的,专项方案应当由施工总承包单位组织编制。其中,起重机械安装拆卸工程、深基坑工程、附着式升降脚手架等专业工程实行分包的,其专项方案可由专业承包单位组织编制。

第六条 专项方案编制、审核和批准应按以下程序进行:

(一)专项方案由施工单位相关专业工程技术人员编制,施工单位技术部门(及相关部门)负责人审核,施工单位技术负责人批准,上述编制、审核和批准人应在专项方案上签字;实行施工总承包的,专项方案应当由总承包单位技术负责人及相关专业承包单位技术负责人签字。

(二)施工单位应将审核批准的专项方案报监理单位,专业监理工程师审核,总监理工程师签字。

(三)施工单位应根据监理单位的审查审核意见,对原专项方案进行修改完善,必要时应重新报审。

危险性较大的分部分项工程专项方案审批表、施工组织设计/方案报审表见附件四。

第七条 专项方案编制应当包括以下内容:

(一)工程概况:危险性较大的分部分项工程概况、施工平面布置、施工要求和技术保证条件。

(二)编制依据:施工图纸、施工组织设计、相关法律、标准、规范和规范性文件等。

(三)施工计划:包括施工进度计划、材料与设备计划。

(四)施工工艺技术:技术参数、工艺流程、施工方法、检查验收等。

(五)施工安全保证措施:组织保障、技术措施、应急预案、监测监控等。

(六)劳动力计划:专职安全生产管理人员、特种作业人员等。

（七）附件：计算书及相关施工图及节点详图。

第八条　对超过一定规模的危险性较大的分部分项工程专项方案应当由施工单位组织召开专家论证会。实行施工总承包的，由施工总承包单位组织召开专家论证会。专家组成员应当由 5 名及以上符合相关专业要求的专家组成。本项目参建各方的人员不得以专家身份参加专家论证会。

根据分部分项工程情况，确定参加专家论证会的人员：

（一）专家组成员；

（二）建设单位项目负责人或技术负责人；

（三）监理单位项目总监理工程师及相关人员；

（四）施工单位（包括施工总承包单位和专业承包单位）分管安全的负责人、技术负责人、项目负责人、项目技术负责人、专项方案编制人员、项目专职安全生产管理人员；

（五）勘察、设计单位项目技术负责人及相关人员。

第九条　施工单位应明确一名专家担任组长，专家论证的主要内容应包括：

（一）专项方案内容是否完整、可行；

（二）专项方案计算书和验算依据是否符合有关标准规范；

（三）安全施工的基本条件是否满足现场实际情况。

专项方案经论证后，专家组应当提交论证报告，对论证的内容提出明确的意见，并在论证报告上签字。该报告为专项方案修改完善的指导意见并作为专项方案的附件。专项方案专家论证报告书按附件五填写。

第十条　参加专项方案论证的专家应当具备以下基本条件：

（一）遵纪守法、廉洁自律、作风正派、坚持原则、热心服务；

（二）熟悉工程建设领域的法律、法规、标准、规范和规程；

（三）从事相关专业勘察、设计、施工、监理工作十五年以上并具有高级以上专业技术职称。

第十一条　施工单位应当根据论证报告修改完善专项方案，并经施工单位技术负责人、项目总监理工程师签字后方可实施。实行施工总承包的，应当由施工总承包单位、相关专业承包单位技术负责人签字。

当专家组认为该专项方案需要做重大修改时，施工单位应当在专项方案修改完善后重新组织专家论证。

第十二条　施工单位应当严格按照经审核批准的专项方案组织施工，不得擅自修改、调整专项方案。

（一）专项方案实施前，应将专项方案下达到作业班组，编制人员或项目技术负责人应当向现场管理人员和作业人员进行书面技术交底并签字。

（二）专项方案实施过程中，施工单位应当指定专人对专项方案实施情况进行现场监督和按规定进行监测。发现不按照专项方案施工的，应当要求其立即整改；发现有危及人身安全紧急情况的，应当立即组织作业人员撤离危险区域。施工单位技术负责人应当定期巡查专项方案实施情况。

（三）对于按规定需要验收的危险性较大的分部分项工程，施工单位、监理单位应当组织有关人员进行验收。验收合格的，经施工单位项目技术负责人及项目总监理工程师签字后，方可进入下一道工序。对经过专家论证的危险性较大的分部分项工程，可邀请专家参加验收。如因设计、结构、外部环境等因素发生变化确需修改的,修改后的专项方案应当按本办法第六条重新审核。对于超过一定规模的危险性较大分部分项工程的专项方案,施工单位应当重新组织专家进行论证。

第十三条 施工现场存在超过一定规模的危险性较大的分部分项工程的,应当按有关规定在现场醒目位置进行公示,公示内容应包括:危险性较大的分部分项工程的名称、部位、施工期限、施工负责人、安全监控责任人、质量监控责任人和举报电话等。

第十四条 监理单位应将危险性较大的分部分项工程的监理作为监理规划和监理实施细则的重要内容,针对危险性较大的分部分项工程特点、周边环境和施工工艺制定详细的监理工作流程、方法和措施。同时对危险性较大的分部分项工程实施旁站监理,对不按经过批准的专项方案施工的,签发工程暂停令,并报告建设单位,施工单位拒不整改或不停止施工的,应及时向工程所在地的有关部门报告。

第十五条 各级建设行政主管部门及其质量、安全监督机构,应加强对危险性较大的分部分项工程专项方案编制审批、专家论证及实施的监督检查,对不按规定程序实施的行为应依法查处。

第十六条 本实施意见自发布之日起施行。原《南京市建筑工程危险性较大工程专项施工方案编制及专家论证审查实施细则》(宁建工字〔2007〕88号)废止。

附件一:危险性较大的分部分项工程范围(略)

附件二:危险性较大的分部分项工程清单(略)

附件三:超过一定规模的危险性较大的分部分项工程范围(略)

附件四:专项施工方案封面和专项组织设计/方案报审表(略)

附件五:南京市建筑工程危险性较大的分部分项工程专项施工方案专家论证报告书(略)

(四十二) 关于印发《南京市房屋建筑和市政基础设施深基坑工程质量监督管理细则》的通知(宁建规字〔2012〕4号)

各有关单位:

为加强我市房屋建筑和市政基础设施深基坑工程质量的监督管理,确保深基坑工程及其相邻建(构)筑物和地下管线的安全,根据国家有关法律、法规和规范,结合近年来的工程实践,我委制定了《南京市房屋建筑和市政基础设施深基坑工程质量监督管理细则》,现印发给你们,请遵照执行。

附件:南京市房屋建筑和市政基础设施深基坑工程质量监督管理细则

南京市住房和城乡建设委员会

二〇一二年七月八日

南京市房屋建筑和市政基础设施深基坑工程质量监督管理细则

第一章 总 则

第一条 为加强本市房屋建筑和市政基础设施深基坑工程质量管理,规范建设各方责任主体和相关单位的质量行为,保证深基坑工程及其相邻建(构)筑物和地下管线、人员的安全,根据《建设工程质量管理条例》、《建设工程安全生产管理条例》、《房屋建筑和市政基础设施工程质量监督管理规定》和《南京市建设工程深基坑工程管理办法》等法规、规章和规定,结合本市实际,制订本细则。

　　第二条　本市行政区域内房屋建筑和市政基础设施深基坑工程(以下简称深基坑工程)的施工及验收活动,应遵守本细则。

　　第三条　本细则所称深基坑,是指开挖深度超过5米(含5米)的基坑。

　　本细则所称深基坑工程,包括基坑(含边坡)支护结构、支撑体系、地下水控制(降水、排水、截水、回灌)、土方开挖、检测和监测等内容。

　　第四条　南京市有关工程质量监督机构(以下简称监督机构)受市住建委委托具体负责所监督深基坑工程质量的监督管理和抽查工作。

　　雨花、栖霞、江宁、浦口、六合(含沿江)等五区及溧水、高淳两县的工程质量监督机构分别受建设行政主管部门的委托具体负责所监督深基坑工程质量的监督管理和抽查工作。

第二章　监督手续

　　第五条　建设单位应当在深基坑工程开工前,持下列文件和资料办理质量监督手续。

　　(一)工程质量监督申报表;

　　(二)工程地质勘察报告及施工图设计文件审查合格证(批准书);

　　(三)施工、监理中标通知书及合同;

　　(四)法律、法规、规章规定的其他文件。

第三章　质量行为

　　第六条　建设单位在深基坑工程开工前和施工过程中的质量行为应符合以下要求:

　　(一)开工前应办理工程地质勘察报告及施工图设计文件审查、工程质量监督、施工许可(或开工报告)等手续。

　　(二)当深基坑工程的设计单位为非本单位工程主体结构的设计单位时,其设计文件应由本单位工程主体结构设计单位核验、确认。

　　(三)按规定对深基坑工程的勘察、设计、施工(含土方开挖)、监理、检测、监测等单位进行发包;土方开挖应纳入支护施工单位或土建施工单位管理。

　　(四)开工前应组织设计图纸会审、交底并形成记录。

　　(五)支护结构、支撑体系、止水、降水等型式和主要参数等发生变更时,应及时办理设计变更手续,并报原施工图审查机构重新审查。

　　(六)开工前应委托具有相应资质的、经备案的监测单位进行监测,并按规定办理深基坑工程的检测方案和监测方案[包括对相邻建(构)筑物和地下管线的监测]备案。具体备案规定另行制定。

　　(七)土方开挖前应对深基坑工程应急预案、抢险物资落实情况进行检查。基坑施工过程中出现异常情况时,应及时组织处理,必要时组织专家论证。发生险情和质量事故的,应立即组织启动应急预案,并且按有关规定向建设行政主管部门、监督机构等有关部门报告。

　　第七条　勘察、设计单位在深基坑工程开工前和施工过程中的质量行为应符合以下要求:

　　(一)单位资质、人员资格应符合要求;

（二）参加设计交底、图纸会审；

（三）根据地质条件、深基坑工程安全等级和周边环境条件等因素确定监测范围、监测项目、监测频率和报警值，并在施工图设计文件中加以明确；

（四）出现质量问题（事故）时，设计项目负责人应及时到现场参与调查和处理，提出设计处理方案。

第八条 施工单位在深基坑工程开工前和施工过程中的质量行为应符合以下要求：

（一）单位资质、人员资格（项目管理人员的资格、特种作业人员的上岗证等）应符合要求；

（二）实行总分包的，应依法发包，加强对分包单位的管理，并对深基坑工程施工负总责；

（三）开工前应编制施工组织设计、土方开挖、应急预案等专项方案，并按规定组织专家论证，履行审批程序；

（四）严格按审查批准的设计文件、施工组织设计和有关专项施工方案进行施工，严禁超挖；深基坑工程土方开挖条件验收合格后，方可进行土方开挖；

（五）土方开挖完成后，应及时进行地下结构的施工，严禁基坑长期暴露；地下结构完成后，应按要求及时回填；

（六）施工过程中出现险情和质量事故时，项目经理不得离开现场，企业技术负责人应带班检查、组织处理，并及时向建设单位及有关部门报告。

第九条 监理单位在深基坑工程开工前和施工过程中的质量行为应符合以下要求：

（一）单位资质、人员资格应符合要求。

（二）项目监理部人员配备应符合相关规定。总监理工程师必须具有注册监理工程师资格，应配备不少于1名具有高级职称的岩土工程相关专业的监理工程师。

（三）深基坑工程开工前，应编制监理规划、监理细则、旁站监理和平行检验方案。

（四）土方开挖前，应组织条件验收，并对监测点设置及保护、基坑周边荷载及抢险物质的准备等情况进行检查。

（五）土方开挖期间，应对开挖、监测情况进行旁站和巡视。

（六）出现异常情况时应24小时值班、巡视。出现险情、质量事故等时，应采取措施并及时向建设单位和监督机构等有关部门报告。

第十条 监测单位在深基坑工程监测过程中的质量行为应符合以下要求：

（一）深基坑工程监测单位应按规定进行备案，并在已备案的监测能力范围内从事监测活动；现场监测人员应具有相应的资格证书；

（二）按照备案的监测方案实施监测；现场监测应采用仪器监测与巡视检查相结合的方法；监测过程中出现异常情况或异常天气时，应加强观测，加大监测频率，并及时提供监测报告；

对深基坑工程施工可能导致相邻设施造成影响的，施工前应对相邻设施进行调查和记录、拍照或摄像、布设标记，并应按备案方案进行监测；

（三）当深基坑工程设计等有重大变更时，监测单位应及时调整监测方案；

（四）深基坑工程发生险情、质量事故及突发事件等情况时，监测人员应驻场监测，监测单位技术负责人应在现场督促监测；

（五）当监测数据出现异常时，应及时向建设单位、监督机构等有关部门报告；

（六）应及时按规定出具监测报告并上报，监测报告应有正常或异常、危险的判断性结论及报警值的分析和建议等。

第十一条　检测单位在深基坑工程检测过程中的质量行为应符合以下要求：

（一）单位资质、人员资格应符合要求；

（二）按备案的检测方案进行检测；

（三）检测报告应签章齐全、规范；

（四）出现不合格报告时，应在 24 小时内向监督机构报告。

第四章　实　体　质　量

第十二条　深基坑工程所用原材料质量和工程实体施工质量应按规定进行现场检测、抽测。

第十三条　深基坑工程实体质量、检测、监测和质量控制资料应分别符合附件一、二、三、四的要求。

第五章　验　　收

第十四条　深基坑工程实行土方开挖条件验收、中间验收和竣工验收制度，由总监理工程师组织，建设单位项目负责人、施工单位项目经理和企业质量负责人，勘察、设计及监测单位项目负责人参加验收，并按附件四的要求形成验收记录。验收前，应书面通知监督机构。

第十五条　深基坑工程土方开挖条件验收应符合以下要求：

（一）支护结构、止水帷幕、冠梁及第一道支撑施工完成，强度达到设计要求；

（二）支护桩检测方案、基坑监测方案已备案；

（三）施工组织设计、土方开挖及地下水控制等专项施工方案已经论证、审批；

（四）监理对设置的监测点验收合格、初次监测已完成；

（五）基坑周边临时设施、堆载及排水措施符合设计要求；

（六）土方施工单位已与土建施工单位或支护结构施工单位签订承包合同；

（七）检测结果符合要求，质量控制资料完整。

第十六条　土方开挖到设计标高时，应对深基坑工程进行中间验收。

第十七条　深基坑工程竣工验收条件应符合以下要求：

（一）基础施工至±0.00，且回填完毕；

（二）已完成深基坑工程设计及合同约定的内容；

（三）施工技术资料及验收资料完整；

（四）检测、监测结果符合要求；

（五）深基坑工程的质量问题（事故）、投诉纠纷等已处理完毕。

第六章　监　督　管　理

第十八条　监督机构应对工程实体质量、工程质量责任主体和相关单位的工程质量行为、开挖条件验收、中间验收和竣工验收等进行抽查。

第十九条　监督机构抽查发现深基坑工程有质量隐患或违法违规的，责令改正。出现下列情况时，按照相关法律法规对责任单位或责任人进行诫勉谈话、不良行为记录，情节严重的依法进行行政处罚：

（一）施工图未经审查合格或随意变更设计擅自施工的；

（二）未及时办理质量监督手续的；

（三）土方开挖等专项方案未经专家论证或未按论证的方案进行施工的；

（四）未按规定进行验收即进入下道工序施工的；

（五）监测方案未备案、未按已备案的监测方案进行监测或未按规定上报险情、质量事故等异常情况的；

（六）未及时配合处理质量隐患、险情、事故（投诉）等；

（七）其他违反国家法律法规或本规定的。

第七章 附 则

第二十条 本细则所称的异常情况是指：1. 支护结构及周边建（构）筑物、地下管线等监测数据达到或超过报警值；2. 支护体系开裂、断裂、倾斜，基坑渗漏、管涌、流砂或坍塌；3. 施工工况与设计不符；4. 出现险情、质量事故等。

第二十一条 基坑开挖深度虽未超过 5 m，但地质条件和周围环境及地下管线复杂的基坑工程适用本细则。

第二十二条 临近地铁、隧道及有特殊要求的工程设施的，还应遵守相关规定。

第二十三条 本细则自 2012 年 9 月 1 日起施行；《南京市房屋建筑深基坑工程质量监督管理细则（试行）》（宁建工字〔2006〕213 号）同时废止。

附件一：深基坑工程的实体质量控制要求（略）

附件二：深基坑工程的检测要求（略）

附件三：深基坑工程的监测要求（略）

附件四：深基坑工程的质量控制资料及验收表格（略）

（四十三）《关于进一步加强建筑施工起重机械设备监督管理的通知》（宁建质字〔2014〕390 号）

各区（园区）工程监管部门，市各建设工程安监机构，各有关单位：

为加强建筑施工起重机械设备的安全监督管理，进一步明确建筑施工起重机械设备产权登记（注销）、安装（拆卸）告知、监督检验和使用登记（注销）等环节的办理流程，明确职责，同时方便企业办理相关手续，根据《建筑起重机械安全监督管理规定》（建设部令第 166 号）、《建筑起重机械备案登记办法》（建质〔2008〕76 号）等规定，结合我市市级权力下放的实际情况，现将有关事项通知如下：

一、凡在本市行政区域范围内的房建、市政（含城市轨道交通）工程安装、拆卸、使用的各类塔式起重机、门式起重机、施工升降机、物料提升机和整体提升脚手架均应按规定办理有关手续，具体内容包括：产权备案、安装（拆卸）告知、监督检验、使用登记、使用注销、产权注销等手续。

二、建筑施工起重机械设备产权单位在设备首次出租或安装前，应当向本单位工商注册所在地建设主管部门办理产权备案；产权单位在建筑施工起重机械设备转让、变更和报废前应到原备案部门办理建筑施工起重机械设备产权备案变更或注销手续。

产权单位工商注册地在鼓楼、建邺、玄武、秦淮、栖霞、雨花六区的，在市行政服务中心市建筑安监站窗口办理产权备案(注销)手续;注册地在江宁、浦口、六合、溧水、高淳五区的,在所在区监管部门办理产权备案(注销)手续。

三、安装单位应当在建筑施工起重机械设备安装(拆卸)前告知其工程监管部门,同时按规定提交经施工总承包单位、监理单位审核合格的有关资料(参见附件一)。

使用单位应当自建筑施工起重机械安装监督检验合格之日起 30 日内,向其工程监管部门办理建筑施工起重机械设备使用登记;建筑施工起重机械设备拆卸前,应当及时向其工程监管部门办理使用登记注销(参见附件二)。

建筑施工起重机械设备安装(拆卸)告知、使用登记与注销手续以及日常监管工作均由工程监管部门负责,原则是谁负责监管工程,谁负责工程的建筑施工起重机械设备的监管工作。各区(园区)负责监管工程的建筑施工起重机械设备安装(拆卸)告知、使用登记与注销手续及日常监管工作由各区(园区)监管部门负责;市监管房建工程、市政(含城市轨道交通)工程的起重机械设备安装(拆卸)告知、使用登记与注销手续及日常监管工作由市各安监机构负责。

四、建筑施工起重机械设备安装完毕后,应当经我委报省厅布点规划的检验检测机构检验合格后方可投入使用。

五、全市所有建筑施工起重机械设备监督管理必须严格按照产权备案—安装告知—监督检验—使用登记—拆卸告知—使用注销—产权注销程序进行。各区(园区)监管部门、市各安监机构要健全工作机制,建立信息化管理系统,严格落实监管责任,按照相关规定抓好建筑施工起重机械设备安全管理工作,确保遏制较大等级以上生产安全事故,减少一般事故。

附件:1. 建筑施工起重机械设备安装(拆卸)告知书(略)
　　　2. 建筑施工起重机械设备使用登记与注销表格(略)

南京市住房和城乡建设委员会
2014 年 4 月 24 日

(四十四)《关于进一步加强我市建筑起重机械设备安全管理工作的通知》(宁建质字〔2016〕453 号)摘录

一、建筑起重机械设备安拆管理要求

(四)安拆单位进行塔式起重机、施工电梯使用阶段的顶升加节及附墙作业时,应书面告知施工、监理单位并有书面记录,施工、监理单位须派有关人员到场监管,做好安全防护。

(八)安装、拆卸等特种作业人员必须取得建设行政主管部门核发的《建筑施工特种作业操作资格证》。安装(拆卸)作业过程中特种作业人员数量应符合下列要求:

1. 塔式起重机安拆作业必须配备操作人员 7 人:建筑起重机械安装拆卸工(塔式起重机)4 人、建筑起重机械司机(塔式起重机)1 人、建筑起重信号司索工 1 人、建筑电工1 人。

2. 施工升降机安拆作业必须配备操作人员 5 人；建筑起重机械安装拆卸工（施工升降机）2 人、建筑起重机械司机（施工升降机）1 人、建筑起重信号司索工 1 人、建筑电工 1 人。

3. 物料提升机安拆作业必须配备操作人员 5 人；建筑起重机械安装拆卸工（物料提升机）2 人、建筑起重机械司机（物料提升机）1 人、建筑起重信号司索工 1 人、建筑电工 1 人。

二、建筑起重机械设备检测管理要求

（一）建筑起重机械安装完毕后，使用单位应当组织出租、安装、监理等有关单位共同进行验收，并经我市布点的相应资质检验检测机构进行监督检验。建筑起重机械未经监督检验或者监督检验不合格的不得使用。

（三）建筑起重机械检验评定要求：

1. 塔式起重机有以下情况之一时，应进行监督检验：

（1）每次安装完成后，投入使用前；

（2）现场安装完成第一次附着后；

（3）现场安装完成最后一次附着时或最大安装高度时；

（4）距上次监督检验时间满一年时；

（5）停工闲置时间满 90 天，重新恢复使用时；

（6）经过改造或大修后；

（7）遭受自然灾害或发生安全事故，可能使结构或机构以及安全防护装置遭受损害的。

2. 施工升降机有以下情况之一时，应进行监督检验：

（1）每次安装完成后，投入使用前；

（2）现场安装使用完成最后一次附着、顶升加节时；

（3）距上次监督检验时间满一年时；

（4）停工闲置时间满 90 天，重新恢复使用时；

（5）经过改造或大修后；

（6）遭受自然灾害或发生安全事故，可能使结构或机构以及安全防护装置遭受损害的。

3. 物料提升机安装使用高度不宜超过 30 米，有以下情况之一时，应进行监督检验：

（1）每次安装完成后，投入使用前；

（2）距上次检验评定期限满一年时；

（3）停工闲置时间满 90 天，重新恢复使用时；

（4）经过改造或大修后；

（5）遭受自然灾害或发生安全事故，可能使结构或机构以及安全防护装置遭受损害的。

三、建筑起重机械设备使用管理要求

（二）设备使用过程中特种作业人员的配置基本要求为：每台塔式起重机司机不少于 1 名，信号司索工不少于 2 名；每台施工电梯司机不少于 2 名；每台物流提升机司机不少于 1 名，特种作业操作人员应取得建设主管部门颁发的特种作业操作证，方可上岗从事相应作业。

　　(三)建筑起重机械设备(塔式起重机、施工升降机等)应安装身份识别管理系统,杜绝非特种作业人员违章操作机械设备的现象。

　　(六)监理单位应对施工总承包(使用)、安拆等单位在建筑起重机械使用过程中的安全管理情况进行监督检查。对发现的隐患,应及时要求相关单位整改;拒不整改的,应及时向有关部门报告。

(四十五)《市建委市安监局关于进一步加强施工现场混凝土泵送安全管理的通知》(宁建质字〔2016〕489 号)

各区(园区)建设工程监管部门、各区(园区)安监部门、市各建设工程安监机构、各建筑业企业、各预拌混凝土企业、各有关单位:

　　近年来,我市建筑工地混凝土泵送过程中连续发生多起混凝土泵车倾覆造成人员死亡的生产安全事故,对人民生命财产造成较大损失。为进一步加强建筑工程施工现场混凝土泵送安全管理,促进我市安全生产形势稳定好转,根据《省住房城乡建设厅关于加强施工现场混凝土运输和泵送安全管理的通知》(苏建质安〔2013〕102 号)相关要求,对施工现场混凝土泵送安全管理有关要求强调如下,请遵照执行。

　　一、完善管理机制。各施工现场要进一步加强混凝土泵送过程的安全管理,深刻吸取事故教训,举一反三,严格落实企业主体责任,建立健全管理制度并完善防范措施。建设工程各方主体要严格按照"四不放过"原则,落实安全生产责任,凡是在建筑施工现场发生混凝土泵送安全生产事故的,施工总承包、监理、预拌混凝土企业均应承担相应的安全生产责任。各建筑业企业、预拌混凝土企业要进一步加强一线操作人员管理,组织开展混凝土车司机、混凝土泵操作工等相关人员安全生产专题培训,提高安全生产意识和技能,严格执行建筑混凝土泵操作工持特种作业人员操作证制度。

　　二、强化现场管理。一是施工总承包和预拌混凝土企业在施工前应签订安全生产管理协议,明确各自的安全生产管理职责和应当采取的安全措施,并指定专职安全生产管理人员对泵车的施工安全进行检查和协调。施工、监理单位必须查验混凝土泵送人员特种操作证,无证人员一律严禁操作;预拌混凝土企业及其操作人员必须服从施工、监理等有关单位的监督管理,严格落实各项安全技术措施。二是施工单位在编制模板工程的专项施工方案时必须明确混凝土的输送方式,制定混凝土输送方案,其内容包括:现场环境(包括场地、外电线路等情况)、工程概况、混凝土泵送设备的选型、设备支承的地基承载力验算、混凝土泵送施工安全技术措施、混凝土泵送设备的平面布置图等,监理单位要加强对专项方案的审查。三是泵车进场按照方案就位后,应支起支腿并保持机身的水平和稳定,支腿应支承在随机配置的专用支承块上,输送管、接头和软管应确保各接头联结牢固;施工、监理、预拌混凝土企业组织试运转和验收,确认符合要求后形成记录和签字,施工前应对相关作业人员进行安全技术交底,并形成记录。四是泵送混凝土时,导管两侧1 米范围内,导管出料口正前方 30 米内不得站人,以防导管伤人;混凝土进料处和出料处的操作人员应配置对讲机,当开始或停止泵送时,应与在末端导管处的操作人员取得联系,动态监控混凝土进出料情况,出料处严禁混凝土超载堆放,以防模板坍塌事故的发生;当用布料杆送料时,机身倾斜度不得超标,施工过程中应监测各支腿的地质变化和机身倾斜情况,发现异常情况,立即停止操作,撤离作业人员,以防泵车倾覆事故的发生。五是施工、监理、预拌混凝土企业要配备现场专职安全员跟踪检查,认真落实各项操作规程,加强泵送、浇筑等施工环节的安全管理,监督操作人员行为,及时制止违规违章操作行为。

南京市城乡建设委员会

南京市安全生产监督管理局

2016 年 10 月 14 日

(四十六)《南京市建筑工程开工安全条件审查制度(暂行)》

第一条 为落实建筑工程各责任主体的安全生产责任,保障施工过程中人民生命财产安全,减少建筑安全生产事故的发生,根据国务院《建设工程安全生产管理条例》、南京市人民政府《南京市工程施工现场管理规定》,结合我市实际,制定本制度。

第二条 在本市行政区域房屋建筑建造及其范围内的管道敷设、设备安装、建筑装饰装修工程均须按本制度进行开工条件审查。

第三条 建筑施工企业如实填写《南京市建筑工程安全监督备案申报表》(下称申报表),建设单位、监理单位应对其所填写内容和开工安全条件进行审核,并在申报表上签署意见,施工单位携带申报表及下列资料到建筑安全监督机构办理安全监督备案手续:

(一)施工中标通知书和施工承包合同;

(二)施工企业安全生产许可证;

(三)项目经理、相应数量的专职安全管理人员安全生产知识考核合格证书;

(四)安全技术措施方案;

(五)意外伤害保险协议。

第四条 建筑安全监督机构在七个工作日内对已办理安全监督备案手续的工程施工现场进行开工安全条件复核,并进行安全监督方案交底。

第五条 工程施工现场开工安全条件复核的主要内容:

(一)施工企业安全生产许可证;

(二)项目经理安全生产知识考核合格证;

(三)专职安全管理人员配备情况及安全生产知识考核合格证;

(四)施工现场围挡、冲洗台、临时设施等是否符合规定要求;

(五)安全生产管理体系及制度的建立情况。

第六条 对复核不符合安全开工条件的建筑工程项目,建筑安全监督机构应下发停工通知书,限期整改。

第七条 本制度自公布之日起实施。

附：建筑工程项目开工安全条件复核表

建筑工程项目开工安全条件复核表

工程名称：　　　　　　　　　　　　施工单位：

建设单位：　　　　　　　　　　　　监理单位：

序号	复核项目	复核情况
1	安全生产许可证	(有、无)安全生产许可证号：
2	项目经理	项目经理：　　　　；B类人员安全生产知识考核合格证(有、没有)，证号：　　　　。
3	安全员	安全员数量　　　　名；配备数量是否符合有关要求(符合、不符合)；姓名：　　　　；C类人员安全生产知识考核合格证(有、没有)，证号：　　　　。
4	安全管理制度	现场是否按规定建立安全生产管理制度(是、否)。安全管理制度包括：安全生产责任制度、安全教育制度、安全生产规章制度和操作规程、安全检查制度、施工现场消防管理制度、班前安全活动制度、特种作业人员持证上岗制度、安全生产费用保障制度、防护用品及设备管理制度、安全事故应急救援制度、安全事故报告制度等。
5	安全施工措施	是否编制安全施工措施或方案(有、没有)；是否履行审核、批准手续(是、否)。
6	临时设施	临时设施是否符合规定要求(是、否)。
7	围挡及冲洗台	是否按要求设置围挡(有、没有)；是否按要求设置冲洗台(有、没有)。
8	现场"三通一平"	现场"三通一平"是否符合施工条件(符合、不符合)。
9	现场平面布置	现场平面布置图(有、没有)；是否按平面布置图进行布置(有、没有)；平面布置是否符合有关要求(符合、不符合)。
10	其他	

审查结论：

施工单位(签字)：

联系电话：

监理单位(签字)：

联系电话：

监督员签字：

联系电话：

二○○　　年　　月　　日

注：本复核表作为工程安全监督档案保存，一式三份，项目部、建设(监理)单位、安监站各一份。

(四十七)《关于开展建筑施工现场安全防护用具检测的通知》(宁建安监字〔2012〕19 号)

各施工、监理及有关单位:

为贯彻落实《建设工程安全生产管理条例》和住建部《施工现场安全防护用具及机械设备监督管理规定》《建筑施工人员个人劳动保护用品使用管理暂行规定》文件精神,切实加强建筑施工现场安全防护用具的使用管理,保障施工人员的健康安全,经研究,决定于 2012 年 10 月 1 日起在我市范围内开展建筑施工现场安全防护用具检测,现将有关要求通知如下:

一、本通知所指建筑施工现场安全防护用具包括:安全网、安全帽、安全带、钢管脚手架、扣件、漏电保护器及其他个人防护用品。

二、凡在我站监管范围内的建筑施工现场使用的安全防护用具,均须在建设(监理)单位见证下,由施工单位取样并委托有资质的检测机构进行检测。

三、施工单位采购、租赁的安全防护用具,应当具有生产(制造)许可证、产品合格证和产品销售发票等。施工现场必须使用检测合格的安全防护用具,并由专人负责建立安全防护用具的使用管理台账,详细记录安全防护用具的来源、数量、进出场时间、有关质量证明材料情况和抽样检测情况。

四、承重支撑架、悬挑脚手架、高度在 25 米及以上的落地式脚手架和总高度在 50 米及以上的外脚手架使用的钢管、扣件必须按照抽样要求进行检测,脚手架设计计算应以钢管抽样检测的壁厚及力学性能为依据。

五、我站对建筑施工现场重点区域关键部位所使用的安全防护用具进行监督抽检,如经检测不合格,将予以加倍抽样检测。

六、我站对建筑施工现场安全防护用具的使用情况开展日常监督,如发现使用劣质安全防护用具的,责令其限期整改,拒不整改的,依据相关法律法规,对有关责任方予以行政处罚。

附件:安全防护用具检测抽样要求

南京市建筑安全生产监督站
二〇一二年九月二十九日

附件:

安全防护用具检测抽样要求

序号	项目	检测依据	安全防护抽样要求		备 注
			批量范围	抽样数量	
1	安全网	GB 5725—2009	≤500 张	3 张	
			501～5 000 张	5 张	
			≥5 001 张	8 张	

（续表）

序号	项目	检测依据	安全防护抽样要求		备　注
			批量范围	抽样数量	
2	安全帽	GB 2811—2007、GB/T 2812—2006	≤500 顶	3 顶	
			501～5 000 顶	5 顶	
3	安全带	GB 6095—2009	≤500 条	3 条	
			501～5 000 条	5 条	
4	钢管	GB/T 228—2002、GB/T 3091—2008	新低压流体输送用焊接钢管每批数量不超过 750 根	4 根	1. 每根钢管去掉端部 10 cm 后再截取 40 cm 长一段。 2. 新旧钢管混杂按旧钢管处理。
			新直缝电焊钢管每批数量不超过 400 根	4 根	
			旧钢管 40 吨以下为一批，40～100 吨为二批，100 吨以上，每 100 吨增加一批	4 根	
5	扣件	GB 15831—2006	281～500 只	8 只	1. 批量小于 281 只，按 281 只抽样。 2. 批量大于 10 000 只，按下一批抽样。 3. 直角、旋转、对接扣件分别抽样。
			501～1 200 只	13 只	
			1 201～10 000 只	20 只	
6	漏电保护器	GB/Z 6829—2008	1 万平方米以下的工程	总配电箱漏电保护器 1 个；开关箱漏电保护器 2 个	
			1 万～5 万平方米的工程	总配电箱漏电保护器 1 个；开关箱漏电保护器 4 个	
			5 万平方米及以上的工程	总配电箱漏电保护器 1 个；开关箱漏电保护器 6 个	

（四十八）《关于进一步加强施工现场临时设施消防安全管理的通知》（宁建安监字〔2013〕2 号）

各有关单位：

为防范和减少因临时设施消防管理不到位而引发的火灾事故，根据《建设工程施工现场消防安全技术规范》（GB 50720—2011）要求，结合我市实际，现将进一步加强施工现场临时设施消防安全管理有关要求通知如下：

一、临时设施材料选择要求

自 2013 年 3 月 1 日起，我站监管范围内新开工的房屋建筑工程施工现场搭设的宿舍、办公用房、厨房、配电房采用的装配式临时活动设施（以下简称"临时设施"）必须使用燃烧性能为 A 级的构件，当采用金属夹芯板材时，其芯体的燃烧性能等级也必须为 A 级。

二、临时设施搭设及使用要求

1. 施工单位在工程开工前,应根据现场实际条件制定临时设施搭设方案,明确临时设施的材料、类型、层数、位置等内容,严格履行审批程序。当采用金属夹芯板材时,监理单位应核查临时设施的产品合格证、燃烧性能检测报告等。

2. 临时设施的设置应能满足现场防火、灭火及人员安全疏散的要求。相邻的临时设施、临时设施与在建工程的防火间距应满足安全要求。

3. 搭设完成后,总包(搭设)、监理单位应共同组织对搭设情况进行验收,验收合格后方可使用。

4. 临时设施的用电线路应由专业电工设置,符合《施工现场临时用电安全技术规范》(JGJ 46—2005)要求。开关、插座、灯具等必须使用符合国家标准的产品,每间宿舍内应单独安装限电自动控制器,推荐使用 36 伏以下的安全电压,严禁在宿舍内使用大功率生活电器和明火灶具。

5. 临时设施附近应按要求设置灭火器、临时消防给水系统和应急照明等消防设施,责任单位应对消防设施定期检查,及时检修,确保能够正常使用。

6. 施工现场应建立消防防火安全管理台账,内容主要包括:消防防火管理制度、消防防火平面布置图、重点防火部位消防设施、器材配置情况、临时设施产品合格证及燃烧性能检测报告、消防防火专项安全检查记录等。

三、各方管理职责要求

1. 施工单位对临时设施的消防安全管理负总责,应设置防火安全管理组织机构,制定消防应急救援预案,明确临时设施的消防安全负责人及相应的消防安全管理责任,加强对现场的消防检查,特别是对临时设施的日常巡查,及时消除各类可能导致火灾的隐患。

2. 监理单位对现场临时设施的消防安全承担监理责任。监理单位应审查现场消防安全管理制度,监督施工单位强化对临时设施消防安全的检查和整改。当发现火险隐患严重时,应及时报告建设单位,对拒不整改落实的,应及时报告建设行政主管部门。

3. 建设单位与施工单位在签订施工承包合同时,应明确临时设施的消防安全管理要求,并严格督促施工、监理单位认真履行消防安全管理职责。

四、监督管理要求

1. 2013 年 3 月 1 日前搭设的燃烧性能不符合要求的临时设施,项目施工完毕应立即进行拆除,并不得再在其他工地使用;确因条件所限不能立即拆除的,责任主体单位应采取下列措施保证消防安全:

(1)制定临时设施消防管理制度,明确管理责任人,定期对临时设施内用电、用火、电气线路及消防设施情况进行专项检查。

(2)宿舍、食堂等临时设施应作为现场消防管理的重点区域,必须严格按要求配备义务消防员和灭火器材。宿舍与食堂应分开设置并保证安全距离。

(3)每间宿舍内应单独安装限电自动控制器,有条件的施工现场应使用安全电压,宿舍内严禁烧煮、使用大功率电器和私拉乱接电气线路。

(4)定期对居住者和使用者进行消防安全宣传教育,告知消防设施使用方法及疏散通道的位置,组织疏散演练。

2. 2013 年 3 月 1 日后搭设的临时设施,未严格执行本通知要求的,我站将在开工条件复核检查中视为不具备开工条件,限期拆除整改并取消市级文明工地申报及年度各项评优资格,并按相关规定实施行政处罚。

南京市建筑安全生产监督站

2013 年 2 月 18 日

(四十九)《江苏省南京市建筑安全生产监督站关于加强装配式轻钢结构活动板房安全使用的通知》(宁建安监字〔2007〕12 号)

各区(县)建工(建设)局、在宁各施工企业、驻宁办事处:

近年来,建筑施工现场普遍采用装配式轻钢结构活动板房,由于安装和使用不当,引发火灾事故时有发生,影响恶劣。为了加强装配式轻钢结构活动板房的安全使用,根据《江苏省建筑施工现场装配式轻钢结构活动板房技术规程》,结合实际,特提出如下安全使用要求:

一、严格活动板房采购管理

1. 购置活动板房时需厂家提供质量保证书和产品合格证。

2. 使用彩钢复合板、彩钢夹芯板的,应提供芯材的主要参数,芯材应具有轻质、保温、自熄等性能。

二、合理布置活动板房

1. 活动板房选址应合理,布局得当,要符合国家安全、卫生、消防等相关规定。

2. 活动板房不应建在易发生滑坡、坍塌和低洼积水区域,应避开强风口和高墙下等危险地段。

3. 作业区、办公区和生活区应明显划分和隔离,办公区、宿舍区、生活区应位于塔吊等机械作业半径和建筑物的坠物半径之外或采取可靠的防护措施。

4. 活动板房距离易燃易爆物品仓库等危险源应不小于 25 m。

5. 活动板房周边应设有消防通道,成组布置时,幢与幢之间消防通道的宽度不得小于 3.5 m,组与组之间消防通道的宽度不得小于 10 m,应保持消防通道、走廊和楼梯的畅通。

三、加强活动板房的安全使用

1. 严格按要求架设用电线路,加强用电管理,禁止私自安装、维修和拆除活动板房内的电线、电器装置和用电设备,严禁使用电炉、电取暖器等大功率用电设备。

2. 金属面聚苯乙烯夹芯板活动板房的使用温度不得超过 80 度,并应避免火种和热源靠近活动板房。厨房灶具、烟道等高温部位应采取设置防火墙等隔热防火措施。

3. 按规定设置消火栓,每 100 m² 的活动板房应配备不少于 2 具,灭火级别不小于 3A 的灭火器。厨房等用火场所应适当增加灭火器的配置数量。

4. 产权单位应做好活动板房的维护、保养、检验及构件的更换工作;使用单位应加强巡查,发现违反有关规定的应及时制止并立即整改,确保使用安全。

南京市建筑安全生产监督站

二〇〇七年四月三日

（五十）《南京市建筑工程局关于加强悬挑式钢平台使用管理的通知》（宁建工字〔2006〕191 号）

各建筑施工企业、有关单位：

近期以来，我市部分建筑施工现场在使用悬挑式钢平台过程中存在不规范的行为和安全隐患，为预防和减少生产过程中伤亡事故的发生，现就加强悬挑式钢平台使用管理通知如下：

一、专项施工方案的编制要求

建筑施工单位应当对所使用的悬挑式钢平台编制专项施工方案，并履行编制、审核、审批手续，经现场总监理工程师签字后实施。专项施工方案应包括以下内容：

1. 悬挑式钢平台应按现行的相应规范进行设计，可参考《建筑施工高处作业安全技术规范》JGJ 80—1991 中附录五："悬挑式钢平台"的设计要点。在设计计算时应满足下列要求：

（1）其结构构造应能防止左右晃动；

（2）斜拉杆或钢丝绳宜两侧各设前后两道（其中前二道钢丝绳为主受力绳，后二道钢丝绳为保险绳），两道中的每一道均应作单道受力计算；钢丝绳与建筑物水平夹角宜在 $80°\sim90°$，与钢平台夹角应在 $45°\sim60°$；

（3）对次梁、主梁、钢丝绳、吊环及有关焊缝均进行计算或验算；

（4）斜拉杆或钢丝绳在主体建筑物上的联结节点应分别独立设置，并进行相应的计算或验算（利用柱子作为拉结点除外）。

2. 根据计算及有关构造要求绘制钢平台图。

3. 根据工程实际绘制钢平台安装图及节点详图。

4. 悬挑式钢平台周边必须设置固定的防护栏杆，并挂防护网，底模排放整齐、牢固，不得有空头板。

5. 悬挑式钢平台的安装、验收、使用等安全管理制度和要求。

二、安装、验收及使用要求

1. 悬挑式钢平台的搁支点与上部拉结点，必须位于建筑物上，不得设置在脚手架等施工设施（设备）上。

2. 悬挑式钢平台安装时，钢丝绳应采用专用的挂钩挂牢，采取其他方式时，卡头的卡子不得少于 3 个。建筑物锐角利口系钢丝绳处应加衬软垫物，钢平台外口应略高于内口。

3. 前后各两道钢丝绳应相应收紧，严禁只收紧后两道钢丝绳。

4. 悬挑式钢平台吊装，需待横梁支撑点电焊固定，接好钢丝绳，调整完毕，经过检查验收，方可松卸起重吊钩，上下操作。

5. 每次悬挑式钢平台安装完毕，均应履行验收手续，验收合格后挂验收合格牌，并悬挂限载值牌。

6. 悬挑钢平台根部应与主体结构可靠连接。

7. 按设计要求堆放货物，不准超载，不宜长时间堆放，货物堆放必须整齐防止滑落，随放随吊。

8. 悬挑式钢平台使用时，应有专人定期进行检查，发现钢丝绳有锈蚀、损坏应及时调换,焊缝脱焊应及时修复。

9. 经验收合格的悬挑式钢平台在拆除、移动时应有专人负责并履行现场审批手续。

10. 悬挑式钢平台搁置点两侧边应严密封闭,并有防人、物坠落措施。

11. 没有经设计和验收的钢管支撑承重平台不准使用。

三、安全技术交底及安全教育要求

现场应对作业人员进行正确使用悬挑式钢平台的安全交底和安全教育,并满足以下要求:

1. 悬挑式钢平台安装、使用时必须有专人负责;

2. 在安全交底和教育中应明确经验收的悬挑式钢平台的防护设施和部件不允许擅自拆除;

3. 安全交底和安全教育应有书面依据,并履行签字手续。

四、安全检查要求

现场在使用悬挑式钢平台的过程中应进行定期和经常性安全检查,保证悬挑式钢平台在使用过程中的安全、可靠。检查内容应包括:

1. 悬挑式钢平台的结构是否完好,焊接部位是否存在脱焊现象;

2. 悬挑式钢平台的钢丝绳锈蚀、断丝、磨损情况;

3. 悬挑式钢平台的安全防护设施完好情况;

4. 现场操作人员在使用过程中的违规情况等。

以上通知,请认真遵照执行。

南京市建筑工程局

二〇〇六年十月三十一日

(五十一) 市政府关于印发《南京市重污染天气应急预案》的通知(宁政发〔2014〕52 号)摘录

各区人民政府,市府各委办局,市各直属单位:

现将《南京市重污染天气应急预案》印发给你们,请认真组织实施。2013 年 1 月 21 日印发的《南京市大气污染预警与应急处置工作方案》(宁政规字〔2013〕2 号)同时废止。

南京市人民政府

2014 年 2 月 27 日

南京市重污染天气应急预案

2　应急组织指挥体系与职责

2.1　应急工作领导小组

市政府成立重污染天气应急工作领导小组(以下简称"领导小组"),负责统一组织、协调重污染天气应对工作。组长由分管环境保护工作的副市长担任。领导小组下设办公室（以下简称"领导小组办公室"），作为重污染天气应对的日常工作机构。领导小组办公室设在市环保局，由市环保局局长任主任，主要负责贯彻落实领导小组的决定，组织重污染天气形势研判及相关信息的报送和发布，负责指导本市重污染天气的应急处置，跟踪事态变化和应对情况，配合做好新闻和舆情的处置，负责与省及周边有关市的联络。

领导小组成员单位包括市政府应急办、市委宣传部、市环保局、市气象局、市经信委、市公安局、市住建委、市城管局、市国土局、市交通运输局、市园林局、市教育局、市卫生局、市体育局、市农委、市财政局、市安监局、市市级机关事务管理局、市法制办、南京供电公司及各区政府、各园区管委会等。

2.2　领导小组成员单位职责

各成员单位明确一名分管领导和一名联络员具体负责应急响应工作。相关单位按职责编制本单位重污染天气应急分预案，在《南京市重污染天气应急预案》发布后两个月内报市政府审定，分预案发布后要及时报市政府应急办和领导小组办公室备案。

（6）市公安局

编制本部门重污染天气应急分预案，细化分解任务措施，预警发布时负责按分预案组织实施；

建立名单管理制度，做好对不适用限行的社会保障、行政执法等车辆的相关备案工作；

负责通过南京交通广播电台、电子显示屏等媒介及时向公众告知重污染期间采取的交通管制措施；负责对全市范围单双号行驶等监管执法工作，加大对渣土车、砂石车等车辆违反规定上路行驶的检查执法力度；

对分预案措施落实情况进行督查检查。

（7）市住建委

编制本部门重污染天气应急分预案，细化分解任务措施，预警发布时负责按分预案组织实施；

建立名单管理制度，制定重污染天气期间停工工地名录，并及时更新；

负责落实房屋建筑、市政、轨道交通、城市道路建设等工地控尘和停工等措施；

对分预案措施落实情况进行督查检查。

（8）市城管局

编制本部门重污染天气应急分预案，细化分解任务措施，预警发布时负责按分预案组织实施；

负责落实增加道路清扫保洁和冲洗频次等措施，开展道路扬尘、道路遗撒、露天焚烧（垃圾、树叶）、露天烧烤等执法检查，会同公安部门对渣土车、砂石车等易扬尘车辆违反规定上路行驶进行检查；

对分预案措施落实情况进行督查检查。

（10）市交通运输局

编制本部门重污染天气应急分预案，细化分解任务措施，预警发布时负责按分预案组织实施；

建立名单管理制度，制定重污染天气期间停工工地名录，并及时更新；

负责落实城乡结合部交通工程的工地控尘和停工等措施；负责组织加大公共交通运力

保障力度;会同安监、公安部门做好危化品储存、运输过程中的安全工作;协助公安部门做好道路交通管控;

对分预案措施落实情况进行督查检查。

(11) 市园林局

编制本部门重污染天气应急分预案,细化分解任务措施,预警发布时负责按分预案组织实施;

建立名单管理制度,制定重污染天气期间停工工地名录,并及时更新;

负责落实城市绿化作业工地控尘和停工等措施;

对分预案措施落实情况进行督查检查。

(17) 市安监局

会同交通、公安等有关部门做好危化品企业的生产、运输、储存、使用过程中的环境安全防范工作。

(21) 各区政府、各园区管委会

编制本辖区重污染天气应急分预案,成立工作领导小组,细化分解任务措施,预警发布时负责按分预案组织实施;

建立名单管理制度,制定重污染天气期间辖区内限产、停产工业企业和停工工地名录,并及时更新;

负责组织本辖区重污染天气应急预案实施,并对措施落实情况进行督查检查。

3　监测与预警

3.2　预警

3.2.1　预警级别

根据《环境空气质量指数(AQI)技术规定(试行)》(HJ 633—2012)和环保部《城市大气重污染应急预案编制指南》,综合考虑污染程度、区域范围进行预警响应分级,将市级预警从低到高分为蓝色、黄色、橙色和红色四个级别。

蓝色预警:全市空气质量指数(AQI)达到 200 以上,且气象预测未来 1 天仍将维持不利气象条件。

黄色预警:全市空气质量指数(AQI)达到 300 以上,且气象预测未来 1 天仍将维持不利气象条件。

橙色预警:全市空气质量指数(AQI)达到 400 以上,且气象预测未来 1 天仍将维持不利气象条件。

红色预警:全市空气质量指数(AQI)达到 450 以上,且气象预测未来 1 天仍将维持不利气象条件。

4　应急响应

4.2　响应措施

4.2.1　蓝色预警响应措施

4.2.1.1　健康防护措施

建议儿童、孕妇、老年人和患有心脑血管疾病、呼吸道疾病等易感人群尽量留在室内,停止户外运动;

提醒公众减少户外运动和室外作业时间,并适当开展户外防护;

中小学和幼儿园停止户外体育课。

4.2.1.2　建议性污染减排措施

选择乘坐公共交通工具出行,减少汽车上路行驶;

加大施工工地洒水降尘频次,加强施工扬尘管理;

加大道路机械化清扫(冲洗)保洁频次和作业范围,加大洒水和冲洗频次;

排污单位控制污染工序生产,减少污染物排放;

组织人工增雨作业,缓解大气重污染状况。

4.2.1.3　强制性污染减排措施

在一定区域内禁燃烟花爆竹。

4.2.2　黄色预警响应措施

4.2.2.1　健康防护措施

提醒儿童、孕妇、老年人和患有心脑血管疾病、呼吸道疾病等易感人群留在室内;

一般人群应避免户外活动,户外作业者应开展防护;

中小学和幼儿园停止户外体育课。

4.2.2.2　建议性污染减排措施

选择乘坐公共交通工具出行,减少汽车上路行驶;

排污单位控制污染工序生产,减少污染物排放;

组织人工增雨作业,缓解大气重污染状况。

4.2.2.3　强制性污染减排措施

(1)工业减排措施

石化、化工、冶金、水泥、建材、铸造、混凝土加工等行业的重点排污企业降低生产负荷,控制主要污染物排放浓度,减少20%污染物排放量。

(2)机动车减排措施

市级公安、环保联合设立路检巡查点,各区公安、环保联合在所属区域设置路检巡查点。重点查处道路冒黑烟、蓝烟等异常工况车辆。

(3)扬尘管控措施

主城六区范围内土石方、渣土运输、拆除、园林绿化、粉刷和油漆作业全部停止施工;

气温在摄氏4度以上,主次干道每日不少于二次冲洗、三次洒水、四次清扫。

(4)其他措施

禁止露天烧烤;

禁燃烟花爆竹;

禁烧农作物秸秆与杂物。

4.2.3　橙色预警响应措施

4.2.3.1　健康防护措施

儿童、孕妇、老年人和患有心脑血管疾病、呼吸道疾病等易感人群应当留在室内;

一般人群应避免户外活动,户外作业者应开展防护并缩短户外作业时间;

停止露天体育比赛活动及其他露天举办的群体性活动;

中小学和幼儿园停止户外活动。

4.2.3.2　建议性污染减排措施

选择乘坐公共交通工具出行,减少汽车上路行驶;

公共交通管理部门加大公交运力保障;

排污单位控制污染工序生产,减少污染排放;

组织人工增雨作业,缓解大气重污染状况。

4.2.3.3　强制性污染减排措施

（1）工业减排措施

石化、化工、冶金、水泥、建材、铸造、混凝土加工等重点排污企业降低生产负荷,控制主要污染物排放浓度,减少30％污染物排放量。

（2）机动车减排措施

市级公安、环保联合设立路检巡查点,各区公安、环保联合在所属区域设置路检巡查点。重点查处道路冒黑烟、蓝烟等异常工况车辆;

运输散装物料、煤、焦、渣、沙石和土方等车辆禁行(生活垃圾清运车除外);

禁止外地过境中、重型车辆在绕城公路、二桥范围内行驶。

（3）扬尘管控措施

全市范围桩基、土石方、渣土运输、拆除、园林绿化、粉刷和油漆作业全部停止施工;

气温在摄氏4度以上,主次干道每日不少于三次冲洗、四次洒水、五次清扫。

（4）其他措施

禁止露天烧烤;

禁止燃放烟花爆竹;

禁止露天焚烧农作物秸秆与杂物。

4.2.4　红色预警响应措施

4.2.4.1　健康防护措施

儿童、孕妇、老年人和患有心脑血管疾病、呼吸道疾病等易感人群留在室内;

一般人群应避免户外活动,户外作业者临时停止户外作业;

停止户外大型活动;

学校和幼儿园停止户外活动,中小学和幼儿园必要时可以临时停课。

4.2.4.2　建议性污染减排措施

选择乘坐公共交通工具出行,减少汽车上路行驶;

公共交通管理部门加大公交运力保障;

排污单位控制污染工序生产,减少污染排放;

组织人工增雨作业,缓解大气重污染状况。

4.2.4.3　强制性污染减排措施

（1）工业减排措施

石化、化工、冶金等重点排污企业降低生产负荷,控制主要污染物排放浓度,减少30％污染物排放量;

所有水泥、建材、铸造、混凝土加工企业停产。

（2）机动车减排措施

车辆实施单双号行驶(应急车辆、特种车辆、社会保障车辆除外);

市级公安、环保联合设立路检巡查点,各区公安、环保联合在所属区域设置路检巡查点。重点查处道路冒黑烟、蓝烟等异常工况车辆；

运输散装物料、煤、焦、渣、沙石和土方等车辆禁行(生活垃圾清运车除外)；

禁止外地过境中、重型车辆在绕城公路、二桥范围内行驶。

（3）扬尘管控措施

全市范围内所有露天拆除、施工工地作业暂停，混凝土、砂浆搅拌站全面停止生产，粉刷和油漆施工全面停止作业；

全市主次干道不间断进行冲洗、洒水、清扫作业。

（4）其他措施

禁止露天烧烤；

禁止燃放烟花爆竹；

禁止露天焚烧农作物秸秆与杂物。

5 应急终止

5.1 应急终止条件

解除预警信息发布后，各单位可逐步终止应急响应。

（五十二）《关于加强建筑施工现场围挡、车辆冲洗管理的通知》(宁建工字〔2008〕104 号）

各建安企业及有关单位：

为认真落实市委、市政府"双迎双创"的工作要求，进一步加强建筑施工现场围挡、车辆冲洗管理，根据市政府 237 号令《南京市工程施工现场管理规定》和市政府《关于规范渣土运输行业行为的通告》等有关规定，现就加强施工现场围挡、车辆冲洗管理，提出以下通知要求：

一、高度重视施工现场的环境保护工作

1. 建设单位应明确现场管理单位及相关管理人员并依法保证施工现场管理所需费用。建筑施工现场管理单位一般为施工总承包单位；当工程项目依法发包给多个施工单位时，建设单位可以书面委托其中一家施工单位为现场管理单位，并书面通知其他单位。

2. 施工单位应明确岗位职责，规范管理行为，采取有效措施保证施工现场封闭管理和车辆进出现场符合规定要求。

3. 监理单位应加强现场监督，保证现场管理单位制定的措施落实到位。

二、严格落实施工现场的封闭管理要求

1. 施工现场管理单位应根据现场实际和施工作业要求，对施工现场周围设置符合规定要求的围挡和临时出入大门。

2. 施工现场主要出入口必须硬化处理并设置门卫室，配置专人管理出入车辆及出入口的保洁工作。

3. 现场围挡应保持清洁整齐，围挡出现破损、污染、积灰、积尘等现象时应及时安排人员进行修复和保洁。

4. 遇恶劣气候条件或其他安全需要时，应对围挡采取加固措施，预防围挡坍塌事故发生。

5．建筑物外立面应采用密目式安全网进行封闭，减少施工过程中产生的扬尘污染。

三、严格落实施工现场的车辆冲洗要求

1．现场出入口内侧应当设置车辆冲洗系统（冲洗台、沉淀池、高压水枪）。

2．冲洗台长度不小于 8 米，宽度不小于 6 米，其周边应设置排水沟，排水沟与二级沉淀池相连（具体做法可参考附图，此处略），并按规定处置泥浆和废水排放。冲洗台应有防止车辆剧烈颠簸的措施，冲洗台附近应设置水源，配备高压水枪。

3．建立健全现场保洁制度，明确保洁负责人，并根据实际需要，配备足够的保洁人员，对进出现场的车辆进行实时保洁，并如实填写《施工现场车辆冲洗实时监控登记表》（附表，此处略），确保车辆不带泥出场。

南京市建筑工程局

二〇〇八年八月十二日

附录二　建设工程安全生产相关技术标准摘要

一、管线保护

1. 给排水工程

《城镇排水管渠与泵站维护技术规程》(CJJ 68—2007)

3.1.2　排水管理部门应定期对排水户进行水质、水量检测,并应建立管理档案;排放水质应符合国家现行标准《污水排入城市下水道水质标准》CJ 3082 的规定。

3.1.4　排水管渠维护宜采用机械作业。

3.2.6　当发现井盖缺失或损坏后,必须及时安放护栏和警示标志,并应在 8 h 内恢复。

3.3.8　对人员进入管内检查的管道,其直径不得小于 800 mm,流速不得大于 0.5 m/s,水深不得大于 0.5 m。

3.3.13　从事管道潜水检查作业的单位和潜水员必须具有特种作业资质。

3.4.1　重力流排水管道严禁采用上跨障碍物的敷设方式。

3.4.12　3. 在井框升降后的养护期间内,应采用施工围栏保护和警示。

3.6.2　污泥盛器和车辆在街道上停放时,应设置安全标志,夜间应悬挂警示灯。疏通作业完毕后,应及时撤离现场。

4.1.2　检查维护水泵、闸阀门、管道、集水池、压力井等泵站设备设施时,必须采取防硫化氢等有毒有害气体的安全措施。

4.1.6　泵站内设置的起重设备、压力容器、安全阀及易燃、易爆、有毒气体监测装置必须每年检验一次,合格后方可使用。

4.3.4　在每年雷雨季前,变(配)电房的防雷和接地装置必须做预防性试验。

《城镇排水管道维护安全技术规程》(CJJ 6—2009)

3.0.6　在进行路面作业时,维护作业人员应穿戴配有反光标志的安全警示服并正确佩戴和使用劳动防护用品;未按规定穿戴安全警示服及佩戴和使用劳动防护用品的人员,不得上岗作业。

3.0.10　维护作业区域应采取设置安全警示标志等防护措施;夜间作业时,应在作业区域周边明显处设置警示灯;作业完毕,应及时清除障碍物。

3.0.11　维护作业现场严禁吸烟,未经许可严禁动用明火。

3.0.12　当维护作业人员进入排水管道内部检查、维护作业时,必须同时符合下列各项要求:

1. 管径不得小于 0.8 m;
2. 管内流速不得大于 0.5 m/s;
3. 水深不得大于 0.5 m;
4. 充满度不得大于 50%。

4.2.3　开启压力井盖时,应采取相应的防爆措施。

5.1.2　下井作业人员必须经过专业安全技术培训、考核,具备下井作业资格,并应掌握人工急救技能和防护用具、照明、通信设备的使用方法。作业单位应为下井作业人员建立个人培训档案。

5.1.6　井下作业必须履行审批手续,执行当地的下井许可制度。

5.1.8　井下作业前,维护作业单位必须检测管道内有害气体。

5.1.10　井下作业时,必须进行连续气体检测,且井上监护人员不得少于两人;进入管道内作业时,井室内应设置专人呼应和监护,监护人员严禁擅离职守。

5.3.6　气体检测设备必须按相关规定定期进行检定,检定合格后方可使用。

6.0.1　井下作业时,应使用隔离式防毒面具,不应使用过滤式防毒面具和半隔离式防毒面具以及氧气呼吸设备。

6.0.3　防护设备必须按相关规定定期进行维护检查。严禁使用质量不合格的防毒和防护设备。

6.0.5　安全带应采用悬挂双背带式安全带。使用频繁的安全带、安全绳应经常进行外观检查,发现异常应立即更换。

7.0.1　维护作业单位必须制定中毒、窒息等事故应急救援预案,并应按相关规定定期进行演练。

7.0.4　当需下井抢救时,抢救人员必须在做好个人安全防护并有专人监护下进行下井抢救,必须佩戴好便携式空气呼吸器、悬挂双背带式安全带,并系好安全绳,严禁盲目施救。

《南京市城市排水管理条例》

第十四条　城市河道保护范围由市城市排水行政主管部门会同市规划行政主管部门划定。

城市河道(含覆盖段)保护范围为:

(一)主流河道上口线外侧距保护线各不小于五米;

(二)支流河道上口线外侧距保护线各不小于三米;

(三)保护线外侧建筑退让线不小于三米。

秦淮风光带、明城墙风光带内的河道保护范围,以及有涵、闸、泵站等河道附属设施需要保护的范围,应当根据批准的详细规划确定。

第三十三条　在污水输送干线管道、直径八百毫米以上的排水管道或者雨水、污水泵站等城市排水设施周围从事下列施工作业,经有关部门告知,应当事先向城市排水行政主管部门提供安全施工作业方案:

(一)在排水设施外侧三米范围内爆破作业的,建造建(构)筑物的,施工作业地面荷载大于或者等于每平方米两吨的;

(二)在排水设施外侧十米范围内进行打桩作业,或者基坑深度超过管顶的挖掘施工的。

施工单位在施工作业过程中发现前款规定情形之一的,应当立即停止施工作业,并按照前款规定办理。

2. 燃气工程

《江苏省燃气管理条例》(2005)

第三十九条　燃气经营企业应当建立燃气安全管理责任制,健全安全管理网络,对燃气设施进行定期巡查、检修和更新,发现事故隐患的,应当及时消除。

燃气经营企业应当定期对燃气用户的燃气计量表、管道及其附属设施、燃气器具使用情况进行检查,发现用户违反安全用气规定的,应当予以劝阻、制止。燃气经营企业工作人员检查时,应当主动出示有效证件。

燃气经营企业对工矿企业、事业单位用户自建的管道燃气设施应当进行检查,符合安全要求的,方可供气。

瓶装燃气供应站点应当建立燃气安全管理制度,设置报修电话。瓶装燃气供应站点应当对其供应的气瓶进行定期检验。

第四十条 燃气经营企业应当在燃气管道及重要燃气设施上设置明显的安全警示标志。

任何单位和个人不得损坏、覆盖、移动、涂改和擅自拆除安全警示标志。

第四十一条 设区的市、县(市)人民政府建设主管部门应当会同规划、公安消防等部门按照《城镇燃气设计规范》划定燃气设施安全保护范围。燃气经营企业应当设置标志牌标明保护范围。

在燃气设施的安全保护范围内,禁止下列行为:

(一)建造建筑物、构筑物;

(二)存放易燃易爆物品或者排放腐蚀性液体、气体;

(三)开挖沟渠、挖坑取土;

(四)打桩或者顶进作业;

(五)动用明火作业;

(六)从事爆破作业;

(七)法律、法规禁止的其他行为。

在燃气设施的安全保护范围内,确需实施前款第(一)、(三)、(四)、(五)项所列行为的,应当依法办理有关审批手续,做好防范措施,并告知燃气经营企业。

第四十二条 建设工程开工前,建设单位或者施工单位应当向燃气经营企业或者城建档案管理机构查明地下燃气设施的相关情况,燃气经营企业或者城建档案管理机构应当在接到查询后三日内给予书面答复。

第四十三条 建设工程施工可能影响燃气设施安全的,施工单位应当与燃气经营企业协商采取相应的安全保护措施后,方可施工。

由于施工不当造成燃气设施损坏的,施工单位应当协助燃气经营企业进行抢修;造成经济损失的,应当依法进行赔偿。

第四十四条 因工程施工确需改装、迁移或者拆除燃气设施的,建设单位或者施工单位应当报经当地建设主管部门批准,并会同燃气经营企业采取相应的安全措施。

改装、迁移或者拆除燃气设施的费用以及采取安全措施的费用,由建设单位承担。

第四十五条 建设主管部门、公安消防、质量技术监督、安全生产监督管理、交通、环境保护等有关部门应当建立燃气安全预警联动机制。

省建设主管部门应当制定全省重大燃气事故应急预案,设区的市、县(市)建设主管部门应当制定本行政区域内的燃气事故应急预案,并负责应急预案的组织实施工作。

燃气经营企业应当根据本地建设主管部门制定的应急预案的要求,制定本单位燃气事故应急救援预案。

第四十六条　燃气经营企业应当成立事故抢险抢修队伍,配备专业技术人员、防护用品、消防器材、车辆、通讯设备等。

燃气经营企业应当设置抢险抢修电话,向社会公布,并设专岗每天二十四小时值班。

第四十七条　任何单位和个人发现燃气事故隐患时,应当立即向燃气经营企业、瓶装燃气供应站点或者建设主管部门、安全生产监督管理部门、公安消防机构报告。

燃气经营企业、瓶装燃气供应站点或者有关部门接到事故隐患报告后,应当立即处理,不得推诿。

第四十八条　燃气事故发生后,燃气经营企业、瓶装燃气供应站点应当立即组织抢险抢修,并按照国家有关规定报告当地建设主管部门和其他有关部门。

在处理情况紧急的燃气事故时,对影响抢险抢修的其他设施,燃气经营企业可以采取必要的应急措施,并妥善处理善后事宜。

发生伤亡事故的,按照国家和省有关规定调查处理。

3. 电力设施工程

《江苏省〈电力设施保护条例〉实施办法(修正)》

第八条　电力主管部门应在必要的架空电力线路保护区的区界上设立标志牌,并标明保护区的宽度和保护规定。标志牌的规格应符合国家规定的《安全色》、《安全标志》等标准。

架空电力线路跨越重要公路和航道时,应设立标志牌,并标明导线距穿越物体之间的安全距离。

在跨越公路时,电力线距地面垂直距离不得小于下列数值:35~110千伏,7米;220千伏,8米;500千伏,14米。

第九条　任何单位或个人在电力设施范围进行爆破作业,应遵守国家的有关规定,确保电力设施的安全。必须在电力设施300米范围内实施爆破作业的,应通知电力部门,并采取切实安全措施后方能进行。

第十一条　不得在发电厂、变电所及其附近燃放烟花爆竹;不得在杆塔和拉线基础的下列范围内取土、堆土或倾倒有害化学物品:10~35千伏,4米;110~220千伏,5米;330~500千伏,8米。不得在杆塔、拉线基础外侧进行开挖鱼塘和深沟等危及电力设施的工程。

第十二条　在电力架空保护区内,可以保留和种植自然生长最终高度与导线最大计算风偏情况下符合安全距离的树木。其距离不应小于下列数值:1~10千伏,2米;35千伏,2.5米;63~110千伏,3米;154~220千伏,4米;330千伏,5米;500千伏,6米。

在电力、电缆线两侧1米内施工,应谨慎使用风镐和电钻等机械,不得损坏电力、电缆线等电力设施。

超过4米高度的车辆和机械通过架空电力线路时,应采取严格的安全措施。

4. 电信工程

《中华人民共和国电信条例》(2016年2月6日修正版)

第四十八条　任何单位或者个人不得擅自改动或者迁移他人的电信线路及其他电信设施;遇有特殊情况必须改动或者迁移的,应当征得该电信设施产权人同意,由提出改动或者迁移要求的单位或者个人承担改动或者迁移所需费用,并赔偿由此造成的经济损失。

第四十九条　从事施工、生产、种植树木等活动,不得危及电信线路或者其他电信设施的安全或者妨碍线路畅通;可能危及电信安全时,应当事先通知有关电信业务经营者,并由从事该活动的单位或者个人负责采取必要的安全防护措施。

违反前款规定,损害电信线路或者其他电信设施或者妨碍线路畅通的,应当恢复原状或者予以修复,并赔偿由此造成的经济损失。

二、基坑支护、基坑开挖、基坑降水

《建筑深基坑工程施工安全技术规范》(JGJ 311—2013)

5.1.2 基坑工程施工安全专项方案应符合下列规定:

1. 应针对危险源及其特征制定具体安全技术措施。

2. 应按消除、隔离、减弱危险源的顺序选择基坑工程安全技术措施。

3. 对重大危险源应论证安全技术方案的可靠性和可行性。

4. 应根据工程施工特点,提出安全技术方案实施过程中的控制原则、明确重点监控部位和监控指标要求。

5. 应包括基坑安全使用与维护全过程。

6. 设计和施工发生变更或调整时,施工安全专项方案应进行相应的调整和补充。

5.4.5 基坑工程变形监测数据超过报警值,或出现基坑、周边建(构)筑、管线失稳破坏征兆时,应立即停止施工作业,撤离人员,待险情排除后方可恢复施工。

5.6.2 施工过程中各工序开工前,施工技术管理人员必须向所有参加作业的人员进行施工组织与安全技术交底,如实告知危险源、防范措施、应急预案,形成文件并签署。

6.1.8 遇有雷雨、6级以上大风等恶劣天气时,应暂停施工,并应对现场的人员、设备、材料等采取相应的保护措施。

7.1.7 当坑底下部的承压水影响到基坑安全时,应采取坑底土体加固或降低承压水头等治理措施。

8.1.3 基坑开挖过程中,当基坑周边相邻工程进行桩基、基坑支护、土方开挖、爆破等施工作业时,应根据相互之间的施工影响,采取可靠的安全技术措施。

8.1.5 在土石方开挖施工过程中,当发现有毒有害液体、气体、固体时,应立即停止作业,进行现场保护,并应报有关部门处理后方可继续施工。

11.1.1 基坑开挖完毕后,应组织验收,经验收合格并进行安全使用与维护技术交底后,方可使用。基坑使用与维护过程中应按施工安全专项方案要求落实安全措施。

11.1.4 基坑使用中应针对暴雨、冰雹、台风等灾害天气,及时对基坑安全进行现场检查。

11.2.3 在基坑周边破裂面以内不宜建造临时设施;必须建造时应经设计复核,并应采取保护措施。

11.2.5 基坑临边、临空位置及周边危险部位,应设置明显的安全警示标识,并应安装可靠围挡和防护。

11.2.6 基坑内应设置作业人员上下坡道或爬梯,数量不应少于2个。作业位置的安全通道应畅通。

11.3.1　使用单位应有专人对基坑安全进行定期巡查,雨期应增加巡查次数,并应做好记录;发现异常情况应立即报告建设、设计、监理等单位。

《建筑基坑支护技术规程》(JGJ 120—2012)

3.1.2　基坑支护应满足下列功能要求:

1. 保证基坑周边建(构)筑物、地下管线、道路的安全和正常使用;

2. 保证主体地下结构的施工空间。

4.4.2　当排桩桩位邻近的既有建筑物、地下管线、地下构筑物对地基变形敏感时,应根据其位置、类型、材料特性、使用状况等相应采取下列控制地基变形的防护措施:

1. 宜采取间隔成桩的施工顺序;对混凝土灌注桩,应在混凝土终凝后,再进行相邻桩的成孔施工;

2. 对松散或稍密的砂土、稍密的粉土、软土等易坍塌或流动的软弱土层,对钻孔灌注桩宜采取改善泥浆性能等措施,对人工挖孔桩宜采取减小每节挖孔和护壁的长度、加固孔壁等措施;

3. 支护桩成孔过程出现流砂、涌泥、塌孔、缩径等异常情况时,应暂停成孔并及时采取有针对性的措施进行处理,防止继续塌孔;

4. 当成孔过程中遇到不明障碍物时,应查明其性质,且在不会危害既有建筑物、地下管线、地下构筑物的情况下方可继续施工。

4.6.2　当地下连续墙邻近的既有建筑物、地下管线、地下构筑物对地基变形敏感时,地下连续墙的施工应采取有效措施控制槽壁变形。

4.8.1　当锚杆穿过的地层附近存在既有地下管线、地下构筑物时,应在调查或探明其位置、走向、类型、使用状况等情况后再进行锚杆施工。

4.10.1　内支撑结构的施工与拆除顺序,应与设计工况一致,必须遵循先支撑后开挖的原则。

5.4.3　钢筋土钉成孔时应符合下列要求:

1. 土钉成孔范围内存在地下管线等设施时,应在查明其位置并避开后,再进行成孔作业;

2. 应根据土层的性状选择洛阳铲、螺旋钻、冲击钻、地质钻等成孔方法,采用的成孔方法应能保证孔壁的稳定性、减小对孔壁的扰动;

3. 当成孔遇不明障碍物时,应停止成孔作业,在查明障碍物的情况并采取针对性措施后方可继续成孔;

4. 对易塌孔的松散土层宜采用机械成孔工艺;成孔困难时,可采用注入水泥浆等方法进行护壁。

7.1.1　地下水控制应根据工程地质和水文地质条件、基坑周边环境要求及支护结构形式选用截水、降水、集水明排或其组合方法。

7.1.2　当降水会对基坑周边建筑物、地下管线、道路等造成危害或对环境造成长期不利影响时,应采用截水方法控制地下水。采用悬挂式帷幕时,应同时采用坑内降水,并宜根据水文地质条件结合坑外回灌措施。

7.2.1　基坑截水方法应根据工程地质条件、水文地质条件及施工条件等,选用水泥土搅拌桩帷幕、高压旋喷或摆喷注浆帷幕、搅拌-喷射注浆帷幕、地下连续墙或咬合式排桩。

支护结构采用排桩时,可采用高压喷射注浆与排桩相互咬合的组合帷幕。

对碎石土、杂填土、泥炭质土或地下水流速较大时,宜通过试验确定高压喷射注浆帷幕的适用性。

7.2.4 截水帷幕宜采用沿基坑周边闭合的平面布置形式。当采用沿基坑周边非闭合的平面布置形式时,应对地下水沿帷幕两端绕流引起的基坑周边建筑物、地下管线、地下构筑物的沉降进行分析。

7.3.2 基坑内的设计降水水位应低于基坑底面0.5 m。当主体结构的电梯井、集水井等部位使基坑局部加深时,应按其深度考虑设计降水水位或对其另行采取局部地下水控制措施。基坑采用截水结合坑外减压降水的地下水控制方法时,尚应规定降水井水位的最大降深值。

7.3.18 抽水系统在使用期的维护应符合下列规定:

1. 降水期间应对井水位和抽水量进行监测,当基坑侧壁出现渗水时,应采取有效疏排措施;

2. 采用管井时,应对井口采取防护措施,井口宜高于地面200 mm以上,应防止物体坠入井内;

3. 冬季负温环境下,应对抽排水系统采取防冻措施。

7.3.20 当基坑降水引起的地层变形对基坑周边环境产生不利影响时,宜采用回灌方法减少地层变形量。

7.4.7 基坑排水与市政管网连接前应设置沉淀池。明沟、集水井、沉淀池使用时应排水畅通并应随时清理淤积物。

8.1.3 当基坑开挖面上方的锚杆、土钉、支撑未达到设计要求时,严禁向下超挖土方。

8.1.4 采用锚杆或支撑的支护结构,在未达到设计规定的拆除条件时,严禁拆除锚杆或支撑。

8.1.5 基坑周边施工材料、设施或车辆荷载严禁超过设计要求的地面荷载限值。

8.2.2 安全等级为一级、二级的支护结构,在基坑开挖过程与支护结构使用期内,必须进行支护结构的水平位移监测和基坑开挖影响范围内建(构)筑物、地面的沉降监测。

《给水排水构筑物工程施工及验收规范》(GB 50141—2008)

4.1.7 深基坑应做好上、下基坑的坡道,保证车辆行驶及施工人员通行安全。

4.1.8 有防汛、防台风要求的基坑必须制定应急措施,确保安全。

4.2.9 在通航河道上的围堰布置要满足航行的要求,并设置警告标志和警示灯。

4.4.8 设有支撑的基坑,应遵循"开槽支撑、先撑后挖、分层开挖和严禁超挖"的原则开挖,并应按施工方案在基坑边堆置土方;基坑边堆置土方不得超过设计的堆置高度。

《给水排水管道工程施工及验收规范》(GB 50268—2008)

3.1.9 工程所用的管材、管道附件、构(配)件和主要原材料等产品进入施工现场时必须进行进场验收并妥善保管。进场验收时应检查每批产品的订购合同、质量合格证书、性能检验报告、使用说明书、进口产品的商检报告及证件等,并按国家有关标准规定进行复验,验收合格后方可使用。

4.3.4 沟槽每侧临时堆土或施加其他荷载时,应符合下列规定:

1. 不得影响建(构)筑物、各种管线和其他设施的安全；

2. 不得掩埋消火栓、管道闸阀、雨水口、测量标志以及各种地下管道的井盖,且不得妨碍其正常使用；

3. 堆土距沟槽边缘不小于0.8 m,且高度不应超过1.5 m；沟槽边堆置土方不得超过设计堆置高度。

4.3.5　沟槽挖深较大时,应确定分层开挖的深度,并符合下列规定：

1. 人工开挖沟槽的槽深超过3 m时应分层开挖,每层的深度不超过2 m；

2. 人工开挖多层沟槽的层间留台宽度：放坡开槽时不应小于0.8 m,直槽时不应小于0.5 m,安装井点设备时不应小于1.5 m；

3. 采用机械挖槽时,沟槽分层的深度按机械性能确定。

4.3.10　沟槽支撑应符合以下规定：

1. 支撑应经常检查,发现支撑构件有弯曲、松动、移位或劈裂等迹象时,应及时处理；雨期及春季解冻时期应加强检查；

2. 拆除支撑前,应对沟槽两侧的建筑物、构筑物和槽壁进行安全检查,并应制定拆除支撑的作业要求和安全措施；

3. 施工人员应由安全梯上下沟槽,不得攀登支撑。

6.3.14　顶进应连续作业,顶进过程中遇下列情况之一时,应暂停顶进,及时处理,并应采取防止顶管机前方塌方的措施。

1. 顶管机前方遇到障碍；

2. 后背墙变形严重；

3. 顶铁发生扭曲现象；

4. 管位偏差过大且纠偏无效；

5. 顶力超过管材的允许顶力；

6. 油泵、油路发生异常现象；

7. 管节接缝、中继间渗漏泥水、泥浆；

8. 地层、邻近建(构)筑物、管线等周围环境的变形量超出控制允许值。

6.3.15　顶管穿越铁路、公路或其他设施时,除符合本规范的有关规定外,尚应遵守铁路、公路或其他设施的有关技术安全的规定。

6.4.10　盾构法施工及环境保护的监控内容应包括：地表隆沉、管道轴线监测,以及地下管道保护、地面建(构)筑物变形的量测等。有特殊要求时还应进行管道结构内力、分层土体变位、孔隙水压力的测量。施工监测情况应及时反馈,并指导施工。

7.2.4　沉管基槽浚挖应符合下列规定：

3. 基槽采用爆破成槽时,应进行试爆确定爆破施工方式,并符合下列规定：

1) 炸药量计算和布置,药桩(药包)的规格、埋设要求和防水措施等,应符合国家相关标准的规定和施工方案的要求；

2) 爆破线路的设计和施工、爆破器材的性能和质量、爆破安全措施的制定和实施,应符合国家相关标准的规定；

3) 爆破时,应有专人指挥。

三、地基基础

《建筑桩基技术规范》(JGJ 94—2008)

3.1.3 桩基应根据具体条件分别进行下列承载能力计算和稳定性验算：

1. 应根据桩基的使用功能和受力特征分别进行桩基的竖向承载力计算和水平承载力计算；

2. 应对桩身和承台结构承载力进行计算；对于桩侧土不排水抗剪强度小于 10 kPa、且长径比大于 50 的桩应进行桩身压屈验算；对于混凝土预制桩应按吊装、运输和锤击作用进行桩身承载力验算；对于钢管桩应进行局部压屈验算；

3. 当桩端平面以下存在软弱下卧层时，应进行软弱下卧层承载力验算；

4. 对位于坡地、岸边的桩基应进行整体稳定性验算；

5. 对于抗浮、抗拔桩基，应进行基桩和群桩的抗拔承载力计算；

6. 对于抗震设防区的桩基应进行抗震承载力验算。

3.1.4 下列建筑桩基应进行沉降计算：

1. 设计等级为甲级的非嵌岩桩和非深厚坚硬持力层的建筑桩基；

2. 设计等级为乙级的体型复杂、荷载分布显著不均匀或桩端平面以下存在软弱土层的建筑桩基；

3. 软土地基多层建筑减沉复合疏桩基础。

5.2.1 桩基竖向承载力计算应符合下列要求：

1. 荷载效应标准组合：

轴心竖向力作用下

$$N_k \leqslant R \qquad (5.2.1-1)$$

偏心竖向力作用下除满足上式外，尚应满足下式的要求：

$$N_{k\,\max} \leqslant 1.2R \qquad (5.2.1-2)$$

2. 地震作用效应和荷载效应标准组合：

轴心竖向力作用下

$$N_{Ek} \leqslant 1.25R \qquad (5.2.1-3)$$

偏心竖向力作用下，除满足上式外，尚应满足下式的要求：

$$N_{Ek\,\max} \leqslant 1.5R \qquad (5.2.1-4)$$

式中　N_k——荷载效应标准组合轴心竖向力作用下，基桩或复合基桩的平均竖向力；

$N_{k\,\max}$——荷载效应标准组合偏心竖向力作用下，桩顶最大竖向力；

N_{Ek}——地震作用效应和荷载效应标准组合下，基桩或复合基桩的平均竖向力；

$N_{Ek\,\max}$——地震作用效应和荷载效应标准组合下，基桩或复合基桩的最大竖向力；

R——基桩或复合基桩竖向承载力特征值。

5.4.2 符合下列条件之一的桩基，当桩周土层产生的沉降超过基桩的沉降时，在计算基桩承载力时应计入桩侧负摩阻力：

1. 桩穿越较厚松散填土、自重湿陷性黄土、欠固结土、液化土层进入相对较硬土层时；

2. 桩周存在软弱土层，邻近桩侧地面承受局部较大的长期荷载，或地面大面积堆载（包括填土）时；

3. 由于降低地下水位，使桩周土有效应力增大，并产生显著压缩沉降时。

5.5.1　建筑桩基沉降变形计算值不应大于桩基沉降变形允许值。

5.5.4　建筑桩基沉降变形允许值，应按表 5.5.4 规定采用。

表 5.5.4　建筑桩基沉降变形允许值

变 形 特 征		允许值
砌体承重结构基础的局部倾斜		0.002
各类建筑相邻柱（墙）基的沉降差 （1）框架、框架-剪力墙、框架-核心筒结构 （2）砌体墙填充的边排柱 （3）当基础不均匀沉降时不产生附加应力的结构		$0.002 l_0$ $0.000 7 l_0$ $0.005 l_0$
单层排架结构（柱距为 6 m）桩基的沉降量（mm）		120
桥式吊车轨面的倾斜（按不调整轨道考虑） 纵向 横向		0.004 0.003
多层和高层建筑的整体倾斜	$H_g \leqslant 24$ $24 < H_g \leqslant 60$ $60 < H_g \leqslant 100$ $H_g > 100$	0.004 0.003 0.002 5 0.002
高耸结构桩基的整体倾斜	$H_g \leqslant 20$ $20 < H_g \leqslant 50$ $50 < H_g \leqslant 100$ $100 < H_g \leqslant 150$ $150 < H_g \leqslant 200$ $200 < H_g \leqslant 250$	0.008 0.006 0.005 0.004 0.003 0.002
高耸结构基础的沉降量（mm）	$H_g \leqslant 100$ $100 < H_g \leqslant 200$ $200 < H_g \leqslant 250$	350 250 150
体型简单的剪力墙结构 高层建筑桩基最大沉降量（mm）	—	200

注：l_0 为相邻柱（墙）二测点间距离，H_g 为自室外地面算起的建筑物高度（m）。

5.9.6　桩基承台厚度应满足柱（墙）对承台的冲切和基桩对承台的冲切承载力要求。

5.9.9　柱（墙）下桩基承台，应分别对柱（墙）边、变阶处和桩边联线形成的贯通承台的斜截面的受剪承载力进行验算。当承台悬挑边有多排基桩形成多个斜截面时，应对每个斜截面的受剪承载力进行验算。

5.9.15　对于柱下桩基，当承台混凝土强度等级低于柱或桩的混凝土强度等级时，应验算柱下或桩上承台的局部受压承载力。

6.6.7　人工挖孔桩施工应采取下列安全措施：

1. 孔内必须设置应急软爬梯供人员上下；使用的电葫芦、吊笼等应安全可靠，并配有自动卡紧保险装置,不得使用麻绳和尼龙绳吊挂或脚踏井壁凸缘上下。电葫芦宜用按钮式开关,使用前必须检验其安全起吊能力。

2. 每日开工前必须检测井下的有毒、有害气体,并应有足够的安全防范措施。桩孔开挖深度超过 10 m 时,应有专门向井下送风的设备,风量不宜少于 25 L/s。

3. 孔口四周必须设置护栏,护栏高度宜为 0.8 m。

4. 挖出的土石方应及时运离孔口,不得堆放在孔口周边 1 m 范围内,机动车辆的通行不得对井壁的安全造成影响。

5. 施工现场的一切电源、电路的安装和拆除必须遵守现行行业标准《施工现场临时用电安全技术规范》JGJ 46 的规定。

8.1.5 挖土应均衡分层进行,对流塑状软土的基坑开挖,高差不应超过 1 m。

8.1.9 在承台和地下室外墙与基坑侧壁间隙回填土前,应排除积水,清除虚土和建筑垃圾,填土应按设计要求选料,分层夯实,对称进行。

9.4.2 工程桩应进行承载力和桩身质量检验。

《建筑地基处理技术规范》(JGJ 79—2012)

6.2.9 施工时应设置安全警戒;强夯引起的振动对邻近建(构)筑物可能产生影响时,应进行振动监测,必要时应采取隔震或减震措施。

《建筑施工土石方工程安全技术规范》(JGJ 180—2009)

3.1.3 机械设备应定期进行维修保养,严禁带故障作业。

3.1.5 作业前应检查施工现场,查明危险源。机械作业不宜在有地下电缆或燃气管道等 2 m 半径范围内进行。

3.1.7 配合机械设备作业的人员,应在机械设备的回转半径以外工作;当在回转半径内作业时,必须有专人协调指挥。

3.1.8 遇到下列情况之一时应立即停止作业:

1. 填挖区土体不稳定、有坍塌可能;

2. 地面涌水冒浆,出现陷车或因下雨发生坡道打滑;

3. 发生大雨、雷电、浓雾、水位暴涨及山洪暴发等情况;

4. 施工标志及防护设施被损坏;

5. 工作面净空不足以保证安全作业;

6. 出现其他不能保证作业和运行安全的情况。

3.1.12 冬、雨期施工时,应及时清除场地和道路上的冰雪、积水,并应采取有效的防滑措施。

5.1.4 爆破作业环境有下列情况时,严禁进行爆破作业:

1. 爆破可能产生不稳定边坡、滑坡、崩塌的危险;

2. 爆破可能危及建(构)筑物、公共设施或人员的安全;

3. 恶劣天气条件下。

6.3.2 基坑支护结构必须在达到设计要求的强度后,方可开挖下层土方,严禁提前开挖和超挖。施工过程中,严禁设备或重物碰撞支撑、腰梁、锚杆等基坑支护结构,亦不得在支护结构上放置或悬挂重物。

四、起重吊装工程

《建筑施工塔式起重机安装、使用、拆卸安全技术规程》(JGJ 196—2010)

2.0.3　塔式起重机安装、拆卸作业应配备下列人员：

1. 持有安全生产考核合格证书的项目负责人和安全负责人、机械管理人员；

2. 具有建筑施工特种作业操作资格证书的建筑起重机械安装拆卸工、起重司机、起重信号工、司索工等特种作业操作人员。

2.0.6　塔机启用前应检查下列项目：

1. 塔式起重机的备案登记证明等文件；

2. 建筑施工特种作业人员的操作资格证书；

3. 专项施工方案；

4. 辅助起重机械的合格证及操作人员资格征书。

2.0.9　有下列情况之一的塔式起重机严禁使用：

1. 国家明令淘汰的产品；

2. 超过规定使用年限经评估不合格的产品；

3. 不符合国家现行相关标准的产品；

4. 没有完整安全技术档案的产品。

2.0.14　当多台塔式起重机在同一施工现场交叉作业时，应编制专项方案，并应采取防碰撞的安全措施。任意两台塔式起重机之间的最小架设距离应符合下列规定：

1. 低位塔式起重机的起重臂端部与另一台塔式起重机的塔身之间的距离不得小于2 m；

2. 高位塔式起重机的最低位置的部件（或吊钩升至最高点或平衡重的最低部位）与低位塔式起重机中处于最高位置部件之间的垂直距离不得小于2 m。

2.0.15　在塔式起重机的安装、使用及拆卸阶段，进入现场的作业人员必须佩戴安全帽、防滑鞋、安全带等防护用品，无关人员严禁进入作业区域内。在安装、拆卸作业期间，应设警戒区。

2.0.16　塔式起重机在安装前和使用过程中，发现有下列情况之一的，不得安装和使用：

1. 结构件上有可见裂纹和严重锈蚀的；

2. 主要受力构件存在塑性变形的；

3. 连接件存在严重磨损和塑性变形的；

4. 钢丝绳达到报废标准的；

5. 安全装置不齐全或失效的。

3.4.12　塔式起重机的安全装置必须齐全，并应按程序进行调试合格。

3.4.13　连接件及其防松防脱件严禁用其他代用品代用。连接件及其防松防脱件应使用力矩扳手或专用工具紧固连接螺栓。

4.0.2　塔式起重机使用前，应对起重司机、起重信号工、司索工等作业人员进行安全技术交底。

4.0.3 塔式起重机的力矩限制器、重量限制器、变幅限位器、行走限位器、高度限位器等安全保护装置不得随意调整和拆除,严禁用限位装置代替操纵机构。

《建筑施工起重吊装工程安全技术规范》(JGJ 276—2012)

3.0.1 起重吊装作业前,必须编制吊装作业的专项施工方案,并应进行安全技术措施交底;作业中,未经技术负责人批准,不得随意更改。

3.0.4 起重作业人员必须穿防滑鞋、戴安全帽,高处作业应佩挂安全带,并应系挂可靠,高挂低用。

3.0.5 起重设备的通行道路应平整,承载力应满足设备通行要求。吊装作业区域四周应设置明显标志,严禁非操作人员入内。夜间不宜作业,当确需夜间作业时,应有足够的照明。

3.0.12 大雨、雾、大雪及六级以上大风等恶劣天气应停止吊装作业。雨雪后进行吊装作业时,应及时清理冰雪并应采取防滑和防漏电措施,先试吊,确认制动器灵敏可靠后方可进行作业。

3.0.19 暂停作业时,对吊装作业中未形成稳定体系的部分,必须采取临时固定措施。

3.0.23 对临时固定的构件,必须在完成了永久固定,并经检查确认无误后,方可解除临时固定措施。

《石油化工大型设备吊装工程规范》(GB 50798—2012)

3.0.4 吊索、吊具应有质量证明文件,不得使用无质量证明文件或试验不合格的吊索、吊具。

3.0.5 起重机械和吊索、吊具严禁超负荷使用。

3.0.6 吊装作业人员必须取得特种作业相关证件。

3.0.14 吊装工程施工应建立完善的吊装安全保证体系。吊装施工准备和实施过程中,吊装施工安全保证体系应正常运转。

3.0.16 在雷雨、大雪、大雾、沙尘、能见度低、台风、风力等级大于或等于六级等恶劣条件下,不得进行大型设备的吊装作业。

3.0.21 吊装作业应设置警戒区域,与吊装作业无关的人员不得进入警戒区域。

9.4.5 起重机操作人员应按操作规程进行作业,不宜同时进行两种及以上动作。

9.4.8 起重机工作、行驶或停放时应与沟渠、基坑保持一定的安全距离,且不得停放在斜坡上。

9.4.11 吊装作业范围内严禁无关人员进入。

11.4.1 桅杆竖立后应及时进行封底,并应采取防雷措施。

11.4.2 试吊过程中,存在下列现象之一时,应立即停止试吊,消除隐患,并应经有关人员确认安全后,再恢复试吊:

1. 地锚移位。

2. 走绳抖动。

3. 设备或机具有异常声响、变形、裂纹。

4. 桅杆地基下沉。

5. 其他异常情况。

《建筑机械使用安全技术规程》(JGJ 33—2012)

2.0.1　特种设备操作人员应经过专业培训、考核合格取得建设行政主管部门颁发的操作证,并应经过安全技术交底后持证上岗。

2.0.2　机械必须按出厂使用说明书规定的技术性能、承载能力和使用条件,正确操作,合理使用,严禁超载、超速作业或任意扩大使用范围。

2.0.3　机械上的各种安全防护和保险装置及各种安全信息装置必须齐全有效。

2.0.5　在工作中,应按规定使用劳动保护用品。高处作业时应系安全带。

2.0.16　在机械产生对人体有害的气体、液体、尘埃、渣滓、放射性射线、振动、噪声等场所,应配置相应的安全保护设施、监测设备(仪器)、废品处理装置;在隧道、沉井、管道等狭小空间施工时,应采取措施,使有害物控制在规定的限度内。

2.0.19　当发生机械事故时,应立即组织抢救,并应保护事故现场,应按国家有关事故报告和调查处理规定执行。

2.0.21　清洁、保养、维修机械或电气装置前,必须先切断电源,等机械停稳后再进行操作。严禁带电或采用预约停送电时间的方式进行检修。

3.1.11　发生人身触电时,应立即切断电源后对触电者作紧急救护。不得在未切断电源之前与触电者直接接触。

3.1.12　电气设备或线路发生火警时,应首先切断电源,在未切断电源之前,人员不得接触导线或电气设备,不得用水或泡沫灭火机进行灭火。

4.1.11　建筑起重机械的变幅限位器、力矩限制器、起重量限制器、防坠安全器、钢丝绳防脱装置、防脱钩装置以及各种行程限位开关等安全保护装置,必须齐全有效,严禁随意调整或拆除。严禁利用限制器和限位装置代替操纵机构。

4.1.14　在风速达到 9.0 m/s 及以上或大雨、大雪、大雾等恶劣天气时,严禁进行建筑起重机械的安装拆卸作业。

4.1.17　建筑起重机械作业时,应在臂长的水平投影覆盖范围外设置警戒区域,并应有监护措施;起重臂和重物下方不得有人停留、工作或通过。不得用吊车、物料提升机载运人员。

4.5.2　桅杆式起重机专项方案必须按规定程序审批,并应经专家论证后实施。施工单位必须指定安全技术人员对桅杆式起重机的安装、使用和拆卸进行现场监督和监测。

5.1.4　作业前,必须查明施工场地内明、暗铺设的各类管线等设施,并应采用明显记号标识。严禁在离地下管线、承压管道 1 m 距离以内进行大型机械作业。

5.5.6　作业中,严禁人员上下机械,传递物件,以及在铲斗内、拖把或机架上坐立。

7.1.23　桩孔成型后,当暂不浇注混凝土时,孔口必须及时封盖。

8.2.7　料斗提升时,人员严禁在料斗下停留或通过;当需在料斗下方进行清理或检修时,应将料斗提升至上止点,并必须用保险销锁牢或用保险链挂牢。

12.1.4　焊割现场及高空焊割作业下方,严禁堆放油类、木材、氧气瓶、乙炔瓶、保温材料等易燃、易爆物品。

12.1.9　对承压状态的压力容器和装有剧毒、易燃、易爆物品的容器,严禁进行焊接或切割作业。

《龙门架及井架物料提升机安全技术规范》(JGJ 88—2010)

3.0.5 具有自升(降)功能的物料提升机应安装自升平台,并应符合下列规定:

1. 兼做天梁的自升平台在物料提升机正常工作状态时,应与导轨架刚性连接;

2. 自升平台的导向滚轮应有足够的刚度,并应有防止脱轨的防护装置;

3. 自升平台的传动系统应具有自锁功能,并应有刚性的停靠装置;

4. 平台四周应设置防护栏杆,上栏杆高度宜为 1.0 m~1.2 m,下栏杆高度宜为 0.5 m~0.6 m,在栏杆任一点作用 1 kN 的水平力时,不应产生永久变形;挡脚板高度不应小于 180 mm,且宜采用厚度不小于 1.5 mm 的冷轧钢板;

5. 自升平台应安装渐进式防坠安全器。

3.0.6 当物料提升机采用对重时,对重应设置滑动导靴或滚轮导向装置,并应设有防脱轨保护装置。对重应标明质量并涂成警告色。吊笼不应作对重使用。

4.1.8 吊笼结构除应满足强度设计要求,尚应符合下列规定:

1. 吊笼内净高度不应小于 2 m,吊笼门及两侧立面应全高度封闭;底部挡脚板应符合本规范第 3.0.5 条的规定。

2. 吊笼门及两侧立面宜采用网板结构,孔径应小于 25 mm。吊笼门的开启高度不应低于 1.8 m;其任意 500 mm² 的面积上作用 300 N 的力,在边框任意一点作用 1 kN 的力时,不应产生永久变形。

3. 吊笼顶部宜采用厚度不小于 1.5 mm 的冷轧钢板,并应设置钢骨架;在任意 0.01 m² 面积上作用 1.5 kN 的力时,不应产生永久变形。

4. 吊笼底板应有防滑、排水功能;其强度在承受 125% 额定荷载时,不应产生永久变形;底板宜采用厚度不小于 50 mm 的木板或不小于 1.5 mm 的钢板。

5. 吊笼应采用滚动导靴。

6. 吊笼的结构强度应满足坠落试验要求。

5.1.5 钢丝绳在卷筒上应整齐排列,端部应与卷筒压紧装置连接牢固。当吊笼处于最低位置时,卷筒上的钢丝绳不应少于 3 圈。

5.1.7 物料提升机严禁使用摩擦式卷扬机。

6.1.1 当荷载达到额定起重量的 90% 时,起重量限制器应发出警示信号;当荷载达到额定起重量的 110% 时,起重量限制器应切断上升主电路电源。

6.1.2 当吊笼提升钢丝绳断绳时,防坠安全器应制停带有额定起重量的吊笼,且不应造成结构损坏。自升平台应采用渐进式防坠安全器。

6.2.1 防护围栏应符合下列规定:

1. 物料提升机地面进料口应设置防护围栏;围栏高度不应小于 1.8 m,围栏立面可采用网板结构,强度应符合本规范第 4.1.8 条的规定;

2. 进料口门的开启高度不应小于 1.8 m,强度应符合本规范第 4.1.8 条的规定;进料口门应装有电气安全开关,吊笼应在进料口门关闭后才能启动。

8.3.2 当物料提升机安装高度大于或等于 30 m 时,不得使用缆风绳。

9.1.1 安装、拆除物料提升机的单位应具备下列条件:

1. 安装、拆除单位应具有起重机械安拆资质及安全生产许可证;

2. 安装、拆除作业人员必须经专门培训,取得特种作业资格证。

9.1.9　拆除作业前,应对物料提升机的导轨架、附墙架等部位进行检查,确认无误后方能进行拆除作业。

9.1.10　拆除作业应先挂吊具、后拆除附墙架或缆风绳及地脚螺栓。拆除作业中,不得抛掷构件。

9.1.11　拆除作业宜在白天进行,夜间作业应有良好的照明。

11.0.2　物料提升机必须由取得特种作业操作证的人员操作。

11.0.3　物料提升机严禁载人。

《建筑施工升降机安装、使用、拆卸安全技术规程》(JGJ 215—2010)

1.0.1　在建筑施工升降机安装、使用、拆卸中,为贯彻"安全第一、预防为主、综合治理"的方针,确保施工中人员与财产的安全,制定本规程。

3.0.2　施工升降机安装、拆卸项目应配备与承担项目相适应的专业安装作业人员以及专业安装技术人员。施工升降机的安装拆卸工、电工、司机等应具有建筑施工特种作业操作资格证书。

3.0.5　施工升降机安装作业前,安装单位应编制施工升降机安装、拆卸工程专项施工方案,由安装单位技术负责人批准后,报送施工总承包单位或使用单位、监理单位审核,并告知工程所在地县级以上建设行政主管部门。

3.0.9　施工升降机安装、拆卸工程专项施工方案应包括下列主要内容:

1.　工程概况;

2.　编制依据;

3.　作业人员组织和职责;

4.　施工升降机安装位置平面、立画图和安装作业范围平面图;

5.　施工升降机技术参数、主要零部件外形尺寸和重量;

6.　辅助起重设备的种类、型号、性能及位置安排;

7.　吊索具的配置、安装与拆卸工具及仪器;

8.　安装、拆卸步骤与方法;

9.　安全技术措施;

10.　安全应急预案。

3.0.11　监理单位进行的工作应包括下列内容:

1.　审核施工升降机特种设备制造许可证、产品合格证、起重机械制造监督检验证书、备案证明等文件;

2.　审核施工升降机安装单位、使用单位的资质证书、安全生产许可证和特种作业人员的特种作业操作资格证书;

3.　审核施工升降机安装、拆卸工程专项施工方案;

4.　监督安装单位对施工升降机安装、拆卸工程专项施工方案的执行情况;

5.　监督检查施工升降机的使用情况;

6.　发现存在生产安全事故隐患的,应要求安装单位、使用单位限期整改;对安装单位、使用单位拒不整改的,应及时向建设单位报告。

4.1.6　有下列情况之一的施工升降机不得安装使用:

1.　属国家明令淘汰或禁止使用的;

2. 超过由安全技术标准或制造厂家规定使用年限的；

3. 经检验达不到安全技术标准规定的；

4. 无完整安全技术档案的；

5. 无齐全有效的安全保护装置的。

4.2.10 安装作业时必须将按钮盒或操作盒移至吊笼顶部操作。当导轨架或附墙架上有人员作业时，严禁开动施工升降机。

5.2.2 严禁施工升降机使用超过有效标定期的防坠安全器。

5.2.9 当遇大雨、大雪、大雾、施工升降机顶部风速大于 20 m/s 或导轨架、电缆表面结有冰层时，不得使用施工升降机。

5.2.10 严禁用行程限位开关作为停止运行的控制开关。

5.2.12 在施工升降机基础周边水平距离 5 m 以内，不得开挖井沟，不得堆放易燃易爆物品及其他杂物。

5.3.9 严禁在施工升降机运行中进行保养、维修作业。

《建筑施工升降设备设施检验标准》(JGJ 305—2013)

3.0.4 检验现场具备的条件应符合下列规定：

1. 无雨雪、大雾，且风速不应大于 8.3 m/s；

2. 环境温度宜为 -15 ℃~+40 ℃；

3. 现场供电电压波动偏差应为 ±5%；

4. 应设置安全警戒区域和警示标识。

3.0.5 升降设备设施的检验分为保证项目和一般项目，检验结果可分为合格和不合格。

1. 当保证项目和一般项目检验全部合格时，判定为合格。

2. 当保证项目检验全部合格，一般项目检验中不合格项目数符合下列规定时，可判定为合格：

1) 附着式升降脚手架、高处作业吊篮、龙门架及井架物料提升机不得超过 3 项；

2) 施工升降机不得超过 4 项；

3) 塔式起重机不得超过 5 项。

3. 当保证项目检验有不合格或一般项目检验中不合格项目数超过本条第 2 款规定时，判定为不合格。

3.0.6 经检验判定合格的，若一般项目存在不合格项，应整改至合格后方可使用，并应将整改资料报检验方。

4.2.8 防坠装置应符合下列规定：

1. 防坠装置在使用和升降工况下均应设置在竖向主框架部位，并应附着在建筑物上，每一个升降机位不应少于一处；

2. 防坠装置应有安装时的检验记录。

4.2.10 架体安全防护应符合现行行业标准《建筑施工扣件式钢管脚手架安全技术规范》JGJ 130 的规定，并应符合下列规定：

1. 架体外侧应用密目式安全网等进行全封闭；

2. 架体底层的脚手板应铺设严密，在脚手板的下部应采用安全网兜底，与建筑物外墙

之间应采用硬质翻板封闭;

3. 作业层外侧应设置1.2 m高的防护栏杆和180 mm高的挡脚板;

4. 当整体式附着升降脚手架中间断开时,其断开处必须封闭,并应加设防护栏杆;

5. 使用工况下架体与工程结构表面之间应采取可靠的防止人员和物料坠落的防护措施。

《建筑塔式起重机安全监控系统应用技术规程》(JGJ 332—2014)

3.1.1 塔机安全监控系统应具有对塔机的起重量、起重力矩、起升高度、幅度、回转角度、运行行程信息进行实时监视和数据存储功能。当塔机有运行危险趋势时,塔机控制回路电源应能自动切断。

3.1.2 在既有塔机升级加装安全监控系统时,严禁损伤塔机受力结构。

3.1.3 在既有塔机升级加装安全监控系统时,不得改变塔机原有安全装置及电气控制系统的功能和性能。

4.0.1 系统安装应符合下列规定:

1. 系统安装之前应对所安装塔机的匹配性及参数进行确认;

2. 系统应有安装维护和使用说明书;

3. 系统安装作业前,应根据装箱清单内容进行检查;

4. 显示装置应安装在司机室便于观看,且不影响司机的视野和正常操作的位置;

5. 线路敷设时应将控制线路与动力线路分开敷设,并应做好固定及防护工作;

6. 系统接地点应与塔机结构可靠连接;

7. 系统结构应安装牢固,装配件应按规定锁定,各连接部位进线孔应有防水措施。

6.0.1 系统运行应符合下列规定:

1. 系统开机后应进行下列检查:

1) 在系统开机自检过程中应无报警、无障碍显示信息;

2) 显示内容应清晰、完整。

2. 空载运行检查应符合下列规定:

1) 操纵塔机应分别进行起升、变幅、回转、运行动作,起升高度、幅度、回转、运行行程显示值变化应与实际动作一致;

2) 监控装置显示的起重量、起重力矩数据应无异常。

3. 检查合格后,方可投入正常运行。

《施工现场机械设备检查技术规程》(JGJ 160—2016)

4.1.5 柴油发电机组严禁与外电线路并列运行,且应采取电气隔离措施与外电线路互锁。当两台及以上发电机组并列运行时,必须装设同步装置,且应在机组同步后再向负载供电。

5.1.5 制动机安全装置应符合下列规定:

1. 制动踏板行程应符合使用说明书的规定;

2. 制动液型号、规格应符合使用说明书的规定;制动液液面应在标志位置;

3. 制动总泵、分泵及连接管路不应有漏气、漏油;

4. 空气压缩机应运转正常,气压调节阀工作正常;当系统压力超过规定值时,安全阀应能自动打开;

5. 制动蹄片与制动毂间隙调整适宜,制动毂不应过热,制动应可靠有效;

6. 驻车制动摩擦片不应有油污、烧伤,驻车制动应可靠有效;

7. 制动块、制动盘应清洁,不应有油污,制动应可靠有效。

6.1.5 施工现场的地基承载力应满足桩工机械安全作业的要求;打桩机作业时应与基坑、基槽保持安全距离。

6.1.6 桩工机械零部件应齐全,各分支系统性能应完好,并应满足使用要求,不应带病作业。

7.1.1 起重机械作业报警装置应完整有效。

7.1.2 起重机械危险部位的安全标志应清晰、醒目、无脱落。

7.1.3 起重机械的任何部位与架空输电线之间的最小距离不得小于表 7.1.3 的规定。

表 7.1.3 起重机械与架空输电线间的最小距离

电压(kV)	<1	1~20	35~110	154	220	330
最小距离(m)	1.5	2.0	4.0	5.0	6.0	7.0

7.1.12 起升高度大于 50 m 的起重机,在臂架头部应安装风速仪;当风速大于工作极限风速时,应能发出停止作业的警报。

7.1.20 地基承载能力不得小于工作状态最大支腿压力。在基坑边、暗沟等地下设施上作业时,应采取地基加固措施。

8.1.2 各行程限位开关和安全保护装置应完好齐全,灵敏可靠,不得随意调整或拆除。

9.1.4 电动机碳刷与滑环接触应良好,接线端子连接应可靠,转动中不应有异响、漏电等现象,绝缘性能应符合使用说明书规定,其绝缘电阻值不应小于 0.5 MΩ。在运转中电动机轴承允许最高温度取值,滑动轴承 80 ℃,滚动轴承 95 ℃;正常温度取值应为滑动轴承 40 ℃,滚动轴承 55 ℃。

10.1.1 现场使用的电焊机,应设有防雨、防潮、防晒、防砸的机棚,并应装设相应的消防器材。

10.1.2 焊接区域及焊渣飞溅范围内不得有易燃易爆物品。

13.1.3 在任何供料形式的工作状态下,距干混砂浆生产线主机的粉尘源头下风口 50 m、高 1.7 m 的粉尘浓度不得大于 10 mg/m³。

14.1.3 隧道施工应选用特殊构造的加强型电器或高等级绝缘电器;在隧道施工中,电器防爆等级应与作业环境相适应。高海拔地区应选用高原电器。

五、脚手架、模板支撑工程

《建筑施工扣件式钢管脚手架安全技术规范》(JGJ 130—2011)

6.2.1 纵向水平杆的构造应符合下列规定:(图略)

1. 纵向水平杆应设置在立杆内侧,单根杆长度不应小于 3 跨。

2. 纵向水平杆接长应采用对接扣件连接或搭接。并应符合下列规定:

1) 两根相邻纵向水平杆的接头不应设置在同步或同跨内;不同步或不同跨两个相邻接

头在水平方向错开的距离不应小于 500 mm;各接头中心至最近主节点的距离不应大于纵距的 1/3。

2）搭接长度不应小于 1 m,应等间距设置 3 个旋转扣件固定,端部扣件盖板边缘至搭接纵向水平杆杆端的距离不应小于 100 mm。

3. 当使用冲压钢脚手板、木脚手板、竹串片脚手板时,纵向水平杆应作为横向水平杆的支座,用直角扣件固定在立杆上;当使用竹笆脚手板时,纵向水平杆应采用直角扣件固定在横向水平杆上,并应等间距设置,间距不应大于 400 mm。

6.2.2 横向水平杆的构造应符合下列规定:

1. 作业层上非主节点处的横向水平杆,宜根据支承脚手板的需要等间距设置,最大间距不应大于纵距的 1/2;

2. 当使用冲压钢脚手板、木脚手板、竹串片脚手板时,双排脚手架的横向水平杆两端均应采用直角扣件固定在纵向水平杆上;单排脚手架的横向水平杆的一端应用直角扣件固定在纵向水平杆上,另一端应插入墙内,插入长度不应小于 180 mm;

3. 当使用竹笆脚手板时,双排脚手架的横向水平杆两端,应用直角扣件固定在立杆上;单排脚手架的横向水平杆的一端,应用直角扣件固定在立杆上,另一端应插入墙内,插入长度亦不应小于 180 mm。

6.2.3 主节点处必须设置一根横向水平杆,用直角扣件扣接且严禁拆除。

6.2.4 脚手板的设置应符合下列规定:(图略)

1. 作业层脚手板应铺满、铺稳、铺实。

2. 冲压钢脚手板、木脚手板、竹串片脚手板等,应设置在三根横向水平杆上。当脚手板长度小于 2 m 时,可采用两根横向水平杆支承,但应将脚手板两端与横向水平杆可靠固定,严防倾翻。脚手板的铺设应采用对接平铺或搭接铺设。脚手板对接平铺时,接头处应设两根横向水平杆,脚手板外伸长度应取 130 mm~150 mm,两块脚手板外伸长度的和不应大于 300 mm;脚手板搭接铺设时,接头必须支在横向水平杆上,搭接长度不应小于 200 mm,其伸出横向水平杆的长度不应小于 100 mm。

3. 竹笆脚手板应按其主竹筋垂直于纵向水平杆方向铺设,且应对接平铺,四个角应用直径不小于 1.2 mm 的镀锌钢丝固定在纵向水平杆上。

4. 作业层端部脚手板探头长度应取 150 mm,其板的两端均应固定于支承杆件上。

6.3.1 每根立杆底部应设置底座或垫板。

6.3.2 脚手架必须设置纵、横向扫地杆。纵向扫地杆应采用直角扣件固定在距钢管底端不大于 200 mm 处的立杆上。横向扫地杆应采用直角扣件固定在紧靠纵向扫地杆下方的立杆上。

6.3.3 脚手架立杆基础不在同一高度上时,必须将高处的纵向扫地杆向低处延长两跨与立杆固定,高低差不应大于 1 m。靠边坡上方的立杆轴线到边坡的距离不应小于 500 mm。

6.3.4 单、双排脚手架底层步距均不应大于 2 m。

6.3.5 单排、双排与满堂脚手架立杆接长除顶层顶步外,其余各层各步接头必须采用对接扣件连接。

6.3.6 脚手架立杆对接、搭接应符合下列规定:

1. 当立杆采用对接接长时,立杆的对接扣件应交错布置,两根相邻立杆的接头不应设置在同步内,同步内隔一根立杆的两个相隔接头在高度方向错开的距离不宜小于 500 mm;各接头中心至主节点的距离不宜大于步距的 1/3。

2. 当立杆采用搭接接长时,搭接长度不应小于 1 m,并应采用不少于 2 个旋转和扣件固定。端部扣件盖板的边缘至杆端距离不应小于 100 mm。

6.3.7 脚手架立杆顶端栏杆宜高出女儿墙上端 1 m,宜高出檐口上端 1.5 m。

6.4.4 开口型脚手架的两端必须设置连墙件,连墙件的垂直间距不应大于建筑物的层高,并不应大于 4 m。

6.6.1 双排脚手架应设剪刀撑与横向斜撑,单排脚手架应设剪刀撑。

6.6.2 单、双排脚手架剪刀撑的设置应符合下列规定:

1. 每道剪刀撑跨越立杆的根数宜按表 6.6.2 的规定确定。每道剪刀撑宽度不应小于 4 跨,且不应小于 6 m,斜杆与地面的倾角宜在 45°～60°之间。

2. 剪刀撑斜杆的接长应采用搭接或对接,搭接应符合本规范第 6.3.6 条第 2 款的规定。

3. 剪刀撑斜杆应用旋转扣件固定在与之相交的横向水平杆的伸出端或立杆上,旋转扣件中心线至主节点的距离不宜大于 150 mm。

6.6.3 高度在 24 m 及以上的双排脚手架应在外侧全立面连续设置剪刀撑;高度在 24 m 以下的单、双排脚手架,均必须在外侧立面两端、转角及中间间隔不超过 15 m 的立面上,各设置一道剪刀撑,并应由底至顶连续设置。

6.6.4 双排脚手架横向斜撑的设置应符合下列规定:

1. 横向斜撑应在同一节间,由底至顶层呈之字型连续布置,斜撑的固定应符合本规范第 6.5.2 条第 2 款的规定;

2. 高度在 24 m 以下的封闭型双排脚手架可不设横向斜撑,高度在 24 m 以上的封闭型脚手架,除拐角应设置横向斜撑外,中间应每隔 6 跨距设置一道。

6.6.5 开口型双排脚手架的两端均必须设置横向斜撑。

7.1.1 脚手架搭设前,应按专项施工方案向施工人员进行交底。

7.1.2 应按本规范规定和脚手架专项施工方案要求对钢管、扣件、脚手板、可调托撑等进行检查验收,不合格产品不得使用。

7.2.3 立杆垫板或底座底面标高宜高于自然地坪 50 mm～100 mm。

7.3.1 单、双排脚手架必须配合施工进度搭设,一次搭设高度不应超过相邻连墙件以上两步;如果超过相邻连墙件以上两步,无法设置连墙件时,应采取撑拉固定等措施与建筑结构拉结。

7.3.6 脚手架横向水平杆搭设应符合下列规定:

3. 单排脚手架的横向水平杆不应设置在下列部位:

1)设计上不允许留脚手眼的部位;

2)过梁上与过梁两端成 60°角的三角形范围内及过梁净跨度 1/2 的高度范围内;

3)宽度小于 1 m 的窗间墙;

4)梁或梁垫下及其两侧各 500 mm 的范围内;

5)砖砌体的门窗洞口两侧 200 mm 和转角处 450 mm 的范围内;其他砌体的门窗洞口

两侧 300 mm 和转角处 600 mm 的范围内；

　　6）墙体厚度小于或等于 180 mm；

　　7）独立或附墙砖柱,空斗砖墙、加气块墙等轻质墙体；

　　8）砌筑砂浆强度等级小于或 M2.5 的砖墙。

　　7.4.2　单、双排脚手架拆除作业必须由上而下逐层进行,严禁上下同时作业；连墙件必须随脚手架逐层拆除,严禁先将连墙件整层或数层拆除后再拆脚手架；分段拆除高差大于两步时,应增设连墙件加固。

　　7.4.5　卸料时各构配件严禁抛掷至地面。

　　8.1.4　扣件进入施工现场应检查产品合格证,并应进行抽样复试,技术性能应符合现行国家标准《钢管脚手架扣件》GB 15831 的规定。扣件在使用前应逐个挑选,有裂缝、变形、螺栓出现滑丝的严禁使用。

　　8.2.1　脚手架及其地基基础应在下列阶段进行检查与验收：

　　1. 基础完工后及脚手架搭设前；

　　2. 作业层上施加荷载前；

　　3. 每搭设完 6 m～8 m 高度后；

　　4. 达到设计高度后；

　　5. 遇有六级强风及以上风或大雨后；冻结地区解冻后；

　　6. 停用超过一个月。

　　8.2.2　应根据下列技术文件进行脚手架检查、验收：

　　1. 本规范第 8.2.3～8.2.5 条的规定；

　　2. 专项施工方案及变更文件；

　　3. 技术交底文件；

　　4. 构配件质量检查表。

　　8.2.3　脚手架使用中,应定期检查下列要求内容：

　　1. 杆件的设置和连接,连墙件、支撑、门洞桁架等的构造应符合本规范和专项施工方案要求；

　　2. 地基应无积水,底座应无松动,立杆应无悬空；

　　3. 扣件螺栓应无松动；

　　4. 高度在 24 m 以上的双排、满堂脚手架,其立杆的沉降与垂直度的偏差应符合本规范表 8.2.4 项次 1、2 的规定；高度在 20 m 以上的满堂支撑架,其立杆的沉降与垂直度的偏差应符合本规范表 8.2.4 项次 1、3 的规定；

　　5. 安全防护措施应符合本规范要求；

　　6. 应无超载使用。

　　9.0.1　扣件钢管脚手架安装与拆除人员必须是经考核合格的专业架子工。架子工应持证上岗。

　　9.0.2　搭拆脚手架人员必须戴安全帽、系安全带、穿防滑鞋。

　　9.0.3　脚手架的构配件质量与搭设质量,应按本规范第 8 章的规定进行检查验收,并应确认合格后使用。

　　9.0.4　钢管上严禁打孔。

9.0.5 作业层上的施工荷载应符合设计要求,不得超载。不得将模板支架、缆风绳、泵送混凝土和砂浆的输送管等固定在架体上;严禁悬挂起重设备,严禁拆除或移动架体上安全防护设施。

9.0.6 满堂支撑架在使用过程中,应设有专人监护施工,当出现异常情况时,应立即停止施工,并应迅速撤离作业面上人员。应在采取确保安全的措施后,查明原因、做出判断和处理。

9.0.7 满堂支撑架顶部的实际荷载不得超过设计规定。

9.0.8 当有六级强风及以上风、浓雾、雨或雪天气时应停止脚手架搭设与拆除作业。雨、雪后上架作业应有防滑措施,并应扫除积雪。

9.0.9 夜间不宜进行脚手架搭设与拆除作业。

9.0.10 脚手架的安全检查与维护,应按本规范第8.2节的规定进行。

9.0.11 脚手板应铺设牢靠、严实,并应用安全网双层兜底。施工层以下每隔10 m应用安全网封闭。

9.0.12 单、双排脚手架、悬挑式脚手架沿墙体外围应用密目式安全网全封闭,密目式安全网宜设置在脚手架外立杆的内侧,并应与架体绑扎牢固。

9.0.13 在脚手架使用期间,严禁拆除下列杆件:

1. 主节点处的纵、横向水平杆,纵、横向扫地杆;

2. 连墙件。

9.0.14 当在脚手架使用过程中开挖脚手架基础下的设备或管沟时,必须对脚手架采取加固措施。

9.0.15 满堂脚手架与满堂支撑架在安装过程中,应采取防倾覆的临时固定措施。

9.0.16 临街搭设脚手架时,外侧应有防止坠物伤人的防护措施。

9.0.17 在脚手架上进行电、气焊作业时,应有防火措施和专人看守。

9.0.19 搭拆脚手架时,地面应设围栏和警戒标志,并应派专人看守,严禁非操作人员入内。

《建筑施工门式钢管脚手架安全技术规范》(JGJ 128—2010)

3.0.3 门架立杆加强杆的长度不应小于门架高度的70%;门架宽度不得小于800 mm,且不宜大于1 200 mm。

3.0.5 门架钢管平直度允许偏差不应大于管长的1/500,钢管不得接长使用,不应使用带有硬伤或严重锈蚀的钢管。门架立杆、横杆钢管壁厚的负偏差不应超过0.2 mm。钢管壁厚存在负偏差时,宜选用热镀锌钢管。

3.0.6 交叉支撑、锁臂、连接棒等配件与门架相连时,应有防止退出的止退机构,当连接棒与锁臂一起应用时,连接棒可不受此限。脚手板、钢梯与门架相连的挂扣,应有防止脱落的扣紧机构。

6.1.2 不同型号的门架与配件严禁混合使用。

6.6.1 门式脚手架通道口高度不宜大于2个门架高度,宽度不宜大于1个门架跨距。

6.6.2 门式脚手架通道口应采取加固措施,并应符合下列规定:

1. 当通道口宽度为一个门架跨距时,在通道口上方的内外侧应设置水平加固杆,水平

加固杆应延伸至通道口两侧各一个门架跨距,并在两个上角内外侧应加设斜撑杆;

2. 当通道口宽为两个及以上跨距时,在通道口上方应设置经专门设计和制作的托架梁,并应加强两侧的门架立杆。

7.1.1　门式脚手架与模板支架搭设与拆除前,应向搭拆和使用人员进行安全技术交底。

7.1.3　门架与配件、加固杆等在使用前应进行检查和验收。

7.3.7　门式脚手架通道口的搭设应符合本规范第6.6节的要求,斜撑杆、托架梁及通道口两侧的门架立杆加强杆件应与门架同步搭设,严禁滞后安装。

7.4.2　拆除作业必须符合下列规定:

1. 架体的拆除应从上而下逐层进行,严禁上下同时作业。

2. 同一层的构配件和加固杆件必须按先上后下、先外后内的顺序进行拆除。

3. 连墙件必须随脚手架逐层拆除。严禁先将连墙件整层或数层拆除后再拆架体。拆除作业过程中,当架体的自由高度大于两步时。必须加设临时拉结。

4. 连接门架的剪刀撑等加固杆件必须在拆卸该门架时拆除。

7.4.5　门架与配件应采用机械或人工运至地面,严禁抛投。

9.0.1　搭拆门式脚手架或模板支架应由专业架子工担任,并应按住房和城乡建设部特种作业人员考核管理规定考核合格,持证上岗。上岗人员应定期进行体检,凡不适合登高作业者,不得上架操作。

9.0.2　搭拆架体时,施工作业层应铺设脚手板,操作人员应站在临时设置的脚手板上进行作业,并应按规定使用安全防护用品,穿防滑鞋。

9.0.3　门式脚手架与模板支架作业层上严禁超载。

9.0.4　严禁将模板支架、缆风绳、混凝土泵管、卸料平台等固定在门式脚手架上。

9.0.5　六级及以上大风天气应停止架上作业;雨、雪、雾天应停止脚手架的搭拆作业;雨、雪、霜后上架作业应采取有效的防滑措施,并应扫除积雪。

9.0.6　门式脚手架与模板支架在使用期间,当预见可能有强风天气所产生的风压值超出设计的基本风压值时,对架体应采取临时加固措施。

9.0.7　在门式脚手架使用期间,脚手架基础附近严禁进行挖掘作业。

9.0.8　满堂脚手架与模板支架的交叉支撑和加固杆,在施工期间禁止拆除。

9.0.9　门式脚手架在使用期间,不应拆除加固杆、连墙件、转角处连接杆、通道口斜撑杆等加固杆件。

9.0.10　当施工需要,脚手架的交叉支撑可在门架一侧局部临时拆除,但在该门架单元上下应设置水平加固杆或挂扣式脚手板,在施工完成后应立即恢复安装交叉支撑。

9.0.11　应避免装卸物料对门式脚手架或模板支架产生偏心、振动和冲击荷载。

9.0.12　门式脚手架外侧应设置密目式安全网,网间应严密,防止坠物伤人。

9.0.14　在门式脚手架或模板支架上进行电、气焊作业时,必须有防火措施和专人看护。

9.0.15　不得攀爬门式脚手架。

9.0.16　搭拆门式脚手架或模板支架作业时,必须设置警戒线、警戒标志,并应派专人看守,严禁非作业人员入内。

9.0.17 对门式脚手架与模板支架应进行日常性的检查和维护,架体上的建筑垃圾或杂物应及时清理。

《建筑施工模板安全技术规范》(JGJ 162—2008)(图略)

5.1.6 模板结构构件的长细比应符合下列规定:

1. 受压构件长细比:支架立柱及桁架,不应大于 150;拉条、缀条、斜撑等连系构件,不应大于 200;

2. 受拉结构长细比:钢杆件,不应大于 350;木杆件,不应大于 250。

6.1.9 支撑梁、板的支架立柱构造与安装应符合下列规定:

1. 梁和板的立柱,其纵横向间距应相等或成倍数。

2. 木立柱底部应设垫木,顶部应设支撑头。钢管立柱底部应设垫木和底座,顶部应设可调支托,U 形支托与楞梁两侧间如有间隙,必须楔紧,其螺杆伸出钢管顶部不得大于 200 mm,螺杆外径与立柱钢管内径的间隙不得大于 3 mm. 安装时应保证上下同心。

3. 在立柱底距地面 200 mm 高处,沿纵横水平方向应按纵下横上的程序设扫地杆。可调支托底部的立柱顶端应沿纵横向设置一道水平拉杆。扫地杆与顶部水平拉杆之间的间距,在满足模板设计所确定的水平拉杆步距要求条件下,进行平均分配确定步距后,在每一步距处纵横向应各设一道水平拉杆。当层高在 8~20 m 时,在最顶步距两水平拉杆中间应加设一道水平拉杆;当层高大于 20 m 时,在最顶两步距水平拉杆中间应分别增加一道水平拉杆。所有水平拉杆的端部均应与四周建筑物顶紧顶牢。无处可顶时,应在水平拉杆端部和中部沿竖向设置连续式剪刀撑。

4. 木立柱的扫地杆、水平拉杆、剪刀撑采用 40 mm×50 mm 木条或 25 mm×80 mm 的木板条与木立柱钉牢。钢管立柱的扫地杆、水平拉杆、剪刀撑应采用 φ48 mm×3.5 mm 钢管,用扣件与钢管立柱扣牢。木扫地杆、水平拉杆、剪刀撑应采用搭接,并应采用铁钉钉牢。钢管扫地杆、水平拉杆应采用对接,剪刀撑应采用搭接,搭接长度不得小于 500 mm,并应采用 2 个旋转扣件分别在离杆端不小于 100 mm 处进行固定。

6.2.4 当采用扣件式钢管作立柱支撑时,其构造与安装应符合下列规定:

1. 钢管规格、间距、扣件应符合设计要求。每根立柱底部应设置底座及垫板,垫板厚度不得小于 50 mm。

2. 钢管支架立柱间距、扫地杆、水平拉杆、剪刀撑的设置应符合本规范第 6.1.9 条的规定。当立柱底部不在同一高度时,高处的纵向扫地杆应向低处延长不少于 2 跨,高低差不得大于 1 m,立柱距边坡上方边缘不得小于 0.5 m。

3. 立柱接长严禁搭接,必须采用对接扣件连接,相邻两立柱的对接接头不得在同步内,且对接接头沿竖向错开的距离不宜小于 500 mm,各接头中心距主节点不宜大于步距的1/3。

4. 严禁将上段的钢管立柱与下段钢管立柱错开固定在水平拉杆上。

5. 满堂模板和共享空间模板支架立柱,在外侧周圈应设由下至上的竖向连续式剪刀撑;中间在纵横向应每隔 10 m 左右设由下至上的竖向连续式剪刀撑,其宽度宜为 4~6 m,并在剪刀撑部位的顶部、扫地杆处设置水平剪刀撑。剪刀撑杆件的底端应与地面顶紧,夹角宜为 45°~60°。当建筑层高在 8~20 m 时,除应满足上述规定外,还应在纵横向相邻的两竖向连续式剪刀撑之间增加之字斜撑,在有水平剪刀撑的部位,应在每个剪刀撑中间处增加一道水平剪刀撑。当建筑层高超过 20 m 时,在满足以上规定的基础上,应将所有之字斜撑全部改为连续式剪刀撑。

6. 当支架立柱高度超过 5 m 时,应在立柱周圈外侧和中间有结构柱的部位,按水平间距 6~9 m、竖向间距 2~3 m 与建筑结构设置一个固结点。

《液压爬升模板工程技术规程》(JGJ 195—2010)

3.0.1　采用液压爬升模板进行施工必须编制爬模专项施工方案,进行爬模装置设计与工作荷载计算;且必须对承载螺栓、支承杆、导轨主要受力部件分别按施工、爬升和停工三种工况进行强度、刚度及稳定性计算。

3.0.6　在爬模装置爬升时,承载体受力处的混凝土强度必须大于 10 MPa 且必须满足设计要求。

7.5.1　爬模装置拆除前,必须编制拆除技术方案,明确拆除先后顺序,制定拆除安全措施,进行安全技术交底。

8.2.1　爬升施工必须建立专门的指挥管理组织,制定管理制度,液压控制台操作人员应进行专业培训,合格后方可上岗操作,严禁其他人员操作。

9.0.2　爬模工程必须编制安全专项施工方案,且必须经专家论证。

9.0.3　爬模装置的安装、操作、拆除应在专业厂家指导下进行,专业操作人员应进行爬模施工安全、技术培训,合格后方可上岗操作。

9.0.4　爬模工程应设专职安全员,负责爬模施工的安全监控,并填写安全检查表。

9.0.5　操作平台上应在显著位置标明允许荷载值,设备、材料及人员等荷载应均匀分布,人员、物料不得超过允许荷载;爬模装置爬升时不得堆放钢筋等施工材料,非操作人员应撤离操作平台。

9.0.8　操作平台上应按消防要求设置灭火器,施工消防供水系统应随爬模施工同步设置。在操作平台上进行电、气焊作业时应有防火措施和专人看护。

9.0.11　遇有六级以上强风、浓雾、雷电等恶劣天气,停止爬模施工作业,并应采取可靠的加固措施。

9.0.15　爬模装置拆除时,参加拆除的人员必须系好安全带并扣好保险钩;每起吊一段模板或架体前,操作人员必须离开。

9.0.16　爬模施工现场应有明显的安全标志,爬模安装、拆除时地面应设围栏和警戒标志,并派专人看守,严禁非操作人员入内。

《建筑施工木脚手架安全技术规范》(JGJ 164—2008)(图略)

1.0.3　当选材、材质和构造符合本规范的规定时,脚手架搭设高度应符合下列规定:

1. 单排架不得超过 20 m;

2. 双排架不得超过 25 m,当需超过 25 m 时,应按本规范第 5 章进行设计计算确定,但增高后的总高度不得超过 30 m。

3.1.1　杆件、连墙件应符合下列规定:

1. 立杆、斜撑、剪刀撑、抛撑应选用剥皮杉木或落叶松。其材质性能应符合现行国家标准《木结构设计规范》GB 50005 中规定的承重结构原木Ⅲ$_a$材质等级的质量标准。

2. 纵向水平杆及连墙件应选用剥皮杉木或落叶松。横向水平杆应选用剥皮杉木或落叶松。其材质性能均应符合现行国家标准《木结构设计规范》GB 50005 中规定的承重结构原木 Ⅱ。材质等级的质量标准。

3.1.3　连接用的绑扎材料必须选用 8 号镀锌钢丝或回火钢丝,且不得有锈蚀斑痕;用过的钢丝严禁重复使用。

6.1.2　单排脚手架的搭设不得用于墙厚在 180 mm 及以下的砌体土坯和轻质空心砖墙以及砌筑砂浆强度在 M1.0 以下的墙体。

6.1.3　空斗墙上留置脚手眼时,横向水平杆下必须实砌两皮砖。

6.1.4　砖砌体的下列部位不得留置脚手眼:

1. 砖过梁上与梁成 60°角的三角形范围内;

2. 砖柱或宽度小于 740 mm 的窗间墙;

3. 梁和梁垫下及其左右各 370 mm 的范围内;

4. 门窗洞口两侧 240 mm 和转角处 420 mm 的范围内;

5. 设计图纸上规定不允许留洞眼的部位。

6.2.2　剪刀撑的设置应符合下列规定:

1. 单、双排脚手架的外侧均应在架体端部、转折角和中间每隔 15 m 的净距内,设置纵向剪刀撑,并应由底至顶连续设置;剪刀撑的斜杆应至少覆盖 5 根立杆。斜杆与地面倾角应在 45°～60°之间。当架长在 30 m 以内时,应在外侧立面整个长度和高度上连续设置多跨剪刀撑。

2. 剪刀撑的斜杆的端部应置于立杆与纵、横向水平杆相交节点处;与横向水平杆绑扎应牢固。中部与立杆及纵、横向水平杆各相交处均应绑扎牢固。

3. 对不能交圈搭设的单片脚手架,应在两端端部从底到上连续设置横向斜撑。

4. 斜撑或剪刀撑的斜杆底端埋入土内深度不得小于 0.3 m。

6.2.3　对三步以上的脚手架.应每隔 7 根立杆设置 1 根抛撑,抛撑应进行可靠固定,底端埋深应为 0.2～0.3 m。

6.2.4　当脚手架架高超过 7 m 时,必须在搭架的同时设置与建筑物牢固连接的连墙件。连墙件的设置应符合下列规定:

1. 连墙件应既能抗拉又能承压,除应在第一步架高处设置外,双排架应两步三跨设置一个;单排架应两步两跨设置一个;连墙件应沿整个墙面采用梅花形布置。

2. 开口形脚手架,应在两端端部沿竖向每步架设置一个。

3. 连墙件应采用预埋件和工具化、定型化的连接构造。

6.2.6　在土质地面挖掘立杆基坑时,坑深应为 0.3～0.5 m,并应于埋杆前将坑底夯实,或按计算要求加设垫木。

6.2.7　当双排脚手架搭设立杆时,里外两排立杆距离应相等。杆身沿纵向垂直允许偏差应为架高的 3/1 000,且不得大于 100 m,并不得向外倾斜。埋杆时,应采用石块卡紧,再分层回填夯实,并应有排水措施。

6.2.8　当立杆底端无法埋地时,立杆在地表面处必须加设扫地杆。横向扫地杆距地表面应为 100 mm,其上绑扎纵向扫地杆。

6.3.1　满堂脚手架的构造参数应按表 6.3.1 的规定选用。

表 6.3.1　满堂脚手架的构造参数

用途	控制荷载	立杆纵横间距（m）	纵向水平杆竖向步距（m）	横向水平杆设置	作业层横向水平杆间距（m）	脚手板铺设
装修架	2 kN/m²	≤1.2	1.8	每步一道	0.60	满铺、铺稳、铺牢，脚手板下设置大网眼安全网
结构架	3 kN/m²	≤1.5	1.4	每步一道	0.75	

8.0.5　上料平台应独立搭设，严禁与脚手架共用杆件。

8.0.8　不得在各种杆件上进行钻孔、刀削和斧砍。每年均应对所使用的脚手板和各种杆件进行外观检查。严禁使用有腐朽、虫蛀、折裂、扭裂和纵向严重裂缝的杆件。

《建筑施工碗扣式钢管脚手架安全技术规范》(JGJ 166—2008)（图略）

3.2.4　采用钢板热冲压整体成型的下碗扣，钢板应符合现行国家标准《碳素结构钢》GB/T 700 中 Q235A 级钢的要求，板材厚度不得小于 6 mm，并应经 600 ℃～650 ℃ 的时效处理，严禁利用废旧锈蚀钢板改制。

3.3.8　可调底座底板的钢板厚度不得小于 6 mm，可调托撑钢板厚度不得小于 5 mm。

3.3.9　可调底座及可调托撑丝杆与调节螺母啮合长度不得少于 6 扣，插入立杆内的长度不得小于 150 mm。

5.1.4　受压杆件长细比不得大于 230，受拉杆件长细比不得大于 350。

6.1.4　双排脚手架首层立杆应采用不同的长度交错布置，底层纵、横向横杆作为扫地杆距地面高度应小于或等于 350 mm，严禁施工中拆除扫地杆，立杆应配置可调底座或固定底座。

6.1.5　双排脚手架专用外斜杆设置应符合下列规定：

1. 斜杆应设置在有纵、横向横杆的碗扣节点上；

2. 在封圈的脚手架拐角处及一字形脚手架端部应设置竖向通高斜杆；

3. 当脚手架高度小于或等于 24 m 时，每隔 5 跨应设置一组竖向通高斜杆；当脚手架高度大于 24 m 时，每隔 3 跨应设置一组竖向通高斜杆；斜杆应对称设置；

4. 当斜杆临时拆除时，拆除前应在相邻立杆间设置相同数量的斜杆。

6.1.6　当采用钢管扣件作斜杆时应符合下列规定：

1. 斜杆应每步与立杆扣接，扣接点距碗扣节点的距离不应大于 150 mm；当出现不能与立杆扣接时，应与横杆扣接，扣件扭紧力矩应为 40～65 N·m；

2. 纵向斜杆应在全高方向设置成八字形且内外对称，斜杆间距不应大于 2 跨。

6.1.7　连墙件的设置应符合下列规定：

1. 连墙件应呈水平设置，当不能呈水平设置时，与脚手架连接的一端应下斜连接；

2. 每层连墙件应在同一平面，其位置应由建筑结构和风荷载计算确定，且水平间距不应大于 4.5 m；

3. 连墙件应设置在有横向横杆的碗扣节点处，当采用钢管扣件做连墙件时，连墙件应与立杆连接，连接点距碗扣节点距离不应大于 150 m；

4. 连墙件应采用可承受拉、压荷载的刚性结构，连接应牢固可靠。

6.1.8　当脚手架高度大于 24 m 时，顶部 24 m 以下所有的连墙件层必须设置水平斜杆，水平斜杆应设置在纵向横杆之下。

6.2.2 模板支撑架斜杆设置应符合下列要求：

1. 当立杆间距大于 1.5 m 时，应在拐角处设置通高专用斜杆，中间每排每列应设置通高八字形斜杆或剪刀撑；

2. 当立杆间距小于或等于 1.5 m 时，模板支撑架四周从底到顶连续设置竖向剪刀撑；中间纵、横向由底至顶连续设置竖向剪刀撑，其间距应小于或等于 4.5 m；

3. 剪刀撑的斜杆与地面夹角应在 45°～60°之间，斜杆应每步与立杆扣接。

6.2.3 当模板支撑架高度大于 4.8 m 时，顶端和底部必须设置水平剪刀撑，中间水平剪刀撑设置间距应小于或等于 4.8 m。

7.2.1 脚手架基础必须按专项施工方案进行施工，按基础承载力要求进行验收。

7.3.7 连墙件必须随双排脚手架升高及时在规定的位置处设置，严禁任意拆除。

7.4.6 连墙件必须在双排脚手架拆到该层时方可拆除，严禁提前拆除。

9.0.5 严禁在脚手架基础及邻近处进行挖掘作业。

《建筑施工工具式脚手架安全技术规范》(JGJ 202—2010)

4.4.14 附着式升降脚手架的安全防护措施应符合下列规定：

1. 架体外侧必须用密目式安全立网全封闭，密目式安全立网的网目不应低于 2 000 目/100 cm²，且应可靠地固定在架体上；

2. 作业层外侧应设置 1.2 m 高的防护栏杆和 180 mm 高的挡脚板；

3. 作业层应设置固定牢靠的脚手板，其与结构之间的间距应满足现行行业标准《建筑施工扣件式钢管脚手架安全技术规范》JGJ 130 的相关规定。

4.5.1 附着式升降脚手架必须具有防倾覆、防坠落和同步升降控制的安全装置。

4.6.2 附着式升降脚手架在首层安装前应设置安装平台，安装平台应有保障施工人员安全的防护设施，安装平台的水平精度和承载能力应满足架体安装的要求。

4.6.5 安全保险装置应全部合格，安全防护设施应齐备，且应符合设计要求，并应设置必要的消防设施。

4.7.3 附着式升降脚手架的升降操作应符合下列规定：

1. 应按升降作业程序和操作规程进行作业；

2. 操作人员不得停留在架体上；

3. 升降过程中不得有施工荷载；

4. 所有妨碍升降的障碍物应已拆除；

5. 所有影响升降作业的约束应已解除；

6. 各相邻提升点间的高差不得大于 30 mm，整体架最大升降差不得大于 80 mm。

4.7.4 升降过程中应实行统一指挥、统一指令。升降指令应由总指挥一人下达；当有异常情况出现时，任何人均可立即发出停止指令。

4.8.1 附着式升降脚手架应按设计性能指标进行使用，不得随意扩大使用范围；架体上的施工荷载应符合设计规定，不得超载，不得放置影响局部杆件安全的集中荷载。

4.8.4 当附着式升降脚手架停用超过 3 个月时，应提前采取加固措施。

4.8.5 当附着式升降脚手架停用超过 1 个月或遇 6 级及以上大风后复工时，应进行检查，确认合格后方可使用。

4.9.1 附着式升降脚手架的拆除工作应按专项施工方案及安全操作规程的有关要求

进行。

4.9.2　应对拆除作业人员进行安全技术交底。

4.9.3　拆除时应有可靠的防止人员或物料坠落的措施,拆除的材料及设备不得抛扔。

4.9.4　拆除作业应在白天进行。遇 5 级及以上大风和大雨、大雪、浓雾和雷雨等恶劣天气时,不得进行拆卸作业。

5.4.1　高处作业吊篮安装时应按专项施工方案,在专业人员的指导下实施。

5.4.5　在建筑物屋面上进行悬挂机构的组装时,作业人员应与屋面边缘保持 2 m 以上的距离。组装场地狭小时应采取防坠落措施。

5.4.6　悬挂机构宜采用刚性联结方式进行拉结固定。

5.4.7　悬挂机构前支架严禁支撑在女儿墙上、女儿墙外或建筑物挑檐边缘。

5.4.10　配重件应稳定可靠地安放在配重架上,并应有防止随意移动的措施。严禁使用破损的配重件或其他替代物。配重件的重量应符合设计规定。

5.4.11　安装时钢丝绳应沿建筑物立面缓慢下放至地面,不得抛掷。

5.5.1　高处作业吊篮应设置作业人员专用的挂设安全带的安全绳及安全锁扣。安全绳应固定在建筑物可靠位置上不得与吊篮上任何部位有连接,并应符合下列规定:

1. 安全绳应符合现行国家标准《安全带》GB 6095 的要求,其直径应与安全锁扣的规格相一致;

2. 安全绳不得有松散、断股、打结现象;

3. 安全锁扣的部件应完好、齐全,规格和方向标识应清晰可辨。

5.5.2　吊篮宜安装防护棚,防止高处坠物造成作业人员伤害。

5.5.4　使用吊篮作业时,应排除影响吊篮正常运行的障碍。在吊篮下方可能造成坠落物伤害的范围,应设置安全隔离区和警告标志,人员或车辆不得停留、通行。

5.5.5　在吊篮内从事安装、维修等作业时,操作人员应配戴工具袋。

5.5.7　不得将吊篮作为垂直运输设备,不得采用吊篮运送物料。

5.5.8　吊篮内的作业人员不应超过 2 个。

5.5.9　吊篮正常工作时,人员应从地面进入吊篮内,不得从建筑物顶部、窗口等处或其他孔洞处出入吊篮。

5.5.10　在吊篮内的作业人员应配戴安全帽,系安全带,并应将安全锁扣正确挂置在独立设置的安全绳上。

5.5.20　当施工中发现吊篮设备故障和安全隐患时,应及时排除,对可能危及人身安全时,必须停止作业,并应由专业人员进行维修。维修后的吊篮应重新进行检查验收,合格后方可使用。

5.6.3　拆除支承悬挂结构时,应对作业人员和设备采取相应的安全措施。

5.6.4　拆卸分解后的构配件不得放置在建筑物边缘,应采取防止坠落的措施。零散物品应放置在容器中,不得将吊篮任何部件从屋顶处抛下。

6.4.3　防护架应配合施工进度搭设,一次搭设的高度不应超过相邻连墙件以上二个步距。

6.5.7　当防护架提升、下降时,操作人员必须站在建筑物内或相邻的架体上,严禁站在防护架上操作;架体安装完毕前,严禁上人。

6.6.2　拆除防护架时,应符合下列规定:

1. 应采用起重机械把防护架吊运到地面进行拆除;

2. 拆除的构配件应按品种、规格随时码堆存放,不得抛掷。

7.0.6　施工现场使用工具式脚手架应由总承包单位统一监督,并应符合下列规定:

1. 安装、升降、使用、拆除等作业前,应向有关作业人员进行安全教育;并应监督对作业人员的安全技术交底;

2. 应对专业承包人员的配备和特种作业人员的资格进行审查;

3. 安装、升降、拆卸等作业时,应派专人进行监督;

4. 应组织工具式脚手架的检查验收;

5. 应定期对工具式脚手架使用情况进行安全巡检。

7.0.12　安装、拆除时,在地面应设围栏和警戒标志,并应派专人看守,非操作人员不得入内。

六、拆除工程

《建筑拆除工程安全技术规范》(JGJ 147—2016)

3.0.4　拆除工程施工应按有关规定配备专职安全生产管理人员,对各项安全技术措施进行监督、检查。

5.1.1　人工拆除施工应从上至下逐层拆除,并应分段进行,不得垂直交叉作业。当框架结构采用人工拆除施工时,应按楼板、次梁、主梁、结构柱的顺序依次进行。

5.1.2　当进行人工拆除作业时,水平构件上严禁人员聚集或集中堆放物料,作业人员应在稳定的结构或脚手架上操作。

5.1.3　当人工拆除建筑墙体时,严禁采用底部掏掘或推倒的方法。

5.2.2　当采用机械拆除建筑时,应从上至下逐层拆除,并应分段进行;应先拆除非承重结构,再拆除承重结构。

6.0.3　拆除工程施工前,必须对施工作业人员进行书面安全技术交底,且应有记录并签字确认。

七、临时用电

《施工现场临时用电安全技术规程》(JGJ 46—2005)(图略)

1.0.3　建筑施工现场临时用电工程专用的电源中性点直接接地的 220/380V 三相四线制低压电力系统,必须符合下列规定:

1. 采用三级配电系统;

2. 采用 TN-S 接零保护系统;

3. 采用二级漏电保护系统。

3.1.4　临时用电组织设计及变更时,必须履行"编制、审核、批准"程序,由电气工程技术人员组织编制,经相关部门审核及具有法人资格企业的技术负责人批准后实施。变更用电组织设计时应补充有关图纸资料。

3.1.5　临时用电工程必须经编制、审核、批准部门和使用单位共同验收,合格后方可投入使用。

3.3.4　临时用电工程定期检查应按分部、分项工程进行,对安全隐患必须及时处理,并应履行复查验收手续。

5.1.1　在施工现场专用变压器的供电的 TN-S 接零保护系统中,电气设备的金属外壳必须与保护零线连接。保护零线应由工作接地线、配电室(总配电箱)电源侧零线或总漏电保护器电源侧零线处引出。

5.1.2　当施工现场与外电线路共用同一供电系统时,电气设备的接地、接零保护应与原系统保持一致。不得一部分设备做保护接零,另一部分设备做保护接地。

采用 TN 系统做保护接零时,工作零线(N 线)必须通过总漏电保护器,保护零线(PE 线)必须由电源进线零线重复接地处或总漏电保护器电源侧零线处,引出形成局部 TN-S 接零保护系统。

5.1.10　PE 线上严禁装设开关或熔断器,严禁通过工作电流,且严禁断线。

5.3.2　TN 系统中的保护零线除必须在配电室或总配电箱处做重复接地外,还必须在配电系统的中间处和末端处做重复接地。

在 TN 系统中,保护零线每一处重复接地装置的接地电阻值不应大于10 Ω。在工作接地电阻值允许达到 10 Ω 的电力系统中,所有重复接地的等效电阻值不应大于 10 Ω。

5.4.7　做防雷接地机械上的电气设备,所连接的 PE 线必须同时做重复接地,同一台机械电气设备的重复接地和机械的防雷接地可共用同一接地体,但接地电阻应符合重复接地电阻值的要求。

6.1.6　配电柜应装设电源隔离开关及短路、过载、漏电保护电器。电源隔离开关分断时应有明显可见分断点。

6.1.8　配电柜或配电线路停电维修时,应挂接地线,并应悬挂"禁止合闸、有人工作"停电标志牌。停送电必须由专人负责。

6.2.3　发电机组电源必须与外电线路电源连锁,严禁并列运行。

6.2.7　发电机组并列运行时,必须装设同期装置,并在机组同步运行后再向负载供电。

7.2.1　电缆中必须包含全部工作芯线和用作保护零线或保护线的芯线。需要三相四线制配电的电缆线路必须采用五芯电缆。

五芯电缆必须包含淡蓝、绿/黄二种颜色绝缘芯线。淡蓝色芯线必须用作 N 线,绿/黄双色芯线必须用作 PE 线,严禁混用。

7.2.3　电缆线路应采用埋地或架空敷设,严禁沿地面明设;并应避免机械损伤和介质腐蚀。埋地电缆路径应设方位标志。

8.1.3　每台用电设备必须有各自专用的开关箱,严禁用同一个开关箱直接控制 2 台及 2 台以上用电设备(含插座)。

8.1.11　配电箱的电器安装板上必须分设 N 线端子板和 PE 线端子板。N 线端子板必须与金属电器安装板绝缘;PE 线端子板必须与金属电器安装板做电气连接。

进出线中的 N 线必须通过 N 线端子板连接;PE 线必须通过 PE 线端子板连接。

8.2.10　开关箱中漏电保护器的额定漏电动作电流不应大于 30 mA,额定漏电动作时间不应大于 0.1 s。

使用于潮湿或有腐蚀介质场所的漏电保护器应采用防溅型产品,其额定漏电动作电流不应大于 15 mA,额定漏电动作时间不应大于 0.1 s。

8.2.11 总配电箱中漏电保护器的额定漏电动作电流应大于 30 mA,额定漏电动作时间应大于 0.1 s,但其额定漏电动作电流与额定漏电动作时间的乘积不应大于 30 mA·s。

8.2.15 配电箱、开关箱的电源进线端严禁采用插头和插座做活动连接。

8.3.4 对配电箱、开关箱进行定期维修、检查时,必须将其前一级相应的电源隔离开关分闸断电,并悬挂"禁止合闸、有人工作"停电标志牌,严禁带电作业。

9.7.3 对混凝土搅拌机、钢筋加工机械、木工机械、盾构机械等设备进行清理、检查、维修时,必须首先将其开关箱分闸断电,呈现可见电源分断点,并关门上锁。

10.2.2 下列特殊场所应使用安全特低电压照明器:

1. 隧道、人防工程、高温、有导电灰尘、比较潮湿或灯具离地面高度低于 2.5 m 等场所的照明,电源、电压不应大于 36 V;

2. 潮湿和易触及带电体场所的照明,电源电压不得大于 24 V;

3. 特别潮湿场所、导电良好的地面、锅炉或金属容器内的照明,电源、电压不得大于 12 V。

10.2.5 照明变压器必须使用双绕组型安全隔离变压器,严禁使用自耦变压器。

10.3.11 对夜间影响飞机或车辆通行的在建工程及机械设备,必须设置醒目的红色信号灯,其电源应设在施工现场总电源开关的前侧,并应设置外电线路停止供电时的应急自备电源。

《建设工程施工现场供用电安全规范》(GB 50194—2014)

4.0.4 发电机组电源必须与其他电源互相闭锁,严禁并列运行。

6.1.1 低压配电系统宜采用三级配电,宜设置总配电箱、分配电箱、末级配电箱。

6.1.3 消防等重要负荷应由总配电箱专用回路直接供电,并不得接入过负荷保护和剩余电流保护器。

6.1.4 消防泵、施工升降机、塔式起重机、混凝土输送泵等大型设备应设专用配电箱。

6.3.4 当分配电箱直接控制用电设备或插座时,每台用电设备或插座应有各自独立的保护电器。

6.3.6 固定式配电箱的中心与地面的垂直距离宜为 1.4 m~1.6 m,安装应平正、牢固。户外落地安装的配电箱、柜,其底部离地面不应小于 0.2 m。

7.1.1 施工现场配电线路路径选择应符合下列规定:

1. 应结合施工现场规划及布局,在满足安全要求的条件下,方便线路敷设、接引及维护;

2. 应避开过热、腐蚀以及储存易燃、易爆物的仓库等影响线路安全运行的区域;

3. 宜避开易遭受机械性外力的交通、吊装、挖掘作业频繁场所,以及河道、低洼、易受雨水冲刷的地段;

4. 不应跨越在建工程、脚手架、临时建筑物。

7.1.2 配电线路的敷设方式应符合下列规定:

1. 应根据施工现场环境特点,以满足线路安全运行、便于维护和拆除的原则来选择,敷

设方式应能够避免受到机械性损伤或其他损伤;

2. 供用电电缆可采用架空、直埋、沿支架等方式进行敷设;

3. 不应敷设在树木上或直接绑挂在金属构架和金属脚手架上;

4. 不应接触潮湿地面或接近热源。

7.3.2　直埋敷设的电缆线路应符合下列规定:

1. 在地下管网较多、有较频繁开挖的地段不宜直埋。

2. 直埋电缆应沿道路或建筑物边缘埋设,并宜沿直线敷设,直线段每隔 20 m 处、转弯处和中间接头处应设电缆走向标识桩。

3. 电缆直埋时,其表面距地面的距离不宜小于 0.7 m;电缆上、下、左、右侧应铺以软土或砂土,其厚度及宽度不得小于 100 mm,上部应覆盖硬质保护层。直埋敷设于冻土地区时,电缆宜埋入冻土层以下,当无法深埋时可在土壤排水性好的干燥冻土层或回填土中埋设。

4. 直埋电缆的中间接头宜采用热缩或冷缩工艺,接头处应采取防水措施,并应绝缘良好。中间接头不得浸泡在水中。

5. 直埋电缆在穿越建筑物、构筑物、道路,易受机械损伤、腐蚀介质场所及引出地面 2.0 m 高至地下 0.2 m 处,应加设防护套管。防护套管应固定牢固,端口应有防止电缆损伤的措施,其内径不应小于电缆外径的 1.5 倍。

7.5.1　在建工程不得在外电架空线路保护区内搭设生产、生活等临时设施或堆放构件、架具、材料及其他杂物等。

7.5.2　当需在外电架空线路保护区内施工或作业时,应在采取安全措施后进行。

7.5.6　在外电架空线路附近开挖沟槽时,应采取加固措施,防止外电架空线路电杆倾斜、悬倒。

8.1.10　保护导体(PE)上严禁装设开关或熔断器。

8.1.12　严禁利用输送可燃液体、可燃气体或爆炸性气体的金属管道作为电气设备的接地保护导体(PE)。

9.3.2　起重机械的电源电缆应经常检查,定期维护。轨道式起重机电源电缆收放通道附近不得堆放其他设备、材料和杂物。

9.3.4　在强电磁场附近工作的塔式起重机,操作人员应戴绝缘手套和穿绝缘鞋,并应在吊钩与吊物间采取绝缘隔离措施,或在吊钩吊装地面物体时,应在吊钩上挂接临时接地线。

9.4.1　电焊机应放置在防雨、干燥和通风良好的地方。焊接现场不得有易燃、易爆物品。

10.2.4　严禁利用额定电压 220 V 的临时照明灯具作为行灯使用。

11.2.3　在易燃、易爆区域内进行用电设备检修或更换工作时,必须断开电源,严禁带电作业。

八、冬期施工

《建筑工程冬期施工规程》(JGJ/T 104—2011)

3.1.4　在冻土上进行桩基础和强夯施工时所产生的振动,对周围建筑物及各种设施有影响时,应采取隔振措施。

3.5.1 基坑支护冬期施工宜选用排桩和土钉墙的方法。

4.1.3 砌体工程宜选用外加剂法进行施工,对绝缘、装饰等有特殊要求的工程,应采用其他方法。

4.1.4 施工日记中应记录大气温度、暖棚内温度、砌筑时砂浆温度、外加剂掺量等有关资料。

7.1.1 保温工程、屋面防水工程冬期施工应选择晴朗天气进行,不得在雨、雪天和五级风及其以上或基层潮湿、结冰、霜冻条件下进行。

7.1.3 保温与防水材料进场后,应存放于通风、干燥的暖棚内,并严禁接近火源和热源。棚内温度不宜低于 0 ℃,且不得低于本规程表 7.1.2 规定的温度。

7.4.6 热熔法铺贴卷材施工安全应符合下列规定:

1. 易燃性材料及辅助材料库和现场严禁烟火,并应配备适当灭火器材;

2. 溶剂型基层处理剂未充分挥发前不得使用喷灯或热喷枪操作;操作时应保持火焰与卷材的喷距,严防火灾发生;

3. 在大坡度屋面或挑檐等危险部位施工时,施工人员应系好安全带,四周应设防护措施。

7.4.7 冷粘法施工宜采用合成高分子防水卷材。胶粘剂应采用密封桶包装,储存在通风良好的室内,不得接近火源和热源。

8.1.1 室外建筑装饰装修工程施工不得在五级及以上大风或雨、雪天气下进行。施工前,应采取挡风措施。

8.1.2 外墙饰面板、饰面砖以及马赛克饰面工程采用湿贴法作业时,不宜进行冬期施工。

8.1.6 室内装饰施工可采用建筑物正式热源、临时性管道或火炉、电气取暖。若采用火炉取暖时,应采取预防煤气中毒的措施。

8.2.5 含氯盐的防冻剂不宜用于有高压电源部位和有油漆墙面的水泥砂浆基层内。

9.1.4 参加负温钢结构施工的电焊工应经过负温焊接工艺培训,并应取得合格证,方能参加钢结构的负温焊接工作。定位点焊工作应由取得定位点焊合格证的电焊工来担任。

9.4.1 冬期运输、堆存钢结构时,应采取防滑措施。构件堆放场地应平整坚实并无水坑,地面无结冰。同一型号构件叠放时,构件应保持水平,垫块应在同一垂直线上,并应防止构件溜滑。

《建筑施工高处作业安全技术规范》(JGJ 80—2016)

2.0.7 雨天和雪天进行高处作业时,必须采取可靠的防滑、防寒和防冻措施。凡水、冰、霜、雪均应及时清除。

《建筑机械使用安全技术规程》(JGJ 33—2012)

4.1.14 在风速达到 9.0 m/s 及以上或大雨、大雪、大雾等恶劣天气时,严禁进行建筑起重机械的安装拆卸作业。

《砌体结构工程施工质量验收规范》(GB 50203—2011)

10.0.3 砌体工程冬期施工应有完整的冬期施工方案。

10.0.4 冬期施工所用材料应符合下列规定:

1. 石灰膏、电石膏等应防止受冻,如遭冻结,应经融化后使用;

2. 拌制砂浆用砂,不得含有冰块和大于 10 mm 的冻结块;

3. 砌体用块体不得遭水浸冻。

10.0.5 冬期施工砂浆试块的留置,除应按常温规定要求外,尚应增加 1 组与砌体同条件养护的试块,用于检验转入常温 28 d 的强度。如有特殊需要,可另外增加相应龄期的同条件养护的试块。

九、高空作业

《建筑施工高处作业安全技术规范》(JGJ 80—2016)

3.0.3 高处作业施工前,应对作业人员进行安全技术教育及交底,并应配备相应防护用品。

3.0.4 高处作业施工前,应检查高处作业的安全标志、安全设施、工具、仪表、防火设施、电气设施和设备,确认其完好,方可进行施工。

3.0.5 高处作业人员应按规定正确佩戴和使用高处作业安全防护用品、用具,并应经专人检查。

3.0.6 对施工作业现场所有可能坠落的物料,应及时拆除或采取固定措施。高处作业所用的物料应堆放平稳,不得妨碍通行和装卸。工具应随手放入工具袋;作业中的走道、通道板和登高用具,应随时清理干净;拆卸下的物料及余料和废料应及时清理运走,不得任意放置或向下丢弃。传递物料时不得抛掷。

3.0.7 施工现场应按规定设置消防器材,当进行焊接等动火作业时,应采取防火措施。

3.0.8 在雨、霜、雾、雪等天气进行高处作业时,应采取防滑、防冻措施,并应及时清除作业面上的水、冰、雪、霜。

当遇有 6 级以上强风、浓雾、沙尘暴等恶劣气候,不得进行露天攀登与悬空高处作业。暴风雪及台风暴雨后,应对高处作业安全设施进行检查,当发现有松动、变形、损坏或脱落等现象时,应立即修理完善,维修合格后再使用。

4.1.1 坠落高度基准面 2 m 及以上进行临边作业时,应在临空一侧设置防护栏杆,并应采用密目式安全立网或工具式栏板封闭。

4.2.1 在洞口作业时,应采取防坠落措施,并应符合下列规定:

1. 当垂直洞口短边边长小于 500 mm 时,应采取封堵措施;当垂直洞口短边边长大于或等于 500 mm 时,应在临空一侧设置高度不小于 1.2 m 的防护栏杆,并应采用密目式安全立网或工具式栏板封闭,设置挡脚板;

2. 当非垂直洞口短边尺寸为 25 mm～500 mm 时,应采用承载力满足使用要求的盖板覆盖,盖板四周搁置应均衡,且应防止盖板移位;

3. 当非垂直洞口短边边长为 500 mm～1 500 mm 时,应采用专项设计盖板覆盖,并应采取固定措施;

4. 当非垂直洞口短边长大于或等于 1 500 mm 时,应在洞口作业侧设置高度不小于1.2 m 的防护栏杆,并应采用密目式安全立网或工具式栏板封闭;洞口应采用安全平网封闭。

4.2.4 施工现场通道附近的洞口、坑、沟、槽、高处临边等危险作业处，应悬挂安全警示标志外，夜间应设灯光警示。

4.2.6 墙面等处落地的竖向洞口、窗台高度低于 800 mm 的竖向洞口及框架结构在浇注完混凝土没有砌筑墙体时的洞口，应按临边防护要求设置防护栏杆。

4.3.1 临边作业的防护栏杆应由横杆、立杆及不低于 180 mm 高的挡脚板组成，并应符合下列规定：

1. 防护栏杆应为两道横杆，上杆距地面高度应为 1.2 m，下杆应在上杆和挡脚板中间设置。当防护栏杆高度大于 1.2 m 时，应增设横杆，横杆间距不应大于 600 mm。

2. 防护栏杆立杆间距不应大于 2 m。

5.1.1 施工组织设计或施工技术方案中应明确施工中使用的登高和攀登设施，人员登高应借助建筑结构或脚手架的上下通道、梯子及其他攀登设施和用具。

5.1.3 不得两人同时在梯子上作业。在通道处使用梯子作业时，应有专人监护或设置围栏。脚手架操作层上不得使用梯子进行作业。

5.1.8 使用固定式直梯进行攀登作业时，攀登高度宜为 5 m，且不超过 10 m。当攀登高度超过 3 m 时，宜加设护笼，超过 8 m 时，应设置梯间平台。

5.1.9 当安装钢柱或钢结构时，应使用梯子或其他登高设施。当钢柱或钢结构接高时，应设置操作平台。当无电焊防风要求时，操作平台的防护栏杆高度不应小于 1.2 m；有电焊防风要求时，操作平台的防护栏杆高度不应小于 1.8 m。

5.1.10 当安装三角形屋架时，应在屋脊处设置上下的扶梯；当安装梯形屋架时，应在两端设置上下的扶梯，扶梯的踏步间距不应大于 400 mm。屋架弦杆安装时搭设的操作平台，应设置防护栏杆或用于作业人员拴挂安全带的安全绳。

5.1.11 深基坑施工，应设置扶梯、入坑踏步及专用载人设备或斜道等，采用斜道时，应加设间距不大于 400 mm 的防滑条等防滑措施。严禁沿坑壁、支撑或乘运土工具上下。

5.2.1 悬空作业应设有牢固的立足点，并应配置登高和防坠落的设施。

5.2.3 严禁在未固定、无防护的构件及安装中的管道上作业或通行。

5.2.4 模板支撑体系搭设和拆卸时的悬空作业，应符合下列规定：

1. 模板支撑应按规定的程序进行，不得在连接件和支撑件上攀登上下，不得在上下同一垂直面上装拆模板；

2. 在 2 m 以上高处搭设与拆除柱模板及悬挑式模板时，应设置操作平台；

3. 在进行高处拆模作业时应配置登高用具或搭设支架。

5.2.5 绑扎钢筋和预应力张拉时的悬空作业应符合下列规定：

1. 绑扎立柱和墙体钢筋，不得站在钢筋骨架上或攀登骨架；

2. 在 2 m 以上的高处绑扎柱钢筋时，应搭设操作平台；

3. 在高处进行预应力张拉时，应搭设有防护挡板的操作平台。

5.2.6 混凝土浇筑与结构施工时的悬空作业应符合下列规定：

1. 浇筑高度 2 m 以上的混凝土结构构件时，应设置脚手架或操作平台；

2. 悬挑的混凝土梁、檐、外墙和边柱等结构施工时，应搭设脚手架或操作平台，并应设置防护栏杆，采用密目式安全立网封闭。

5.2.7 屋面作业时应符合下列规定：

1. 在坡度大于 1:2.2 的屋面上作业,当无外脚手架时,应在屋檐边设置不低于 1.5 m 高的防护栏杆,并应采用密目式安全立网全封闭;

2. 在轻质型材等屋面上作业,应搭设临时走道板,不得在轻质型材上行走;安装压型板前,应采取在梁下支设安全平网或搭设脚手架等安全防护措施。

5.2.8 外墙作业时应符合下列规定：

1. 门窗作业时,应有防坠落措施,操作人员在无安全防护措施情况下,不得站立在樘子、阳台栏板上作业;

2. 高处安装、不得使用座板式单人吊具。

6.1.5 操作平台投入使用时,应在平台的内侧设置标明允许负载值的限载牌,物料应及时转运,不得超重与超高堆放。

6.2.4 移动式操作平台在移动时,操作平台上不得站人。

6.3.5 落地式操作平台的拆除应由上而下逐层进行,严禁上下同时作业,连墙件应随工程施工进度逐层拆除。

6.4.1 悬挑式操作平台的设置应符合下列规定：

1. 悬挑式操作平台的搁置点、拉结点、支撑点应设置在主体结构上,且应可靠连接;

2. 未经专项设计的临时设施上,不得设置悬挑式操作平台;

3. 悬挑式操作平台的结构应稳定可靠,且其承载力应符合使用要求。

6.4.9 不得在悬挑式操作平台吊运、安装时上人。

8.1.2 当需采用平网进行防护时,严禁使用密目式安全立网代替平网使用。

8.2.1 安全网搭设应牢固、严密,完整有效,易于拆卸。安全网的支撑架应具有足够的强度和稳定性。

十、道路、桥梁工程

《公路沥青路面施工技术规范》(JTG F40—2004)

1.0.7 沥青路面施工应有良好的劳动保护,确保安全。沥青拌和厂应具备防火设施,配制和使用液体石油沥青的全过程严禁烟火。使用煤沥青时应采取措施防止工作人员吸入煤沥青或避免皮肤直接接触煤沥青造成身体伤害。

《公路路基施工技术规范》(JTG F10—2006)

9.2.1 路基施工应制定安全预案、具备安全生产条件,确保施工安全。

9.2.2 施工现场的临时用电应严格执行现行《施工现场临时用电安全技术规范》(JGJ 46)。夜间施工时,现场应设有保证施工安全要求的照明设施。

9.2.3 施工便道、便桥应设立警示和交通标志,必要时应设专人维护、指挥交通。施工车辆必须遵守道路交通法规。

9.2.4 施工作业人员,必须遵守本工种的各项安全技术操作规程。作业人员、进入现场人员必须按规定佩戴和使用劳动防护用品。由人工配合机械进行辅助作业时,作业人员应注意观察,严禁在机械正在作业的范围内进行辅助作业。

9.2.5 多台机械同时作业时,各机械之间应注意保持必要的安全距离。机械在路基边坡、边沟、基坑边缘、不稳定体(地段)上作业时,应采取必要的安全措施。

9.2.6 在靠近结构物附近挖土时,必须采取安全防护措施。对于在路基范围内暂时不能迁移的结构物,应留出土台,土台周围应设警示标志。

9.2.7 结构物基坑开挖,应根据土质、水文和开挖深度等选择安全的边坡坡度或支撑防护,在施工过程中进行监测,并及时采取相应的处理措施。开挖弃土或坑边材料的堆放不得影响基坑的稳定。沟槽(基坑)开挖深度超过2 m时,其边缘上面作业应按高处作业要求进行安全防护并设置警告标志。开挖沟槽(基坑)位于现场通道或居民区附近时,应设置安全护栏。

9.2.8 采用围堰法施工沿河路基防护基础时,应制定针对出现洪水、渗漏水、流砂、涌砂、围堰变形等情况的安全预案。

9.2.9 作业高度超过1.2 m时,应设置脚手架,脚手架应通过专业设计,必须进行强度、刚度及稳定性等方面的验算。施工过程中,对脚手架应经常检查,发现松动、变形或沉陷应及时加固。

9.2.10 用提升架运送石料时,应有专人指挥和操作,严禁超负荷运行。严禁使用提升架载人。临时起吊设备的制作、安装必须符合国家相关规定。

9.2.11 砌筑作业时,脚手架下不得有人操作及停留,不得重叠作业。砌筑护坡时,严禁在坡面上行走,不得采用从上到下自由滚落的方式运输材料。

9.2.12 喷浆作业时应密切注意压力表变化,出现异常时,应停机、断电、停风,并及时排除故障。作业区内严禁在喷浆嘴前方站人。

9.2.13 预应力张拉时,预应力张拉设备必须安装牢固,千斤顶近旁严禁站人,无关人员不得进入现场。

9.2.14 预制构件安装前,应根据现场条件制定详细的吊装方案,所有起重设备必须符合国家关于特种设备的安全管理规定。

9.2.15 拆除作业应制定安全可靠的拆除方案。拆除的废弃物应运到指定地点。

9.2.16 爆破作业

1. 进行爆破工程设计时,应制定安全技术操作规程,爆破作业应严格执行现行《爆破安全规程》(GB 6722),确保爆破安全。

2. 爆破作业人员必须持证上岗。进行爆破器材保管、加工、运输及爆破作业的人员,不得穿戴易产生静电的衣物。

3. 爆破器材应按规定要求进行检验,失效和不符合技术条件要求的不得使用。

4. 选择炮位时,炮孔应避开正对的电线、路口、结构物。严禁在残眼上打孔。

5. 爆破时,应清点爆炸数与装炮数量是否相符。发生哑炮时,必须按相关规定进行处理。如发现危坡、危石等,应按规定及时处理,未处理前,应在现场设立警戒或危险标志,无关人员不得接近。

6. 清方过程中,发现有哑炮、残药、雷管时,必须及时请爆破人员进行处理。

7. 已装药的炮孔必须当班爆破。

8. 夜间不宜进行爆破作业。遇雷雨时应停止爆破作业,所有作业人员应立即撤离爆破区。

《公路桥涵施工技术规范》(JTG/ T F50—2011)

25.2.3　桥涵施工所使用的机具设备和参加施工的作业人员,应符合下列安全规定:

1. 对施工作业所使用的机械、设备和工具,应定期检查或检验,使其保持良好的工作状态,对特种设备,应符合其安装、维护、使用和检验等管理制度的规定。

2. 施工作业人员应进行上岗前的体检及安全培训,作业时应遵守本工种的各项安全操作技术规程。对从事特种作业的人员,应经过专业培训,持证上岗。进入施工区域内的作业人员,应按规定佩戴、使用劳动安全防护用品,不合格的防护用品不得使用。

3. 单项工程包括辅助结构和临时工程,开工前应对施工作业人员进行安全技术交底。

25.2.5　高处作业时的施工安全应符合下列规定:

1. 施工作业前,应逐级对现场施工人员进行安全技术交底,并应在落实安全技术措施后方可正式施工;作业时施工人员必须佩戴安全帽、系安全带。高处作业中使用的机械设备、工具和电气设施等,应在施工前经检查并确认其完好后,方可投入使用。

2. 高处施工作业应设置必要的安全防护设施,当施工过程中发现防护设施有缺陷或隐患时,应采取措施及时解决;当危及作业人员的人身安全时,应立即停止施工进行处理。需要临时拆除或变动安全防护设施进行作业时,应采取可靠的替代措施保证作业安全,且应在作业后立即恢复。

4. 在高处拆除模板或其他设施时,应设置警戒区,并应设专人指挥控制;拆除工作应自上而下进行,严禁上下同时拆除。

25.2.6　水上作业时的施工安全应符合下列规定:

1. 在通航的江河上施工时,水上交通的安全应符合现行《内河交通安全管理条例》的规定。

2. 水上施工的船舶应经船检部门检验合格后方可使用,不得带病作业。作业前应随时掌握当地的气象和水文情况,遇有大风时应检查并加固船舶的锚缆等设施;雨、雾天视线不清时,船舶应显示规定的信号;气候恶劣易发生事故时,应停止作业或航行。交通船应按规定的载人数量渡运,严禁超员强渡。

3. 在施工船舶作业前,应了解作业区域的水深、流速及河床地质等情况,抛锚、定位时应保持船体稳定;作业船锚链后,应设置警示标志。

4. 各种用于水上施工作业的船舶均应配备救生和消防设施。水上作业的施工人员必须穿救生衣。

25.2.7　施工现场的用电安全应符合下列规定:

1. 临时用电设备在5台及以上或设备总容量在50 kW及以上者,宜编制用电组织设计;当低于上述要求时,可仅制订安全用电技术方案和电气防火方案。

4. 现场电源线的接头应采用绝缘胶带包扎良好,不得采用塑料胶带或其他非绝缘胶带包扎,接头不得随意放置在潮湿的地面上或水中。

8. 施工现场的用电应由专职电工进行操作,电工应通过相关的安全教育和专业技术培训,持证上岗;操作时应按安全用电的规定穿戴劳动安全保护用品。

25.2.8　起重吊装的施工安全应符合下列规定:

3. 起重吊装作业前应对作业人员进行安全技术交底。起重吊装的施工人员应持证上岗。

4. 当进行高处吊装作业或司机不能清楚地看到作业地点或信号时,应设置信息传递人员;超重吊装时在高处的作业人员应携带工具袋,工具和零配件在操作结束后应及时装入工具袋内,并不得随意向下方抛掷物品。

5. 采用龙门吊、檐杆吊、缆索吊、架桥机、悬臂吊机等进行起重吊装作业时,除应符合上述各款的规定外,尚应根据不同吊机的特点,采取相应的安全防护措施。

25.2.9 工地现场的防火安全应符合下列规定:

1. 工地施工现场应建立消防安全管理制度和易燃易爆物品的管理办法,并应按不同的施工规模建立消防组织,配备义务消防人员,进行必要的消防知识培训,定期组织进行演习。

2. 工地应按照总平画布置图划分消防安全责任区,并应根据作业条件合理配备消防器材,对各类消防器材应定期检查和维护保养,保证其使用的有效性。各类气瓶应单独存放,存放的库房应通风良好,各种设施应符合防爆的规定。

3. 当发生火险时,应迅速准确地向当地消防部门报警,并应及时清理通道上的障碍,组织灭火。

《公路隧道施工技术规范》(JTG F60—2009)

3.3.1 从事隧道施工的各类特殊岗位人员均应持证上岗。

3.3.2 隧道施工前应对施工人员进行安全培训和安全、技术交底。

5.1.5 应随时检查边坡和仰坡的变形状态,发现不稳定现象时,及时采取措施,保证施工安全。

6.1.4 爆破作业及爆破物品管理,必须符合现行《爆破安全规程》(GB 6722)有关规定。

6.4.8 隧道爆破可能影响周围建(构)筑物安全时,应监测围岩爆破影响深度以及爆破震动对周围建(构)筑物的破坏程度。

6.4.9 爆破前,所有人员应撤至安全地点。

7.1.1 出渣运输方式应根据隧道长度、断面大小、开挖方法、机械设备配套能力、经济性及施工进度等因素综合考虑确定,保证作业安全。

7.1.4 出渣运输车辆必须处于完好状态,制动有效,严禁人料混载,不准超载、超宽、超高运输。运装大体积或超长料具时,应有专人指挥,专车运输,并设置显示界限的红灯。

7.1.6 爆破器材运输应符合有关安全管理规定。

7.2.4 有轨运输作业应符合下列规定:

8. 长隧道施工应有载人列车供施工人员上下班使用,并应制定保证安全的措施。严禁非专职人员开车。

7.2.5 无轨运输作业应符合下列规定:

2. 从隧道的开挖面到弃渣场地,必须按需要设置会车场所、转向场所及行人的安全通路。

3. 在洞口、平交道口、狭窄的施工场地,必须设置明显的警示标志,必要时应设专人指挥交通。

6. 车辆行驶中严禁超车,洞内倒车与转向应由专人指挥。

7. 洞内应加强通风,洞内作业环境应符合职业健康标准。

8.1.1　隧道施工支护应配合开挖作业及时进行,确保施工安全。

8.2.8　喷射混凝土作业安全与防护应符合下列规定:

1. 应检查和处理支护作业区危石,施工机具应布置于安全地带。

2. 施工用作业台架应牢固可靠,并设置安全栏杆。

3. 施工时,非作业人员不得进入喷射作业区,喷嘴前严禁站人。

4. 作业人员应戴防尘口罩、防护镜、防护帽等劳保用品。

5. 喷射作业完成后,应及时清洗机具。

11.2.7　集水坑设置的位置不得影响井内运输和安全。

11.2.8　应制订防涌(突)水(泥)的安全措施。

17.0.5　隧道路面施工过程中,隧道内必须保持良好通风。

《公路工程施工安全技术规范》(JTG F90—2015)

3.0.1　公路工程施工必须遵守国家有关法律法规,符合安全生产条件要求,建立安全生产责任制,健全安全生产管理制度,设立安全生产管理机构,足额配备具备相应资格的安全生产管理人员。

3.0.2　公路工程施工应进行现场调查,应在施工组织设计中编制安全技术措施和施工现场临时用电方案,对于危险性较大的工程应编制专项施工方案,并附具安全验算结果,或组织专家进行论证、审查。

3.0.3　公路工程施工前应进行危险源辨识,并应按要求对桥梁、隧道、高边坡路基等工程进行施工安全风险评估,编制风险评估报告,现场应监控。

3.0.4　应对从业人员进行安全生产教育培训,未经培训不得上岗。特殊作业人员应按相关规定经过专门培训,取得相应资格证书,持证上岗。

3.0.5　公路工程施工前应逐级进行安全技术交底,内容包括安全技术要求、风险状况、应急处置措施等内容。

3.0.7　公路工程施工应为从业人员配备合格的安全防护用品和用具,并定期更换。从业人员在施工作业区域内,应正确使用安全防护用品和用具。

3.0.8　施工现场、生产区、生活区、办公区应按规定配备满足要求且有效的消防设施和器材。

3.0.9　公路工程施工应编制综合应急预案、专项应急预案和现场应急处置方案,配备应急物资,并应定期组织相关人员进行应急培训和演练。

3.0.10　公路工程施工前,应全面检查施工现场、机具设备及安全防护设施等,施工条件应符合安全要求。用于施工临时设施受力构件的周转材料,使用前应进行材质检验。

3.0.11　公路工程施工使用的特种设备应按相关规定取得生产许可,应经检验合格并取得使用登记证书。

3.0.12　机械设备上各种安全防护、保险限位装置及各种安全信息装置必须齐全有效。必须按照使用说明书规定的技术性能、承载能力和使用条件操作、使用,严禁超载、超速作业或任意扩大使用范围。

3.0.13　危险作业场所应按规定设置警戒区或其他安全防护、逃生设施。

3.0.14　施工现场出入口、沿线各交叉口、施工起重机械、临时用电设施以及脚手架等临时设施、民爆物品和易燃易爆危险品库房、孔洞口、基坑边沿、桥梁边沿、码头边沿、隧道洞口和洞内等危险部位,应设置明显的安全警示标志和必要的安全防护设施。

3.0.15 工程货运车辆严禁运送人员。

3.0.16 大雨、大雪、大雾和六级及以上大风等恶劣天气不得进行露天作业。

4.1.2 施工现场生产区、生活区、办公区应分开设置,距离集中爆破区应不小于 500 m。

4.1.3 施工现场临时用房、临时设施、生产区、生活区、办公区的防火间距应符合现行《建设工程施工现场消防安全技术规范》(GB 50720)的相关要求。

4.1.4 办公区、生活区宜避开存在噪声、粉尘、烟雾或对人体有害物质的区域,无法避开时应设在噪声、粉尘、烟雾或对人体有害物质所在区域最大频率风向的上风侧。

4.1.5 施工现场原材料、半成品、成品、预制构件等堆放及机械、设备停放应整齐、稳固、规范、标识清楚,且不得侵占场内道路或影响安全。

4.1.6 材料加工场应符合下列规定:

1. 宜设围墙或围栏防护实行封闭管理,并宜设排水设施。

2. 场内应设置明显的安全警示标志及相关工种的操作规程。

3. 加工棚宜采用轻钢结构,并应采取防雨雪、防风等措施。

4.1.7 预制场、拌和场应符合下列规定:

1. 应合理分区、硬化场地,并应设置排水设施。

2. 拌和及起重设备基础的地基承载力应满足要求,材料及成品存放区地基应稳定。

3. 料仓墙体强度和稳定性应满足要求,料仓墙体外围应设警戒区,距离宜不小于墙高 2 倍。

4. 拌和及起重设备应设置防倾覆和防雷设施。

4.1.9 储油罐的设置应符合下列规定:

1. 储油罐与在建工程的防火间距应不小于 15 m,并应远离明火作业区、人员密集区、建(构)筑物集中区。

2. 储油罐顶部应设置遮阳棚。

3. 应按要求配备泡沫灭火器、干粉灭火器、沙土袋、沙土箱等灭火消防器材及沙土等灭火消防材料。

4. 应设防静电、防雷接地装置及加油车接地装置,接地电阻不得大于 10 Ω。

5. 应悬挂醒目的禁止烟火等警示标识。

4.4.2 施工用电设备数量在 5 台及以上,或用电设备容量在 50 kW 及以上时,应编制用电组织设计。

4.4.5 铺设电缆线应符合下列规定:

1. 施工现场开挖沟槽边缘与埋设电缆沟槽边缘的安全距离不得小于 0.5 m。

2. 地下埋设电缆应设防护管。

3. 架空铺设电缆应沿墙或电杆做绝缘固定。

4. 通往水上的岸电应用绝缘物架设,电缆线应留有余量,作业过程中不得挤压或拉拽电缆线。

4.4.6 水上或潮湿地带的电缆线必须绝缘良好并具有防水功能,电缆线接头必须经防水处理。

4.4.7 每台用电设备必须独立设置开关箱;开关箱必须装设隔离开关及短路、过载、漏电保护器,严禁设置分路开关;配电箱、开关箱的电源进线端严禁用插头和插座做活动连接。

4.4.8　配电箱及开关箱设置应符合下列规定:

1. 总配电箱应设在靠近电源的区域;分配电箱应设在用电设备或负荷相对集中的区域;开关箱与分配电箱的距离不得大于 30 m,开关箱应靠近用电设备,与其控制的固定式用电设备水平距离不宜大于 3 m。

2. 动力配电箱与照明配电箱宜分别设置。合并设置的配电箱,动力和照明应分路设置。

3. 配电箱、开关箱应装设在干燥、通风及常温场所,不得装设在存在瓦斯、烟气、潮气及其他有害介质的场所。

4. 配电箱、开关箱应选用专业厂家定型、合格产品。

5. 总配电箱中漏电保护器的额定漏电动作电流应大于 30 mA,额定漏电动作时间应大于 0.1 s,额定漏电动作电流与额定漏电动作时间的乘积不得大于 30 mA·s。开关箱中漏电保护器的额定漏电动作电流不得大于 30 mA,额定漏电动作时间不应大于 0.1 s。潮湿或有腐蚀介质场所的漏电保护器应采用防溅型产品,额定漏电动作电流不得大于 15 mA,额定漏电动作时间不得大于 0.1 s。

6. 配电箱、开关箱应装设端正、牢固。固定式配电箱、开关箱的中心点与地面的垂直距离应为 1.4～1.6 m。移动式配电箱、开关箱应装设在坚固、稳定的支架上,其中心点与地面的垂直距离应为 0.8～1.6 m。

4.4.9　遇有临时停电、停工、检修或移动电气设备时,应关闭电源。

4.6.1　应制定施工机械设备安全技术操作规程,建立设备安全技术档案。

4.6.2　施工机械设备进场前应查验机械设备证件、性能、状况;进场后,应向操作人员进行安全技术交底。

4.6.3　特种设备现场安装、拆除应按相关规定具有相应作业资质。

4.6.4　龙门吊、架桥机等轨道行走类设备应设置夹轨器和轨道限位器。轨道的基础承载力、宽度、平整度、坡度、轨距、曲线半径等应满足说明书和设计要求。

4.6.5　机械设备集中停放的场所应设置消防通道,并应配备消防器材。

4.6.6　施工现场专用机动车辆驾驶人员应按相关规定经过专门培训,并应取得相应资格证书。

4.6.7　施工现场运输车辆应状态良好,车身应设置反光警示标识。

5.1.3　不中断交通道路上测量,应设置交通安全标志,并应设专人指挥或警戒。测量人员应穿反光标志服。

5.1.4　陡坡及不良地质地段测量,测量人员应系安全带、穿防滑鞋等,并应加强监护。桥墩等高处测量,测量人员应正确佩戴和使用个体防护用品。

5.1.5　水上测量作业,测量船应悬挂号灯或号型,并应设专人负责瞭望。测量人员应穿救生衣。

5.1.6　水上测量平台应稳固可靠,并应设置防护围栏和警示标志,作业时应派交通船守护。

5.2.5　支架支撑体系应符合下列规定:

1. 支架基础应根据所受荷载、搭设高度、搭设场地地质等情况进行设计及验算。

2. 支架基础的场地应设排水措施,遇洪水或大雨浸泡后,应重新检验支架基础、验算支架受力。冻胀土基础应有防冻胀措施。

3. 支架基础施工后应检查验收。

4. 支架在安装完成后应检查验收。

5. 使用前应预压。预压荷载应为支架需承受全部荷载的 1.05～1.10 倍。

6. 预压加载、卸载应按预压方案要求实施,使用沙(土)袋预压时应采取防雨措施。

7. 支架应设置可靠的接地装置。

5.2.7 桩、柱梁式支架应符合下列规定:

1. 钢管桩的承载力应满足要求。

2. 纵梁之间应设置安全可靠的横向连接。

3. 搭设完成后应检查验收。

4. 跨通行道路时,应按照现行《道路交通标志和标线》(GB 5768)的要求设置交通标志。

5. 跨通航水域时,应设置号灯、号型。

5.2.9 模板加工制作应符合下列规定:

1. 制作钢木结合模板,钢、木加工场地应分开,并应及时清除锯末、刨花和木屑。

2. 模板所用材料应堆放稳固。

3. 模板堆放高度不宜超过 2 m。

5.2.11 模板应按设计方案设置纵、横、斜向支撑和水平拉杆,拉杆不得焊接。

5.2.12 大型钢模板应设置工作平台和爬梯。工作平台应设置防护栏杆、挡脚板和限载标志。

5.2.13 模板安装应符合下列规定:

1. 吊装模板前,应检查模板和吊点。吊装应设专人指挥。模板未固定前,不得实施下道工序。

2. 模板安装就位后,应立即支撑和固定。支撑和固定未完成前,不得升降或移动吊钩。

3. 模板应按设计要求准确就位,且不宜与脚手架连接。

4. 模板安装完成后节点联系应牢固。

5. 基准面以上 2 m 安装模板应搭设脚手架或施工平台。

5.2.14 模板、支架拆除应符合下列规定:

1. 模板、支架的拆除期限和拆除程序等应按施工组织设计和施工方案要求进行,危险性较大模板、支架的拆除尚应遵守专项施工方案的要求。

2. 模板、支架的拆除应遵循先拆非承重模板、后拆承重模板,自上而下、分层分段拆除的顺序和原则。

3. 承重模板应横向同时、纵向对称均衡卸落。

4. 简支梁、连续梁结构模板宜从跨中向支座方向依次循环卸落;悬臂梁结构模板宜从悬臂端开始顺序卸落。

5. 承重模板、支架,应在混凝土强度达到设计要求后拆除。

6. 模板、支架的拆除应设立警戒区,非作业人员不得进入。

7. 拆除人员应使用稳固的登高工具、防护用品。

5.3.1　钢筋加工机械所有转动部件应有防护罩。

5.3.2　钢筋冷弯作业时,弯曲钢筋的作业半径内和机身不设固定销的一侧不得站人或通行。

5.3.3　钢筋冷拉作业区两端应装设防护挡板,冷拉钢筋卷扬机应置于视线良好位置,并应设置地锚。钢筋或牵引钢丝两侧3 m内及冷拉线两端不得站人或通行。

5.3.4　钢筋对焊机应安装在室内或防雨棚内,并应设可靠的接地、接零装置。多台并列安装对焊机的间距不得小于3 m。对焊作业闪光区四周应设置挡板。

5.3.5　作业高度超过2 m的钢筋骨架应设置脚手架或作业平台,钢筋骨架应有足够的稳定性。

5.3.6　吊运预绑钢筋骨架或成捆钢筋应确定吊点的数量、位置和捆绑方法,不得单点起吊。

5.3.7　作业平台等临时设施上存放钢筋不得越载。

5.4.1　混凝土拌和前应确认搅拌、供料、控制等系统运行正常。

5.4.2　维修、保养或检查清理搅拌系统、供料系统应封闭下料门、切断电源、锁定安全保护装置、悬挂"严禁合闸"安全警示标志,并派专人看守。

5.4.3　水泥隔离垫板的刚度及稳定性应满足要求。袋装水泥应交错整齐码放,高度不得超过10袋,且不得靠墙。砂石料堆放不得超过规定高度。

5.4.4　混凝土浇筑的顺序、速度应符合施工方案的要求,不得随意更改。

5.4.5　吊斗灌注混凝土应设专人指挥起吊、运送、卸料,人员、车辆不得在吊斗下停留或通行,不得攀爬吊斗。

5.4.6　泵送混凝土应符合下列规定:

1. 混凝土输送泵应安装稳固,管道布设应平顺,安装应固定牢靠,接头和卡箍应密封、紧固。

2. 泵送前应检查泵送和布料系统。首次泵送前应进行管道耐压试验。泵送混凝土时,操作人员应随时监视各种仪表和指示灯,发现异常应立即停机检查。

3. 输送泵出料软管应设专人牵引、移动,布料臂下不得站人。

4. 混凝土输送管道接头拆卸前,应释放输送管内剩余压力。

5. 清理管道时应设警戒区,管道出口端前方10 m内不得站人。

5.4.7　混凝土浇筑过程中应检查模板、支架、钢筋骨架的稳定、变形情况,发现异常,应立即停止作业,并应整修加固。

5.4.8　混凝土振捣应符合下列规定:

1. 检修或作业停止,应切断电源。

2. 不得穿电缆线、软管拖拉或吊挂振捣器。

3. 装置振捣器的构件模板应坚固牢靠。

5.4.9　混凝土养护应符合下列规定:

1. 覆盖养护时,预留孔洞周围应设置安全护栏或盖板,并应设置安全警示标志,不得随意挪动。

2. 洒水养护时,应避开配电箱和周围电气设备。

3. 蒸汽、电热养护时,需设围栏和安全警示标志,并应配置足够、适用的消防器材,非作业人员不得进入养护区域。

5.5.1 电工、焊接与热切割作业人员应按照有关规定经专业机构培训,并应取得相应的从业资格。

5.5.2 电工、焊接与热切割作业人员应按规定正确佩戴、使用劳动防护用品。

5.5.3 面罩及护目镜应符合现行《职业眼面部防护 焊接防护 第1部分:焊接防护具》(GB/T 3609.1)的有关规定。防护服应符合现行《焊接防护服》(GB 15701)的有关规定,并应根据具体的焊接和切割操作特点选择。

5.5.4 储存、搬运、使用氧气瓶、乙炔瓶除应符合现行《焊接与切割安全》(GB 9448)的有关规定外,尚应符合下列规定:

1. 气瓶、阀门、焊具、胶管等均不得沾污油脂,作业人员不得使用油污手套操作。

2. 压力表、安全阀、橡胶软管和回火保护器等均应定期校验或试验,标识应清晰。

3. 使用的气瓶应稳固竖立或装在专用车(架)或固定装置上。

4. 气瓶与实际焊接或切割作业点的距离应大于 10 m,无法达到的应设置耐火屏障。

5. 气割作业氧气瓶与乙炔瓶之间的距离不得小于 5 m。

6. 电、气焊作业点和气瓶存放点应按规定配备灭火器材。

5.5.5 电焊机一次侧电源线长度不得大于 5 m;二次侧焊接电缆线应采用防水绝缘橡胶护套铜芯软电缆,长度不宜大于 30 m,且进出线处应设置防护罩。

5.5.6 电焊钳的绝缘和隔热性能应满足要求,钳柄与导线应连接牢固,电缆芯线不得外露。

5.5.7 电焊机应置于干燥、通风的位置,露天使用电焊机应设防雨、防潮装置,移动电焊机时应切断电源。

5.5.8 电焊机外壳接地电阻不得大于 4 Ω,接地线不得使用建(构)筑物的金属结构、管道、轨道或其他金属物体搭接形成焊接回路。

5.5.9 不宜使用交流电焊机。使用交流电焊机时,除应在开关箱内安装一次侧漏电保护器外,尚应安装二次侧空载降压触电保护器。

5.5.10 使用过危险化学品的容器、设备、桶槽、管道、舱室等,动火前必须清洗,并经测爆合格。

5.5.11 密闭空间内实施焊接及切割,气瓶及焊接电源置于密闭空间外。

5.5.12 密闭空间焊接作业应设置通风、绝缘、照明装置和应急救援装备。

5.5.13 密闭空间焊接作业应设专人监护,金属容器内照明设备的电压不得超过 12 V。

5.5.14 高处电焊、气割作业,作业区周围和下方应采取防火措施,按要求配备消防器材,并应设专人巡视。

5.5.15 雨天严禁露天电焊作业。潮湿区域作业人员必须在干燥绝缘物体上焊接作业。

5.6.2 起重机械司机、起重信号司索工、起重机械安装拆卸工应按照有关规定经专业机构培训,并应取得相应的从业资格。

5.6.3 起重作业人员应穿防滑鞋、戴安全帽,高处作业时应按规定佩挂安全带。

5.6.4 吊装作业应设警戒区,警戒区不得小于起吊物坠落影响范围。

5.6.5 作业前应检查起重设备安全装置、钢丝绳、滑轮、吊索、卡环、地锚等。

5.6.17 起重机严禁吊人。

5.6.18 严禁采用斜拽、斜吊,严禁超载吊装,严禁吊装起吊重量不明、埋于地下或黏结在地面上的构件。

5.6.19 吊起的构件上不得堆放或悬挂零星物件。

5.6.20 作业人员严禁在已吊起的构件下或起重臂下旋转范围内作业或通行。

5.6.22 雨、雪后,吊装前应清理积水、积雪,并应采取防滑和防漏电措施,作业前,应先试吊。

5.7.1 高处作业应符合现行《建筑施工高处作业安全技术规范》(JGJ 80)的有关规定。

5.7.2 高处作业不得同时上下交叉进行。

5.7.3 高处作业下方警戒区设置应符合现行《高处作业分级》(GB 3608)的有关规定。

5.7.4 高处作业人员不得沿立杆或栏杆攀登。高处作业人员应定期进行体检。

5.7.5 高处作业场所临边应设置安全防护栏杆,并应符合下列规定:

1. 防护栏杆应能承受 1 000 N 的可变荷载。

2. 防护栏杆下方有人员及车辆通行或作业的,应挂密目安全网封闭,防护栏杆下部应设置高度不小于 0.18 m 的挡脚板。

3. 防护栏杆应由上、下两道横杆组成,上杆离地高度应为 1.2 m,下杆离地高度应为 0.6 m。

4. 横杆长度大于 2 m 时,应加设栏杆柱。

5.7.6 高处作业场所的孔、洞应设置防护设施及警示标志。

5.7.7 安全网质量应符合现行《安全网》(GB 5725)的规定,安装和使用安全网应符合下列规定:

1. 安全网安装应系挂安全网的受力主绳,不得系挂网格绳。安装完毕应进行检查、验收。

2. 安全网安装或拆除应根据现场条件采取防坠落安全措施。

3. 作业面与坠落高度基准面高差超过 2 m 且无临边防护装置时,临边应挂设水平安全网。作业面与水平安全网之间的高差不得超过 3.0 m,水平安全网与坠落高度基准面的距离不得小于 0.2 m。

5.7.8 安全带使用除应符合现行《安全带》(GB 6095)的规定外,尚应符合下列规定:

1. 安全带除应定期检验外,使用前尚应进行检查。织带磨损、灼伤、酸碱腐蚀或出现明显变硬、发脆以及金属部件磨损出现明显缺陷或受到冲击后发生明显变形的,应及时报废。

2. 安全带应高挂低用,并应扣牢在牢固的物体上。

3. 安全带的安全绳不得打结使用,安全绳上不得挂钩。

4. 缺少或不易设置安全带吊点的工作场所宜设置安全带母索。

5. 安全带的各部件不得随意更换或拆除。

6. 安全绳有效长度不应大于 2 m,有两根安全绳的安全带,单根绳的有效长度不应大于 1.2 m。

5.7.9 严禁安全绳用作悬吊绳。严禁安全绳与悬吊绳共用连接器;新更换安全绳的规格及力学性能必须符合规定,并加设绳套。

5.7.10 高处作业上下通道应根据现场情况选用钢斜梯、钢直梯、人行塔梯,各类梯子安装应牢固可靠。

5.10.1 从事爆破工作的爆破员、安全员、保管员应按照有关规定经专业机构培训,并取得相应的从业资格。

5.10.5 经审批的爆破作业项目,爆破作业单位应于施工前3d发布公告,并在作业地点张贴,施工公告内容应包括:工程名称、建设单位、设计施工单位、安全评估单位、安全监理单位、工程负责人及联系方式、爆破作业时限等。

5.10.6 爆破作业必须设警戒区和警戒人员,起爆前必须撤出人员并按规定发出声、光等警示信号。

5.10.9 盲炮检查应在爆破15 min后实施,发现盲炮应立即安全警戒,及时报告并由原爆破人员处理。电力起爆发生盲炮时应立即切断电源,爆破网络应置于短路状态。

5.10.10 雷电、暴雨雪天不得实施爆破作业。强电场区爆破作业不得使用电雷管。遇能见度不超过100 m的雾天等恶劣天气不得露天爆破作业。

6.1.6 路基边坡、边沟、基坑边缘地段上作业的机械应采取防止机械倾覆、基坑坍塌的安全措施。

6.3.1 取土场(坑)的边坡、深度等应满足设计要求,且不得危及周边建(构)筑物等既有设施的安全。

6.3.2 取土场(坑)底部应平顺并设有排水设施,取土场(坑)边周围应设置警示标志和安全防护设施,宜设置夜间警示和反光标识。

6.3.7 填方作业区边缘应设置明显的警示标志,并应做好临时排水。

6.5.1 砌筑施工应符合下列规定:

1. 边坡防护作业应设警戒区,并应设置明显的警示标志。

2. 砌筑作业人员应佩戴安全帽、防滑鞋等防护用品。

3. 高度超过2 m作业应设置脚手架,并应符合本规范第5.7节的有关要求。

4. 砌筑作业中,脚手架下不得有人操作及停留,不得重叠作业。

5. 不得自上而下顺坡卸落、抛掷砌筑材料。

6. 高处运送材料宜使用专用提升设备。

7. 高边坡的防护应编制专项安全方案。

7.1.6 隧道内摊铺沥青混凝土路面应符合下列规定:

1. 应采用机械通风排烟,隧道内空气中的有毒气体和可燃气体的浓度不得超过相关规定。

2. 隧道内作业人员应佩戴符合要求的防毒面具。

3. 隧道内应有照明和排风等设施,作业人员应穿反光服。

8.1.1 跨既有公路施工,通行区应搭设安全通道,安全通道应满足通行要求,施工作业面底部应悬挂安全网。安全通道应设防撞设施及限高、限宽、减速标志和设施,梁式桥的模板支架及其他设施宜在防撞栏等上部构造施工完成后拆除。

8.1.2 泥浆池、沉淀池周围应设置防护栏杆和警示标志。

8.2.1 预应力张拉机具设备应按规定校验、标定。

8.2.2 张拉作业应符合下列规定:

1. 张拉作业应设警戒区。

2. 张拉及放张程序应符合设计要求。张拉过程中出现异常现象应立即停止张拉作业，检查、排除异常。

8.2.3　先张法施工应符合下列规定：

1. 张拉端后方应设立防护挡墙。

2. 正式施工前应进行试张拉。

3. 张拉及放张过程中预制台座区域及张拉台座两端不得站人。

4. 已张拉的预应力钢筋不得电焊、站人。

8.2.5　后张法施工应符合下列规定：

1. 高处张拉作业应搭设张拉作业平台、张拉千斤顶吊架，平台应加设防护栏杆和上下扶梯。

2. 梁端应设围护和挡板。

3. 张拉作业时千斤顶后方不得站人。

4. 管道压浆作业人员应佩戴护目镜。

8.3.1　钻(挖)孔灌注桩施工作业应符合下列规定：

1. 施工作业区域应设置警戒区。

2. 临近堤防及其他水利、防洪设施施工应符合相关部门的有关规定。

3. 山坡上钻(挖)孔灌注桩施工应清除坡面上的危石和浮土；存在裂缝的坡面或可能坍塌区域应采取必要的防护措施。

4. 停止施工的钻、挖孔桩，孔口应加盖防护，四周应设置护栏及明显的警示标志，夜间应悬挂示警红灯。

5. 钻机等高耸设备应按规定设置避雷装置。

6. 钢筋笼下放应采用专用吊具。钢筋笼孔口连接时，孔内钢筋笼应固定牢靠。作业人员不得在钢筋笼内作业，安全带不得扣挂在钢筋笼上。

7. 浇筑混凝土时，孔口应设防坠落设施。

8.6.1　地下连续墙施工应编制专项施工方案，在堤防等水利、防洪设施及其他既有构筑物周边施工应进行风险评估，施工过程中应持续观测。

8.6.2　地下连续墙施工应设警戒区，施工现场和施工道路应平整，地基承载力应满足施工要求。

8.6.3　地下连续墙安放钢筋笼、浇筑混凝土应符合本规范第8.3节的有关规定。

8.6.4　开挖作业应在地下连续墙的混凝土达到设计强度后进行。开挖挡土墙结构的地下连续墙时，应严格按照程序设置围檩支撑或土中锚杆。

9.1.1　隧道施工前应开展安全风险评估，辨识施工过程中的主要危险源及危害因素，制定安全防护措施，并应根据工程建设条件、技术复杂程度、地质与环境条件、施工管理模式，以及工程建设经验对隧道工程实施动态风险控制和跟踪处理。

9.1.3　压力容器操作人员应按照有关规定经专业机构培训，并应取得相应的从业资格。

9.1.6　隧道洞口与桥梁、路基等同一个工点有多个单位同时施工或洞内不同专业交叉作业时，应共同制定现场安全措施。

9.1.10 隧道洞口、开关箱、配电箱、台车、台架、仰拱开挖等危险区域应设置明显的警示标志。洞内施工设备均应设反光标识。

9.1.11 隧道内应按要求配备消防器材。

9.1.12 应根据危险源辨识情况编制隧道坍塌、突水突泥、触电、火灾、爆炸、窒息、有害气体等应急预案并应配备相应的应急资源。

《公路养护安全作业规程》(JTG H30—2015)

5.0.1 公路养护安全设施包括临时标志、临时标线和其他安全设施,各类安全设施应组合使用。

5.0.2 临时标志包括施工标志、限速标志等,其使用应符合下列规定:

1. 施工标志宜布设在警告区起点。

2. 限速标志宜布设在警告区的不同断面处。

3. 解除限速标志宜布设在终止区末端。

4. "重车靠右停靠区"标志应用于控制大型载重汽车在特大、大桥和特殊结构桥梁上的通行。

5.0.3 临时标线应包括渠化交通标线和导向交通标线,应用于长期养护作业的渠化交通或导向交通标线,宜为易清除的临时反光标线。渠化交通标线应为橙色虚、实线;导向交通标线应为醒目的橙色实线。

6.1.5 养护作业控制区应设置工程车辆专门的出、入口,并宜设在顺行车方向的下游过渡区内。当工程车辆需经上游过渡区或工作区进入时,应布设警告标志并配备交通引导人员。

14.0.2 易发生地质灾害的傍山路段养护安全作业,除应按相应的养护作业控制区布置外,尚应设专人观察边坡险情。

14.0.3 路侧险要路段养护安全作业,除应按相应的养护作业控制区布置外,尚应加强路侧安全防护。

14.0.4 冬季除冰雪安全作业,除应按本规程有关规定执行外,作业人员及车辆尚应做好防滑措施,切实保障自身安全。对于人工除冰雪作业,尚应增设施工标志,且第一块施工标志与工作区净距应为50~100 m。

14.0.5 高温季节养护安全作业,除应按本规程有关规定执行外,尚应采取防暑降温措施,并适当调整作息时间,尽量避开高温时段养护作业。

14.0.6 雨季养护安全作业应符合下列规定:

1. 应加强作业现场管理,及时排除作业现场积水。

2. 应在人行道上下坡挖步梯或铺沙,脚手板、斜道板、跳板上应采取防滑措施,加强对临时设施和土方工程的检查,防止倾斜和坍塌。

3. 应对处于洪水可能淹没地带的机械设备、施工材料等做好防范措施,作业人员应提前做好全面撤离的准备工作。

4. 长时间在雨季中养护作业的工程,应根据条件搭设防雨棚,遇暴风雨时应立即停止养护作业。

5. 暴雨台风前后,应检查工地临时设施、脚手架、机电设备、临时线路,发现倾斜、变形、下沉、漏电、漏雨等现象,应及时维修加固。暴雨台风天气除应急抢险、抢修作业外,严禁进行公路养护作业。

十一、环境与卫生

《建设工程施工现场环境与卫生标准》(JGJ 146—2013)

3.0.2　建设工程的环境与卫生管理应纳入施工组织设计或编制专项方案,应明确环境与卫生管理的目标和措施。

3.0.3　施工现场应建立环境与卫生制度,落实管理责任,应定期检查并记录。

3.0.7　施工现场临时设施、临时道路的设置应科学合理,并应符合安全、消防、节能、环保等有关规定。施工区、材料加工及存放区应与办公区、生活区划分清楚,并应采取相应的隔离措施。

3.0.8　施工现场应实行封闭管理,并应采用硬质围挡。市区主要路段的施工现场围挡高度不应低于 2.5 m,一般路段围挡高度不应低于 1.8 m,围挡应牢固、稳定、整洁。距离交通路口 20 m 范围内占据道路施工设置的围挡,其 0.8 m 以上部分应采用通透性围挡,并应采取交通疏导和警示措施。

3.0.11　有毒有害作业场所应在醒目位置设置安全警示标识,并应符合现行国家标准《工作场所职业病危害警示标识》GBZ 158 的规定。施工单位应依据有关规定对从事有职业病危害作业的人员定期进行体检和培训。

5.1.6　施工现场生活区宿舍、休息室必须设置可开启式外窗,床铺不应超过 2 层,不得使用通铺。

5.1.14　食堂宜使用电炊具。使用燃气的食堂,燃气罐应单独设置存放间并应加装燃气报警装置,存放间应通风良好并严禁存放其他物品。供气单位资质应齐全,气源应有可追溯性。

5.1.17　易燃易爆危险品库房应使用不燃材料搭建,面积不应超过 200 m²。

5.1.23　未经施工总承包单位批准,施工现场和生活区不得使用电热器具。

十二、建筑防火

《江苏省建设工程施工现场消防安全标准》(DGJ 32/ J73—2008)

2.1.1　施工现场的消防安全,由施工单位负责。

2.1.3　建设、设计、施工、监理单位,应在施工合同中明确消防安全职责、责任和措施。各责任单位应根据消防安全职责(岗位)和重点保护部位,与责任(所属)部门、班组及特殊工种人员签订消防安全责任书。

2.2.6　监理单位对施工现场消防安全承担监理责任,按照法律、法规及工程强制性标准实施监理,监督施工单位落实施工现场消防安全保障措施,消除不安全因素。

2.3.1　建设、施工、监理单位应成立建设工程消防领导小组,全面抓好消防安全组织领导。

2.3.3　建设、施工、监理单位应根据工程规模配备专、兼职消防安全管理人员,重点工程和规模较大的施工现场应成立义务消防队。

3.2.2 根据施工现场实际情况,制定下列保障消防安全的操作规程:

1. 变、配电操作规程。

2. 电气线路安装操作规程。

3. 设备安装操作规程。

4. 电焊、气焊操作规程。

5. 油漆等易燃易爆物品使用操作规程。

6. 电梯操作规程。

7. 其他有关消防安全操作规程。

4.1.1 施工现场应明确划分固定动火作业、易燃易爆材料存放、易燃废品集中站、临时办公区和生活区等区域。

4.1.2 施工材料的存放、保管,应符合防火安全要求。化学易燃物品和压缩可燃气体容器等,应按其性质设置专用库房分类存放,使用后的废弃物料应及时消除。在建工程内严禁设置甲、乙类可燃物品仓库。

4.1.3 在建工程内不应设置员工集体宿舍。

5.0.2 宿舍、可燃材料仓库、食堂、办公用房等施工临时建筑其建筑物耐火等级宜采用一、二级,但不得低于三级。用于堆放不燃材料,且无任何电气设施的库房,其耐火等级可不限。

6.1.1 施工现场应设置临时室外消防给水、临时室内消防给水、应急照明及建筑灭火器。

6.1.2 施工现场同时设置室外消防用水、临时室内消防给水时,临时消防水池的有效容积应满足在火灾延续时间内一次灭火用水量。一次灭火用水量应为其室内、外消防用水量之和。

6.3.2 建筑高度大于 24 m 或每层建筑面积大于 5 000 m^2 的建筑工程,或建筑高度大于 24 m,建筑面积大于 1 000 m^2 的装饰装修工程,应设置临时室内消防给水。

6.3.3 施工现场临时室内消防给水系统应与建筑室内消防设计相结合,充分利用建筑室内消防给水系统。临时室内消防给水系统管道直径不应小于 100 mm,栓口直径应为 65 mm。

6.3.6 临时室内消防给水系统必须与工程同步施工,与楼层施工进度差距不得超过 3 层。

6.3.7 临时室内消防给水干管的布置,可结合建筑工程实际使用情况,用作临时室内消防给水的立管。当每层建筑面积大于 5 000 m^2 时,应设置两条以上临时给水干管。

临时消防供水系统消火栓接口每层不应少于 2 个,每层建筑面积 1 000 m^2 以下的建设工程可设一个,每层建筑面积大于 1 000 m^2 每超过 2 000 m^2 应增加一只消火栓接口。消火栓接口应在每个楼层均匀布置。

6.4.1 电气线路设置应符合下列规定:

1. 施工临时建筑生活区、办公区(食堂除外)不得设置大功率电热器具。

2. 为施工作业区设置的临时危险物品仓库不得设置电气线路或其他电气设备。

3. 施工现场临时用电设施应设置明显的消防安全警示标志。消防安全警示标志必须符合国家标准。

4. 施工临时用电电气线路设置、功率配置等应符合国家相关规定和技术标准的要求。

6.5.1　施工现场办公室、仓库、员工宿舍应按照《建筑灭火器配置设计规范》GB 50140要求配置相应的建筑灭火器。

6.5.2　施工现场应按照施工进度逐层配置建筑灭火器。灭火器的选择、配置、设置应符合《建筑灭火器配置设计规范》GB 50140 的要求,在设备安装和装饰、装修阶段应按 1.5倍数量增配。

施工作业区动火作业点,应配置推车式灭火器,配置数量应按《建筑灭火器配置设计规范》GB 50140 的 2.0 倍数量进行增配。

6.5.3　施工单位应在施工现场设立灭火器平面布置图,对配置的灭火器类型、规格、数量以及设置位置进行标注。

《建筑内部装修防火施工及验收规范》(GB 50354—2005)

2.0.4　进入施工现场的装修材料应完好,并应核查其燃烧性能或耐火极限、防火性能型式检验报告、合格证书等技术文件是否符合防火设计要求。核查、检验时,应按本规范附录 B 的要求填写进场验收记录。

2.0.5　装修材料进入施工现场后,应按本规范的有关规定,在监理单位或建设单位监督下,由施工单位有关人员现场取样,并应由具备相应资质的检验单位进行见证取样检验。

2.0.6　装修施工过程中,装修材料应远离火源,并应指派专人负责施工现场的防火安全。

2.0.7　装修施工过程中,应对各装修部位的施工过程作详细记录。记录表的格式应符合本规范附录 C 的要求。

2.0.8　建筑工程内部装修不得影响消防设施的使用功能。装修施工过程中,当确需变更防火设计时,应经原设计单位或具有相应资质的设计单位按有关规定进行。

3.0.4　下列材料应进行抽样检验:

1. 现场阻燃处理后的纺织织物,每种取 2 m² 检验燃烧性能;

2. 施工过程中受湿浸、燃烧性能可能受影响的纺织织物,每种取 2 m² 检验燃烧性能。

4.0.4　下列材料应进行抽样检验:

1. 现场阻燃处理后的木质材料,每种取 4 m² 检验燃烧性能;

2. 表面进行加工后的 B₁ 级木质材料,每种取 4 m² 检验燃烧性能。

5.0.4　现场阻燃处理后的泡沫塑料应进行抽样检验,每种取 0.1 m² 检验燃烧性能。

6.0.4　现场阻燃处理后的复合材料应进行抽样检验,每种取 4 m² 检验燃烧性能。

8.0.2　工程质量验收应符合下列要求:

1. 技术资料应完整;

2. 所用装修材料或产品的见证取样检验结果应满足设计要求;

3. 装修施工过程中的抽样检验结果,包括隐蔽工程的施工过程中及完工后的抽样检验结果应符合设计要求;

4. 现场进行阻燃处理、喷涂、安装作业的抽样检验结果应符合设计要求;

5. 施工过程中的主控项目检验结果应全部合格;

6. 施工过程中的一般项目检验结果合格率应达到 80%。

8.0.6 当装修施工的有关资料经审查全部合格、施工过程全部符合要求、现场检查或抽样检测结果全部合格时,工程验收应为合格。

《建设工程施工现场消防安全技术规范》(GB 50720—2011)

3.1.1 临时用房、临时设施的布置应满足现场防火、灭火及人员安全疏散的要求。

3.1.3 施工现场出入口的设置应满足消防车通行的要求,并宜布置在不同方向,其数量不宜少于2个。当确有困难只能设置1个出入口时,应在施工现场内设置满足消防车通行的环形道路。

3.1.6 易燃易爆危险品库房应远离明火作业区、人员密集区和建筑物相对集中区。

3.1.7 可燃材料堆场及其加工场、易燃易爆危险品库房不应布置在架空电力线下。

3.2.1 易燃易爆危险品库房与在建工程的防火间距不应小于15 m,可燃材料堆场及其加工场、固定动火作业场与在建工程的防火间距不应小于10 m,其他临时用房、临时设施与在建工程的防火间距不应小于6 m。

3.3.2 临时消防车道的设置应符合下列规定:

1. 临时消防车道宜为环形,设置环形车道确有困难时,应在消防车道尽端设置尺寸不小于12 m×12 m的回车场。

2. 临时消防车道的净宽度和净空高度均不应小于4 m。

3. 临时消防车道的右侧应设置消防车行进路线指示标识。

4. 临时消防车道路基、路面及其下部设施应能承受消防车通行压力及工作荷载。

5.1.4 施工现场的消火栓泵应采用专用消防配电线路。专用消防配电线路应自施工现场总配电箱的总断路器上端接入,且应保持不间断供电。

5.2.1 在建工程及临时用房的下列场所应配置灭火器:

1. 易燃易爆危险品存放及使用场所。

2. 动火作业场所。

3. 可燃材料存放、加工及使用场所。

4. 厨房操作间、锅炉房、发电机房、变配电房、设备用房、办公用房、宿舍等临时用房。

5. 其他具有火灾危险的场所。

5.3.5 临时用房的临时室外消防用水量不应小于表5.3.5的规定:

表5.3.5 临时用房的临时室外消防用水量

临时用房的建筑面积之和	火灾延续时间(h)	消火栓用水量(L/s)	每支水枪最小流量(L/s)
1 000 m² <面积≤5 000 m²	1	10	5
面积>5 000 m²		15	5

5.3.6 在建工程的临时室外消防用水量不应小于表5.3.6的规定:

表5.3.6 在建工程的临时室外消防用水量

在建工程(单体)体积	火灾延续时间(h)	消火栓用水量(L/s)	每支水枪最小流量(L/s)
10 000 m³ <体积≤30 000 m³	1	15	5
体积>30 000 m³	2	20	5

5.3.9 在建工程的临时室内消防用水量不应小于表5.3.9的规定:

表 5.3.9　在建工程的临时室内消防用水量

建筑高度、在建工程体积(单体)	火灾延续时间(h)	消火栓用水量(L/s)	每支水枪最小流量(L/s)
24 m<建筑高度≤50 m 或 30 000 m³<体积≤50 000 m³	1	10	5
建筑高度>50 m 或体积>50 000 m³	1	15	5

5.4.1　施工现场的下列场所应配备临时应急照明：

1. 自备发电机房及变、配电房；

2. 水泵房；

3. 无天然采光的作业场所及疏散通道；

4. 高度超过 100 m 的在建工程的室内疏散通道；

5. 发生火灾时仍需坚持工作的其他场所。

6.1.8　施工作业前,施工现场的施工管理人员应向作业人员进行消防安全技术交底。消防安全技术交底应包括下列主要内容：

1. 施工过程中可能发生火灾的部位或环节。

2. 施工过程应采取的防火措施及应配备的临时消防设施。

3. 初起火灾的扑救方法及注意事项。

4. 逃生方法及路线。

6.1.9　施工过程中,施工现场的消防安全负责人应定期组织消防安全管理人员对施工现场的消防安全进行检查。消防安全检查应包括下列主要内容：

1. 可燃物及易燃易爆危险品的管理是否落实。

2. 动火作业的防火措施是否落实。

3. 用火、用电、用气是否存在违章操作,电、气焊及保温防水施工是否执行操作规程。

4. 临时消防设施是否完好有效。

5. 临时消防车道及临时疏散设施是否畅通。

6.2.1　用于在建工程的保温、防水、装饰及防腐等材料的燃烧性能等级,应符合设计要求。

6.2.3　室内使用油漆及其有机溶剂、乙二胺、冷底子油或其他可燃、易燃易爆危险品的物资作业时,应保持良好通风,作业场所严禁明火,并应避免产生静电。

6.3.1　施工现场用火,应符合下列规定：

1. 动火作业应办理动火许可证;动火许可证的签发人收到动火申请后,应前往现场查验并确认动火作业的防火措施落实后,方可签发动火许可证。

2. 动火操作人员应具有相应资格。

3. 焊接、切割、烘烤或加热等动火作业前,应对作业现场的可燃物进行清理;作业现场及其附近无法移走的可燃物,应采用不燃材料对其覆盖或隔离。

4. 施工作业安排时,宜将动火作业安排在使用可燃建筑材料的施工作业前进行。确需在使用可燃建筑材料的施工作业之后进行动火作业,应采取可靠的防火措施。

5. 裸露的可燃材料上严禁直接进行动火作业。

6. 焊接、切割、烘烤或加热等动火作业应配备灭火器材,并设动火监护人进行现场监护,每个动火作业点均应设置一个监护人。

7. 五级(含五级)以上风力时,应停止焊接、切割等室外动火作业;否则应采取可靠的挡风措施。

8. 动火作业后,应对现场进行检查,确认无火灾危险后,动火操作人员方可离开。

9. 具有火灾、爆炸危险的场所严禁明火。

10. 施工现场不应采用明火取暖。

11. 厨房操作间炉灶使用完毕后,应将炉火熄灭,排油烟机及油烟管道应定期清理油垢。

6.3.3 施工现场用气,应符合下列规定:

1. 储装气体的罐瓶及其附件应合格、完好和有效;严禁使用减压器及其他附件缺损的氧气瓶,严禁使用乙炔专用减压器、回火防止器及其他附件缺损的乙炔瓶。

《建筑材料及制品燃烧性能分级》(GB 8624—2012)

4. 建筑材料及制品的燃烧性能等级见表1。

表1 建筑材料及制品的燃烧性能等级

燃烧性能等级	名称
A	不燃材料(制品)
B_1	难燃材料(制品)
B_2	可燃材料(制品)
B_3	易燃材料(制品)

5.1.1 平板状建筑材料

平板状建筑材料及制品的燃烧性能等级和分级判据见表2。表中满足A1、A2级即为A级,满足B级、C级即为B_1级,满足D级、E级即为B_2级。

对墙面保温泡沫塑料,除符合表2规定外应同时满足以下要求:B_1级氧指数值$OI \geqslant 30\%$;B_2级氧指数值$OI \geqslant 26\%$。试验依据标准为GB/T 2406.2。

表2 平板状建筑材料及制品的燃烧性能等级和分级判据

燃烧性能等级		试验方法		分 级 判 据
A	A1	GB/T 5464 且		炉内温升 $\Delta T \leqslant 30$ ℃; 质量损失率 $\Delta m \leqslant 50\%$; 持续燃烧时间 $t_f = 0$
		GB/T 14402		总热值 $PCS \leqslant 2.0$ MJ/kg[a, b, c, e]; 总热值 $PCS \leqslant 1.4$ MJ/m² [d]
	A2	GB/T 5464 或	且	炉内温升 $\Delta T \leqslant 50$ ℃; 质量损失率 $\Delta m \leqslant 50\%$; 持续燃烧时间 $t_f \leqslant 20$ s
		GB/T 14402		总热值 $PCS \leqslant 3.0$ MJ/kg[a, c]; 总热值 $PCS \leqslant 4.0$ MJ/m² [b, d]
		GB/T 20284		燃烧增长速率指数 $FIGRA_{0.2\,MJ} \leqslant 120$ W/s; 火焰横向蔓延未到达试样长翼边缘; 600 s 的总放热量 $THR_{600a} \leqslant 7.5$ MJ

（续表）

燃烧性能等级		试验方法	分级判据
B_1	B	GB/T 20284 且	燃烧增长速率指数 $FIGRA_{0.2\,MJ}\leqslant120$ W/s； 火焰横向蔓延未到达试样长翼边缘； 600 s 的总放热量 $THR_{600a}\leqslant7.5$ MJ
		GB/T 8626 点火时间 30 s	60 s 内焰尖高度 $Fs\leqslant150$ mm； 60 s 内无燃烧滴落物引燃滤纸现象
	C	GB/T 20284 且	燃烧增长速率指数 $FIGRA_{0.4\,MJ}\leqslant250$ W/s； 火焰横向蔓延未到达试样长翼边缘； 600 s 的总放热量 $THR_{600a}\leqslant15$ MJ
		GB/T 8626 点火时间 30 s	60 s 内焰尖高度 $Fs\leqslant150$ mm； 60 s 内无燃烧滴落物引燃滤纸现象
B_2	D	GB/T 20284 且	燃烧增长速率指数 $FIGRA_{0.4\,MJ}\leqslant750$ W/s
		GB/T 8626 点火时间 30 s	60 s 内焰尖高度 $Fs\leqslant150$ mm； 60 s 内无燃烧滴落物引燃滤纸现象
	E	GB/T 8626 点火时间 15 s	20 s 内焰尖高度 $Fs\leqslant150$ mm； 20 s 内无燃烧滴落物引燃滤纸现象
B_3	F		无性能要求

a 匀质制品或非匀质制品的主要组分。
b 非匀质制品的外部次要组分。
c 当外部次要组分的 $PCS\leqslant2.0$ MJ/m² 时,若整体制品的 $FIGRA_{0.2\,MJ}\leqslant20$ W/s、$LFS<$ 试样边缘、$THR_{600a}\leqslant4.0$ MJ 并达到 s1 和 d0 级,则达到 A1 级。
d 非匀质制品的任一内部次要组分。
e 整体制品。

十三、市政工程

《城镇道路工程施工与质量验收规范》(CJJ 1—2008)

3.0.7　施工中必须建立安全技术交底制度,并对作业人员进行相关的安全技术教育与培训。作业前主管施工技术人员必须向作业人员进行详尽的安全技术交底,并形成文件。

3.0.9　施工中,前一分项工程未经验收合格严禁进行后一分项工程施工。

6.3.3　人机配合土方作业,必须设专人指挥。机械作业时,配合作业人员严禁处在机械作业和走行范围内。配合人员在机械走行范围内作业时,机械必须停止作业。

6.3.10　挖方施工应符合下列规定:

1. 挖土时应自上向下分层开挖,严禁掏洞开挖。作业中断或作业后,开挖面应做成稳定边坡。

2. 机械开挖作业时,必须避开构筑物、管线,在距管道边 1 m 范围内应采用人工开挖;在距直埋缆线 2 m 范围内必须采用人工开挖。

3. 严禁挖掘机等机械在电力架空线路下作业。需在其一侧作业时,垂直及水平安全距离应符合表 6.3.10 的规定。

表 6.3.10 挖掘机、起重机(含吊物、载物)等机械与电力架空线路的最小安全距离

电压(kV)		<1	10	35	110	220	330	500
安全距离 (m)	沿垂直方向	1.5	3.0	4.0	5.0	6.0	7.0	8.5
	沿水平方向	1.5	2.0	3.5	4.0	6.0	7.0	8.5

8.1.2 沥青混合料面层不得在雨、雪天气及环境最高温度低于 5 ℃时施工。

8.2.20 热拌沥青混合料路面应待摊铺层自然降温至表面温度低于 50 ℃后,方可开放交通。

10.7.6 在面层混凝土弯拉强度达到设计强度,且填缝完成前,不得开放交通。

11.1.9 铺砌面层完成后,必须封闭交通,并应湿润养护,当水泥砂浆达到设计强度后,方可开放交通。

17.3.8 当面层混凝土弯拉强度未达到 1 MPa 或抗压强度未达到 5 MPa 时,必须采取防止混凝土受冻的措施,严禁混凝土受冻。

《城市桥梁工程施工与质量验收规范》(CJJ 2—2008)

2.0.5 施工单位应按合同规定的或经过审批的设计文件进行施工。发生设计变更及工程洽商应按国家现行有关规定程序办理设计变更与工程洽商手续,并形成文件。严禁按未经批准的设计变更进行施工。

2.0.8 施工中必须建立技术与安全交底制度。作业前主管施工技术人员必须向作业人员进行安全与技术交底,并形成文件。

5.2.12 浇筑混凝土和砌筑前,应对模板、支架和拱架进行检查和验收,合格后方可施工。

6.1.2 钢筋应按不同钢种、等级、牌号、规格及生产厂家分批验收,确认合格后方可使用。

6.1.5 预制构件的吊环必须采用未经冷拉的 HPB235 热轧光圆钢筋制作,不得以其他钢筋替代。

8.4.3 预应力筋的张拉控制应力必须符合设计规定。

10.1.7 基坑内地基承载力必须满足设计要求。基坑开挖完成后,应会同设计、勘探单位实地验槽,确认地基承载力满足设计要求。

13.2.6 桥墩两侧梁段悬臂施工应对称、平衡。平衡偏差不得大于设计要求。

13.4.4 桥墩两侧应对称拼装,保持平衡。平衡偏差应满足设计要求。

14.2.4 高强度螺栓终拧完毕后必须当班检查。每栓群应抽查总数的 5%,且不得少于 2 套。抽查合格率不得小于 80%,否则应继续抽查,直至合格率达到 80% 以上。对螺栓拧紧度不足者应补拧,对超拧者应更换、重新施拧并检查。

16.3.3 分段浇筑程序应对称于拱顶进行,且应符合设计要求。

17.4.1 施工过程中,必须对主梁各个施工阶段的拉索索力、主梁标高、塔梁内力以及索塔位移量等进行监测,并应及时将有关数据反馈给设计单位,分析确定下一施工阶段的拉索张拉量值和主梁线形、高程及索塔位移控制量值等,直至合龙。

18.1.2 施工过程中,应及时对成桥结构线形及内力进行监控,确保符合设计要求。

《给水排水管道工程施工及验收规范》(GB 50268—2008)

1.0.3　给排水管道工程所用的原材料、半成品、成品等产品的品种、规格、性能必须符合国家有关标准的规定和设计要求;接触饮用水的产品必须符合有关卫生要求。严禁使用国家明令淘汰、禁用的产品。

3.1.9　工程所用的管材、管道附件、构(配)件和主要原材料等产品进入施工现场时必须进行进场验收并妥善保管。进场验收时应检查每批产品的订购合同、质量合格证书、性能检验报告、使用说明书、进口产品的商检报告及证件等,并按国家有关标准规定进行复验,验收合格后方可使用。

3.1.15　给排水管道工程施工质量控制应符合下列规定:

1. 各分项工程应按照施工技术标准进行质量控制,每分项工程完成后,必须进行检验;

2. 相关各分项工程之间,必须进行交接检验,所有隐蔽分项工程必须进行隐蔽验收,未经检验或验收不合格不得进行下道分项工程。

3.2.8　通过返修或加固处理仍不能满足结构安全或使用功能要求的分部(子分部)工程、单位(子单位)工程,严禁验收。

9.1.10　给水管道必须水压试验合格,并网运行前进行冲洗与消毒,经检验水质达到标准后,方可允许并网通水投入运行。

9.1.11　污水、雨污水合流管道及湿陷土、膨胀土、流砂地区的雨水管道,必须经严密性试验合格后方可投入运行。

《给水排水构筑物工程施工及验收规范》(GB 50141—2008)

1.0.3　给排水构筑物工程所用的原材料、半成品、成品等产品的品种、规格、性能必须符合国家有关标准的规定和设计要求;接触饮用水的产品必须符合有关卫生要求。严禁使用国家明令淘汰、禁用的产品。

3.1.10　工程所用主要原材料、半成品、构(配)件、设备等产品,进入施工现场时必须进行进场验收。

进场验收时应检查每批产品的订购合同、质量合格证书、性能检验报告、使用说明书、进口产品的商检报告及证件等,并按国家有关标准规定进行复验,验收合格后方可使用。

混凝土、砂浆、防水涂料等现场配制的材料应经检测合格后使用。

3.1.16　工程施工质量控制应符合下列规定:

1. 各分项工程应按照施工技术标准进行质量控制,分项工程完成后,应进行检验;

2. 相关各分项工程之间,应进行交接检验;所有隐蔽分项工程应进行隐蔽验收;未经检验或验收不合格不得进行下道分项工程施工;

3. 设备安装前应对有关的设备基础、预埋件、预留孔的位置、高程、尺寸等进行复核。

3.2.8　通过返修或加固处理仍不能满足结构安全和使用功能要求的分部(子分部)工程、单位(子单位)工程,严禁验收。

6.1.4　水处理构筑物施工完毕必须进行满水试验。消化池满水试验合格后,还应进行气密性试验。

7.3.12　排水下沉施工应符合下列规定:

4. 用抓斗取土时,沉井内严禁站人;对于有底梁或支撑梁的沉井,严禁人员在底梁下穿越。

8.1.6　施工完毕的贮水调蓄构筑物必须进行满水试验。

十四、管廊工程

《城市综合管廊工程技术规范》(GB 50838—2015)

4.3.4　天然气管道应在独立舱室内敷设。

4.3.5　热力管道采用蒸汽介质时应在独立舱室内敷设。

4.3.6　热力管道不应与电力电缆同舱敷设。

5.1.7　压力管道进出综合管廊时,应在综合管廊外部设置阀门。

5.4.1　综合管廊的每个舱室应设置人员出入口、逃生口、吊装口、进风口、排风口、管线分支口等。

5.4.7　天然气管道舱室的排风口与其他舱室排风口、进风口、人员出入口以及周边建(构)筑物口部距离不应小于 10 m。天然气管道舱室的各类孔口不得与其他舱室连通,并应设置明显的安全警示标识。

6.4.2　天然气管道应采用无缝钢管。

6.4.6　天然气调压装置不应设置在综合管廊内。

6.5.5　当热力管道采用蒸汽介质时,排气管应引至综合管廊外部安全空间,并应与周边环境相协调。

6.6.1　电力电缆应采用阻燃电缆或不燃电缆。

7.1.1　含有下列管线的综合管廊舱室火灾危险性分类应符合表 7.1.1 规定:

表 7.1.1　综合管廊舱室内火灾危险性分类

舱室内容纳管线种类		舱室火灾危险性类别
天然气管道		甲
阻燃电力电缆		丙
通信线缆		丙
热力管道		丙
污水管道		丁
雨水管道、给水管道、再生水管道	塑料管等难燃管材	丁
	钢管、球墨铸铁管等不燃管材	戊

十五、装配式建筑

《装配整体式混凝土结构技术导则》

4.3.2　预制构件的吊装应符合下列规定:

1. 吊装使用的起重机设备应按施工方案配置到位,并经检验验收合格。

2. 预制构件吊装前,应根据构件的特征、重量、形状等选择合适的吊装方式和配套的吊具。

3. 吊装用钢丝绳、吊带、卸扣、吊钩等吊具应经检查合格,并在额定范围内使用。

4. 吊装作业前应先进行试吊,确认可靠后方可进行正式作业。

5. 吊装施工的吊索与预制构件水平夹角不宜小于 60°,不应小于 45°并保证吊车主钩位置、吊具及预制构件重心在竖直方向重合。

6. 竖向预制构件起吊点不应少于 2 个,预制楼板起吊点不应少于 4 个,跨度大于 6 m 的预制楼板吊点不宜少于 8 个。

7. 预制构件在吊运过程中应保持平衡、稳定,吊具受力应均衡。

4.3.3　预制构件就位后,对未形成空间稳定的部位应采取有效的临时固定措施。混凝土构件与吊具的分离应在校准定位及临时固定措施安装完成后进行。

4.3.5　预制墙板安装应符合下列要求:

1. 预制墙板安装应设置临时斜撑,每件预制墙板安装过程的临时斜撑应不少于 2 道,临时斜撑宜设置调节装置,支撑点位置距离底板不宜大于板高的 2/3,且不应小于板高的 1/2,斜支撑的预埋件安装、定位准确。

4.3.6　预制梁的安装应符合下列要求:

1. 梁吊装顺序应遵循先主梁后次梁,先低后高的原则。

2. 预制梁安装前应测量并修正柱顶标高,确保与梁底标高一致,柱上弹出梁边控制线。

3. 预制梁安装前应复核柱钢筋与梁钢筋位置、尺寸,对梁钢筋与柱钢筋安装有冲突的,应按经设计部门确认的技术方案调整。梁柱核心区箍筋安装应按设计文件要求进行。

4. 预制梁安装过程应设置临时支撑,并应符合下列规定:

(1) 临时支撑位置应符合设计要求;无设计要求时,长度小于等于 4 m 时应设置不少于 2 道垂直支撑,长度大于 4 m 时应设置不少于 3 道垂直支撑;

(2) 梁底支撑标高调整宜高出梁底结构标高 2 mm,应保证支撑充分受力并撑紧支撑架后方可松开吊钩;

(3) 叠合梁应根据构件类型、跨度来确定后浇混凝土支撑件的拆除时间,强度达到设计要求后方可承受全部设计荷载。

4.3.7　预制楼板安装应符合下列要求:

1. 构件安装前应编制支撑方案,支撑架体宜采用可调工具式支撑系统,首层支撑架体的地基必须坚实,架体必须有足够的强度、刚度和稳定性。

2. 板底支撑间距不应大于 2 m,每根支撑之间高差不应大于 2 mm、标高偏差不应大于 3 mm,悬挑板外端比内端支撑宜调高 2 mm。

4.3.8　预制楼梯安装应符合下列要求:

1. 预制楼梯支撑应有足够的强度、刚度及稳定性,楼梯就位后调节支撑立杆,确保所有立杆全部受力。

4.3.9　预制阳台板安装应符合下列要求:

1. 悬挑阳台安装前应设置防倾覆支撑架,支撑架应在结构楼层混凝土强度达到设计要求时,方可拆除支撑架。

2. 悬挑阳台板施工荷载不得超过设计的允许荷载值。

3. 预制阳台板预留锚固筋应伸入现浇结构内,并应与现浇混凝土结构连成整体。

4.3.10　预制空调板安装应符合下列要求:

1. 预制空调板安装时,板底应采用临时支撑措施。

2. 预制空调板与现浇结构连接时,预留锚固钢筋应伸入现浇结构部分,并应与现浇结构连成整体。

十六、其他规范

《施工企业安全生产管理规范》(GB 50656—2011)

3.0.9　施工企业严禁使用国家明令淘汰的技术、工艺、设备、设施和材料。

5.0.3　施工企业应建立和健全与企业安全生产组织相对应的安全生产责任体系,并应明确各管理层、职能部门、岗位的安全生产责任。

6.0.2　施工企业安全生产管理制度应包括安全生产教育培训,安全费用管理,施工设施、设备及劳动防护用品的安全管理,安全生产技术管理,分包(供)方安全生产管理,施工现场安全管理,应急救援管理,生产安全事故管理,安全检查和改进,安全考核和奖惩等制度。

10.0.6　施工企业应根据施工组织设计、专项安全施工方案(措施)编制和审批权限的设置,分级进行安全技术交底,编制人员应参与安全技术交底、验收和检查。

12.0.3　施工企业的工程项目部应根据企业安全生产管理制度,实施施工现场安全生产管理,应包括下列内容:

1. 制订项目安全管理目标,建立安全生产组织与责任体系,明确安全生产管理职责,实施责任考核;

2. 配置满足安全生产、文明施工要求的费用、从业人员、设施、设备、劳动防护用品及相关的检测器具;

3. 编制安全技术措施、方案、应急预案;

4. 落实施工过程的安全生产措施,组织安全检查,整改安全隐患;

5. 组织施工现场场容场貌、作业环境和生活设施安全文明达标;

6. 确定消防安全责任人,制订用火、用电、使用易燃易爆材料等各项消防安全管理制度和操作规程,设置消防通道、消防水源,配备消防设施和灭火器材,并在施工现场入口处设置明显标志;

7. 组织事故应急救援抢险;

8. 对施工安全生产管理活动进行必要的记录,保存应有的资料。

15.0.4　施工企业安全检查应配备必要的检查、测试器具,对存在的问题和隐患,应定人、定时间、定措施组织整改,并应跟踪复查直至整改完毕。

《建筑施工安全技术统一规范》(GB 50870—2013)

5.1.3　建筑施工的安全技术分析应在危险源识别和风险评估的基础上,对风险发生的概率及损失程度进行全面分析,评估发生风险的可能性及危害程度,与相关专业的安全指标相比较,以衡量风险的程度,并应采取相应的安全技术措施。

5.1.6　建筑施工安全技术方案的制订应符合下列规定:

1. 符合建筑施工危险等级的分级规定,并应有针对危险源及其特征的具体安全技术措施;

2. 按照消除、隔离、减弱、控制危险源的顺序选择安全技术措施；

3. 采用有可靠依据的方法分析确定安全技术方案的可靠性和有效性；

4. 根据施工特点制订安全技术方案实施过程中的控制原则，并明确重点控制与监测部位及要求。

5.1.8　对于采用新结构、新材料、新工艺的建筑施工和特殊结构的建筑施工，相关单位的设计文件中应提出保障施工作业人员安全和预防生产安全事故的安全技术措施；制订和实施施工方案时，应有专项施工安全技术分析报告。

5.1.9　建筑施工起重机械、升降机械、高处作业设备、整体升降脚手架以及复杂的模板支撑架等设施的安全技术分析，应结合各自的特点、施工环境、工艺流程，进行安装前、安装过程中和使用后拆除的全过程安全技术分析，提出安全注意事项和安全措施。

5.1.10　建筑施工现场临时用电安全技术分析应对临时用电所采用的系统、设备、防护措施的可靠性和安全度进行全面分析，并且包括现场勘测结果，拟进入施工现场的用电设备分析及平面布置，确定电源进线、配电室、配电装置的位置及线路走向，进行负荷计算，选择变压器，设计配电系统，设计防雷装置，确定防护措施，制订安全用电措施和电器防火措施，以及其他措施。

6.1.2　建筑施工安全技术控制措施的实施应符合下列规定：

1. 根据危险等级、安全规划制订安全技术控制措施；

2. 安全技术控制措施符合安全技术分析的要求；

3. 安全技术控制措施按施工工艺、工序实施，提高其有效性；

4. 安全技术控制措施实施程序的更改应处于控制之中；

5. 安全技术措施实施的过程控制应以数据分析、信息分析以及过程监测反馈为基础。

6.1.6　建筑施工现场的布置应保障疏散通道、安全出口、消防通道畅通，防火防烟分区、防火间距应符合有关消防技术标准。

6.1.7　施工现场存放易燃易爆危险品的场所不得与居住场所设置在同一建筑物内，并应与居住场所保持安全距离。

7.1.7　建筑施工安全技术监测预警应依据事前设置的限值确定；监测报警值宜以监测项目的累计变化量和变化速率值进行控制。

7.1.8　建筑施工中涉及安全生产的材料应进行适应性和状态变化监测；对现场抽检有疑问的材料和设备，应由法定专业检测机构进行检测。

7.2.3　建筑施工安全专项应急预案应包括下列内容：

1. 建筑施工中潜在的风险及其类别、危险程度；

2. 发生紧急情况时应急救援组织机构与人员职责分工、权限；

3. 应急救援设备、器材、物资的配置、选择、使用方法和调用程序；为保持其持续的适用性，对应急救援设备、器材、物资进行维护和定期检测的要求；

4. 应急救援技术措施的选择和采用；

5. 与企业内部相关职能部门以及外部（政府、消防、救险、医疗等）相关单位或部门的信息报告、联系方法；

6. 组织抢险急救、现场保护、人员撤离或疏散等活动的具体安排等。

8.3.8　施工起重、升降机械和整体提升脚手架、爬模等自升式架设设施安装完毕后安装单位应自检,出具自检合格证明,并应向施工单位进行安全使用说明,办理交接验收手续。

《建筑施工安全检查标准》(JGJ 59—2011)

3.1.2 安全管理检查评定保证项目应包括:安全生产责任制、施工组织设计及专项施工方案、安全技术交底、安全检查、安全教育、应急救援。一般项目应包括:分包单位安全管理、持证上岗、生产安全事故处理、安全标志。

3.2.2 文明施工检查评定保证项目应包括:现场围挡、封闭管理、施工场地、材料管理、现场办公与住宿、现场防火。一般项目应包括:综合治理、公示标牌、生活设施、社区服务。

3.3.2 扣件式钢管脚手架检查评定保证项目应包括:施工方案、立杆基础、架体与建筑物结构拉结、杆件间距与剪刀撑、脚手板与防护栏杆、交底与验收。一般项目应包括:横向水平杆设置、杆件连接、层间防护、构配件材质、通道。

3.4.2 门式钢管脚手架检查评定保证项目应包括:施工方案、架体基础、架体稳定、杆件锁件、脚手板、交底与验收。一般项目应包括:架体防护、构配件材质、荷载、通道。

3.5.2 碗扣式钢管脚手架检查评定保证项目应包括:施工方案、架体基础、架体稳定、杆件锁件、脚手板、交底与验收。一般项目应包括:架体防护、构配件材质、荷载、通道。

3.6.2 承插型盘扣式钢管脚手架检查评定保证项目应包括:施工方案、架体基础、架体稳定、杆件设置、脚手板、交底与验收。一般项目应包括:架体防护、杆件连接、构配件材质、通道。

3.7.2 满堂脚手架检查评定保证项目应包括:施工方案、架体基础、架体稳定、杆件锁件、脚手板、交底与验收。一般项目应包括:架体防护、构配件材质、荷载、通道。

3.8.2 悬挑式脚手架检查评定保证项目应包括:施工方案、悬挑钢梁、架体稳定、脚手板、荷载、交底与验收。一般项目应包括:杆件间距、架体防护、层间防护、构配件材质。

3.9.2 附着式升降脚手架检查评定保证项目应包括:施工方案、安全装置、架体构造、附着支座、架体安装、架体升降。一般项目应包括:检查验收、脚手板、架体防护、安全作业。

3.10.2 高处作业吊篮检查评定保证项目应包括:施工方案、安全装置、悬挂机构、钢丝绳、安装作业、升降作业。一般项目应包括:交底与验收、安全防护、吊篮稳定、荷载。

3.11.2 基坑工程检查评定保证项目应包括:施工方案、基坑支护、应急预案、降排水、基坑开挖、坑边荷载、安全防护。一般项目应包括:基坑监测、支撑拆除、作业环境。

3.12.2 模板支架检查评定保证项目应包括:施工方案、支架基础、支架构造、支架稳定、施工荷载、交底与验收。一般项目应包括:杆件连接、底座与托撑、构配件材质、支架拆除。

3.13.2 高处作业检查评定项目应包括:安全帽、安全网、安全带、临边防护、洞口防护、通道口防护、攀登作业、悬空作业、移动式操作平台、悬挑式物料钢平台。

3.14.2 施工用电检查评定保证项目应包括:外电防护、接地与接零保护系统、配电线路、配电箱与开关箱。一般项目应包括:配电室与配电装置、现场照明、用电档案。

3.15.2 物料提升机检查评定保证项目应包括:安全装置、防护设施、附墙架与缆风绳、钢丝绳、安拆、验收与使用。一般项目应包括:基础与导轨架、动力与传动、通信装置、卷扬机操作棚、避雷装置。

3.16.2　施工升降机检查评定保证项目应包括:安全装置、限位装置、防护设施、附墙架、钢丝绳、滑轮与对重、安拆、验收与使用。一般项目应包括:导轨架、基础、电气安全、通信装置。

3.17.2　塔式起重机检查评定保证项目应包括:载荷限制装置、行程限位装置、保护装置、吊钩、滑轮、卷筒与钢丝绳、多塔作业、安拆、验收与使用。一般项目应包括:附着、基础与轨道、结构设施、电气安全。

3.18.2　起重吊装检查评定保证项目应包括:施工方案、起重机械、钢丝绳与地锚、索具、作业环境、作业人员。一般项目应包括:起重吊装、高处作业、构件码放、警戒监护。

3.19.2　施工机具检查评定项目应包括:平刨、圆盘锯、手持电动工具、钢筋机械、电焊机、搅拌机、气瓶、翻斗车、潜水泵、振捣器、桩工机械。

参 考 文 献

1. 杨效中,漆贯学,陆湛秋. 建设工程监理安全责任读本[M]. 北京:中国建筑工业出版社,2006.

2. 李钢强,孙其珩,赵声萍,等. 安全生产条件评价理论与实践[M]. 南京:东南大学出版社,2007.

3. 梅钰,李钢强. 建设工程监理安全责任与工作指南[M]. 北京:中国建筑工业出版社,2008.

4. 王战果. 建设工程安全监理[M]. 北京:中国建筑工业出版社,2011.

5. 王家远,邹涛. 工程监理的法律责任与风险管理[M]. 北京:中国建筑工业出版社,2009.

6. 李爱国. 建筑施工生产安全责任事故典型案例[M]. 南京:江苏人民出版社,2014.

7. 住房和城乡建设部住宅产业化促进中心. 装配整体式混凝土结构技术导则[M]. 北京:中国建筑工业出版社,2015.

8. 中国建筑标准化设计研究院. 装配式建筑系列标准应用实施指南(2016)[M]. 北京:中国计划出版社,2016.

9. 李德强. 综合管沟设计与施工[M]. 北京:中国建筑工业出版社,2009.

10. 雷升祥,等. 综合管廊与管道盾构[M]. 北京:中国铁道出版社,2015.

11. 王恒栋. 城市市政综合管廊安全保障措施[J]. 城市道桥与防洪,2014(2):157-159.